高等学校规划教材

桩 基 工 程

Pile Foundation Engineering

张忠苗　主编
沈保汉　周　健　张　雁　主审

中国建筑工业出版社

图书在版编目（CIP）数据

桩基工程/张忠苗主编.—北京：中国建筑工业出版社，2007
（高等学校规划教材）
ISBN 978-7-112-09665-7

Ⅰ.桩… Ⅱ.张… Ⅲ.桩基础-高等学校-教材 Ⅳ.TU473.1

中国版本图书馆 CIP 数据核字（2007）第 168135 号

高等学校规划教材
桩 基 工 程
Pile Foundation Engineering
张忠苗　主编
沈保汉　周　健　张　雁　主审

*

中国建筑工业出版社出版、发行（北京西郊百万庄）
各地新华书店、建筑书店经销
北京红光制版公司制版
北京市书林印刷有限公司印刷

*

开本：787×1092 毫米　1/16　印张：35　字数：847 千字
2007 年 12 月第一版　2014 年 11 月第八次印刷
定价：48.00 元
ISBN 978-7-112-09665-7
（16329）

版权所有　翻印必究
如有印装质量问题，可寄本社退换
（邮政编码 100037）

本书是按照教育部2002年颁布的高等学校土木工程专业本科与研究生教育培养目标、培养方案和课程教学大纲要求、我国注册土木工程师（岩土）、注册结构工程师、注册建筑师的考试内容要求及最新国家标准《建筑地基基础设计规范》、《建筑桩基技术规范》、《岩土工程勘察规范》等要求而编写的桩基工程学教材。内容上以工业与民用建筑桩基工程为主，兼顾交通、港口、桥梁、水利、电力等领域的桩基工程。本书在阐明桩基工程学基本原理和计算方法、施工方法、检测方法的同时，尽可能介绍一些新成果、新理论、新技术、新方法，并提出各种桩基的适用范围和局限性。写作方式上尽量简明、易懂，强调学生对基本概念的掌握，并结合工程实例分析来培养学生的学习兴趣。

全书共分为十章，内容主要包括：绪论、桩基工程勘察、抗压桩受力性状、桩基沉降计算、抗拔桩受力性状、水平桩受力性状、桩基础设计、桩基工程施工、支护桩设计、桩基工程试验与检测。本书编写方式上采用了每章开始提出带启发性的在学完本章后应掌握的内容和学习中注意事项及存在问题。每节简明扼要阐述桩基工程基本概念、基本原理和基本计算方法，并结合计算实例和工程实例分析桩基工程问题的解决思路；每章结束附有思考题。本书旨在培养学生掌握桩基工程学的基本理论知识、实践技能及创新能力。

本书可作为高等学校土木工程、水利工程、港口工程、道路工程、桥梁工程等专业高年级本科生和研究生的专业教材，也可作为广大注册土木工程师（岩土）、注册结构工程师资格考试相关内容的复习教材，同时可供土木工程、水利工程、港口工程、道路工程、桥梁工程等专业技术人员和研究人员使用。

* * *

责任编辑：王　梅　吉万旺
责任设计：董建平
责任校对：王雪竹　王金珠

前　言

万丈高楼平地起,基础必须要牢固。桩基础是建筑工程、桥梁工程、港口工程和海洋工程中的主要基础形式之一,在我国有着广泛的应用。桩基工程是一门实践性和理论性都很强的学科。但目前桩基础的工程实践和理论研究还存在一些脱节,导致桩基础在应用中出现了不少问题。如某些房屋基础由于设计和施工不当出现沉降过大或不均匀沉降,给国家和人民造成了巨大的经济损失。所以,加强专业人员的培训培养教育是一项崇高而艰巨的事业。本书将介绍成功的经验与失败的教训及桩基设计施工的正确理念。桩基设计的指导思想是,在确保长久安全的前提下,充分发挥桩土体系力学性能,做到既经济合理,又施工方便、快速、环保。要求设计施工人员依据规范又不僵硬地套用规范,从桩基工程的基本原理出发,考虑上部结构荷载、地质条件、施工技术、经济条件来正确地设计与施工桩基础,目的是保证建(构)筑物的长久运行安全。

诚然,基础工程等各类手册不少,土力学与工程地质学教科书也不少,但到目前为止,我国还没有真正意义上的《桩基工程》教科书,这是笔者编写本书的主要理由之一。理由之二是笔者从事桩基工程实践和研究20多年,十年磨一剑,参与了浙江省包括最高建筑在内的几百项重大重点工程的桩基础设计咨询和试验工作,并积累建立了6500根试桩的试验数据库,有必要将这些工程经验贡献出来。理由之三是笔者在浙江大学为研究生和高年级本科生开设《桩基工程》课程10多年,指导从事桩基工程科学研究的研究生已毕业20多名,在教学工作中也急需一本《桩基工程》教材。本书强调学生对桩基工程学基本概念、基本原理和基本方法的掌握,在内容上按照国家《建筑地基基础设计规范》、《建筑桩基技术规范》和国家注册土木工程师、注册结构工程师要求及教育部最新教学大纲要求来编写。全书共分十章,内容包括绪论、桩基工程勘察、抗压桩受力性状、桩基沉降计算、抗拔桩受力性状、水平桩受力性状、桩基础设计、桩基工程施工、支护桩设计、桩基工程试验与检测。

本书从现场测试、理论研究与工程实践相结合的角度出发,在写作方式上从桩基静载试验入手,先直观的介绍抗压桩、抗拔桩、水平受荷桩在试验时反映出的承载力与变形特性,以便让学生掌握桩受力的感性知识。同时通过工程实例,对各种桩基的受力机理、计算理论和方法、施工工艺、勘察检测、事故处理等一系列问题进行了系统阐述。在版式上突出了每章开始时,提出带启发性的在学完本章后应掌握的关键内容,做到有的放矢,事半功倍。在教学方式上本书针对现代多媒体电脑教学的要求制作了教学PPT。在与国际接轨上全书桩基工程学关键词都附有中英文对照。本书是主编者及课题组20多年教学、科研和工程实践相结合经验的一个总结,旨在培养学生掌握桩基工程问题的分析方法和解决桩基工程问题的基本能力及创新能力。

本书由国家重点学科浙江大学岩土工程研究所、浙江大学软弱土与环境土工教育部重点实验室博士生导师张忠苗教授主编。张忠苗教授、张广兴讲师主要编写并统稿。山东省交通研究所辛公锋博士参加第 4 章编写；浙江省地震局周新民博士、浙江大学施茂飞参加第 10 章部分编写；北京航空航天大学朱建明副教授参加第 2 章编写；浙江大学岩土工程研究所韩同春副研究员参加第 9 章部分编写；浙江省地矿工程公司周洪川、浙江大学张功奖参加第 8 章部分编写。此外，浙江省建筑设计研究院副院长李志飚博士，浙江大学建筑设计研究院总工程师干刚博士，浙江省城乡规划设计研究院方鸿强教授级高工，温州市建筑设计院副院长李朝晖教授级高工，浙江大学城市学院张世民副教授，浙江省工程物探勘察院魏玉轮教授级高工、李建华高工，浙江绿城建筑设计院宋仁乾工程师、包风工程师、任光勇工程师和浙江大学曾国熙教授、吴世明教授、陈云敏教授、龚晓南教授、陈仁朋教授、丁浩江教授、王立忠教授、夏唐代教授、张我华教授、唐晓武教授、蔡袁强教授、凌道盛教授、施雪飞、张宇、骆剑敏、陈建平、鲍远成、张先永、潘月赟、张锡焰、章国强、章丽斌、骆剑华、陈志祥、张云飞及学生喻君、邹健、竺松、沈慧勇、王华强、张乾青、贺静漪、林巍等都提出了宝贵意见。感谢建筑工业出版社王梅编辑等为本书的出版付出的辛勤工作。本书承蒙北京市建筑工程研究院沈保汉教授、国家重点学科同济大学岩土工程研究所周健教授、中国土木工程学会秘书长张雁教授主审。由于桩基工程学学科不断发展，新问题层出不穷，新方法不断出现，而人类重在继承与发扬，让学生掌握必须的基本知识，因此，本书在编写过程中主要参考并依据国家《建筑地基基础设计规范》、《建筑桩基技术规范》、《教育部教学大纲》、《岩土工程勘察规范》、《注册岩土工程师考试大纲要求》、《注册结构工程师考试大纲要求》、《注册建筑师考试大纲要求》、《混凝土结构设计规范》、《公路桥涵设计规范》、《港口工程桩基规范》。同时也参考了相关桩基工程、基础工程与岩土工程的专业书籍，谨此向书中引用内容的作者表示深深的谢意。本书得到了国家自然科学基金资助（基金编号：50478080），在此表示感谢。

由于编者水平和能力的限制，书中难免存在许多不当之处。编者将以感激的心情诚恳接受旨在改进本书的所有读者的任何批评和建议。

本书制作有教学 PPT，有需要者可向作者索取（zjuzzm@163.com）。

张忠苗
2007 年 07 月于浙江大学求是园

目 录

第1章 绪论 …… 1
1.1 地基基础问题的提出 …… 1
1.2 桩基的定义 …… 7
1.3 桩基的作用 …… 8
1.4 桩基工程学的研究内容 …… 9
1.5 桩基工程学的研究分析方法 …… 9
1.6 桩的发展过程 …… 10
1.7 桩基设计思想 …… 15
1.8 桩基分类及我国的桩型体系 …… 15
1.9 桩基应用概况 …… 18
1.10 桩基发展新趋势 …… 20
1.11 本课程对学生的学习要求 …… 23
思考题 …… 25

第2章 桩基工程勘察 …… 26
2.1 概述 …… 26
2.2 桩基勘察目的 …… 27
2.3 岩土工程勘察分级及相应的勘察方法 …… 28
2.4 勘探点平面和深度设置原则 …… 32
2.5 岩土的工程分类 …… 34
2.6 岩土参数的物理意义 …… 38
2.7 工程勘察报告编写及内容 …… 43
2.8 勘察报告的阅读及桩基设计应考虑的因素 …… 44
2.9 桩型选择和桩基优化及基坑开挖建议 …… 46
思考题 …… 49

第3章 抗压桩受力性状 …… 50
3.1 概述 …… 50
3.2 单桩竖向抗压静荷载试验 …… 51
3.3 桩土体系的荷载传递 …… 69
3.4 桩侧阻力 …… 72
3.5 桩端阻力 …… 84
3.6 单桩竖向极限承载力计算 …… 88
3.7 打桩挤土效应 …… 104
3.8 群桩受力性状及群桩效应 …… 114

3.9 群桩的极限承载力计算 137
3.10 桩基竖向承载力的时间效应 142
3.11 桩基负摩阻力 145
3.12 桩端后注浆的理论研究 152
思考题 162

第4章 桩基沉降计算 163
4.1 概述 163
4.2 单桩沉降计算理论 163
4.3 荷载传递法 165
4.4 剪切位移法 174
4.5 弹性理论法 176
4.6 路桥桩基简化方法 179
4.7 单桩沉降计算的分层总和法 179
4.8 单桩的数值分析法 180
4.9 群桩沉降计算理论 189
4.10 等代墩基法 194
4.11 明德林—盖得斯法 196
4.12 建筑地基基础设计规范法 198
4.13 浙江大学考虑桩身压缩的群桩沉降计算方法 201
4.14 建筑桩基技术规范方法 203
4.15 群桩沉降计算的沉降比法 210
4.16 桩筏（箱）基础沉降计算 211
4.17 桩基沉降计算实例 221
思考题 224

第5章 抗拔桩受力性状 225
5.1 概述 225
5.2 单桩竖向抗拔静荷载试验 225
5.3 抗拔桩的受力机理 232
5.4 抗拔桩与抗压桩的异同 238
5.5 抗拔桩的设计方法 241
思考题 245

第6章 水平受荷桩受力性状 246
6.1 概述 246
6.2 单桩水平静荷载试验 247
6.3 水平受荷桩受力机理 253
6.4 单桩水平受荷计算 256
6.5 群桩水平受荷计算 271
6.6 水平受荷桩的设计 274
6.7 提高桩基抗水平力的技术措施 282

思考题 ... 283

第7章 桩基础设计 ... 284
- 7.1 概述 ... 284
- 7.2 地基基础的设计总原则 ... 285
- 7.3 桩基础的设计思想、原则与内容 ... 291
- 7.4 按变形控制的桩基设计 ... 293
- 7.5 桩型的选择与优化 ... 296
- 7.6 桩的平面布置 ... 298
- 7.7 桩基持力层的选择 ... 304
- 7.8 桩长与桩径的选择 ... 305
- 7.9 承台中桩基的承载力计算与平面布置 ... 308
- 7.10 承台的结构设计与计算 ... 314
- 7.11 桩基础抗震设计 ... 321
- 7.12 特殊条件下桩基的设计原则 ... 331
- 7.13 桩端桩侧后注浆设计 ... 335
- 7.14 桩土复合地基设计 ... 347
- 7.15 刚柔复合桩基设计 ... 357
- 7.16 刚性桩基础设计实例 ... 366
- 7.17 桩基设计程序思路简介 ... 370
- 思考题 ... 373

第8章 桩基工程施工 ... 374
- 8.1 概述 ... 374
- 8.2 桩基施工前的调查与准备 ... 375
- 8.3 预应力管桩施工 ... 377
- 8.4 预制混凝土方桩的施工 ... 388
- 8.5 钢桩的施工 ... 392
- 8.6 沉管灌注桩施工 ... 396
- 8.7 钻孔灌注桩施工 ... 402
- 8.8 人工挖孔桩施工 ... 424
- 8.9 挤扩支盘灌注桩施工 ... 429
- 8.10 大直径薄壁筒桩施工 ... 434
- 8.11 水泥搅拌桩施工 ... 437
- 8.12 碎石桩施工 ... 438
- 8.13 桩端桩侧后注浆施工技术 ... 439
- 8.14 桩基工程事故的处理对策 ... 448
- 8.15 桩基工程预决算 ... 452
- 8.16 桩基工程施工监理 ... 454
- 思考题 ... 454

第9章 支护桩设计 ... 456

9.1 概述 ··· 456
9.2 基坑支护桩的设计概论 ··· 457
9.3 水土压力计算 ·· 459
9.4 自立式支护设计 ·· 461
9.5 排桩支护结构设计 ··· 465
9.6 地下连续墙支护 ·· 471
9.7 注浆锚杆土钉墙支护 ·· 474
9.8 基坑开挖施工与监测要点 ··· 477
9.9 基坑支护桩工程实例分析 ··· 479
9.10 边坡抗滑桩的设计 ·· 483
思考题 ·· 489

第10章 桩基工程试验与检测 ··· 491

10.1 概述 ·· 491
10.2 桩基室内模型试验内容与现场检测内容 ······················ 492
10.3 模型桩室内静载试验 ··· 493
10.4 模型桩室内离心试验 ··· 494
10.5 桩基现场成孔质量检测 ·· 500
10.6 桩身混凝土钻芯取样法检测 ···································· 505
10.7 低应变反射波法检测桩身质量 ································· 509
10.8 孔中超声波法检测桩身质量 ···································· 516
10.9 桩基承载力检测方法——静荷载试验 ························ 526
10.10 基桩高应变检测 ·· 526
10.11 自平衡法检测原理 ··· 537
思考题 ·· 539

参考文献 ·· 540

Pile Foundation Engineering Catalog

Chapter 1 Introduction 1
  1.1 Introduction of ground foundation problem 1
  1.2 Definition of pile foundation 7
  1.3 Function of pile foundation 8
  1.4 Study content of pile foundation engineering 9
  1.5 Analysis method of pile foundation engineering 9
  1.6 Development process of pile foundation 10
  1.7 Design idea of pile foundation 15
  1.8 Classification of pile foundation and pile type system of China 15
  1.9 General situation of pile foundation application 18
  1.10 New trend of pile foundation development 20
  1.11 Study requirements for students of this course 23

Chapter 2 Engineering investigation of pile foundation 26
  2.1 Introduction 26
  2.2 Aim of pile foundation investigation 27
  2.3 Classification of geotechnical engineering investigation and corresponding investigation method 28
  2.4 Setup principles of exploration plan and depth 32
  2.5 Engineering classification of soil and rock 34
  2.6 Physical meaning of geotechnical parameters 38
  2.7 Compiling and content of engineering investigation report 43
  2.8 Reading of investigation report and factors considered for pile foundation design 44
  2.9 Selection of pile type, optimization of pile foundation and suggestion for construction of pit excavation 46

Chapter 3 Bearing behavior of compression pile 50
  3.1 Introduction 50
  3.2 Vertical static compression loading test of single pile 51
  3.3 Load transfer of pile-soil system 69
  3.4 Pile side resistance 72
  3.5 Pile end resistance 84
  3.6 Calculation of vertical ultimate bearing capability of single pile 88
  3.7 Compaction effect of soil of driven pile 104
  3.8 Bearing mechanism and effect of pile group 114

3.9　Calculation of ultimate bearing capability of pile group 137
3.10　Time effect of vertical bearing capability of pile foundation 142
3.11　Negative friction of pile foundation 145
3.12　Research on theory of grouted-in pile bottom 152

Chapter 4　Settlement calculation of pile foundation 163

4.1　Introduction 163
4.2　Settlement calculating theory of single pile 163
4.3　Load transfer method 165
4.4　Shear displacement method 174
4.5　Elastic theory method 176
4.6　Simplified method of pile foundation for road and bridge engineering 179
4.7　Layerwise summation method of single pile 179
4.8　Numerical analysis method of single pile 180
4.9　Theory of pile group settlement calculation 189
4.10　Equivalent pier method 194
4.11　Mindlin-Geddes method 196
4.12　Settlement calculation method in Code for design of building foundation 198
4.13　Settlement calculation method of Zhejiang university calculated compression of pile 201
4.14　Settlement calculation method in Technical code for building pile foundations 203
4.15　Settlement ratio method of pile group settlement calculation 210
4.16　Settlement of pile-box (raft) foundation 211
4.17　Cases of pile foundation settlement calculation 221

Chapter 5　Bearing behavior of Uplift pile 225

5.1　Introduction 225
5.2　Vertical static uplift loading tests of single pile 225
5.3　Bearing mechanism of uplift pile 232
5.4　Difference and similarity of uplift pile and compression pile 238
5.5　Design method of uplift pile 241

Chapter 6　Bearing behavior of laterally loaded pile 246

6.1　Introduction 246
6.2　Static lateral load test of single pile 247
6.3　Bearing mechanism of laterally loaded pile 253
6.4　Calculation of laterally loaded single pile 256
6.5　Calculation of laterally loaded pile group 271
6.6　Design of laterally loaded pile 274
6.7　Technical measures of improving bearing capability of anti-horizontal force of pile foundation 282

Chapter 7　Pile foundation design 284

7.1　Introduction 284

7.2　Design principle of foundation ······ 285
7.3　Design idea, principle and content of pile foundation ······ 291
7.4　Pile foundation design under control of distortion ······ 293
7.5　Selection and optimization of pile type ······ 296
7.6　Planar arrangement of pile ······ 298
7.7　Selection of bearing layer of pile foundation ······ 304
7.8　Selection of pile length and diameter ······ 305
7.9　Calculation of bearing capability and planar arrangement of pile in cap ······ 308
7.10　Design and calculation of cap structure ······ 314
7.11　Seismic design of pile foundation ······ 321
7.12　Design principles of pile foundation under special conditions ······ 331
7.13　Design of post-grouting at pile end (side) ······ 335
7.14　Design of composite foundation ······ 347
7.15　Design of composite pile foundation ······ 357
7.16　Design cases of pile foundation ······ 366
7.17　Brief introduction of idea on design program of pile foundation ······ 370

Chapter 8　Construction of pile foundation ······ 374

8.1　Introduction ······ 374
8.2　Investigation and preparation before pile foundation construction ······ 375
8.3　Construction of prestressed tubular pile ······ 377
8.4　Construction of precast concrete square pile ······ 388
8.5　Construction of steel pile ······ 392
8.6　Construction of Tube-sinking Poured Piles ······ 396
8.7　Construction of bored pile ······ 402
8.8　Construction of artificial bored pile ······ 424
8.9　Construction of Squeezed Branch Pile ······ 429
8.10　Construction of Large-Diameter Thin-Wall tubular pile ······ 434
8.11　Construction of cement mixing pile ······ 437
8.12　Construction of gravel pile ······ 438
8.13　Post-grouting technique at pile end (side) ······ 439
8.14　Counter measure of accident in pile foundation engineering ······ 448
8.15　Budget accounts of pile foundation engineering ······ 452
8.16　Construction supervision of pile foundation engineering ······ 454

Chapter 9　Design of soldier pile ······ 456

9.1　Introduction ······ 456
9.2　Design summation of soldier pile of pit ······ 457
9.3　Calculation of soil pressure ······ 459
9.4　Design of self-stand support ······ 461
9.5　Structural design of Soldier Pile support ······ 465

9.6	Concrete diaphragm wall retaining structure	471
9.7	Soil nailed wall retaining structure	474
9.8	Key points of construction and supervision of pit excavation	477
9.9	Case history of foundation pit bracing structure	479
9.10	Design of slope anti-slide pile	483

Chapter 10 Test and inspection of pile foundation 491

10.1	Introduction	491
10.2	Content of test and inspection of pile foundation engineering	492
10.3	Design of model test	493
10.4	Indoor centrifuge test of pile foundation	494
10.5	Inspection of hole quality of in-situ pile foundation	500
10.6	Test of drilling core	505
10.7	Inspection of pile shaft quality with low-strain reflective wave method	509
10.8	Inspection of pile shaft quality with supersonic wave method in hole	516
10.9	Test of bearing capability of pile foundation—static loading test	526
10.10	High-strain dynamic testing	526
10.11	Principle of testing with self-balanced method	537

References 540

桩基础高层建筑

钻孔灌注桩开挖后

钻孔桩机械扩底钻头

钻孔桩普通钻头

钻孔桩施工

旋挖取土钻机

冲击灌注桩

钻孔桩气举反循环清孔

螺旋取土钻

SMW工法

抓斗式成槽机

旋转式成槽机

 地下连续墙钢筋笼
 人工挖孔桩灌注前
 振动式沉管灌注桩桩架

 锤击式打桩机
 抱压式静力压桩机
 顶压式静力压桩机

 水泥搅拌桩
 抗拔锚杆桩
 基坑围护桩

 沙包堆载法抗压静载试验
 水泥块堆载法抗压静载试验
 锚桩法抗压静载试验

第1章 绪 论

当你拿到本书时,你已经进入大土木工程专业课的学习中。桩基工程是工业与民用建筑、交通、港航、市政和地下工程等专业的专业必修课或选修课。桩基础也是我国现阶段广泛使用的主要基础形式之一。合理使用桩基础既能有效地控制建(构)筑物沉降变形,又能提高建(构)筑物的抗震性能,从而确保建(构)筑物的长期安全使用。但由于种种原因,目前各种地质条件下地基基础事故层出不穷,对国家和人民财产造成了重大损失,所以有必要通过系统学习掌握桩基础的正确设计施工方法。

1.1 地基基础问题的提出

地基基础中为什么要使用桩基础?什么条件下使用桩基?如何学习桩基工程?桩基在工程实际中如何应用?如何解决桩基工程中遇到的各种问题?本书将向你介绍桩基工程的基本原理,桩基设计、施工、检测的各类方法,以及各种桩基工程问题的处理措施。下面先让我们来看看典型的地基基础事故分析。

1.1.1 典型的地基基础事故分析 (typical accident analysis of foundations)

1. 比萨斜塔倾斜原因分析 (the Leaning Tower of Pisa)

比萨斜塔是意大利比萨大教堂的一座钟楼,塔高55m,共8层。斜塔在1173年9月8日破土动工,建到第4层时出现倾斜,1178年被迫停工,1272年重新开工,1278年又停工,1360年再次复工,直到1370年全塔竣工,建塔前后历时近两百年,可谓世界建筑史一奇。

斜塔呈圆柱形,塔身1~6层由优质大理石砌成,塔顶7~8层由轻石料和砖砌成,全塔总荷重为145MN,地基承受接触压力高达500kPa,斜塔自北向南倾斜,倾角约$5.5°$,塔顶离开竖向中心线的水平距离5m多,倾斜已达极危险状态(图1-1),所以2003年对其进行了加固处理。

经过后来的分析发现,造成比萨塔倾斜的主要原因是塔身基础面积较小,其基础的集中荷载大于淤泥质黏土和砂土组成地基的承载力,且地基略有不均,所以形成塔身偏心荷载,导致塔身倾斜,而地基的后期塑性变形则使倾斜不断加剧。其实比萨斜塔旁边还建造有主教堂(始建于1063年,到1092年建成)和洗礼堂(始建于1153年,到13世纪末建成),地质条件相似,但由于主教堂和洗礼堂基础底面积大,总高度相对较低,对地基的单位面积荷载相对较小,所以主教堂和洗礼堂虽有沉降,但沉降基本均匀,一直以来正常使用。该工程如果使用桩基础,则不会出现倾斜现象,也就不会存在现在的比萨斜塔了。

2. 武汉QY小区B栋18层住宅因桩基础事故爆破拆除(图1-2)

武汉QY小区B栋18层住宅因桩基础事故爆破拆除,该工程地质条件特征为深湖区沉积,上部0~4m为近期填筑的杂填土,4~20m左右为高灵敏度的淤泥层,20m以下为

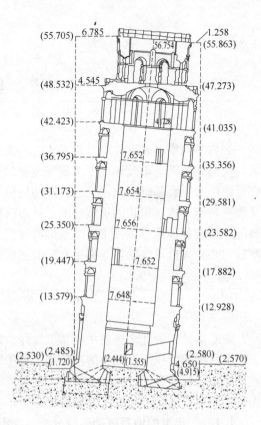

图 1-1 比萨斜塔

中细砂层（中密以上），而且中细砂层的顶界面呈坡状。建筑物为 18 层点式全剪力墙＋1 层地下室。设计采用 φ426 夯扩桩，桩端进入持力砂层的深度仅 1～1.5m（属底端可转动的夯扩桩），共布桩 336 根。设计单桩竖向极限承载力要求为 2200kN。整个工程打桩速度很快，B 幢夯扩桩先打完就进行基础和上部结构施工，同时临近的 C 幢继续打桩。结果当 B 幢施工至结构结顶时沉降过大且不均匀沉降，所以被迫爆破拆除。

事故的主要诱因之一是：桩型选择不理想。所用夯扩桩入持力层中细砂仅 1m 多，扩底形成可转动球铰，整个桩身重落在稀软淤泥层内，300 多根桩打桩挤土使桩侧土桩端土结构完全破坏。虽然基础的基底埋深 3m，但埋深部分周围是松散杂填土层且其下为淤泥

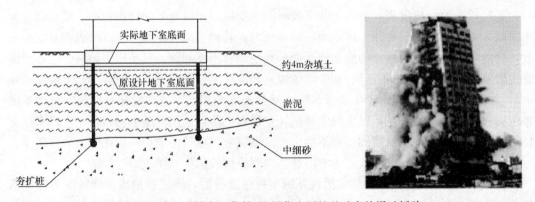

图 1-2 武汉 QY 小区 B 栋 18 层住宅因桩基础事故爆破拆除

层。一旦承受水平向外力，336 根 $\phi426$ 的夯扩桩几乎可自由地绕其底端铰转动。同时，该楼西南侧 C 栋高层在 B 栋出事前正在开展大面积夯扩桩施工，在半个多月时间内打入 60 余根夯扩桩（长 21.5m，$\phi426$），混凝土方量计 260 余 m^3，造成对 B 栋基础的挤土位移和淤泥层扰动破坏，使桩侧土体抗剪强度骤降至 10kPa 以下，几乎形成流动状态，底部夯扩桩振动使砂土液化。再加上下列所述的 10 种诱因，造成多因一果——使正在建造将要结顶的 B 栋 18 层桩基础整体失稳，被迫炸掉。事故主要原因刘祖德教授归纳为：

1) 本工程桩型选用夯扩桩错误，夯扩桩承载力设计过高；
2) 基坑支护不力，甚至大部分坑侧无支护，造成桩基偏位；
3) 施工速度超常规（从打桩到结顶倾斜仅 11 个月）；
4) 基坑开挖无序，边打桩边开挖，边开挖桩边斜；
5) 应急处理不当，部分桩基偏位采用歪桩正接，受力恶化；
6) 后期处理决策失误，将基坑开挖改浅，基础埋深改薄，更趋不稳；
7) 检测监测不力，无基坑深层土体水平位移资料；
8) 邻楼打桩，增加不利因素（侧挤位移、振动、扰动土）；
9) 抢救无序，病急乱投医，在桩基偏位和厚层淤泥扰动情况下浅部快速注浆更加重了扰动；
10) 运行机制不健全，管理混乱，内部无约束。

总之，该栋建筑是设计施工不规范造成桩基事故的典型案例，必须引以为鉴。

3. 温州某商厦 X 型预制桩沉降分析（a building in Wenzhou City）

温州某商厦位于温州车站大道，该工程原设计为 9 层，共布桩 186 根 X 型预制桩，施工时加层 3 层，增补 5 根钻孔桩，共 12 层，框架结构，标准层的平面面积为 $569.5m^2$，有地下室一层。采用桩筏基础，筏板厚 2m，基础平面尺寸为 33.2m×17.8m，基础埋深 5m。于 1995 年打桩，采用 X 字型预制桩，采用 260t 压桩机施工。桩截面尺寸为 500mm×500mm，且为 X 字型截面，桩侧土为高含水量、高灵敏度的淤泥和淤泥质土，桩端设计为粉质黏土。最初压桩施工以压桩力主控，桩长为辅控，设计桩长为 37m，实际桩长由于压桩力控制不一定达到设计桩长。1996 年商厦竣工时运行正常。

2003 年 12 月 21 日突然发生沉降，沉降速率最大为 7mm/d，累计沉降最大达 131mm，且发生倾斜达 8.6‰，如图 1-3 所示。

经过分析，事故的原因主要为：一是建筑物使用期间，二次装修增加了上部荷载，且荷载分布不均匀；二是设计时布桩选型和布置不合理，楼房的重心与基础反力中心有一定量的偏离，结构选型不合理，抗侧向刚度弱，设计安全度低，加层后布桩不合理；三是在桩基实际施工时由压桩力控制桩端可能未达到持力层，预制桩打桩挤土严重，使桩成为摩擦桩，在外因作用下因侧阻软化造成刺入破坏；四是黎明立交桥、车站大道的汽车振动使土体产生振动蠕变而引发沉降，同时，较大的振动荷载导致了桩侧摩阻力和桩端阻力的下降。本工程后来通过静压锚杆桩加固，最后控制了房屋基础沉降并交付使用。

4. 台州某购物中心钻孔桩事故分析（a building in Taizhou City）

台州某购物中心（图 1-4），楼高 8 层，下部为两层商场，上部为住宅楼，由东楼、西楼和裙房组成。基础设计采用桩径 $\phi800mm$、桩长 45m 的钻孔灌注桩，桩端持力层为砾石层，桩侧土为海相淤泥质土。楼房竣工后最大沉降达到 20cm 且东西楼不均匀，造成严

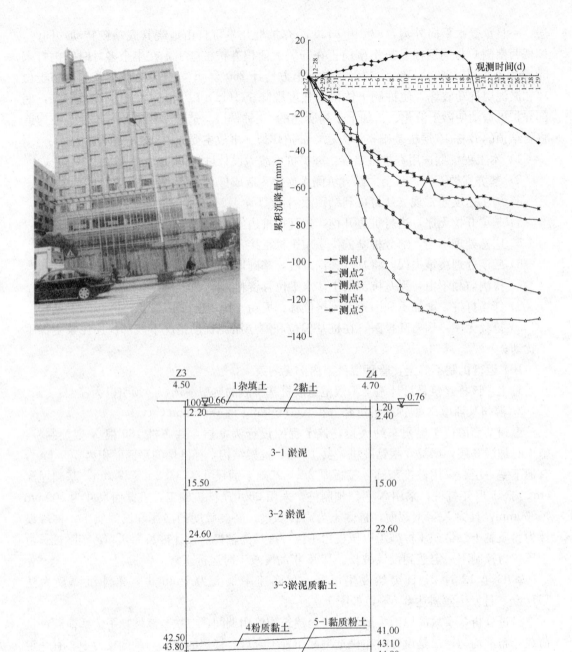

图 1-3 温州某商厦及事故时沉降实测值

重的工程质量事故。

经分析软土层厚度较大且分布不均，桩基施工中桩侧泥皮较厚导致侧阻力下降和桩端砾石层扰动及沉渣处理不干净导致端阻力下降，造成桩基承载力达不到设计要求，是典型的桩基施工质量事故，遭到浙江省建设厅的处罚，最后对其进行了加固处理。

5. 福建罗长高速公路路基事故分析（Luo-Chang Expressway of Fujian Province）

图 1-5 为 2004 年福建罗长高速公路亭江长柄高架桥发生的路基特大坍塌，左幅长 70 余米的路基断裂后，从中央分隔带直立整体侧向滑移，横向推移影响距离约 100m，坍塌

深度约10m,形成一个巨大的"U"形断裂,未坍塌的高速公路右幅发生纵向裂缝,并有扩大趋势。

图1-4 台州某购物中心

图1-5 福建罗长高速公路

该路段地基处于沿海山区沟壑地形海相沉积的复杂地质状况地段,在地表水和短时间集中暴雨渗入路基后,地基和填土路基强度降低,在高路堤的重力作用下,导致地基失稳,产生整体滑移。该软土路基工程设计中没有采用桩基础及边坡加固是一大欠缺。

6. 温州某大厦全套管干取土灌注桩事故处理（a building in Wenzhou City）

温州某大厦,如图1-6所示,楼高20层,原设计采用全套管干取土混凝土灌注桩,桩径$\phi 800mm$、$\phi 1000mm$,桩长约为40～45m,持力层为中风化凝灰岩,共布桩200多根,桩径$\phi 1000mm$桩的单桩竖向极限承载力设计要求达到12000kN。施工过程中,在套管内取土并进入基岩,但该地承压水位较高,而桩基灌注混凝土时没有使用导管而直接在钢套管内浇灌。桩基施工完毕做单桩静载试验发现单桩极限承载力只有4000～5000kN。通过对桩身混凝土取芯发现在距桩顶约35～40m段混凝土严重离析,分析其原因是浇灌混凝土时承压水从套管底

图1-6 温州某大厦

部漏进套管内使混凝土离析,结果造成约200多根工程桩全部报废的严重工程质量事故,补救措施是重新补打约200多根桩并采用桩底注浆技术措施,该大厦现已竣工交付使用,情况良好。

1.1.2 大型工程的成功基础形式 (good foundation types of Large Projects)

1. 超高层建筑基础 (supper-tall building foundations)

金茂大厦位于上海浦东新区陆家嘴金融贸易区黄金地段,与著名的外滩风景区隔江相望,如图1-7所示。金茂大厦占地面积2.4万m^2,高420.5m,主楼有88层,裙房有6

图1-7 上海金茂大厦

层，地下室3层，总建筑面积29万 m^2。金茂大厦地下室开挖面积近2万 m^2，基坑周长570m，开挖深度19.65m，是当时上海地区软土地基施工中开挖面积较大、开挖深度较深的基础。主楼基础工程桩采用大承载力的钢管桩，桩长83m，桩径为ϕ914.4mm，t20mm，桩尖标高-78.5m，主楼桩持力层为细砂加中粗砂，共布桩430根，设计单桩竖向承载力特征值为7500kN。裙房桩桩长48m，桩径为ϕ609.6mm，t14mm，桩尖标高-43.0m，共布桩638根。设计单桩竖向承载力特征值为3500kN。桩基工程采用直接打入法沉至设计标高。金茂大厦已经成为中国的标志性建筑之一。

2. 大型桥梁基础（large-scale bridge foundation）

东海大桥工程是上海国际航运中心洋山深水港（一期）工程的重要配套工程，为洋山深水港区集装箱陆路集疏运和供水、供电、通讯等需求提供服务。东海大桥是全球现有的30多座跨海大桥中最长的一座，如图1-8所示。东海大桥全长约32.5km，海上段长25.5km，全桥桩基8712根，墩822个，使用抗弯能力强、承载能力高的ϕ1500mm钢管桩约5000余根。东海大桥主通航孔为主跨420m的钢混结合梁斜拉桥，桥址位置地层主要为黏土层和砂层，分布较为稳定。上部黏土层土质较软，呈饱和、流塑状态；下部砂层坚硬密实，厚度大，标贯击数较大。主墩桩基础均为ϕ2500mm大直径钻孔灌注桩，每个主墩桩数38根，桩长达110m。东海大桥已于2005年5月全线贯通。

3. 港口码头基础（port foundation）

洋山深水港是我国港口建设史上规模最大、建设周期最长的工程，其位于杭州湾口、长江口外，上海芦潮港的东南，一期工程长1600m的码头岸线安排了5个集装箱泊位，9台高大的超巴拿马型桥吊耸立在码头上，填海生成的1.5km²的陆域已经形成。深水港泊位的水深达15m以上，设计年吞吐能力220万标准箱，如图1-9所示。

图1-8 东海大桥

图1-9 洋山深水港码头

洋山深水港码头一期全长1600m、宽42m，为高桩梁板结构，使用了大量的桩基础，共打桩2800多根，其中在海上打了104根φ2200mm的嵌岩桩，其余为2700多根φ1200mm、φ1700mm，长45～62m的钢管桩。其中嵌岩桩一直要嵌到水下岩石中4～5m，最深处在海面以下40m。洋山深水港码头已于2005年12月开港使用。

4. 大型深埋地下结构中的应用（apply to deep underground structure）

图1-10是正在建设的500kV上海世博变电站，该变电站是一个圆筒状的地下结构，分为四层，直径130m，埋置深度约34m，面积5.3万 m^2，顶部离地面距离在2m以上，是城市建设中典型的深埋地下结构。其开挖面积之大，开挖深度之深在上海乃至全国的城市地下工程中尚无先例。

图1-10 上海世博地下变电站采用的超深桩基础

此工程地质地貌类型属滨海平原，场地内30m以上普遍分布有多个软黏土层，且地下水埋深较浅。基础采用桩筏基础，基坑工程共有80幅地下连续墙，共打下886根超深灌注桩，抗压桩桩径950mm，埋深达89.5m，有效桩长55.8m，并实施了桩端后注浆技术，设计极限承载力为15200kN。由于正常使用阶段较大的地下水浮力，工程设置了抗拔桩，桩径800mm，地面起总桩长82.6m，有效桩长48.6m，并且一部分采用了扩底桩，一部分采用了桩侧后注浆技术以增加其抗拔承载力。

上述工程实例表明，桩基础在地基基础中有着广泛应用，并起着十分重要的作用，且桩基础设计成功与否，关系到整个建（构）筑物的长久安全。

1.2 桩基的定义

桩（pile）是深入土层的柱型构件，其作用是将上部结构的荷载通过桩身穿过较弱地层或水传递到深部较坚硬的、压缩性小的土层或岩层中，从而减少上部建（构）筑物的沉降，确保建筑物的长久安全。

桩基（piles foundation）通常是由基桩和连接于桩顶的承台（bearing platform）共同组成，承台与承台之间一般用连梁（bearing platform beam）相互连接。若桩身全部埋入土中，承台底面与土体接触，则称为低承台桩基（low capping pile foundation），一般的建筑物桩基础都采用低承台桩；当桩身上部露出地面而承台底面位于地面以上，则称为高承台桩基（pile foundation with elevated caps），桥梁工程一般为高承台桩。若只用一根桩来承受和传递上部结构荷载，这样的桩基础称为单桩基础；由2根或2根以上基桩来共同承受和传递上部结构荷载，所组成的桩基础为群桩基础（group piles foundation）。

墩（pier）一般是指直径较大桩身较短的桩，长径比一般小于20，桥梁的桥墩直径可达到20多米。桥墩的深度视地质条件而定，持力层一般选择坚硬的岩土层。墩一般只计端承力而不计侧阻力。

1.3 桩基的作用

在一般房屋基础工程中，桩基础以承受垂直的轴向荷载为主。但在港航、桥梁、高耸塔型建筑、近海钻采平台、支挡建筑、以及抗震建筑等工程中，桩还需承受来自侧向的风力、波浪力、土压力等水平荷载。在大型地下室等工程中桩基还需承受抗拔力。所以桩的作用主要是传递力，它可以传递竖向抗压力（vertical compressive resistance）、竖向抗拔力（vertical anti-pulling force）和水平力（horizontal force resistance）。其目的就是通过桩的作用将上部结构的荷载传递到土层中，从而确保建（构）筑物的长期安全使用。

桩基通过作用于桩端的端承力和桩侧土层向上的摩阻力来支承上部抗压轴向荷载的能力，称之为桩的竖向抗压承载力。桩基通过作用于桩侧土层向下的摩阻力来支承上部抗拔轴向荷载的能力，称之为桩的竖向抗拔承载力。桩基通过桩侧土层的侧向阻力来支承横向水平荷载，称之为桩的抗水平承载力。

桩基根据不同的工程地质条件、不同的荷载特点和不同的施工方法及不同的用途，可以发挥各种不同的作用，桩的作用主要有：

1. 通过桩侧表面与桩周土的接触，将荷载传递给桩周土体获得桩侧阻力，同时随着上部荷载的增大通过桩将荷载传给深层的桩端岩土层获得桩端阻力，从而根据设计需要来安全地支承上部建（构）筑物的荷载；

2. 对于液化的地基，通过桩将上部荷载穿过液化土层，传递给下部稳定的不液化土层，以确保在地震时建（构）筑物安全，此时桩起到抗震作用，实质上一般桩基础都具有良好的抗震性能；

3. 桩基可具有很大的竖向刚度和较高的竖向承载力，因而对地基承载力不能满足浅基础设计需要时，可以采用桩基础来设计，同时采用桩基础后可以减少建筑物的沉降和变形，而且沉降比较均匀，可以满足对沉降要求特别高的上部结构的安全和使用要求；

4. 桩基可具有很大的竖向抗拔承载力，可以满足高地下水位大型地下室等大型浅埋地下工程的抗浮要求；

5. 桩基可具有较大的抗水平承载力，可以满足建（构）筑物抵抗风荷载和地震作用引起的巨大水平力和倾覆力矩，从而确保高耸构筑物和高层建筑的安全；

6. 桩基可以改善地基基础的动力特性，提高地基基础的自振频率，减小振幅，保证机械设备的正常运转；

7. 桩作为支护桩使用可以保证地下基坑开挖时围护结构的安全性；

8. 桩作为边坡加固抗滑桩使用可以减缓和约束滑坡危害；

9. 桩基还有些特殊的用途，如标志桩、试锚桩、塔吊桩、锚杆桩等，可以根据不同的需要来设计。

总之，桩的作用是通过土层传递荷载，并根据不同的需要满足建（构）筑物的荷载和变形要求。

1.4 桩基工程学的研究内容

桩基工程学是一门实践性很强的学科,对于桩基工程问题的研究涉及了许多的学科,包括数学、物理学、化学、土力学、工程地质学、岩石力学、材料力学、结构力学等。桩基工程学研究的内容也是多方面的,主要包括桩基工程勘察、单桩和群桩在竖向荷载作用下的受力性状、桩基沉降计算、抗拔桩、水平受荷桩、桩基础设计、桩基工程施工、支护桩设计、桩基工程试验与检测等内容。

桩基工程研究的是桩的受力机理——计算理论、方法——施工工艺——勘察检测——事故处理等一系列问题,需要充分结合工程实际进行分析。

1.5 桩基工程学的研究分析方法

桩基工程学科在分析方法上要将理论研究、现场测试和工程实践三者有机地结合起来。

1.5.1 理论研究(theoretical study)

桩基工程的理论研究包括各种类型桩在荷载作用下的受力机理,各种类型桩的沉降计算方法,各类桩基设计的理论等。理论研究可以说是随着工程实践而发展,又为工程实践提供了可靠的基础。桩基设计理论吸取了其他学科先进的成果,取得了快速的发展,建立和形成了许多理论,如复合桩基理论、疏桩基础理论、桩基与上部建筑物协同作用理论等,理论研究对于工程的优化设计作用显得越来越重要。

理论研究的方法现在也很多,包括解析分析、数值分析、试验分析以及工程实测分析等,随着计算机、数值计算方法、高分子化学等学科的快速发展,尤其是岩土工程领域研究的快速发展,为桩基工程理论的研究提供了更好的平台。

1.5.2 现场测试(test in site)

桩基工程现场测试是进行桩基分析研究的不可缺少的重要一环,桩基现场测试包括承载力静力测试、动力检测、位移监测等方法,它们分别针对桩基础不同方面的特性进行测试。理论上涉及了静力学、动力学、声学、测量学等诸多学科,随着测试仪器设备的不断发展,现场测试已经可以取得大量理论研究所需的数据。现场测试是完全基于对工程实际情况的反映,对验证理论分析的结果有着至关重要的作用。

现场测试的研究依赖于各种测试技术的发展,如桩端沉降测量技术、桩身应力测量技术等都为桩的受力特性和荷载传递规律的研究提供可靠的依据。另外,大量的现场测试数据的统计规律的分析也为桩基的研究提供了基础。

1.5.3 工程实践(engineering practice)

桩基工程是一门实践性非常强的学科,许多规律、原理都是基于对工程实践中问题的发现和提出而开始,最终理论研究和现场测试也要服务于工程实践。因此,对桩基工程学的分析,工程实践是必不可少的,应该在工程实践中不断地进行总结和创新,以达到在保证长久安全的前提下,既经济合理,又施工方便快速。

总之,要将理论研究和现场测试的研究成果应用于工程实践,通过工程实践中的反馈,进一步推动理论的发展。

1.6 桩的发展过程

1.6.1 桩在国外的发展过程 (pile in the process of development abroad)

1. 桩基技术的初级阶段 (primary stage of pile foundation technique)

从人类有记载历史以前至 19 世纪中、末期，主要桩型为木桩。人类最早所使用的木桩，主要是凭其四肢和体力攀折大自然中的树木枝干打入土中，后来才逐渐借助于最原始的石器工具砍树伐木打入土中而成桩。

1981 年 1 月美国肯塔基大学的考古学家在太平洋东南沿岸智利的蒙特维尔德附近的杉树林内发现了一所支承于木桩上的木屋，经用放射性 C_{14} 测定，知其距今已有 12000～14000 年历史。这可能是全球迄今所发现的人类最古老的建筑物和木桩遗存之一。

自有桩以来直至公元 19 世纪末（在部分国家和地区至 20 世纪中期），木桩经历了一段漫长的时期。考古研究表明，世界许多国家都存在着人类自新石器时代伊始在不同年代利用木桩支承房屋、桥梁、高塔、码头、海塘或城墙的遗址。

在西方，古罗马具有应用木桩的悠久历史。意大利 16 世纪的一位建筑工程师 Andrea Palladio 曾根据公元前 55 年凯撒大帝的一段文字叙述，绘制了一幅老木桥的结构图，提供了 2000 多年前古罗马帝国用木桩造桥的一个珍贵佐证。

在英国，历史上由罗马人修建的桥梁和住宅中有许多木桩的例证。中世纪在东安格里其沼泽地区修建的大修道院采用了橡木和赤杨木桩。

瑞典应用木桩也有悠久历史。1981 年曾对奥斯陆市始建于公元 12 世纪至 14 世纪的若干座著名的大教堂进行了整修，发现它们的木桩基础完好无损。

瑞典大约在中世纪，打桩的工具已由手工木槌、石槌渐渐发展至由绞盘提升锤头，然后让其自由坠落冲击桩顶，这就是今日所称的落锤法施工。

随着打桩数量的增加和深度的加深，自由落锤式打桩机渐渐显得无能为力。于是，至 1782 年，亦即瓦特发明改良的蒸汽机后约 13 年，蒸汽打桩锤应运而生，至 1911 年，亦即狄塞尔发明内燃机后约 18 年，导杆式柴油机打桩锤问世；大约又过了 20 年，高效的筒式柴油打桩锤问世。

图 1-11 是 19 世纪末期至 20 世纪 30 年代瑞典的建筑物基础的典型做法及其演进，当时所用的木桩长度一般不超过 12m。大约至 20 世纪 40 年代后期，瑞典木桩的长度达到了 20m。

长期的应用经验表明，木桩的突出优点是：强度与质量之比值（R/m）大；易于搬运

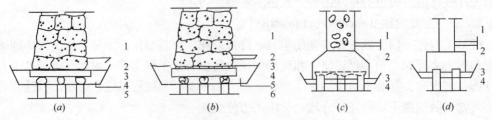

图 1-11 瑞典历史上建筑物的木桩基础
(a) 1900 年以前；(b) 1880 年至 1930 年；(c) 1910 年至 1950 年；(d) 1950 年以后

和施工操作；当全部处于稳定的地下水位以下时，由于能抵抗真菌的腐蚀，木桩几乎具有无限长的寿命。但木桩如处于水位变化或干湿交替的环境中，它极易腐烂，即使做防腐处理，其耐久性也很差。

木桩直接取材于天然资源，它的长度、直径和强度都受到一定的限制。由于上部结构荷载增大，以及地基的良好持力层埋藏深度加深，木桩的弱点逐渐暴露。同时，随着工程建设规模不断扩大，在一些地区出现了木材短缺供不应求的现象。

2. 桩基技术的发展阶段（development stage of pile foundation technique）

19 世纪初期以前主要使用木桩。

19 世纪 20 年代，开始使用铸铁板桩修筑围堰和码头。

到了公元 19 世纪后期，钢、水泥和混凝土相继问世，并且研究生产了钢筋混凝土，它们先被成功地应用于桥梁、房屋建筑等的上部结构，继而又被成功地用作制桩材料。公元 19 世纪末，在美国、瑞典等国分别打下了世界历史上最早的钢管桩和最早的钢筋混凝土预制桩。

1871 年美国芝加哥市发生的一场大火，产生了直至今日一直被世界许多国家和地区广泛应用的人工挖孔桩。当时芝加哥市区约 2 万幢建筑物都被烧毁。在灾后的城市重建中，为了提高土地利用率，兴起了建造高层建筑的一股热潮（因此芝加哥后来被称为世界高层建筑的故乡）。但芝加哥城市地表以下存在着厚度很大的软土或仅有中等强度的黏土层，而建造高层建筑如仍沿用当时盛行的摩擦桩，必然会产生很大的沉降。于是工程师不得不考虑把桩设在很深的持力层，为了满足承载要求，还必须把桩的截面设计得很大。但这样的桩既不能用木桩制作，若用钢管桩、型钢桩或钢筋混凝土预制桩，依靠当时的打桩设备也难以打至必要的深度。于是借鉴人类古代的掘井技术，人工挖孔桩应运而生，这种桩后来就被称作"芝加哥式挖孔桩"。

1899 年俄国工程师斯特拉乌斯（CT-PAYC）首创了沉管灌注桩新桩型。稍后，1900 年美国工程师雷蒙特（Ray-mond）在信息封闭完全不知道前者的情况下，也独自制成了沉管灌注桩，他把它命名为"雷蒙特桩"。

上述人工挖孔桩和沉管灌注桩都是人类有了混凝土后对桩型的重大突破，它们至今已百余年，仍在世界各地被广泛应用，并有了新的改进。

到 20 世纪初，美国出现了各种形式的型钢，特别是 H 型的钢桩受到营造商的重视。美国密西西比河上的钢桥大量采用钢桩基础，到 30 年代在欧洲也被广泛采用。二次大战后，随着冶炼技术的发展，各种直径的无缝钢管也被作为桩的建筑材料用于基础工程。

20 世纪初钢筋混凝土预制构件问世后，才出现厂制和现场预制钢筋混凝土桩。1949 年美国雷蒙特混凝土桩公司最早用离心机生产了中空预应力钢筋混凝土管桩。

在这个阶段，桩基的初步理论研究也应运而生了。俄国教授格尔谢万诺夫于 1917 年发表了著名的打桩动力公式。瑞典学者 Bjerrum 等曾于 1948 年对钢筋混凝土预制桩和木桩的极限承载力作了比较研究。

归纳起来，桩基发展时期的主要特点是受水泥工业出现及其发展的影响，桩型不多，开始使用打桩机械沉桩，桩基设计理论和施工技术比较简单，处于萌芽阶段，桩身规格有所扩大，另外土力学的建立也为桩基技术的发展提供了理论基础。

3. 桩基技术的现代化阶段（modernization stage of pile foundation technique）

随着第二次大战后世界各地经济复苏与发展，高层、超高层建筑物和重型构筑物不断兴建，桩基工程也得到了快速的大规模的发展。在这个阶段除钢筋混凝土桩外发展了一系列的桩系，如钢桩系列、水泥土桩系列、特种桩（超高强度、超大直径、变截面等）系列以及天然材料的砂桩、灰土桩和石灰桩等。另外，还出现了大量的新桩型、新工艺、新技术等。

20世纪40年代随着大功率钻孔机具研制成功，钻孔灌注桩首先在美国问世。70～80年代以来，钻孔桩在世界范围出现了蓬勃发展的局面，其用量逐年上升，居高不下。

20世纪50年代后期在美国德克萨斯州首先成功地应用小直径钻扩桩。此后，印度、前苏联、英国等也将小直径钻扩桩成功地用于工程实践中。

20世纪前叶，建（构）筑物的纠偏技术、托底技术及增层加载时的地基基础加固技术已在一些国家开始受到重视。例如意大利早在20世纪30年代已发明了树根桩技术，专门用于纠偏、托底。另外，基于老城区改造、老基础托换加固、建筑物纠偏加固、建筑物增层以及补桩等需要，小桩及锚杆静压桩技术日趋成熟，应用广泛。小桩又称微型桩或IM桩，是法国索勒唐舍（SOLETANCHE）公司开发的一种灌注桩技术，小桩实质上是小直径压力注浆桩。

20世纪90年代中期，挤扩支盘灌注桩和DX挤扩桩技术在我国发明，挤扩支盘灌注桩可以大幅提高单桩承载力，能够取得较显著的经济效益，支盘桩和DX挤扩桩造型新颖，具有先进的施工工艺，20世纪90年代在国内取得国家发明专利权以后，又分别在美国、欧洲、日本、加拿大和泰国取得了专利权，在国内外都属于一种新桩型。但挤扩支盘灌注桩用于群桩按等代墩基计算对桩沉降控制作用不大，尚待研究。

随着对打入式预制桩的要求越来越高，诸如高承载力、穿透硬夹层、承受较高的打击应力及快速交货等要求，PHC管桩在欧美、日本、前苏联及东南亚诸地区大量采用。日本使用的预制混凝土桩几乎均为PHC桩。1970～1992年间，日本管桩的年产量在520～830万吨之间。

日本从上世纪80年代就大量采用"钻孔植桩、灌浆固根"的成桩工艺。其主要工艺是先钻孔到中、微风化岩层，然后安插管桩，最后在桩底灌浆；或边沉桩边取土，最后在桩底和桩身灌浆。该工法单桩承载力比目前我国的静力压桩和锤击打桩高得多，并减少了锤击和抱压对管桩的损伤和强度的损失，采用此工艺施工的 $\phi 500\sim 1250mm$ 管桩极限承载力可达12000kN。该类工法的机械设备先进，但价格昂贵，或由于对此认识不足，国内很少应用。

近十几年来钢管混凝土管桩在日本、美国、加拿大、新西兰等国家有了较大的发展。这些国家的应用表明，由于钢管混凝土桩具有更高的承载力和抗弯性能，且抗震性能好，便于运输，便于安装，对某些工程需大直径（$\phi 1000mm$ 以上）高轴向承载力的超高强混凝土管桩，采用钢管混凝土管桩具有更好的技术经济指标，是发展预应力管桩的一条新途径。

近些年来，大直径钻（挖）孔扩底桩由于具有承载力高、成孔后出土量少、承台面积小等显著优点，在国内外得到了广泛应用，扩孔的成型工艺也发展到爆扩、冲扩、夯扩、振扩、锤扩、压扩、注扩、挤扩和挖扩等众多种类。

另外，为了提高单桩承载力（桩侧摩阻力和桩端阻力），国内外大量发展异型桩。异型桩包括横向截面异化桩和纵向截面异化桩。横向截面从圆截面和方形截面异化后的桩型有三角形桩、六角形桩、八角形桩、外方内圆空心桩、外方内异形空心桩、十字形桩、X形桩、T形桩及壁板桩等。纵向截面从棱柱桩和圆柱桩异化后的桩型有楔形桩（圆锥形桩和角锥形桩）、梯形桩、菱形桩、根形桩、扩底柱、多节桩（多节灌注桩和多节预制桩）、桩身扩大桩、波纹柱形桩、波纹锥形桩、带张开叶片的桩、螺旋桩、从一面削尖的成对预制斜桩、多分支承力盘桩、DX桩以及凹凸桩等。

随着岩土工程技术的不断发展，桩基技术也日趋成熟。特别是随着计算机技术的应用，使桩基设计、施工、监控技术数值化，桩基技术更朝着信息化方向发展。同时，高层建筑的兴起和工程地质条件的日趋复杂化，使桩基技术又面临新的挑战。在市场经济体制下，工程质量高、进度快、造价低的苛刻要求，迫使桩基技术人员向更高的桩基技术迈进，先后设计出各种异形桩，如结节桩、扩底桩、多级扩径桩或变截面桩等，以此来提高桩的承载力和满足各种工程建设的需要。可以说，桩形、尺寸和工艺的发展给桩基承载性能、设计理论和方法的研究提出了新的课题。

1.6.2 桩在我国的发展过程

1. 1949 年建国之前

桩在中国起源于距今 6000～7000 年的新石器时代。

中国的考古学家于 1973 年和 1978 年相继在长江下游以南浙江省东部余姚市的河姆渡村发掘了新石器时代的文化遗址，出土了占地约 4 万 m^2 的木桩和木结构遗存，如图 1-12[80]。经测定，其浅层第二、第三文化层大约距今 6000 年，深层第四文化层大约距今 7000 年。这是太平洋西岸迄今发现的时间最早的一处文化遗址，也是环太平洋地区迄今发现的规模最大、最具有典型意义的一处文化遗址和木桩遗存。

图 1-12 河姆渡村木桩遗址

而后，自 1996 年 10 月至 1997 年 1 月，中国的考古学家又在浙江余姚市的鲻山（东距河姆渡约 10km）等地发掘了木桩遗迹，其时代与河姆渡遗址相同。2005 年在浙江萧山湘湖也发现同时代的大量木桩。

河姆渡出土文物表明，人类在新石器时代，已具备了制桩和打桩的成套工具，其中包括令今人十分惊奇的带有木柄且用榫卯结合的石斧、石凿、石槌、木槌，以及用动物骨制成的锐利的刀具等。

考古研究表明，中国有许多地方存在着先人利用木桩支承房屋、桥梁、高塔、码头、海塘或城墙的遗址；另一方面，也可以从一些出土的墓砖、随葬品或古画、古籍等历史文物中领略数千年以前的木桩建筑物的风貌。

大约至 20 世纪 20 年代或稍晚一些，上海即使是三四层的房屋，对地基的承载力有疑问时也常用木桩，一般都是几米长，不超过 15m，其大头直径约 φ300mm，小头直径约 φ50mm。至 30 年代初，在多层和高层建筑及重型结构物中由于上部荷载的需要和打桩机具的改进，开始采用长达 30m 的木桩，其直径相应增大。20 世纪 50 年代以前中国的铁路桥梁和码头船坞大多采用木桩基础。

到了19世纪后期，钢、水泥和混凝土相继问世，并且生产了混凝土桩和钢筋混凝土桩。中国随之于20世纪20年代开始采用钢筋混凝土预制桩和灌注桩，从而出现了木桩、混凝土桩和钢桩三者并举的时期，视工程的具体条件分别选用。有的工程，例如著名的杭州钱塘江大桥（建成于1937年），则在一项工程中同时采用了木桩和钢筋混凝土预制桩。

由于天然资源的匮乏，中国自20世纪50年代后，除极个别盛产木材的地区外，基本上不再使用木桩。

2. 1949年～1979年起步阶段

从建国以后到改革开放之前，我国的桩基发展处于一个起步的阶段。在这个阶段沉管灌注桩、钻孔灌注桩、人工挖孔桩以及预制桩等成为主要应用的桩型。

20世纪20～30年代已出现沉管灌注混凝土。上海在30年代修建的一些高层建筑的基础，就曾采用沉管灌注混凝土桩，如Franki桩和Vibro桩。

到20世纪50年代，随着大型钻孔机械的发展，出现了钻孔灌注混凝土或钢筋混凝土桩。在50～60年代，我国的铁路和公路桥梁，曾大量采用钻孔灌注混凝土桩和挖孔灌注桩。

我国20世纪50年代开始生产预制钢筋混凝土桩，多为方桩。

我国铁路系统于50年代末生产使用预应力钢筋混凝土桩。

50～70年代，当时的高层建筑也采用钻孔桩基础或预制方桩基础，但建设规模有限。

3. 1979年改革开放至今

中国实行改革开放政策（1979年）以来，随着国民经济的持续高速增长，中国出现了空前的大规模用桩的时期。采用桩基础的高层、超高层建筑超过了数万幢。如上海金茂大厦，采用钢管桩基础，共布桩1061根，桩长为83m。

我国大江大河如长江、黄河、珠江、黄浦江、钱塘江等先后兴建的数百座举世瞩目的大桥、特大桥都采用了桩基础。城市中的高架路、立交桥亦多采用桩基础。

新的城市和开发区不断涌现。目前工程建设中主要采用钻孔灌注桩、人工挖孔桩、预应力管桩、沉管灌注桩等桩型，且桩的直径和长度不断增大。

从中国正在应用的各种桩型可以发现，它们具有不同的制桩材料并存，不同的制桩工艺（预制、灌注与搅拌）并存，大中小直径（截面）并存，锤击、振动与静压施工方法并存，机械成孔与人工挖孔并存，最新的、接近国际先进水平的工艺与最古老的传统工艺并存等一系列特色。可以说凡世界各地在桩发展的历史过程中所出现的各种有代表性的桩型乃至现代的最先进的桩型，几乎都在中国各地有所应用，或者有所改进、推陈出新。

从成桩工艺的发展过程看，最早采用的桩基施工方法是打入法。打入的工艺从手锤到自由落锤，然后发展到蒸汽驱动、柴油驱动和压缩空气为动力的各种打桩机。另外，还发展了电动的振动打桩机和静力压桩机。

随着就地灌注桩，特别是钻孔灌注桩的出现，钻孔机械也不断改进。如适用于地下水位以上的长、短螺旋钻孔机，适用于不同地层的各种正、反循环钻孔机，旋转套管机等。为提高灌注桩的承载力，出现了扩大桩端直径的各种扩孔机，出现了孔底或周边压浆的新工艺。目前，桩基的成桩工艺还在不断发展中。

近年来，除了广泛应用的现场灌注钢筋混凝土桩、工厂化预应力管桩和钢桩以外，一些新理论、新桩型、新工艺、新技术得到了研发和应用，如出现了现场灌注的挤扩支盘灌注桩、DX挤扩桩、工厂化生产的预应力管桩竹节桩、桩端后注浆技术、大直径筒桩、载体桩、螺旋桩、高压旋喷桩及刚柔复合桩、长短桩组合等桩基新技术。

我国改革开放后，桩基工程应用及研究也快速发展，1995年由桩基工程手册编委会曾国熙、冯国栋、周镜、刘金砺、陈竹昌、彭大用、龚晓南等编写的《桩基工程手册》对桩基工程的发展起到了推动和规范作用。目前经过十多年的施工技术的发展和新规范的修编，出现了许多桩基新技术。通过建研院地基所等众多基础研究机构研究人员，清华大学、浙江大学、同济大学、河海大学等众多高校教师，全国众多设计单位和施工单位的大量技术人员的共同努力，我国桩基工程研究和设计施工水平上了一个新的台阶。

1.7 桩基设计思想

桩基的设计思想（ideas for pile foundations design）就是在确保长久安全的前提下，充分发挥桩土体系力学性能，做到所设计桩型既经济合理，又施工方便快速、环保。

在土木工程中，桩基的用途和类型很多，对任一用途或类型的桩基，设计时都必须满足三方面要求：其一是桩基必须是长久安全的，其二是桩基设计必须是合理且施工方便的，其三是桩基设计必须是经济的。此三方面要求同等重要，相互制约。

桩基设计的安全性要求（security requirement for Pile Foundations Design）包括三个方面，一是满足结构承载力的要求，即将上部结构荷载通过桩承台分摊到各桩且能承受；二是要满足结构变形的要求，即群桩的沉降要控制在规范允许的范围，并满足使用要求；三是要满足稳定性的要求，即桩基与地基土相互之间的作用是稳定的，特别是桩端是稳定的，桩身混凝土的材料强度和挠度是稳定的。同时，单桩和群桩基础必须有一定的安全储备（现行桩承载力安全系数为2），以满足耐久性要求和各种附加荷载及地震等不可预见荷载的要求，保证建（构）筑物的长久安全。

桩基设计的合理性要求（optimizing designing requirement for pile foundations design）包括选择合理的桩型、合理的桩端持力层、最佳的桩规格和桩布置形式、合理的施工方式、尽可能安全地发挥桩的承载能力。设计中要按准确的上部结构荷载计算结果确定桩的受力特性和桩身混凝土强度等级和配筋率。无论是群桩承台整体设计还是单桩设计，都要既满足承载力要求又满足群桩承台抗压、抗冲切、抗剪等构造要求，不浪费材料；设计方案施工可行；设计结果符合建（构）筑物的长久使用功能。

桩基设计的经济性要求（economic requirement for pile foundations design）是指桩基设计中要通过运用先进技术和手段，充分把握地质条件和桩基的力学特性，通过多方案的优化比较，寻求最佳桩基设计方案，最大限度地发挥桩基的承载能力，在确保安全的前提下力求使设计的桩基造价最低。

1.8 桩基分类及我国的桩型体系

1.8.1 桩基的分类

根据不同的分类标准可以划分不同的桩型，可按制桩材料、桩身制作方法、直径、桩端形状、截面形状、扩底形状、打桩垂直度、承台设置、挤土情况、竖向受力情况、水平受力情况、用途等方面进行分类。

1. 按桩身材料（classification of material of pile）：木桩、钢桩、混凝土桩、水泥土桩、碎石土桩、石灰土桩等。

2. 按桩成桩方法（classification of pile making）：

1) 预制桩 $\begin{cases}木桩\\钢桩\\混凝土桩（方桩、管桩）\end{cases}$ 2) 灌注桩 $\begin{cases}沉管灌注桩\\钻孔灌注桩\\挖孔灌注桩\end{cases}$ 3) 就地搅拌桩 $\begin{cases}水泥土桩\\石灰土桩\end{cases}$

3. 按直径分（classification of diameter）：

1) 小直径桩 d≤250mm

2) 中直径桩 250＜d＜800mm

3) 大直径桩 d≥800mm

4. 按桩端形状分（classification of pile end shape）：

1) 预制桩：尖底桩、平底桩

2) 预应力管桩：闭口桩、开口桩

3) 沉管灌注桩：有桩尖、无桩尖、夯扩

4) 钻孔桩：尖底、平底、扩底

5. 按横截面形状分（classification of cross-section shape）：

圆桩、管桩、方桩、三角形桩、H形桩、X形桩、Y形桩、T形桩、十字形桩、长方形桩、外方内圆空心桩、外方内异形空心桩、多角形桩等。

6. 按纵截面形状分（classification of longitudinal-section shape）：

柱状（直柱、竹节状）、板状（地下连续墙）、楔形等。

7. 按扩底形状分（classification of expanding bottom shape）：

炸扩桩、夯扩桩、人工扩底桩、机械扩底桩、注浆桩等。

8. 按打桩垂直度分（classification of driving perpendicularity degree）：

竖直桩、斜桩

9. 按承台设置分（classification of platform setting）：

高承台桩、低承台桩

10. 按挤土情况分（classification of the squeezing soil condition）：

1) 大量挤土桩—预制方桩、沉管灌注桩、闭口预应力管桩

2) 少量挤土桩—开口钢管桩、H型钢桩

3) 非挤土桩：钻孔桩，挖孔桩

4) 非置换而少量挤土桩—水泥搅拌桩

11. 按桩竖向受力分（classification of pile vertical applied force）：

1) 摩擦型桩（极限侧摩阻力 Q_{su}＞50％极限承载力 Q_u）：

a. 纯摩擦桩—极限承载力 Q_u≈极限侧摩阻力 Q_{su}，桩竖向承载力完全由侧阻提供，如底部悬空的摩擦桩

b. 端承摩擦桩—桩竖向承载力主要由侧阻提供

2) 端承型桩（极限侧摩阻力 Q_{su}＜50％极限承载力 Q_u）：

a. 摩擦端承桩—桩竖向承载力主要由端阻力提供

b. 完全端承桩—极限承载力 $Q_u \approx$ 极限端阻力 Q_{pu}，如桩长很短持力层为硬中风化岩的人工挖孔桩。

12. 按竖向受力方向分（classification of pile direction of vertical applied force）：

抗压桩、抗拔桩

13. 按水平受力分：

1) 主动桩（active pile）：指桩顶受水平荷载或力矩作用，桩身轴线偏离初始位置，桩身受土压力是由于桩主动变位而产生的情况

2) 被动桩（passive pile）：指沿桩身一定范围内承受侧向压力，桩身轴线由于该被动桩土压力作用而偏离初始位置的情况

14. 按桩的用途分（classification of pile use）：

基础桩、围护桩、试锚桩、试成孔桩、标志桩、抗滑桩

1.8.2 我国的桩型体系

桩基础在我国具有悠久的历史，在长期的发展应用过程中，尤其是改革开放后，随着桩基础在工程建设中被大规模应用，逐渐形成了适合我国国情的独特的桩型体系。表 1-1 即是目前我国广义的桩型体系。

我国的桩型体系　　　　　　　　　　表 1-1

成桩方法	成桩材料与工艺	桩身与桩尖形状		沉桩施工工艺
灌注桩	钻（冲、挖）孔灌注桩	直身桩		钻孔灌注
		扩底桩		冲孔灌注
		挤扩支盘灌注桩		成孔后挤扩灌注
	人工挖孔桩	嵌岩桩		人工挖孔灌注
	取土型灌注桩	矩形地下连续墙板桩		抓斗取土灌注
		全套管取土型圆桩		套管取土灌注
	沉管灌注桩	普通沉管灌注桩（直身预制圆锥形桩尖）		锤击沉管灌注 振动沉管灌注
		大直径混凝土筒桩（环型桩尖）		
		就地取材碎石型锤击灌注桩		
		扩底	内击式扩底	
			无桩靴夯扩	
			平底大头	
预制桩	钢筋混凝土	方桩	空心	尖底
			实心	桩端型钢加强
		其他形状桩		锤击沉桩 振动沉桩 静压沉桩
	预应力管桩	开口		
		闭口		
		预应力管桩竹节桩		
	钢桩	钢管	开口	
			闭口	
		H 型钢		
		钢板		
		钢管混凝土桩		

续表

成桩方法	成桩材料与工艺	桩身与桩尖形状	沉桩施工工艺
搅拌桩	水泥搅拌桩	浆体搅拌	就地搅拌
		粉喷搅拌	
	加筋水泥土搅拌桩	就地搅拌	
	石灰土搅拌桩		
桩土注浆技术	注入水泥浆及添加剂	预埋管高压注浆或钻孔注浆	桩侧或桩端土注浆

从表 1-1 可以看出，目前我国应用的各种桩型具有以下几个特点：一是不同的桩型并存，包括实心桩、空心桩、直身桩、扩底桩以及支盘桩等；二是不同的成桩材料并存，包括混凝土桩、钢桩以及新近应用的钢管混凝土桩；三是不同的成桩方法与施工工艺并存，灌注桩有机械成孔与人工成孔，预制桩成桩有锤击、振动和静压，还有搅拌桩等。因此可以说，凡世界各地在发展桩的历史过程中所出现的各种基本桩型乃至现代的最先进的桩型，几乎都在我国有所应用。

形成以上桩型特点是与我国国情紧密相关的。我国地域辽阔，桩型首先必须因地制宜，与各地不同的地质条件相适应；二是工程规模不同，技术要求不同，必须发展各种不同的桩型以满足工程需要；三是我国是发展中国家，工程建设必须遵循经济的原则，对低造价的各种桩型和工艺，即使形式"落后"，只要能保证工程安全，也应保留并加以使用；四是我国政府一贯鼓励科技人员改革创新，广大科技人员在工程实践中也充分发挥聪明才智，不断完善和发展了一些新的桩型和桩基施工工艺。

1.9 桩基应用概况

我国常用的主要桩型在各类工程建设中的应用，可概括如表 1-2、表 1-3 所示。

我国各主要桩型应用概况　　　　表 1-2

桩型	适用范围	适用建筑	每立方米单价相对高低	优点	缺点
钻（冲）孔灌注桩	工业与民用建筑、桥梁、水工	所有	3	单桩承载力可高可低，对地层适应性强，尤其对持力层起伏可进入一定深度	泥浆护壁侧阻软化，沉渣难清理干净，施工环境差，施工速度相对较慢，一般造价比沉管灌注桩和预应力管桩高
人工挖孔桩	工业与民用建筑、抗滑桩	所有	2	桩身质量有保证，入持力层强度有保证，单桩承载力高	需人工开挖，开挖深度一般不超过 25m，施工安全性稍差，造价相对较高
沉管灌注桩	工业与民用建筑	10 层以下	6	施工速度快，造价低	单桩承载力相对较低，施工质量要严格把关，对硬持力层起伏难进入

续表

桩型	适用范围	适用建筑	每立方米单价相对高低	优点	缺点
预制钢筋混凝土方桩	工业与民用建筑、桥梁	30层以下	4	现场浇注现场打桩，单桩承载力相对较高	前期浇桩工作时间长，接桩质量难保证，对硬持力层起伏定桩长不易
预应力管桩	工业与民用建筑、路基	30层以下	5	工厂化生产，施工速度快，造价相对较低，单桩承载力相对较高	打桩挤土效应明显，对老城区不适宜，接桩存在质量问题，对硬持力层难打入，深基坑开挖易偏位
钢管桩	工业与民用建筑、港工	所有	1	单桩承载力高，施工速度快	造价最高，经济性差，有些地区对钢管桩有腐蚀性
水泥搅拌桩	工业与民用建筑、路堤	3层以下	7	做止水桩效果好，柔性桩	质量不易控制，容易产生搅拌不均匀情况，容易沉降大

注：表中第四列中数字越小代表单价越贵。

我国常用的主要桩型及其最大规格　　　　　表1-3

桩 型	最大桩长或深度（m）	最大直径或截面（mm）	用 途
钻（冲）孔灌注桩	150	4000	建筑、桥梁
人工挖孔桩	53	4000	建筑
钢筋混凝土预制方桩	75	600×600	建筑、桥梁
钢管桩	83	1200	建筑、桥梁
预应力混凝土管桩	80	1200	建筑、码头
预应力混凝土空心方桩	60	600×600	码头
沉管灌注桩	35	700	建筑
超长水泥土搅拌桩	30	700	油罐

以浙江省为例，目前浙江省桩基工程量大约在200亿元人民币左右，浙江省工业与民用建筑常用的桩基，7层以下建筑多使用$\phi 377mm$、$\phi 426mm$沉管灌注桩和$\phi 400mm$的预应力管桩且管桩使用越来越广泛；7层～18层建筑多使用预应力管桩，部分工程采用钻孔灌注桩；18层～30层建筑多使用钻孔灌注桩，部分工程使用大直径预应力管桩；30层以上一般采用钻孔灌注桩加桩底注浆或人工挖孔桩。

浙江省桩基应用的主要情况见表1-4。

浙江省桩基应用概况　　　　　表1-4

桩 型	施工方便性	适用建筑	适 用 土 层
水泥搅拌桩	一般	3层以下	软 土
沉管灌注桩	一般	10层以下	软土，但持力层不能是碎石或岩石
预应力管桩	快	30层以下	软、硬土，但持力层不能起伏太大
钻孔灌注桩	慢	所有	所有

表列桩型选用时主要视地质条件、结构特点、荷载大小、沉降要求、施工环境、工程进度、经济指标等因素综合考虑而定，也可能受当时当地施工经验和设备供应等因素的影响。

笔者所在的浙江大学测试课题组在1993~2006年期间在浙江省做了大量试桩静载试验，并收集了部分浙江地区的试桩资料，共统计试桩6026根。其中沉管桩1187根，占19.7%；预应力管桩3047根（3035根抗压，12根抗拔），占50.3%；钻孔灌注桩1792根（1730根抗压，62根抗拔），占30%。由于这些试桩一般是工程桩抽样检验的，所以试桩的百分比实质上也代表了浙江省三类工程桩的用桩量百分比，也就是说浙江省目前预应力管桩应用最广，钻孔桩其次，沉管灌注桩再次之，当然还有一些其他桩型在使用。

1.10 桩基发展新趋势

桩基础的应用已有一万多年的历史，但在我国真正大规模广泛使用是在改革开放后的近30年。环顾世界各地，桩基础的应用方兴未艾。在21世纪之初的今天，桩基础仍焕发着旺盛的生命力，出现了一些新的领域，显示桩的生命依然年轻，有许多奥秘有待我们去探索。

1. 新桩型的发展（devlopment of new type piles）

近年的工程实践极大地推动了一些传统桩型和新桩型的发展。

1）桩端（侧）压力注浆技术效果好、速度快，可以节省大量成本，减少建筑物的整体沉降和不均匀沉降，所以近年来注浆桩也越来越多地得到发展和广泛应用，它适用于桩端土加固和桩侧土固化。北京建筑工程研究院沈保汉研究员等、中国建研院地基所刘金砺研究员等、浙江大学张忠苗教授等在桩端注浆推广应用和理论研究方面做了许多工作。

2）挤扩支盘灌注桩，由于其对摩擦型桩的桩侧摩阻力的提高效果很好且经济效益明显，近几年也得到了较快的发展，它适用于黏性土为主的摩擦型桩基。北京建筑工程研究院沈保汉研究员等做了许多研究工作。

3）预应力混凝土竹节桩最早出现在日本，为了适应环太平洋地震带的频繁地震需要，在管桩桩身上设计每2m有一条宽5cm的凸出的混凝土肋环，称竹节状预应力管桩。图1-13为一些典型的异型桩。为了在深厚软土层中，改善桩侧软土土质，提高单桩承载力，我国近年提出了一种扩大头带肋填砂预应力管桩。它在原管桩的基础上增加钢质扩大头，

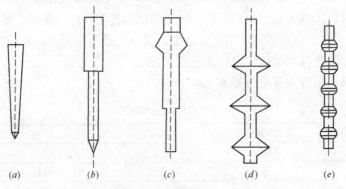

图1-13 典型的异型桩

(a) 锥形桩；(b) 扩颈桩；(c) 多级扩颈桩；(d) 竹节桩；(e) 葫芦形桩

并在管桩成型时浇注出一定宽度的混凝土肋。在沉桩时，扩大头和肋形成的桩侧空隙用砂充填，这样就形成了桩头扩大桩侧灌砂的预应力管桩。它最适用于淤泥质土层。此外，Y形桩、葫芦形桩、螺旋形桩、加筋混凝土桩等也得到了试验应用。

4）大直径筒桩，由于采用环形桩尖，形成大直径现浇混凝土薄壁筒桩，具有抗水平力好的优点，被应用于单桩竖向荷载不高的堤防工程中。

5）就地取材碎石型锤击灌注桩，由于现场锤击成孔、现场碎石浇灌被广泛应用于残坡积的土层加固基础中。

6）大直径钻埋空心桩，在已钻好的大直径孔内沉放预制桩壳，形成空心桩，如图1-14所示，主要被应用于桥梁深桩基础中，而大直径和预拼工艺也是当前桥梁深桩基础工程的发展趋势。

7）我国香港地区将槽壁桩应用到高层建筑房屋基础中。

2. 桩基向大直径超长发展（developmental trend of big diameter and ultra-long）

图1-14 大直径钻埋空心桩

随着高层、超高层建筑物以及跨江、跨海特大桥梁的建设，上部结构对桩基础承载力与变形的要求越来越高，桩径越来越大，桩长越来越长，使桩出现了向超长、大直径方向发展的趋势。例如：上海环球世贸中心、金茂大厦都采用了桩长超过80m的钢管桩，温州世贸中心采用了80～120m不等的钻孔灌注桩，杭州钱塘江六桥采用的钻孔灌注桩更长达130m，香港西部铁路桩基础最长达139m。日本横滨港跨径460m的横断大桥桩基础嵌岩扩孔至直径10m，我国江西贵溪大桥的桩基础直径也达到9.5m。

3. 桩基向工厂化制作方向发展（developmental trend of factory production）

近年来，一些类型的桩正向着工厂化生产的趋势发展，而工厂化生产也促使这些桩型在工程建设中被广泛地大规模使用。

如先张法预应力混凝土管桩（以下简称管桩）在我国使用已有十余年。随着建筑业蓬勃发展，管桩以工厂化生产、产品质量稳定、施工速度快、施工中无泥浆污染、施工周期短及经济性价比好等优点，在国内基础工程中，尤其在沿海软土地区的多层和小高层建筑工程中被广泛应用。

4. 桩基向新施工技术方向发展（developmental trend of new construction technology）

随着人们对建筑施工环境保护要求越来越高，一些施工新工艺新技术得到了快速的发展。

1）对于预制桩和钢桩的施工，为了避免打入法施工工艺带来的噪声、振动以及压入法带来的挤土效应对邻近建筑物和地下管线等产生的不良影响，埋入法施工工艺得到了开发和应用，北京地区采用的植桩法，即先用长螺旋钻成孔，穿过硬夹层或可液化层，然后将预制桩放入孔内，最后锤击沉桩使桩端进入设计要求的持力层。同时预应力管桩压桩也由锤击打入式转向顶压式或抱压式施工。

2）由于正循环钻孔桩泥浆处理污染环境，所以出现了成套工艺的泵式反循环钻进系统，泥浆循环全部进入钢制的泥浆箱（包括排渣池、循环池、沉淀池）。同时出现了全套管取土型的贝诺特灌注桩施工法。

3）由于钻孔桩存在沉渣问题、持力层扰动问题和泥皮问题，所以出现桩侧与桩端后注浆施工技术。

4）由于打桩挤土问题在城市化过程中日益突出，出现了边打桩施工边监测边修改设计的信息化施工新方法。

5）在围护桩施工中出现了钻孔咬合桩，地下连续墙等施工新技术。

6）新的自动化的打桩施工机械不断出现。

5. 桩基向组合桩方向发展（developmental trend of composite pile）

由于承载力的要求、环境保护的要求及工程地质与水文地质条件的限制等，采用单一工艺的桩型往往满足不了工程要求，近年来，实践中经常出现组合式工艺桩。

1）刚柔复合桩组合（rigid-soft-pile composite foundation），刚性桩一般采用混凝土桩且是长桩，打到较好的持力层，柔性桩一般采用水泥搅拌桩且为短桩、摩擦桩型。刚性桩起到控制沉降的作用，柔性桩起到变形协调的作用。刚柔复合桩桩顶与碎石混凝土混合垫层直接接触，垫层上面为刚性混凝土基础（桩与刚性混凝土承台不直接接触）。桩基设计按复合桩基设计。

2）长短桩组合（long-short-pile composite），即桩身材料同为混凝土桩，但根据上部荷载的特点和地质条件选择不同的桩长和不同的持力层。优点是可以调整基础荷载受力基本均匀，缺点是不同桩长会带来不同的沉降，特别是对主楼与裙楼交界处的应力协调不利，应特别注意。

3）咬合桩组合（bitten pile composite），可以是灌注混凝土桩之间的咬合；可以是混凝土桩与水泥搅拌桩之间的咬合；可以是预制桩与水泥搅拌桩之间的咬合，也可以是预制桩与现场灌注混凝土桩之间的咬合；可以是内包也可以是外包，形成了一系列的组合桩。目前主要使用在基坑支护桩中。

4）桩长度方向上的组合（pile composite in different length），即一根单桩中上部桩为混凝土桩，下部桩为钢桩，这样有利于将桩打入持力层较坚硬的岩土层中。反之，根据桩的轴力上大下小的特点，也有组合桩采用单桩桩身中上部采用高配筋高强度的混凝土、桩身中下部采用低配筋低强度的混凝土，以适应不同地质条件中桩的受力特点。有时为了减少挤土，桩下部采用H形钢桩，桩上部采用混凝土预制桩等。

6. 桩基新设计方法（redesign ways of pile foundation）

桩基的设计理论与方法不断吸取其他学科先进的成果，取得了非常迅速的发展，如电子计算机和数值计算方法的巨大成就，岩土力学、结构工程、施工技术领域的研究成果，给桩基科学注入了新的活力，形成并发展了许多新的设计理论、设计理念与设计方法，如桩基础的变形控制设计理论与方法、复合桩基设计理论、疏桩设计理论、桩基与上部结构建筑协同作用理论、桩端（侧）压力注浆设计理论、桩的水平抗力及抗震理论、桩基环境效应理论等都得到不断地发展。利用建立某区域试桩数据库和城市地层柱状图及岩土参数数据表进行初步设计，并利用现场实测试桩数据进行施工图设计的反馈优化设计是信息化桩基设计的一个重要方向。另外，针对工程经济效益及环境保护因素的控制，桩基的优化设计理论与方法也得到快速地发展，但目前仍然在完善中。

7. 桩基理论研究（development of pile foundation study）

桩基理论的研究可以说是桩基工程发展进步的一个重要基础，近些年来，对于桩基理论的研究取得了长足的发展。对于桩基受力性状、承载力及沉降等的解析分析、数值分析、试验分析以及工程实测分析等方法也得到了快速的发展，使得桩基工程理论的研究有了更好的一个平台。

解析分析及数值分析方法近些年随着土力学理论及计算机方法的发展得到不断的发展，如损伤理论与土力学的结合应用于桩基的荷载传递研究，各种新的本构模型的建立，以及针对超长桩考虑侧阻软化的荷载传递模型的建立等，使得对桩基受力机理的研究不断地向前发展。计算机数值分析方法的不断进步更为桩基的数值模拟提供了一个平台，不仅用于对桩基受力机理的研究，更出现各种可以体现桩-土-上部结构共同作用的桩基优化设计的软件程序等，为桩基理论与应用搭建了一座桥梁。

试验分析上也出现越来越多的方法，如室内离心试验、各类模型试验等，通过安装精密的应力、应变、位移及其他测试装置，可以对桩基受力机理的各种规律进行模拟研究。再如对桩土界面的试验研究，引入损伤力学原理及微观显微观测技术，进一步揭示了桩土之间的破坏规律与原理。试验技术，试验设备的不断发展也带动了桩基试验分析的不断进步。

工程实测分析的发展一是得益于桩基工程实践的不断发展，如桩基朝着大直径超长发展从而促进了工程实测分析对大直径超长桩的测试与研究，再如随着各类异型桩、挤扩支盘灌注桩的发展，对其的测试与受力性状的分析也不断地发展。二是得益于工程测试技术的不断发展，如各类应力、应变、变形测试器材的发明，各类测试方法设备的进步等，为测试分析方法的发展提供了基础。

总之，理论分析、试验分析与工程实测分析三者是在不断发展中相互促进的，理论分析和试验分析为工程实测提供了基础，反过来工程实测分析也为其提供了验证与依据。

1.11 本课程对学生的学习要求

桩基工程学是专业性学科，本书是为土木工程专业研究生、高年级本科生和为大土木专业技术人员编写的桩基工程学教材，而内容上以最新《建筑地基基础设计规范》和《建筑桩基技术规范》为主，兼顾道路、港口、桥梁、水利等领域的桩基工程，目的是使学生在学习专业课的同时，能更好地掌握其实际的应用，培养学生的应用能力和创新能力。

本书要求学生在学习中掌握桩基工程的基本概念、基本原理、计算方法、施工工艺、勘察检测及事故处理等，主要包括以下内容：

1.11.1 桩基工程勘察（Engineering investigation of pile foundation）

包括桩基工程勘察的目的、岩土工程勘察分级及相应的勘察方法、勘探点平面和深度设置原则、岩土的工程分类、岩土参数的物理意义、工程勘察报告编写及内容、勘察报告的阅读及桩基设计应考虑的因素、桩型选择和桩基优化及基坑开挖建议。

1.11.2　抗压桩受力性状（Bearing behavior of compression pile）

包括单桩竖向抗压静荷载试验、桩土体系的荷载传递、桩侧阻力、桩端阻力、单桩竖向极限承载力计算、打桩挤土效应、群桩受力性状及群桩效应、群桩极限承载力计算、桩基承载力的时间效应、桩基负摩阻力、桩端后注浆的理论研究。

1.11.3　桩基沉降计算（Settlement calculation of pile foundation）

包括单桩沉降计算理论、单桩沉降计算的荷载传递法、剪切位移法、弹性理论法、路桥桩基简化方法、单桩沉降计算的分层总和法、数值分析法、群桩沉降计算理论、群桩沉降计算的等代墩基法、明德林－盖得斯法、建筑地基基础设计规范法、浙江大学考虑桩身压缩的群桩沉降计算方法、建筑桩基技术规范方法、沉降比法、桩筏（箱）基础沉降计算。

1.11.4　抗拔桩受力性状（Bearing behavior of Uplift pile）

包括单桩竖向抗拔静荷载试验、抗拔桩的受力机理、抗拔桩与抗压桩的异同以及抗拔桩的设计方法。

1.11.5　水平受荷桩受力性状（Bearing behavior of laterally loaded pile）

包括单桩水平静荷载试验、水平受荷桩受力机理、单桩水平受荷的极限地基反力法、弹性地基反力法（m法）、p-y曲线法、水平荷载作用下群桩的受力性状、群桩水平受荷计算、水平受荷桩的设计及提高桩基抗水平力的技术措施。

1.11.6　桩基础设计（Pile foundation design）

包括地基基础的设计总原则、桩基的设计思想、原则与内容、按变形控制的桩基设计、桩型的选择与优化、桩的平面布置、桩持力层的选择、桩长与桩径的选择、承台中桩基的承载力计算与平面布置、承台的结构设计与计算、桩基础抗震设计、特殊条件下桩基的设计原则、桩端桩侧后注浆设计、桩土复合地基设计、刚柔复合桩基设计及桩基设计程序思路简介。

1.11.7　桩基工程施工（Construction of pile foundation）

包括桩基施工前的调查与准备、各种类型桩的施工方法及常见问题解决方法、桩端后注浆施工技术、桩基工程事故的处理对策、桩基工程预算以及桩基工程施工监理。

1.11.8　支护桩设计（Design of soldier pile）

包括支护桩的设计概论、水土压力计算、自立式支护设计、排桩支护结构设计、地下连续墙支护、注浆锚杆土钉墙支护、基坑开挖施工与监测要点、基坑围护工程实例分析、边坡抗滑桩的设计等。

1.11.9　桩基工程试验与检测（Test and inspection of pile foundation）

包括桩基室内模型试验内容与现场检测内容、模型桩室内静载试验、模型桩室内离心试验、桩基现场成孔质量检测、桩身混凝土钻芯取样法检测、低应变反射波法检测桩身质量、孔中超声波法检测桩身质量、桩承载力检测方法、基桩高应变检测、自平衡法检测原理。

1.11.10　学习桩基工程学应注意的问题（attentive problems in studying pile-foundation engineering）

1. 着重于熟悉桩基工程学的基本概念和基本原理；
2. 掌握基本的桩基工程计算、设计、施工、检测方法；

3. 掌握不同桩基工程问题的原理及解决措施；
4. 坚持理论研究、现场试验、工程实践相结合。

思 考 题

1-1 桩基础在地基基础中有着怎样的重要地位？
1-2 桩基的定义是什么？桩基在改善地基土性能方面有哪些作用？
1-3 桩基发展是怎样一个过程？桩在我国的起源、应用和发展有什么特点？
1-4 桩基如何进行分类？
1-5 桩基的设计思想是什么？
1-6 桩基工程学的研究分析方法有哪些？
1-7 我国在工程建设中有怎样一个桩型体系？有什么特点？
1-8 桩基的发展有什么趋势？
1-9 桩基工程学有哪些学习要求？

第2章 桩基工程勘察

工程建设的基本顺序可归纳为勘察——设计——施工——监理——反馈设计（信息化施工）。所以桩基工程勘察是桩基工程设计施工的前提条件。设计施工人员必须详细阅读勘察报告，了解场地工程地质条件。

2.1 概 述

工程建设采用桩基，必须首先根据上部结构的荷载要求和桩基的受力性状做好桩基岩土工程勘察工作。桩基工程勘察应围绕工程受力特点解决合理选择持力层、正确提供桩侧摩阻力和桩端阻力特征值、正确估计沉桩可能性、提出桩型选择和桩基设计施工建议等主要问题来制定方案和进行勘察工作。

本章将重点介绍桩基工程勘察的目的、岩土工程勘察分级及相应的勘察方法、勘探点平面和深度设置原则、岩土的工程分类、岩土参数的物理意义、工程勘察报告编写及内容、勘察报告的阅读及桩基设计应考虑的因素、桩型选择和桩基优化及基坑开挖建议等方面的内容。

学完本章后应掌握以下内容：
(1) 桩基工程勘察的目的；
(2) 岩土工程勘察的分级及相应的勘察方法；
(3) 勘探点平面和深度设置原则；
(4) 岩土的工程分类；
(5) 岩土参数的物理意义；
(6) 工程勘察报告编写及内容；
(7) 勘察报告的阅读方法；
(8) 桩型选择和桩基优化方法及基坑开挖建议。

学习中应注意回答以下问题：
(1) 桩基工程勘察应着重解决哪些问题？
(2) 如何根据工程重要性、场地复杂程度及地基复杂程度来划分岩土工程勘察等级？
(3) 勘探点平面布设有哪些原则？勘探点深度设计有哪些原则？
(4) 地质报告中通常包含哪些岩土参数？各参数的物理意义是什么？
(5) 工程勘察报告如何编写？报告中包括哪些内容？
(6) 勘察报告如何进行阅读和使用？
(7) 如何进行桩型选择和桩基优化选择？

2.2 桩基勘察目的

桩基勘察在按常规要求弄清场地工程地质和水文地质条件的同时，要着重注意解决以下主要问题：

1. 查明场地各层岩土的类型、深度、分布特征和变化规律

查清各土层的深度分布有利于桩型的比较、软弱下卧层的变形验算及持力层选择。

2. 合理选择桩端持力层并画出持力层等高线变化图

桩端持力层指地层剖面中能对桩起主要支承作用的土（岩）层。无论何类桩型，都有合理选择桩端持力层的问题，即便是摩擦桩，亦有将桩端选择在桩侧阻力相对较大的地层上的问题。设计上经济合理除了要选择好持力层，要求勘察人员除按成因类型和岩性分层外，还要求细致地做好力学分层。当采用基岩作为桩持力层时，应查明岩性、构造、岩面变化、风化程度、碎石带、洞穴等。桩端持力层应根据地质条件、上部结构荷载特点和施工工艺并依据安全性、经济性来综合确定。

3. 查明水文地质条件，评价地下水对桩基影响以及对混凝土的侵蚀性

地下水是否丰富、是否有承压水对桩基的施工影响很大，地下水水质情况对钢筋混凝土的腐蚀性需要进行综合评价，并在设计中采取相应措施。

4. 查明不良地质条件（如滑坡、崩塌、泥石流及液化等）和防治措施

当地下土层具有软弱夹层等滑坡条件或桩端持力层高差起伏很大时，还需要在设计时考虑桩基的稳定性。

5. 正确提供单位面积桩侧阻力和桩端阻力特征值

桩侧阻力和桩端阻力是桩基设计的关键参数。目前，国内主要是根据土的状态（黏性土）和密度（砂土、碎石土）按有关规范（国家规范和地区性规范）查表确定，这些表格来源于大量桩的载荷试验和工程实践经验，是可信和合理的，但在实际选用中要注意避免过于机械、简单化的倾向。理论和工程实践表明，桩侧阻力和桩端阻力不仅决定于土的状态和密度，它们与桩的长径比 L/d、侧阻力与端阻力的发挥过程有密切的关系，桩的嵌入深度、施工方法、残渣厚度对桩承载力亦有很大影响。岩土工程师在提供单位面积桩侧摩阻力和桩端阻力标准值建议时应充分认识、考虑这些因素。设计和施工人员在使用时也要综合应用。

6. 正确估计沉桩可能性

当根据地质条件、土层情况和上部结构荷载特点选用了某层作为桩端持力层时，还要充分考虑桩是否能顺利地达到所选择的持力层。对于预制桩，当选择了下部适宜的持力层，若上部分布有比较厚且较密实的砂层时，必须充分研究和判断打入或压入桩的可能性。一般是根据土的标贯击数、静力触探比贯入阻力和已有地区经验进行判断，必要时还需进行试打或试压。对于钻孔灌注桩，当持力层上有很差的淤泥层时，应充分估计和研究钻孔灌注桩钻进和水下浇灌混凝土过程中，有无缩颈和断桩的可能性。当上部土层有可液化的砂土层时一般应避免采用锤击式的夯扩灌注桩等桩型。

7. 提出单桩竖向承载力特征值和桩型选择的建议

在充分研究上述问题之后，岩土工程勘察报告除提供各岩土层物理力学性质等参数，

以及摩阻力、端阻力的建议值外，最后应提供本场地宜选桩基的类型及各种规格的单桩竖向承载力特征值供设计使用。设计单位在选定桩型时要充分考虑上部结构的荷载特点、建（构）筑物的沉降要求、平面布桩形式、施工难易程度、经济性、安全性及发挥桩土力学性能等诸方面综合平衡，并至少选择三种方案相互比较，优化确定最终方案。

2.3 岩土工程勘察分级及相应的勘察方法

2.3.1 岩土工程勘察分级（classification of geotechnical engineering investigation）

岩土工程勘察等级的划分是根据工程重要性、场地复杂程度及地基复杂程度三个方面确定的，因此首先来看一下这三个方面的等级划分。

1. 岩土工程重要性等级的划分（importance classification of geotechnical engineering）

《岩土工程勘察规范》（GB 50021—2001）根据工程的规模和特征以及工程破坏或影响正常使用所产生的后果，将工程分为三个重要性等级，如表2-1所示。

岩土工程重要性等级划分　　　　　　　　　　表2-1

岩土工程重要性等级	工程性质	破坏后引起的后果
一级工程	重要工程	很严重
二级工程	一般工程	严重
三级工程	次要工程	不严重

从工程勘察的角度，岩土工程重要性等级划分主要考虑工程规模大小、特点以及由于岩土工程问题而造成破坏或影响正常使用时所引起后果的严重程度。由于涉及各行各业，涉及房屋建筑、地下洞室、线路、电厂等工业或民用建筑以及废弃物处理工程、核电工程等不同工程类型，因此很难作出一个统一具体的划分标准，但就住宅和一般公用建筑为例，30层以上可定为一级，7~30层可定为二级，6层及以下可定为三级。

2. 场地等级划分（classification of site）

《岩土工程勘察规范》（GB 50021—2001）规定，根据场地的复杂程度，可把场地分为三个等级，如表2-2所示。

场地的复杂程度分级　　　　　　　　　　表2-2

场地等级	特征条件	条件满足方式
一级场地 （复杂场地）	对建筑抗震危险的地段	满足其中一条及以上者
	不良地质作用强烈发育	
	地质环境已经或可能受到强烈破坏	
	地形地貌复杂	
	有影响工程的多层地下水、岩溶裂隙水或其他复杂的水文地质条件，需专门研究的场地	
二级场地 （中等复杂场地）	对建筑抗震不利的地段	满足其中一条及以上者
	不良地质作用一般发育	
	地质环境已经或可能受到一般破坏	
	地形地貌较复杂	
	基础位于地下水位以下的场地	

续表

场地等级	特征条件	条件满足方式
三级场地 (简单场地)	抗震设防烈度等于或小于6度，或对建筑抗震有利的地段	满足全部条件
	不良地质作用不发育	
	地质环境基本未受破坏	
	地形地貌简单	
	地下水对工程无影响	

表2-2中的"不良地质作用强烈发育"，是指存在泥石流、沟谷、崩塌、滑坡、土洞、塌陷、岸边冲刷、地下水强烈潜蚀等极不稳定的场地，这些不良地质作用直接威胁着工程安全；而"不良地质作用一般发育"是指虽有上述不良地质作用，但并不十分强烈，对工程安全影响不严重；"地质环境受到强烈破坏"是指人为因素引起的地下采空、地面沉降、地裂缝、化学污染、水位上升等因素已对工程安全或其正常使用构成直接威胁，如出现地下浅层采空、横跨地裂缝、地下水位上升以至发生沼泽化等情况；"地质环境受到一般破坏"是指虽有上述情况存在，但并不会直接影响到工程安全及正常使用。

3. 地基复杂程度划分（classification of foundation complexity）

《岩土工程勘察规范》（GB 50021—2001）根据地基复杂程度，可按规定分为三个等级，见表2-3。

地基（复杂程度）等级划分表　　　　　　　　表2-3

场地等级	特征条件	条件满足方式
一级地基 (复杂地基)	岩土种类多，很不均匀，性质变化大，需特殊处理	满足其中一条及以上者
	严重湿陷、膨胀、盐渍、污染的特殊性岩土，以及其他情况复杂，需作专门处理的岩土	
二级地基 (中等复杂地基)	岩土种类较多，不均匀，性质变化较大	满足其中一条及以上者
	除一级地基中规定的其他特殊性岩土	
三级地基 (简单地基)	岩土种类单一，均匀，性质变化不大	满足全部条件
	无特殊性岩土	

表2-3中"严重湿陷、膨胀、盐渍、污染的特殊性岩土"是指自重湿陷性土、三级非自重湿陷性土、三级膨胀性土等。

需要补充说明的是，对于场地复杂程度及地基复杂程度的等级划分，应从第一级开始，向第二、三级推定，以最先满足者为准。此外场地复杂程度划分中的对建筑物抗震有利、不利和危险地段的区分标准，应按国家标准《建筑抗震设计规范》（GB 50011—2001）的有关规定执行。

4. 岩土工程勘察等级划分（classification of geotechnical engineering investigation）

在按照上述标准确定了工程的重要性等级、场地复杂程度等级以及地基复杂程度等级之后，就可以进行岩土工程勘察等级的划分了，具体划分标准见表2-4。

岩土工程勘察等级划分表　　　　　　表 2-4

岩土工程勘察等级	划 分 标 准
甲级	在工程重要性、场地复杂程度和地基复杂程度等级中，有一项或多项为一级
乙级	除勘察等级为甲级和丙级以外的勘察项目
丙级	工程重要性、场地复杂程度和地基复杂程度等级均为三级的

注：建筑在岩质地基上的一级工程，当场地复杂程度及地基复杂程度均为三级时，岩土工程勘察等级可定为乙级。

2.3.2 岩土工程勘察点线距布置方法（point and line spacing laying-out method in geotechnical engineering investigation）

《岩土工程勘察规范》（GB 50021—2001）中初步勘察勘探线、勘探点间距按表 2-5 确定，局部异常地段应予加密。

初步勘察勘探线、勘探点间距（m）　　　　　　表 2-5

地基复杂程度等级	勘探线间距	勘探点间距
一级（复杂）	50～100	30～50
二级（中等复杂）	75～150	40～100
三级（简单）	150～300	75～200

注：1. 表中间距不适用于地球物理勘探；
　　2. 控制性勘探点宜占勘探点总数的 1/5～1/3，且每个地貌单元均应有控制性勘探点。

《岩土工程勘察规范》（GB 50021—2001）中详细勘探点的间距可按表 2-6 确定。

详细勘察勘探点的间距（m）　　　　　　表 2-6

地基复杂程度等级	勘探点间距	地基复杂程度等级	勘探点间距
一级（复杂）	10～15	三级（简单）	30～50
二级（中等复杂）	15～30		

对于桩基工程详细勘察的勘探点间距除满足上述要求外还要满足下列要求：

1）对于端承桩和嵌岩桩：主要根据桩端持力层顶面坡度决定，宜为 12～24m。当相邻两个勘探点揭露出的层面坡度大于 10%时，应根据具体工程条件适当加密勘探点；

2）对于摩擦桩：宜按 20～30m 布置勘探点，当遇到土层的性质或状态在水平方向分布变化较大或存在可能影响成桩的土层时，应适当加密勘探点；

3）复杂地质条件下的柱下单桩基础应按桩列线布置勘探点，并宜每桩设一勘探点。

由于桩基的初步勘察是整个建筑场地勘察的一部分，其勘探点间距按现行国家标准《岩土工程勘察规范》（GB 50021—2001）布设。

国内各有关规范对桩基详细勘察时勘探点间距的规定列于表 2-7。

国内规范桩基详细勘察勘探点间距的规定　　　　　　表 2-7

规 范 名 称	勘探点间距(m)	加 密 原 则
国家标准《岩土工程勘察规范》(GB 50021—2001)	10～30	相邻勘探点的持力层面高差不应超过 1～2m，当层面高差或岩土性质变化较大时，应适当加密
行业标准《建筑桩基技术规范》	端承桩和嵌岩桩 12～24	当相邻两个勘探点揭露出的层面坡度大于 10%时，应根据工程条件适当加密勘探点
	摩擦桩 20～35	遇土层性质状态在水平方向变化较大，或存在有可能影响成桩的土层时，应适当加密

2.3.3 岩土工程勘察方法

1. 可行性勘察阶段的勘察方法主要采用现场踏勘和资料搜集、小比例尺的工程地质测绘、静力触探、少量的钻探取样来综合分析。

2. 初步勘察阶段勘察方法主要采用中、小比例尺的工程地质测绘、钻探和室内土工试验、静力触探、动力触探及其他原位测试方法。

3. 详细勘察阶段勘察方法主要采用大比例尺的工程地质测绘、钻探和室内土工试验、静力触探、动力触探及标贯试验、波速测试、载荷试验等方法。

对大的工程往往是可行性勘察、初步勘察、详细勘察分开来进行，但对于一般的工程往往直接采用详细的岩土工程勘察。岩土工程的主要勘察方法见表2-8。

各种勘察方法原理及勘察指标 表2-8

序号	勘察方法	勘察原理	勘察指标	
1	工程地质测绘	用测量的办法绘制一定比例尺的地形地质图	可行性研究勘察可选用1：5000～1：50000；初步勘察可选用1：2000～1：10000；详细勘察可选用1：500～1：2000	
2	工程地质钻探	用钻探的办法对土层分层鉴定并取样做试验，适用于各种岩土层	Ⅰ类试样	不扰动	土类定名、含水量、密度、强度试验、固结试验
			Ⅱ类试样	轻微扰动	土类定名、含水量、密度
			Ⅲ类试样	显著扰动	土类定名、含水量
			Ⅳ类试样	完全扰动	土类定名
3	静力触探	用触探头压入土中来做土层分层和土工参数评定，主要适合于软土、一般黏性土、粉土、砂土和含少量碎石土地层	单桥探头静力触探得到各土层比贯入阻力 P_s—深度 h 的曲线 双桥探头静力触探得到各土层单位侧阻 q_s—深度 h 的曲线及单位端阻 q_p—深度 h 的曲线	
4	圆锥动力触探	用一定重量的重锤将触探头打入土中并以贯入度来评价砂土碎石土的密实度	轻型触探 N_{10} 表示锤重10kg，落距50cm，打入砂土中30cm的锤击数，适用于浅部填土、砂土、粉土和黏性土； 重型触探 $N_{63.5}$ 表示锤重63.5kg，落距76cm，打入碎石土中10cm的锤击数，适用于砂土、中密以下的碎石土、极软岩； 超重型触探 N_{120} 表示锤重120kg，落距100cm，打入碎石土中10cm的锤击数，适用于密实和很密的碎石土、软岩、极软岩	
5	标贯试验	用锤重63.5kg的重锤将两个半开型组成的贯入器打入钻孔土中以评价土的性状	标贯击数 N 表示锤重63.5kg，落距76cm，打入钻孔砂土中30cm的锤击数，适用于砂土、粉土和一般黏性土	
6	载荷试验	通过对置于土中的荷载板逐级施加荷载来观测其沉降情况	试验得到原状地基土的荷载 P—沉降 s 曲线并确定地基土的临塑荷载和极限荷载及变形模量，适用于评价各种岩土层的承载力和变形特性	
7	扁铲侧胀试验	将扁铲侧胀仪插入土体中，通过对探头侧面的钢膜片向外扩张来测定土的侧胀指标	试验可以测定土的静止土压力系数、不排水抗剪强度及划分土类，适用于软土、一般黏性土、粉土、黄土和松散～中密的砂土	

续表

序号	勘察方法	勘察原理	勘察指标
8	旁压试验	用可侧向膨胀的旁压器，对钻孔壁周围的土体施加径向压力的原位测试，使土体产生变形，由此测得土体的应力应变关系，即旁压曲线	试验可以测定土的旁压模量、地基承载力及静止侧压力系数，适用于黏性土、粉土、砂土、碎石土、残积土和极软岩
9	十字板剪切试验	用插入土中的标准十字板探头以一定的速率扭转，量测破坏时的抵抗力矩，求得土的不排水抗剪强度	可用于测定饱和软黏土（$\varphi \approx 0$）的不排水抗剪强度和灵敏度
10	波速测试	通过对岩土体中弹性波传播速度的测试，间接测定岩土体在小应变条件下（$10^{-6} \sim 10^{-4}$）动弹模量	单孔及跨孔波速测试可以测定岩土的纵波速 v_p、横波速 v_s 并求得动剪切模量和卓越周期，可用于测定各类岩土体的动模量
11	室内土工试验	对岩土试样进行物理性质试验、压缩固结试验、抗剪强度试验和动力特性试验	砂土：颗粒级配、相对密度（比重）、天然含水量、天然密度、最大和最小干密度、相对密实度、固结系数、抗剪强度、动模量指标； 粉土：颗粒级配、液限、塑限、相对密度、天然含水量、天然密度、有机质含量、固结系数、抗剪强度、动模量指标； 黏性土：液限、塑限、相对密度、天然含水量、天然密度、有机质含量、固结系数、抗剪强度、动模量指标

勘察时依据地质条件和拟选的桩基类型采用有效的方法来勘测并综合分析才能事半功倍。

2.4 勘探点平面和深度设置原则

2.4.1 勘探点平面布置原则

为查明场地断裂构造和抗震稳定性的勘探点，宜垂直于构造线和场地地貌单元布置。勘探点的平面布置原则见表2-9。

勘探点平面布置原则 表2-9

基础类型	勘探点布设方法
独立柱基和条形基础	勘探点宜按柱列线和承重墙布设；当建筑物平面为矩形时宜按双排布设；为不规则形时，宜按突出部位角点和中心点布设；单幢一级高层建筑不宜少于6个；二级高层建筑不宜少于4个
桩—箱（筏）基础	宜按方格网布置；若勘察分初勘、详勘两阶段进行，或根据场地已掌握资料的情况，在详勘时，宜在地层变异、不同地貌单元或微地貌变异处，加密或减少勘探点
大直径桩	对于桩顶荷载很大的一柱一桩的大直径桩基础，宜按每个桩位布设一个勘探点

续表

基础类型	勘探点布设方法
沉井基础	宜按沉井周边和中心布置勘探点
端承型桩	以查明桩端持力层的层面和厚度为原则
摩擦型桩	以查明承台下地基土的均匀性为原则，同时查明桩持力层分布

为查明水文地质条件和取得有关水文地质参数，宜根据地下水类型、含水层特性布置专门勘探点，亦可与建筑物勘探点相结合。

为查明岩溶发育情况的勘探点，应在工程地质测绘和物探基础上布设；勘探点间距可以加密至数米，或按一柱一孔布设。为查明滑坡或边坡稳定性的勘探点，宜平行于滑坡滑动方向布设，对于高边坡宜垂直于边坡走向方向布设。

2.4.2 勘探点深度设计原则（design principles of exploration depth）

为查明断层构造稳定性的钻孔，其深度应在工程地质测绘调查和分析已有资料的基础上根据实际情况布设；若不存在稳定性问题，可仅按地基不均匀性考虑钻孔深度，但应穿过破碎带进入完整岩体3～5m；为考虑抗震稳定性，确定场地覆盖层厚度，钻孔深度应钻至稳定岩层。

各类桩的勘探点深度设计原则见表2-10。

各类桩的勘探点深度设计原则　　　　　　　　　　　　　　表2-10

端承型桩和嵌岩桩	一般性钻孔应深入持力层以下一定的深度。控制性钻孔则需更深，有关其具体深度国内各规范有不同的规定；对于嵌岩桩的钻孔深度则按数倍桩径考虑。《建筑桩基技术规范》规定对嵌岩桩、勘探点深入持力岩层不小于3～5倍桩径是合适的
摩擦型桩	勘探深度应超过预定桩长一定深度，勘察时还是应寻求相对比较好的持力层，勘探深度进入该持力层一定深度，要有一定的控制性钻孔
群桩	勘探深度应超过桩群端部以下压缩层底面一定深度，压缩层深度主要系按附加压力小于土自重压力20%计算；在勘察阶段也可按超过假想实体基础宽度（1～1.5）b（b为假想实体基础宽度）考虑。要有一定的控制性钻孔

国内规范对桩基详勘阶段勘探深度的规定见表2-11。

国内规范对桩基详勘阶段勘探深度的规定　　　　　　　　　　表2-11

规范名称	对勘探深度的要求
《岩土工程勘察规范》 （GB 50021—2001）	1. 当需要计算沉降时，应取勘探总数的1/3～1/2作为控制性孔，其深度应达到压缩层计算深度或在桩尖下取基础底面宽度的1.0～1.5倍，当在该深度范围内遇坚硬岩土层时，可终止勘探； 2. 一般性勘探孔深度宜进入持力层3～5m； 3. 大口径桩或墩，其勘探孔深度应深入持力岩层不小于3倍桩径
《建筑桩基技术规范》	1. 布置1/3～1/2的勘探孔为控制性孔，且设计等级为甲级的建筑桩基，场地至少应布置3个控制性孔，设计等级为乙级的建筑桩基应布置不少于2个控制性孔。控制性孔应穿透桩端平面以下压缩层厚度，一般性勘探孔应深入桩端平面以下3～5d； 2. 嵌岩桩的控制性钻孔应深入预计嵌岩面以下不小于3～5d，一般性钻孔应深入预计嵌岩面以下不小于1～3d。当持力层较薄时，应有部分钻孔钻穿持力岩层。在岩溶、断层破碎带地区，应查明溶洞、溶沟、溶槽、石笋等的分布情况，钻孔应钻穿溶洞或断层破碎带进入稳定土层，进入厚度应满足上述控制性钻孔和一般性钻孔要求

必须注意，当所选择的桩端持力层下有软弱下卧层时，控制性钻孔深度应穿过软弱下卧层到下部坚硬岩土层；当桩端持力层下有残、坡积的滚石，钻孔时也必须打穿；当桩端持力层下有灰岩溶洞时，钻孔也必须打穿到下部致密岩层；当桩端持力层起伏较大时，必须加密勘探孔并画出持力层顶板等高线图，供设计使用。

2.5 岩土的工程分类

建筑物大多是建造在岩土层上的，地基岩土的好坏直接影响到建筑物的安全性和处理方式，因此对岩土的工程性状必须要有全面的了解。先让我们来了解岩石和土的工程分类，再来学习为什么要这样分类。

岩石（rock）是天然产出的由一种或多种矿物按一定规律组成的自然集合体，岩石构成地壳及上地幔的固态部分，是地质作用的产物，岩石分为岩浆岩、沉积岩和变质岩三大类。土是岩石在风化作用后经搬运作用或在原地或在异地各种环境下形成的堆积物。不同类型的土、不同区域的土、不同埋深的土、不同成因的土有着不同的工程地质性状。土的物质组成由作为原生矿物的固体颗粒、土中气体和土中水组成。在工程建设中有必要对岩石和土进行工程分类，以便在工程建设和理论研究中对不同土进行合理安全地处理和基础设计。我国《岩土工程勘察规范》和《建筑地基基础设计规范》对岩石与土的工程分类如下。

2.5.1 岩石的分类

1. 岩石按照坚硬程度分类

岩石按照坚硬程度可分为硬质岩和软质岩石，见表 2-12。

岩石坚硬程度的划分　　　　表 2-12

类 别	亚 类	饱和单轴抗压强度（MPa）	代 表 性 岩 石
硬质岩石	坚硬岩	>60	花岗岩、花岗片麻岩、闪长岩、玄武岩、石灰岩、石英砂岩、石英岩、大理岩、硅质、钙质砾岩、砂岩、熔结凝灰岩等
	较硬岩	30～60	
软质岩石	较软岩	15～30	黏土岩、页岩、千枚岩、绿泥石片岩、云母片岩、泥质砾岩、泥质砂岩、风化凝灰岩等
	软 岩	5～15	
	极软岩	≤5	

岩体完整程度应按表 2-13 划分为完整、较完整、较破碎、破碎和极破碎。

岩体完整程度划分　　　　表 2-13

完整程度等级	完 整	较完整	较破碎	破 碎	极破碎
完整性指数	>0.75	0.75～0.55	0.55～0.35	0.35～0.15	<0.15

注：完整性指数为岩体纵波波速与岩块纵波波速之比的平方。选定岩体、岩块测定波速时应有代表性。

2. 按照岩石风化壳的垂直分带分类

《岩土工程勘察规范》按照岩石风化壳的垂直分带将风化岩分为未风化岩、微风化岩、中等风化岩、强风化岩、全风化岩五类，见表 2-14。表中 v_p 为纵波波速，K_v 为风化岩纵波速度与新鲜岩石纵波速度之比，K_j 为风化岩石与新鲜岩石饱和单轴抗压强度之比。

岩石按风化程度分类 表 2-14

岩石类别	风化程度	野外特征	压缩波速 v_p (m/s)	波速比 K_v	风化系数 K_j
硬质岩石	未风化	岩质新鲜，未见风化痕迹	>5000	0.9～1.0	0.9～1.0
	微风化	组织结构基本未变，仅节理面有铁锰质渲染或矿物略有变色，有少量风化裂隙	4000～5000	0.8～0.9	0.8～0.9
	中等风化	组织结构部分破坏，矿物成分基本未变化，仅沿节理面出现次生矿物。风化裂隙发育。岩体被切割成 20～50cm 的岩块。锤击声脆，且不易击碎，不能用镐挖掘，岩芯钻方可钻进	2000～4000	0.6～0.8	0.4～0.8
	强风化	组织结构已大部分破坏，矿物成分已显著变化。长石、云母已风化成次生矿物。裂隙很发育，岩体破碎。岩体被切割成 2～20cm 的岩块，可用手折断。用镐可挖掘。干钻不易钻进	1000～2000	0.4～0.6	<0.4
	全风化	组织结构已基本破坏，但尚可辨认，并且有微弱的残余结构强度，可用镐挖，干钻可钻进	500～1000	0.2～0.4	
	残积土	组织结构已全部破坏。矿物成分除石英外，大部分已风化成土状，锹镐易挖掘，干钻易钻进，具可塑性	<500	<0.2	
软质岩石	未风化	岩质新鲜，未见风化痕迹	>4000	0.9～1.0	0.9～1.0
	微风化	组织结构基本未变，仅节理面有铁锰质渲染或矿物略有变色。有少量风化裂隙	3000～4000	0.8～0.9	0.8～0.9
	中等风化	组织结构部分破坏。矿物成分发生变化，节理面附近的矿物已风化成土状。风化裂隙发育。岩体被切割成 20～50cm 的岩块，锤击易碎，用镐难挖掘。岩芯钻方可钻进	1500～3000	0.5～0.8	0.3～0.8
	强风化	组织结构已大部分破坏，矿物成分已显著变化，含大量黏土质黏土矿物。风化裂隙很发育，岩体破碎。岩体被切割成碎块，干时可用手折断或捏碎，浸水或干湿交替时可较迅速地软化或崩解。用镐或锹可挖掘，干钻可钻进	700～1500	0.3～0.5	<0.3
	全风化	组织结构已基本破坏，但尚可辨认并且有微弱残余结构强度，可用镐挖，干钻可钻进	300～700	0.1～0.3	
	残积土	组织结构已全部破坏，矿物成分已全部改变并已风化成土状，锹镐易挖掘，干钻易钻进，具可塑性	<300	<0.1	

一般来讲，高层建筑桩基持力层宜选择在中等风化及以上的岩层上。

2.5.2 土按堆积年代分类

土按堆积年代分类可以分为老黏性土、一般黏性土和新近堆积的黏性土。

1. 老黏性土

老黏性土（old cohesive soil）是指第四纪晚更新世（Q_3）及其以前堆积的土。它是一种堆积年代久、工程性质较好的土，一般具有较高强度和较低压缩性，主要指广泛分布于长江中下游的晚更新世下属系黏土（Q_3）、湖南湘江两岸的网纹状黏性土（Q_3）和内蒙古包头地区的下亚层土（Q_3）。

2. 一般黏性土

一般黏性土（common cohesive soil）是指第四纪全新世（Q_4 文化期以前）堆积的黏性土。其分布面积广，工程性质变化很大，是经常遇见的岩土工程勘察对象。其压缩模量一般小于15MPa；标准贯入锤击数 N 多小于15击；多属于中等压缩性。其他物理力学性质指标则变化较大。黏粒（$d<0.005$mm）含量一般达15%以上，透水性低，而灵敏度高，作为建筑物的天然地基应注意其可能会产生不均匀沉降。

3. 新近堆积的黏性土

新近堆积的黏性土（recently deposited cohesive soil）是指文化期以来堆积的黏性土，一般为欠固结，强度低。

2.5.3 土按地质成因分类

土按地质成因分类（soil classification according to geological genesis）可分为残积土、坡积土、洪积土、冲积土、淤积土、冰积土和风积土。

2.5.4 土按颗粒级配或塑性指数分类

《岩土工程勘察规范》（GB 50021—2001）、《建筑地基基础设计规范》（GB 50007—2002）中的土按颗粒级配或塑性指数分类分为碎石土、砂土、粉土和黏性土。

1. 碎石土（crushed stone）

粒径大于2mm的颗粒质量超过总质量50%的土。根据颗粒级配和颗粒形状碎石土又可分为漂石、块石、卵石、碎石、圆砾和角砾，见表2-15。

碎 石 土 分 类　　　　表2-15

土的名称	颗粒形状	颗粒级配
漂石 块石	圆形及亚圆形为主 棱角形为主	粒径大于200mm的颗粒超过总质量的50%
卵石 碎石	圆形及亚圆形为主 棱角形为主	粒径大于20mm的颗粒超过总质量的50%
圆砾 角砾	圆形及亚圆形为主 棱角形为主	粒径大于2mm的颗粒超过总质量的50%

注：分类时应根据粒组含量栏从上到下以最先符合者确定。

2. 砂土（sand）

粒径大于2mm的颗粒质量不超过总质量的50%，粒径大于0.075mm的颗粒质量超过总质量的50%的土。根据颗粒级配按表2-16分为砾砂、粗砂、中砂、细砂和粉砂。

砂 土 的 分 类 表 2-16

土的名称	颗 粒 级 配
砾砂	粒径大于 2mm 的颗粒质量占总质量 25%～50%
粗砂	粒径大于 0.5mm 的颗粒质量超过总质量 50%
中砂	粒径大于 0.25mm 的颗粒质量超过总质量 50%
细砂	粒径大于 0.075mm 的颗粒质量超过总质量 85%
粉砂	粒径大于 0.075mm 的颗粒质量超过总质量 50%

注：1. 定名时应根据颗粒级配由大到小以最先符合者确定。
　　2. 当砂土中，小于 0.075mm 的土的塑性指数大于 10 时，应冠以"含黏性土"定名，如含黏性土粗砂等。

3. 粉土（silt）

粒径大于 0.075mm 的颗粒质量不超过总质量 50%，且塑性指数小于或等于 10 的土。必要时，可根据颗粒级配分为砂质粉土（粒径小于 0.005mm 的颗粒质量不超过总质量 10%）和黏质粉土（粒径小于 0.005mm 颗粒质量等于或超过总质量 10%），见表 2-17。

粉 土 分 类 表 2-17

土 的 名 称	颗 粒 级 配
砂 质 粉 土	粒径小于 0.005mm 的颗粒含量不超过全重 10%
黏 质 粉 土	粒径小于 0.005mm 的颗粒含量超过全重 10%

4. 黏性土（cohesive soil）

塑性指数 I_P 大于 10 的土。根据塑性指数分为粉质黏土（$10 < I_P \leqslant 17$）和黏土（$I_P > 17$）。

2.5.5 土按有机质含量分类

按表 2-18 分为无机质土（inorganic soil）、有机质土（organic soil）、泥炭质土（penty soil）和泥炭（peat）。

土按有机质含量分类 表 2-18

分类名称	有机质含量 W_u(%)	现场鉴别特征	说 明
无机质土	$W_u < 5\%$		
有机质土	$5\% \leqslant W_u \leqslant 10\%$	深灰色，有光泽，味臭，除腐殖质外尚含少量未完全分解的动植物体，浸水后水面出现气泡，干燥后体积有收缩	1. 如现场鉴别或有地区经验时，可不做有机质含量测定； 2. 当 $w > w_L$，$1.0 \leqslant e < 1.5$ 时，称淤泥质土； 3. 当 $w > w_L$，$e \geqslant 1.5$ 时，称淤泥
泥炭质土	$10\% < W_u \leqslant 60\%$	深灰或黑色，有腥臭味，能看到未完全分解的植物结构，浸水体胀，易崩解，有植物残渣浮于水中，干缩现象明显	根据地区特点和需要按 W_u 细分为： 弱泥炭质土：（$10\% < W_u \leqslant 25\%$）； 中泥炭质土：（$25\% < W_u \leqslant 40\%$）； 强泥炭质土：（$40\% < W_u \leqslant 60\%$）
泥炭	$W_u > 60\%$	除有泥炭质土特征外，结构松散，土质很轻，暗无光泽，干缩现象极为明显	泥炭土含水量有可能大于 100%

注：有机质含量 W_u 按灼失量试验确定。

2.6 岩土参数的物理意义

在一份地质勘察报告中，各层土通常有以下一些岩土参数，如天然含水量、孔隙比、孔隙率、饱和度、土重度、液限、塑限、液性指数、塑性指数、压缩系数、黏聚力、内摩擦角、压缩模量、侧阻特征值、桩端承载力特征值等。下面对桩基工程设计中最为关心的各种参数及所表达的意义作简要介绍。

2.6.1 土的基本物理性质指标（soil's basic physical properties indexes）

表示土的三相比例关系的指标，称为土的三相比例指标，亦即土的基本物理性质指标，包括土的颗粒相对密度、重度、含水量、饱和度、孔隙比和孔隙率等。各种指标的物理意义见表2-19。

岩土参数的物理意义　　　　　　　　　　　表2-19

参数名称	符号	物理意义
土的颗粒相对密度	d_s	土粒重量与同体积的4℃时水的重量之比
土的重度	γ	单位体积土的重量
土的干重度	γ_d	土单位体积中固体颗粒部分的重量
土的饱和重度	γ_{sat}	土孔隙中充满水时的单位体积重量
土的浮重度	γ'	在地下水位以下，单位土体积中土粒的重量扣除浮力后，即为单位土体积中土粒的有效重量
土的含水量	w	土中水的重量与土粒重量之比
土的饱和度	S_r	土中被水充满的孔隙体积与孔隙总体积之比
土的孔隙比	e	土中孔隙体积与土粒体积之比
土的孔隙率	n	土中孔隙所占体积与总体积之比

上述土的三相比例指标中，土粒相对密度 d_s、含水量 w 和重度 γ 三个指标是通过试验测定的。在测定这三个基本指标后，可以导得其余各个指标。另外，土的三相比例指标，只要已知其中三个指标，就可以计算其他指标。

土的三相比例指标换算公式一并列于表2-20。

土的三相比例指标换算公式　　　　　　　　　表2-20

名称	符号	三相比例表达式	常用换算公式	单位	常见的数值范围
颗粒相对密度	d_s	$d_s = \dfrac{W_s}{V_s \gamma_{w1}}$	$d_s = \dfrac{S_r e}{w}$		一般黏性土：2.72~2.76 粉土、砂土：2.65~2.71
含水量	w	$w = \dfrac{W_w}{W_s} \times 100\%$	$w = \dfrac{S_r e}{d_s}$ $w = \left(\dfrac{\gamma}{\gamma_d} - 1\right)$	%	一般黏性土：20~40 粉土、砂土：10~35
重度	γ	$\gamma = \dfrac{W}{V}$	$\gamma = \gamma_d(1+w)$ $\gamma = \dfrac{d_s + S_r e}{1+e}$	kN/m³	18~20

续表

名 称	符号	三相比例表达式	常用换算公式	单位	常见的数值范围
干重度	γ_d	$\gamma_d = \dfrac{W_s}{V}$	$\gamma_d = \dfrac{\gamma}{1+w}$ $\gamma_d = \dfrac{d_s}{1+e}$	kN/m³	14~17
饱和重度	γ_{sat}	$\gamma_{sat} = \dfrac{W_s + V_v \gamma_w}{V}$	$\gamma_{sat} = \dfrac{d_s + e}{1+e}$	kN/m³	18~23
浮重度	γ'	$\gamma' = \dfrac{W_s - V_s \gamma_w}{V}$	$\gamma' = \gamma_{sat} - \gamma_w$ $\gamma' = \dfrac{d_s - 1}{1+e}$	kN/m³	8~13
孔隙比	e	$e = \dfrac{V_v}{V_s}$	$e = \dfrac{d_s}{\gamma_d} - 1$ $e = \dfrac{w d_s}{S_r}$ $e = \dfrac{d_s(1+w)}{\gamma} - 1$		一般黏性土：0.60~1.20 粉土、砂土：0.5~0.90
孔隙率	n	$n = \dfrac{V_v}{V} \times 100\%$	$n = \dfrac{e}{1+e}$ $n = \left(1 - \dfrac{\gamma_d}{d_s}\right)$	%	一般黏性土：40~45 粉土、砂土：30~45
饱和度	S_r	$S_r = \dfrac{V_w}{V_v} \times 100\%$	$S_r = \dfrac{w d_s}{e}$ $S_r = \dfrac{w \gamma_d}{n}$	%	8~95

注：W_s——土粒重量；W_w——土中水重量；W——土的总重量；$W = W_s + W_w$；V_s——土粒体积；V_w——土中水体积；V_a——土中气体积；V_v——土中孔隙体积；$V_v = V_w + V_a$；V——土的总体积；$V = V_s + V_w + V_a$。

2.6.2 黏性土的塑性指数和液性指数

同一种黏性土随其含水量的不同，而分别处于固态、半固态、可塑状态及流动状态。土由可塑状态转到流动状态的界限含水量叫做液限，用 w_L 表示；土由半固态转到可塑状态的界限含水量叫做塑限，用 w_P 表示；土由半固体状态不断蒸发水分，则体积逐渐缩小，直到体积不再缩小时土的界限含水量叫做缩限，用 w_s 表示，如图 2-1 所示。

图 2-1 黏性土的物理状态与含水量的关系

塑性指数（plasticity index）是指液限和塑限的差值，即土处在可塑状态的含水量变化范围，用 I_P 表示，即：

$$I_P = w_L - w_P \tag{2-1}$$

塑性指数越大，土处于可塑状态的含水量范围也越大。由于塑性指数在一定程度上综合反映了影响黏性土特征的各种重要因素，因此，在工程上常按塑性指数对黏性土进行分类。

《建筑地基基础设计规范》（GB 50007—2002）规定黏性土按塑性指数 I_P 值可划分为黏土、粉质黏土、粉土、粉砂，见表 2-21。

黏性土按塑性指数分类　　　　　　　　　　　表 2-21

土的名称	粉土、粉砂	粉质黏土	黏　土
塑性指数	$I_P \leqslant 10$	$10 < I_P \leqslant 17$	$I_P > 17$

液性指数（liquidity index）是指黏性土的天然含水量和塑限的差值与塑性指数之比，用 I_L 表示，即：

$$I_L = \frac{w - w_P}{w_L - w_P} = \frac{w - w_P}{I_P} \tag{2-2}$$

从式中可见，当土的天然含水量 w 小于 w_P 时，I_L 小于 0，天然土处于坚硬状态；当 w 大于 w_L 时，I_L 大于 1，天然土处于流动状态；当 w 在 w_P 与 w_L 之间时，天然地基处于可塑状态。因此可以利用液性指数 I_L 来表示黏性土所处的软硬状态，I_L 越大，土质越软，I_L 越小，土质越硬。

《建筑地基基础设计规范》（GB 50007—2002）规定黏性土根据液性指数划分软硬状态的标准见表 2-22。

黏性土软硬状态的划分　　　　　　　　　　　表 2-22

状　态	坚　硬	硬塑	可　塑	软　塑	流塑
液性指数	$I_L \leqslant 0$	$0 < I_L \leqslant 0.25$	$0.25 < I_L \leqslant 0.75$	$0.75 < I_L \leqslant 1.0$	$I_L > 1.0$

2.6.3　压缩系数与压缩模量 (compressibility coefficient and compression modulus)

压缩性不同的土，其 e-p 曲线的形状是不一样的。曲线越陡，说明随着压力的增加，土孔隙比的减小越显著，因而土的压缩性越高，e-p 曲线如图 2-2 所示。所以，曲线上任一点的切线斜率 a 就表示了相应于压力 p 作用下土的压缩性：

$$a = \frac{e_1 - e_2}{p_2 - p_1} = -\frac{de}{dp} \tag{2-3}$$

式中　a——土的压缩系数。

根据 e-p 曲线，可以求算另一个压缩性指标——压缩模量 E_s。它的定义是土在完全侧限条件下的竖向附加应力与相应的应变增量之比值。土的压缩模量可根据下式计算：

$$E_s = \frac{1 + e_1}{a} \tag{2-4}$$

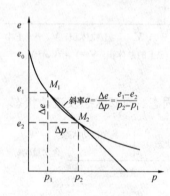

图 2-2　以 e-p 曲线确定压缩系数 a

其中 e_1 为相应于 p_1 作用下压缩稳定后的孔隙比，p_1 一般指地基某深度处土中竖向自重应力之和。

根据上面的定义可以看到，压缩系数 a 越大，压缩模量 E_s 越小，则土的压缩性越高，土性越差，相反，当压缩系数 a 越小，压缩模量 E_s 越大，则土的压缩性越低，土性越好。

2.6.4　黏聚力 (cohesion force) 与内摩擦角 (interior friction angle)

土的抗剪强度是指土体抵抗剪切破坏的极限能力，是土的重要力学性质之一。工程中的地基承载力、挡土墙土压力、土坡稳定等问题都与土的抗剪强度直接相关。

建筑物地基在外荷载作用下将产生剪应力和剪切变形，土具有抵抗剪应力的潜在能力——剪阻力，它随着剪应力的增加而逐渐发挥，剪阻力被完全发挥时，土就处于剪切破坏的极限状态，此时剪应力也就达到了极限，这个极限值就是土的抗剪强度。如果土体内某一部分的剪应力达到土的抗剪强度，在该部分就开始出现剪切破坏。随着荷载的增加，剪切破坏的范围逐渐扩大，最终在土体中形成连续的滑动面，地基发生整体剪切破坏而丧失稳定性。

决定无黏性土强度的主要因素是其颗粒间的紧密状态，决定黏性土强度的主要因素是其软硬程度。

砂土等粗粒土的抗剪强度曲线为一通过坐标原点的直线，如图 2-3 (a) 所示，其方程为

$$\tau_f = \sigma \tan\varphi \tag{2-5}$$

而黏性土等细粒土的抗剪强度曲线，是一条不通过坐标原点、与纵坐标有一截距 c 的近似直线，如图 2-3 (b) 所示，其方程为

$$\tau_f = \sigma \tan\varphi + c \tag{2-6}$$

式中 τ_f——土的抗剪强度 (kPa)；
σ——剪切面上的法向压力 (kPa)；
φ——土的内摩擦角 (°)；
c——土的黏聚力 (kPa)。

2.6.5 单位面积桩侧摩阻力特征值与端阻力特征值计算

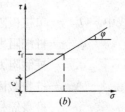

图 2-3 抗剪强度关系线

地质报告中最后要提供建议的桩端地层的极限端阻力特征值 q_{pa} 和桩侧各层土的极限侧阻力特征值 q_{sia}，或极限端阻力标准值 q_{pk} 和桩侧各层土的极限侧阻力标准值 q_{sik}。

极限端阻力标准值 q_{pk} 和桩侧各层土的极限侧阻力标准值 q_{sik} 以及单桩竖向极限承载力标准值，最好采用埋设有桩身钢筋应力计的桩基静载试验确定。对于二级以下建筑可以通过原位测试的结果进行估算，比较常用的方法是双桥探头静力触探，软土地区也可以通过十字板剪切试验求得不排水剪切强度，以估算桩侧摩阻力和端阻力。

1. 静力触探法 (Static Cone Penetration Test)

根据双桥探头静力触探资料，对于黏性土、粉土和砂土，如无当地经验时可按式 (2-7) 确定混凝土预制桩单桩竖向极限承载力标准值：

$$Q_{uk} = u \sum l_i \beta_i f_{si} + a q_c A_P \tag{2-7}$$

式中 f_{si}——第 i 层土的探头平均侧阻力；
q_c——桩端平面上、下探头阻力，取桩端平面以上 $4d$ (d 为桩的直径或边长) 范围内按土层厚度的探头阻力加权平均值，然后再和桩端平面以下 $1d$ 范围内的探头阻力进行平均；
u——桩身周长 (m)；
a——桩端阻力修正系数，对黏性土、粉土取 $2/3$，饱和砂土取 $1/2$；
β_i——第 i 层土桩侧阻力综合修正系数，按下式计算：

黏性土、粉土：$\quad \beta_i = 10.04 (f_{si})^{-0.55} \tag{2-8}$

砂土：$\quad \beta_i = 5.05 (f_{si})^{-0.45} \tag{2-9}$

2. 十字板剪切试验法 (Vane Shear Test)

桩侧阻力的产生，是在桩受荷后产生位移，从而与桩侧土体产生摩擦力，当桩的位移达到某一极限时的摩擦力，即所谓桩的极限侧阻力。此时的桩侧周围土体并未预先受竖向荷载而产生固结。根据此受力状态，并考虑目前实际工程加荷速率较快，因而对于求极限侧阻力的抗剪强度，宜采用三轴的不固结、不排水剪或直接剪切试验的快剪试验。由于桩基工程取土深度比较深，按一般加载方法，第一级压力（甚至第二级压力）往往过小，使强度包线各点不处于同一压密状态，为此，在直剪或三轴压缩的第一个试样（有时甚至第二个试样）所施加的垂直压力或周围压力应接近土的自重压力，但对于某些土类，如饱和软黏土，由于取土过程中易于扰动，在进行三轴不固结、不排水剪或直剪的快剪时，均宜采取恢复其自重压力，即在自重压力预固结后再进行剪切。

十字板剪切试验法可用下式来估算单桩极限承载力

$$Q_u = q_p A + u \sum_{i=1}^{n} q_s L \tag{2-10}$$

式中 Q_u——单桩极限承载力（kN）；

q_p——桩端阻力，$q_p = N_c c_u$，N_c 为承载力系数，均质土体取 9；

q_s——桩侧阻力，$q_s = a c_u$ 与桩类型、土类、土层顺序等有关；

A——桩身截面积（m²）；

u——桩身周长（m）；

L——桩身入土深度（m）。

另根据国内外经验，桩侧极限摩阻力大致相当于土的不排水抗剪强度 c_u 值，而 $c_u = q_u/2$，q_u 为土的无侧限抗压强度。因而，当现场未作十字板剪切试验时，亦可用无侧限抗压试验来代替 c_u 值。

在用不固结不排水强度估算桩侧极限摩阻力时，可按下式计算：

$$Q_{sik} = \tau_{ik} = \left(\sum_{i=1}^{m} \gamma_i h_i\right) \tan \varphi_{uu} + c_{uu} \tag{2-11}$$

式中 Q_{sik}——第 i 层土极限侧阻力标准值（kPa）；

τ_{ik}——第 i 层土抗剪强度标准值（kPa）；

γ_i——第 i 层土的重度，地下水位以下用有效重度（kN/m³）；

φ_{uu}——用三轴不固结、不排水试验或直剪快剪所测得的内摩擦角（°）；

c_{uu}——用三轴不固结、不排水试验或直剪快剪测得的黏聚力（kPa）；

h_i——第 i 层土的厚度（m）；

m——所计算层的层序号。

上述计算值与现行规范所规定的极限摩阻力标准值 Q_{sik} 是比较吻合的。

计算桩的极限端阻力、桩端持力层强度和下卧层强度时受力状态均为桩所传递的竖向荷载作用于土体，在固结条件下产生剪切破坏，模拟其受力状况宜采用三轴的固结不排水剪或直剪的固结快剪。

3. 现场原状地基土载荷试验法，包括浅层载荷试验、深层载荷试验及桩端岩基载荷试验等。

平板荷载试验发生整体剪切破坏的地基，从开始承受荷载到破坏，其变形发展的过程可分成三个阶段：

1) 直线变形阶段。相应于图 2-4（a）中 p-s 曲线上的 Oa 段，接近于直线关系。此阶段地基中各点的剪应力小于地基土的抗剪强度，地基处于稳定状态。地基仅有小量的压缩变形（图 2-4b），主要是土颗粒互相挤紧、土体压缩的结果。所以此变形阶段又称压密阶段。

2) 局部塑性变形阶段。相应于图 2-4（a）p-s 曲线上的 abc 段。在此阶段中，变形的增加率随荷载的增加而增大，p-s 关系线是下弯的曲线。其原因是在地基的局部区域内，发生了剪切破坏（图 2-4c）。这样的区域称塑性变形区。随着荷载的增加，地基中塑性变形区的范围逐渐向整体剪切破坏扩展。所以这一阶段是地基由稳定状态向不稳定状态发展的过渡性阶段。

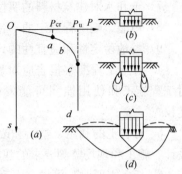

图 2-4 地基变形三阶段与 p-s 曲线
(a) p-s 关系线；
(b) 直线变形（压密）阶段；
(c) 局部塑性变形阶段；
(d) 破坏阶段

3) 破坏阶段。相应于图 2-4（a）p-s 曲线上的 cd 段。当荷载增加到某一极限值时，地基变形突然增大。说明地基中的塑性变形区，已经发展到形成与地面贯通的连续滑动面。地基土向荷载板的一侧或两侧挤出，地面隆起，地基整体失稳，荷载板也随之突然下陷破坏（图 2-4d）。

根据图 2-4（a）p-s 曲线陡降段的起点可以得到地基土的极限承载力 p_u。根据变形量 $s=0.01\sim0.015b$（b 为荷载板宽度）所对应的荷载值定为 p_{cr}，变异系数不大的三个地点以上试验所得的平均值即为地基土的承载力特征值 f_k。

2.7 工程勘察报告编写及内容

工程勘察报告必须配合相应的勘察阶段，针对建筑场地的地质条件、建筑物的规模、性质及设计和施工要求，对场地的适宜性、稳定性进行定性和定量的评价，提出选择建筑物地基基础方案的依据和设计计算的参数，指出存在的问题以及解决问题的途径和办法。工程勘察报告包括文字报告和图表。

2.7.1 文字报告基本要求

1. 工程勘察报告所依据的原始资料，应进行整理、检查、分析，确认无误后方可使用。

2. 工程勘察报告应资料完整、真实准确、数据无误、图表清晰、结论有据、建议合理、便于使用和适宜长期保存，并应因地制宜，重点突出，有明确的工程针对性。

3. 岩土工程勘察报告应根据任务要求、勘察阶段、工程特点和地质条件等具体情况编写，并应包括下列内容：

1) 勘察目的、任务要求和依据的技术标准；
2) 拟建工程概况；
3) 勘察方法和勘察工作布置；
4) 场地地形、地貌、地层、地质构造、岩土性质及其均匀性；
5) 各项岩土性质指标，岩土的强度参数、变形参数、地基承载力的建议值；
6) 地下水埋藏情况、类型、水位及其变化；

7) 土和水对建筑材料的腐蚀性;

8) 可能影响工程稳定的不良地质作用的描述和对工程危害程度的评价;

9) 场地稳定性和适宜性的评价。

4. 岩土工程勘察报告应对岩土利用、整治和改造的方案进行分析论证,提出建议;对工程施工和使用期间可能发生的岩土工程问题进行预测,提出监控和预防措施的建议。

5. 对岩土的利用、整治和改造的建议,宜进行不同方案的技术经济论证,并提出对设计、施工和现场监测要求的建议。

6. 任务需要时,可提交下列专题报告:

1) 岩土工程测试报告;2) 岩土工程检验或监测报告;3) 岩土工程事故调查与分析报告;4) 岩土利用、整治或改造方案报告;5) 专门岩土工程问题的技术咨询报告。

7. 勘察报告的文字、术语、代号、符号、数字、计量单位及标点,应符合国家有关标准规定。

8. 对丙级岩土工程勘察的成果报告内容适当简化,采用以图表为主,辅以必要的文字说明;对甲级岩土工程勘察的成果报告除应符合本节规定外,尚可对专门性的岩土工程问题提交专门的试验报告、研究报告或监测报告。

2.7.2 图表要求

根据《岩土工程勘察规范》(GB 50021—2001),成果报告应附下列图件:

1) 勘探点平面布置图;2) 工程地质柱状图;3) 工程地质剖面图;4) 原位测试成果图表;5) 室内试验成果图表;6) 桩持力层等高线图。当需要时,尚可附综合工程地质图、综合地质柱状图、地下水等水位线图、素描、照片、综合分析的图表以及岩土利用、整治和改造方案的有关图表、岩土工程计算简图及计算成果图表等。

2.7.3 工程勘察报告提供的参数

针对桩基工程,工程勘察报告应提供如下一些参数,见表2-23。

工程勘察报告参数表　　　　　　　表2-23

主要指标	天然含水量	土的天然重度	颗粒分析	孔隙比	液限	塑限	塑性指数	液性指数	压缩模量	压缩系数	抗剪强度指标值		桩周土摩擦力特征值	桩端土承载力特征值
											黏聚力	内摩擦角		
符号	w	γ		e	w_L	w_P	I_P	I_L	E_s	a_{1-2}	c_k	φ_k	q_{sia}	q_{pa}
单位	%	kN/m³			%				MPa	MPa⁻¹	kPa	(°)	kPa	kPa

2.8 勘察报告的阅读及桩基设计应考虑的因素

为了充分发挥勘察报告在设计和施工中的作用,必须重视对勘察报告的阅读和使用。阅读时应先熟悉勘察报告的主要内容,了解勘察结论和计算指标的可靠程度,进而判断报告中的建议对该项工程的适用性,做到正确使用勘察报告。这里,需要把场地的工程地质条件与拟建筑物具体情况和要求联系起来进行综合分析。工程设计与施工,既要从场地和地基的工程地质条件出发，也要充分利用有利的工程地质条件。

2.8.1 场地稳定性评价 (site stability evaluation)

地质条件复杂的地区，综合分析的首要任务是评价场地的稳定性，其次才是地基的强度和变形问题。

场地的地质构造（断层、褶皱等）、不良地质现象（泥石流、滑坡、崩塌、岩溶、塌陷等）、地层成层条件和地震等都会影响场地的稳定性。在勘察中必须查明其分布规律、具体条件、危害程度。

在断层、向斜、背斜等构造地带和地震区修建建筑物，必须慎重对待，对于宜避开的危险场地，不宜进行建筑。但对于已经判明为相对稳定的构造断裂地带，还是可以选作建筑场地的。实际上，有的厂房大直径钻孔桩还直接支承在断层带岩层上。

在不良地质现象发育且对场地稳定性有直接危害或潜在威胁的地区，如不得不在其中较为稳定的地段进行建筑，也须事先采取有力措施，防范于未然，以免中途改变场地或花费极高的处理费用。对于桩端高差起伏的硬持力层，桩基全断面入持力层必须达到一定的深度后才能防止滑移。总之，桩基设计要考虑稳定性问题。

2.8.2 桩基持力层的选择 (selection of bearing stratum)

对不存在可能威胁场地稳定性的不良地质现象的地段，地基基础设计应在满足地基承载力和沉降这两个基本要求的前提下，尽量采用比较经济的浅基础，这时，地基持力层的选择应该从地基、基础和上部结构的整体性出发，综合考虑场地的土层分布情况和土层的物理力学性质，以及建筑物的体型、结构类型和荷载的性质与大小等情况。当天然地基承载力不能满足上部结构荷载时，需要采用桩基，通过桩基将上部结构的荷载传递到下部坚硬的地层中，这一地层就是桩基的持力层。桩基持力层的选择要做到安全性、经济性、施工方便性和发挥桩土性能诸方面相结合。桩基持力层选择必须要首先考虑上部结构传递单桩的承载力和变形要求。如杭州钱塘江北岸地层上部 0～3m 为杂填土；3～5m 为淤泥质地层；5～21m 为粉砂土及粉质黏土地层；21～25m 为淤泥质地层；25～36m 为粉砂层和粉质黏土层；36～45m 为圆砾层；45m 以下为含砾泥质粉砂岩。针对这样的地层，一般 6 层以下的多层建筑可采用短桩基础，桩长约 10m 左右，持力层为粉砂层。对于 18 层的高层建筑可采用中长桩，桩长 30m 左右，持力层为圆砾层（有时桩底注浆）。对于 30 层以上的超高层建筑采用长桩，桩长 40m 以上，持力层为圆砾层实行桩底注浆或将桩直接打到中风化基岩中，桩长约 50m。

总之，桩基持力层的选择既要满足房屋安全需要，又要经济合理，施工方便快速。

2.8.3 选择桩基的环境因素 (environment factors for pile foundation choice)

一般情况下，桩基础在成桩过程中将对周围环境产生影响，不同桩型、不同桩长、不同施工工艺对环境的影响大小不同。

1. 一般打入式桩和振动桩在施工时会产生较大的振动，容易影响周围建筑物的安全，造成邻近的浅基础的建筑物发生裂缝、倾斜等，或影响精密仪器的使用。

2. 在预应力管桩和预制方桩施工中，如施工方法不当或未采取有效措施会造成不同程度的挤土，从而引起地面隆起和侧移，威胁其他建筑物的安全。同时后打的桩也会影响已经沉入土中的桩，使其上浮、脱节或偏位倾斜。所以在打桩施工前应根据土质条件、场地情况和布桩方式选取合适的桩型、沉桩方法和打桩顺序，以尽量减少此类影响。如采取取土植桩、重锤轻击、预钻应力释放孔、合理调整打桩顺序和打桩节奏，同时加强监测反馈指导打桩。

3. 钻孔桩施工中泥浆是护壁的重要手段。但泥浆对环境影响很大，选择桩型时必须要有泥浆循环通道和排放的空间，最好选用箱式内循环装置以防止泥浆外溢。

4. 城市场地地下往往有老基础、老堤坝、老管线、老桩基等障碍物，在选择桩型时必须要考虑如何排除避开这些障碍物。

5. 选择桩型前必须了解场地周边环境条件，包括周边的老房子的结构基础形式和安全性、周边道路管线特点及埋深、周边河道情况、周边地下水位情况、设计桩顶标高情况及地下室的开挖深度等，这样才能有针对性地选择对本场地施工最优的桩型。

总之，所选桩型要在满足房屋安全需要条件下，尽可能减少对周边环境的影响。

2.9 桩型选择和桩基优化及基坑开挖建议

根据所设计的上部结构类型、荷载特点、地质情况和周边的环境条件及施工可行性选择最优的桩型并做经济合理性优化分析。

2.9.1 桩端持力层确定原则

桩基础设计的第一步，就是根据场地勘察报告中地质土层剖面情况，结合建筑物结构类型、荷载情况、施工方便等因素，选择桩端持力层。应尽可能使桩支承在承载力相对较高的坚实土层上。

1. 钻孔灌注桩（bored pile）一般直径比较大且单桩竖向承载力较高，上部结构荷载相对较大，所以桩端持力层一般应至少选择在砂性土，并以粗颗粒的砾石、卵石、漂石做持力层且采用桩端后注浆为好。如荷载很大，一般应将桩端持力层选在中风化基岩中（如强风化基岩特别厚且性能好也可以选择强风化岩做为桩持力层）。钻孔灌注桩一般不宜选择软弱土层做桩端持力层。人工挖孔桩一般为短桩且一般只计算端承力，所以桩端持力层应选择在较硬的基岩中。

2. 预应力管桩（prestressed pipe pile）（预制方桩）属于挤土型桩，施工方式有锤击打入式和压入式（顶压、抱压）两种。桩端持力层一般根据上部结构的荷载特点、分配到各桩的单桩竖向承载力和地质条件及施工难易程度来确定。荷载不大时可以采用本地区的第一层持力层（至少为黏土层）做桩的持力层同时做下卧层的变形验算，一般不应采用软弱土层做桩持力层。对于高层建筑一般应至少采用砂性土地层做桩端持力层，当然能选择砾石层或全风化、强风化岩层做为持力层更好。对于选择桩端很硬的岩层做持力层时，要控制单桩的总锤击数和最后贯入度，以免造成桩身被打碎。对于挤土型的桩，在打桩时要预先采取防挤土的措施。

3. 沉管灌注桩（sunk pipe filling pile）属于挤土桩，施工方式有锤击打入式（impact driving method）、振动打入式（vibrant driving method）和静压振入式（static pressure method by vibration）三种。挤土问题和混凝土灌注质量问题是主要的问题，但由于沉管灌注桩桩径较小，单桩竖向承载力不高，桩长不长，所以桩基持力层往往根据地质条件来确定。有好的持力层更好，若没有好的持力层则只能采用摩擦桩，设计时要注意控制整体沉降量。

4. 一般地，桩端持力层下有软弱下卧层时，必须验算群桩基础的沉降量。
5. 当桩端持力层起伏时，要画出桩持力层顶板等高线图并以此作为设计桩长控制。

2.9.2 用地质资料估算单桩竖向极限承载力

当根据土的物理指标与承载力参数之间的经验关系确定单桩竖向极限承载力标准值时，宜按下列公式估算：

$$Q_{uk} = Q_{sk} + Q_{pk} = u\Sigma q_{sik}l_i + q_{pk}A_p \tag{2-12}$$

式中 q_{sik}——桩侧第 i 层土的极限侧阻力标准值，如无当地经验值时，可按表 2-24 取值；
q_{pk}——极限端阻力标准值，如无当地经验时，可按表 2-25 取值。

桩的极限侧阻力标准值 q_{sik}（kPa） 表 2-24

土的名称	土的状态		混凝土预制桩	水下钻孔桩	干作业钻孔桩
填 土			22~30	20~28	20~28
淤 泥			14~20	12~18	12~18
淤泥质土			22~30	20~28	20~28
黏性土	流塑	$I_L>1.0$	24~40	21~38	21~38
	软塑	$0.75<I_L\leqslant1.0$	40~55	38~53	38~53
	可塑	$0.50<I_L\leqslant0.75$	55~70	53~68	53~66
	硬可塑	$0.25<I_L\leqslant0.5$	70~86	68~84	66~82
	硬塑	$0<I_L\leqslant0.25$	86~98	84~96	82~94
	坚硬	$I_L\leqslant0$	98~110	96~108	94~106
红黏土	$0.7<a_w\leqslant1.0$		13~32	12~30	12~30
	$0.5<a_w\leqslant0.7$		32~74	30~70	30~70
粉 土	稍密	$e>0.9$	26~46	24~42	24~42
	中密	$0.75\leqslant e\leqslant0.9$	46~66	42~62	42~62
	密实	$e<0.75$	66~88	62~82	62~82
粉细砂	稍密	$10<N\leqslant15$	24~48	22~46	22~46
	中密	$15<N\leqslant30$	48~66	46~64	46~64
	密实	$N\geqslant30$	66~88	64~86	64~86
中 砂	中密	$15<N\leqslant30$	54~74	53~72	53~72
	密实	$N>30$	74~95	72~94	72~94
粗 砂	中密	$15<N\leqslant30$	74~95	74~95	72~94
	密实	$N>30$	95~116	95~116	92~114
砾 砂	稍密	$5<N_{63.5}\leqslant15$	60~100	50~80	55~90
	中密（密实）	$N_{63.5}>15$	116~138	116~135	112~130
圆砾、角砾	中密、密实	$N_{63.5}>10$		135~150	135~150
碎石、卵石	中密、密实	$N_{63.5}>10$		160~175	150~170

注：1. 对于尚未完成自重固结的填土和以生活垃圾为主的杂填土，不计算其侧阻力；
2. a_w 为含水比，$a_w=w/w_L$；
3. N 为标准贯入击数；$N_{63.5}$ 为重型圆锥动力触探击数；
4. 对于预制桩，根据土层埋深 h，将 q_{sk} 乘以下表修正系数。

土层埋深 h（m）	≤5	10	20	≥30
修正系数	0.8	1.0	1.1	1.2

桩的极限端阻力标准值 q_{pk} (kPa)　　　　　　　　　表 2-25

土名称	土的状态	桩型	预制桩入土深度 (m)				水下钻(冲)孔桩入土深度 (m)				干作业钻孔桩入土深度 (m)		
			$h\leq9$	$9<h\leq16$	$16<h\leq30$	$h>30$	5	10	15	$h>30$	5	10	15
黏性土	软塑	$0.75<I_L\leq1$	300~950	700~1500	1200~1800	1300~1900	150~250	250~300	300~450	300~450	200~400	400~700	700~950
	可塑	$0.50<I_L\leq0.75$	950~1700	1500~2300	1900~2800	2300~3600	350~450	450~600	600~750	750~800	500~700	800~1100	1000~1600
	硬可塑	$0.25<I_L\leq0.50$	1500~2300	2300~3300	2700~3600	3600~4400	800~900	900~1000	1000~1200	1200~1400	850~1100	1500~1700	1700~1900
	硬塑	$0<I_L\leq0.25$	2500~3800	3800~5500	5500~6000	6000~6800	1100~1200	1200~1400	1400~1600	1600~1800	1600~1800	2200~2400	2600~2800
粉土	中密	$0.75<e\leq0.9$	950~1700	1400~2100	1900~2700	2500~3400	300~500	500~650	650~750	750~850	800~1200	1200~1400	1400~1600
	密实	$e\leq0.75$	1500~2600	2100~3000	2700~3600	3600~4400	650~900	750~950	900~1100	1100~1200	1200~1700	1400~1900	1600~2100
粉砂	稍密	$10<N\leq15$	800~1600	1500~2300	1900~2700	2100~3000	350~500	450~600	600~700	600~700	500~950	1300~1600	1500~1700
	中密、密实	$N>15$	1400~2200	2100~3000	3000~3800	3800~4600	700~800	800~900	900~1100	1100~1200	900~1000	1700~1900	1700~1900
细砂	中密、密实	$N>15$	2500~3800	3600~5100	4400~5700	5300~6500	1000~1200	1200~1400	1300~1700	1400~1500	1200~1600	2100~2400	2400~2700
中砂			3600~5100	5100~6300	6300~7200	7000~8000	1300~1600	1600~1800	1700~2200	2000~2200	1800~2000	2800~3300	3300~3500
粗砂			5700~7400	7400~8400	8400~9500	9500~10300	2000~2200	2300~2400	2400~2600	2700~2900	2900~3200	4200~4600	4900~5200
砾砂		$N>15$	6300~10500				1800~2500				3600~5300		
角砾、圆砾	中密、密实	$N_{63.5}>10$	7400~11600				1800~2800				4000~7000		
碎石、卵石		$N_{63.5}>10$	8400~12700				2000~3000				6000~8000		
软质岩		强风化	4000~6000										
		中、微风化	6000~8000										

注：1. 砂土和碎石类土中桩的极限端阻力取值，要综合考虑土的密实度，桩端进入持力层的深度比 h_b/d，土愈密实，h_b/d 愈大，取值愈高。
2. 预制桩的岩石极限端阻力指桩端支承于中、微风化基岩表面或进入强风化岩、软质岩一定深度下极限端阻力。

要注意上述表 2-24、表 2-25 中数值为《建筑桩基技术规范》的推荐数据，是统计平均数据。我国幅员辽阔，各地地质条件相差很大，各种土的岩土力学参数也不一样，在提供参数和使用参数时必须结合当地的地区经验综合确定桩基的设计参数。同时通过桩基的现场静载试验结果来修正勘察数据。

2.9.3 桩基优化建议

根据上部结构荷载、环境条件、场地地质条件、施工条件对不同桩型、不同桩基持力层的桩基方案进行安全性、经济合理性、施工可行性综合分析，提出拟建建筑物在现地质条件下的桩基优选方案及设计参数。

2.9.4 基坑开挖建议

桩基础深埋于地下，一般都要进行基坑开挖才能做基础。所以在桩基工程勘察中，要根据本场地地质条件和基础埋置深度合理提出基坑开挖支护设计方案的建议，并提供基坑设计参数和施工注意事项。

思 考 题

2-1 桩基勘察的目的是什么？主要用来解决哪些问题？

2-2 岩土工程勘察等级如何划分？桩基工程勘察的点线间距如何确定？

2-3 桩基工程勘探点平面和深度设置有哪些原则？

2-4 岩石如何分类？土按堆积年代、地质成因、颗粒级配、塑性指数以及有机质含量各分为哪几类？

2-5 工程勘察报告中，土的基本物理性质指标有哪些？各种指标的物理意义是什么？土的三相比例关系的指标包括哪些？各自的定义是什么？各指标间如何进行换算？常见土的物理力学参数有哪些？

2-6 工程勘察报告中极限侧阻力和端阻力标准值如何确定？

2-7 工程勘察报告如何编写？报告中包括哪些内容？

2-8 怎样阅读工程勘察报告？设计桩基应考虑哪些主要因素？

2-9 如何进行桩型选择？桩基优化选择有哪些方法？基坑开挖时有哪些建议？

第3章 抗压桩受力性状

桩基竖向抗压性能是桩基工程学研究的重点内容。在受到竖向荷载作用时,桩基的承载力和变形是桩基受力性状的两个重要的方面,也是设计和施工中考虑的重点,我们将在本章和下一章研究这两个方面的内容。

3.1 概　　述

对单桩和群桩在竖向荷载作用下受力性状研究是进行桩基设计的基础。虽然有各种不同的桩型、不同的桩基规格、不同的施工方式、不同的地质条件,桩基的受力性状也各不相同。但有一点是共同的,都是基于在桩顶作用竖向荷载,由桩身通过桩侧土和桩端土向下传递荷载,来研究桩身应力和位移的变化规律。研究的结论适用于建筑物桩基础、桥梁桩基础、码头桩基础与海洋构筑物桩基础等。

本章从单桩竖向抗压静荷载试验入手,主要介绍桩土体系的荷载传递、桩侧阻力、桩端阻力、单桩竖向极限承载力计算、打桩挤土效应、群桩受力性状及群桩效应、群桩极限承载力计算、桩基承载力的时间效应、桩基负摩阻力、桩端后注浆的理论研究等方面的内容。

学完本章后应掌握以下内容:
(1) 单桩竖向抗压静荷载试验的内容;
(2) 桩土体系的荷载传递的机理;
(3) 桩侧阻力、桩端阻力的影响因素与力学原理;
(4) 单桩竖向极限承载力计算方法;
(5) 打桩挤土效应机理;
(6) 群桩受力机理及群桩效应;
(7) 群桩极限承载力计算方法;
(8) 桩基承载力的时间效应;
(9) 桩基负摩阻力发生条件及影响因素;
(10) 桩端后注浆的机理。

学习中应注意回答以下问题:
(1) 单桩竖向抗压静荷载试验的目的和意义?试验有哪几种加载装置?试验方法怎样?试验成果有哪些?
(2) 桩土体系的荷载传递机理是什么?影响荷载传递的因素有哪些?
(3) 影响桩侧阻力发挥的因素有哪些?桩侧阻力的挤土效应、非挤土桩的松弛效应、侧阻发挥的时间效应分别是什么?
(4) 影响桩端阻力发挥的因素有哪些?桩端阻力有哪几种破坏模式?什么是桩端阻力

的深度效应？

(5) 单桩竖向极限承载力计算有哪些方法？各种方法的特点是什么？如何计算？

(6) 什么是打桩的挤土效应？减小打桩挤土的措施有哪些？

(7) 什么是群桩效应？桩群、承台和土是怎样相互作用的？沉降的群桩效应有哪些？群桩的破坏模式有哪些？群桩的桩顶荷载的分布规律有哪些？

(8) 群桩极限承载力有哪些计算方法？

(9) 桩基承载力的时间效应有哪些？

(10) 什么是桩基负摩阻力？桩基负摩阻力发生条件是什么？什么是负摩阻力的中性点？负摩阻力如何计算？

(11) 桩端后注浆的机理是什么？

3.2 单桩竖向抗压静荷载试验

单桩竖向抗压静载试验（vertical static compression test of single pile），就是采用接近于竖向抗压桩实际工作条件的试验方法，确定单桩竖向抗压极限承载力。因为房屋建筑中桩顶荷载是随着房屋建造层数的逐渐增加而逐渐增大的（图3-1），所以抗压静载试验也采用分级加载、分级沉降观测的方法来记录荷载沉降关系。试验时荷载逐级作用于桩顶，桩顶沉降慢慢增大，最终可得到单根试桩静载$Q\text{-}s$曲线，还可获得每级荷载下桩顶沉降随时间的变化曲线，当桩身中埋设应力应变量测元件时，还可以得到桩侧各土层的极限摩阻力和端承力。

一个工程中应取多少根桩进行静载试验，各个部门规范大体相同。《建筑地基基础设计规范》(GB 50007—2002) 规定：同一条件下的试桩数量不宜少于总桩数的1‰，并不少于3根；《建筑基桩检测技术规范》(JGJ 106—2003) 规定：同一条件下的试桩数量不宜少于总桩数的1‰，且不应少于3根，总桩数在50根以内时，不应少于2根。实际测试时，应根据工程具体情况参考相关的规范进行。

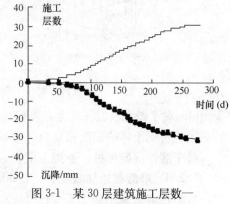

图3-1 某30层建筑施工层数—沉降与建造时间的关系

3.2.1 静载试验的目的与适用范围

单桩竖向抗压静载试验主要的目的包括以下五个方面：

1) 确定单桩竖向抗压极限承载力及单桩竖向抗压承载力特征值；

2) 判定竖向抗压承载力是否满足设计要求；

3) 当埋设有桩底反力和桩身应力、应变测量元件时，可测定桩周各土层的摩阻力和桩端阻力；

4) 当埋设桩端沉降测管，测量桩端沉降量和桩身压缩变形时，可了解桩身质量、桩端持力层、桩身摩阻力和桩端阻力等情况；

5) 评价桩基的施工质量，作为工程桩的验收依据。

单桩竖向抗压静载试验适用于所有桩型的单桩竖向极限承载力的确定。

3.2.2 试桩的制作 (fabrication of test pile)

试桩顶部一般应予以加强，可在桩顶配置加密钢筋网 2~3 层，或以薄钢板圆筒做成加劲箍与桩顶混凝土浇成一体，用高强度等级砂浆将桩顶抹平，钻孔灌注试桩的桩头制作示意图如图 3-2 所示。对于预制桩，若桩顶未破损可不另作处理，如因沉桩困难需要在截桩的桩头上做试验，其顶部要外加封闭箍内浇捣高强细石混凝土予以加强。

试桩的成桩工艺和质量控制标准应与工程桩一致。为缩短试桩达到设计强度的时间，混凝土强度等级可适当提高。在水下混凝土浇捣时，不能掺加早强剂。但在试桩头制作时，可添加早强剂，并预留 1~2 组试块。

对于预制方桩或者预应力管桩，从成桩到开始试验的间歇时间：在桩身强度达到设计要求的前提下，对于砂类土，不应少于 10d；对于粉土和黏性土，不应少于

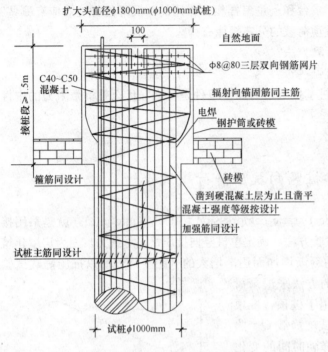

图 3-2 试桩桩头制作示意图

15d；对于淤泥或淤泥质土，不应少于 25d。这是因为打桩施工对土体有扰动，所以试桩必须待桩周土体的强度恢复后才可以进行。

对于灌注混凝土桩，原则上应在成桩 28d 后进行试验。

3.2.3 静载试验加载装置 (Loading device of static test)

试验加载宜采用油压千斤顶分级加载。当采用两台及两台以上千斤顶加载时应并联同步工作，采用的千斤顶型号、规格应相同，千斤顶的合力中心应与桩轴线重合。

加载反力装置可根据现场条件选择锚桩横梁反力装置、压重平台反力装置、静压桩架反力装置和锚桩压重联合反力装置四种形式。

1. 锚桩横梁反力装置 (anchor-pile beam reaction system)（图 3-3、图 3-4）

利用主梁与次梁组成反力架，该装置将千斤顶的反力传给锚桩。锚桩与反力梁装置有如下要求：

1) 所有锚桩与反力梁装置能提供的反力应不小于预估最大试验荷载的 1.2~1.5 倍。

2) 锚桩要按抗拔桩的有关规定计算确定，在试验过程中对锚桩上拔量进行监测，通常不宜大于 15mm。

3) 试验前对钢梁进行强度和刚度验算，并对锚桩的受拉钢筋进行强度验算，要求钢梁组合刚度大于预估最大试验荷载，锚桩钢筋抗拉承载力应大于预估最大荷载的 1.2 倍。除了工程桩兼作锚桩外，也可用地锚的办法。

采用锚桩横梁反力装置不足之处是进行大吨位试验时无法随机抽样，尤其是对灌

注桩。

2. 堆重平台反力装置（fill-load deck reaction system）

堆载材料一般为钢锭、混凝土块、袋装砂或水箱等，压重量不得小于预估试桩破坏荷载的 1.2 倍，压重应均匀稳固放置于压重平台上，压重施加于地基的压应力不宜大于地基承载力特征值的 1.5 倍，如达不到应对压重支墩的表层地基做加固处理，如图 3-5、图 3-6 所示。在用袋装砂或袋装土、碎石等作为堆重物时，在安装过程中尚需作技术处理，以防

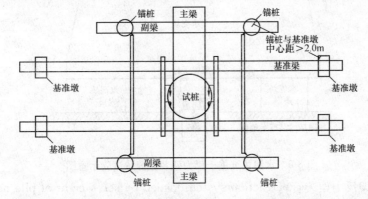

图 3-3 锚桩-反力架装置抗压静载试验平面布置示意图

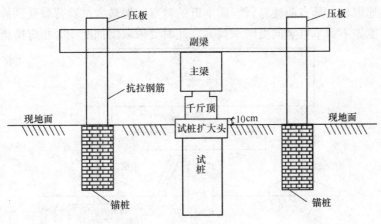

图 3-4 锚桩法竖向抗压静载试验装置示意图

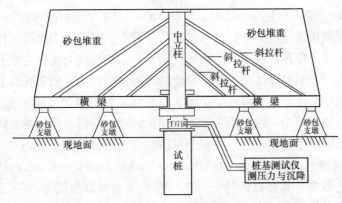

图 3-5 砂包堆重—反力架装置静载试验示意图

鼓凸倒塌。高吨位试桩时，要注意大量堆载将引起的地面下沉，基准梁要支撑在其他工程桩上或远离沉降影响范围。作为基准梁的工字钢应尽量长些，但其高跨比宜大于 1/40。除了对钢梁进行强度和刚度计算外，还应对堆载的支承面进行验算，以防堆载平台出现较大不均匀沉降。堆重法的优点是对工程桩能随机抽样检测，对试桩抽样随机性较好。缺点是堆载可能带来地面沉降，要在测试时消除。

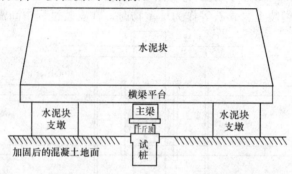

图 3-6　水泥块堆重—反力架装置静载试验示意图

3. 静压桩架反力架装置（reaction system loaded by self-weight of pile holder）

对静压预制桩，可采用静压桩机及其配重作反力架，进行静载荷试验，如图 3-7 所示。该方案就地取材，具有简便易行、成本低的特点。但最大试验荷载受到静压桩架自重的限制，有可能做不到单桩竖向极限承载力。此时要采取增加配重等相应措施。

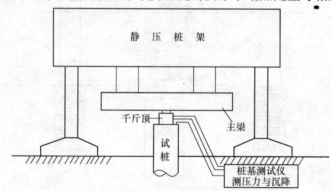

图 3-7　静压桩架—反力架装置静载试验示意图

4. 锚桩压重联合反力装置（anchor-pile beam uniting fill-load deck reaction system）

当试桩最大加载重量超过锚桩的抗拔能力时，可在锚桩上或主次梁上预先加配重，由锚桩与堆重共同承受千斤顶的反力。此法优点是千斤顶加载反力由于锚桩上拔受拉，采用适当的堆重，有利于控制桩顶浅部混凝土裂缝的开展。缺点是在桁架或梁上挂重堆重，很不方便，成本高且安全性低，当桩产生突然下沉或压碎时有可能发生堆重不平衡而倒塌。千斤顶应严格进行物理对中，当采用多台千斤顶加载时，应将千斤顶并联同步工作，其上下部尚需设置有足够刚度的钢垫箱，并使千斤顶的合力通过试桩中心。

5. 各种反力装置的优缺点（merits and drawbacks of each reaction system）

各种静载反力装置有其各自的特点，在工程实际中可以根据不同的工程情况进行选择，四种反力装置的优缺点见表 3-1。

四种静载反力装置的优缺点　　　　　　　　　　表 3-1

反力装置	优　点	缺　点
锚桩横梁反力装置	使用试桩邻近的工程桩或预先设置的锚桩来提供反力，安装比较快捷，特别对于大吨位的试桩来讲，比较节约成本且准确性相对较高	锚桩在试验过程中受到上拔力的作用，其桩周土的扰动同样会影响到试桩。对于桩身承载力较大的钻孔灌注桩无法进行随机抽样检测
堆重平台反力装置	它的承重平台搭建简单，一套装置可以选做不同荷载量的试验，能对工程桩进行随机抽样检测，适合于不配筋或少配筋的桩	由于在开始试验以前，堆重物的重量由支撑墩传递到了地面上，从而使桩周土受到了一定的影响，所以要观测支墩和基准梁沉降，而且在大吨位试验时要注意安全
桩架自重作荷重反力架装置	就地取材，具有简便易行、成本低的特点	局限性较大，对于灌注桩等大吨位试验不适用
锚桩压重联合反力装置	锚桩上拔受拉，采用适当的堆重，有利于控制桩体混凝土裂缝的开展	由于桁架或梁上挂重堆重，桩的突发性破坏所引起的振动、反弹对安全不利

6. 试桩、锚桩（或压重平台支墩边）和基准桩之间的中心距离

根据《建筑基桩检测技术规范》（JGJ 106—2003）规定，试桩、锚桩和基准桩之间的中心距离应符合表 3-2 的规定。表中 D 为试桩或锚桩的设计直径，取其较大者。如试桩或锚桩为扩底桩时，试桩与锚桩的中心距不应小于 2 倍扩大端直径。

试桩、锚桩（或压重平台支墩边）和基准桩之间的中心距离　　　　表 3-2

距离 反力装置	试桩中心与锚桩中心 （或压重平台支墩边）	试桩中心与基准桩中心	基准桩中心与锚桩中心 （或压重平台支墩边）
锚桩横梁	≥4(3)D 且＞2.0m	≥4(3)D 且＞2.0m	≥4(3)D 且＞2.0m
压重平台	≥4D 且＞2.0m	≥4(3)D 且＞2.0m	≥4D 且＞2.0m
地锚装置	≥4D 且＞2.0m	≥4(3)D 且＞2.0m	≥4D 且＞2.0m

注：1. D 为试桩、锚桩或地锚的设计直径或边宽，取其较大者。
2. 如试桩或锚桩为扩底桩或多支盘桩时，试桩与锚桩的中心距尚不应小于 2 倍扩大端直径。
3. 括号内数值可用于工程桩验收检测时多排桩设计桩中心距小于 4D 的情况。
4. 软土场地堆载重量较大时，宜增加支墩边与基准桩中心和试桩中心之间的距离，并在试验过程中观测基准桩的竖向位移。

3.2.4　试验方法

1. 静载试验方法

目前静载试验方法主要有慢速维持荷载法（规范规定方法）、快速维持荷载法、等速率贯入法（CRP 法）及多循环加卸载法等，其各自特点见表 3-3。

静载试验加荷方法　　　　　　　　　　表 3-3

静载试验加荷方法	特　点	优　缺　点
慢速维持荷载法 （Slow sustaining load method）	逐级加载，每级加载后观测沉降量。达到相对稳定后，再加下一级荷载。稳定标准为本级荷载下，每一小时内的桩顶沉降增量不超过 0.1mm，并连续出现两次。静载试验最大荷载直接加载到试桩破坏或达到设计要求。然后按每级加载量的 2 倍卸荷至零并观测回弹量	慢速法每级荷载得出的极限承载力比快速法低。慢速维持荷载法是我国公认的标准试验方法，也是工程桩竖向抗压承载力验收检测方法的规范标准

续表

静载试验加荷方法	特　点	优　缺　点
快速维持荷载法 (Fast sustaining load method)	分级加载，但一般采用1小时加一级荷载，不管是否稳定，均加下一级荷载。因此所得极限荷载所对应的沉降值比慢速法的偏小，亦即在软土地基中的桩用快速法静载试验得到的极限承载力比慢速法高5%～10%	不适用于沉降稳定时间较长的一些软土中的摩擦桩。适用于已作过慢速法试验且沉降迅速稳定的嵌岩类桩的工程桩检验。快速法因试验周期的缩短，可减少昼夜温差等环境影响引起的沉降观测误差，同时节省试验时间
等速率贯入法 (Constant rate penetration method)	通常取0.5mm/min，每2分钟读数一次并记下荷载值，一般加载至总贯入量，即桩顶位移为50～70mm，或荷载不再增大时终止	试验加载时，保持桩按等速率贯入土中，按荷载—贯入曲线确定极限荷载。可做研究性试验
多循环加、卸载法 (Multi-cyclic loading-unloading method)	分级加载，循环观测。第一循环加载第一级荷载一定时间过程中观测沉降量，然后卸载至零观测回弹量。第二循环加载第二级荷载一定时间过程中观测沉降量，然后卸载至零观测回弹量。一直加到最大荷载。静载试验最大加载值为直接加载到试桩破坏或达到设计要求	可适用于某些荷载特征为循环荷载的工程桩测试

2. 慢速维持荷载法

慢速维持荷载法操作标准如下：

1) 最大试验荷载要求（requirement about maximum test load）

进行单桩竖向抗压静载试验时，试桩的加载量应满足以下要求：

(1) 对工程桩抽样检测时，加载量不应小于设计要求的单桩承载力特征值的2倍。

(2) 对于破坏性试桩，以沉降来控制最大试验荷载，一般要求累计桩顶沉降大于50mm。

2) 加载和卸载方法（loading and unloading method）

(1) 加载分级：每级加载值约为预估单桩竖向极限承载力的1/10～1/12，如极限承载力为10000kN，则每级荷载可取1000kN。每级加载等值，第一级可按2倍每级加载值加载，即2000kN，对于事故桩可适当加密分级。

(2) 卸载分级：卸载亦应分级等量进行，每级卸载值一般取加载值的2倍。

(3) 加、卸载时应使荷载传递均匀、连续、无冲击，每级荷载在维持过程中的变化幅度不得超过分级荷载的±10%。

3) 沉降观测方法（settlement observation method）

(1) 每级荷载施加后按第5、15、30、45、60min测读桩顶沉降量，以后每隔30min测读一次。

(2) 试桩沉降相对稳定标准：本级荷载下，每一小时内的桩顶沉降增量不超过0.1mm，并连续出现两次（从分级荷载施加后第30min开始，按1.5h连续三次每30min

的沉降观测值计算)。

(3) 当桩顶沉降速率达到相对稳定标准时,再施加下一级荷载。

(4) 卸载时,每级荷载维持 1h,按第 15、30、60min 测读桩顶沉降量(锚桩上拔量、桩端沉降值、桩身应力值)后,即可卸下一级荷载。卸载至零后,应测读桩顶残余沉降量(锚桩残余上拔量、桩端残余沉降值、桩身残余应力值),维持时间为 3h,测读时间为第 15、30min,以后每隔 30min 测读一次。

4) 终止加载条件 (qualification of ending loading)

根据《建筑基桩检测技术规范》(JGJ 106—2003) 对终止加载条件的规定,当出现下列情况之一时,可终止加载:

(1) 某级荷载作用下,桩顶沉降量大于前一级荷载作用下沉降量的 5 倍(当桩顶沉降能相对稳定且总沉降量小于 40mm 时,宜加载至桩顶总沉降量超过 40mm)。

(2) 某级荷载作用下,桩顶沉降量大于前一级荷载作用下沉降量的 2 倍,且经 24h 尚未达到相对稳定标准。

(3) 已达设计要求的最大加载量。

(4) 当工程桩作锚桩时,锚桩上拔量已达到允许值。

(5) 当荷载—沉降曲线呈缓变型时,可加载至桩顶总沉降量为 60~80mm;在特殊情况下,可根据具体要求加载至桩顶累计沉降量超过 80mm。

3. 快速法与慢速法测试结果分析

快速法由于每级荷载维持时间为 1h,各级荷载下的桩顶沉降相对慢速法要小一些,如图 3-8 所示。一般不同桩端持力层中快速法与慢速法有如下特点:

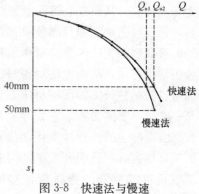

图 3-8 快速法与慢速法的 Q-s 曲线对比

1) 嵌岩端承桩 (rock-socketed pile):由于嵌岩端承桩桩沉降很小,沉降稳定很快,因此快速法和慢速法所测得承载力基本一致。

2) 桩端砂性土 (sand at pile end):对于桩端土性较好的端承桩,桩沉降较小,快速法测得的极限承载力比慢速法略大。

3) 桩端黏性土 (clay at pile end):对于桩端土性较差的摩擦桩,桩沉降较大,快速法测得的极限承载力要比慢速法大。

4) 纯摩擦桩 (pure frictional pile):对于以桩侧阻力为主的纯摩擦桩,桩沉降很大,快速法测得的极限承载力一般要比慢速法高一级,约 10% 左右。

总之,桩端土性越差的时候,两者相差也越大。

表 3-4 列出了上海市 23 根摩擦桩慢速维持荷载法试验实测桩顶稳定时的沉降量和 1h 时沉降量的对比结果。从中可见,在 1/2 极限荷载点,快速法 1h 时的桩顶沉降量与慢速法相差很小 (0.5mm 以内),平均相差 0.2mm;在极限荷载点相差要大些,为 0.6~6.1mm,平均 2.9mm。相对而言,"慢速法"的加荷速率比建筑物建造过程中的施工加载速率要快得多,慢速法试桩得到的使用荷载对应的桩顶沉降与建筑物桩基在长期荷载作用下的实际沉降相比,可能只有几分之一甚至十几分之一。所以,规范中的快慢速试桩沉降差异是可以忽略的。

稳定时的沉降量 s_w 和 1h 时的沉降量 s_{1h} 的对比　　　　表 3-4

荷载点	s_w 与 s_{1h} 之差（mm）		s_{1h}/s_w（%）	
	幅度	平均	幅度	平均
极限荷载	0.57～6.07	2.89	71～96	86
1/2 极限荷载	0.01～0.51	0.20	95～100	98

关于快慢速法极限承载力比较，根据上海市统计的 71 根试验桩资料（桩端在黏性土中 47 根，在砂土中 24 根），这些对比是在同一根桩或桩土条件相同的相邻桩上进行的，得出的结果见表 3-5。

快速法与慢速法极限承载力比较　表 3-5

桩端土类别	快速法比慢速法极限荷载提高幅度
黏性土	0～9.6%，平均 4.5%
砂　土	－2.5%～9.6%，平均 2.3%

从中可以看出快速法试验得出的极限承载力较慢速法略高一些，其中桩端在黏性土中平均提高约 1/2 级荷载，桩端在砂土中平均提高约 1/4 级荷载。

在实际工程应用中，对于设计试桩和工程桩检验一般应用慢速维持荷载法进行静载试验。只有当桩端土层很好且桩端能清理干净（如人工挖孔桩）或设计要求与单桩竖向极限承载力之比安全度很大时的工程桩检验可以采用快速法进行静载试验。

3.2.5 同时观测桩顶、桩端及桩身轴力的静载荷试验技术

当竖向荷载施加于桩顶时，桩身混凝土由于受力而产生从上而下的压缩，亦即引起桩土相对位移，从而自上而下地激发桩侧摩阻力。但由于桩顶位移包括桩身压缩量和桩端位移，所以过去常规的只测读桩顶沉降的静载试验无法区分桩身压缩量和桩端位移量，从而无法对桩身压缩量进行单独研究。而桩身压缩量是一个很重要的参数，它直接关系到桩身混凝土的弹塑性变化规律和桩的破坏方式。我们开发了同时观测桩顶桩端沉降的静载荷试验装置，见图 3-9。

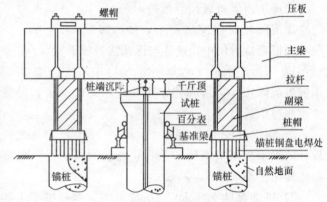

图 3-9　同时观测桩顶桩端沉降及桩身轴力静载荷试验示意图

试验时，按照规范布置独立的基准梁系统。桩顶沉降是在桩顶用千分表或位移传感器测量得到，测点数量与桩径有关。桩端沉降则是预先在打桩时沿钢筋笼内侧埋设 2 寸水管，然后在 2 寸水管内下放 4 分水管，再在桩顶 4 分水管上设测点来测量得到。在两根 2 寸水管内还可用声波透射检查桩身质量。而且如果桩身压碎，可用 4 分水管很方便地定出桩身压碎的深度位置。

从图 3-10 中可以看出，桩顶测得的总沉降量 s_t 由下列几部分组成：

$$s_t = s_{se} + s_{sp} + s_{sf} + s_b$$

式中　s_t——桩顶的总沉降量；
　　　s_{se}——桩身混凝土（可恢复）弹性压缩量；
　　　s_{sp}——桩身混凝土（不可恢复）塑性压缩量；

s_{sf}——桩身缺陷（如夹泥、堵管）引起的压缩量；

s_b——桩端压缩量（沉渣与混凝土混合物压缩量及持力层的压缩量）。

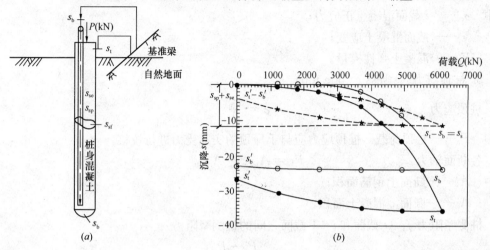

图 3-10 桩顶和桩端沉降组成
(a) 桩顶和桩端沉降测量；(b) Q-s 曲线

从图 3-10 (b) 中可以看出，上述这四种沉降可用桩顶与桩端沉降共同观测的方法得到。

图中，s_t 是加载时桩顶仪表测得的总沉降量；s_b 是加载时桩顶仪表测得的桩端沉降量；s'_t 是卸载时桩顶沉降量；s'_b 是卸载时桩端沉降量；$s_{se}=(s_t-s_b)-(s'_t-s'_b)$ 是桩身的弹性压缩量；$s'_t-s'_b=s_{sp}+s_{sf}$ 是桩身混凝土塑性压缩量和桩身缺陷（如夹泥、堵管）引起的压缩量（不可恢复）。

对于完整桩 $s_{sf}=0$，$s_{sp}=s'_t-s'_b$ 即是桩身的塑性压缩量。

3.2.6 桩身应力应变测试及分析方法

桩侧摩阻力可以通过桩身埋设钢筋应力计得到各级荷载作用下的桩身轴力分布而获得，但由于一般的静荷载试验只测桩顶沉降与荷载的关系，因此很难直接获得桩侧摩阻力和桩端阻力的分配比例。

由于桩侧极限摩阻力与高荷载水平下的桩端沉降统计结果较为集中，且在理论上也比较好解释与理解，因此要求所有静载荷试验既测桩顶沉降，又测桩端沉降，下面介绍用钢筋应力计实测应力和应变来确定任一级荷载下的桩侧摩阻力和桩端阻力的方法。桩身的应变还可以采用滑动测微计进行测量。

利用钢筋应力计计算桩侧阻力和桩端阻力的原理如下：

1. 钢筋应力应变 (stress-strain of steel bar)

钢筋应力　$\sigma_{si}=k(F_0^2-F_i^2)$；钢筋应变　$\varepsilon_i=\sigma_{si}/E_s$

式中　k——钢筋应变计率定系数（kPa/Hz^2）；

F_0——零频率（钢筋计）；

F_i——实测频率；

E_s——钢筋弹性模量（MPa）。

2. 桩身混凝土应力（stress-strain of pile shaft concrete）

桩身混凝土应力
$$\sigma_{ci} = E_c \cdot \varepsilon_i$$

式中　σ_{ci}——i 截面混凝土正应力；

　　　ε_i——截面混凝土应变；

　　　E_c——混凝土弹性模量。

3. 桩顶应力（stress at pile top）

桩顶应力
$$\sigma = \frac{P_a}{A}$$

式中　P_a——桩顶荷载。桩顶应力应与千斤顶的实际受力进行校核。

各断面轴力
$$P_i = A_{si}\sigma_{si} + A_{ci}\sigma_{ci}$$

式中　A_{si}——断面上钢筋面积；

　　　A_{ci}——断面上混凝土面积。

桩侧摩阻力 f_i（i 截面和 $i+1$ 截面之间的桩侧摩阻力）
$$f_i = \frac{P_i - P_{i+1}}{A_{侧i}}$$

式中　$A_{侧i}$——两截面之间桩的侧表面积。

4. 绘制断面 f_i 与桩土相对位移 s_s 曲线。

5. 绘制桩端力 P_b 与桩端位移 s_b 关系曲线。

3.2.7 试验成果整理

单桩竖向抗压静载试验成果，为了便于应用与统计，宜整理成表格形式，并绘制有关试验成果曲线。除表格外还应对成桩和试验过程中出现的异常现象作补充说明。主要的成果资料包括以下几个方面：

1. 表格

1）试桩施工记录表；

2）试桩现场静载试验记录表；

3）单根试桩在各级荷载作用下的桩顶、桩端沉降及变形数据表；

4）单根试桩在各级荷载作用下的锚桩上拔量数据表；

5）单根试桩在各级荷载作用下桩身各断面轴力随深度变化数据表；

6）单根试桩在各级荷载作用下桩侧摩阻力随深度变化数据表；

7）单根试桩在各级荷载作用下桩土相对位移随深度变化数据表；

8）单根试桩在各级荷载作用下桩端应力与桩端位移变化数据表；

9）工程中多根试桩静载试验成果汇总表。

2. 图件

1）试桩平面位置布置图；

2）试桩地质剖面图；

3）每根试桩桩顶桩端 Q-s 曲线；

4）每根试桩桩顶桩端 s-$\lg Q$ 曲线；

5）每根试桩桩顶 s-$\lg t$ 曲线；

6）每根试桩桩身各断面轴力随深度变化关系图；

7）每根试桩桩侧摩阻力随深度变化关系图；
8）每根试桩桩土相对位移随深度变化关系图；
9）每根试桩桩端应力与桩端位移变化关系图。

3.2.8 典型 Q-s 曲线（typical Q-s curves）

不同情况下的较为典型的单桩竖向抗压静载试验的荷载 Q 与桩顶沉降 s_t 和桩端沉降 s_b 的曲线见图 3-11～图 3-15。

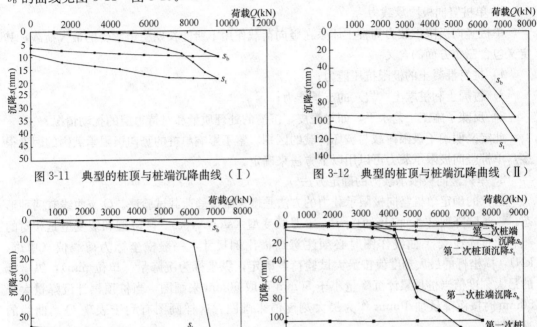

图 3-11 典型的桩顶与桩端沉降曲线（Ⅰ） 图 3-12 典型的桩顶与桩端沉降曲线（Ⅱ）

图 3-13 典型的桩顶与桩端沉降曲线（Ⅲ） 图 3-14 典型的桩顶与桩端沉降曲线（Ⅳ）

1. 桩身质量完好，沉渣清理干净，持力层为中风化基岩。桩顶与桩端沉降曲线如图 3-11 所示，从图中可见，桩顶与桩端沉降均不大，两者沉降差小于 20mm。

2. 桩身质量完好，沉渣厚，持力层为中风化基岩。桩顶与桩端沉降曲线如图 3-12 所示，图中可见桩顶与桩端在侧阻力克服后同步沉降，两者沉降差小于 20mm。

3. 沉渣干净，桩身压碎，持力层为中风化基岩。桩顶与桩端沉降曲线如图 3-13 所示，图中可见桩顶沉降大，桩端沉降小，两者沉降差大于 30mm。

4. 桩身质量完好，沉渣厚，持力层为砂砾石层。桩顶与桩端沉降曲线如图 3-14 所示，图中可见桩顶与桩端在侧阻力克服后同步沉降，但在沉渣压实的同时，砂砾石层扰动层同时压实，第二次循

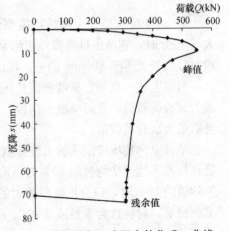

图 3-15 典型桩侧土摩阻力软化 Q-s 曲线

环复压桩端沉降小。

5. 纯摩擦桩的桩侧土摩阻力软化 Q-s 曲线如图 3-15，刚开始小荷载时，Q-s 曲线为直线弹性段；当荷载增大时 Q-s 曲线为弹塑性段；当桩顶荷载达到或超过桩侧极限摩阻力时，此时桩顶荷载达到最大峰值后沉降急剧加大，同时压力下跌，静阻力转变为动阻力，桩侧摩阻力软化，桩顶荷载最后维持在残余强度值。

3.2.9 单桩竖向极限承载力 Q_u 的确定

1. 单桩竖向极限承载力

单桩竖向极限承载力为桩土体系在竖向荷载作用下所能长期稳定承受的最大荷载，其定义包含三个方面的含义：

1) 桩身混凝土的极限抗压能力；
2) 桩周土和桩端土（岩）的支承能力；
3) 反映了施工工艺水平，如对泥皮、沉渣的处理质量和对持力层的扰动情况。

此定义明确了极限荷载与破坏荷载的区别。鉴于影响单桩的竖向极限承载力的因素很多，单桩竖向极限承载力可以用下方法来确定。

2. 单桩竖向极限承载力的确定方法

公认的确定单桩竖向极限承载力的方法是慢速维持静荷载试验法。Q-s 曲线有两种形态，一是陡降型（steep drop type），二是缓变型（slow type）。陡降型和缓变型是相对的概念，首先在 Q-s 曲线作图时必须注意纵横比例尺寸，一般横坐标为荷载值（单位：kN），横坐标的最大刻度值按最大试验荷载确定；纵坐标为沉降量（单位 mm），纵坐标的最大刻度值当桩顶累计沉降量小于 50mm 可取 60mm 来画图，当桩顶累计沉降量大于 50mm 时按沉降量加 10mm 作为最大刻度值来画图。这样画图有利于表现 Q-s 曲线的真实性。

根据《建筑基桩检测技术规范》（JGJ 106—2003），单桩竖向抗压极限承载力可按下列方法综合分析确定：

1) 根据沉降随荷载变化的特征确定：对于陡降型 Q-s 曲线，取其发生明显陡降的起始点对应的荷载值。
2) 根据沉降随时间变化的特征确定：取 s-$\lg t$ 曲线尾部出现明显向下弯曲的前一级荷载值。
3) 对于缓变型 Q-s 曲线可根据沉降量确定，宜取 $s=40mm$ 对应的荷载值；当桩长大于 40m 时，宜考虑桩身弹性压缩量，一般以 50～60mm 对应的荷载作为极限承载力值；对直径大于或等于 800mm 的桩，可取 $s=0.05D$（D 为桩端直径）对应的荷载值。

当按上述方法判定桩的竖向抗压承载力未达到极限时，桩的竖向抗压极限承载力应取最大试验荷载值。此时单桩竖向极限承载力大于等于最大试验荷载值，可表述为 Q_u 至少可取最大试验荷载值。

单桩竖向抗压极限承载力统计值的确定应符合下列规定：参加统计的试桩结果，当满足其极差不超过平均值的 30% 时，取其平均值为单桩竖向抗压极限承载力。当极差超过平均值的 30% 时，应分析极差过大的原因，结合工程具体情况综合确定，必要时可增加试桩数量。对桩数为 3 根或 3 根以下的柱下承台，或工程桩抽检数量少于 3 根时，应取低值。

单位工程同一条件下的单桩竖向抗压承载力特征值应按单桩竖向抗压极限承载力统计值的一半取值。

3.2.10 桩基静载试验实例分析

1. 桩基工程概况

温州世贸中心工程主楼为68层,高322m,裙楼8层,地下室4层,落地面积约31000m², 建筑面积为229450m², 筒中筒结构。本工程基础设计采用钻孔灌注桩,桩长80~120m,桩径ϕ1100mm,桩身采用C40混凝土。持力层为中风化基岩,入持力层深度为≥0.5m,设计要求单桩竖向承载力特征值为13000kN(桩径ϕ1100mm)。为了评价其实际承载力,设计要求对本工程先做静载试验桩,静载荷试验布置见图3-16,静载试验桩的施工记录见表3-6。

图3-16 温州世贸中心静载荷试验布置图

温州世贸中心主楼试桩施工记录简表　　　　　表3-6

桩号	桩长(m)	桩径(mm)	打桩日期	试验日期	入持力层深度(m)	混凝土强度等级	充盈系数	配筋
S1	119.85	1100	2003.5.19	2003.7.7	中风化基岩1.10	C40	1.09	20ϕ25
S2	92.54	1100	2003.5.22	2003.7.10	中风化基岩2.62	C40	1.11	20ϕ25

2. 工程地质情况

根据提供的工程地质报告,场地土层分层及主要物理力学指标见表3-7。

温州世贸中心土工参数简表　　　　　表3-7

层次	岩土名称	天然含水量(%)	重度(kN/m³)	I_p	I_L	c(kPa)	φ(°)	E_s(MPa)	f_k(kPa)	q_{sk}(kPa)	q_{pk}(kPa)
1	杂填土	43.5	17.38	20.4	0.932						
2	黏土	33.9	18.77	21.3	0.515			4.0	100	22	
3-1	淤泥	70.1	15.67	23.9	1.747			1.0	42	10	
3-2	淤泥	64.7	16.10	23.5	1.561			1.5	52	16	
3-3	淤泥质黏土	50.5	17.27	22.5	1.121			2.8	70	20	
4-1	黏土	32.9	19.06	20.5	0.501			5.5	150	45	500
4-2	黏土	40.9	18.20	22.1	0.734			4.5	100	35	400
								6.0	160	47	550
5-1	粉质黏土夹黏土	29.9	19.33	16.2	0.519			6.0	160	47	550
5-2	黏土	37.0	18.55	20.9	0.648			5.0	130	40	450
5-3	粉砂夹粉质黏土	26.1	19.26	8.1	0.673			6.5	170	50	700
5-4	泥炭质土	39.8	18.00	18.4	0.763			4.0	100	35	
6-1	黏土夹粉质黏土	29.6	19.49	18.1	0.431			6.5	180	55	800
6-2	黏土	36.8	18.40	20.1	0.648			5.0	130	40	450
7-1	黏土夹粉质黏土	30.7	19.12	17.6	0.520			6.5	180	55	800
7-2	黏土	38.8	18.40	23.0	0.621			5.0	130	40	450
7-3	含粉质黏土粉砂							6.5	170	50	700
8	粉质黏土混砾石							6.0	170	50	700
9-1-1	全风化基岩							7.0	190	55	1200
9-1-2	全风化基岩							8.5	250	70	2500
9-2	强风化基岩								400	90	5000
9-3	中风化基岩								2500	500	10000

3. **试验方法检测设备与执行标准**

单桩竖向静荷载试验执行标准为《建筑桩基技术规范》、《建筑基桩检测技术规范》(JGJ 106—2003)。试桩加载采用堆载——反力架装置,并用千斤顶反力加载——百分表测读桩顶沉降的试验方法。试验采用慢速维持荷载法,终止加载条件按《建筑桩基技术规范》和设计要求综合确定,卸载方式按规范进行。

4. **静载荷试验结果及分析**

经对温州世贸中心主楼 S1、S2 试桩按慢速维持荷载法的静载试验,得到了荷载与沉降数据见表 3-8 和表 3-9。荷载—沉降曲线见图 3-17。

温州世贸中心主楼 S1 试桩静载试验荷载与沉降数据表 　　表 3-8

荷 重 (kN)			桩顶沉降量 (mm)			变 形 $\Delta S/\Delta P$ (mm/kN)	桩端沉降量 (mm)		
加荷	卸荷	累计	本次沉降	本次回弹	累计沉降		本次沉降	本次回弹	累计沉降
4800		4800	2.59		2.59	0.000539	0		0
2400		7200	1.50		4.09	0.000625	0		0
2400		9600	2.60		6.69	0.001083	0		0
2400		12000	1.91		8.60	0.000796	0		0
2400		14400	2.62		11.22	0.001092	0		0
2400		16800	4.58		15.80	0.001908	0.13		0.13
1200		18000	5.01		20.81	0.004175	0.67		0.80
1200		19200	2.53		23.34	0.002108	0.81		1.61
1200		20400	3.28		26.62	0.002733	0.51		2.12
1200		21600	2.54		29.16	0.002117	0.67		2.79
1200		22800	7.48		36.64	0.006233	1.60		4.39
1200		24000	8.25		44.89	0.006875	2.11		6.50
1200		25200	3.03		47.92	0.002525	0.39		6.89
	2400	22800		0.19	47.73			0	6.89
	2400	20400		0.28	47.45			0	6.89
	2400	18000		0.75	46.70			0.06	6.83
	3600	14400		1.41	45.29			0.18	6.65
	4800	9600		2.81	42.48			0.24	6.41
	4800	4800		7.29	35.19			0.48	5.93
	4800	0		9.62	25.57			0.95	4.98

温州世贸中心主楼 S2 试桩静载试验荷载与沉降数据表 　　表 3-9

荷 重 (kN)			桩顶沉降量 (mm)			变 形 $\Delta S/\Delta P$ (mm/kN)	桩端沉降量 (mm)		
加荷	卸荷	累计	本次沉降	本次回弹	累计沉降		本次沉降	本次回弹	累计沉降
4800		4800	1.90		1.90	0.000395	0		0
2400		7200	1.32		3.22	0.000550	0		0
2400		9600	4.49		7.71	0.001871	0		0
2400		12000	3.08		10.79	0.001283	0.31		0.31
2400		14400	4.48		15.27	0.001867	0.24		0.55

续表

荷 重（kN）			桩顶沉降量（mm）			变 形 $\Delta S/\Delta P$ (mm/kN)	桩端沉降量（mm）		
加荷	卸荷	累计	本次沉降	本次回弹	累计沉降		本次沉降	本次回弹	累计沉降
2400		16800	29.05		44.32	0.012104	20.49		21.04
2400		19200	16.85		61.17	0.007021	11.33		32.37
1200		20400	9.67		70.84	0.008058	5.59		37.96
1200		21600	11.52		82.36	0.009600	9.40		47.36
1200		22800	9.11		91.47	0.007592	4.40		51.76
1200		24000	5.35		96.82	0.004458	4.05		55.81
	2400	21600		0.56	96.26			0.01	55.80
	2400	19200		0.44	95.82			0.07	55.73
	4800	14400		0.93	94.89			0.23	55.50
	4800	9600		5.83	89.06			0.41	55.09
	4800	4800		5.67	83.39			0.70	54.39
	4800	0		4.28	79.11			1.43	52.96

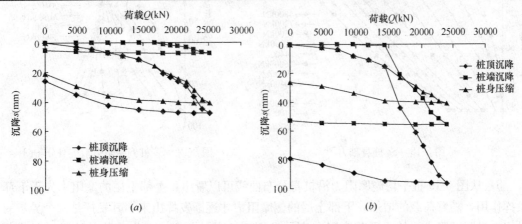

图 3-17 试桩单桩静载 Q-s 曲线
(a) 试桩 S1；(b) 试桩 S2

静载试验结果见表 3-10。

温州世贸中心主楼桩静载试验成果表　　表 3-10

桩号	桩长(m)	桩径(mm)	龄期(d)	静载所得单桩竖向极限承载力(kN)	极限荷载对应的沉降量(mm)		桩身压缩量(mm)
					桩顶	桩端	
S1	119.85	1100	49	25200	47.92	6.89	41.03
S2	92.54	1100	54	24000	96.82	55.81	41.01

5. 单桩竖向静载试验结果的几点规律

1）从图 3-17 的桩顶 Q-s_t 曲线上可以看到，当荷载较小时，Q 与 s_t 为线性关系，随着荷载的增大，沉降增速也逐渐增大，Q-s_t 曲线变为非线性。S2 试桩当荷载超过 14400kN 时，s_t 急剧增大，Q-s_t 曲线斜率也急剧增大，桩进入破坏状态，从桩身压缩曲线看桩身完好，因此 S2 试桩桩端沉渣较厚。

2)从图 3-17 桩端 Q-s_b 曲线上可以看到,当荷载较小时,由于桩身力未传到桩底,因此,s_b 值为 0,当荷载达到 12000kN 时,开始出现桩端沉降 s_b,随着荷载 Q 的继续增大,s_b 也同步增大。

3)从图 3-17 桩身压缩 Q-s_s 曲线上可以看到,当荷载较小时,Q-s_s 曲线与 Q-s_t 曲线完全重合,桩端沉降为零,随着荷载的增加,当桩端产生沉降时,Q-s_s 曲线与 Q-s_t 曲线开始分离,随着荷载的进一步增加,s_s 也同步增大。

4)从图 3-18 桩身轴力分布曲线可以看出,每级荷载下,桩身轴力自上向下发挥,当荷载较小时,桩下部轴力为零,随着荷载的增大,桩身下部逐渐产生轴力,端阻也开始逐渐发挥出来。

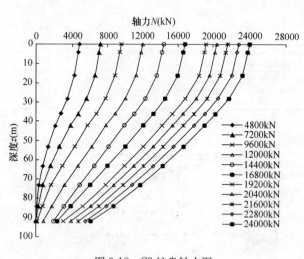

图 3-18 S2 桩身轴力图

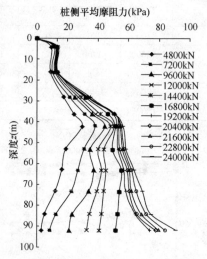

图 3-19 S2 桩侧摩阻力沿桩身分布图

5)从图 3-19 桩平均侧摩阻力沿桩身分布曲线可以看出,上部土层的摩阻力先于下部发挥作用,随着荷载的增加,下部土层的侧摩阻力才逐渐发挥出来,其发挥是一个异步的过程。极限摩阻力小的土层其摩阻力容易发挥到极限。在超过工作荷载并接近极限荷载时,上部土层的摩阻力已经趋于稳定,而下部土层的摩阻力还远未发挥完全。

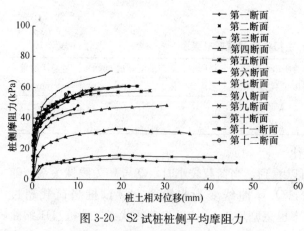

图 3-20 S2 试桩桩侧平均摩阻力与桩土相对位移曲线

6)从图 3-20 桩侧平均摩阻力与桩土相对位移曲线可以看出,当桩土位移较小时,上部下部桩侧平均摩阻力均随着桩土位移的增大而增大,随着荷载增大,上部土层达到极限侧阻,不再增大,而下部土层侧阻仍然增大。

3.2.11 单桩静载试验统计结果分析

为对软土地基中广泛应用的沉管灌注桩、预应力管桩和钻孔灌注桩的受力性状有一个全面的了解,笔者进行了大量静载荷试验并收集了部分浙江地区的试桩资料，对其进行了统计分析。共统计了 1187 根沉管桩，3047 根预应力管桩（3035 根抗压，12 根抗拔），1792 根钻孔灌注桩（1730 根抗压，62 根抗拔），共计 6026 根试桩。

通过对影响桩基性状的有关参数进行规律性的统计分析，得到了一些对指导工程实践和理论研究具有十分重要价值的结论。

1. 桩径统计分布

钻孔桩的直径多采用 $\phi 600 \sim 1000$ 之间的直径，约占统计竖向抗压总桩数 1730 根的 90.8%。在该范围内有利于充分发挥钻孔桩的承载性能，具有较好的经济效益。

2. 桩长与长径比统计分布

桩长的变化范围较大，桩长主要由承载力的要求和持力层的埋深所决定。最短的为 10m 左右，长的大于 100m，常用桩长在 $30 \sim 70$m 之间。桩的长径比多数在 $30 \sim 90$ 之间，桩长 50m 以上的约占总桩数的 34.2%。综合前面桩长的统计分析表明，随着高层、超高层和大跨建（构）筑物的建设，桩有向超长、大直径方向发展的趋势。部分桩的长径比达到 100 以上，突破了规范的要求，因此，对此类长径比较大的桩设计时，要充分考虑其稳定性。

3. 持力层统计分布

浙江地区作桩端持力层以砂砾（卵）石为多（占 37.1%），其次为中风化基岩（占 31.9%），再次为黏土粉土（占 19.0%）。

持力层的选取要综合建筑物荷载大小、地质条件和施工困难因素确定。持力层的选取原则是在确保安全的条件下，造价经济，施工方便。

4. 桩端入不同持力层深度统计分布

根据统计结果可以看出：入持力层的深度 h 变化范围比较大，入持力层的最佳深度还没有一个明确的原则用于指导设计。研究表明，入持力层深度越大，桩侧嵌岩段阻力越大，由于一般钻孔灌注桩桩长较大，此时桩端阻力以及下部嵌岩段的摩阻力并没有得到充分发挥，所以过分强调嵌岩深度，不利于桩下部土层摩阻力尤其是桩端阻力的发挥，造成设计及施工上的不经济。对以砾石层、中等风化以上的基岩为持力层的桩，关键在于桩底沉渣的处理和保证桩身质量，这是提高桩承载力的关键，对于嵌岩深度，可以参考下面的平均值。

根据统计结果，不同桩径的桩的入持力层的平均深度 $\bar{h}$ 和长径比 h/d 为（h 为嵌岩深度）：

黏土及粉土中：$\bar{h}=2.5 \sim 3.5$m，$h/d=3.2 \sim 5.0$；

粉砂中：$\bar{h}=3.0 \sim 5.0$m，$h/d=3.0 \sim 5.0$；

砂砾卵石层：$\bar{h}=1.5 \sim 2.5$m，$h/d=2.0 \sim 4.0$；

强风化基岩中：$\bar{h}=1.5 \sim 2.5$m，$h/d=2.0 \sim 3.0$；

中风化基岩中：$\bar{h}=1.0 \sim 1.5$m，$h/d=1.0 \sim 2.0$；

微风化基岩中：$\bar{h}=0.5 \sim 1.5$m，$h/d=0.5 \sim 1.0$。

此值可作为设计人员控制参考，当然对于不同的荷载要求，不同的地质条件要具体问题具体分析，灵活掌握。

5. 充盈系数统计

充盈系数（fullness coefficient）一般指混凝土灌注桩施工时实际浇筑的混凝土数量

（立方米）与按桩孔计算的所需混凝土数量之比。统计表明，试桩的充盈系数范围一般在1.09～1.33，平均值为1.21。

6. 不同桩径桩长和持力层极限承载力统计分析

由各持力层的桩长桩径的承载力均值变化统计曲线可得出以下几点结论：

1) 在同一持力层和相同桩长的条件下，单桩竖向极限承载力基本随桩径的增加而增大。

2) 在同一桩径和同一持力层条件下，单桩竖向极限承载力随桩长的增长而增加。

3) 在相同桩长和桩径的条件下单桩竖向极限承载力的平均值与持力层关系依次为：黏土、粉土中桩＜粉砂中桩＜强风化基岩中桩＜砂砾卵石层中桩＜中风化基岩中桩＜微风化基岩中桩。

7. 钻孔桩桩身压缩量统计分析

由统计结果发现：

1) 相同桩径的桩在极限荷载作用下，桩身混凝土的总压缩量是桩长的函数，即桩身压缩量随桩长的增加而增加，这可以从图3-21中看到。

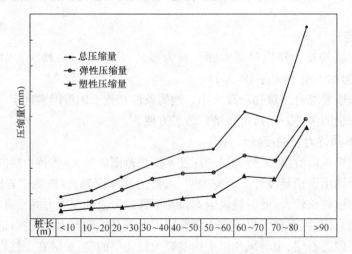

图 3-21 $\phi1000$ 钻孔灌注桩桩身压缩量与桩长关系曲线

2) 相同桩径的桩在极限荷载作用下，桩身混凝土的弹性压缩量是桩长的函数，即桩身弹性压缩量随桩长的增加而增加。

3) 相同桩径的桩在极限荷载作用下桩身混凝土不仅有弹性压缩量，而且有塑性压缩量。塑性压缩量是一个宏观定义，主要是由桩身混凝土的塑性压缩以及桩端附近混凝土压缩组成。桩身塑性压缩量随荷载的增加而增大。

4) 桩身塑性压缩量除了与桩长有关外，还与桩顶荷载水平、长径比、桩身混凝土强度、配筋量、地质条件、施工质量等因素有关。在其他条件一定时，桩身荷载水平越高，桩身压缩量越大，而且桩身混凝土破坏前有一个临界值（该值与桩顶荷载水平，桩身混凝土强度，桩长和配筋等有关）。实测表明，桩长40m、桩径1000mm、C25混凝土的钻孔灌注桩其压缩量的临界值约为20mm。亦即对该种桩做试桩时，控制最大试验荷载的附加条件是桩顶、桩端的沉降差小于20mm。而且可以通过桩顶桩端沉降是否同步来判断桩身混凝土是否压碎。

5）由于在极限荷载作用下，桩身混凝土既有弹性压缩，也有塑性变形，所以对桩，尤其在高荷载水平作用下，不能将其作为弹性杆件进行计算。

3.3 桩土体系的荷载传递

3.3.1 荷载传递机理 (load transfer mechanism)

在静载试验时，我们可以看到：当竖向荷载逐步施加于桩顶，桩身混凝土受到压缩而产生相对于土的向下位移，从而形成桩侧土抵抗桩侧表面向下位移的向上摩阻力（我们定义为正摩阻力），此时桩顶荷载通过桩侧表面的桩侧摩阻力传递到桩周土层中去，致使桩身轴力和桩身压缩变形随深度递减。当桩顶荷载较小时，桩身混凝土的压缩也在桩的上部，桩侧上部土的摩阻力得到逐步发挥，此时在桩身中下部桩土相对位移等于零处，其桩侧摩阻力尚未开始发挥作用而等于零。

随着桩顶荷载增加，桩身压缩量和桩土相对位移量逐渐增大，桩侧下部土层的摩阻力随之逐步发挥出来，桩底土层也因桩端受力被压缩而逐渐产生桩端阻力；当荷载进一步增大，桩顶传递到桩端的力也逐渐增大，桩端土层的压缩也逐渐增大，而桩端土层压缩和桩身压缩量加大了桩土相对位移，从而使桩侧摩阻力进一步发挥出来。由于黏性土极限位移只有 6～12mm，砂性土为 8～15mm，所以当桩土界面相对位移大于桩土极限位移后，桩身上部土的侧阻已发挥到最大值并出现滑移（此时上部桩侧土的抗剪强度由峰值强度跌落为残余强度），此时桩身下部土的侧阻进一步得到发挥，桩端阻力亦慢慢增大。

可见，桩侧土层的摩阻力是随着桩顶荷载的增大自上而下逐渐发挥的。当桩侧土层的摩阻力几乎全部发挥出来达到极限后，若继续增加桩顶荷载，那么其新加的荷载增量将全部由桩端阻力来承担。此时桩顶荷载取决于桩端岩土层的极限端承力。当桩端持力层产生破坏时，桩顶位移急剧增大，且往往压力下跌，此时表明桩已破坏。我们定义单桩桩顶破坏时的最大荷载称为单桩的破坏承载力，而破坏之前的前一级荷载（亦即桩顶能稳定承受的荷载）称之为单桩竖向极限承载力。也就是说单桩竖向极限承载力是静载试验时单桩桩顶所能稳定承受的最大试验荷载。从上面的描述可以看出桩顶在竖向荷载作用下的传递规律是：

1. 桩侧摩阻力是自上而下逐渐发挥的，而且不同深度土层的桩侧摩阻力是异步发挥的。

2. 当桩土相对位移大于各种土性的极限位移后，桩土之间要产生滑移，滑移后其抗剪强度将由峰值强度跌落为残余强度，亦即滑移部分的桩侧土产生软化。

3. 桩端阻力和桩侧阻力是异步发挥的。只有当桩身轴力传递到桩端并对桩端土产生压缩时才会产生桩端阻力，而且一般情况下（当桩端土较坚硬时），桩端阻力随着桩端位移的增大而增大。

4. 单桩竖向极限承载力是指静载试验时单桩桩顶所能稳定承受的最大试验荷载。

3.3.2 荷载传递方程 (load transfer equation)

我们可以用荷载传递法来描述上述荷载传递过程：把桩沿桩长方向离散成若干单元，假定桩体中任意一点的位移只与该点的桩侧摩阻力有关，用独立的线性或非线性弹簧来模拟土体与桩体单元之间的相互作用。

桩身位移 $s(z)$ 和桩身荷载 $Q(z)$ 随深度递减，桩侧摩阻力 $q_s(z)$ 自上而下逐步发挥。桩侧摩阻力 $q_s(z)$ 发挥值与桩土相对位移量有关，如图 3-22（b）所示。

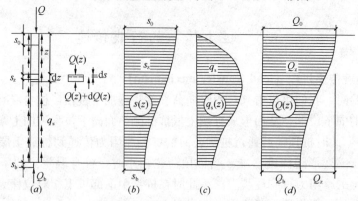

图 3-22　桩土体系的荷载传递

取深度 z 处的微小桩段 dz，由力的平衡条件图 3-22（a）可得：

$$q_s(z) \cdot U \cdot dz + Q(z) + dQ(z) = Q(z)$$

由此得

$$q_s(z) = -\frac{1}{U} \cdot \frac{dQ(z)}{dz} \tag{3-1}$$

由桩身压缩变形 $ds(z)$ 与轴力 $Q(z)$ 之间的关系

$$ds(z) = -Q(z)\frac{dz}{AE_p}$$

可得 z 断面荷载

$$Q(z) = -AE_p \frac{ds(z)}{dz}$$

即

$$Q(z) = Q_0 - U\int_0^z q_s(z)dz \tag{3-2}$$

z 断面沉降

$$s(z) = s_0 - \frac{1}{E_p A}\int_0^z Q(z)dz \tag{3-3}$$

以上式中

A——桩身横截面面积；E_p——桩身弹性模量；U——桩身周长。

式（3-1）、（3-2）、（3-3）分别表示于图 3-22（c），（d），（b）。将式（3-2）代入式（3-1）可得：

$$q_s(z) = \frac{AE_p}{U} \cdot \frac{d^2 s(z)}{dz^2} \tag{3-4}$$

式（3-4）是进行桩土体系荷载传递分析计算的基本微分方程。

不同的 $q_s(z)$-s 关系可以得到不同的荷载传递函数。见图 3-34～图 3-37。

3.3.3　影响单桩荷载传递性状的要素

影响桩土体系荷载传递的因素主要包括桩顶的应力水平、桩端土与桩周土的刚度比、桩与土的刚度比、桩长径比、桩底扩大头与桩身直径之比和桩土界面粗糙度等。

1. 桩顶的应力水平（Stress level at pile top）

当桩顶应力水平较低时，桩侧上部土阻力得到逐渐发挥，当桩顶应力水平增高时，桩侧土摩阻力自上而下发挥，而且桩端阻力随着桩身轴力传递到桩端土而慢慢发挥。桩顶应力水平继续增高时，桩端阻力的发挥度一般随着桩端土位移的增大而增大。

2. 桩端土与桩侧土的刚度比 E_b/E_s (Stiffness ratio between soil at pile end and that around pile)

如图 3-23 所示，在其他条件一定时：

当 $E_b/E_s=0$ 时，荷载全部由桩侧摩阻力所承担，属纯摩擦桩。在均匀土层中的纯摩擦桩，摩阻力接近于均匀分布。

当 $E_b/E_s=1$ 时，属均匀土层的端承摩擦桩，其荷载传递曲线和桩侧摩阻力分布与纯摩擦桩相近。

当 $E_b/E_s=\infty$ 且为短桩时，为纯端承桩。当为中长桩时，桩身荷载上段随深度减小，下段近乎沿深度不变。即桩侧摩阻力上段可得到发挥，下段由于桩土相对位移很小（桩端无位移）而无法发挥出来。桩端由于土的刚度大，可分担 60% 以上荷载，属摩擦端承桩。

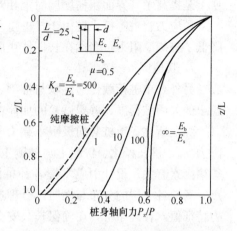

图 3-23 不同 E_b/E_s 下的桩身轴力图

3. 桩身混凝土与桩侧土的刚度比 E_p/E_s (Stiffness ratio between pile shaft concrete and soil around pile)

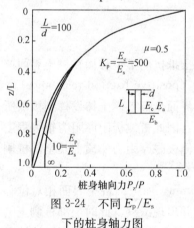

图 3-24 不同 E_p/E_s 下的桩身轴力图

如图 3-24 所示，在其他条件一定时：

E_p/E_s 愈大，桩端阻力所分担的荷载比例愈大；反之，桩端阻力分担的荷载比例降低，桩侧阻力分担的荷载比例增大。

对于 $E_p/E_s<10$ 的中长桩，其桩端阻力比例很小。这说明对于砂桩、碎石桩、灰土桩等低刚度桩组成的基础，应按复合地基工作原理进行设计。

4. 桩长径比 l/d (pile length-to-diameter ratio)

在其他条件一定时，l/d 对荷载传递的影响较大。在均匀土层中的钢筋混凝土桩，其荷载传递性状主要受 l/d 的影响。当 $l/d>100$ 时，桩端土的性质对荷载传递不再有任何影响。可见，长径比很大的桩都属于摩擦桩或纯摩擦桩，在此情况下显然无需采用扩底桩。

5. 桩底扩大头与桩身直径之比 D/d (Ratio of under-reamed pile end to pile diameter)

如图 3-25 所示，在其他条件一定时，D/d 愈大，桩端阻力分担的荷载比例愈大。

6. 桩侧表面的粗糙度 (Roughness of pile side surface)

一般桩侧表面越粗糙，桩侧阻力的发挥度越高，桩侧表面越光滑，则桩侧阻力发挥度越低，所以打桩施工方式是影响单桩荷载传递的重要因素。

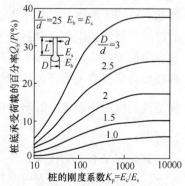

图 3-25 不同 D/d 下的端承力

钻孔桩由于钻孔使桩侧土应力松弛，同时由于泥浆护壁使桩侧表面光滑而减少了界面摩擦力，所以普通钻孔灌注桩的侧阻发挥度不高，如果对钻孔桩的桩土界面实行注浆，实质上是提高了其界面粗糙度同时也相对扩大了桩径，从而提高了侧阻力。

预应力管桩等挤土桩由于打桩挤土对软土桩土界面的土层进行了扰动，从而在短期内降低了桩侧摩阻力，当然在长期休止后，随着软土的触变恢复，桩侧摩阻力会慢慢提高。

7. 其他因素

另外，单桩荷载传递性状与桩型、打桩顺序和打桩节奏、打桩后龄期、地下水位、表层土的欠固结程度、静载试验的加荷速率等因素有关。

综上所述，单桩竖向极限承载力与桩顶应力水平、桩侧土的单位侧阻力 q_{su} 和单位端阻力 q_{pu}、桩长径比、桩端土与桩侧土的刚度比 E_b/E_s、桩侧表面的粗糙度以及桩端形状等诸因素有关。设计中应掌握各种桩的桩土体系荷载传递规律，根据上部结构的荷载特点、场地各土层的分布与性质，合理选择桩型、桩径、桩长、桩端持力层、单桩竖向承载力特征值，合理布桩，在确保长久安全的前提下充分发挥桩土体系的力学性能，做到既经济合理又施工方便快速。

3.4 桩 侧 阻 力

3.4.1 桩侧极限摩阻力的定义及确定方法

1. 桩侧极限摩阻力的定义

桩基在竖向荷载作用下，桩身混凝土产生压缩，桩侧土抵抗向下位移而在桩土界面产生向上的摩擦阻力称为桩侧摩阻力，我们定义为正摩阻力（positive friction resistance）。

桩侧极限摩阻力（ultimate side resistance）是指桩土界面全部桩侧土体发挥到极限所对应的摩阻力。由于桩侧土摩阻力是自上而下逐渐发挥的，因此桩侧极限摩阻力很大程度上取决于中下部土层的摩阻力发挥。上述定义也意味着桩侧极限摩阻力实质上是全部桩侧土所能稳定承受的最大摩阻力（峰值阻力）。

由于黏性土极限位移只有 6~12mm，砂性土为 8~15mm，所以当桩土界面相对位移大于桩土极限位移后，桩身上部土的侧阻已发挥到最大值并出现滑移（此时上部桩侧土的抗剪强度由峰值强度跌落为残余强度），此时桩身下部土的侧阻进一步得到发挥，桩端阻力随着桩端土压缩量的增大亦慢慢增大。桩侧极限摩阻力的发挥与桩长、桩径、桩侧土的性状、桩端土的性状、桩土界面性状、桩身模量等有关。由于不同的桩长、不同桩身模量的桩达到桩侧极限荷载时对应的桩顶沉降不一样，所以桩侧极限摩阻力与桩顶相对位移并没有定值关系。因此导致不同的研究者会得出不同的结果。实质上桩侧极限摩阻力的值与桩端相对位移有关系。因此我们定义桩侧极限摩阻力为桩端刚产生明显位移（1~3mm，视不同的桩端土而定）时所对应的桩顶试验荷载值，亦即 $\dfrac{ds_d}{dQ}$ 明显增大时所对应的桩顶试验荷载。

这样定义有下列优点：

①可消除不同桩长和桩身压缩量大小不一对桩顶位移的影响；

②可消除不同桩身混凝土强度对极限侧阻力的影响；

③可消除不同施工工艺（沉渣、泥皮）对侧阻力确定值的影响；
④反映了不同桩顶荷载水平下侧阻、端阻的发挥特性和承载机理；
⑤使得本来就是统一整体的桩侧土阻力与嵌岩段侧阻重新统一起来，也方便设计和监理把关。

2. 桩侧极限摩阻力的确定方法

桩侧摩阻力可以通过桩身埋设钢筋应力计得到各级荷载作用下的桩身轴力分布而获得，但由于一般的静荷载试验只测桩顶沉降与荷载的关系，因此很难直接获得桩侧摩阻力和桩端阻力的分配比例。有的学者利用静力触探，通过探测土层的物理参数并与试桩资料进行对比，以建立经验公式或修正曲线，从而来划分桩侧摩阻力和桩端阻力。主要的方法有：

①切线法（魏汝龙，1964）；
②$s-\lg P$法（北京市桩基研究小组，1976）；
③$\dfrac{P}{P_u}-\dfrac{s}{s_u}$曲线法（沈保汉，1986）；
④桩侧摩阻力函数法（黄强，1986）；

以上用土层参数建立的经验方式有一定的地区性且只能作近似估算，另外几种方法都是将桩侧摩阻力、桩端阻力与桩顶沉降建立关系。但由于影响桩顶沉降的因素很多，如桩尺寸、桩身混凝土强度等级、配筋量、桩侧土的模量（含嵌岩段模量）、桩端持力层性状、桩底沉渣厚度、泥浆性质等，所以桩侧极限摩阻力对应的桩顶沉降变化较大，用桩顶沉降与侧阻建立关系会带来较大的误差。上述几种方法相对来说以$\dfrac{P}{P_u}-\dfrac{s}{s_u}$法较符合实际。

⑤埋设钢筋应力计实测应变法（本章3.2.6中已介绍）；
⑥实测桩端位移确定桩侧极限阻力法（张忠苗，1996）。

下面介绍用实测的桩端位移来确定任一级荷载下的桩侧摩阻力和桩端阻力的方法。

对于大直径钻孔灌注桩，其典型的荷载—桩顶沉降、桩端沉降、桩身压缩曲线如图3-26所示。

桩在荷载作用下，桩顶沉降s_t为桩身压缩s_s和桩端沉降s_b之和。因此在某级荷载作用下，桩身压缩s_s即为桩顶沉降s_t与桩端沉降s_b之差。其通过荷载—桩身压缩曲线反映出来。从曲线的开头来看，随着荷载的增大，桩身压缩曲线呈向下弯曲的形状，表明其与荷载之间的关系并不是线性关系。从桩身压缩回弹曲线可知，桩身在大荷载下出现了塑性变形。

从图3-26中可以看出，单桩的桩端沉降随着荷载水平的变化而变化。当荷载较小时，桩身混凝土的弹性压缩激发向上的桩侧摩阻力，桩轴力从上到下传递。此时桩端沉降s_b为零，桩端阻力P_b亦为零，认为桩端无沉降表明桩端处没

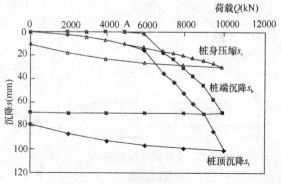

图3-26 荷载—桩顶沉降、桩端沉降、桩身压缩曲线

有受到力的作用，随着桩顶荷载增加，桩侧摩阻力逐渐被克服，s_b、P_b 开始出现，对应于荷载—桩端沉降曲线上的 A 点。OA 段的特征为荷载—桩顶沉降曲线与荷载桩身压缩曲线完全重合，桩端沉降为零，桩身压缩激发桩侧摩阻力，桩侧摩阻力即为桩顶荷载，桩端阻力为零。

随着荷载的继续增加，桩端沉降越来越大，使得荷载—桩顶沉降曲线渐渐地和荷载—桩身压缩曲线分离开来，表明桩端阻力渐渐地得到发挥。

从图中可以看出，当桩顶施加荷载小于 6000kN 的前一级荷载时，桩顶沉降量主要是由桩身压缩所引起的。此时桩顶荷载全部由桩侧摩阻力来承担，表现为桩端沉降量均为零。当桩顶施加第五级荷载即 6000kN 时，桩端刚开始出现沉降量 1.15mm。继续加载到第六级荷载 7000kN 时，桩顶本级荷载沉降量为 20.82mm，而桩端本级荷载沉降量为 19.87mm，说明桩顶沉降主要由桩端沉降引起，亦即桩侧摩阻力已达逐渐破坏状态，所以该桩的桩侧极限摩阻力可取 6000kN，也就是说桩侧极限摩阻力为桩端产生明显沉降（即 $\Delta s_d/\Delta Q$ 突然增大）的前一级荷载所对应的桩顶荷载值，即桩端沉降（1～3mm）所对应的桩顶荷载值。

3.4.2 影响桩侧阻力发挥的因素

影响单桩桩侧阻力发挥的因素主要包括以下几个方面：桩侧土的力学性质、发挥桩侧阻力所需位移、桩径 d、桩土界面性质、桩端土性质、桩长 L、桩侧土厚度及各层中的 q_{sik} 值、桩土相对位移量、加荷速率、时间效应、桩顶荷载水平等。

1. 桩侧土的力学性质（mechanical characteristics of soil around pile）

桩侧土的性质是影响桩侧阻力最直接的决定因素。一般说来，桩周土的强度越高，相应的桩侧阻力就越大。许多试验资料指出，在一般的黏性土中，桩侧阻力等于桩周土的不排水抗剪强度；在砂性土中的桩侧阻力系数平均值接近于主动土压力系数。

由于桩侧阻力属于摩擦性质，是通过桩周土的剪切变形来传递的，因而它与土的剪切模量密切相关。超压密黏性土的应变软化及砂土的剪胀，使得侧阻力随位移增大而减小；在正常固结以及轻微超压密黏性土中，由于土的固结硬化，侧阻力会由于桩顶反复加荷而增大；松砂中由于剪缩也会产生同样的结果。

2. 发挥桩侧阻力所需位移（threshold displacement for developing side resistance）

按照传统经验，发挥极限侧阻所需位移 W_u 与桩径大小无关，略受土类、土性影响。对于黏性土 W_u 约为 6～12mm，对于砂类土 W_u 约为 8～15mm。对于加工软化型土（如密实砂、粉土、高结构性黄土等）所需 W_u 值较小，且 q_s 达最大值后又随 W 的增大而有所减小。对于加工硬化型土（如非密实砂、粉土、粉质黏土等）所需 W_u 值更大，且极限特征点不明显（图 3-27）。这一特性宏观地反映于单桩静载试验 Q-s 曲线。

对于桩侧摩阻力充分发挥时，桩顶的相对位移的研究成果如下：

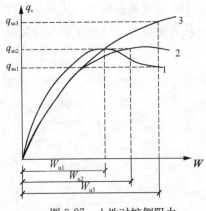

图 3-27 土性对桩侧阻力发挥性状的影响

1—加工软化型；2—非软化、硬化型；3—加工硬化型

①Whitaker and Cooke（1966）黏土中桩顶 6mm 达极限；
②Reese and O'neill（1969）坚硬黏土中 5mm 达极限；
③Vesic（1967）砂土 10mm 达极限且该值与桩径无关；
④Taurma and Reese（1974）砂土中 13mm 达极限且该值与桩径无关。

Vesic（1975）认为桩土相对位移达到 10mm 时，桩侧摩阻力充分发挥达到极限，而且该值与土类、桩尺寸及施工方法无关，同时 Vesic 认为桩尖阻力要充分发挥所需的桩顶相对沉降量约为 8%～25% 桩径的沉降量。

阪口理（1976）认为相对位移量达到 10～20mm 时，桩侧摩阻力得到充分发挥，Ha 和 O'neill 认为由荷载试验得到的 s_{max} 受到桩侧土体塑性剪切的影响，从而使 $\tau\text{-}s$ 曲线更加非线性化，$\tau\text{-}s$ 曲线的形状很大一部分取决于荷载试验的方法和桩侧土的蠕变特性。桩侧摩阻力达到极限所需的位移要比上述数据大得多。

沈保汉（1991）认为 $s\text{-}\lg P$ 法的极限荷载是桩侧摩阻力得到充分发挥时的荷载。相应于极限荷载时的极限桩顶下沉量 s_u（即桩土间相对位移量）与桩的类型、桩径和施工方法等有关。对于同一施工类型的桩，一般说来，按摩擦桩、端承摩擦桩和摩擦端承桩的顺序排列，s_u 依次增大。

Dykeman 和 Valsangkar（1996）通过离心模型试验对竖向荷载嵌岩桩进行研究，认为现行各种预估极限侧阻的方法太保守。

发挥桩侧阻力所需桩顶相对位移趋于定值的结论，是 Whitaker（1966）、Reese（1969）等根据少量桩的试验结果得出的。随着近年来大直径灌注桩应用的不断增多，对大直径桩承载性状的认识逐步深化。就桩侧阻力的发挥性状而言，大量测试结果表明，发挥极限侧阻所需桩顶相对位移并非定值，与桩径大小、施工工艺、土层性质及分布位置有关。

当桩侧土中最大剪应力发展至极限值，即开始出现塑性滑移，但该滑移面往往不是发生在桩土界面，而是出现在紧靠桩表面的土体中。这是由于成桩过程形成一薄层（约 3～20mm）紧贴于桩身的硬壳层（图 3-28）。

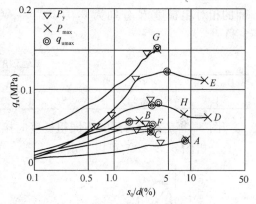

图 3-28 平均侧阻—桩顶相对沉降

3. 桩径的影响（influence of pile diameter）

侧摩阻力与桩的侧表面积（πDL）有关。按照规范大直径桩的桩侧阻力按下式计算：

$$Q_{sk} = u\Sigma \psi_{si} q_{sik} l_{si}$$

式中 ψ_s——大直径桩桩侧阻力尺寸效应折减系数；

对于黏性土和粉土有 $\psi_s = \left(\dfrac{0.8}{D}\right)^{\frac{1}{5}}$；对于砂土和碎石土有 $\psi_s = \left(\dfrac{0.8}{D}\right)^{\frac{1}{3}}$；

D——桩直径（m）。

Masakiro Koike 等通过试验研究发现，非黏性土中的桩侧阻力存在着明显的尺寸效应，这种尺寸效应源于钻、挖孔时侧壁土的应力松弛。桩径越大、桩周土层的黏聚力越小，侧阻降低得越明显。

另外，沿桩长方向桩径的变化有利于提高侧阻，如挤扩支盘桩、竹节桩等正是利用桩径变化提高摩阻力的一种例子。

桩径变化宜在性质好的土层处扩径，这样可以提高侧阻力。

4. 桩土界面性质的影响（influence of characteristics of pile-soil interface）

桩—土界面特征就是埋设于土中的桩与桩周土接触面的形态特性，对于预制桩和钢桩，桩—土界面特性主要取决于桩表面的粗糙程度，所以出现了孔壁粗糙的竹节预制桩；对于各种类型的灌注桩，桩—土界面特征一般表现为孔壁的粗糙程度，而这与桩周土层的性质和施工工艺有关。

1) 桩与土接触面的力学特征（mechanical characteristics of pile-soil interface）

在桩基工程中，对桩与桩周土体之间相互作用的研究，是深入了解桩侧阻力发挥作用的机理、从根本上把握桩基承载和变形性状的基础。

Clough 和 Duncan 利用直剪试验研究了土和混凝土接触面的力学特性，认为接触面剪应力和相对剪切位移为双曲线关系。

有学者采用不同表面粗糙度的钢板来模拟结构物材料，利用改进的直剪仪进行了土与结构物接触面剪切试验，系统地研究了不同粗糙度条件下接触面的物理力学性质。

试验用取样长度 $L=D_{50}$ 时的最大峰谷距 R_{max} 定义钢板的粗糙度，以 $R=R_{max}/D_{50}$ 来定义接触面的相对粗糙度，D_{50} 为砂土的平均粒径。试验采用五种不同粗糙度的钢板，接触面的相对粗糙度 R 分别为 0.01、0.05、0.1、0.2 和 0.5，试验砂的物理力学性质见表 3-11。

试验砂的物理力学性质　　　　表 3-11

D_{50} (mm)	C_u	C_c	d_s	e_{max}	e_{min}	φ_r (°)
1.0	2.1	0.87	2.65	1.026	0.654	34.4

图 3-29 是试验得到的不同粗糙度时接触面的剪切试验曲线。

分析图 3-29 (a) 可以看出：

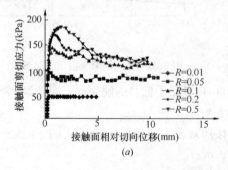
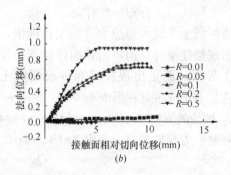

图 3-29　不同粗糙度时接触面剪切试验曲线
(a) 不同粗糙度时切向应力与切向位移关系曲线；(b) 不同粗糙度时法向位移与切向位移关系曲线

(1) 剪切应力的峰值强度和残余强度都随着接触面粗糙程度的提高而提高。当 R 分别为 0.01、0.05、0.1、0.2 和 0.5 时，接触面的剪切应力峰值分别为 50kPa、90kPa、140kPa、170kPa 和 190kPa；

(2) 接触面剪应力峰值所对应的切向位移也随着接触面粗糙程度的提高而增大，当 $R=0.01$ 时，峰值强度所对应的剪切面的相对位移很小，几乎不易察觉；而当 $R=0.5$ 时，峰值强度所对应的剪切面的相对位移约为 2mm；

（3）在其他条件相同的时候，接触面粗糙程度越大，接触面剪切应力峰值强度和残余强度越大，反之，则越小；

（4）在其他条件相同的时候，随着接触面粗糙程度的提高，从强度峰值到残余值所跨越的位移区间增大。因此，当粗糙程度较大时，接触面之间不会发生突然破坏。

分析图 3-29（b）可以看出：

（1）在接触面粗糙度很小时，法向位移与切向位移都很小；

（2）当接触面具备一定粗糙度时，切向位移随着法向位移的增加而增加，并且这种增加态势随着接触面粗糙程度的增加而更加明显。

2）不同的施工工艺使同一类桩具有不同的桩—土界面条件

从各种规范中关于桩侧阻力的取值标准可以看出，在桩周土条件相同的时候，不同施工工艺形成的桩具有不同的侧阻力值，这主要是不同施工工艺对桩—土界面的影响方式和影响程度不同。

对于打入桩，沉桩过程中会对桩周土体造成挤密，侧阻较高。

对于泥浆护壁的钻孔灌注桩，施工过程中会使桩周土体受到扰动、孔壁应力释放，另外，采用泥浆护壁成孔，且泥浆过稠时，在桩身表面将形成"泥皮"，此时，剪切滑裂面将发生于紧贴桩身的"泥皮"内，导致桩侧阻力显著降低。一般考虑钻孔桩泥皮的修正系数为 $\lambda_s = 0.6 \sim 0.8$。

对于各种类型的预制桩，桩—土界面特征取决于桩表面的粗糙程度，这与制桩工艺有关，一般比较光滑；对于各种类型的灌注桩，桩—土界面特征取决于成孔时机具对孔壁的扰动等因素，一般比较粗糙，并且不规则。

3）不同桩周土具有不同的桩—土界面特征

对于一般黏土和砂土中的钻孔灌注桩，桩—土界面特征取决于孔壁的粗糙度，宏观上比较明显；对于嵌岩灌注桩，桩—土界面特征和岩性、岩石的结构等有关，它对桩侧阻力的影响可以定量地加以描述；对于各种类型的预制桩和钢桩，桩—土界面特征主要取决于加工条件，一般并不明显。

谭国焕、张佑启和杨敏（1992）曾经做过如下试验：试桩采用有机玻璃棒，桩径 19mm，桩长 380mm，埋置于土中的长度 350mm，如图 3-30 所示。为了研究桩身表面粗糙度对模型桩承载力的影响，对三根模型桩表面进行了不同处理，使其表面的粗糙程度区别开来：

第一根模型桩，将其表面用细砂纸打磨平坦光滑；

第二根模型桩，在其表面贴一层中等粗糙度的砂纸，使其表面表现为一定的粗糙；

第三根模型桩，在其表面粘贴一层砂粒，使其表面十分粗糙。

试验是在室内砂箱中进行的。试验前，先将砂箱中的砂挖出，再用专门设计的夹子将模型桩悬在砂箱上，保持桩垂直向下。然后再将挖出的砂小心地分层填入，边回填边用电动棒振捣密实。对砂箱中砂土的常规物理

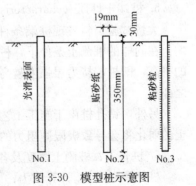

图 3-30 模型桩示意图

试验表明，砂的级配较为均匀，但密实程度不高，砂土容重度 $\gamma=13.3\text{kN/m}^3$，内摩擦角 $\varphi=38°$。

试验结果及分析：桩设置完成两周之后进行静载荷试验，试验结果如图 3-31 所示。

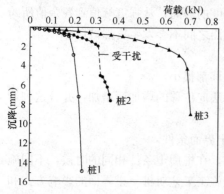

图 3-31 模型桩载荷试验结果

从三根试桩的 $Q\text{-}s$ 曲线可以看出，第一根试桩的极限承载力为 0.16kN，第二根试桩的极限承载力为 0.30kN，第三根试桩的极限承载力为 0.69kN。

尽管三根模型桩的尺寸相同，但当桩表面粗糙程度发生变化之后，桩的承载力便出现了比较大的差异。从图 3-31 可以看出，在试验初始阶段，三根试桩的 $Q\text{-}s$ 曲线线型基本相似，承载力和位移相差不大，但随着试验的进行，桩顶施加的荷载不断增加，三根试桩的承载力便开始出现差别：第一根试桩在较小的荷载下就出现了很大的位移，承载力最小；而第二根试桩的 $Q\text{-}s$ 曲线则在较大的荷载下才开始出现转折，承载力有了较大的提高；第三根试桩 $Q\text{-}s$ 曲线在很大的荷载范围内近乎直线变化，在三根试桩中极限承载力最大。

通过上面的分析我们可以发现，在其他条件相同的前提下，桩表面的粗糙程度越大，其相应的承载力就越高。

4）孔壁粗糙度对嵌岩桩桩侧阻力的影响

图 3-32 是桩顶荷载作用前后嵌岩桩的状态。从中可以形象地看出受力前后桩身形状的变化，而这正是桩侧阻力发生变化的基础。

图 3-33 是孔壁光滑和凹凸时嵌岩桩法向应力和侧阻力的对比。从中可以清楚地看出，在桩顶荷载作用下，桩首先发生轴向变形，并且沿孔壁方向发生侧

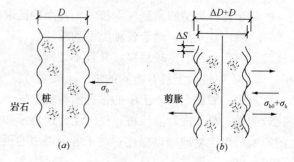

图 3-32 嵌岩桩受力前后的状态
(a) 沉降发生前；(b) 沉降发生后

向剪胀，孔壁的凹凸限制了桩的滑移，增强了法向应力，进而提高了桩侧的阻力。孔壁粗糙时的径向和切向应力都大于孔壁光滑时的相应值。

5. **桩端土性质**（characteristics of soil at pile end）

大量试验资料发现桩端条件不仅对桩端阻力，同时对桩侧阻力的发挥有着直接的影响。在同样的桩侧土条件下，桩端持力层强度高的桩，其桩侧阻力要比桩端持力层强度低的桩高，即桩端持力层强度越高，桩端阻力越大，桩端沉降越小，桩侧摩阻力就越高，反之亦然。

另外，钻孔桩由于施工工艺，经常在桩端存在部分沉渣，或者在持力层较差时，桩端土的弱化将会导致极限侧阻力的降低。因此，一般要求浇前孔底沉渣厚度小于 50mm。

6. **桩长 L、桩侧土厚度及各层中的 q_{sik} 值**

桩侧摩阻力 Q_{su} 计算式为：

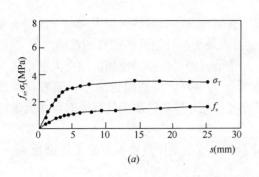
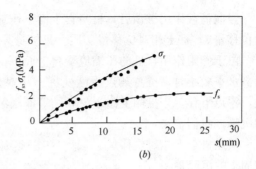

图 3-33 不同粗糙度时嵌岩桩的法向应力和侧阻力
(a) 孔壁光滑;(b) 孔壁凹凸

$$Q_{su} = \pi d \Sigma q_{sik} l_i \tag{3-5}$$

式中 q_{sik}——单位侧摩阻是桩土相对位移的函数,即 $q_{sik}l_i = \tau(z)$;

$\tau(z)$——荷载传递函数,常有弹塑性型、对折线型和双曲线型多种,如图 3-34~图 3-37 所示。不同的荷载传递函数分别可以反映加工硬化、加工软化和弹塑性的变化情况。

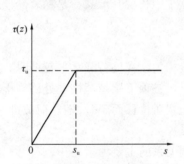
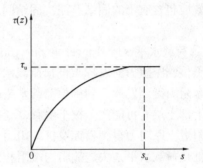

图 3-34 理想线弹塑性传递函数　　图 3-35 双曲线型传递函数

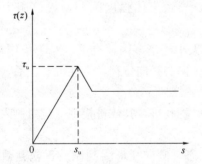
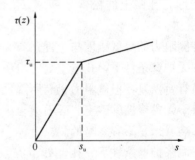

图 3-36 桩侧土软化三折线传递函数　　图 3-37 桩端土硬化传递函数模型

由于桩侧摩阻力是先上层土再下层土逐步发挥的,所以对同样的土性,其埋藏深度不同,其侧阻的发挥值也不同,实质上公式(3-5)中侧阻力分层累计叠加计算是与实际受力情况不同的,因为自上而下的桩侧土并不是同时达到极限值。

7. **桩土相对位移量**(relative displacement between pile and soil)

竖向荷载作用桩顶后，桩身自上而下压缩，从而激发向上的桩侧阻力和向下的桩土相对位移量 s。桩土相对位移量实质上是桩身某点与该处土相互错开的位移的量值。

由于侧阻作用，桩的压缩应变自上而下由大变小，相对位移量也相应地由大变小。当荷载水平较小时，桩身某点深度处桩土相对位移 s 为零，该点侧阻也为零。随着荷载增大，零点下移。当桩侧土由于欠固结等原因沉降时，此时桩顶桩侧土的沉降有可能大于桩的沉降，我们定义：

某点桩与土相对位移量 $s(z_i)$ = 桩顶沉降量 s_t - 桩顶至该点桩身混凝土压缩量 $s_{桩i}$ - 桩周土的沉降量 $s_{土i}$，

即
$$s(z_i) = s_t - s_{桩i} - s_{土i}$$

若 $s(z_i)$ 为正，则产生向上摩阻力为正摩阻力；

若由外部因素或自身欠固结引起的桩土相对位移 $s(z_i)$ 为负，则产生负摩阻力。

8. 加荷速率及时间效应（loading rate and time effect）

对于打入桩，在淤泥质土和黏土中通常快速压桩瞬时阻力较小，其后随着土体固结桩侧阻力会增大较多；在砂土中，快速压桩由于应力集中瞬时摩擦加大，侧阻也大，其后砂土容易松弛。

时间效应包含有土的固结及泥皮固结问题。软土中长桩其承载力是随着龄期增加逐渐增大的。

9. 桩顶荷载水平（load level at pile top）

每层土桩侧摩阻力的发挥与桩顶荷载水平直接相关，在桩荷载水平较低时，通常桩顶上层土的摩阻力得到发挥；到桩顶荷载水平较高时，桩顶下层乃至桩端处桩周土摩阻力得到发挥，上部土层有可能产生桩土滑移（要视桩土相对位移而定）；随着荷载进一步提高，只有桩端附近土摩阻力得到发挥及桩端阻力得到发挥。

所以桩顶荷载水平是决定侧阻与端阻相对比例关系的主要因素之一。

3.4.3 松弛效应对侧阻的影响

非挤土桩（钻孔、挖孔灌注桩）在成孔过程中由于孔壁侧向应力解除，出现侧向松弛变形。孔壁土的松弛效应（relaxation effect）导致土体强度削弱，桩侧阻力随之降低。

桩侧阻力的降低幅度与土性、有无护壁、孔径大小等诸多因素有关。对于干作业钻、挖孔桩无护壁条件下，孔壁土处于自由状态，土产生向心径向位移，浇注混凝土后，径向位移虽有所恢复，但侧阻力仍有所降低。

对于无黏聚性的砂土、碎石类土中的大直径钻、挖孔桩，其成桩松弛效应对侧阻力的削弱影响看来是不容忽略的。

在泥浆护壁条件下，孔壁处于泥浆侧压平衡状态，侧向变形受到制约，松弛效应较小，但桩身质量和侧阻力受泥浆稠度、混凝土浇灌等因素的影响而变化较大。笔者曾对桩侧泥皮土与桩间土的性状差异进行了对比研究，见表3-12、表3-13。

3.4.4 桩侧阻力的软化效应

对于桩长较长的泥浆护壁钻孔灌注桩，当桩侧摩阻力达到峰值后，其值随着上部荷载的增加（桩土相对位移的增大）而逐渐降低，最后达到并维持一个残余强度。我们将这种桩侧摩阻力超过峰值进入残余值的现象定义为桩侧摩阻力的软化。

泥皮土与桩间土土工参数对比 1 表 3-12

土样名称	天然含水量 w（%）	天然重度（kN/m^3）	土粒相对密度 d_s	饱和度 s_r（%）	孔隙比 e_0	液限 w_L（%）	塑限 w_p（%）	塑性指数 I_p	液性指数 I_L
淤泥质桩侧泥皮土	69.4	15.4	2.75	99	1.964	58.5	29.7	28.8	1.38
淤泥质桩间土	61.3	16.1	2.75	97	1.7	52.6	27.3	25.3	1.34
黏土桩侧泥皮土	38.4	17.7	2.71	97	1.076	43.9	23.9	20.0	0.72
黏土桩间土	33.2	18	2.73	92	0.98	40.8	22.7	18.1	0.58
砂质粉土桩侧泥皮土	30.4	18.6	2.7	93	0.832				
砂质粉土桩间土	28.8	18.6	2.7	89	0.798				

泥皮土与桩间土土工参数对比 2 表 3-13

土样名称	压缩系数 a_{1-2} (MPa^{-1})	压缩模量 E_s (MPa)	直剪试验 内摩擦角 φ (°)	直剪试验 黏聚力 c (kPa)	垂直压力下孔隙比 垂直压力 P (kPa) 50	100	200	400
淤泥质桩侧泥皮土	2.08	1.42	1.5	6	1.85	1.693	1.485	1.268
淤泥质桩间土	1.79	1.51	2	7	1.542	1.402	1.223	1.037
黏土桩侧泥皮土	0.69	3.01	4	14	1.02	0.982	0.913	0.81
黏土桩间土	0.5	3.96	5	18	0.911	0.877	0.827	0.761
砂质粉土桩侧泥皮土	0.13	14	28	12	0.82	0.81	0.797	0.779
砂质粉土桩间土	0.12	15.3	30	17	0.791	0.783	0.774	0.761

图 3-38（a）中 Q-s 曲线为杭州余杭某大厦静载荷试验结果，试桩桩径 ϕ1000mm，桩长 52.5m，根据地质报告计算的桩侧极限摩阻力为 6000kN，静载荷试验时，加载到 4000kN，桩顶即发生较大的沉降，达 100mm，随后在卸载过程中，桩顶沉降仍持续增加，即桩顶承载力随沉降增加出现跌落。

桩侧摩阻力在达到极限值后，随着加荷产生的沉降的增大，其值出现下降的现象，即桩侧土层的侧阻发挥存在临界值问题。对超长桩，因为承受更大的荷载，桩顶的沉降量较大，这种现象更为普遍。当桩长达到 60m 或者更长时，这个临界值对桩承载力的影响更

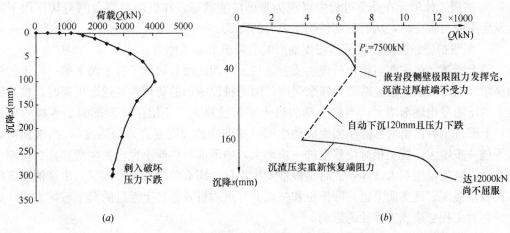

图 3-38 典型桩侧土摩阻力软化 Q-s 曲线
（a）刺入破坏；（b）沉渣过厚

为敏感。众多的超长桩静荷载试验实测结果表明，这种现象比较普遍。

由于各个土层的临界位移值不同，各层土侧摩阻力出现软化时的桩顶位移量（即桩土相对位移）也不同，也即各层土侧摩阻力的软化并不是同步的，因此桩顶位移的大小直接影响侧摩阻力的发挥程度，也影响着承载力，尤其对超长桩，由于其桩身压缩量占桩顶沉降的比例较大，在下部沉降还较小的情况下，桩顶沉降已经比较大。对超长桩，桩身压缩在极限荷载作用下可达到桩顶沉降的80%以上。由于桩身压缩量占桩顶沉降量比例较大，使得在桩下部位移较小的情况下，桩上部已经发生较大的沉降，表现为较大的桩土相对位移，引起侧阻的软化。

因此，在桩基设计时，特别是摩擦型桩基设计时，承载力的确定应考虑桩侧摩阻力软化带来的影响，大直径超长桩的侧阻软化也会降低单桩的承载力，因此要采取措施加以解决，通常可以采用桩端（侧）后注浆的方法，有着较好的效果。

桩侧摩阻力软化的机理主要包括几个方面的因素：土体的材料软化、结构软化特性，荷载水平及加载过程中桩侧土体单元的应力变化状态，桩土界面摩擦性状以及桩身几何参数和压缩特性，桩顶荷载水平等。

1. 影响桩侧摩阻力软化的主要原因是土的材料软化特性。由于钻孔灌注桩的成孔，对软化性土体，在孔周由于缩孔形成了三个区域：塑性流动区，软化区和弹性区。三个区域的形成，对径向应力 σ_r 有明显影响。随着软化程度增加，相同位置处的径向应力减小，而且软化程度越大，塑性流动区和软化区的范围均增大。

2. 对服从非相关联性流动法则的土体，存在一定范围的侧向应力系数 K_0，使土体在剪切作用下发生结构性软化。

3. 对大直径超长桩，由于其承载力的充分发挥需要较大的桩土相对位移，当桩顶荷载水平较高时，桩土界面产生滑移，使桩侧摩擦性状由静摩擦向动摩擦转化，这也是导致桩侧摩阻力出现软化的因素之一。

4. 桩长与桩身变形特性对桩侧摩阻力的影响表现为随着桩长（长径比）增加，桩身压缩量增大，导致桩上下部较大的桩土相对位移差，从而使桩侧土体自上而下产生滑移，使桩侧阻软化。

5. 桩周土体单元在受荷过程中可视为平面应变状态，在桩侧摩阻力的剪切作用下将会发生主应力轴旋转，从而引起桩侧摩阻力的降低。

6. 泥浆护壁钻孔灌注桩桩侧泥皮的影响会降低界面摩擦力。

综上所述，单桩侧阻软化机理实质上是桩土界面的滑移导致了自上而下每一层土的桩侧极限摩阻力由峰值强度跌落为残余强度。因为桩顶施加的荷载水平逐渐提高时，桩身混凝土的压缩量也逐渐增大，当桩上部的桩土相对位移大于土层强度发挥的临界极限位移时，上部桩土界面由滑移静摩擦变成动摩擦（亦即峰值强度变为残余强度）；当桩顶荷载水平进一步增大，桩土相对位移也进一步增大，中下部的桩侧土也将发生滑移；当桩端土较差时，桩就发生刺入破坏，此时整根桩发生滑移，那么单桩的极限侧阻力由峰值强度跌落为残余强度。这实质上也是摩擦桩和桩端有厚沉渣桩及管桩上浮桩的典型破坏方式。这种破坏对工程会造成灾难性的影响。

群桩侧阻软化机理：因为群桩的沉降计算使用最广的是等代墩基法，也就是说将所有群桩变成一个刚性墩基础，然后按浅基础的计算方法确定桩端平面处的地基附加应力和变形计算深度，所以群桩的侧阻软化可以看成是单个墩基的侧阻软化。侧阻软化机理实质上是墩基桩土界面的滑移导致了自上而下每一层土的桩侧极限摩阻力由峰值强度跌落为残余强度。所以，对摩擦桩和桩端有厚沉渣桩及管桩上浮桩的群桩将由于侧阻软化降低整个墩基的承载力从而造成基础沉降过大或不均匀沉降。这种破坏对工程会造成灾难性的影响。

3.4.5 侧阻发挥的时间效应（time effect of side resistance developing）

桩侧摩阻力受桩身周围的有效应力条件控制。饱和黏性土中的挤土桩，在成桩过程中使桩侧土受到挤压、扰动和重塑，产生超孔隙水压力，故成桩时桩侧向有效应力减小，桩侧摩阻力是不大的。超孔隙水压力沿径向随时间逐渐消散，桩侧摩阻力则随时间逐渐增长。其增长受时间因数 T_h 控制，而

$$T_h = \frac{4C_h t}{d^2} \tag{3-6}$$

式中　C_h——土体径向固结系数；
　　　t——距离打桩的时间；
　　　d——桩径。

故桩侧摩阻力达最大值所需时间与桩径的平方成正比。对于非挤土桩由于成孔过程不产生挤土效应，不引起超孔隙水压力，土的扰动比挤土桩小，桩侧摩阻力随时间的增长并不大，时间效应可忽略。

3.4.6 桩侧阻力的挤土效应（compaction effect of soil of side resistance）

不同的成桩工艺会使桩周土体中应力、应变场发生不同变化，从而导致桩侧阻力的相应变化。这种变化又与土的类别、性质特别是土的灵敏度、密实度、饱和度密切相关。图 3-39（a）、（b）、（c）分别表示成桩前、挤土桩和非挤土桩桩周土的侧向应力状态，以及侧向与竖向变形状态。

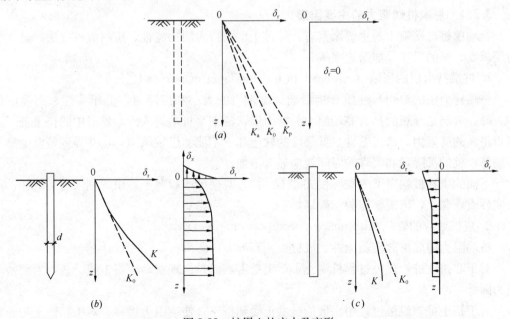

图 3-39　桩周土的应力及变形
（a）静止土压力状态（K_0，K_a，K_p 为静止、主动、被动土压力系数）；（b）挤土桩，$K>K_0$；
（c）非挤土桩，$K<K_0$（δ_r，δ_z 为土的侧向、竖向位移）

挤土桩（打入、振入、压入式预制桩、沉管灌注桩）成桩过程产生的挤土作用，使桩周土扰动重塑、侧向压应力增加。对于非饱和土，由于土受挤而增密。土愈松散，黏性愈低，其增密幅度愈大。对于饱和黏性土，由于瞬时排水固结效应不显著，体积压缩变形小，引起超孔隙水压力，土体产生横向位移和竖向隆起或沉陷。

1. 砂土中侧阻力的挤土效应（compaction effect of soil of side resistance in sand）

松散砂土中的挤土桩沉桩过程使桩周土因侧向挤压而趋于密实，导致桩侧阻力增高。对于桩群，桩周土的挤密效应更为显著。另外孔压膨胀，使侧阻力降低。

密实砂土中，沉桩挤土效应使密砂松散、孔压膨胀，侧摩阻力降低。

2. 饱和黏性土中的成桩挤土效应（compaction effect of soil caused by pile installation in saturated clay）

饱和黏性土中的挤土桩，成桩过程使桩侧土受到挤压、扰动和重塑，产生超孔隙水压力，随后出现孔压消散、再固结和触变恢复，导致侧阻力产生显著的时间效应。

3.5 桩 端 阻 力

桩端阻力（pile end resistance）是指桩顶荷载通过桩身和桩侧土传递到桩端土所承受的力。极限桩端阻力在量值上等于单桩竖向极限承载力减去桩的极限侧阻力。

桩端阻力根据地质资料的计算公式为

$$Q_{pu} = \psi_p \pi \frac{D^2}{4} q_{pu}$$

式中　ψ_p——端阻尺寸效应系数；

　　　q_{pu}——桩端持力层单位端承力。

3.5.1 影响桩端阻力的主要因素

影响单桩桩端阻力的主要因素有：穿过土层及持力层的特性、桩的成桩方法、进入持力层深度、桩的尺寸、加荷速率等。

1. 桩端持力层的影响（influence of bearing layer at pile end）

桩端持力层的类别与性质直接影响桩端阻力的大小和沉降量。低压缩性、高强度的砂、砾、岩层是理想的具有高端阻力的持力层，特别是桩端进入砂、砾层中的挤土桩，可获得很高的端阻力。高压缩性、低强度的软土几乎不能提供桩端阻力，并导致桩发生突进型破坏，桩的沉降量和沉降的时间效应显著增加。

不同的土在桩端以下的破坏模式并不一样。对松砂或软黏土，出现刺入剪切破坏；对密实砂或硬黏土，出现整体剪切破坏。

2. 成桩效应的影响（influence of compaction effect）

桩端阻力的成桩效应随土性、成桩工艺而异。

对于非挤土桩，成桩过程桩端土不产生挤密，而是出现扰动、虚土或沉渣，因而使端阻力降低。

对于挤土桩，成桩过程中松散的桩端土受到挤密，使端阻力提高。对于黏性土与非黏性土、饱和与非饱和状态、松散与密实状态，其挤土效应差别较大。如松散的非黏性土挤密效果最佳。密实或饱和黏性土的挤密效果较小，有时可能起反作用。因此，不同土层端阻力的成桩效应相差也较大。

对于泥浆护壁钻孔灌注桩，由于成桩施工方法不当易使桩底产生沉渣，当沉渣达到一定厚度时，会导致桩的端阻力大幅下降。

3. 桩截面尺寸的影响（influence of pile cross section size）

桩端阻力与桩端面积直接相关，但随着桩端截面积尺寸的增大，桩端阻力的发挥度变小，硬土层中桩端阻力具有尺寸效应。

Menzenbaeh（1961）根据88根压桩资料统计得桩端阻力尺寸效应系数 ϕ_{pa} 为：

$$\phi_{pa} = 1/[1 + 1 \times 10^{-5} (\overline{q}_c)^{1.3} \cdot A] \tag{3-7}$$

式中 $\overline{q}_c$ ——桩尖以下 1d 以上 3.75d 范围的静力触探锥尖阻力 q_c 平均值（MPa）；

A ——桩的截面积（cm^2）。

Menzenbaeh 由统计结果得出了两点结论，即

1) 对于软土（$\overline{q}_c \leqslant 1MPa$），尺寸效应并不显著，在工程上可以不必考虑。

2) 对于硬土层，如中密—密实砂土（$\overline{q}_c \geqslant 10MPa$），尺寸效应明显，值得注意。

4. 加荷速率的影响（influence of loading rate）

有试验表明在砂土中加荷速率增快 1000 倍，桩端阻力增大约 20%。在软黏土中，加荷速率对桩端阻力的影响在 10% 以内，所以快速加荷比慢速加荷得到的桩端阻力要高。

3.5.2 端阻力的深度效应（Depth effect of pile end resistance）

1. 端阻力的临界深度 h_{cp}（critical depth of pile end resistance）

桩端阻力随桩入土深度按特定规律变化。当桩端进入均匀土层或穿过软土层进入持力层，开始时桩端阻力随深度基本上呈线性增大；当达到一定深度后，桩端阻力基本恒定，深度继续增加，桩端阻力增大很小，见图 3-40。图中恒定的桩端阻力称为桩端阻力稳值 q_{pl}。恒定桩端阻力的起点深度称为该桩端阻力的临界深度 h_{cp}。

根据模型和原型试验结果，端阻临界深度和端阻稳值具有如下特性：

1) 端阻临界深度 h_{cp} 和端阻稳值 q_{pl} 均随砂持力层相对密实度 D_r 增大而增大。所以，端阻临界深度随端阻稳值增大而增大。

2) 端阻临界深度受覆盖压力区（包括持力层上覆土层自重和地面荷载）影响而随端阻稳值呈不同关系变化，见图 3-41。从图中可以看出：

a. 当 $p_0 = 0$ 时，h_{cp} 随 q_{pl} 增大而线性增大；

b. 当 $p_0 > 0$ 时，h_{cp} 与 q_{pl} 呈非线性关系，p_0 愈大，其增大率愈小；

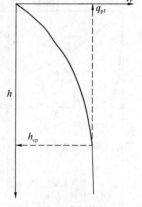

图 3-40　端阻临界深度示意

c. 在 q_{pl} 一定的条件下，h_{cp} 随 p_0 增大而减小，即随上覆土层厚度增加而减小。

3) 端阻临界深度 h_{cp} 随桩径 d 的增大而增大。

4) 端阻稳值 q_{pl} 的大小仅与持力层砂的相对密实度 D_r 有关，而与桩的尺寸无关。由图 3-42 看出，同一相对密实度 D_r 砂土中不同截面尺寸的桩，其端阻稳值 q_{pl} 基本相等。

5) 端阻稳值与覆盖层厚度无关。图 3-43 所示为均匀砂和上松下密双层砂中的端阻曲线。均匀砂（$D_r = 0.7$）中的贯入曲线 1 与双层砂（上层 $D_r = 0.2$，下层 $D_r = 0.7$）中的

贯入曲线 2 相比，其线型大体相同，端阻稳值也大体相等。

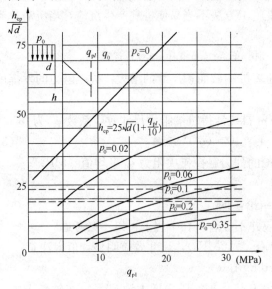

图 3-41　临界深度，端阻稳值及覆盖压力的关系（h_{cp}，d 的单位为 cm）

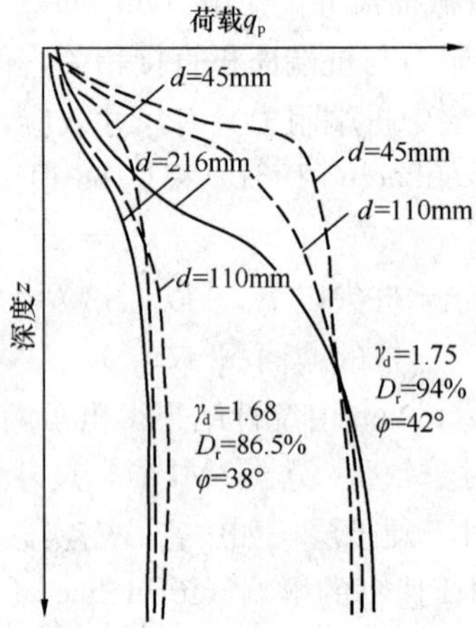

图 3-42　端阻稳值与砂土的相对密实度和桩径的关系

2. 端阻的临界厚度 t_c（critical thickness of pile end resistance）

上面所讲的端阻稳值的临界深度一般是在砂土层中得到的，也就是桩入砂土层的最大入土深度。达到该深度后，相同桩径下桩端阻力不随桩入持力层深度的增加而增大。

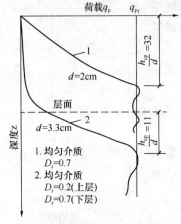

图 3-43　均匀与双层砂中端阻的变化

另外一种情况是当桩端下存在软弱下卧层时，桩端离软弱下卧层的顶板必须要有一定的距离，这样才能保证单桩不产生刺入破坏，群桩不发生冲切破坏。我们定义能保证持力层桩端力正常发挥的桩端面与下部软土顶板面的最小距离为端阻的"临界厚度" t_c，也就是说设计的时候必须保证桩端面与软下卧层的顶板面的临界厚度，才能使持力层的端承力得到正常发挥，不至于发生刺入或冲切破坏。

图 3-44 表示软土中密砂夹层厚度变化及桩端进入夹层深度变化对端阻的影响。当桩端进入密砂夹层的深度以及离软下卧层距离足够大时，其端阻力可达到密砂中的端阻稳值 q_{pl}。这时要求夹层总厚度不小于 $h_{cp}+t_c$，如图 3-44 中的④。反之，当桩端进入夹层的深度 $h<h_{cp}$ 或距软层顶面距离 $t_p<t_c$ 时，其端阻值都将减小，如图 3-44 中的①、②、③。

软下卧层对端阻产生影响的机理，是由于桩端应力沿扩散角 α（α 角是砂土相对密实度 D_r 的函数并受软下卧层强度和压缩性的影响，其范围值为 $10°\sim 20°$。对于砂层下有很软土层时，可取 $\alpha=10°$）向下扩散至软下卧层顶面，引起软下卧层出现较大压缩变形，桩端连同扩散锥体一起向下位移，从而降低了端阻力，见图 3-45。若桩端荷载超过该端阻极限值，软下卧层将出现更大的压缩和挤出，导致冲剪破坏。

临界厚度 t_c 主要随砂的相对密实度 D_r 和桩径 d 的增大而加大。

对于松砂，$t_c \approx 1.5d$；

密砂，$t_c = (5 \sim 10)d$；

砾砂，$t_c \approx 12d$；

硬黏性土，$h_{cp} \approx t_c \approx 7d$。

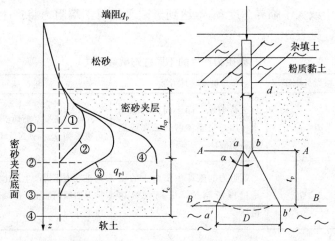

图 3-44　端阻随桩入密砂深度及离软下卧层距离的变化

根据以上端阻的深度效应分析可见，对于以夹于软层中的硬层作桩端持力层时，为充分发挥端阻，要根据夹层厚度，综合考虑桩端进入持力层的深度和桩端下硬层的厚度，不可只顾一个方面而导致端阻力降低。

3. 砂层中端阻深度效应（depth effect of pile end resistance in sand layer）

对于任何初始密度的砂，在三轴压缩试验中，当轴向变形足够大（$\varepsilon_1 > 20\%$）时，砂的密实度达到一稳定值，此时土样中各点处于全塑状态，该相对密实度称之为"临界密实度" D_{rc}。每一临界密实度对应于一个"临界压力" p_c（图 3-46）。只有处于临界密实度和临界压力下的砂才不发生剪切体积变化，对于任何初始密实度的砂，存在一临界压力 p_c，不同围压下砂的密实度变化及破坏方式见表 3-14 及图 3-46。

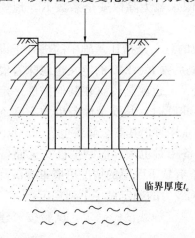

图 3-45　软下卧层对端阻的影响

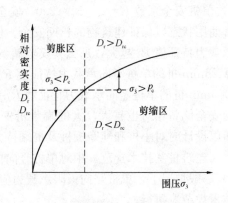

图 3-46　砂土的临界图

不同围压下砂破坏方式　　　　　　　　　　　　表 3-14

围　　压	砂密实度	破坏方式
$\sigma_3 = p_c$	$D_r = D_{rc}$	砂样剪坏时体积不变
$\sigma_3 < p_c$	其密实度减小到与 σ_3 相适应的稳定密实度	砂样呈剪胀破坏
$\sigma_3 > p_c$	其密实度将增大到与 σ_3 相适应的稳定密实度	砂样呈剪缩破坏

当桩深 h 小于或大于临界深度 h_{cp}，达到极限平衡时，端阻力将产生不同的受力性状和桩端破坏方式，见表 3-15。

端阻力产生的不同桩端破坏方式　　　　　　　　　表 3-15

桩深（h）	桩端处围压	桩端破坏方式	桩　端　阻　力
$h < h_{cp}$	$\sigma_3 < p_c$	土将剪胀，即土向四周和向上挤出，呈整体剪切破坏或局部剪切破坏	端阻力主要受剪切机理制约，其极限端阻可表示为 $q_{pu} = \gamma h N_q$，即随深度线性增大
$h > h_{cp}$	$\sigma_3 > p_c$	端阻力的破坏主要由土的压缩机理所制约，呈刺入剪切破坏	桩端土不再产生挤出剪切破坏，而是被桩挤向四周而加密，故端阻保持临界深度的对应值 q_{pl} 不变

3.6　单桩竖向极限承载力计算

1. 单桩竖向承载力的基本概念

1）单桩竖向极限承载力 Q_u 为桩土体系在竖向荷载作用下所能长期稳定承受的最大荷载，亦即单桩静载试验时桩顶能稳定承受的最大试验荷载。它反映了桩身材料、桩侧土与桩端土性状、施工方法的综合指标。

2）单桩竖向破坏承载力 Q_p 是指单桩竖向静载试验时桩发生破坏时桩顶的最大试验荷载，它比单桩竖向极限承载力高一级荷载。单桩的破坏方式有桩端土刺入破坏和桩身混凝土破坏两种。

3）单桩竖向承载力特征值 R_a 为单桩竖向极限承载力除以安全系数 K，现规范规定 $K = 2.0$。

4）单桩安全系数 $K = Q_u/R_a = 2.0$，安全系数的意义是指让基础中的桩处于设计确定的正常使用状态以保证建筑物的长期安全。但安全系数 $K = 2.0$ 的定义也意味着设计单桩竖向承载力特征值 R_a 越大，那么其安全储备也越大。也就是说（在其他条件一定时）当设计 ϕ426mm 桩的单桩竖向承载力特征值 $R_a = 500$kN 时，其安全储备也为 500kN；当设计 ϕ1000mm 桩的单桩竖向承载力特征值 $R_a = 5000$kN 时，其安全储备也为 5000kN。显然大桩的安全储备相对也越大。大的端承桩安全储备相对也大，而摩擦桩安全储备相对也小，所以设计时对小桩和纯摩擦桩及桩端持力层下有软下卧层的情况更应重视沉降控制。

2. 《建筑桩基技术规范》中对单桩竖向极限承载力的确定做了下列规定：

1）一般情况下，单桩竖向极限承载力应通过单桩静载试验确定，试验按《建筑基桩检测技术规范》执行；

2）对于大直径端承型桩，也可通过深层平板（平板直径应与孔径一致）载荷试验确定极限端阻力；

3）对于嵌岩桩，也可通过岩基平板（直径 0.3m）载荷试验确定桩端岩基极限端阻力，安全系数为 3；

4）桩侧极限侧阻力和极限端阻力宜通过埋设桩身轴力测试元件静载试验确定，可通过测试结果建立极限侧阻力和极限端阻力与土层物理指标、岩石饱和单轴抗压强度以及与静力触探等土的原位测试指标间的经验关系。

3. 设计采用的单桩竖向极限承载力应符合下列规定：

1）设计等级为甲级的建筑桩基，应通过静载试验确定；

2）设计等级为乙级的建筑桩基，应参照地质条件相同的试桩资料，结合静力触探等原位测试和经验参数综合确定；当缺乏可参照的试桩资料或地质条件复杂时，应通过单桩静载试验确定；

3）设计等级为丙级的建筑桩基，可根据原位测试和经验参数确定。

4. 单桩竖向极限承载力计算方法

1）静载试验法（static test method）：静载试验是传统的也是最可靠的确定承载力的方法。它不仅可确定桩的极限承载力，而且通过埋设各类测试元件可获得荷载传递、桩侧阻力、桩端阻力、荷载—沉降关系等诸多资料。

2）古典经验公式法：根据桩侧阻力、桩端阻力的破坏机理，按照静力学原理，采用土的强度参数，分别对桩侧阻力和桩端阻力进行计算。由于计算模式、强度参数与实际的某些差异，计算结果的可靠性受到限制，往往只用于一般工程或重要工程的初步设计阶段，或与其他方法综合比较确定承载力。

3）原位测试法（in-situ test method）：对地基土进行原位测试，利用桩的静载试验与原位测试参数间的经验关系，确定桩的侧阻力和端阻力。常用的原位测试法有下列几种：静力触探法（CPT）、标准贯入试验法（SPT）、十字板剪切试验法（VST）等。

4）规范法（experience method）：根据静力试桩结果与桩侧、桩端土层的物理性指标进行统计分析，建立桩侧阻力、桩端阻力与物理性指标间的经验关系，利用这种关系预估单桩承载力。这种经验法简便而经济，但由于各地区之间土的变异性大，加之成桩质量有一定变异性，因此，经验法预估承载力的可靠性相对较低，一般只适于初步设计阶段和一般工程，或与其他方法综合比较确定承载力。地基规范法和桩基规范法具体用于某地区时应结合地区经验来综合确定，因为我国幅员辽阔，各地地质条件不一致。

3.6.1 用静载试验确定单桩极限承载力

下面通过一工程实例来介绍静载试验确定单桩极限承载力方法。

1. 桩基工程概况

浙江某金融中心主楼为 55、37 层，楼高 268m，地下室为 3 层，占地面积为 17289m²，建筑面积为 209180m²，主体采用框筒结构。基础采用钻孔灌注桩，桩长约为 68m（桩径 ϕ800mm），桩身采用 C30、C40 混凝土，持力层为 10-3-2 层，入持力层深度为大于 1m，桩平面位置布置图如图 3-47。设计要求单桩竖向承载力特征值为 5500kN，要求最大试验荷载

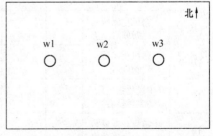

图 3-47 试桩平面位置布置图

为 13000kN。为了评价其实际承载力，设计要求本工程做 3 根桩静载试验，桩静载试验的施工记录见表 3-16，另外按设计要求对桩埋设了桩端沉降测试管和 12 个断面的钢筋应力计以观测桩身应力应变关系。

浙江某金融中心试桩施工记录简表　　　　　　　　　　表 3-16

桩号	是否注浆	桩长(m)	桩径(mm)	打桩日期	试验日期	混凝土强度等级	配筋
W1	未注浆	67.50	800	2006.8.9	2006.9.15	C40	上 12Φ18 下 6Φ18
W2	未注浆	68.50	800	2006.7.31	2006.9.19	C40	上 12Φ18 下 6Φ18
W3	未注浆	68.14	800	2006.8.2	2006.9.11	C40	上 12Φ18 下 6Φ18

2. 工程地质情况

场地土层分层及主要物理力学指标如表 3-17 所示，地质剖面见图 3-48。

浙江某金融中心土工参数简表　　　　　　　　　　表 3-17

层号	岩土名称	天然含水量(%)	重度(kN/m³)	I_P	I_L	c(kPa)	φ(°)	E_s(MPa)	f_k(kPa)	q_{sk}(kPa)	q_{pk}(kPa)
2-1	砂质粉土	30.3	2.70			6.0	29.1	12.37	160	20	
2-2	砂质粉土夹粉砂	28.6	2.69			4.7	28.2	8.62	120	17	
2-3	粉砂	25.3	2.69			1.6	32.1	10.73	160	16	
2-4	砂质粉土	29.8	2.70			5.0	27.9	8.97	110	13	
5	淤泥质粉质黏土	45.7	2.73	16.3	1.25	17.0	12.6	3.24	75	10	
6-1	粉质黏土	25.2	2.72	13.4	0.41	35.7	13.6	6.78	160	25	
6-2	粉质黏土	25.8	2.72	11.3	0.51	45.2	18.2	6.32	200	35	
6-3	粉质黏土	24.7	2.71	10.2	0.64	19.0	18.6	6.50	140	20	
8-1	中砂	22.0	2.68			0.8	33.0	10.62	120	18	
8-1a	粉细砂	20.9	2.69			1.0	33.5	11.02	190	28	
8-3	含泥圆砾		2.66						350	45	1500
8-夹1	砾砂		2.67						260	40	1200
8-夹2	含砾中砂	27.0	2.67				34.55	10.50	220	30	未压浆 1000 压浆后 1200
8-3	含泥圆砾								500	60	未压浆 2200 压浆后 2900
10-1	全风化泥质粉砂岩								250	35	800
10-2	强风化泥质粉砂岩								350	45	2000
10-3-1	中风化强风化含砾砂岩								800	65	2800
10-3-2	中等风化泥质粉砂岩、含砾砂岩								1000	75	3300

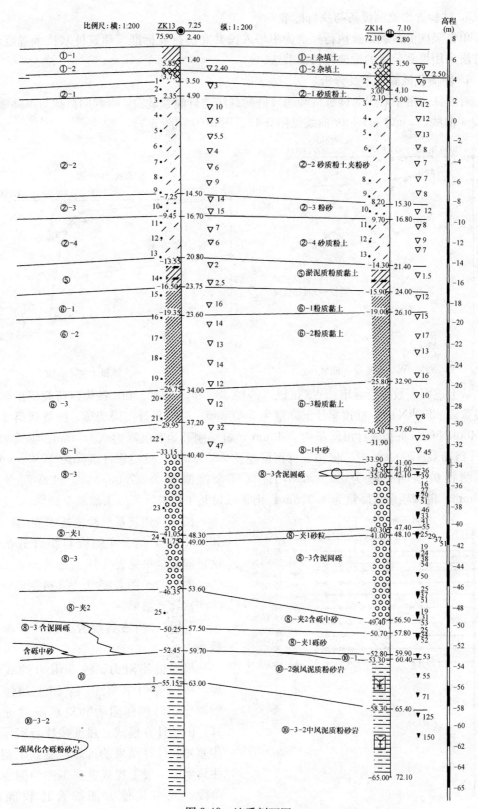

图 3-48 地质剖面图

3. 试验方法检测设备与执行标准

单桩竖向静荷载试验执行标准为中华人民共和国行业标准《建筑桩基技术规范》。试验方法采用堆载装置的慢速维持荷载法。

4. 静荷载试验结果及分析

对浙江金融中心 W3 试桩按慢速维持荷载法进行静载试验,得到的荷载与沉降数据画成 Q-s 曲线、s-$\lg Q$ 和 s-$\log t$ 曲线见图 3-49、图 3-50 和图 3-51。

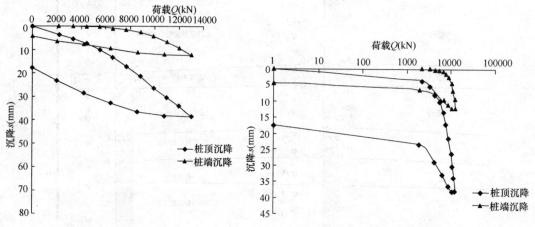

图 3-49　W3 试桩 Q-s 曲线　　　　图 3-50　W3 试桩 s-$\lg Q$ 曲线

从上述图表数据可看出：W3 试桩（桩径 ϕ800mm,68.50m）按规定荷载级别加载到一级荷载 2200kN 时,桩顶累计沉降量为 3.70mm,桩端累计沉降为零；加载到第 3 级荷载 4400kN 时,桩顶累计沉降量为 7.42mm,桩端刚开始有沉降为 0.145mm；继续加载到第 11 级荷载 13000kN 时,桩顶累计沉降量为 38.35mm,桩端累计沉降为 12.25mm。卸载后测得桩顶回弹量为 20.85mm,桩顶残余沉降量为 17.60mm,桩端回弹量为 7.93mm,桩端残余沉降量为 4.32mm。由于试桩是工程桩,所以未加载至破坏。

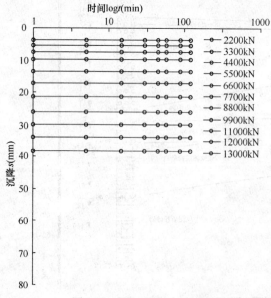

按照《建筑基桩检测技术规范》（JGJ 106—2003）结合实测资料综合分析得出试桩静载结果见表 3-18。

图 3-52～图 3-55 为 W3 桩钢筋应力计的测试计算结果。

3.6.2　用古典经验公式计算单桩承载力

根据桩侧阻力、桩端阻力的破坏机理,按照静力学原理,采用土的强度参数,分别对桩侧阻力和桩端阻力进行计算。由于计算模式、强度参数与实际的某些差异,计算结果的可靠性受到限制,往往只用于一般工程或重要工程的初步设计阶段,或与其他方法综合比较确定承载力。

图 3-51　W3 试桩 s-$\log t$ 曲线

浙江某金融中心桩静载试验成果表　　　　　　表 3-18

桩号	桩长(m)	桩径(mm)	龄期(d)	静载所得单桩竖向极限承载力（kN）	极限荷载对应的沉降量（mm）	
					桩顶	桩端
W1	67.50	800	37	≥13000	30.62	6.96
W2	68.50	800	50	≥13000	38.35	10.33
W3	68.50	800	40	≥13000	38.45	12.25

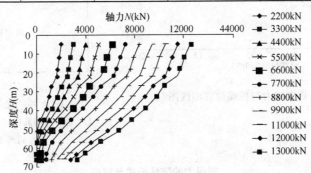

图 3-52　W3 桩桩身轴力分布曲线图

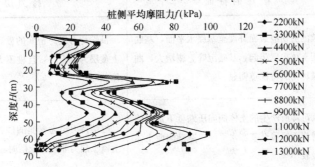

图 3-53　W3 桩桩侧平均摩阻力沿桩身分布曲线图

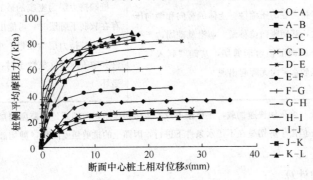

图 3-54　W3 桩桩侧平均摩阻力与桩土相对位移曲线图

1. 桩端阻力的破坏模式（failure mode of pile end resistance）

桩端阻力的破坏机理与扩展式基础承载力的破坏机理有相似之处。图 3-56 表示承载力由于基础相对埋深（h/B，B 为基础宽度，h 为埋深）、砂土的相对密实度不同而呈整体剪切、局部剪切和刺入剪切三种破坏模式，各种破坏模式的特征见表 3-19。

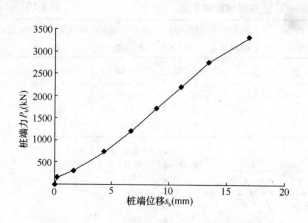

图 3-55 W3 桩桩端力与桩端位移曲线图

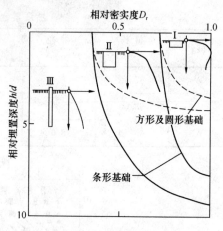

图 3-56 地基破坏模式
Ⅰ—整体剪切破坏；Ⅱ—局部剪切破坏；
Ⅲ—刺入 剪切破坏

端阻力的破坏模式与特征　　　　　　　表 3-19

破坏模式	破坏的特征	持力层情况
整体剪切	连续的剪切滑裂面开展至基底水平面，基底水平面土体出现隆起，基础沉降急剧增大，曲线上破坏荷载特征点明显	桩端持力层为密实的砂、粉土和硬黏性土，其上覆层为软土层，且桩不太长时，端阻一般呈整体破坏
局部剪切	基础沉降所产生的土体侧向压缩量不足以使剪切滑裂面开展至基底水平面，基础侧面土体隆起量较小	桩端持力层为密实的砂、粉土和硬黏性土，当上覆土层为非软弱土层时，一般呈局部剪切破坏
刺入剪切	由于持力层的压缩性，土体的竖向和侧向压缩量大，基础竖向位移量大，沿基础周边产生不连续的向下辐射形剪切，基础"刺入"土中，基底水平面无隆起出现	桩端持力层为密实的砂、粉土和硬黏性土，当存在软弱下卧层时，可能出现冲剪破坏；当桩端持力层为松散、中密砂、粉土、高压缩性和中等压缩性黏性土时，端阻一般呈刺入剪切破坏

注：对于饱和黏性土，当采用快速加载，土体来不及产生体积压缩，剪切面延伸范围增加，从而形成整体剪切或局部剪切破坏。但由于剪切是在不排水条件下进行，因而土的抗剪强度降低，剪切破坏面的形式更接近于围绕桩端的"梨形"。

2. 桩端阻力的计算

1) 极限平衡理论（limit equilibrilium theory）

计算端阻力的极限平衡理论公式以刚塑体理论为基础，假定不同的破坏滑动面形态，便可导得不同的极限桩端阻力理论表达式，Terzaghi（1943），Meyerhof（1951），Березанцев（1961），Vesic（1963）所提出的单位面积极限桩端阻力公式，可以统一表达为如下形式。

$$q_{pu} = \zeta_c c N_c + \zeta_\gamma \gamma_1 b N_r + \zeta_q \gamma h N_q \tag{3-8}$$

式中 N_c、N_r、N_q——分别为反映土的黏聚力 c、桩底以下滑动土体自重和桩底平面以上边载（竖向压力 γh）影响的条形基础无量纲承载力系数，仅与土的内摩擦角 φ 有关；

ζ_c、ζ_γ、ζ_q——桩端为方形、圆形时的形状系数；

b、h——分别为桩端底宽（直径）和桩的入土深度；

c——土的黏聚力；

γ_1——桩端平面以下土的有效重度；

γ——桩端平面以上土的有效重度。

由于 N_r 与 N_q 接近，而桩径 b 远小于桩深 h，故可将式（3-8）中的第二项略去，变成：

$$q_{pu} = \zeta_c c N_c + \zeta_q \gamma h N_q \tag{3-9}$$

式中 ζ_c、ζ_q——形状系数，见表 3-20。

形状系数 表 3-20

φ	ζ_c	ζ_q	φ	ζ_c	ζ_q
<22°	1.20	0.80	35°	1.32	0.68
25°	1.21	0.79	40°	1.68	0.52
30°	1.24	0.76			

式（3-9）中几个系数之间有以下关系：

$$N_c = (N_q - 1)\cot\varphi \tag{3-10}$$

$$\zeta_c = \frac{\zeta_q N_q - 1}{N_q - 1} \tag{3-11}$$

有代表性的桩端阻力极限平衡理论公式 Terzaghi（1943），Meyerhof（1951），Березанцев（1961），Vesic（1963）公式，其相应的假设滑动面图形表示于图 3-57，其承

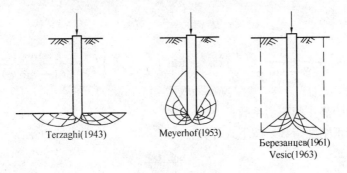

图 3-57 几种桩端土滑动面图形

载力系数 $N_q^* = \zeta_q N_q$（N_q 为条形基础埋深影响承载力系数）值表示于图 3-58。由图可见，由于假定滑动面图形不同，各承载力系数相差是很大的。

当桩端土为饱和黏性土（$\varphi_u = 0$）时，极限端阻力公式可进一步简化。此时，式（3-9）

中，$N_q=1$，$\zeta_c N_c = N_c^* = 1.3N_c = 9$（桩径 $d \leqslant 30$cm 时）。根据试验，承载力随桩径增加而略有减小。$d=30 \sim 60$cm 时，$N_c^*=7$；当 $d>60$cm 时，$N_c^*=6$。因此，对于桩端为饱和黏性土的极限端阻力公式为：

$$q_{pu} = N_c^* c_u + \gamma h = (6 \sim 9)c_u + \gamma h \tag{3-12}$$

式中 c_u——土的不排水抗剪强度。

2) 考虑土的压缩性计算端阻力的极限平衡理论公式

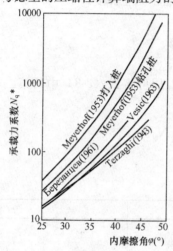

图 3-58 承载力系数与土内摩擦角关系

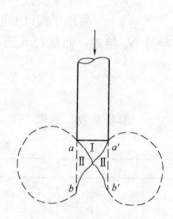

图 3-59 Vesic（1975）计算极限端阻破坏图式

a. Vesic（1975）提出按图 3-59 破坏图式计算极限端阻。该图表示，桩端形成压密核 I，压密核随荷载增加将剪切过渡区 II 外挤，ab 面上的土则向周围扩张，形成虚线所示塑性变形区。根据空洞扩张理论计算 ab 面上的极限应力，再通过剪切过渡区 II 的平衡方程计算桩的极限端阻 q_{pu} 得：

$$q_{pu} = cN_c + \bar{p}N_q \tag{3-13}$$

式中 $\bar{p}$——桩端平面侧边的平均竖向压力；

$$\bar{p} = \frac{1+2k_0}{3}\gamma h$$

$$N_q = \frac{3}{3-\sin\varphi}e^{\left(\frac{\pi}{2}-\varphi\right)\tan\varphi} \cdot \tan^2\left(\frac{\pi}{4}+\frac{\varphi}{2}\right)I_{rr} \cdot \frac{4\sin\varphi}{3(1-\sin\varphi)} \tag{3-14}$$

$$N_c = (N_q-1)\cot\varphi$$

式中 k_0——土的静止侧压力系数；

I_{rr}——修正刚度指数，按下式计算：

$$I_{rr} = \frac{I_r}{1+I_r\Delta} \tag{3-15}$$

式中 Δ——塑性区内土体的平均体积变形；

I_r——刚度指数，按下式计算：

$$I_r = \frac{G_s}{c+\bar{p}\tan\varphi} = \frac{E_0}{2(1+\mu_s)(c+\bar{p}\tan\varphi)} \tag{3-16}$$

式中 μ_s——土的泊松比；

G_s——土的剪切模量；

E_0——土的变形模量。

土的刚度指数　　表 3-21

土 类 别	I_r
砂 D_r (=0.5~0.8)	75~150
粉 土	50~75
黏 土	150~250

当土剪切时处于不排水条件或为密实状态，可取 $\Delta=0$，此时，$I_{rr}=I_r$；I_r 也可查表 3-21 取值。

式 (3-15) 中引入刚度指数 I_r 来反映土的压缩性影响，该刚度指数与土的变形模量成正比，与平均法向压力成反比。这使得极限端阻力计算值随土的压缩体变增大而减小，与前述按刚塑体理论求得的与土的压缩性无关的极限端阻公式相比有所改进。

b. Janbu (1976) 提出按下式计算式 (3-13) 中的 N_q：

$$N_q = (\tan\varphi + \sqrt{1+\tan^2\varphi})^2 e^{2\psi\tan\varphi} \qquad (3-17)$$

式中 ψ 表示于图 3-60 中，其值由高压缩性软土的 60°变至密实土的 105°。

表 3-22 列出了 Vesic 和 Janbu 公式中 N_c、N_q 值。

采用 Vesic 公式，需要进行多项室内试验以测定所需的土参数 c、φ、E_s、μ_s、γ，而 Janbu 公式中的 ψ 可通过贯入试验等原位测试方法区别土的压缩性确定。

3. 桩侧阻力的计算

桩的总极限侧阻力的计算通常是取桩身范围内各土层的单位极限侧阻力 q_{sui} 与对应桩侧表面积 $u_i l_i$ 乘积之和，即

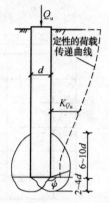

图 3-60　Janbu 计算极限端阻破坏图式

$$Q_{su} = \Sigma U_i L_i q_{sui} \qquad (3-18)$$

Janbu 和 Vesic 公式算得的承载力系数 N_c、N_q　　表 3-22

φ	Janbu			Vesic				
	ψ=75	90	105	I_{rr}=10	50	100	200	500
0	N_c=1.0	1.00	1.00	N_c=1.0	1.00	1.00	1.00	1.00
	N_q=5.74	5.74	5.74	N_q=9.12	9.12	10.04	10.97	12.19
5	1.50	1.57	1.64	1.79	2.12	2.28	2.46	2.71
	5.96	6.49	7.33	8.99	12.82	14.69	16.69	19.59
10	2.25	2.47	2.71	3.04	4.17	4.78	5.48	6.57
	7.11	8.34	9.70	11.55	17.99	21.46	25.43	31.59
20	5.29	6.40	7.74	7.85	13.57	17.17	21.73	29.67
	11.78	14.83	18.53	18.83	34.53	44.44	56.97	78.78
30	13.60	18.40	24.90	18.34	37.50	51.02	69.43	104.33
	21.82	30.14	41.39	30.03	63.21	86.64	118.53	178.98
35	23.08	33.30	48.04	27.36	59.82	83.78	117.34	183.16
	31.53	46.12	67.18	37.65	84.00	118.22	166.15	260.15
40	41.37	64.20	99.61	40.47	93.70	134.53	193.13	311.50
	48.11	75.31	117.52	47.04	110.48	159.13	228.97	370.04
45	79.90	134.87	227.68	59.66	145.11	212.79	312.04	517.60
	78.90	133.87	226.68	53.66	144.11	211.79	311.04	516.60

当桩身为等截面时

$$Q_{sui} = U\Sigma L_i q_{sui} \quad (3-19)$$

q_{sui} 的计算可分为总应力法和有效应力法两类。根据计算表达式所用系数的不同，可将其归纳为 α 法、β 法和 λ 法。α 法属总应力法，β 法属有效应力法，λ 法属于混合法。

1) α 法

α 法由 Tomlinson（1971）提出，用于计算饱和黏性土的侧阻力，其表达式为：

$$q_{su} = \alpha c_u \quad (3-20)$$

式中　α——系数，取决于土的不排水剪切强度和桩进入黏性土层的深度比，可按表 3-23 和图 3-61 确定。

c_u——桩侧饱和黏性土的不排水剪切强度，采用无侧限压缩、三轴不排水压缩或原位十字板、旁压试验等测定。

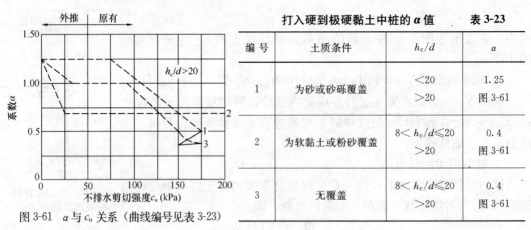

图 3-61　α 与 c_u 关系（曲线编号见表 3-23）

打入硬到极硬黏土中桩的 α 值　　表 3-23

编号	土质条件	h_c/d	α
1	为砂或砂砾覆盖	<20 >20	1.25 图 3-61
2	为软黏土或粉砂覆盖	8<h_c/d≤20 >20	0.4 图 3-61
3	无覆盖	8<h_c/d≤20 >20	0.4 图 3-61

2) β 法

β 法由 Chandler（1968）提出，又称有效应力法，用于计算黏性土和非黏性土的侧阻力，其表达式为：

$$q_{su} = \sigma'_V k_0 \tan\delta \quad (3-21)$$

对于正常固结黏性土，$k_0 \approx 1-\sin\varphi'$，$\delta \approx \varphi'$，因而得：

$$q_{su} = \sigma'_V(1-\sin\varphi')\tan\varphi' = \beta\sigma'_V \quad (3-22)$$

式中　β——系数，$\beta \approx (1-\sin\varphi')\tan\varphi'$，当 $\varphi' = 20° \sim 30°$，$\beta = 0.24 \sim 0.29$；据试验统计，$\beta = 0.25 \sim 0.4$，平均为 0.32；

k_0——土的静止土压力系数；

δ——桩、土间的外摩擦角；

σ'_V——桩侧计算土层的平均竖向有效应力，地下水位以下取土的浮重度；

φ'——桩侧计算土层的有效内摩擦角。

应用 β 法时应注意以下问题：

a. 该法的基本假定是认为成桩过程引起的超孔隙水压力已消散，土已固结，因此对于成桩休止时间短的桩不能用 β 法计算其侧阻力。

b. 考虑到侧阻的深度效应，对于长径比 L/d 大于侧阻临界深度 $(L/d)_{cr}$ 的桩，可按下式取修正的 q_{su} 值：

$$q_{su} = \beta \cdot \sigma'_v \left(1 - \log \frac{L/d}{(L/d)_{cr}}\right) \quad (3-23)$$

式中临界长径比，对于均匀土层可取 $(L/d)_{cr}=10\sim15$，当硬层上覆盖有软弱土层时，$(L/d)_{cr}$ 从硬土层顶面算起。

c. 当桩侧土为很硬的黏土层时，考虑到剪切滑裂面不是发生于桩侧土中，而是发生于桩土界面，此时取 $\delta=(0.5\sim0.75)\varphi'$，代入式（3-22）的 $\tan\varphi'$ 中计算。

3) λ 法

综合 α 法和 β 法的特点，Vijayvergiya 和 Focht（1972）提出如下适用于黏性土的 λ 法：

$$q_{su} = \lambda(\sigma'_v + 2c_u) \quad (3-24)$$

式中 σ'_v、c_u——分别与式（3-22）和式（3-21）中同；

λ——系数，可由图 3-62 确定。

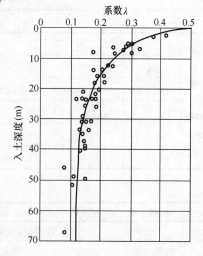

图 3-62 λ 与桩入土深度的关系

图 3-62 所示 λ 系数是根据大量静载试桩资料回归分析得出。由图看出，λ 系数随桩的入土深度增加而递减，至 20m 以下基本保持常量。这主要是反映了侧阻的深度效应及有效竖向应力 σ'_v 的影响随深度增加而递减所致。因此，在应用该法时，应将桩侧土的 q_{su} 分层计算，即根据各层土的实际平均埋深由图 3-62 取相应的 λ 值和 σ'_v、c_u 值计算各层土的 q_{su} 值。

3.6.3 原位测试法计算单桩承载力

原位测试法（in-situ test method）可以用来计算单桩承载力，主要包括静力触探法（CPT）、标准贯入试验法（SPT）、十字板剪切试验法（VST）等；

1. 静力触探法与十字板剪切试验法（cone penetration test method and vane shear test method）

静力触探法与十字板剪切试验法是计算单桩侧阻力、端阻力以及单桩极限承载力的方法，在本书 2.6.5 节已经进行了详细介绍，这里不再展开。

2. 标准贯入试验法（standard penetration test method）

北京市勘察院提出的标准贯入试验法预估钻孔灌注桩单桩竖向极限承载力的计算公式：

$$Q_u = p_b A_p + (\Sigma p_{fc} L_c + \Sigma p_{fs} L_s)U + C_1 - C_2 X \quad (3-25)$$

式中 p_b——桩尖以上、以下 $4D$ 范围标贯击数 N 平均值换算的极限桩端承载力（kPa），见表 3-24；

p_{fc}、p_{fs}——桩身范围内黏性土、砂土 N 值换算的极限桩侧阻力（kPa），见表 3-24；

L_c、L_s——黏性土、砂土层的桩段长度；

U——桩侧周边长（m）；

A_p——桩端的截面积（m²）；

C_1——经验系数（kN），见表 3-25；

C_2——孔底虚土折减系数（kN/m），取 18.1；

X——孔底虚土厚度，预制桩 $X=0$；当虚土厚度>0.5m，取 $X=0$，端承力亦取零。

标贯击数 N 与 p_{fc}、p_{fs} 和 p_b 的关系　　　　　表 3-24

	N	1	2	4	6	8	10	12	14	16	18	20	22	24	26	28	30	35	$\geqslant 40$
预制桩	p_{fc}	7	13	26	39	52	65	78	91	104	117	130							
	p_{fs}			18	27	36	44	53	62	71	80	89	98	107	115	124	133	155	178
	p_b			440	660	880	1100	1320	1540	1760	1980	2200	2420	2640	2680	3080	3300	3850	4400
钻孔灌注桩	p_{fc}	3	6	12	19	25	31	37	43	50	56	62							
	p_{fs}		7	13	20	26	33	40	46	53	59	66	73	79	86	92	99	116	132
	p_b			110	170	220	280	330	390	450	500	560	610	670	720	780	830	970	1120

经 验 系 数 C_1　　　　　表 3-25

桩 型	预 制 桩		钻孔灌注桩
土层条件	桩周有新近堆积土	桩周无新近堆积土	桩周无新近堆积土
C_1（kN）	340	150	180

3.6.4 桩基规范经验公式法（experience method in code）

1. 按桩侧土和桩端土指标确定单桩竖向极限承载力

根据地质资料，单桩极限承载力 Q_u 由总极限侧阻力 Q_{su} 和总极限端阻力 Q_{pu} 组成，若忽略二者间的相互影响，可表示为：

$$Q_u = Q_{su} + Q_{pu} \\ = \Sigma U_i l_i q_{sui} + A_p q_{pu} \quad (3-26)$$

式中　l_i、U_i——桩周第 i 层土厚度和相应的桩身周长；

　　　A_p——桩端底面积；

　　　q_{sui}、q_{pu}——第 i 层土的极限侧阻力和持力层极限端阻力。

2. 根据桩身混凝土强度计算单桩竖向抗压承载力设计值

考虑桩身混凝土强度和主筋抗压强度，确定荷载效应基本组合下单桩桩顶轴向压力设计值 N（桩基规范）：

$$N = \psi_c f_c A_{ps} + \beta f_y A_s \quad (3-27)$$

式中　f_c、f_y——桩身混凝土轴心抗压强度及钢筋的抗压强度设计值（kPa）；

　　　ψ_c、β——基桩成桩工艺系数及钢筋发挥系数，ψ_c 灌注桩一般取 $0.7 \sim 0.8$，β 取 0.9。

设计时必须根据上部结构传递到单桩桩顶的荷载和地质资料来设计桩径和桩身混凝土强度。下面介绍根据地质资料计算单桩极限承载力值的方法。

3. 大直径桩单桩极限承载力标准值（standard value of ultimate bearing capability of large-diameter single pile）

根据土的物理指标与承载力参数之间的经验关系，确定大直径桩单桩极限承载力标准值时，宜按下式计算：

$$Q_{uk} = Q_{sk} + Q_{pk} = u\sum \psi_{si}q_{sik}l_{si} + \psi_p q_{pk}A_p \tag{3-28}$$

式中 q_{sik}——桩侧第 i 层土极限侧阻力标准值,如无当地经验值时,可按表 2-24 取值,对于扩底桩变截面以上 $2d$ 长度范围不计侧阻力;

q_{pk}——桩径为 800mm 的极限桩端阻力,对于干作业挖孔(清底干净)可采用深层载荷板试验确定;当不能进行深层载荷板试验时,可按表 3-26 取值;

ψ_{si}、ψ_p——大直径桩侧阻、端阻尺寸效应系数,按表 3-27 取值;

u——桩身周长,当人工挖孔桩桩周护壁为振捣密实的混凝土时,桩身周长可按护壁外直径计算。

干作业挖孔桩(清底干净,$d=800\text{mm}$)极限端阻力 q_{pk} (kPa)　　　　表 3-26

土 名 称		状　态		
黏 性 土		$0.25<I_L\leqslant 0.75$	$0<I_L\leqslant 0.25$	$I_L\leqslant 0$
		800～1800	1800～2400	2400～3000
粉 土		$0.75\leqslant e\leqslant 0.9$	$e<0.75$	
		1000～1500	1500～2000	
		稍密	中密	密实
砂土碎石类土	粉 砂	500～700	800～1100	1200～2000
	细 砂	700～1100	1200～1800	2000～2500
	中 砂	1000～2000	2200～3200	3500～5000
	粗 砂	1200～2200	2500～3500	4000～5500
	砾 砂	1400～2400	2600～4000	5000～7000
	圆砾、角砾	1600～3000	3200～5000	6000～9000
	卵石、碎石	2000～3000	3300～5000	7000～11000

注:1. q_{pk} 取值宜考虑桩端持力层土的状态及桩进入持力层的深度效应,当进入持力层深度 h_b 为:$h_b<d$,$d\leqslant h_b\leqslant 4d$,$h_b>4d$ 时 q_{pk} 可分别取低值、中值、较高值。
2. 砂土密实度可根据标贯击数判定,$N\leqslant 10$ 为松散,$10<N\leqslant 15$ 为稍密,$15<N\leqslant 30$ 为中密,$N>30$ 为密实。
3. 当桩的长径比 $l/d\leqslant 8$ 时,q_{pk} 宜取较低值。
4. 当对沉降要求不严时,可适当提高 q_{pk} 值。

大直径灌注桩桩侧、桩端阻力尺寸效应系数 ψ_{si}、ψ_p　　　　表 3-27

土 类 型	黏性土、粉土	砂土、碎石类土
ψ_{si}	$(0.8/d)^{1/5}$	$(0.8/d)^{1/3}$
ψ_p	$(0.8/d)^{1/4}$	$(0.8/d)^{1/3}$

对于人工挖孔灌注桩,当其为嵌岩短桩时只计算其端阻值,其他情况则桩侧阻与桩端阻都要进行计算。

4. 钢管桩承载力(bearing capability of steel pipe pile)

当根据土的物理指标与承载力参数之间的经验关系确定钢管桩单桩竖向极限承载力标准值时,可按下式计算:

$$Q_{uk} = Q_{sk} + Q_{pk} = u\sum q_{sik}l_i + \lambda_p q_{pk}\cdot A_p \tag{3-29}$$

当 $h_b/d_s<5$ 时　　　　$\lambda_p = 0.16h_b/d_s$

当 $h_b/d_s\geqslant 5$ 时　　　　$\lambda_p = 0.8$ $\tag{3-30}$

式中 q_{sik}、q_{pk}——取与混凝土预制桩相同值；

　　　　λ_p——桩端闭塞效应系数，对于闭口钢管桩 $\lambda_p=1$，对于敞口钢管桩按式（3-30）取值；

　　　　h_b——桩端进入持力层深度；

　　　　d_s——钢管桩外径。

对于带隔板的半敞口钢管桩，以等效直径 d_e 代替 d_s 确定 λ_p；$d_e=d_s/\sqrt{n}$，其中 n 为桩端隔板分割数，如图3-63。

图 3-63　隔板分割

5. 预应力管桩承载力（bearing capability of prestressed pipe pile）

当根据土的物理指标与承载力参数之间的经验关系确定敞口预应力混凝土管桩单桩竖向极限承载力标准值时，可按下式计算：

$$Q_{uk} = Q_{sk} + Q_{pk} = u\Sigma q_{sik}l_i + q_{pk}(A_p + \lambda_p A_{p1}) \quad (3-31)$$

当 $h_b/d_1 < 5$ 时　　　　$\lambda_p = 0.16 h_b/d_1$ 　　　　(3-32)

当 $h_b/d_1 \geqslant 5$ 时　　　　$\lambda_p = 0.8$ 　　　　(3-33)

式中 q_{sik}、q_{pk}——取与混凝土预制桩相同值；

　　　　d、d_1——管桩外径和内径；

　　　　A_p、A_{p1}——管桩桩端净面积和敞口面积；$A_p = \frac{\pi}{4}(d^2 - d_1^2)$，$A_{p1} = \frac{\pi}{4}d_1^2$；

　　　　λ_p——桩端闭塞效应系数，按式（3-32）确定。

6. 嵌岩短桩单桩竖向极限承载力（vertical ultimate bearing capability of short rock-socketed pile）

当桩端嵌入完整及较完整的硬质岩中，根据《建筑地基基础设计规范》（GB 50007—2002），可按下式估算单桩竖向承载力极限值：

$$Q_u = q_{pu}A_p \quad (3-34)$$

$$R_a = Q_u/2 \quad (3-35)$$

式中 q_{pu}——桩端岩石承载力极限值；

　　　A_p——桩身截面积；

　　　R_a——单桩竖向承载力特征值。

嵌岩灌注桩桩端以下三倍桩径范围内应无软弱夹层、断裂破碎带和洞穴分布；并应在桩底应力扩散范围内无岩体临空面。

桩端岩石承载力极限值 q_{pu}，当桩端无沉渣时，应根据岩石饱和无侧限单轴抗压强度标准值确定，或用岩基载荷试验确定，实验装置见图3-64。

试验采用圆形刚性承压板，直径为300mm。当岩石埋藏深度较大时，可采用钢筋混凝土桩，

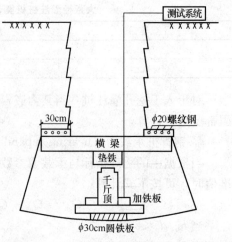

图 3-64　人工挖孔桩桩底基岩静载试验

但桩周需采取措施以消除桩身与土之间的摩擦力。

测量系统的初始稳定读数观测：加压前，每隔10min读数一次，连续三次读数不变可开始试验。

加载方式：单循环加载，荷载逐级递增直到破坏，然后分级卸载。

荷载分级：第一级加载值为预估设计荷载的1/5，以后每级为1/10。

沉降量测读：加载后立即读数，以后每10min读数一次。

稳定标准：连续三次读数之差均不大于0.01mm。

终止加载条件：当出现下述现象之一时，即可终止加载：1）沉降量读数不断变化，在24小时内，沉降速率有增大的趋势；2）压力加不上或勉强加上而不能保持稳定。若限于加载能力，荷载也应增到不少于设计要求的两倍。

卸载观测：每级卸载为加载时的两倍，如为奇数，第一级可为三倍。每级卸载后，隔10min测读一次，测读三次后可卸下一级荷载。全部卸载后，当测读到半小时回弹量小于0.01mm时，即认为稳定。

岩石地基承载力特征值的确定：1）对应于 P-s 曲线上起始直线段的终点为比例界限。符合终止加载条件的前一级荷载为极限荷载。将极限荷载除以3的安全系数，所得值与对应于比例界限的荷载相比较，取小值；2）每个场地载荷试验的数量不应少于3个，取最小值作为岩石地基承载力特征值；3）岩石地基承载力不进行深宽修正。

嵌岩灌注桩承载力往往比较高，必须同时验算桩身混凝土强度所能提供的单桩承载力 Q'_u，两者双控。嵌岩桩单桩竖向极限承载力应按 Q_u 与 Q'_u 中的小值选取。

7. 桩周有液化土层时的单桩极限承载力标准值

对于桩身周围有液化土层（liquefied soil around pile）的低承台桩基，当承台底面上下分别有厚度不小于1.5m、1.0m的非液化土或非软弱土层时，土层液化对单桩极限承载力的影响可用液化土层极限侧阻力乘以土层液化折减系数来计算单桩极限承载力标准值。土层液化折减系数 ψ_l 按表3-28确定。

土层液化折减系数 ψ_l 表3-28

序 号	$\lambda_N = N/N_{cr}$	自地面算起的液化土层深度 d_l (m)	ψ_l
1	$\lambda_N \leqslant 0.6$	$d_l \leqslant 10$	0
		$10 < d_l \leqslant 20$	1/3
2	$0.6 < \lambda_N \leqslant 0.8$	$d_l \leqslant 10$	1/3
		$10 < d_l \leqslant 20$	2/3
3	$0.8 < \lambda_N \leqslant 1.0$	$d_l \leqslant 10$	2/3
		$10 < d_l \leqslant 20$	1.0

注：1. N 为饱和土标贯击数实测值；N_{cr} 为液化判别标贯击数临界值；λ_N 为土层液化指数；
2. 对于挤土桩，当桩距小于 $4d$，且桩的排数不少于5排、总桩数不少于25根时，土层液化系数可取 $2/3 \sim 1$；桩间土标贯击数达到 N_{cr} 时，取 $\psi_l = 1$。

当承台底非液化土层厚度小于1m时，土层液化折减系数按表3-28降低一档取值。

3.7 打桩挤土效应

3.7.1 打桩振害的机理分析

1. 打桩过程中的应力波（图3-65）

按照弹性动力学

根据力平衡条件
$$N_c = m(g - \ddot{z}) \tag{3-36}$$

位移连续条件
$$z = \mu_0 + \frac{N_c}{K} \tag{3-37}$$

可得桩顶速度
$$V_c = e^{-\xi\omega t} \cdot \frac{2\xi\omega \cdot V_h \cdot \sin\omega_D t}{\omega_D} \tag{3-38}$$

锤击桩顶打桩力
$$N_c = \frac{AE}{C}V_0 = \frac{KV_h}{\omega_D}e^{-\xi\omega t}\sin\omega_D t \tag{3-39}$$

分析结果见图3-66。相对于打桩体系而言，桩的质量和刚度愈大，ξ 愈小，在极限情况，当桩为不可动的刚性块时 $\xi \to 0$。此时打桩截面力最大，桩—锤—垫体系成为一个简单的单自由度体系。对于同一桩顶击振力和接触时间，钢桩比混凝土桩应力传递得快。

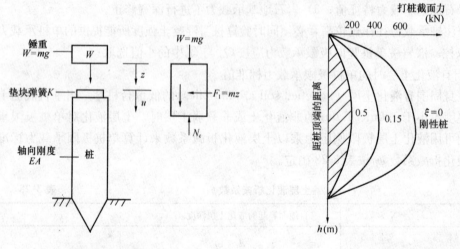

图 3-65 打桩接触分析　　图 3-66 在 $t=0.005s$ 时击振力自桩端传播的力波

2. 打桩过程能量的传递与衰减

打桩能量是通过柱尖和桩侧向外扩散而振动传递的，且 P 波最先到达，S 波次之，R 波后到。其振动能量为 P 波占 7%，S 波占 26%，R 波占 67%，但是体波比瑞利波衰减得快，《振动计算与隔振设计》推荐的机器基础的振幅随距离衰减的关系式为

当 $r \leqslant r_R$ 时，$A_r = A_0 \dfrac{r_0^2}{r^2} e^{-k_1(r-r_0)}$ (3-40)

当 $r > r_R$ 时，$A_r = A_0 \sqrt{\dfrac{r_R}{r}} e^{-k_1(r-r_R)}$ (3-41)

因此面波成为影响振动程度的主导波（打桩近源体波影响较多），且 R 波产生的地面竖向位移大。

3. 打桩桩端土层对震害的影响

假设桩为等截面杆体，则其运动特性

$$\mu - C^2 u = 0 \qquad C = \sqrt{\frac{EA}{m}} = \sqrt{\frac{E}{P}} \tag{3-42}$$

其通解为
$$\mu = f_1(x-ct) + f_2(x+ct) \tag{3-43}$$

杆的动力应力

$$a(x,t) = E \cdot t = E \cdot \frac{\partial \mu}{\partial x} = E \cdot \frac{\partial f_1(x-ct)}{\partial x} + E \cdot \frac{\partial f_2(x+ct)}{\partial x} \tag{3-44}$$

边界条件：

1）桩打于软土层（桩端为自由端）

$$\sigma|_{x=l}(x,t) = 0$$

得
$$\frac{\partial f_1(x-ct)}{\partial x} = -\frac{\partial f_2(x+ct)}{\partial x} \tag{3-45}$$

式（3-45）表明，当波的每一部分经过自由杆端时，向前传播的斜率 $\frac{\partial \mu}{\partial x}$ 必然等于向后传播的波斜率的负值。即入射波在自由端被反射了，反射波和入射波具有相同的波形，且反射波必为拉应力波，但前进方向相反，所以应力正、负号相反，在桩自由端应力抵消，顶端为二者之和。此时，桩身受力随时间一拉一压交替变化，在 $x=1$ 处位移最大，$\sigma=0$，加速度抵消。反映在打桩过程中就是打桩贯入度大，易打，桩身上部易出现拉裂，此时，打桩振动一般较弱，打桩引起的震害相对较轻（在不考虑孔压时）。

2）打在基岩或坚硬持力层上的桩（桩端为固定端情况）

此时
$$\mu|_{x=l}(x,t) = 0$$

得
$$f_1(L-ct) = -f_2(L+ct) \tag{3-46}$$

式（3-46）说明桩端入射波与反射波位移大小相同方向相同，即反射应力波与入射应力波一样都是压应力波，位移为零，而总应力等于入射波分量与反射波分量之和而增加了一倍，打桩过程中易出现压裂（净压应力增大）。由于多次锤击总应力不断增加，反射波振幅和能量增大，从而对地面的振动增大，此时打桩引起的震害亦较大。

3）桩端介于自由端与固定端之间（有一定的阻尼），这是最常见的实际打桩土层，根据上面分析可知，在其他条件不变时，桩端土层软，振动小；桩端土层硬，地面振动大。

4. 打桩动荷载作用下土的性能

桩打入黏土中，主要在三方面改变了地基土的状态：一是破坏了地基土天然结构，使桩周围土的重塑或部分结构改变；二是打桩改变了土的应力历史，使桩邻近土应力状态改变；三是打桩使土受到急速的挤压，造成孔隙水压力急剧上升，有效应力减少。刚打桩后，这三种作用都使桩周土（包括桩端土）的强度大为降低，但随着打桩后时间增长，会由于黏性土不排水强度的触变恢复和孔隙水压力消散而使土的强度增长。黏性土打桩易出现地面隆起。

桩打入砂性土中对松砂由于打桩挤密而强度提高，对密实砂反而降低强度，但两者都使超孔隙水压力急剧上升，重复大量的振动，最坏的情况会出现局部液化。

打桩振动将影响土的摩擦力、黏聚力、黏滞系数、孔隙比、相对密实度、强度等参数。

在打桩过程中，被桩排挤的一部分土将在桩周地表面上隆起，但这仅出现在不大的深度范围内，在某一临界深度以下，只有水平位移。打桩使桩周土隆起的同时，还可能使远处建筑物沉陷。

5. 打桩力的传递与动态阻力

当一自由落锤打桩，锤击过程可分为四个阶段：撞击前阶段即锤由静止位置下落到桩顶表面前的阶段，锤与桩撞击后的压缩阶段，锤与桩未脱离接触前的弹性恢复阶段，锤与桩脱离接触后的回弹阶段。按照输入的能＝有用的能＋被消耗的能，推出了动力打桩公式。虽然动力打桩公式有许多局限性，但可用其来比较同一场地的许多根打入桩的动态阻力，来评价地基土的振动特性。

3.7.2 打桩挤土效应圆孔扩张理论（Spherical cavity expansion theory for soil compaction effect of driven pile）

1. 本构模型

饱和软土中的沉桩挤土效应可视为半无限土体中柱形小孔扩张课题，应用弹塑性理论求解其沉桩瞬时的应力和变形。

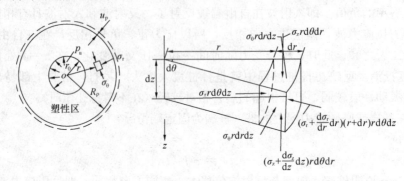

图 3-67 沉桩桩周应力、变形状态

由图 3-67 可写出微单元体的平衡方程

$$\frac{د\sigma_r}{dr}+\frac{\sigma_r-\sigma_\theta}{r}=0 \tag{3-47}$$

2. 基本假定

模型的基本假定包括以下几点：

1) 土是均匀的、各向同性的理想弹塑性材料；
2) 饱和软土是不可压缩的（无排水的瞬时挤土）；
3) 土体符合摩尔—库仑强度准则；
4) 小孔扩张前土体各向的有效应力均等。

3. 边界条件及本构关系推导

土体屈服条件 $\qquad \sigma_r - \sigma_\theta = 2c_u \qquad$ (3-48)

边界条件 $\qquad r = r_0, \sigma_r = p_u$

解式（3-47）和式（3-48）得塑性区（图 3-68 中Ⅱ区）半径

$$R_\mathrm{p} = r_0 \sqrt{\frac{E}{2(1+\mu)c_\mathrm{u}}} \tag{3-49}$$

塑性区的边界径向位移

$$u_\mathrm{p} = -\frac{1+\mu}{E}c_\mathrm{u}R_\mathrm{p} \tag{3-50}$$

塑性区的附加应力

$$\sigma_\mathrm{r} = c_\mathrm{u}\left(2\ln\frac{R_\mathrm{p}}{r}+1\right) = p_\mathrm{u} - 2c_\mathrm{u}\ln\frac{r}{r_0} \tag{3-51}$$

$$\sigma_\theta = c_\mathrm{u}\left(2\ln\frac{R_\mathrm{p}}{r}-1\right) = p_\mathrm{u} - 2c_\mathrm{u}\left(\ln\frac{r}{r_0}+1\right) \tag{3-52}$$

$$\sigma_z = 2c_\mathrm{u}\ln\frac{R_\mathrm{p}}{r} = p_\mathrm{u} - 2c_\mathrm{u}\left(\ln\frac{r}{r_0}+\frac{1}{2}\right) \tag{3-53}$$

桩土界面的最大扩张应力

$$p_\mathrm{u} = c_\mathrm{u} + 2c_\mathrm{u}\ln\frac{R_\mathrm{p}}{r_0} = c_\mathrm{u}\left(\ln\frac{E}{2(1+\mu)c_\mathrm{u}}+1\right) \tag{3-54}$$

图 3-68 桩周挤土分区

以上各式中　r_0——扩张孔（桩）的半径；

　　　　　　R_p——塑性区半径；

　　　　　　r——离圆柱形扩张孔中心的距离；

　　　　　　c_u，E，μ——分别为桩周饱和土的不排水抗剪强度、模量和泊松比。

沉桩瞬时挤土过程产生的超孔隙水压力，根据 Henkel 公式为

$$\Delta u = \beta\,\Delta\sigma_0 + \alpha\,\Delta\tau_0 \tag{3-55}$$

式中　α，β——Henkel 孔隙水压力参数（土完全饱和时，$\beta=1$）；

$\Delta\sigma_0$，$\Delta\tau_0$——八面体法向应力增量和剪应力增量，分别为：

$$\Delta\sigma_0 = \frac{1}{3}(\Delta\sigma_1+\Delta\sigma_2+\Delta\sigma_3) \tag{3-56}$$

$$\Delta\tau_0 = \frac{1}{\sqrt{2}}\left[(\Delta\sigma_1-\Delta\sigma_2)^2+(\Delta\sigma_2-\Delta\sigma_3)^2+(\Delta\sigma_3-\Delta\sigma_1)^2\right]^{\frac{1}{2}} \tag{3-57}$$

4. 沉桩挤土变化规律

由常规三轴压缩试验得到 Skempton 孔隙水压力系数：

$$A_\mathrm{f} = \Delta u/\Delta\sigma,\ \alpha_\mathrm{f} = 0.707(3A_\mathrm{f}-1) \tag{3-58}$$

当假定体积压缩 $\Delta=0$，$\nu=1/2$ 时，可以得到：

$$\Delta u = c_\mathrm{u}\left(2\ln\frac{R_\mathrm{p}}{r}+0.817A_\mathrm{f}\right) \tag{3-59}$$

对于黏土和粉质黏土，A_f 可分别取 0.98，0.90 左右。

由图 3-69 看出：

1）挤土应力 σ_z、σ_r、σ_θ 均沿桩外径向递减；

2）在数值上以径向应力 σ_r 最大，切向应力 σ_θ

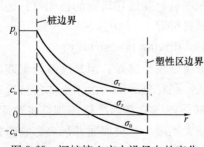

图 3-69　沉桩挤土应力沿径向的变化

最小;

3) 在塑性区外边界上，σ_r 与 σ_θ 绝对值相等（c_u），但前者为压应力，后者转为拉应力;

4) 竖向应力 σ_z 在塑性区外边界递减为零。

当瞬时超孔隙压力超过竖向或侧向有效应力便会产生水力劈裂而消散。因此，成桩过程的超孔压一般稳定在土的有效自重压力范围内，沉桩后，超孔压消散较快。在靠近桩土界面的 5~20mm 土层，由于超孔压最大，在桩表面形成水膜，降低沉桩贯入阻力。该近桩侧附近土层在沉桩过程中受挤压而充分扰动重塑，瞬时强度显著降低，所以在预制（管）桩打桩时，瞬时打桩阻力很小。但当由于停电等原因使桩停打几个小时后，再进行打桩时，打桩阻力明显升高，这是因为桩土界面瞬时沉桩时，排水条件好，挤压应力高，其强度随时间增长快，最终形成一紧贴于桩表面的硬壳（图 3-68 Ⅰ区）。桩受荷发生竖向位移时，其剪切面发生于硬壳层与Ⅱ区（图 3-68）之间的界面，相当于增大了桩表面积。Ⅱ区土体强度也因再固结、触变作用而最终超过天然状态，因而停止挤土后导致桩侧阻力提高。

3.7.3 饱和黏性土打桩挤土效应的影响范围

打桩对周围环境是要产生影响的，但不同土有不同影响。

1. 一般来说对饱和淤泥质土的影响最远范围约为 1.5 倍桩长。
2. 打桩挤土在深度剖面上影响最大的深度为地表以下约 6m 左右。
3. 后打桩要对先打桩产生挤土效应，先打桩有可能出现浮桩、水平偏位倾斜、脱节等。

3.7.4 减小打桩挤土效应的措施

饱和软土中打桩除了要考虑桩基承载力以外，另一个重要限制因素就是减少打桩对周围环境的影响。群桩沉桩时由于挤土作用和孔压膨胀会对周边土体产生巨大的挤压作用，会使桩区及附近很大范围内的土体产生向上隆起和水平位移，从而导致桩体上浮、偏位、甚至断裂。有时因为危及周围的市政管线或地面道路和建筑物的安全而不得不改变原有设计。由于沉桩挤土问题的普遍性，受到岩土工程界的高度重视，在很多工程的设计和施工中都采取了相关措施，并取得了一定的效果。

减少打桩挤土的方法主要包括合理的打桩措施、减挤措施和加强挤土监测。

1. 打桩措施（measures of driving pile）

1) 确定合理的打桩顺序（determining the reasonable order of driving pile）

工程施工中，为了减少沉桩带来的挤土影响，在打桩前制定一个合理的打桩顺序是很有必要的，该法在工程中应用最为广泛，常用的打桩顺序有：靠近建筑物的桩先打，远离建筑物的后打；从中间往四周分散打桩；跳打；分区域打桩等。

2) 严格控制打桩节奏和速率（controlling the rate of driving pile strictly）

要控制每天沉桩数量，从减少影响的角度看，打桩速率越小越好，但是这涉及工期和经济效益问题，应综合考虑。一般前期速度可适当加快，到打桩后期，由于土体已接近不可压缩，打桩速率对土体的位移特别敏感，此时就应加强现场监督，严格控制打桩速率。这方面应结合打桩挤土监测来进行。如打桩挤土位移偏大则减少打桩根数并远离影响建筑物区域打桩。

2. 减挤措施（measures of reducing compaction）

1）重锤轻击（light hit with heavy hammer）

在锤击法沉桩时，可采用重锤轻击的方法，以减小桩的挤土影响。

2）取土植桩（digging soil before pile installation）

对浅部黏土挤土可以采用取土植桩的办法减挤。即在上部采用预先挖孔的办法将桩埋入土中，以减少上部的打桩挤土效应。

3）设置防挤沟（setting ditch preventing squeezing）

对于四周有很多老建筑物的情况，设计时应注明设置防挤沟，施工时应严格执行。设置防挤沟后，可以减少地基浅层土体的侧向位移和隆起现象，并减少对邻近建筑物和地下管线的影响。由于防挤沟主要用于浅埋基础和地下管线，故其深度不需要太深，且太深后易造成坍塌。工程中防挤沟的宽度一般为1~2m，深度在2~3m即可。

同样，设置防挤沟后，沉桩产生的挤土位移随着沟深的增加呈减少的趋势，但此影响仅限于沟底以上深度，沟底以下的挤土位移场与无沟时的差别很小。可见，为了保护邻近建筑物和地下管线，防挤沟的深度至少应超过它们的埋深。

4）设置隔挤孔（setting hole preventing squeezing）

当打桩场地与周围建筑物距离较近时，可采用设置隔挤孔的方法。为了防止孔壁坍塌，可在隔挤孔内放入钢筋笼或竹片，可按水平位移随深度变化图设计隔挤孔位置与深度，如图3-75所示。孔深要经过计算确定。

5）设置取土泄压孔（setting hole for digging soil）

可以在打桩区域内设置一些取土孔，使打桩孔压消散，挤土减少。

6）减少孔隙水压力（reducing pore water pressure）

减少孔隙水压力一般可设置砂井、碎石桩或塑料排水板。此法在地下有浅埋砂土层效果更为明显。

7）预钻孔沉桩（pre-drilling hole for pile-sinking）

预钻孔沉桩在实际中的应用效果很好，这是因为沉桩的挤土效应主要发生在浅层，由实测结果可知，随着入土深度的增加，土体水平位移快速减少，因此通过预钻孔，可以消除很大部分的挤土影响，且预钻孔施工简单，不会影响工程进度。

预钻孔沉桩时的主要参数是预钻孔的孔径和孔深，孔径和孔深的变化会直接影响该措施的效果。一般预钻孔径为桩径的1/2~2/3，预钻孔深也为桩长的1/2~2/3，且一般控制在10m以内。这些参数的选取应根据具体工程的情况进行调整。

8）桩屏蔽减振

对于打桩振动要求严格的建筑物减振时可以打一排桩或几排桩（一般为柔性桩）来隔阻打桩振动波。

3. 加强打桩监测（enforcing monitoring）

打桩挤土监测主要包括深层挤土位移、孔压、地下水位以及地面及房屋沉降等内容，并将监测结果及时反馈给设计等有关各方。提倡边打桩边监测，以监测结果指导打桩流程与打桩节奏。

3.7.5 工程实例

下面通过一工程实例来说明打桩挤土监测的内容、方法与结果的分析。

1. 工程概况

萧山发电厂天然气发电厂位于杭州市萧山区临浦镇的镇规划工业发展区内,二期建设装机容量 2×300MW 级燃气—蒸汽联合循环机组,电厂所需天然气来自我国东海油气田。本工程在萧山发电厂一期工程南侧预留场地上扩建,厂址场地基本不用考虑回填。

根据工程地质报告,厂址区地层主要有第四系滨海相沉积物。自上而下主要土层分层及各土层物理力学指标详见表 3-29,地下水位埋深 1.2m,地下水位随季节变化较大,雨季地下水位上升接近地表。

各土层主要物理力学性质指标一览表　　　　表 3-29

层号	地层名称	层厚 (m)	天然重度 γ kN/m³	压缩模量 E_{s1-2} MPa	极限侧阻力标准值 q_{sik} kPa	极限端阻力标准值 q_{pk} kPa	承载力标准值 f_k kPa
0	素填土	1.20~1.70	18.0				
1	粉质黏土	0.80~2.0	18.8	6.4	40	—	100
2	粉土	1.40~6.60	19.0	4.6	25	—	80
3	淤泥质粉质黏土	5.40~15.10	17.5	3.0	15		70
4	黏土	3.0~18.20	19.47	10.8	50	2500	180
4-1	粗砂	0.0~3.50	20.1	9.2	60	5000	
5	粉质黏土	1.0~7.6	18.3		30		120
6	粉质黏土	1.0~20.10	20.1	12.7	70	3500	210
7	粉质黏土混碎石	0.20~20.15	19.8	9.2	80	4000	
7-1	中细砂	0.0~8.20	19.5		70	6000	
8-1	强风化凝灰岩		23.0				
8-2	中等风化凝灰岩		24.2				

2. 挤土效应的监测内容和目的

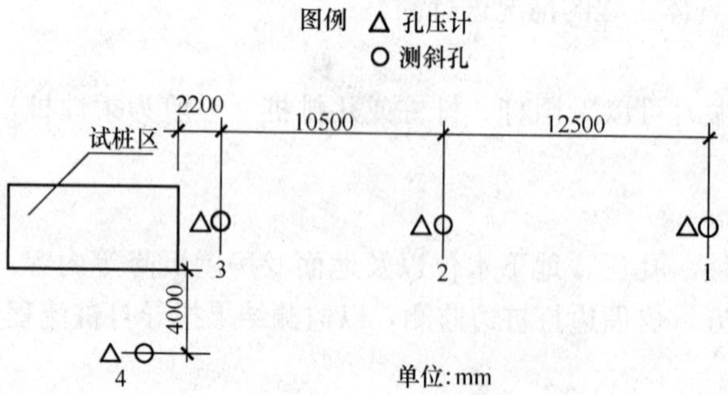

图例　△ 孔压计
　　　　○ 测斜孔

图 3-70　测斜孔,孔压计平面布置图

为了了解试桩区域内打桩产生的挤土情况、超静孔压上升和消散的变化过程以及打桩造成的地面隆起,从而指导打桩施工顺序和确定基坑开挖时间,对试桩区域进行原位监测,包括两个内容:超静孔隙水压力监测及深层土体水平位移监测,监测点见图 3-70,图 3-71 为试桩区桩位布置及打桩次序图,表 3-30 和表 3-31 分别为锚桩和试桩的打桩序号及打桩时间表。

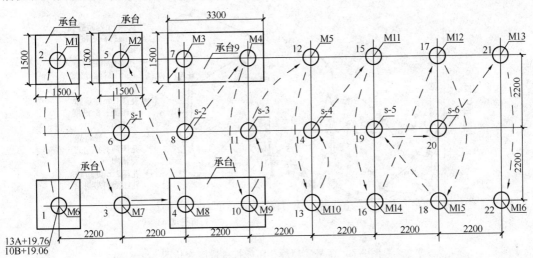

图 3-71 试桩区桩位布置及打桩次序图（单位：mm）

预应力混凝土管桩锚桩打桩序号及打桩时间表　　　　　　　　　　　　表 3-30

桩　号	M-1	M-2	M-3	M-4	M-5	M-6	M-7	M-8
打桩序号	2	5	7	9	12	1	3	4
施工日期	3.19	3.19	3.20	3.21	3.22	3.18	3.19	3.19
桩　号	M-9	M-10	M-11	M-12	M-13	M-14	M-15	M-16
打桩序号	10	13	15	17	21	16	18	22
施工日期	3.21	3.22	3.23	3.23	3.24	3.23	3.23	3.24

预应力混凝土管桩试桩打桩序号及打桩时间表　　　　　　　　　　　　表 3-31

桩　号	S1	S2	S3	S4	S5	S6
打桩序号	6	8	11	14	19	20
施工日期	3.20	3.21	3.22	3.22	3.23	3.23

主要监测内容：

1）孔隙水压力监测

监测依据：《孔隙水压力测试规程》。

仪器埋设要求：在试桩区外土层中共埋设孔隙水压计 4 组，埋设深度分别为 5m、10m、15m、20m、25m，总计埋设孔隙水压力计 20 只，以量测打桩引起的孔隙水压力变化情况。

2）深层土体水平位移监测

3. 监测结果及分析

1）超静孔压监测结果及分析

土体中超静孔隙水压力的产生和消散的过程属于土体的挤土与固结问题，随着打桩的进行，土体挤压引起孔隙水压力的变化，打桩过程中超静孔隙水压力的产生及消散对沉桩过程挤土影响具有重要意义，由于土质原因及测试持续时间较短，还看不出超静孔压消散的明显迹象，选取 1 号孔和 2 号孔分析，如图 3-72、图 3-73 所示。

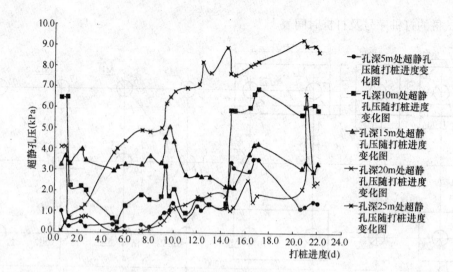

图 3-72 1号孔超静孔压随打桩进度变化图

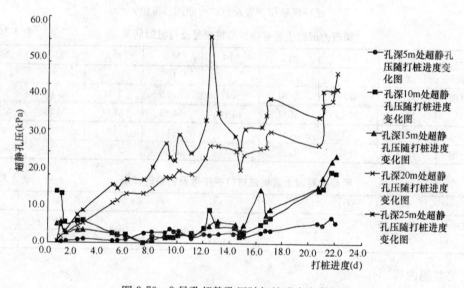

图 3-73 2号孔超静孔压随打桩进度变化图

1号孔在打桩间隙超静孔压有所消散，随打桩的进行呈波浪形上升趋势，地表以下25m处的孔压计量测结果最大，打桩完毕后最大超静孔压9.3kPa。

2号孔超静孔压随打桩的进行依然呈波浪形上升，越靠近孔底的位置，起伏幅度越大；距地表25m处孔压变化最大，第12根桩施工完毕后孔压达到最大值56kPa。

根据超静孔压变化图，可以总结出以下规律：

①离打桩区域越近，超静孔压变化越明显。离打桩区最远的1号孔，超静孔压最大值仅为9.3kPa，离打桩区越远，超静孔压的最大值越小。

②超静孔压的变化一般呈上升、再小幅下降、再上升的趋势。打桩工作都在白天进行，前后共持续了七天。夜间虽然没进行施工，但从孔压变化的趋势来看，白天施工以后，夜间的超静孔压没有大的消散，这与打桩区域的土层性质有关。桩长范围内的土体主要以淤泥质粉质黏土为主，超静孔压的消散相对比较缓慢。

③离打桩区域距离不同,超静孔压随深度的变化也有所不同。离打桩区域较远处,超静孔压最大值出现在距地表25m处,随着距离的减少,超静孔压的最大值位置相应往上移。

当孔隙水压力增长达到警戒值时,将会造成地基土有较大的位移或失稳。按《孔隙水压力测量规程》的有关规定,确定超孔隙水压力与有效覆盖压力之比达到60%为警戒值。埋设孔压计的各土层有效重度按$8.5kN/m^3$算,3号和4号孔超静孔压与有效覆盖压力的比值见表3-32和表3-33。

3号孔超静孔压最大值及其与有效覆盖压力的比值汇总表　　　　表3-32

埋设深度	5	10	15	20	25
超孔压最大值(kPa)	35.9	84.1	163.5	159.7	65.1
超孔压/有效覆盖压力	0.8	1.0	1.3	0.9	0.3

4号孔超静孔压最大值及其与有效覆盖压力的比值汇总表　　　　表3-33

埋设深度	5	10	15	20	25
超孔压最大值(kPa)	41.8	82.9	180	129.7	41.6
超孔压/有效覆盖压力	1.0	1.0	1.4	0.8	0.2

3号、4号孔在距地表20m处深度以上超静孔压与有效覆盖压力之比大于警戒值,其中,距地表15m以下处超静孔压与有效覆盖压力之比最大,因此应该适当减小打桩速率。1号、2号孔超孔压与有效覆盖压力的比值没有超过警戒值。

2)水平位移监测结果及分析

预制管桩的打入造成桩周土体的复杂运动。在地表处,土体一般会有向上的隆起,在桩体中部,由于上部土体的约束作用,土体将以侧向变形为主,桩尖以下土体以竖向的压缩变形为主。管桩的打入过程是一个三维的动态力学过程,与各层土的性质及受力状态都有联系,因而需要在周围埋设测斜管来利用现场试验指导工程。

由于测斜工作量比较大,为不影响试桩施工进度,每3～5根桩施工完毕后,进行一次测斜工作,期间停止打桩。选取一号孔和二号孔分析,其土体水平位移与打桩的进度关系如图3-74～图3-76所示。

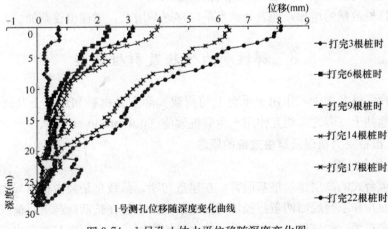

图3-74　1号孔土体水平位移随深度变化图

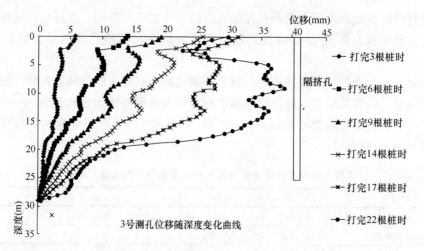

图 3-75　3 号孔土体水平位移随深度变化图

1 号测斜管最大位移发生在地表处,最大侧向位移为 8.1mm,施工完毕后,土体侧向位移由地表往下总体表现为逐渐减少的趋势。

3 号测斜管在第 14 根桩施工完毕时,侧向位移表现为由下至上逐步增大的趋势,最大侧向位移出现在地表处。随着施工的进行,5~15m 之间的土体水平位移迅速增大,第

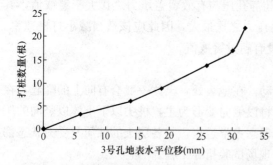

图 3-76　3 号孔地表水平位移随打桩数量变化图

22 根桩打完后,离地表 9.5m 处出现位移最大值 38mm,而离地表 15m 处位移值为 34mm。

从测斜结果可以总结出以下规律:

① 一般从桩底到桩顶侧向位移逐渐增大,但不是一种线性变化,局部有侧向鼓出;

② 侧向最大位移也不一定发生在地表,主要有两个原因,一是与土的性质有关,地表 5m 以下土质较软;二是在地表处转化为二向应力状态;

③ 随测点距打桩区距离的增加,侧向位移急剧减小;

④ 随着打桩数量的增加,地表处的水平位移逐渐增大,增速也逐渐加快。

3.8　群桩受力性状及群桩效应

在低承台群桩基础中,作用于承台上的荷载实际上是由桩和地基土共同承担的。群桩、承台、地基土三者之间相互作用产生群桩效应(pile group effect)。

3.8.1　群桩受力机理及群桩效应的概念

1. 群桩受力机理

对于低承台式的高层建筑桩基而言,在建造初期,荷载总是经由桩土界面(包括桩身侧面与桩底面)和承台底面两条路径传递给地基土的。但在长期荷载下,荷载传递的路径则与多种因素有关,如桩周土的压缩性、持力层的刚度、应力历史与荷载水平等,大体上

有两类基本模式：

1）桩、承台共同分担，即荷载经由桩体界面和承台底面两条路径传递给地基土，使桩产生足够的刺入变形，保持承台底面与土接触的摩擦桩基就属于这种模式。

研究表明，桩—土—承台共同作用有如下一些特点：

a. 承台如果向土传递压力，有使桩侧摩阻力增大的加强作用；

b. 承台的存在有使桩的上部侧阻发挥减少（桩土相对位移减小）的削弱作用；

c. 承台与桩有阻止桩间土向侧向挤出的遮拦作用；

d. 刚性承台迫使桩同步下沉，桩的受力如同刚性基础底面接触压力的分布，承台外边缘桩承受的压力远大于位于内部的桩；

e. 桩—土—承台共同作用还包含着时间因素（如固结、蠕变以及触变等效应）的问题。

2）桩群独立承担，即荷载仅由桩体界面传递给地基土。桩顶（承台）沉降小于承台下面土体沉降的摩擦端承桩和端承桩就属于这种模式。

2. 群桩地基的应力状态（stress states of ground in pile foundation）

群桩地基包括桩间土、桩群外承台下一定范围内土体以及桩端以下对桩基承载力和沉降有影响的土体三部分；群桩地基中的应力包含三部分：自重应力、附加应力和施工应力。

1）自重应力（selft-weight stress）

群桩承台外在地下水位以上的自重应力实质上等于 γh，地下水位以下的为 $\gamma' h$。

2）附加应力（additional stress）

附加应力来自承台底面的接触压力和桩侧摩阻力以及桩端阻力。在一般桩距（3~4d）下应力互相叠加，使群桩桩周土与桩底土中的应力都大大超过单桩，且影响深度和压缩层厚度均成倍增加，从而使群桩的承载力低于单桩承载力之和，群桩的沉降与单桩沉降相比，不仅数值增大，而且机理也不相同。

3）施工应力（construction stress）

施工应力是指挤土桩沉桩过程中对土体产生的挤压应力和超静孔隙水压力。在施工结束以后，挤压应力将随着土体的压密而逐步松弛消失，超静水压力也会随着固结排水逐渐消散，因此，施工应力是暂时的，但它对群桩的工作性状有一定影响：土体压密和孔压消散使有效应力增大，使土的强度随之增大，从而使桩的承载力提高，但桩间土固结下沉对桩会产生负摩阻力，并可能使承台底面脱空。杭州城西某小区由于池塘回填土打桩后长时间固结，承台底和地梁脱空达 40cm，实测的 $\phi 426mm$ 桩单桩负摩阻力下拉荷载达 100kN。

4）应力的影响范围（range of influence of stress）

群桩应力的影响深度和宽度大大超过单桩，桩群的平面尺寸越大，桩数越多，应力扩散角也越大，影响深度范围也越大，且应力随着深度而收敛得越慢，这是群桩沉降大大超过单桩的根本原因。

5）桩身摩阻力与桩端阻力的分配

由于应力的叠加，群桩桩端平面处的竖向应力比单桩明显增大，因此，群桩中每根桩的单位端阻力也较单桩有所增大。此外，桩间土体由于受到承台底面的压力而产生一定沉降，使桩侧摩阻力有所削弱，也使得群桩中的桩端阻力占桩顶总荷载的比例亦高于单桩。

桩越短，这种情况越显著。群桩荷载传递的这一特性，为采用实体深基础模式计算群桩的承载力和沉降提供了一定的理论依据。

3. 群桩效应及影响因素

由多根桩通过承台联成一体所构成的群桩基础，与单桩相比，在竖向荷载作用下，不仅桩直接承受荷载，而且在一定条件下桩间土也可能通过承台底面参与承载；同时各个桩之间通过桩间土产生相互影响；来自桩和承台的竖向力最终在桩端平面形成了应力的叠加，从而使桩端平面的应力水平大大超过单桩，应力扩散的范围也远大于单桩，这些方面影响的综合结果就是使群桩的工作性状与单桩有很大的差别。这种桩—土—承台共同作用的结果称为群桩效应。

群桩效应主要表现在以下几方面：群桩的侧阻力、群桩的端阻力、承台土反力、桩顶荷载分布、群桩沉降及其随荷载的变化、群桩的破坏模式等。

制约群桩效应的主要因素，一是群桩自身的几何特征，包括承台的设置方式（高或低承台）、桩距、桩长及桩长与承台宽度比、桩的排列形式、桩数；二是桩侧与桩端的土性、土层分布和成桩工艺（挤土或非挤土）等。

4. 群桩效应系数（effect coefficient of pile group）

群桩效应通过群桩效应系数 η 表现出来。群桩效应系数 η 定义为

$$\eta = \frac{群桩中基桩的平均极限承载力}{单桩极限承载力} = \frac{Q_{ug}}{Q_u} \tag{3-60}$$

群桩效应系数跟土质条件等许多因素有关。

1) **摩擦型桩的群桩效应系数**

由摩擦桩组成的群桩，在竖向荷载作用下，其桩顶荷载的大部分通过桩侧阻力传递到桩侧和桩端土层中，其余部分由桩端承受。由于桩端的贯入变形和桩身的弹性压缩，对于低承台群桩，承台底也产生一定土反力，分担一部分荷载，因而使得承台底面土、桩间土、桩端土都参与工作，形成承台、桩、土相互影响共同作用，群桩的工作性状趋于复杂。桩群中任一根基桩的工作性状明显不同于独立单桩，群桩承载力将不等于各单桩承载力之和，其群桩效应系数 η 可能小于 1 也可能大于 1，群桩沉降也明显地超过单桩。这些现象就是承台、桩、土相互作用的群桩效应所致。

根据离心试验，对于处于软土地基中的低承台群桩基础（在承台面积相同时），当桩间距从 $2d$ 增加到 $5d$ 时，相应的群桩效应系数 η 从 0.88 增加到 1.03。

2) **端承型桩的群桩效应系数**

端承桩为持力层很硬的短桩。由端承桩组成的群桩基础，通过承台分配于各桩桩顶的竖向荷载，大部分由桩身直接传递到桩端。由于桩侧阻力分担的荷载份额较小，因此桩侧剪应力的相互影响和传递到桩端平面的应力重叠效应较小。加之，桩端持力层比较刚硬，桩的单独贯入变形较小，承台底土反力较小，承台底地基土分担荷载的作用可忽略不计。因此，端承型群桩中基桩的性状与独立单桩相近，群桩相当于单桩的简单集合，桩与桩的相互作用、承台与土的相互作用，都小到可忽略不计。端承型群桩的承载力可近似取为各单桩承载力之和，即群桩效应系数 η 可近似取为 1。

$$\eta = \frac{P_u}{nQ_u} \approx 1 \tag{3-61}$$

式中 P_u，Q_u——分别为群桩和单桩的极限承载力；
n——群桩中的桩数。

由于端承型群桩的桩端持力层刚度大，因此其沉降也不致因桩端应力的重叠效应而显著增大，一般无需计算沉降。

当桩端硬持力层下存在软下卧层时，则需附加验算以下内容：单桩对软下卧层的冲剪；群桩对软下卧层的整体冲剪；群桩的沉降。

5. 群桩效应沉降比（settlement ratio of pile group）

在常用桩距条件下，由于相邻桩应力的重叠导致桩端平面以下应力水平提高和压缩层加深，因而使群桩的沉降量和延续时间往往大于单桩。桩基沉降的群桩效应，可用每根桩承担相同桩顶荷载条件下，群桩沉降量 s_G 与单桩沉降量 s_1 之比，即沉降比 R_s 来度量：

$$R_s = \frac{s_G}{s_1} \tag{3-62}$$

群桩效应系数越小，沉降比越大，则表明群桩效应越明显，群桩的极限承载力越低，群桩沉降越大。

群桩沉降比随下列因素而变化：

1）桩数影响：群桩中的桩数是影响沉降比的主要因素。在常用桩距和非条形排列条件下，沉降比随桩数增加而增大。

2）桩距影响：当桩距大于常用桩距时，沉降比随桩距增大而减小。

3）长径比影响：沉降比随桩的长径比 L/d 增大而增大。

3.8.2 四桩承台中不同桩距群桩效应的离心实验

群桩在受竖向荷载时的群桩效应以及承载特性，可采用离心模型试验进行研究，笔者课题研究组对桩距分别为 $2d$、$3d$、$4d$ 和 $5d$ 的 4 组 4 桩低承台群桩进行了试验研究。离心试验模型桩桩位布置见图 3-77。

模型地基土层的主要性质见表 3-34，单桩与群桩离心试验桩参数见表 3-35。

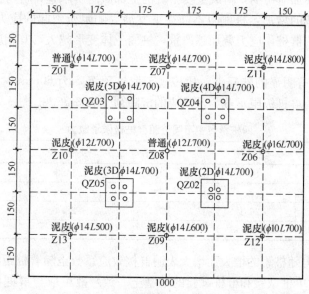

图 3-77 离心试验模型桩桩位布置图（单位：mm）

离心实验模型地基土层的主要性质　　　　　　　表 3-34

土 名	厚度（cm）	含水量 w（%）	密度 ρ（g/cm³）	压缩系数（MPa⁻¹）
淤泥质黏土	65	36.5	1.64	1.81
粉 砂	25	18.5	2.05	

四桩承台中单桩与群桩离心试验桩参数　　　　　表 3-35

单桩			群桩			
编号	桩径（mm）	桩长（mm）	编号	桩径（mm）	桩长（mm）	桩距（nd）
Z08	12	700	QZ02	14	700	2
Z06	16	700				
Z10	12	700	QZ05	14	700	3
Z12	10	700				
Z01	14	700				
Z11	14	800	QZ04	14	700	4
Z07	14	700				
Z09	14	600	QZ03	14	700	5
Z13	14	500				

通过离心模型试验结果分析，得到了以下一些结论。

1. 群桩效应系数

由离心模型试验结果分析群桩的效应系数有以下几个特点：

1) 不同桩距低承台群桩的荷载－沉降曲线线型相近，且无明显破坏特征点，Q-s 表现为渐进破坏模式，如图 3-78。这主要是由于随着沉降的增加，承台底分担的荷载比例越来越大，加之承台－桩群－土的相互作用导致侧阻、端阻的发挥滞后所致。

2) 群桩极限承载力随桩距的增大而增大，不过加载前期承载力增大效果并不明显，这主要是因为桩基在加荷初期，荷载主要由桩的上部侧阻所承担，桩与桩之间的侧阻相互影响很小；随着荷载的增加，桩侧阻不断往下发展，侧阻所引起的应力叠加会越来越明显，其中桩距越小的群桩，应力叠加越严重，桩周土体变形越大，其相应的极限承载力也就越小。

3) 由于群桩没有明显的陡降点，故按规范取桩顶沉降为 60mm 时荷载为极限荷载，根据上述方法确定的群桩极限承载力及对应的沉降列于表 3-36。

四桩承台中不同桩距群桩极限承载力　　　　　表 3-36

群桩桩距	2倍桩径	3倍桩径	4倍桩径	5倍桩径
桩径（mm）	1400	1400	1400	1400
桩长（m）	70	70	70	70
极限承载力（MN）	26.1	27.7	28.6	30.8
沉降（mm）	60	60	60	60

群桩极限承载力随桩距的增大而增大表明群桩效应系数也随着桩距的增加而增大。

4) 由于试验时单桩试验和群桩试验的地基土一致，故可取与群桩相同桩径、桩长的有泥皮单桩与之相比较，则各桩基的群桩效应如表 3-37 所示。

四桩承台中不同桩距群桩效应系数表　　　　　　　表 3-37

群桩类型	桩间距 2d	桩间距 3d	桩间距 4d	桩间距 5d
群桩极限承载力（MN）	26.1	27.7	28.6	30.8
单桩极限承载力（MN）	7.446	7.446	7.446	7.446
群桩效应系数 η	0.88	0.93	0.96	1.03

由上表可知，对于处于软土地基中的低承台钻孔群桩，桩间距为 2d 时的群桩效应系数 η 为 0.88，桩间距为 3d 时的群桩效应系数 η 为 0.93，桩间距为 4d 时的群桩效应系数 η 为 0.96，桩间距为 5d 时的群桩效应系数 η 为 1.03。

试验表明，摩擦型桩群桩效应系数为 0.88~1.03，与刘金砺（1991）试验结果基本一致。同时随着桩间距的增大，群桩效应系数不断增大，因此在实际设计过程中，适当地增大桩间距能使群桩的承载力得以充分的发挥。

2. 群桩效应中桩端阻的变化

由离心模型试验结果分析群桩效应中端阻的变化有以下几个特点：

1）群桩桩身轴力随深度的增加而递减，即使在低荷载水平作用下，其轴力也是自上而下递减的，这说明桩侧摩阻力是自上而下发挥的。

2）极限荷载下不同桩距的群桩桩身轴力变化相似：都是上部轴力变化小，中下部变化较大，如图 3-79 所示。同时随桩距的增大，桩身承担的荷载也越大，即随着桩距的增加，单桩承受更大的上部荷载。分析上述群桩的桩端承载力，其大致占极限承载力的 70% 左右，这比单桩的桩端承载力所占比例要高。这表明，群桩效应的影响，使得桩侧阻承载力下降，端阻承载力提高。

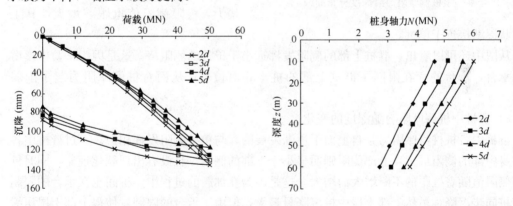

图 3-78　不同桩距群桩荷载和沉降关系曲线　　图 3-79　极限荷载下不同桩距桩身轴力沿深度的变化

3）群桩的端阻力不仅与桩端持力层强度与变形性质有关，而且因承台、邻桩的相互作用而变化。端阻力主要受以下因素的影响。

（1）桩距影响

一般情况下，端阻力随桩距减小而增大，这是由于邻桩的桩侧剪应力在桩端平面上重叠，导致桩端平面的主应力差减小，以及桩端土的侧向变形受到邻桩逆向变形的制约而减小所致。

持力土层性质和成桩工艺的不同，桩距对端阻力的影响程度也不同。在相同成桩工艺条件下，群桩端阻力受桩距的影响，黏性土较非黏性土大、密实土较非密实土大。就成桩工艺而言，非饱和土与非黏性土中的挤土桩，其群桩端阻力因挤土效应而提高，提高幅度随桩距增大而减小。

(2) 承台影响

对于低承台，当桩长与承台宽度比 $L/B_c \leqslant 2$ 时，承台土反力传递到桩端平面使主应力差 $(\sigma_1-\sigma_3)$ 减小，承台还具有限制桩土相对位移、减小桩端贯入变形的作用，从而导致桩端阻力提高。这一点从高低承台群桩的对比试验中表现得很明显。承台底地基土愈软，承台效应愈小。

3. 群桩效应中桩侧阻力的变化

由离心模型试验结果分析群桩效应中桩侧阻力的变化有以下几个特点。

1) 极限荷载水平下单桩与群桩侧摩阻力

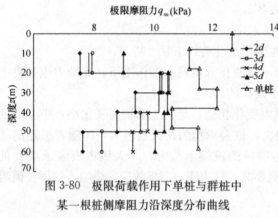

图 3-80 极限荷载作用下单桩与群桩中某一根桩侧摩阻力沿深度分布曲线

图 3-80 为在极限荷载水平下单桩与群桩桩侧摩阻力沿桩身分布的曲线图，从图中可以看出，群桩中任一根桩的侧阻发挥性状都不同于单桩，其侧阻发挥值小于单桩，即侧阻也具有群桩效应。其原因是桩间土竖向位移受相邻桩影响而增大，使得相同上部沉降下群桩中桩土相对位移要小于单桩，从而使侧阻发挥小于单桩。不过随着桩距的增加，群桩效应系数逐渐增大，极限侧阻值也跟着增大，其工作性状逐渐接近于单桩。

从图中还可以看出，群桩上部的侧阻发挥远小于单桩的侧阻值。这是因为试验中模型为低承台，承台的存在限制了群桩上部的桩土相对位移，从而对桩侧摩阻力起了削弱作用。

2) 群桩中桩侧摩阻力随深度的变化

群桩中各桩桩身摩阻力是自上而下逐渐发展的，与单桩侧阻发挥相似。不过群桩中各桩桩身中部的侧阻最大，上部侧阻则明显小于下部的侧阻，且没有出现软化现象，同时桩下部侧阻值随着桩距的不断增大而增大。这是因为在加载的过程中，桩间土在承台的限制下随桩同步沉降，虽然上部土层中桩沉降量最大，但由于承台的限制，使得上部土层压缩量也很大，桩土相对位移发展缓慢，侧阻很难发挥；而桩身下部由于埋深较深，当桩顶荷载水平不高时，桩端沉降量较小，桩土相对位移小于桩身中部，相对应的侧阻也比中部小得多。不过随着桩距的不断增加，侧阻的相互影响减弱，使得桩下部的侧阻随荷载的增加比中上部发挥更加迅速，如图 3-81 所示。

3) 群桩中桩侧摩阻力随承台荷载的变化

在承台荷载水平超过群桩极限荷载的情况下，桩侧摩阻力仍然有持续的发展。分析原因，一方面是由于桩的挤入使地基土有所挤密，桩间土应力水平提高，桩侧摩阻增加；另一方面由于承台的影响，使承台底的土在沉降过程中，有比较大的压缩，因而桩身表面的土压力也持续发展，使摩阻力增加；此外，由于承台的作用，限制了桩土相对位移的发

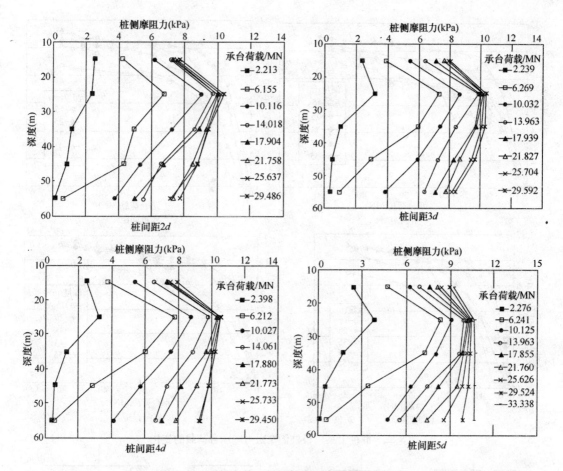

图 3-81 群桩中某一根桩侧摩阻力随深度的变化

展,有可能在沉降已经很大的情况下,桩土相对位移还没有达到使桩身摩阻完全发挥的地步。在这方面,桩上部侧阻受影响最大,其侧阻极限值为桩身中部极限值的 75% 左右,且随荷载的增加而不断增加,并没有出现如单桩的软化现象。比较各桩距的群桩侧阻极限值还可以看出,大桩距群桩高于小桩距群桩,即群桩平均侧阻的最大发挥值随桩距增大而提高,如图 3-82 所示。

4) 影响群桩侧阻力的因素

桩侧阻力只有在桩土间产生一定相对位移的条件下才能发挥出来,其发挥值与土性、应力状态有关。桩侧阻力主要随下列因素影响而变化。

(1) 桩距影响

桩间土竖向位移受相邻桩影响而增大,桩土相对位移随之减小,如图 3-83 (a) 所示。这使得在相等沉降条件下,群桩侧阻力发挥值小于单桩。在桩距很小条件下,即使发生很大沉降,群桩中各基桩的侧阻力也不能得到充分发挥,如图 3-83 (a) 所示。

由于桩周土的应力、变形状态受邻桩影响而变化,因此桩距的大小不仅制约桩土相对位移,影响侧阻发挥所需群桩沉降量,而且影响侧阻的破坏性状与破坏值。

(2) 承台影响

贴地的低承台限制了桩群上部的桩土相对位移,从而使基桩上段的侧阻力发挥值降

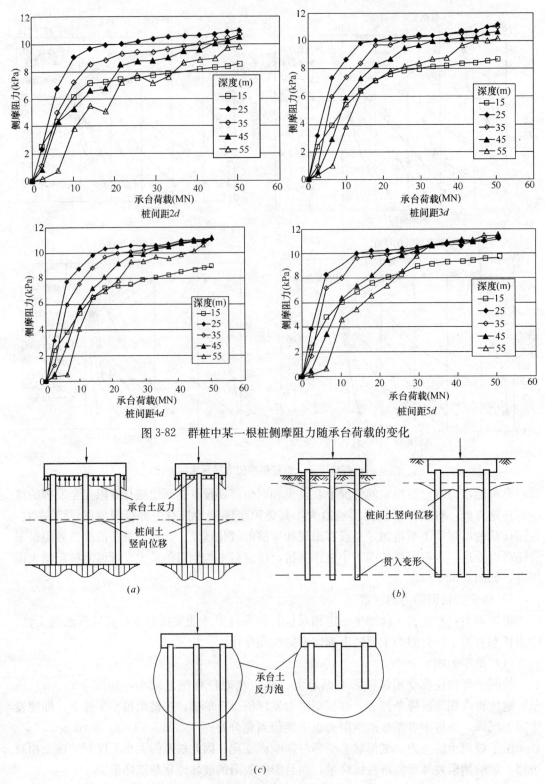

图 3-82 群桩中某一根桩侧摩阻力随承台荷载的变化

图 3-83 群桩效应示意图
(a) 大小桩距；(b) 高低承台；(c) 长短桩

低，即对侧阻力起"削弱效应"，如图 3-83（b）所示。侧阻力的承台效应随承台底土体压缩性提高而降低。

承台对桩群上部—桩土相对位移的制约，还影响桩身荷载的传递性状，侧阻力的发挥不像单桩那样开始于桩顶，而是开始于桩身下部（对于短桩）或桩身中部（对于中、长桩）。

(3) 桩长与承台宽度比的影响

当桩长较小时，桩侧阻力受承台的削弱效应而降幅较大；当承台底地基土质较好，桩长与承台宽度比 $L/B_c<1\sim1.2$ 时，承台土反力形成的压力泡包围了整个桩群，桩间土和桩端平面以下土因受竖向压应力而产生位移，导致桩侧剪应力松弛而使侧阻力降低，见图 3-83（c）。当承台底地基土压缩性较高时，侧阻随桩长与承台宽度比的变化将显著减小。

3.8.3 群桩效应中桩土承台的共同作用

群桩基础受竖向荷载后，承台、桩群、土形成一个相互作用、共同工作的体系，其变形和承载力，均受相互作用的影响和制约。

1. 承台底土阻力发挥的条件

在端承桩的条件下，由于桩和桩端土层的刚度远大于桩间土的刚度，不可能发挥承台底土的承载作用；对于摩擦桩，一般情况下可以考虑承台底土的作用，但如桩间土是软土、回填土、湿陷性黄土、液化土等，则桩间土可能固结下沉而使承台与土之间脱开，就不能传递荷载。此外，由于降低地下水位、动力荷载作用、挤土桩施工引起土面的抬高等因素也都会使桩基施工以后桩间土压缩固结，承台底面和土体脱开，不能传递荷载，因而在设计时不能考虑承台底的土阻力。

承台底土阻力的发挥值与桩距、桩长、承台宽度、桩的排列、承台内外区面积比等因素有关。承台底土阻力群桩效应系数可按下式计算：

$$\eta_c = \eta_c^i \frac{A_c^i}{A_c} + \eta_c^e \frac{A_c^e}{A_c} \tag{3-63}$$

式中 A_c^i、A_c^e——承台内区（外围桩边包络区的面积）、外区的净面积，则承台底总面积为 $A_c = A_c^i + A_c^e$；

η_c^i、η_c^e——承台内、外区土阻力群桩效应系数，按表 3-38 选用。

承台内、外区土阻力群桩效应系数　　　　表 3-38

B_c/l	η_c^i				η_c^e			
S_a/d	3	4	5	6	3	4	5	6
≤0.20	0.11	0.14	0.18	0.21	0.63	0.75	0.88	1.00
0.40	0.15	0.20	0.25	0.30				
0.60	0.19	0.25	0.31	0.37				
0.80	0.21	0.29	0.36	0.43				
≥1.00	0.24	0.32	0.40	0.48				

2. 承台土反力与桩、土变形的关系

桩顶受竖向荷载而向下位移时，桩土间的摩阻力带动桩周土产生竖向剪切位移。现采用Randolph等（1978）建议的均匀土层中剪切变形传递模型来描述桩周土的竖向位移，由式（3-64），离桩中心任一点 r 处的竖向位移为

$$W_r = \frac{q_{sd}}{2G}\int_r^{nd}\frac{dr}{r} = \frac{1+\mu_s}{E_0}q_s d\ln\frac{nd}{r} \tag{3-64}$$

由式（3-64）可看出，桩周土的位移随土的泊松比 μ_s、桩侧阻力 q_s、桩径 d、土的变形范围参数 n（随土的抗拉强度，荷载水平提高而增大，$n=8\sim15$）增大而增大，随土的弹性模量 E_0、位移点与桩中心距离 r 增大而减小。对于群桩，桩间土的竖向位移除随上述因素而变化外，还因邻桩影响增加而增大，桩距愈小，相邻影响愈大。承台土反力的发生是由于桩顶平面桩间土的竖向位移小于桩顶位移产生接触压缩变形所致。因此承台土反力与桩、土变形密切相关，并随下列因素而变化：

1）承台底土的压缩性愈低、强度愈高，承台土反力愈大；

2）桩距愈大，承台土反力愈大，承台外缘（外区）土反力大于桩群内部（内区）；

3）承台土反力随着荷载水平提高，桩端贯入变形增大，桩、土界面出现滑移而提高；

4）桩愈短，桩长与承台宽度比愈小，桩侧阻力发挥值愈低，承台土反力相应提高。

图3-84为粉土中群桩承台内、外区平均正反力随桩基沉降的变化（刘金砺等，1987）。从中看出，承台外区土反力与沉降关系 $\sigma_c^{ex}-s$ 同平板试验的 $P-s$ 曲线接近，说明承台外区受桩的影响较小；承台内区土反力与沉降关

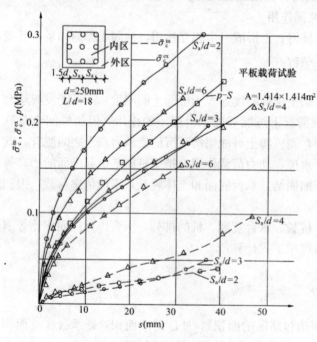

图3-84 承台内、外区土反力—沉降

系 $\sigma_c^{in}-s$ 与外区 $\sigma_c^{ex}-s$，明显不同，前者在桩侧阻力达极限值以前呈拟线性关系，侧阻达极限后，出现反弯。对于大桩距 $S_a=6d$，其承台内、外区土反力—沉降曲线差异不大。

上述试验结果反映了桩、土变形对承台土反力的影响。

3. 承台土反力的分布特征

1）非饱和粉土中群桩的承台土反力

图3-85为非饱和粉土中柱下独立桩基不同桩距承台土反力分布图。从中看出：

a. 承台土反力分布的总体图式特征是承台外缘大，桩群内部小，呈马鞍形或抛物线形。

b. 土反力分布图式不随荷载增加而明显变化，桩群内部（内区）土反力总的来说比较均匀。

c. 承台内区土反力随桩距增大而增大，外区土反力受桩距影响相对较小；承台内、

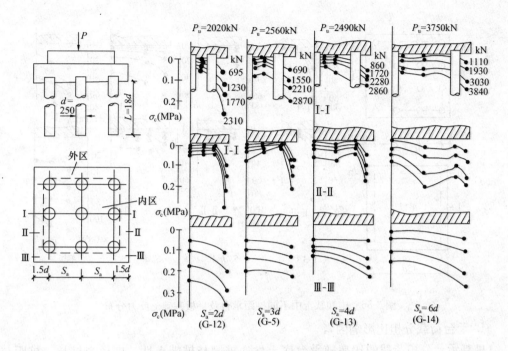

图 3-85 粉土中不同桩距承台土反力分布

外区土反力的差异随桩距增大而增大。由表 3-39 看出，当桩距由 2d 增至 6d 时，外、内区平均土反力比 $\bar{\sigma}_c^{ex}/\bar{\sigma}_c^{in}$，在 1/2 极限荷载下由 9.8 降至 1.7；在极限荷载下由 8.1 降至 1.5。承台外、内区分担荷载比 p_c^{ex}/p_c^{in} 随桩距增大而明显减小，在 1/2 极限荷载下由 13.5 降至 0.60。这是由于 $\bar{\sigma}_c^{ex}/\bar{\sigma}_c^{in}$、$A_c^{ex}/A_c^{in}$ 均随桩距增大而减小所致（A_c^{ex}、A_c^{in} 分别为承台外、内区有效面积）。

不同桩距群桩（$L=18d$，$n=3\times3$）承台外、内区土反力　　　　表 3-39

桩距 S_a	2d		3d		4d		6d	
荷载 p (kN)	$p_u/2$	p_u	$p_u/2$	p_u	$p_u/2$	p_u	$p_u/2$	p_u
	1010	2020	1280	2560	1245	2490	1875	3750
外区 $\bar{\sigma}_c^{ex}$ (MPa)	0.148	0.298	0.082	0.173	0.088	0.182	0.111	0.225
内区 $\bar{\sigma}_c^{in}$ (MPa)	0.015	0.037	0.011	0.037	0.019	0.055	0.064	0.147
$\bar{\sigma}_c^{ex}/\bar{\sigma}_c^{in}$	9.8	8.1	7.5	4.7	4.6	3.3	1.7	1.5
A_c^{ex}/A_c^{in}	1.34		0.76		0.54		0.35	
p_c^{ex}/p_c^{in}	13.5	11.2	5.93	3.71	2.03	1.78	0.60	0.53

2）饱和软土中群桩的承台土反力

图 3-86 为饱和软土中柱下独立桩基不同桩距的承台及平板基础土反力分布图。从中看出，承台土反力分布图形与粉土中群桩是相似的，但对于常规桩距（3~4d），其内、外区土反力差异更大。平板基础的土反力分布图形明显不同于带桩的承台，其内、外差异较小。这说明桩群对于承台土反力的影响是显著的。

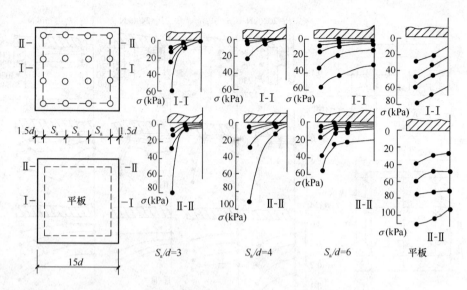

图 3-86　饱和软土中不同桩距承台及平板基础土反力分布

4. 承台荷载分担比影响因素

桩基承台分担荷载的比率随承台底土性、桩侧与桩端土性、桩径与桩长、桩距与排列、承台内、外区的面积比、施工工艺等诸多因素而变化。根据现有试验与工程实测资料，承台分担荷载比率可由零变至 60%～70%。

图 3-87 为非饱和粉土中的钻孔群桩的几何参数对承台分担荷载比的影响以及承台分担荷载 P_c/P 随荷载水平 P/P_u 的变化关系（其中 P_c 为承台底分担荷载量；P 为外加荷载；P_u 为群桩极限荷载）。从中可看出：

1）桩径过小（$d \leqslant 125mm$）时，P_c/P 异常增大（图 3-87a），这说明粉土中模型比例过小的群桩可能使模拟失真；

2）P_c/P 随桩长减小而增大（图 3-87b），当桩长小于承台宽度（$L/B_c<1$），P_c/P 异常增大，其极限荷载下的分担比 P_c/P_u 达 42%；

3）P_c/P 随桩距增大而增大（图 3-87c），当桩距增至 $6d$ 时，P_c/P_u 显著增大（达 65%）；

4）条形排列群桩比方形排列的承台分担荷载比大（图 3-87d，e），这主要是由于前者的承台外、内区面积之比较后者大，此外，对于相同排列，P_c/P 随桩数增加而减小，当桩数增加到一定数量时这种现象趋于不明显，这也是由于外、内区面积比的变幅趋于减小所致；

5）P_c/P 随荷载水平的提高有以下变化特征：当荷载水平较低（$P/P_u=20\%$～30%），P_c/P 随荷载增加而增长较快。一般情况下，当 $P/P_u=50\%$～60%，P_c/P 随荷载增长率减小。当荷载超过极限值（$P/P_u>100\%$），桩端贯入变形加大，P_c/P 再度增长。

当承台底面以下不存在湿陷性土、可液化土、高灵敏度软土、新填土、欠固结土，并且不承受经常出现的动力荷载和循环荷载时，可考虑承台分担荷载的作用。承台分担荷载极限值可按下式计算：

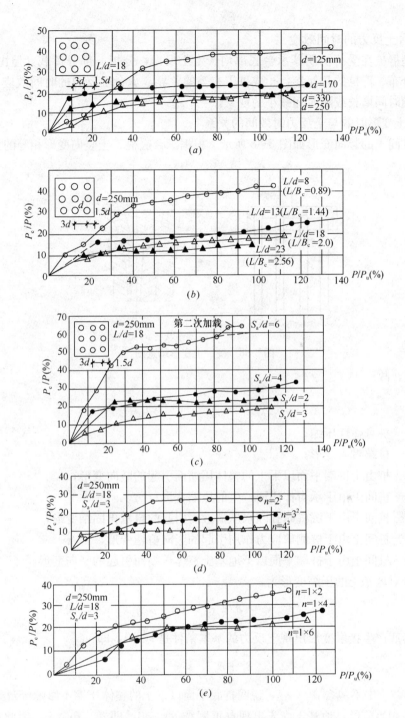

图 3-87 承台荷载分担比随荷载水平（P/P_u）的变化

(a) 不同桩径；(b) 不同桩长；(c) 不同桩距；(d) 方形排列；(e) 条形排列

$$P_{cu} = \eta_c f_{ck} A_c \qquad (3-65)$$

式中 η_c——承台土反力群桩效应系数，可按式（3-63）确定；

f_{ck}——承台底地基土极限承载力标准值；

A_c——承台有效底面积。

5. 承台土反力的时间效应

摩擦型群桩在受荷初期其承台底部均产生土反力,分担一部分荷载。但由于土的性质、土层分布、群桩的几何参数、成桩工艺等的差异,承台土反力的时间效应也将不同,可能出现随时间增长或随时间减小的现象。

1) 桩土变形时效与土反力时效间的关系

桩与桩间土的竖向变形如图 3-88 所示。根据承台底桩、土竖向变形相等的条件,有

$$\delta_e + \delta_p + \delta_g = s_c + s_r + s_g + s_f \tag{3-66}$$

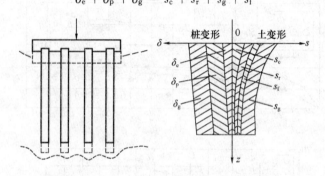

图 3-88 桩、土变形示意图

由于 $\delta_g = s_g$,故

$$\delta_e + \delta_p = s_c + s_r + s_f \tag{3-67}$$

式中 δ_e——桩身弹性压缩;

δ_p——桩端贯入变形;

δ_g——桩由于桩端平面以下土的整体压缩而引起的竖向变形;

s_c——桩间土由于承台作用而产生的压缩变形;

s_r——桩间土由于沉桩超孔隙水压消散而引起的自重再固结变形;

s_f——桩间土由于桩侧剪应力作用引起的竖向剪切变形;

s_g——桩间土由于桩端平面以下地基土整体压缩而引起的竖向变形。

由此得承台对地基土的压缩变形为:

$$s_c = \delta_e + \delta_p - (s_r + s_f) \tag{3-68}$$

显然,承台底产生接触变形出现土反力的基本条件是 $s_c > 0$,即

$$\delta_e + \delta_p > s_r + s_f \tag{3-69}$$

由于式(3-69)中不包含 δ_g(s_g),说明桩底平面以下土的整体压缩不影响承台土反力。

加载的初始阶段,地基土尚未出现自重固结,$s_r \approx 0$,即 $\delta_e + \delta_p > s_f$。因此加载初期,摩擦型群桩的承台底都会产生土反力,分担数值不等的荷载。

承台底桩间土由于受桩的约束,侧向变形和相邻影响较小,因而可假定其符合温克尔模型,承台土反力 σ_c 可表示为:

$$\sigma_c = K_z s_c = K_z [\delta_e + \delta_p - (s_r + s_f)] \tag{3-70}$$

式中 K_z——地基土竖向反力系数(基床系数)。

式（3-70）中桩的弹性压缩 δ_e 可视为不随时间而变，$\dfrac{d\delta_e}{dt}=0$，因此，加载后一定时间内承台土反力的时效可用下列方程描述：

$$\frac{d\sigma_c}{dt}=K_z\left[\frac{d\delta_p}{dt}-\left(\frac{ds_r}{dt}+\frac{ds_f}{dt}\right)\right] \tag{3-71}$$

由式（3-71）可知，当 $\dot\delta_p=\dot s_r+\dot s_f$，$\dot\sigma_c=0$，承台土反力保持恒定；当 $\dot\delta_p>\dot s_r+\dot s_f$，$\dot\sigma_c>0$，即当桩端贯入变形增长率大于桩间土竖向变形增长率，承台土反力将随时间而增长；当 $\dot\delta_p<\dot s_r+\dot s_f$，$\dot\sigma_c<0$，即当桩间土竖向变形随时间的增长率大于桩端贯入变形增长率，承台土反力将随时间而减小。

由上述分析可知，影响承台土反力时效的因素中，桩端贯入变形是主导因素。当桩端持力层不太硬，基桩荷载水平较高时，桩、土间出现剪切滑移，桩端贯入变形 δ_p 较大，导致 σ_c 初值也较大。若因桩间土固结变形而引起 σ_c 减小，其荷载转移到基桩，δ_p 再度增大，从而使 σ_c 增大，如此循环直至桩基沉降稳定。

2）非饱和粉土中钻孔群桩承台土反力的时间效应

图 3-89 为非饱和粉土中钻孔群桩长期荷载试验的沉降、承台总土抗力随时间的变化关系。从中看出，承台土反力随时间而有所增长，104 天内增长 15%，相应地桩侧阻力略有降低，端阻略有增加。承台土反力、侧阻、端阻随时间的变化同沉降随时间的变化大体成对应关系。这表明，非饱和土中的群桩，桩端贯入变形随时间的增量大于桩间土竖向变形随时间的增量，从而能维持承台土反力不致随时间减小，相反，有所增大。

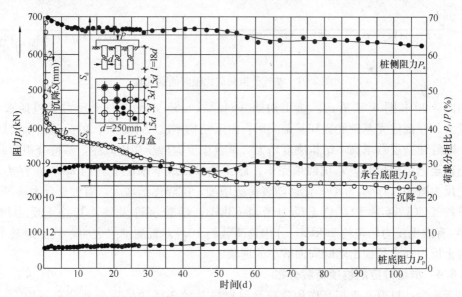

图 3-89 非饱和粉土中钻孔群桩承台土反力、沉降—时间关系

由此可见，非饱和土中的摩擦型群桩，其承台土反力随时间有所增长，其分担荷载的作用是可靠的。

3）饱和黏性土中承台土反力的时间效应

图 3-90 为上海饱和软土地基上一栋 12 层（另加一层地下室）建筑物桩箱基础的实测

承台土反力、桩反力、桩基沉降随时间的变化曲线（贾宗元、魏汝楠，1990）。图 3-91 为同一建筑基桩分担荷载比随时间的变化。该建筑的箱式承台平面尺寸为 25.2m×12.9m，传递到承台底的压力为 228kPa（其中活载 43kPa）；基桩为 82 根 450mm×450mm×2550mm 钢筋混凝土预制桩，沿箱基墙下单排布置。地基条件自承台底依次为淤泥质粉质黏土、淤泥质黏土、灰色黏土、灰色粉质黏土，桩端持力层为暗绿色粉质黏土。

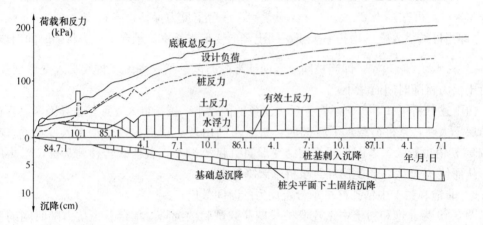

图 3-90　饱和软土地基承台土反力、桩反力、沉降随时间的变化

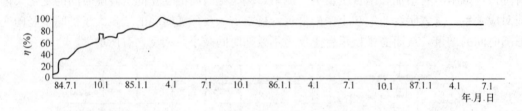

图 3-91　基桩分担荷载比随时间的变化

由图 3-90 和图 3-91 看出，施工初期（84.7.1～85.3.8），总土反力（包括水浮力）变化较大。在浇注完基础底板和基础梁后，由于结构刚度较小，70％的荷载由承台底基土分担；随着建造层数增高，结构刚度增大，承台土反力增长相应减缓，基桩分担荷载比增大。当建至七层顶板时，基坑回填完毕，停止抽水，地下水位上升约 2m，水浮力增大，有效土反力减小（1985.3.8）。此后随着荷载增加，沉降逐渐增大，有效土反力逐渐增大，至建筑竣工（1986.7.1），总土反力增至 53kPa；随着沉降发展，其总土反力增至约 60kPa，有效土反力增至约 20kPa，分担总荷载约 10％。观测结果表明，软土地基上的群桩承台土反力并未呈现出随时间而减小的现象。

3.8.4　群桩效应的桩顶荷载分布

由于承台、桩群、土相互作用效应导致群桩基础各桩的桩顶荷载分布不均。一般说来，角桩的荷载最大，边桩次之，中心桩最小。如图 3-92 为某工程钢管桩的静载荷试桩成果，桩长 75m，桩径 ϕ750mm，管桩壁厚 14mm。

荷载分布的不均匀度随承台刚度的增大、桩距的减小、可压缩性土层厚度的增大、土的抗拉强度（黏聚力）提高而增大。桩顶荷载的分布在一定程度上还受成桩工艺的影响，对于挤土桩，由于沉桩过程中土的均匀性受到破坏，已沉入桩被后沉桩挤动和抬起，因而沉桩顺序对桩顶荷载分布有一定影响。如由外向里沉桩，其荷载分布的不均匀度可适当减小，但沉桩挤土效应显著，沉桩难度更大。

图 3-93 为粉土中桩径 $d=250\text{mm}$、桩长 $L=18d$、桩数 $n=3\times3$、桩距 $S_a/d=3$ 和 6 的柱下独立钻孔群桩基础实测各桩桩顶荷载比 $Q_i/\overline{Q}$ ($\overline{Q}=(P-P_c)/9$，P 为总荷载，P_c 为承台分担的荷载) 随桩顶平均荷载 $\overline{Q}$ 的变化情况，并给出了采用 Poulos 和 Davis (1980) 基于线弹性理论导出的解的计算结果 (刘金砺, 1984)。从中看出：

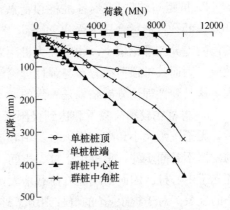

图 3-92 单桩和群桩的 P-s 曲线

1. 桩距 $3d$ 时，无论高、低承台，实测各桩荷载相差不大，总趋势是中心桩略小，角、边桩略大；而按弹性理论分析结果，高、低承台中心桩只分别承受平均桩顶荷载的 21%、18%；角桩则承受平均桩顶荷载的 138%、148%。

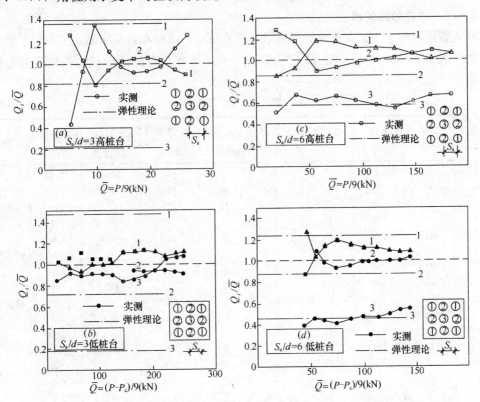

图 3-93 群桩桩顶荷载分配比 $Q_i/\overline{Q}$ 随桩距、荷载的变化及其与弹性理论解比较
$d=250\text{mm}$；$L/d=18$；P—总荷载；P_c—承台底土反力和

由于在界限桩距 $3d$ 条件下，中心桩的侧阻力因桩群、土相互作用出现"沉降硬化"现象的提高量大于角、边桩，补偿了一部分由于相邻影响而降低的承载力，从而使桩顶荷载分布差异值减小。

2. 桩距 6d 时，实测各桩桩顶荷载差异较大，高承台中心桩只承受平均桩顶荷载的 50%～65%，低承台只承受 40%～55%，与弹性理论分析结果大体相近；但角、边桩实测值的差异较理论值小。说明在大桩距条件下基本不显示桩群、土相互作用对侧阻的增强效应，因而其桩顶荷载分布与弹性理论解接近；承台贴地（低承台）使各桩的荷载差异增大，这与弹性理论分析结果是一致的。

3. 群桩在较小荷载下和达到极限荷载后，出现桩顶荷载的重分布；在达到极限荷载后，无论桩距大小和高、低承台，中心桩荷载都趋于增大。说明不同位置的基桩其侧阻力的发挥不是同步的，角桩由于桩、土间（桩与外围土）的相对位移比中心桩大，侧阻的发挥先于中心桩。因而出现随着荷载增大，中心桩分担的荷载增大而角桩分担的荷载相对减小的现象。对于桩距 3d 的群桩则由于桩群、土相互作用的增强效应最终出现中心桩荷载超过角、边桩的现象。

由上述试验结果可知，对于非密实的具有加工硬化特性的非密实粉土、砂土中的柱下独立群桩基础，在验算基桩承载力时，计算承台抗冲切、抗剪切、抗弯承载力时，可忽略桩顶荷载分布的不均，按传统的线性分布假定考虑。

3.8.5 群桩效应的模型试验

前人曾经对粉土中钻孔单桩、群桩做了模型试验，试验参数及所确定的群桩承载力效率系数见表 3-40 和表 3-41；图 3-94 表示 3×3 高、低承台群桩的承载力效应系数与桩距的关系。

双 桩 效 应　　　　表 3-40

桩组编号	试验序号	桩径 d（mm）	桩长比 l/d	桩距比 S_a/d	承台设置	极限荷载（kN） 双桩	极限荷载（kN） 对比单桩	双桩效应 η	备注
D-1	4	125	18	3	低	160	54	1.48	
D-2	48	125	18	3	低	188	54	1.74	
D-3	73	125	18	3	低	130			浸水饱和
D-4	3	170	18	3	低	248	87	1.43	
D-5	49	170	18	3	低	348	87	*2.0	
D-6	71	170	18	3	低	193			浸水饱和
D-7	21	250	18	3	高	542	188	1.44	
D-8	17	250	18	3	低	632	188	1.68	
D-9	72	250	18	3	低	490			浸水饱和
D-11	60	250	18	2	低	450	188	1.20	
D-12	61	250	18	4	低	540	188	1.44	
D-13	32	250	18	5	低	780	188	1.99	
D-14	31	250	18	6	低	780	188	2.07	
D-15	58	250	8	3	低	280	91	1.54	
D-16	57	250	13	3	低	510	122	2.09	
D-17	56	250	23	3	低	660	284	1.16	
D-18	29	330	18	3	低	**1010	331	1.53	
D-19	74	330	18	3	低	780			浸水饱和
D-20	14	330	14	3	低	890	270	1.16	

* D-5 双桩由于试验前桩侧受到起重机预压，承载力偏高。

** D-18 双桩由于埋设桩侧土压力盒，孔底虚土较多，桩端阻力偏低，其极限荷载为修正值。

群 桩 效 应 表 3-41

桩组编号	试验序号	桩径 d (mm)	桩长径比 l/d	桩距桩径比 S_a/d	桩数 n	承台设置	极限荷载 (kN) 群桩	极限荷载 (kN) 对比单桩	群桩效率 η
D-1	59	125	18	3	3×3	低	490	47	1.16
D-3	19	170	18	3	3×3	低	1080	87	1.28
D-4	22	170	18	3	3×3	低	910	87	1.16
D-5	23	250	18	3	3×3	低	2560	188	1.51
D-6	37	330	18	3	3×3	低	*3960	331	1.33
D-7	26	250	8	3	3×3	低	1340	91	1.61
D-8	50	250	13	3	3×3	低	1880	122	1.69
D-9	27	250	23	3	3×3	低	2950	284	1.45
D-11	69	330	14	3	3×3	低	3100	276	1.25
D-12	33	250	18	2	3×3	低	2040	188	1.21
D-13	70	250	18	4	3×3	低	2470	188	1.46
D-14	38	250	18	6	3×3	低	3780	188	2.23
D-14	47	250	18	6	3×3	低	4250	188	2.26（复压）
D-15	30	250	18	2	3×3	高	1770	188	1.05
D-16	24	250	18	3	3×3	高	2300	188	1.36
D-17	64	250	18	4	3×3	高	1740	188	1.03
D-18	18	250	18	6	3×3	高	1494	188	0.88
D-19	16	250	18	3	4×1	低	1120	188	1.49
D-20	13	250	18	3	4×2	低	2100	188	1.40
D-21	10	250	18	3	4×3	低	**2130	188	1.21
D-22	15	250	18	3	4×4	低	3500	188	1.19
D-23	51	250	18	3	2×2	低	1210	188	1.60
D-24	55	250	18	3	6×1	低	1590	188	1.41

*D-6 群桩因埋设桩侧土压力盒,孔底虚土多,使桩端阻力偏低,其极限荷载系修正值。

**D-21 群桩因试验前试坑浸水,承载力偏低,其极限荷载为根据浸水对比试验修正而得。

从上述表、图可以看出:

1. 表列 42 组不同桩径、桩长、桩距、排列和桩数的高低承台群桩的效应系数 η 均大于 1（$S_a=6d$ 高承台群桩 D-18 组试验除外）。这是加工硬化型粉土中桩群-土相互作用出现侧阻的"沉降硬化"所致。

2. 从图 3-94 看出,当桩距 $S_a<4d$,无论高、低承台,群桩效应系数 η 峰值均出现在 $S_a=3d$ 时。这一点同前述群桩侧阻、端阻峰值出现于 $S_a=3d$ 是相对应的。

3. 对于低承台群桩,当 $S_a>4d$,η 随 S_a 增大而增大,$S_a=6d$ 时,η 高达 2.23。这说明大桩距群桩其承台分担荷载的比例是很大的,但该比例将随桩长的增大而降低。

图 3-94 表明,按传统的 Converse-

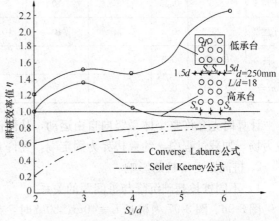

图 3-94 群桩效率 η 与桩距 S_a 的关系

Labarre 公式和 Seiler-Keeney 公式计算的群桩效应比实测值小很多。

3.8.6 群桩效应的有限元分析

1. 群桩效应有限元模型的建立

建立 3×3 群桩模型有限元计算，桩与承台平面及有限元模型示意图如图 3-95 所示。承台宽度 $B=14.0$m。采用如下方案进行计算：

1）分别取桩长 $L=20$m、40m、60m、80m 时，在桩长不变的情况下，针对不同桩间距 $S_a=3d$、$4d$、$5d$、$6d$，研究不同桩间距时承台荷载与沉降关系的变化规律。

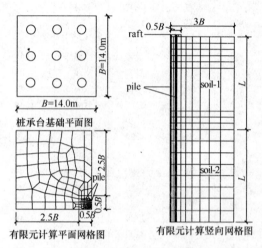

图 3-95 有限元模型图

2）取桩长 $L=60$m 时，取不同桩间距 $S_a=3d$、$4d$、$5d$、$6d$，研究不同荷载下，群桩中不同桩间距桩荷载分担比变化规律。

3）取桩长 $L=40$m、60m 时，取不同桩间距 $S_a=3d$、$4d$、$5d$、$6d$，研究桩顶反力随桩间距的变化规律。

4）取桩间距 $S_a=3d$、$4d$ 时，取不同桩长 $L=20$m、40m、60m、80m，研究在不同荷载水平下，桩长对承台沉降的影响规律。

5）取桩间距 $S_a=4d$ 时，取不同桩长 $L=20$m、40m、60m、80m，研究边桩和角桩桩顶反力比与桩长的关系。

地基土层以离心试验的模型为基础，分为 2 层，竖向取 $2L$。考虑对称性，计算时取 1/4，有限元计算网格示意图如图 3-95 所示，有限元计算模型参数见表 3-42。

有限元计算模型参数表　　　　表 3-42

名称	E (MPa)	μ	φ (°)	c (kPa)	ψ	ρ (kg/m³)	直径/边长 (m)	厚 度 (m)
土层 1	3.5	0.35	5	10	5	1620		($H=L$)
土层 2	25	0.3	30	10	10	2000		($H=L$)
桩	30000	0.2				2500	1.0	(L)
承台	35000	0.2				2500	14×14 (9桩)	1.5

计算时先允许整个体系竖向自由运动，从而使地基在自重应力下固结，得到地基初始应力场。加载过程中，约束边界为固定端，允许对称面上竖向运动。

2. 桩间距对群桩的影响

1）不同桩长基础沉降与桩间距的关系

图 3-96、图 3-97 为桩长 $L=40$m、80m 时，在桩长不变的情况下，在不同荷载水平作用下，承台最大沉降和最小沉降与桩间距的关系。

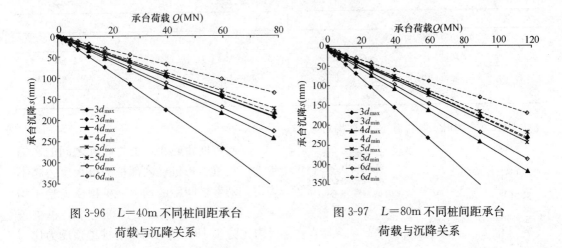

图 3-96　$L=40m$ 不同桩间距承台荷载与沉降关系

图 3-97　$L=80m$ 不同桩间距承台荷载与沉降关系

从图中可以看出：

（1）随着桩间距的增大，基础的最小沉降减小。主要是由于桩距越大，群桩相互影响越小，群桩中各桩工作性状越近于单桩，群桩效应不明显，而且承台的承载性能得到了进一步的发挥。

（2）随着桩长的增加，承台最小沉降受桩间距影响加大，即桩越长，承台最小沉降随着桩间距增加而减小的效果越明显。

（3）随着桩长增加，整个基础的沉降随荷载基本呈线性关系。但从图中也可以看出，随着桩间距的增大，基础之间的不均匀沉降也增大。对 $6d$ 群桩，其最大沉降反而要比 $5d$ 群桩大。

2）桩间距对荷载分担比的影响

图 3-98 为 $L=60m$，$S_a=4d$ 群桩中不同桩间距桩荷载分担比。从图 3-98 中可以看出：

（1）桩间距越大，桩分担的总荷载比例越小，即桩间土承担更多的荷载，因此适当增加桩间距，有利于发挥桩间土的承载性能。但桩间距达到 $5d$ 后，再增加桩间距，对荷载分担比影响不大。

（2）随着荷载增加，桩荷载分担比有所减小。不同荷载水平作用下，桩荷载分担比规律相似。

承台的荷载分担比与地基土特性、桩间距、桩几何参数等因素密切相关。实测结果表明，承台荷载分担比变化较大，实测最大达到 70%。

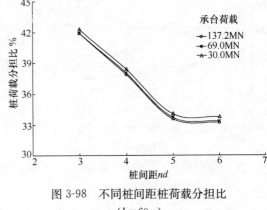

图 3-98　不同桩间距桩荷载分担比 ($L=60m$)

3）桩顶反力与桩间距关系

桩顶反力比与桩间距的关系如表 3-43 和图 3-99 所示。

桩顶反力比与桩间距关系　　　　　　　　表 3-43

桩长	桩间距（S_a/d）	3	4	5	6
40m	边桩/中心桩	1.49	1.32	1.10	1.09
	角桩/中心桩	1.79	1.49	1.23	1.04
60m	边桩/中心桩	1.38	1.30	1.16	0.95
	角桩/中心桩	1.65	1.56	1.32	0.85

从表 3-43 和图 3-99 中可以看出：

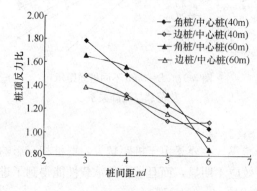

图 3-99　桩顶反力比与桩间距关系

（1）桩间距越小，群桩相互之间的影响越大，角桩、边桩和内部桩的桩顶反力越不均匀。随着桩间距的增大，桩顶反力趋于均匀，当桩间距为 $5d$ 时，边桩与中心桩桩顶反力比为 1.16，角桩与中心桩桩顶反力比为 1.32。随着桩间距的增大，中心桩桩顶反力甚至超过边桩和角桩。由此可见，适当增加桩间距，可以使桩顶反力分布更加均匀，更好地发挥桩的承载力。

（2）随着桩间距的增加，边桩/中心桩、角桩/中心桩的比值逐渐减小，直至减小到 1 以下，这是因为在桩间距过大的情况下，桩顶发生偏心受压，桩顶部分受压，部分受拉，将对承台和桩产生不利影响。随着桩长的增加，这种减小趋势比较明显，即桩长越长，中心桩超过角桩和边桩所需要的桩间距越小。

3. 桩长对群桩承载变形的影响

1）桩长对承台沉降的影响

图 3-100 和图 3-101 是不同荷载水平下桩长对承台沉降的影响。

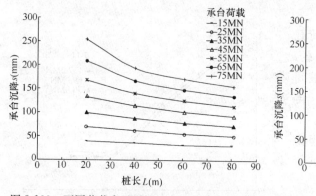

图 3-100　不同荷载水平下桩长对承台沉降的影响（$S_a=3d$）

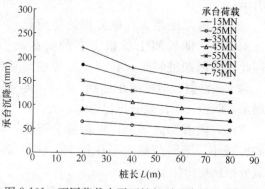

图 3-101　不同荷载水平下桩长对承台沉降的影响（$S_a=4d$）

从图 3-100 和图 3-101 中可以看出：

（1）随着荷载增加，桩长对承台沉降的影响增大。荷载水平较低时，桩长的影响并不明显。

（2）随着桩长增加，桩长对承台沉降的影响逐渐减小，当桩长大于 50m 后，其对承台沉降的影响已不明显。这是因为软土地区超长桩多表现为摩擦桩,其承载能力主要由桩侧摩阻力提供,当桩的长度很大时,沿桩身的摩阻力不能得到完全发挥。因此,在设计中只要基础沉降满足要求,就不必再增大桩长,否则沉降减小的效果并不明显,会造成一定的浪费。

2) 桩顶反力比与桩长关系

图 3-102 为 $S_a=4d$ 桩间距相同上部荷载作用下不同桩长桩顶反力比。从图中可以看出:

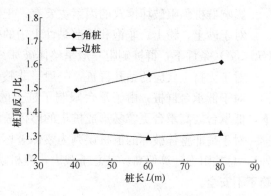

图 3-102 桩顶反力比与桩长关系

随着桩长的增加,边桩的桩顶反力相对比值比较稳定,但角桩的桩顶反力对比值随着桩长的增加有所增加。

3.9 群桩的极限承载力计算

如前所述,端承型群桩的承台、桩、土相互作用小到可忽略不计,因而其极限承载力可取各单桩极限承载力之和。

摩擦型群桩极限承载力的计算需考虑承台、桩、土相互作用特点,根据群桩的破坏模式建立起相应的计算模式,这样才能使计算结果符合实际。群桩极限承载力的计算按其计算模式和计算所用参数大体分为以下几种方法:

1) 以单桩极限承载力为参数的承台效应系数法(《建筑桩基技术规范》规定的方法);
2) 以土强度为参数的极限平衡理论计算法;
3) 以桩侧阻力、端阻力为参数的经验计算法。

3.9.1 群桩的破坏模式

群桩的极限承载力是根据群桩破坏模式来确定其计算模式的。破坏模式的判定失当,往往引起计算结果出入很大。分析群桩的破坏模式应涉及两个方面,即群桩侧阻的破坏和端阻的破坏。

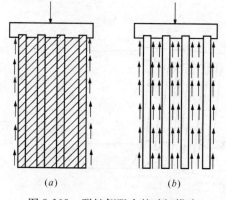

图 3-103 群桩侧阻力的破坏模式
(a) 整体破坏;(b) 非整体破坏

1. 群桩侧阻的破坏

传统的破坏模式划分方法是将群桩的破坏划分为:桩土整体破坏和非整体破坏。

整体破坏是指桩、土形成整体,如同实体基础那样承载和变形,桩侧阻力的破坏面发生于桩群外围(图 3-103a)。

非整体破坏是指各桩的桩、土间产生相对位移,各桩的侧阻力剪切破坏发生于各桩桩周土体中或桩土界面(硬土)如图 3-103(b) 所示。这种破坏模式的分析实际上仅是桩侧阻力破坏模式的划分。

影响群桩侧阻破坏模式的因素主要有：土性、桩距、承台设置方式和成桩工艺。

对于砂土、粉土、非饱和松散黏性土中的挤土型（打入、压入桩）群桩，在较小桩距（$S_a<3d$）条件下，群桩侧阻一般呈整体破坏。

对于无挤土效应的钻孔群桩，一般呈非整体破坏。

对于低承台群桩，由于承台限制了桩土的相对位移，因此，在其他条件相同的情况下，低承台较高承台更容易形成桩土的整体破坏。

对于呈非整体破坏的群桩误判为整体破坏，会导致总侧阻力计算偏低（桩数较少时除外），总端阻力计算偏高。其总承载力，当桩端持力层较好且桩不很长时，则会计算偏高，趋于不安全。

2. 群桩端阻的破坏

单桩端阻力的破坏分为整体剪切破坏（general shear failure）、局部剪切破坏（local shear failure）和刺入剪切破坏（punching shear failure）三种破坏模式，对于群桩端阻的破坏也包括这三种模式。不过，群桩端阻的破坏与侧阻的破坏模式有关，在侧阻呈桩土整体破坏的情况下，桩端演变成底面积与桩群投影面积相等的单独实体墩基（图 3-104a）。由于基底面积大，埋深大，一般不发生整体剪切破坏。只有当桩很短且持力层为密实土层时才可能出现整体剪切破坏（图 3-104b）。

当群桩侧阻呈单独破坏时，各桩端阻的破坏与单桩相似，但因桩侧剪应力的重叠效应、相邻桩桩端土逆向变形的制约效应和承台的增强效应使破坏承载力提高（图3-104b）。

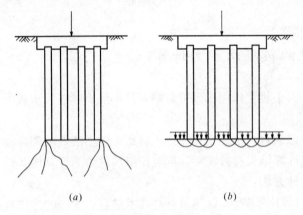

图 3-104 群桩端阻的破坏模式

当桩端持力层的厚度有限，且其下为软弱下卧层时，群桩承载力还受控于软弱下卧层的承载力。可能的破坏模式有：1）群桩中基桩的冲剪破坏；2）群桩整体的冲剪破坏。如图 3-105 所示。

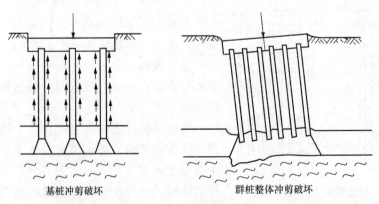

基桩冲剪破坏　　　　　　群桩整体冲剪破坏

图 3-105 群桩破坏模式

3.9.2 以单桩极限承载力为参数的群桩效应系数法

以单桩极限承载力为已知参数,根据群桩效应系数计算群桩极限承载力,是一种沿用很久的传统简单方法。

《建筑地基基础设计规范》中规定,单桩竖向承载力特征值 R_a 应按下式确定:

$$R_a = \frac{1}{k}Q_{uk} \tag{3-72}$$

式中　Q_{uk}——单桩竖向极限承载力标准值;

　　　k——安全系数,取 $k=2$。

对于端承型桩基、桩数少于 4 根的摩擦型桩基和由于地层土性、使用条件等因素不宜考虑承台效应时,基桩竖向承载力特征值取单桩竖向承载力特征值,$R=R_a$。

对于符合下列条件之一的摩擦型桩基,宜考虑承台效应确定其复合基桩的竖向承载力特征值。

1. 上部结构整体刚度较好、体型简单的建(构)筑物(如独立剪力墙结构、钢筋混凝土筒仓等);
2. 差异变形适应性较强的排架结构和柔性构筑物;
3. 按变刚度调平原则设计的桩基刚度相对弱化区;
4. 软土地区的减沉复合疏桩基础。

考虑承台效应的复合基桩竖向承载力特征值可按下式确定:

$$R = R_a + \eta_c f_{ak} A_c \tag{3-73}$$

式中　η_c——承台效应系数,可按表 3-44 取值;当计算基桩为非正方形排列时,$S_a = \sqrt{\dfrac{A}{n}}$,$A$ 为计算域承台面积,n 为总桩数;

　　　f_{ak}——基底地基承载力特征值(1/2 承台宽度且不超过 5m 深度范围内的加权平均值);

　　　A_c——计算基桩所对应的承台底净面积:$A_c = (A - nA_p)/n$,A 为承台计算域面积;A_p 为桩截面面积;对于柱下独立桩基,A 为全承台面积;对于桩筏基础,A 为柱、墙筏板的 1/2 跨距和悬臂边 2.5 倍筏板厚度所围成的面积;桩集中布置于墙下的桩筏基础,取墙两边各 1/2 跨距围成的面积,按条基计算 η_c。

当承台底为可液化土、湿陷性土、高灵敏度软土、欠固结土、新填土时,沉桩引起超孔隙水压力和土体隆起时,不考虑承台效应,取 $\eta_c = 0$。

承台效应系数 η_c　　　　表 3-44

B_c/l＼S_a/d	3	4	5	6	>6
≤0.4	0.12~0.14	0.18~0.21	0.25~0.29	0.32~0.38	0.60~0.80
0.4~0.8	0.14~0.16	0.21~0.24	0.29~0.33	0.38~0.44	
>0.8	0.16~0.18	0.24~0.26	0.33~0.37	0.44~0.50	
单排桩条基	0.40	0.50	0.60	0.70	0.80

注:表中 S_a/d 为桩中心距与桩径之比;B_c/l 为承台宽度与有效桩长之比。对于桩布置于墙下的箱、筏承台,η_c 可按单排桩条基取值。

3.9.3 以土强度为参数的极限平衡理论法

前面提及群桩侧阻力的破坏分为桩、土整体破坏和非整体破坏（各桩单桩破坏）；群桩端阻力的破坏，可能呈整体剪切、局部剪切、刺入剪切（冲剪）三种破坏模式。下面根据侧阻、端阻的破坏模式分述群桩极限承载力的极限平衡理论计算法。

1. 低承台侧阻呈桩、土整体破坏

对于小桩距（$S_a \leqslant 3d$）挤土型低承台群桩，其侧阻一般呈桩、土整体破坏，即侧阻力的剪切破裂面发生于桩群、土形成的实体基础的外围侧表面（图 3-106）。因此，群桩的极限承载力计算可视群桩为"等代墩基"或实体深基础，取下面两种计算式之较小值。

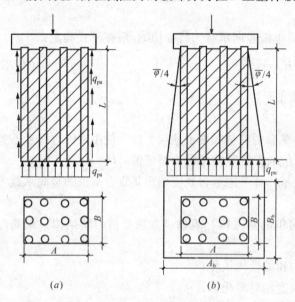

图 3-106 侧阻呈桩、土整体破坏的计算模式

一种模式是群桩极限承载力为等代墩基总侧阻与总端阻之和（图 3-106a）：

$$P_u = P_{su} + P_{pu} = 2(A+B)\Sigma l_i q_{sui} + AB q_{pu} \quad (3-74)$$

另一模式是假定等代墩基或实体深基外围侧阻传递的荷载呈 $\bar{\varphi}/4$ 角扩散分布于基底，该基底面积为（图 3-106b）：

$$F_e = A_b B_b = \left(A + 2L\tan\frac{\bar{\varphi}}{4}\right)\left(B + 2L\tan\frac{\bar{\varphi}}{4}\right) \quad (3-75)$$

相应的群桩极限承载力为：

$$P_u = F_e q_{pu} \quad (3-76)$$

式中 q_{sui}——桩侧第 i 层土的极限侧阻力；

q_{pu}——等代墩基底面单位面积极限承载力；

A、B、L——等代墩基底面的长度、宽度和桩长（图 3-106）；

$\bar{\varphi}$——桩侧各土层内摩擦角的加权平均值。

极限侧阻 q_{su} 的计算可采用单桩的极限侧阻力土强度参数计算法（α 法、β 法或 γ 法）；就我国目前工程习惯而言，经验参数法使用较普遍，因而也可采用这两种方法计算结果比较取值。

极限端阻力 q_{pu} 的计算，主要可以采取地质报告估算、经典理论计算以及现场试验来确定。

1）地质报告估算

工程地质报告中提供了桩端持力层极限端阻特征值，可以此来计算极限端阻力。

2）经典理论计算极限端阻力 q_{pu}

对于桩端持力土层较密实、桩长不大（等代墩基的相对埋深较小）或密实持力层上覆盖软土层的情况，可按整体剪切破坏模式计算。等代墩基基底极限承载力可采用太沙基的浅基础极限平衡理论公式计算。考虑到桩、土形成的等代墩基基底是非光滑的，故采用粗糙基底公式。极限端阻力表达式为：

条形基底　　　　　　　　$q_{pu} = cN_c + \gamma_1 h N_q + 0.5\gamma_2 BN_r$　　　　　　　（3-77）

方形基底　　　　　　　　$q_{pu} = 1.3cN_c + \gamma_1 h N_q + 0.4\gamma_2 BN_r$　　　　　　　（3-78）

圆形基底　　　　　　　　$q_{pu} = 1.3cN_{c_1} + \gamma_1 h N_q + 0.6\gamma_2 DN_r$　　　　　　（3-79）

式中　N_c，N_q，N_r——反映土黏聚力 c、边载 q、滑动区土自重影响的承载力系数，均为内摩擦角 φ 的函数，由 φ 值查图3-107确定；

　　　γ_1，γ_2——基底以上土和基底以下基宽深度范围内土的有效重度；

　　　D，B，h——基底直径、宽度和埋深。

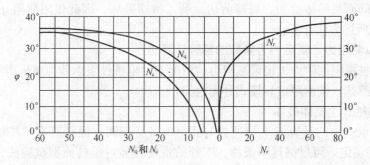

图3-107　承载力系数

在群桩基础承受偏心、倾斜荷载情况下，可采用 Hansen（1970）或 Vesic（1970）公式计算等代墩基的地基极限承载力。

对于桩端持力层为非密实土层的小桩距挤土型群桩，虽然侧阻呈桩、土整体破坏而类似于墩基，但墩底地基由于土的体积压缩影响一般不致出现整体剪切破坏，而是呈局部剪切、刺入剪切破坏，尤以后者多见。但关于局部剪切破坏的理论计算公式迄今还未能建立起来，作为近似，Terzaghi 建议对土的强度参数 c、φ 值进行折减以计算非整体剪切破坏条件下的极限承载力，取

$$c' = \frac{2}{3}c$$
$$\varphi' = \arctan\left(\frac{2}{3}\tan\varphi\right)$$
（3-80）

计算公式与整体剪切破坏相同。

由上述等代墩基极限端阻力计算公式看出，等代墩基宽度 B 对 q_{pu} 的影响增量与 B 呈线性关系，当 B 很大时与实际不符，因此参照有关规范经验地规定，当 $B>6m$ 时，按 6m 计算。另外，埋深 h 影响也显示深度效应，可近似按单桩处理。按此法计算的群桩极限承载力值一般偏高，因此，其安全系数一般取 2.5~3。

3）现场试验法

对于人工挖孔桩，可采用现场桩端基岩试验来确定极限端阻标准值。

2. 高承台侧阻呈桩土非整体破坏

对于非挤土型群桩，其侧阻多呈各桩单独破坏，即侧阻力的剪切破裂面发生于各基桩的桩、土界面或近桩表面的土体中。这种侧阻非整体破坏模式还可能发生于饱和土中不同

桩距的挤土型高承台群桩。

对于侧阻呈非整体破坏的群桩，其极限承载力的计算，若忽略群桩效应，包括忽略承台分担荷载的作用，可表示为下式：

$$P_u = P_{su} + P_{pu} = nU\Sigma L_i q_{sui} + nA_p q_{pu} \tag{3-81}$$

式中　n——群桩中的桩数；
　　　U——桩的周长；
　　　L_i——桩侧第 i 层土厚度；
　　　A_p——桩端面积。

由于侧阻呈各桩单独破坏，其端阻也类似于独立单桩随持力层土性、入土深度、上覆土层性质等不同而呈整体剪切、局部剪切、刺入剪切破坏。因此极限侧阻 q_{su} 和极限端阻 q_{pu} 可参照单桩所述方法计算。

3.9.4　以侧阻力、端阻力为参数的经验计算法

在具备单桩极限侧阻力、极限端阻力的情况下，群桩极限承载力可采用上述极限平衡理论法相似的模式，按侧阻破坏模式分为两类。

1. 侧阻呈桩、土整体破坏

群桩极限承载力的计算基本表达式与式（3-74）相同。计算所需单桩极限侧阻 q_{su}、极限端阻 q_{pu} 的确定，可根据具体条件、工程的重要性通过单桩原型试验法、土的原位测试法、经验法确定。

如前所述，大直径桩极限端阻值低于常规直径桩的极限端阻值，因此，对于类似于大直径桩的"等代墩基"的极限端阻值也随平面尺寸增大而降低，故 q_{pu} 值应乘以折减系数 η_b：

$$\eta_b = \left(\frac{0.8}{D}\right)^n \tag{3-82}$$

其中，D 为等代墩基底面直径或短边长度，n 根据土性取值。

2. 侧阻呈桩、土非整体破坏

群桩极限承载力计算的基本表达式与式（3-81）相同，计算所需 q_{su}、q_{pu} 的确定同上。

当试验单桩的地质、几何尺寸、成桩工艺等与工程桩一致时，则可按下式确定群桩极限承载力：

$$P_u = nQ_u \tag{3-83}$$

式中　Q_u——单桩的极限承载力。

按式（3-81）或式（3-83）计算侧阻非整体破坏情况下的群桩极限承载力的简单模式，忽略了承台、桩、土相互作用产生的群桩效应，在某些情况下，其计算值会显著低于实际承载力。如非密实粉土、砂土中的常规桩距（$3\sim 4d$）群桩基础，其侧阻力由于沉降硬化而比独立单桩有大幅度增长，对于低承台群桩，其承台分担荷载的作用也较可观，因此，其群桩极限承载力比计算值高得多。对于饱和黏性土中的群桩，按上述模式计算，其计算值一般接近于实际承载力。

3.10　桩基竖向承载力的时间效应

饱和黏性土中桩基的大量试验发现，一般桩的竖向极限承载力是随时间缓慢增长的，

其总的变化规律是初始增长速度快，随后逐渐变缓，某一段时间后趋于某一定值。

我国软土地区积累了一些挤土桩承载力随时间增长的试验资料。根据不同土质、不同桩型、不同尺寸的桩承载力时效的试验观测结果，其最终单桩极限承载力比初始值增长约40%～400%，达到稳定值所需时间由几十天到数百天不等，而实际工程由开始打桩到投入使用约需1～3年。因此，桩基设计中考虑承载力的时效，对节约工程造价具有很大的实际意义。

3.10.1 黏性土中挤土摩擦桩承载力的时间效应

软黏土中挤土摩擦桩承载力随着时间而增长（时间效应）的现象早已为人们所关注。20世纪40年代以来不少国家开展了这方面的试验研究。我国上海地区亦于20世纪60年代进行了一系列的室内外试验研究，并得出了计算任意间歇期打入桩承载力的经验公式。上海地区在20世纪80年代进行的试验研究发现，非挤土摩擦桩的承载力也存在随时间而增长的规律。

国内外软黏土中挤土摩擦桩承载力试验的成果反映了一条共同的规律：桩承载力随着时间而增长，初期增长较快，后逐渐减缓，最后趋于某个极限值；增长的速度、幅度以及增长期的长短各不相同，与软黏土的性质、桩型等有关。

上海地区的试验研究发现，在同一种土质条件下存在以下关系式：

$$Q_{ut} = Q_{uo} + \alpha(1 + \lg t)(Q_{umax} - Q_{uo}) \tag{3-84}$$

式中 Q_{uo}、Q_{umax}——分别为桩的初期和最终极限承载力；

Q_{ut}——桩经过休止时间 t 的极限承载力；

α——表示承载力增长率的经验系数，主要与土质有关，上海软土的经验 $\alpha=0.263$，如图3-108（b）所示。

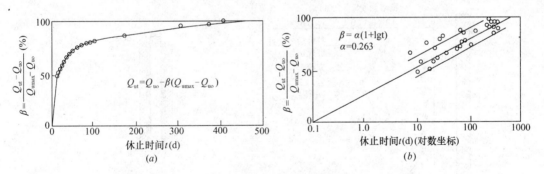

图3-108 软黏土中挤土摩擦桩承载力随着时间增长的规律

桩打（压）入黏性土中，主要在两方面改变了地基土的状态：一是破坏了地基土的天然结构；二是使桩周土受到急剧的挤压，造成孔隙水压力骤升，有效应力减小。这两种作用都使桩周（包括桩端）土的强度大为降低。因而，在桩打（压）入土中的初期，桩周摩阻力和桩端支承力均处于最低值，随着时间的推移，这两方面的情况都在逐渐发生着变化，桩的承载力也随之增长。这些变化主要表现在以下四方面：

1）由于黏性土具有触变性，使受打桩扰动而损失的强度得以逐渐恢复。室内重塑土强度试验表明，在一定的固结压力下静置十余天后，重塑土的强度提高了60%～80%（图3-109）；在现场埋藏条件下，扰动土休息几天后，就可恢复原状强度的40%～50%（图3-110）。

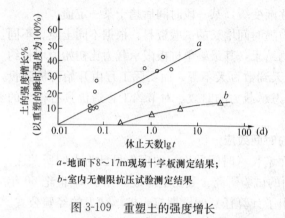

图 3-109 重塑土的强度增长
a—地面下8~17m现场十字板测定结果；
b—室内无侧限抗压试验测定结果

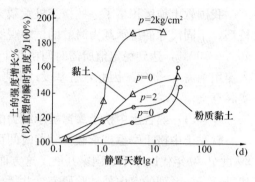

图 3-110 扰动土强度的恢复

2）随着桩周土中超静压孔隙水的排出，超孔压逐渐消散，有效应力随之增大；同时，剧烈的挤压使桩周土在排水过程中得到压密。经历了这个再固结过程，桩周一定范围内土的强度不但得以恢复，而且还可能超过其原始强度。如图 3-111 表明，在打桩一个月后，桩周一倍桩径处土的强度就已超过其原始强度。

3）打桩后桩周土形成了三个区域（图 3-112）：紧贴于桩身表面的结构完全破坏又重新固结的第Ⅰ区、保持原状的第Ⅲ区和介于二者之间的过渡区。第Ⅰ区由于挤压、固结与静置，强度已恢复或超过其原始强度，该区牢固地黏附于桩身而随桩一同移动。这一现象对木桩、混凝土桩和钢桩都普遍存在，只不过黏附层厚度视土质、桩材、桩径及表面粗糙程度而有所差别。因此，第Ⅰ、Ⅱ区土的分界面乃是单桩承载力达到极限时的桩周剪切滑动面，其面积显然大于桩周侧面积；而极限摩阻力则取决于第Ⅱ区土的逐渐增长着的抗剪强度。

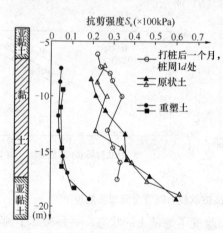

图 3-111 桩周土的强度增长

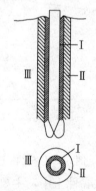

图 3-112 桩周土分区示意图
Ⅰ—重塑区；Ⅱ—过渡区；Ⅲ—非扰动区

4）桩端土的强度也同样由于压密与固结而逐渐恢复与增长；与桩黏结在一起的第Ⅰ区土又使端部的支承面积逐渐有所扩大，因此桩端承载力也在随着时间而增长。

3.10.2 黏性土中非挤土灌注桩承载力的时间效应

非挤土灌注桩由于成桩过程不产生挤土效应，不引起超孔隙水压力，土的扰动范围较小，因此，桩承载力的时间效应相对于挤土桩要小。黏性土中非挤土灌注桩承载力随时间的变化,主要是由于成孔过程孔壁土受到扰动,由于土的触变作用,被损失的强度随时间逐步恢复。在泥浆护壁成桩的情况下,附着于孔壁的泥浆也有触变硬化的过程。因此承载力的时效,泥浆护壁法成桩比干作业要明显。干作业成桩的情况下,孔壁土扰动范围小,其承载力的时效一般可予忽略。

表 3-45 为上海饱和软土中泥浆护壁钻孔桩($d=600$mm,$L=40.15$m)不同休止期静载试验所得极限承载力(陈强华等,1987)。经桩身不同截面轴力观测表明,桩侧阻力随时间而增长,但桩端阻力基本不随时间而变化。由表 3-45 可看出,承载力前期增长快,108 天后基本趋于稳定,171 天相对于 39 天承载力的增幅为 12%。这是由于非挤土桩承载力时效主要是桩侧扰动土和泥浆的触变恢复,其恢复速率相对是较快的。

泥浆护壁成桩灌注桩承载力随时间的变化　　　表 3-45

休止期 (d)	39	56	108	171
极限承载力 (kN)	3750	3900	4200	4200
变化率 (%)	100	104	112	112

3.11 桩基负摩阻力

3.11.1 负摩阻力定义

在正常情况下,桩顶施加向下的力使桩身产生向下的压缩位移,桩侧表面的土体则对桩身表面产生与桩身位移方向相反即向上的摩阻力,我们称之为正摩阻力。但由于桩周土欠固结等原因导致桩侧土体自己下沉且土体沉降量大于桩的沉降时,桩侧土体将对桩产生与桩位移方向一致即向下的摩阻力,称为负摩阻力(negative side resistance)。

负摩阻力将对桩产生一个下曳荷载,相当于在桩顶荷载之外,又附加一个分布于桩侧表面的荷载。负摩阻力作用的结果是使桩身轴力不在桩顶最大,而是在中性点处最大,如图 3-113 所示。

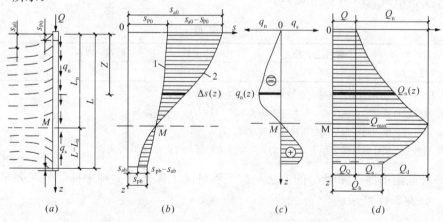

图 3-113　负摩阻力分析原理图
(a) 桩及桩周土受力、沉降示意图;(b) 各断面深度的桩、土沉降及相对位移;
1—桩身各断面的沉降 s_p;2—各深度桩周土的沉降 s_a;
(c) 摩阻力分布及中性点(M);(d) 桩身轴力
Q_n—负摩阻力产生的轴力,即下拉力;Q_b—端阻力

3.11.2 负摩阻力发生条件

负摩擦力产生的原因很多,主要有下列几种情况:

1. 位于桩周的欠固结软黏土或新近填土在其自重作用下产生新的固结;
2. 桩侧为自重湿陷性黄土、冻土层或砂土,冻土融化后或砂土液化后发生下沉时也会对桩产生负摩擦力;
3. 由于抽取地下水或深基坑开挖降水等原因引起地下水位全面降低,致使土的有效应力增加,产生大面积的地面沉降;
4. 桩侧表面土层因大面积地面堆载引起沉降带来的负摩阻力;
5. 周边打桩后挤土作用或灵敏度较高的饱水黏性土,受打桩等施工扰动(振动、挤压、推移)影响使原来房屋桩侧土结构被破坏,随后这部分桩间土的固结引起土相对于桩体的下沉;
6. 一些地区的吹填土,在打桩后出现固结现象带来的负摩阻力;
7. 长期交通荷载引起的沉降。

桩基负摩阻力影响的主要后果是增加桩内轴向荷载,从而使桩轴向压缩量增加,并且在摩擦桩情况下也可能使桩的沉降有较大的增加。群桩承台情况下,填土沉降可使承台底部和土之间形成脱空的间隙,这样就把承台的全部重量及其上荷载转移到桩身上,并可改变承台内的弯矩和其他应力状况。

3.11.3 负摩阻力的中性点

所谓中性点(neutral point)是指某一特定深度 l_n 的桩断面:在该断面以上,桩周土的下沉量大于桩本身的下沉量,桩承受负摩阻力;在该断面以下,桩身的下沉量大于桩周土,桩承受正摩阻力。因此,该点(桩断面)就是正负摩阻力的分界点。在该断面,桩土位移相等、摩阻力为零、桩身轴力最大这三个特点,均可以判定中性点,如图 3-113 所示。

《建筑桩基技术规范》中规定了中性点位置的确定方法:

中性点深度 l_n 应按桩周土层沉降与桩沉降相等的条件计算确定,即图 3-113 中 s_p 应刚好等于 s_a,也可参照表 3-46 确定。

中性点深度 l_n　　　　　　　　　　　　表 3-46

持力层性质	黏性土、粉土	中密以上砂	砾石、卵石	基 岩
中性点深度比 l_n/l_0	0.5~0.6	0.7~0.8	0.9	1.0

注:1. l_n、l_0——分别为中性点深度和桩周沉降变形土层下限深度;
　　2. 桩穿越自重湿陷黄土层时,l_n 按表列增大 10%(持力层为基岩除外);
　　3. 当桩周土层固结与桩基固结沉降同时完成时,取 $l_n=0$;
　　4. 当桩周土层计算沉降量小于 20mm 时,l_n 应按表列值乘以 0.4~0.8 折减。

另一种确定中性点深度 l_n 的方法是按工程桩的工作性状类别来推估的,多半带有经验性质,如表 3-47 所示。

经验法确定中性点深度　　　　　　　　　　　　表 3-47

桩基承载类型	中性点深度比 l_n/l_0	桩基承载类型	中性点深度比 l_n/l_0
摩擦桩	0.7~0.8	支承在一般砂或砂砾层中的端承桩	0.85~0.95
摩擦端承桩	0.8~0.9	支承在岩层或坚硬土层上的端承桩	1.0

3.11.4 影响中性点深度的主要因素

1. 桩底持力层刚度。持力层越硬，中性点深度越深，相反持力层越软，则中性点深度越浅。所以在同样的条件下，端承桩的 l_n 大于摩擦桩。

2. 桩周土的压缩性和应力历史。桩周土越软、欠固结度越高、湿陷性越强、相对于桩的沉降越大，则中性点亦越深，而且，在桩、土沉降稳定之前，中性点的深度 l_n 也是变动着的。

3. 桩周土层上的外荷载。一般地面堆载越大或抽水使地表下沉越多，那么中性点 l_n 越深。

4. 桩的长径比。一般桩的长径比越小，则 l_n 越大。

3.11.5 负摩阻力的计算

影响负摩阻力的因素很多，例如桩侧与桩端土的性质、土层的应力历史、地面堆载的大小与范围、地下降水的深度与范围、桩顶荷载施加时间与发生负摩阻力时间之间的关系、桩的类型和成桩工艺等。要精确地计算负摩阻力是十分困难的，国内外大都采用近似的经验公式估算。根据实测结果分析，认为采用有效应力法比较符合实际。《建筑桩基技术规范》中规定桩侧负摩阻力及其引起的下拉荷载，当无实测资料时可按下列规定计算。

中性点以上单桩桩周第 i 层土平均负摩阻力可按下列公式计算：

$$q_{si}^n = \xi_{ni}\sigma_i' \tag{3-85}$$

当填土、自重湿陷性黄土湿陷、欠固结土层产生固结和地下水降低时：$\sigma_i' = \sigma_{\gamma i}'$

当地面分布大面积荷载时：$\sigma_i' = p + \sigma_{\gamma i}'$

$$\sigma_{\gamma i}' = \sum_{k=1}^{i-1} \gamma_k' \Delta z_k + \frac{1}{2}\gamma_i' \Delta z_i \tag{3-86}$$

式中 q_{si}^n——第 i 层土桩侧平均负摩阻力；当按式（3-85）计算值大于正摩阻力值时，取正摩阻力值进行设计；

ξ_{ni}——桩周第 i 层土负摩阻力系数，可按表 3-48 取值；

$\sigma_{\gamma i}'$——由土自重引起的桩周第 i 层土平均竖向有效应力；桩群外围桩自地面算起，桩群内部桩自承台底算起；

σ_i'——桩周第 i 层土平均竖向有效应力；

γ_k'、γ_i'——分别为第 k 层土、第 i 层土有效重度；

Δz_k、Δz_i——第 k 层土、第 i 层土的厚度；

p——地面均布荷载。

负摩阻力系数 ξ_n　　　　表 3-48

土　类	ξ_n	土　类	ξ_n
饱和软土	0.15~0.25	砂　土	0.35~0.50
黏性土、粉土	0.25~0.40	自重湿陷性黄土	0.20~0.35

注：1. 在同一类土中，对于打入桩或沉管灌注桩，取表中较大值，对于钻（冲）孔灌注桩，取表中较小值。
　　2. 填土按其组成取表中同类土的较大值。
　　3. 当计算得到的负摩阻力标准值大于正摩阻力时，取正摩阻力值。

桩单位面积负摩阻力 q_{si}^n 值也可利用一些土的室内试验或原位测试成果根据经验确定。对黏性土，可以用无侧限抗压强度的一半作为 q_{si}^n，也可以用静力触探试验所获得的

双桥探头锥尖阻力 q_c 或单桥探头比贯入阻力 p_s 按下式估算 q_{si}^n：

$$q_{si}^n = \frac{q_c}{10} \text{ 或 } q_{si}^n \approx \frac{p_s}{10} (\text{kPa}) \tag{3-87}$$

对砂土地基，桩端极限阻力 f_b 和单位负摩阻力 q_{si}^n 可由 q_c 推算：

$$f_b = \frac{q_c l_b}{10B} \leqslant f_l (\text{kN/m}^2) \tag{3-88}$$

式中 f_l——打入桩极限端阻力。

粉砂 $q_{si}^n = \dfrac{q_c}{150}$ （kN/m²）

紧砂 $q_{si}^n = \dfrac{q_c}{200}$ （kN/m²）

松砂 $q_{si}^n = \dfrac{q_c}{400}$ （kN/m²）

另外还可用实测的标准贯入击数 N 值按下式估算：

对黏性土
$$q_{si}^n = \frac{N'}{2} + 1$$

对砂土
$$q_{si}^n = \frac{N'}{5} + 3$$

式中 N'——经钻杆长度修正的平均标准贯入试验击数。

3.11.6 群桩的负摩阻力

1. 群桩负摩阻力的影响因素

影响群桩负摩阻力（negative friction resistance of pile group）的因素主要包括承台底土层的欠固结程度、欠固结土层的厚度、地下水位、群桩承台的高低、群桩中桩的间距等。

1) 承台底土层的欠固结程度和厚度

承台底土层的欠固结程度越高，土层本身的沉降量就越大，群桩负摩阻力就越显著。欠固结土层的厚度越大，土层本身的沉降量就越大，群桩负摩阻力就越显著。

2) 地下水位下降和地面堆载

承台底的地下水位因附近抽水等原因下降越多，一般土层本身的沉降量也越大，群桩的负摩阻力也越明显。地面堆载越大，群桩负摩阻力越大。

3) 群桩承台的高低

当桩基础中承台与地面不接触时，高桩的负摩阻力单纯是由各桩与土的相对沉降关系决定的。当桩基础承台与地面接触甚至承台底深入地面以下时，低桩的负摩阻力的发挥受承台底面与土间的压力所制约。刚性承台强迫所有基桩同步下沉，一旦作用有负摩阻力时，群桩中每根基桩上的负摩阻力发挥程度就不相同。

4) 群桩中桩的间距

群桩中桩的间距十分关键。如果桩间距较大，群桩中各桩的表面所分担的影响面积（即负载面积）也较大，由此各桩侧表面单位面积所分担的土体重量大于单桩的负摩阻力极限值，不发生群桩效应。如果桩间距较小，则各桩侧表面单位面积所分担的土体重量可能小于单桩的负摩阻力极限值，则会导致群桩的负摩阻力降低。桩数愈多，桩间距愈小，群桩效应愈明显。

5) 影响群桩负摩阻力的其他因素

影响群桩负摩阻力的其他因素还有很多，例如砂土液化、冻土融化、软黏土触变软化等条件，对群桩内外的各个基桩都会起作用，只是作用大小有些区别。若产生的条件是属于群桩外围堆载引起的负摩阻力，则除了周边的桩外侧真正产生经典意义上的负摩阻力以外，群桩中间部位的基桩会因周边桩的遮拦作用而难以发挥负摩阻力。群桩的桩数愈多，桩间距愈小，这种遮拦作用就愈明显。最终导致群桩的负摩阻力总和大幅度降低，群桩效应更为明显。

2. 群桩负摩阻力的计算

对于群桩负摩阻力的计算，《建筑桩基技术规范》规定：群桩中任一基桩的下拉荷载标准值可按式（3-89）计算：

$$Q_g^n = \eta_n \cdot u \sum_{i=1}^{n} q_{si}^n l_i \tag{3-89}$$

式中　n——中性点以上土层数；

　　　l_i——中性点以上各土层的厚度；

　　　η_n——负摩阻力群桩效应系数，按式（3-90）确定：

$$\eta_n = S_{ax} \cdot S_{ay} / \left[\pi d \left(\frac{q_s^n}{\gamma_m'} + \frac{d}{4} \right) \right] \tag{3-90}$$

式中　S_{ax}、S_{ay}——分别为纵横向桩的中心距；

　　　q_s^n——中性点以上桩的平均负摩阻力标准值；

　　　γ_m'——中性点以上桩周土平均有效重度。

注：对于单桩基础或按式（3-90）计算群桩基础的 $\eta_n > 1$ 时，取 $\eta_n = 1$。

3.11.7 负摩阻力计算例题

1. 桩负摩阻力引起的下拉荷载

某建筑基础采用钻孔灌注桩，桩径 900mm，桩顶位于地面下 1.8m，桩长 9m，土层分布如图 3-114 所示，当水位由 −1.8m 降至 −7.3m 后，试求单桩负摩阻力引起的下拉荷载。

【解】该桩桩周的淤泥质土和淤泥质黏土可能会引起桩侧负摩阻力，桩端持力层为砂卵石，属端承型桩，应考虑负摩阻力引起桩的下拉荷载 Q_g。

单桩负摩阻力按下式进行计算　　$q_{si}^n = \xi_{ni} \sigma_i'$

其中 σ_i' 为桩周第 i 层土平均竖向有效应力

$$\sigma_i' = p + \gamma_i' z_i$$

其中 p 为超载，该桩桩顶距地面 1.8m，桩顶以上土的自重应力近似作为超载 p

$$p = \gamma z = 18 \times 1.8 = 32.4 \text{kN/m}^2$$

桩长范围内压缩层厚度 $l_0 = 8.5$m，

根据《建筑桩基技术规范》，中性点深度 l_n 为：

$$l_n / l_0 = 0.9, \quad l_n = 0.9 l_0 = 0.9 \times 8.5 = 7.65 \text{m}$$

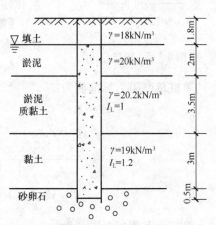

图 3-114　土层分布

式中 l_n、l_0 为中性点深度和桩周沉降变形土层下限深度。

负摩阻力系数为：

饱和软土：ξ_n 取 0.2；黏性土：ξ_n 取 0.3。

深度 1.8~3.8m，淤泥质土，$\sigma'_1 = 18 \times 1.8 + 2 \times 20 \times 1/2 = 52.4\text{kPa}$

$$q_{s1}^n = 0.2 \times 52.4 = 10.48\text{kPa}$$

深度 3.8~7.3m，淤泥质黏土，$\sigma'_2 = 18 \times 1.8 + 20 \times 2 + 20.2 \times 3.5 \times 1/2 = 107.75\text{kPa}$

$$q_{s2}^n = 0.2 \times 107.75 = 21.55\text{kPa}$$

深度 7.3~9.45m，黏土，$\sigma'_3 = 18 \times 1.8 + 20 \times 2 + 20.2 \times 3.5 + 9 \times 2.15 \times 1/2$
$= 152.775\text{kPa}$

$$q_{s3}^n = 0.3 \times 152.775 = 45.8\text{kPa}$$

基桩下拉荷载为

$$Q_g^n = \eta_n u \sum_1^n q_{si}^n l_i$$

$= 1.0 \times \pi \times 0.9 \times (10.48 \times 2 + 21.55 \times 3.5 + 45.8 \times 2.15) = 550.67\text{kN}$

式中　n——中性点以上土层数；

　　　l_i——中性点以上各土层厚度；

　　　η_n——负摩阻力群桩效应系数，取 $\eta_n = 1.0$；

　　　q_{si}^n——第 i 层土桩侧负摩阻力标准值。

所以考虑负摩阻力引起基桩下拉荷载为 550.67kN。

2. 填土对桩产生负摩阻力的下拉荷载

某工程基础采用钻孔灌注桩，桩径 $d = 1.0\text{m}$，桩长 $l_0 = 12\text{m}$，穿过软土层，桩端持力层为砾石，如图 3-115 所示。地下水位在地面下 1.8m，地下水位以上软黏土的天然重度 $\gamma = 17.1\text{kN/m}^3$，地下水位以下它的浮重度 $\gamma' = 10.2\text{kN/m}^3$。现在桩顶四周地面大面积填土，填土荷重 $p = 10\text{kN/m}^2$，计算因填土对该单桩造成的负摩阻力下拉荷载标准值（计算中负摩阻力系数 ξ_n 取 0.2）。

【解】根据《建筑桩基技术规范》中性点深度比 $l_n/l_0 = 0.9$

$l_0 = 12\text{m}$，$l_n = 0.9 \times 12 = 10.8\text{m}$

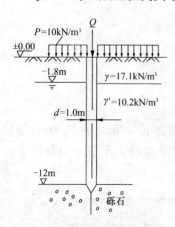

图 3-115　土层分布图

单桩负摩阻力标准值为：

$$q_{si}^n = \xi_n \sigma'_i$$

$$\sigma'_i = p + \gamma'_i z_i$$

$$\gamma'_i = \frac{17.1 \times 1.8 + 10.2 \times 9.0}{10.8} = 11.35 \text{ kN/m}^3$$

$$\sigma'_i = p + \gamma'_i z_i = 10 + 11.35 \times \frac{10.8}{2} = 71.29 \text{ kN/m}^2$$

单桩负摩阻力标准值为：

$$q_{si}^n = \xi_n \sigma'_i = 0.2 \times 71.29 = 14.26 \text{ kN/m}^2$$

下拉荷载为：
$$Q_\mathrm{g}^\mathrm{n} = u \times l_\mathrm{n} q_\mathrm{si}^\mathrm{n} = \pi \times 1.0 \times 10.8 \times 14.26 = 483.6 \mathrm{kN}$$

3.11.8 单桩负摩阻力的时间效应（time effect of negative side resistance of single pile）

单桩的负摩阻力存在明显的时间效应，主要表现在以下几个方面：

1. 负摩阻力的产生和发展取决于桩周土固结完成所需时间，固结土层愈厚，渗透性愈低，负摩阻力达到其峰值所需时间愈长。

2. 负摩阻力的产生和发展与桩身沉降完成的时间有关。当桩的沉降先于固结土层固结完成的时间，则负摩阻力达峰值后就稳定不变，如端承桩；当桩的沉降迟于桩周土沉降的完成，则负摩阻力达峰值后又会有所降低，如有的摩擦桩桩端土层蠕变性较强者，就会呈现这种特征，不过较为少见。

3. 中性点位置也存在着时间效应。一般来说，中性点的位置大多是逐步降低的，即中性点的深度是逐步增加的。无论桩的轴向压力还是下拉荷载都是随着桩周土固结过程不断增加的，例如实测资料表明，自重湿陷性黄土的湿陷过程中以砂卵石为持力层的桩负摩阻力值及中性点的深度都逐步增长。即使是摩擦桩，上述特征仍然明显。

图 3-116 表示某工程实测一根试桩的负摩阻力时间效应的概况。限于测试条件，只测得桩、土下沉位移及中性点位置随时间的变化。

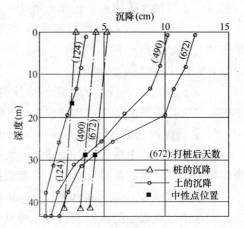

图 3-116 桩、土沉降及中性点位置随时间的变化

图 3-117 中负摩阻力的发生和发展经历着一个缓慢的时间过程，中性点的深度也同样经历着一个变动的过程。这是由桩周软黏土的固结沉降特性决定的。通常情况下，负摩阻

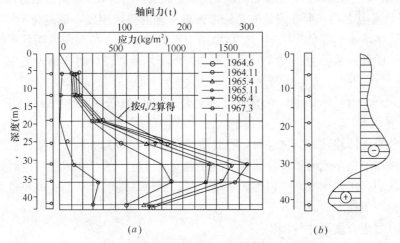

图 3-117 钢管桩负摩阻力的实测结果
(a) 桩身轴力随着时间的变化过程；(b) 最终的负摩阻力分布图

力在成桩初期增长较快,而达到稳定值(最大值)却很慢;固结土越厚,该时间过程越长;摩擦桩又比端承桩稳定得慢。由图 3-117(a)可看出,负摩阻力在第一年就发挥了 80%,可是达到稳定值却经历了三年多时间。

3.11.9 消减桩负摩阻力的措施

根据对桩负摩阻力的分析结果,可以采取有针对性的措施来减小负摩阻力的不利作用:

1. 承台底的欠固结土层处理(disposal of underconsolidate soil layer under cap)

对于欠固结土层厚度不大可以考虑人工挖除并替换好土以减少土体本身的沉降。

对于欠固结土层厚度较大或无法挖除时,可以对欠固结土层(如新填土地基)采用强夯挤淤、土层注浆等措施,使承台底土在打桩前或打桩后快速固结,以消除负摩阻力。

2. 在桩基设计时,考虑桩负摩阻力后,单桩竖向承载力设计值要折减降低,并注意单桩轴力的最大点不再在桩顶,而是在中性点位置。所以,桩身混凝土强度和配筋要增大,并验算中性点位置强度。

3. 考虑负摩阻力后,承台底部地基的承载力不能考虑,而且贴地的低承台由于地基土的本身沉降有可能转变成高承台。

4. 套管保护桩法(method of pile protection with sleeve)

即在中性点以上桩段的外面罩上一段尺寸较桩身大的套管,使这段桩身不致受到土的负摩阻力作用。该法能显著降低下拉荷载,但会增加施工工作量。

5. 桩身表面涂层法(method of coat on the surface of pile shaft)

即在中性点以上的桩侧表面涂上涂料,一般用特种的沥青。当土与桩发生相对位移出现负摩阻力时,涂层便会产生剪应变而降低作用于桩表面的负摩阻力,这是目前被认为降低负摩阻力最有效的方法。

6. 预钻孔法(pre-drill method)

此法既适用于打入桩又适用于钻孔灌注桩。对于不适于采用涂层法的地质条件,可先在桩位处钻进成孔,再插入预制桩,在计算中性点以下的桩段宜用桩锤打入以确保桩的承载力,中性点以上的钻孔孔腔与插入的预制桩之间灌入膨润土泥浆,用以减少桩负摩阻力。

7. 考虑负摩阻力后,要在设计时考虑增强桩基础的整体刚度,以避免不均匀沉降。

由于欠固结填土、堆载等引起的桩负摩阻力不但增加了下拉荷载,而且可能使房屋基础梁与地基土脱开,从而引起过大沉降或不均匀沉降,所以设计时应事先考虑。

3.12 桩端后注浆的理论研究

注浆可分为土体注浆和岩体注浆,将其应用在桩端,即为桩端后注浆。桩端后注浆是指钻孔灌注桩在下钢筋笼时预埋注浆管并灌注混凝土成桩,然后在成桩一定时间后对注浆管开塞并向桩端高压注入水泥浆以加固桩端地层,固化桩端沉渣从而提高单桩承载力,减小沉降的一种施工技术。

3.12.1 岩土介质可注性理论

岩土介质的可注性是指岩土介质能否让某种浆液渗入其孔隙和裂隙的可能性,它既取决于岩土介质的渗透性,又取决于浆液的粒度和流变性,还与渗径结构有关。不同的渗径结构具有不同的渗透几何参数(粒状介质的颗粒有效直径、孔隙直径,裂隙介质的节理组数、宽度、密度等)。

1. 粒状介质的可注性

土体由粗细不同的颗粒组成。对于粉粒以上的粒状土,粒间没有或仅有微小的联结力,土粒相互堆积在一起,形成散粒状结构,成为粒状介质,这种介质可进行渗透注浆。黏土则具有蜂窝状结构、凝絮结构和分散结构,可进行劈裂注浆。

将土简化为连续均匀介质,土颗粒直径用有效直径的等体积体来代替,等体积间的孔隙体积用等量的球体来代替,该球体的直径为孔隙直径。孔隙直径应大于注浆材料的颗粒直径。可注性可用介质的颗粒直径来定义。对于粒状介质,可注性用可注比 N 来表示:

$$N = D_{15}/G_{85} \geqslant 15, \quad N = D_{10}/G_{95} \geqslant 8 \tag{3-91}$$

式中 D_{15}、D_{10}——土颗粒在粒度分析曲线上占15%、10%的对应直径;

G_{85}、G_{95}——注浆材料在粒度分析曲线上占85%、95%的对应直径。

关于可注比,也有用 $N=D_{10}/G_{90}$,$N=D_m/G_{90}$ 表示的,关于何时为渗透注浆,N 的取值也不尽相同。可注比并不是一项普遍适用的准则,颗粒级配及细粒含量控制注浆效果,因此可根据图3-118判断可注性和注何种浆液。

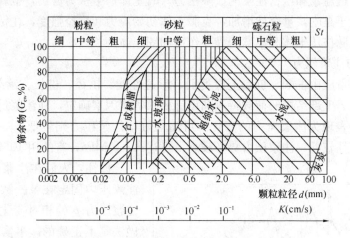

图3-118 粒状介质注浆适用范围

不同粒径的土体,注浆的浓度也不相同,对于粗颗粒土体可采用浓度较大的粗粒水泥浆液,对于细颗粒土体,则可采用浓度较小的细粒水泥浆液。

2. 裂隙介质的可注性

岩体裂隙可注性是裂隙宽度应大于注浆材料最粗颗粒直径的3倍以上。我国普通水泥主要成分的颗粒直径约为 $50\mu m$,最粗达 $80\mu m$。注水泥浆时,岩体裂隙的极限宽度为0.24mm;用超细水泥注浆时,岩体裂隙的最小宽度为0.1mm。

3. 渗透注浆

渗透注浆,属于偏适应性注浆,是在不足以破坏地层构造的压力(即不产生水力劈裂)下,把浆液注入到粒状土的孔隙中,从而取代、排除其中的空气和水。一般渗透注浆的必要条件是满足可注性条件。渗透性注浆一般均匀地扩散到土颗粒间的孔隙内,将土颗粒胶结起来,增强土体的强度和防渗能力。

研究表明，渗透性注浆的性状是牛顿体并符合 Darcy 渗透理论。桩底注浆早期一般为渗透性注浆。浆液扩散性状取决于注浆方式；当由钻杆端孔注浆，注浆孔较深，这时相当于点源。浆液呈球面扩散，花管式分段注浆，浆液呈柱面扩散。

4. 压密注浆

压密注浆是一种半适应性半强制性注浆，适应于加固比中砂细的砂土和能够充分排水的黏土，其优点是对最软弱土区起到最大的压密作用。

压密注浆是用极稠的浆液（塌落度<25mm），通过钻孔挤向土体，在注浆处形成球形浆泡，浆体的扩散靠对周围土体的压缩。浆体完全取代了注浆范围内的土体，在注浆邻近区存在大的塑性变形带，离浆泡较远的区域土体发生弹性变形，因而土的密度明显增加。压密注浆的浆液极稠，浆液在土体中运动式挤走周围的土，起置换作用，而不向土内渗透。其不像渗透注浆，浆液渗入土颗粒孔隙内，将土颗粒包围胶结起来，压密注浆的注浆压力对土体产生挤压作用，只使浆体周围土体发生塑性变形，远区土体发生弹性变形，而不使土体发生水力劈裂，这是压密注浆与劈裂注浆的根本区别。

5. 劈裂注浆

劈裂注浆属于偏强制性注浆，其实质是通过较高压力使浆体产生扩充，当液体压力超过劈裂压力（渗透注浆和压密注浆的极限压力）时土体产生水力劈裂，也就是在土体内突然出现一裂缝，于是吃浆量突然增加，克服土体初始应力和抗拉强度，在钻孔附近形成网状浆脉，通过浆脉挤压土体和浆脉的骨架作用加固土体。

6. 注浆量与注浆压力

合理的注浆量应由桩端、桩侧土层类别、渗透性能、桩径、桩长、承载力增幅要求、沉渣量施工工艺、上部结构的荷载特点和设计要求等因素确定。在注浆过程中，桩底可灌性的变化直接表现为注浆压力的变化。可灌性好，注浆压力则较低，一般在 4MPa 以下；反之若可灌性较差，注浆压力势必较高，可达 4~10MPa，有的用 10MPa 仍不可注。

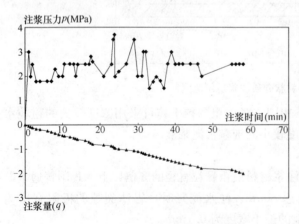

图 3-119　实测浙江大学港湾家园 14S1 注浆压力、注浆量曲线

以往，人们在注浆过程中喜欢把注入压力固定在某一数值，而忽略了注浆压力 p 的相对变化，实际上这种做法是不正确的。事实上典型实测注浆压力曲线如图 3-119 所示。

从图 3-119 中可以看出：

（1）刚开始注浆时，注浆压力 p 与注浆时间 t 成线性关系，这是从渗透注浆到压密注浆的过程。

（2）注浆量 q 与注浆时间 t 在砂砾层中成线性增长关系。

（3）注浆过程中，随着注浆量增加，注浆压力不断变化，但有一个动态范围（图 3-119 在 1~2MPa 范围），说明此时压密注浆与劈裂注浆交替进行中。随着注浆量进一步增大和注浆浓度的提高，到一定时间后注浆压力会有所提高。

所以，在桩端后注浆中，一般采用注浆量为主控因素，注浆压力为辅控因素，现场记录必须要记录注浆量—注浆压力随时间的变化情况。

3.12.2 考虑材料软化的桩端后注浆柱（球）扩张理论

由理论分析和试验测试可以看到，密实砂、超固结土等材料在应力应变关系曲线上有明显的峰值，当应力小于峰值强度，在起始阶段表现为弹性状态，然后逐渐屈服；到达峰值后，应力随变形的增大而降低。Prevost 和 Hughes 提出在应变软化范围内，由于应力增量与应变增量的内积为负值，使得数值模拟分析结果并不唯一。因此，引进 K. Dems 及 Z. Mroz 提出的分段线性函数来模拟应力应变关系，峰值至残余应力之间的关系，则用应力跌落表示。图 3-120 为软化模型在一维情况下的表示，其中 A 点和 B 点相对应的是初始屈服面 $F(\sigma_{ij})=0$ 和后继屈服面 $f(\sigma_{ij})=0$，当质点加载至初始屈服面上点 A 且加载条件得到满足时，应力跌落到后继屈服面 $f(\sigma_{ij})=0$ 的 B 点。在加载条件满足时，产生塑性流动，直至结构破坏。注浆过程中表现为压密注浆变为劈裂注浆。运用孔扩张理论有利于注浆理论分析，桩底注浆既有球扩张，也有柱孔扩张问题，扩张理论在桩注浆工程中的应用示意图见图 3-121。

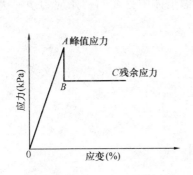

图 3-120 应力跌落
软化模型

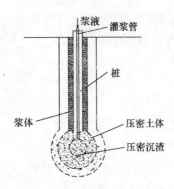

图 3-121 扩张理论在桩注浆
工程中的应用示意图

为了便于分析，引入参数 m，对柱形孔扩张分析 $m=1$，对球形孔扩张分析 $m=2$，图 3-122 为无限体中孔扩张问题的平面表示。在孔内壁作用压力 p 时，径向受压，切向受拉。p 较小时，孔周围介质处于弹性状态，当 p 值增加时，并达到某一值时，孔周围介质将发生屈服，形成损伤面 S_c。随着 p 值增大，损伤面 S_c 向外扩展运动，S_c 上的应力发生应力跌落，形成一个环状柱形损伤区（塑性区）D_d，但在以外仍为弹性区域 D_e，图中 a 为柱孔的半径，r_1 为损伤区的半径，p 为孔内扩张压力。

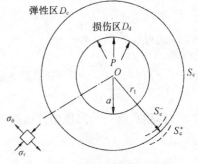

图 3-122 孔扩张问题示意图

平衡方程为：
$$\frac{d\sigma_r}{dr} + m\frac{\sigma_r - \sigma_\theta}{r} = 0 \tag{3-92}$$

几何方程为：
$$\varepsilon_r = \frac{du_r}{dr}, \quad \varepsilon_\theta = \frac{u_r}{r} \tag{3-93}$$

弹性本构方程为：
$$\varepsilon_r = \frac{1}{M}\left[\sigma_r - \frac{mv}{1-v(2-m)}\sigma_\theta\right] \tag{3-94}$$

$$\varepsilon_\theta = \frac{1}{M}\left\{-\frac{\upsilon}{1-(2-m)}\sigma_r + [1-\upsilon(m-1)]\sigma_\theta\right\} \quad (3-95)$$

其中，υ 为泊松比。而 $M=\dfrac{E}{1-\upsilon^2(2-m)}$

塑性变形阶段采用 Mohr-Coulomb 准则，其表示为：

初始屈服函数：$\quad F=(\sigma_r-\sigma_\theta)-(\sigma_r-\sigma_\theta)\sin\varphi-2c\cos\varphi=0 \quad (3-96)$

后继屈服函数：$\quad f=(\sigma_r-\sigma_\theta)-(\sigma_r+\sigma_\theta)\sin\varphi_r-2c_r\cos\varphi_r=0 \quad (3-97)$

式中 c、φ、c_r、φ_r 分别为材料黏聚力、内摩擦角、残余黏聚力、残余内摩擦角。

以上皆规定压应力为正，拉应力为负。

弹、塑性应力场及位移场的确定：

弹性区 D_e，$D_e = \{r \mid r \geqslant a, p < p_c\} \cup \{r \mid r \geqslant r_1, p \geqslant p_c\} \quad (3-98)$

式中 p_c——开始出现塑性变形时的压力。

边界条件：$\sigma_r(a)=p$，$\lim\limits_{r\to\infty}\sigma_r=p_0$

由弹性对称问题的解答和边界条件，并考虑土体中存在的初始应力 p_0，可得弹性状态土体的应力场和位移场为：

$$\begin{cases}\sigma_r = (p-p_0)\left(\dfrac{a}{r}\right)^{m+1} + p_0 \\[2mm] \sigma_\theta = -\dfrac{(p-p_0)}{m}\left(\dfrac{a}{r}\right)^{m+1} + p_0 \\[2mm] u = \dfrac{p-p_0}{2mG}\left(\dfrac{a}{r}\right)^{m+1} r\end{cases} \quad (3-99)$$

上式为 $D_e = \{r \mid r \geqslant a, p < p_c\}$ 上的应力场、位移场计算公式。

式中 a——内孔半径；

r——计算点的半径。

对于域 $D_e = \{r \mid r \geqslant r_1, p \geqslant p_c\}$ 上的公式，只需要将 a 改为 r_1，p 改为 p' 即可。r_1 为塑性区半径，p' 为 S_c^- 上的法向应力。

塑性区 D_d，$D_d = \{r \mid a \leqslant r \leqslant r_1, p \geqslant p_c\}$

式可变形为：$\sigma_r - \alpha\sigma_\theta = Y$

其中：$\quad\alpha = \dfrac{1+\sin\varphi}{1-\sin\varphi}$，$Y = \dfrac{2c\cos\varphi}{1-\sin\varphi}$

得到孔壁开始出现塑性区时的临界扩张压力为：

$$p_c = 2mG\delta + p_0 \quad (3-100)$$

式中 $\delta = \dfrac{Y+(\alpha-1)p_0}{2(m+\alpha)G}$

由平衡方程式，屈服条件及边界条件，可得到弹性区域 D_e 的应力场和位移场解答为：

$$\begin{cases} \sigma_r = (p-p_0)\left(\dfrac{r_1}{r}\right)^{m+1} + p_0 \\ \sigma_\theta = -\dfrac{(p-p_0)}{m}\left(\dfrac{r_1}{r}\right)^{m+1} + p_0 \\ u = \dfrac{p-p_0}{2mG}\left(\dfrac{r_1}{r}\right)^{m+1} r \end{cases} \quad (3\text{-}101)$$

当 $r=r_1$ 时： $$u\big|_{r=r_1} = \dfrac{(p+c_r\cot\varphi_r)\left(\dfrac{a}{r_1}\right)^{\frac{2m\sin\varphi_r}{1+\sin\varphi_r}} - c_r\cot\varphi_r - p_0}{2mG} r_1$$

记上式为 u_{r_1}。根据 S_c^+ 上的应力条件，可得 p 与 r_1 的关系：

$$r_1 = a\left[\dfrac{p+\dfrac{Y_r}{\alpha_r-1}}{2mG\delta+p_0+\dfrac{Y_r}{\alpha_r-1}}\right]^{\frac{\alpha_r}{m(\alpha_r-1)}} \quad (3\text{-}102)$$

若材料无软化特性，上式可化为：

$$r_1 = a\left[\dfrac{p+c\cot\varphi}{2mG\delta+p_0+c\cot\varphi}\right]^{\frac{1+\sin\varphi}{2m\sin\varphi}} \quad (3\text{-}103)$$

下面确定最终扩张压力 p_u 及塑性区最大半径 $r_{1\max}$ 的大小，用 Δ 表示塑性区平均体积应变，对于 Mohr-Coulomb 材料根据体积平衡条件可得到最终扩张压力 p_u 为：

$$p_u = \left(2mG\delta+p_0+\dfrac{Y_r}{\alpha_r-1}\right)\left(\dfrac{1+\Delta}{1+\Delta-(1-\delta)^{m+1}}\right)^{\frac{m(\alpha_r-1)}{(m+1)\alpha_r}} - \dfrac{Y_r}{\alpha_r-1} \quad (3\text{-}104)$$

若 $c_r=c$，$\varphi_r=\varphi$，忽略 δ^2 项，令 $m=1$，则：

$$p_u = [c\cos\varphi+p_0(1+\sin\varphi)c\cot\varphi]\left[\dfrac{(1+\Delta)E}{\Delta\cdot E+2(1+v)(c\cos\varphi+p_0\sin\varphi)}\right]^{\frac{4\sin\varphi}{3(1+\sin\varphi)}} \quad (3\text{-}105)$$

2. 计算分析

1) p_u 与 c_r、φ_r 关系

根据上述公式，可计算得到不同材料常数，不同软化程度时的 p_u 值。

从图 3-123 中可以看出两点：①在相同的材料条件下，球形扩张极限压力比柱形扩张压力大；②不管用球扩张或柱扩张算，极限扩张压力 p_u 随黏聚力增大其值提高不多，但随内摩擦角增大影响明显。这说明在无黏性土中可以选用较大的注浆压力，注浆效果明显。

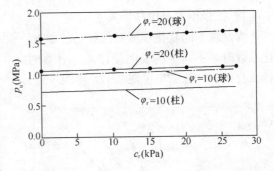

图 3-123 球（柱）扩展 p_u-c_r 关系曲线

2) p/c 与损伤区半径 r_1 的关系

考虑 $c=8\text{kPa}$，$\varphi=22°$，$c_r=0\text{kPa}$，$\varphi_r=20°$，随初始压力 p_0 的变化其关系曲线见图 3-124 和图 3-125。可见用 Mohr-Coulomb 准则来分析 r_1-p 的关系，一定要考虑初始应力，

否则计算结果与实际结果相差很大。考虑达到极限压力时的损伤区半径,柱形扩张为 5.90a,球形扩张为 3.30a,前者为后者的 1.78 倍。可见柱形扩张的塑性加固区要大得多。此外 p_0 增大,r_1-p 关系曲线较陡。

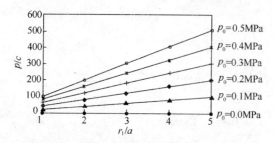 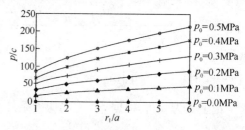

图 3-124　球形扩张不同 p_0 时 p/c-r_1/a 曲线　　　图 3-125　柱形扩张不同 p_0 时 p/c-r_1/a 曲线

3) 扩张压力与径向应力场关系

为反映不同软化程度对应力场的影响,取点 $r_0/a=3.0$,$a=1.5$m,计算在不同软化系数时,不同 p 的法向应力 σ_r。计算结果见图 3-126 和图 3-127。这两个图都有一个共同特点,即在 p 达到临界扩张压力 p_c 之后,σ_r 随软化系数的不同,与 p 的关系曲线也不同,出现分叉。

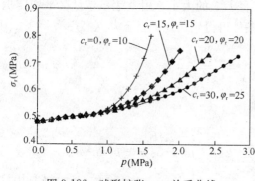 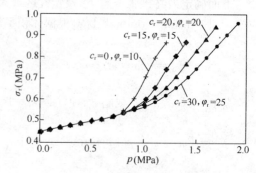

图 3-126　球形扩张 p-σ_r 关系曲线　　　图 3-127　柱形扩张 p-σ_r 关系曲线

4) 扩张压力与位移场关系

为反映不同软化程度对位移场的影响,取孔周围点 $r_0=a$,$a=0.75$m,计算在不同软化系数时,不同 p 的径向位移 u_a。计算时,先计算塑性区扩展半径 r_1,然后选取相应的计算公式,计算结果见图 3-128 和图 3-129。

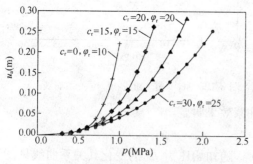 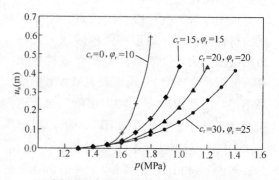

图 3-128　球形扩张 p-u_a 关系曲线　　　图 3-129　柱形扩张 p-u_a 关系曲线

这两个图也同样具有上述特点，即在 p 达到临界扩张压力 p_c 之后，u_a 随软化系数的不同，与 p 的关系曲线也不同，出现了分叉。

5）扩张半径与残余应力关系

在孔周围土体进入塑性状态以后，即使将内压力 p 全部卸除，由于变形不能完全恢复，不仅有残余变形，还会有残余应力。应用卸载定律，可以求出残余应力。径向应力及环向应力的分布情况见图3-130和图3-131。

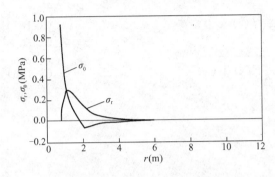 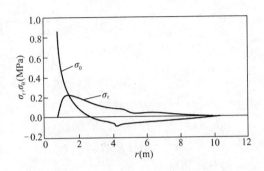

图3-130　球形扩张与残余应力关系曲线　　　图3-131　柱形扩张与残余应力关系曲线

由图可知，孔附近的残余应力是正应力，这就好像是对桩施加了预应力，从而提高了桩的侧摩阻力。这种预加塑性变形来提高结构承载能力的技术在工程上得到广泛应用。

3.12.3　桩端注浆提高桩承载力减少变形的机理

从上面分析可以看出，桩端注浆提高单桩承载力的机理有以下几个方面：

1. 桩端注浆提高了单桩桩端端承力，因为钻孔桩施工过程中钻头扰动降低了桩持力层的单位端阻力 q_p 值，桩端沉渣又降低了桩持力层的 q_p 值，通过对桩端持力层注入水泥浆固化了桩端持力层的扰动和沉渣，使桩端端承力大大提高，同时桩端注浆相当于人为造了一个持力层。

2. 桩端注浆的高压压力作用于桩底就好像对桩底施加了预应力，从而提高了桩端力和桩侧阻力。

3. 桩端注浆水泥浆液沿桩侧爬升置换了桩侧泥皮，提高了桩土界面的摩擦力，大大提高了桩侧摩阻力。

4. 桩端注浆综合的结果不但提高了桩端阻力，而且提高了桩侧阻力，即提高了单桩极限承载力。

5. 桩端注浆不但提高了单桩承载力，而且最大的好处是减少了桩的变形量，且使群桩基础沉降均匀。因为不注浆桩有可能某些桩沉降大而另一些桩沉降小，所以群桩沉降会不均匀，而差异沉降和过大沉降是建筑物所不允许的，但桩端注浆相当于人为地固化了整个建筑物下及周围的桩端持力层并使其强度提高，从而使得整个建筑物沉降均匀且沉降量小。

3.12.4　分层位移迭代法对注浆前后 Q-s 曲线分析

采用分层积分法和分段直接计算法，并从假设一个桩端位移 s_b 出发进行位移迭代，对注浆前后的 Q-s 曲线进行了分析。其计算收敛速度较快，结果与实际吻合较好。

桩顶位移可表示为下式：

$$s_t = s_{sc} + s_{sp} + s_b \tag{3-106}$$

式中 s_t——桩顶位移；
s_{sc}——桩身混凝土弹性压缩量（可恢复）；
s_{sp}——桩身混凝土塑性压缩量（不可恢复）；
s_b——桩端位移。

取 $s(z)$ 为 z 断面位移，在弹性假设下可得：

$$\frac{d^2 s(z)}{dz^2} - \frac{u}{EA} f(s) = 0 \tag{3-107}$$

$$\frac{ds}{dz} = -\sqrt{\frac{2u}{EA} F(s) + C_1} \tag{3-108}$$

式中 $f(s)$——传递函数；
$F(s)$——$f(s)$ 的原函数；
C_1——积分常数。

因此可得轴向力 N：

$$N = -EA \frac{ds}{dz} = EA \sqrt{\frac{2u}{EA} F(s) + C_1} \tag{3-109}$$

式中 E——桩身混凝土弹性模量；
A——桩身截面积。

先假定桩端位移为 s_b，并假定单位面积桩端阻力 τ 是 s_b 的函数，即

$$\tau = \tau(s_b) \tag{3-110}$$

该函数也作为传递函数来处理，但参数不同于桩侧土传递函数，同时将剪力 τ 改为压应力 σ。对于桩长为 L 的桩，在 $z=L$ 处有边界条件 $s=s_b$，得到下式：

$$\left.\frac{ds}{dz}\right|_{s=s_b} = -\frac{\tau(s_b)}{E} \tag{3-111}$$

将式（3-111）代入式（3-112）得积分常数

$$C_1 = \frac{\tau^2(s_b)}{E^2} - \frac{2u}{EA} F(s_b) \tag{3-112}$$

因此方程（3-112）可写成：

$$ds \bigg/ \sqrt{\frac{2u}{EA} F(s) + C_1} = -dz \tag{3-113}$$

从桩端到任意深度，即从 $z=L$ 到 Z，对式（3-113）两边对应积分，得：

$$\int_{s_b}^{s} \frac{ds}{\sqrt{\frac{2u}{EA} F(s) + C_1}} = \int_L^Z -dz = L - Z \tag{3-114}$$

根据式（3-114），对于均质地基土中的桩，即可计算桩的荷载传递。先假设一个桩端位移 s_b。在桩顶 $z=0$ 处即可求得桩顶位移 s 和荷载 Q 值。假设不同的 s_b 值，即可求得桩顶荷载 Q，且从最低下一层开始，然后一层一层往上计算，实际计算按分段直接计算。桩的分段 ΔL 取为 0.1m 左右，桩端位移在小荷载时必须很小，如取 $s_b = 1 \times 10^{-5}$mm 开始，

然后逐渐增大,传递函数采用双曲线 $f(s)=\dfrac{as}{b+s}$ 形式。计算示意图如图 3-132 所示,计算流程图见图 3-133。

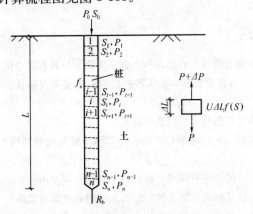

图 3-132 桩的分段直接计算原理示意图

图 3-134、图 3-135 为理论计算曲线,表 3-49 为不同持力层桩底注浆前后单桩竖向极限承载力增幅理论值。可以发现:黏土、粉砂、砂砾层作为桩基持力层,颗粒越粗,桩底后注浆效果越好,即砂砾层注浆效果最好。对于黏性土、淤泥质土注浆主要是固化桩底沉渣,对于基岩注浆主要是固化沉渣和加固基岩裂隙。当然在实际工程中还应注意持力层厚度、密实度、颗粒级配、渗透性及地下水性状等因素。

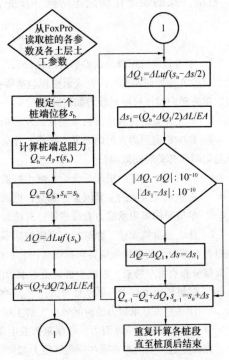

图 3-133 分段直接算法流程图

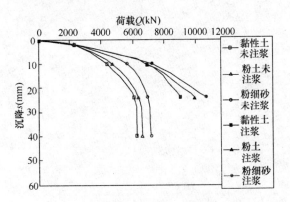

图 3-134 桩端持力层为细粒土注浆前后 Q-s 理论曲线(桩径 900mm,桩长 40m)

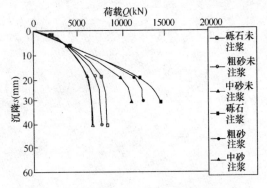

图 3-135 桩端持力层为粗粒土注浆前后 Q-s 理论曲线(桩径 900mm,桩长 40m)

不同持力层桩底注浆前后单桩竖向极限承载力增幅理论值　　　表 3-49

桩持力层	砂砾层	中砂层	粉砂层	黏土层	淤泥质土	基岩
桩极限承载力增幅	≥40%	≥30%	≥25%	≥15%	10%	≥15%
优　点	桩底注浆相当于人造一个好的桩端持力层,可减少群桩不均匀沉降					

实际桩端后注浆的承载力计算是根据桩侧土、桩端土的提高值和桩身混凝土强度两者综合来设计的。而桩侧后注浆的机理同桩端后注浆，只不过侧重点在于提高桩侧土的摩阻力。桩端注浆的系统化理论正待进一步完善。

思 考 题

3-1 单桩竖向抗压静载试验的目的是什么？适用范围有哪些？有哪几种加载反力装置？各有哪些优缺点？试验方法如何要求？试验成果整理包括哪些内容？各种单桩竖向抗压静载试验的典型曲线有什么特点？单桩竖向抗压极限承载力如何确定？

3-2 桩土体系的荷载传递机理是什么？影响桩土体系荷载传递的因素有哪些？

3-3 影响桩侧阻力发挥的因素有哪些？什么是桩侧阻力的挤土效应？什么是非挤土桩的松弛效应？什么是侧阻发挥的时间效应？

3-4 打桩挤土效应的机理是什么？减小打桩挤土效应的措施有哪些？打桩挤土有哪些监测内容？

3-5 影响桩端阻力的主要因素有哪些？桩端阻力的破坏模式有哪几种？什么是端阻力的深度效应？

3-6 单桩竖向极限承载力有哪些计算方法？各有什么特点？如何应用？

3-7 什么是群桩效应？群桩效应主要包括哪些方面的内容？桩群、承台和土的相互作用是怎样的？桩侧阻力、端阻力的群桩效应各包括哪些内容？什么是沉降的群桩效应？群桩有哪些破坏模式？群桩的桩顶荷载分布有哪些特点？群桩中桩、土、承台的共同作用特点有哪些？

3-8 群桩极限承载力有哪些计算方法？各种方法各有什么样的特点？

3-9 什么是桩基承载力的时间效应？挤土桩与非挤土桩承载力的时间效应各有那些特点？

3-10 什么是桩基负摩阻力？负摩阻力发生条件有哪些？什么是负摩阻力的中性点？如何确定？影响中性点深度的主要因素有哪些？负摩阻力如何计算？什么是单桩负摩阻力的时间效应？群桩的负摩阻力如何确定？消减负摩阻力的措施有哪些？

3-11 渗透注浆、压密注浆、劈裂注浆三者关系如何？桩端后注浆的机理是什么？

第4章 桩基沉降计算

桩基的竖向承载力和竖向沉降是桩基受力性状的两个重要的方面，两者既有联系，又有区别。本章重点介绍桩基的竖向沉降计算方法。

4.1 概　　述

众所周知，桩基的承载力与沉降是桩基设计中最主要的内容。在过去漫长的时间里，人们为了精确计算和预测桩基的沉降，曾进行过大量的研究，提出一系列计算沉降的方法。但由于地下桩基础的复杂性和地基土的非均匀性，桩基沉降的计算理论还有待成熟。

本章主要包括了单桩沉降计算理论、单桩沉降计算的荷载传递法、剪切位移法、弹性理论法、路桥桩基简化方法、单桩沉降计算的分层总和法、数值分析法、群桩沉降计算理论、群桩沉降计算的等代墩基法、明德林—盖得斯法、建筑地基基础设计规范法、浙江大学考虑桩身压缩的群桩沉降计算方法、建筑桩基技术规范方法、沉降比法、桩筏（箱）基础沉降计算等内容。

学完本章后应掌握以下内容：
(1) 单桩沉降的组成；
(2) 单桩沉降的各种计算方法；
(3) 群桩沉降计算理论；
(4) 群桩沉降的各种计算方法；
(5) 桩筏（箱）基础沉降计算方法。

学习中应注意回答以下问题：
(1) 单桩沉降由哪几部分组成？单桩沉降有哪几种计算方法？
(2) 荷载传递法、剪切位移法、弹性理论法、简化分析法、分层总和法各自的机理是什么？研究现状怎样？有哪些优缺点？
(3) 数值分析法包括哪几种？各有哪些特点？
(4) 群桩沉降由哪几部分组成？群桩沉降的计算方法有哪些？各自有哪些特点？
(5) 等代墩基法、明德林—盖得斯法、建筑地基基础设计规范法、浙江大学考虑桩身压缩的群桩沉降计算方法、建筑桩基技术规范方法、沉降比法分别如何计算群桩沉降？
(6) 桩筏（箱）基础有哪些优缺点？如何进行沉降计算？

4.2 单桩沉降计算理论

对于一柱一桩的情况，单桩的沉降计算就是一个实际的工程问题。另一方面，某些群桩的沉降计算方法，是以单桩沉降为基础，通过经验关系或迭加的原理而得到。故对桩基沉降计算，有必要先分析单桩的沉降。

4.2.1 单桩沉降的组成

在竖向工作荷载作用下的单桩沉降由以下两部分组成：
1. 桩身混凝土自身的弹塑性压缩 s_s（elastic compression）；
2. 桩端以下土体所产生的桩端沉降 s_b（pile end settlement）；

单桩桩顶沉降 s_0 可表达为：

$$s_0 = s_s + s_b \tag{4-1}$$

桩身的压缩通常可把桩身混凝土视作弹性材料，用弹性理论进行计算。

桩端以下土体的压缩包括：土的主固结变形和次固结变形以及钻孔桩有桩端沉渣压缩等。除了土体的固结变形外，有时桩端还可能发生刺入变形（土体发生塑性变形）。对固结变形可用土力学中的固结理论进行计算，固结变形产生的沉降，是随时间而发展的，具有时间效应的特征。当桩端以下土体的压缩与荷载关系近似为直线关系时，也可以把土体视作线弹性介质，运用弹性理论进行近似计算。对刺入变形目前还研究不够，无法很好预测。目前一般假定桩端位移和桩端力成线性关系。另外，钻孔桩桩端沉渣也会产生压缩变形。

4.2.2 单桩沉降的计算方法

在工程上可根据荷载特点、土层条件、桩的类型来选择合适的桩基沉降计算模式及相应的计算参数。沉降计算是否符合实际，在很大程度上取决于计算参数是否正确。

目前单桩沉降的计算方法主要有以下几种：
1. 荷载传递法（analysis method of load transfer）；
2. 剪切位移法（shear displacement method）；
3. 弹性理论法（elastic theory method）；
4. 分层总和法（layerwise summation method）（建筑桩基技术规范方法）；
5. 简化方法（simplified method）（我国路桥规范简化计算法）；
6. 数值计算法（finite element method）。

现将各种方法中对桩模型、土模型的假设条件及桩土相互作用模型比较列于表4-1。

单桩沉降计算方法比较　　　　　　　　　　表4-1

单桩沉降计算方法	桩	土	桩土相互作用	优 缺 点
荷载传递法	弹性	根据具体的传递曲线，一般为弹塑性，为非连续介质	满足力的平衡，位移协调	荷载传递法的优点是能较好地反映桩土间的非线性和地基的成层性，而且计算简便，便于工程应用。但该方法没有考虑土的连续性，无法直接应用到群桩分析
剪切位移法	弹性	沿桩径向的连续介质	满足力的平衡，位移协调	剪切位移法可以给出桩周土体的位移变化场，通过叠加方法可以考虑群桩的共同作用，较有限元法和弹性理论法简单。但假定桩土之间没有相对位移，桩侧土体上下层之间没有相互作用，这些与实际工程的工作特性并不相符

续表

单桩沉降计算方法	桩	土	桩土相互作用	优 缺 点
弹性理论法	弹 性	弹性的连续介质	满足力的平衡，位移协调	弹性理论法的优点是考虑了土体的连续性，具有比较完善的理论基础，已形成比较完善的体系。但其分析是基于弹性力学的基本解，因此无法精确考虑土的成层性和非线性特性。土的性状仅仅通过 E_s 和 ν_s 两个参数加以反映也不够完善
数值计算法	弹性或弹塑性	弹塑性的连续介质	满足力的平衡，位移协调或允许滑移产生	可以考虑桩土滑移的发生

下面几节就详细对各种方法进行介绍。

4.3 荷载传递法

4.3.1 荷载传递法的基本原理

荷载传递法（load transfer method）是目前应用最为广泛的简化方法，该方法的基本思想是把桩划分为许多弹性单元，每一单元与土体之间用非线性弹簧联系（图 4-1a），以模拟桩—土间的荷载传递关系。桩端处土也用非线性弹簧与桩端联系，这些非线性弹簧的应力—应变关系，即表示桩侧摩阻力 τ（或桩端抗力 σ）与剪切位移 s 间的关系，这一关系一般就称作为传递函数（transfer function）。

荷载传递法的关键在于建立一种真实反映桩土界面侧摩阻力和剪切位移的传递函数（即 $\tau(z) - s(z)$ 函数）。传递函数的建立一般有两种途径：一是通过现场测量拟合；二是根据一定的经验及机理分析，探求具有广泛适用性的理论传递函数。目前主要应用后者来确定荷载传递函数。

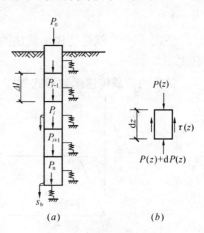

图 4-1 桩的计算模式

Kezdi（1957）以指数函数作为传递函数对刚性桩进行了分析，对柔性桩，采用了级数法求解。佐腾悟（1965）提出了线弹性全塑性传递函数，并在公式中考虑了多层地基和桩出露地面的情况。Vijayvergiya（1977）采用抛物线为传递函数。考虑到桩周土体在受荷过程中的非线性，Gardner（1975）、Kraft（1981）分别提出了两种表达形式不同的双曲线形式的传递函数。潘时声（1993）根据实际工程地质勘测报告提供的桩侧土极限摩阻力和桩端土极限阻力，也提出了一种双曲线函数来模拟传递函数。陈龙珠（1994）采用双折线硬化模型，分析了桩周和桩底土特性参数对荷载—沉降曲线形状的影响。王旭东（1994）对 Kraft 的函数进行了修正，引入了一个控制性状的参数 M_f。陈明中（2000）用三折线模型作为传递函数，考虑了土体强度随深度增长的特性，推导了单桩荷载—沉降关系的近似解析解。Guo（2001）提出了一种弹脆塑性模型，以考虑桩周土体的软化性状，这也是三折线模型中的一种。辛公锋（2003）也提出了一个考虑桩侧土软化的三折线模型。

4.3.2 荷载传递法的假设条件

荷载传递法把桩沿桩长方向离散成若干单元，假定桩体中任意一点的位移只与该点的桩侧摩阻力有关，用独立的线性或非线性弹簧来模拟土体与桩体单元之间的相互作用。该方法是由 Seed（1957）提出的。

4.3.3 荷载传递法本构关系的建立

为了导得传递函数法的基本微分方程，可根据桩上任一单元体的静力平衡条件得到（图 4-1b）：

$$\frac{dP(z)}{dz} = -U\tau(z) \tag{4-2}$$

式中 U——桩截面周长。

桩单元体产生的弹性压缩 ds 为：

$$ds = -\frac{P(z)dz}{A_p E_p} \tag{4-3}$$

或

$$\frac{ds}{dz} = -\frac{P(z)}{A_p E_p} \tag{4-4}$$

式中 A_p、E_p——桩的截面积及弹性模量。

将式（4-3）求导，并以式（4-2）代入得

$$\frac{d^2 s}{dz^2} = \frac{U}{A_p E_p}\tau(z) \tag{4-5}$$

公式（4-5）就是传递函数法的基本微分方程，它的求解取决于传递函数 $\tau(z)\text{-}s$ 的形式。

常见的荷载传递函数形式如图 4-2 所示。

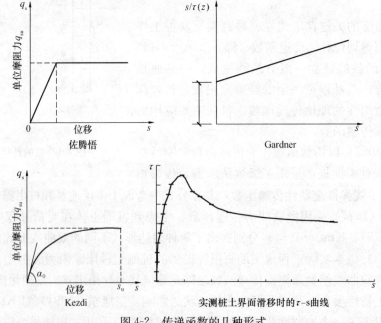

图 4-2 传递函数的几种形式

目前荷载传递法的求解有三种方法：解析法（analytical method）、变形协调法（deformation compatibility method）和矩阵位移法（matrix displacement method）。

解析法由 Kezdi（1957）、佐滕悟（1965）等提出，把传递函数简化假定为某种曲线方程，然后直接求解。Coyle（1966）提出了迭代求解的位移协调法，曹汉志（1986）提出了桩尖位移等值法，这两种变形协调方法可以很方便地考虑土体的分层性和非线性，因此应用比较广泛。矩阵位移法（费勤发，1983）实质上是杆件系统的有限单元法。

4.3.4 荷载传递函数的解析解

笔者课题组在前人的基础上提出了可考虑桩土软化的桩侧传递函数的统一三折线模型。下面介绍荷载传递函数为统一三折线模型的解析解的推导。

1. 计算模型

1）桩侧传递函数模型（load transfer function model of pile shaft）

桩侧传递函数模型如图 4-3 所示。桩侧土的荷载传递函数可统一表达为：

$$\begin{cases} \tau_s = \lambda_1 s & s \leqslant s_{u1} \\ \tau_s = \lambda_1 s_{u1} + \lambda_2 (s - s_{u1}) & s_{u1} < s \leqslant s_{u2} \\ \tau_s = \beta \lambda_1 s_{u1} + \lambda_3 (s - s_{u2}) & s > s_{u2} \end{cases} \quad (4\text{-}6)$$

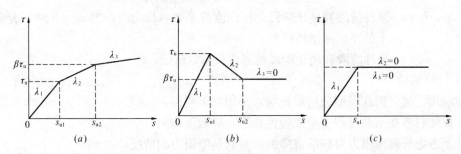

图 4-3 侧阻三折线统一模型
(a) 侧阻硬化模型；(b) 侧阻软化模型；(c) 理想弹塑性模型

式中　τ_s——桩侧摩阻力（Pa）；

　　　s——桩身相邻的土结点的位移（m）；

λ_1，λ_2——桩侧土弹性阶段和塑性阶段（硬化或软化）的剪切刚度系数（Pa/m）；

　　　s_{u1}——弹性阶段和塑性阶段的界限位移（m）；

　　　s_{u2}——塑性阶段与滑移阶段的界限位移（m）；

　　　β——强度系数。

这里要注意的是 s_{u1} 和 s_{u2} 不是绝对的界限位移，有时为了用三折线来近似代替双曲线或者其他荷载传递曲线而人为地根据试验结果进行指定，这种处理方法尤其适用于侧阻硬化的情况；但对侧阻软化和侧阻弹塑性模型，s_{u1} 和 s_{u2} 便是明确的界限位移。这里为叙述方便，按照传统的说法，相应地将桩侧土位移在 $0 \sim s_{u1}$ 之间称为弹性阶段，在 $s_{u1} \sim s_{u2}$ 之间称为塑性阶段，大于 s_{u2} 时称为滑移阶段。由模型可得：

$$s_{u2} = s_{u1} + \frac{(\beta - 1)\lambda_1 s_{u1}}{\lambda_2} \quad (4\text{-}7)$$

上述模型中，$\lambda_2 > 0$，$\lambda_3 \geqslant 0$ 且 $\beta > 1$ 表明是侧阻硬化；$\lambda_2 < 0$，$\lambda_3 = 0$ 且 $0 < \beta < 1$ 表明

是侧阻软化；特别当 $\lambda_2=\lambda_3=0$ 且 $\beta=1$ 时，该模型表明的是理想弹塑性模型，此时 $s_{u2}=s_{u1}$。故该三折线模型可统一表示桩侧土的三种计算模型。

2) 桩端传递函数模型 (load transfer function model of pile end)

桩端土的荷载传递函数模型如图 4-4 所示，采用双折线模型。

$$\begin{cases} P_b = k_1 s_b & s_b \leqslant s_{bu} \\ P_b = k_1 s_{bu} + k_2 (s_b - s_{bu}) & s_b > s_{bu} \end{cases} \tag{4-8}$$

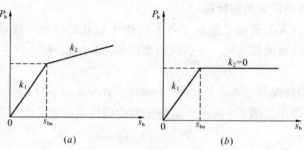

图 4-4 桩端土双折线模型
(a) 桩端土硬化模型；(b) 桩端土理想弹塑性模型

式中 k_1，k_2——弹性阶段和硬化阶段的法向刚度系数 (Pa/m)，当 $k_2=0$ 时，表明桩端土是理想弹塑性模型；

s_{bu}——弹性阶段和硬化阶段的界限位移 (m)。

3) 计算假设

在应用上述三折线模型分析单桩时，采用如下假设：

①桩体材料在承载过程中呈线弹性状态，桩截面均一；

②不考虑桩侧摩阻力对桩端沉降的影响和负摩阻力的情况；

③桩侧土体为均质的，非均匀土用加权平均处理；

④当该截面位移小于 s_{u1} 时为弹性阶段；在 s_{u1} 和 s_{u2} 之间时，为塑性阶段，此时侧阻硬化或软化；当该截面位移大于 s_{u2} 时，为滑移阶段；

⑤荷载传递曲线斜率沿深度不变，即 λ_1 和 λ_2 沿深度不变；

⑥桩侧极限摩阻力随深度线性增加，即

$$\tau_u = \tau_0 + fz \tag{4-9}$$

式中 τ_u——某一深度的弹性屈服侧摩阻力 (Pa)；

f——沿深度的强度系数 (Pa/m)。

则 s_{u1} 和 s_{u2} 也均随深度而增加。

2. 统一三折线解析解的推导

1) 桩周土全部处于弹性阶段 (soil around pile all in elastic state)

当桩顶荷载较小时，桩周土全部处于弹性状态，如图 4-5(a) 所示，在桩身上取微段 dz 为研究对象得

$$\begin{cases} E_P A \dfrac{d^2 s}{dz^2} - \lambda_1 sU = 0 \\ E_P A \dfrac{ds}{dz}\bigg|_{z=l} = -P_b \\ s\,|_{z=l} = s_b \end{cases} \tag{4-10}$$

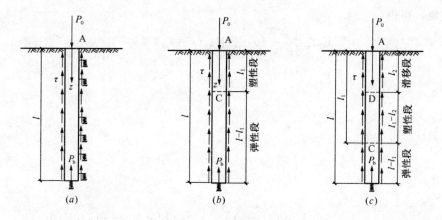

图 4-5 桩周土的计算模型
(a) 桩周土弹性；(b) 桩周土部分塑性；(c) 桩周土部分滑移

求解式（4-10）得

$$\begin{Bmatrix} s \\ P \end{Bmatrix} = Te(z) \begin{Bmatrix} s_b \\ P_b \end{Bmatrix} \tag{4-11}$$

其中

$$Te(z) = \begin{Bmatrix} \cosh[r_1(l-z)] & \sinh[r_1(l-z)]/(E_P A r_1) \\ (E_P A r_1)\sinh[r_1(l-z)] & \cosh[r_1(l-z)] \end{Bmatrix} \tag{4-12}$$

$$r_1 = \sqrt{\lambda_1 U/E_P A} \tag{4-13}$$

桩顶位移和荷载为：

$$\begin{Bmatrix} s_0 \\ P_0 \end{Bmatrix} = Te(0) \begin{Bmatrix} s_b \\ P_b \end{Bmatrix} \tag{4-14}$$

由式（4-14）可得桩顶荷载与沉降的比值或桩顶刚度为：

$$k_{11} = \frac{P_0}{s_0} = \frac{[Te(0)](2,1) + [Te(0)](2,2)P_b/s_b}{[Te(0)](1,1) + [Te(0)](1,2)P_b/s_b} \tag{4-15}$$

当桩端土处于弹性状态时，$P_b/s_b = k_1$，此时 k_{11} 为一常数，荷载沉降关系为一直线；当桩端土为塑性状态时：$P_0 = k_{12}s_0 + (k_1-k_2)\{[Te(0)](2,2) - k_{12}[Te(0)](1,2)\} s_{bu}$

其中

$$k_{12} = \frac{[Te(0)](2,1) + k_2[Te(0)](2,2)}{[Te(0)](1,1) + k_2[Te(0)](1,2)} \tag{4-16}$$

此时荷载沉降关系仍为一直线，但斜率会变大。显然，对这种情况，无论是侧阻硬化，侧阻软化还是理想弹塑性模型的都是一样的，无须额外讨论。

2) 桩周土部分进入塑性状态（soil around pile partly in plastic state）

当桩顶沉降大于 s_{u1}（0），继续增加荷载，桩周土将由浅入深地进入塑性状态。如图 4-5 (b) 所示，设临界截面 C 的沉降及轴力分别为 s_C 和 P_C。在 AC 段桩体中取微段 dz 为

研究对象，可得

$$\left.\begin{array}{l} E_P A \dfrac{d^2 s}{dz^2} - [\lambda_1 s_{ul} + \lambda_2 (s - s_{ul})] U = 0 \\ E_P A \dfrac{ds}{dz}\bigg|_{z=l_1} = -P_C \\ s\big|_{z=l_1} = s_C \end{array}\right\} \tag{4-17}$$

解式 (4-17) 得

$$\begin{Bmatrix} s \\ P \end{Bmatrix} = Tp(z) \begin{Bmatrix} s_C \\ P_C \end{Bmatrix} + Ta(z) \tag{4-18}$$

式中

$$Tp(z) = \begin{bmatrix} \cosh[r_2(l_1-z)] & \sinh[r_2(l_1-z)]/(E_P A r_2) \\ (E_P A r_2)\sinh[r_2(l_1-z)] & \cosh[r_2(l_1-z)] \end{bmatrix};$$

$Ta(z) =$

$$\dfrac{\lambda_2-\lambda_1}{\lambda_1 \lambda_2} \begin{Bmatrix} \tau_0[1-\cosh[r_2(l_1-z)]] + f[\sinh[r_2(l_1-z)]/r_2 + z - l_1\cosh[r_2(l_1-z)]] \\ -\tau_0(E_P A r_2)\sinh[r_2(l_1-z)] + f E_P A [\cosh[r_2(l_1-z)] - l_1 r_2 \sinh[r_2(l_1-z)] - 1] \end{Bmatrix}$$

$$r_2 = \sqrt{\lambda_2 U / E_P A}$$

由式 (4-18) 可得桩顶沉降和轴力为：

$$\begin{Bmatrix} s_0 \\ P_0 \end{Bmatrix} = Tp(0) \begin{Bmatrix} s_C \\ P_C \end{Bmatrix} + Ta(0) \tag{4-19}$$

当 $\lambda_2 < 0$ 时，侧阻软化，r_2 为虚数，不妨记为 $r'_2 i$ ($r'_2 = -r_2$)，利用数学关系 $\cosh(r_2 l_1) = \cos(r'_2 l_1)$ 和 $\sinh(r_2 l_1) = i\sin(r'_2 l_1)$。

由式 (4-13) 可得 C 截面上的位移和轴力分别为

$$\begin{Bmatrix} s_C \\ P_C \end{Bmatrix} = Te(l_1) \begin{Bmatrix} s_b \\ P_b \end{Bmatrix} \tag{4-20}$$

联立 (4-19) 和 (4-20) 两式可得

$$\begin{Bmatrix} s_0 \\ P_0 \end{Bmatrix} = Tpe \begin{Bmatrix} s_b \\ P_b \end{Bmatrix} + Ta(0) \tag{4-21}$$

式中 $Tpe = Tp(0) \cdot Te(l_1)$；塑性段 l_1 的确定方法如下：

①当 $s_b < s_{ul}(l)$ 时，l_1 可由下式确定：

$s_C = (\tau_0 + f l_1)/\lambda_1 = Te_1(1,1) s_b + Te_1(1,2) P_b$ 其中 P_b 和 s_b 的关系由式 (4-11) 确定。

②当 $s_b \geqslant s_{ul}(l)$ 时，$l_1 = l$。

当桩端土处于弹性状态时：

$$P_0 = k_{13} s_0 + [Ta(0)](2) - k_{13}[Ta(0)](1) \tag{4-22}$$

式中，$k_{13} = \dfrac{Tpe(2,1) + k_1 Tpe(2,2)}{Tpe(1,1) + k_1 Tpe(1,2)}$

当桩端土处于塑性状态时：

$$P_0 = k_{14} s_0 + [Ta(0)](2) - k_{14}[Ta(0)](1) + (k_1 - k_2) s_{bu} [Tpe(2,2) - k_{14} Tpe(1,2)] \tag{4-23}$$

其中 $k_{14}=\dfrac{Tpe(2,1)+k_2 Tpe(2,2)}{Tpe(1,1)+k_2 Tpe(1,2)}$。

此时由于 l_1 会随着桩顶荷载的增加而变化,从而使 k_{13} 或 k_{14} 的值发生变化,荷载沉降关系呈曲线变化。

对桩侧理想弹塑性模型,相应地在式 (4-17) 中取 $\lambda_2=0$,再重新求解微分方程。方程求解见图 4-3 (b),且讨论时桩端也分处于弹性状态和塑性状态两种情况。

3) 桩周土部分进入滑移阶段 (soil around pile partly in slipping state)

(1) 侧摩阻力随桩侧土位移增加而增加

当桩顶沉降 $s_0>s_{u2}$ (0) 时,继续增大桩顶荷载,桩周土将由浅入深逐渐进入滑移阶段(注意这不是真正的滑移,因为随着桩周土位移增加,侧摩阻力还在增加),如图 4-5 (c) 所示,设临界截面 D 的沉降及轴力分别为 s_D 和 P_D,在 AD 段桩体中取微段 dz 为研究对象,可得

$$\left.\begin{array}{l} E_P A \dfrac{d^2 s}{dz^2}-[\beta\lambda_1 s_{u1}+\lambda_3(s-s_{u2})]U=0 \\ E_P A \dfrac{ds}{dz}\bigg|_{z=l_2}=-P_D \\ s|_{z=l_2}=s_D \end{array}\right\} \tag{4-24}$$

最后解得

$$\begin{Bmatrix} s \\ P \end{Bmatrix}=Ts(z)\begin{Bmatrix} s_D \\ P_D \end{Bmatrix}+Tsa(z) \tag{4-25}$$

其中,

$$Ts(z)=\begin{pmatrix} \cosh[r_3(l_2-z)] & \sinh[r_3(l_2-z)]/(E_P A r_3) \\ (E_P A r_3)\sinh[r_3(l_2-z)] & \cosh[r_3(l_2-z)] \end{pmatrix}$$

$Tsa(z)=C \cdot$
$$\begin{Bmatrix} \tau_0[1-\cosh[r_3(l_2-z)]]+f[\sinh[r_3(l_2-z)]/r_3+z-l_2\cosh[r_3(l_2-z)]] \\ -\tau_0(E_P A r_3)\sinh[r_3(l_2-z)]+f E_P A[\cosh[r_3(l_2-z)]-l_2 r_3\sinh[r_3(l_2-z)]-1] \end{Bmatrix}$$

$$r_3=\sqrt{\dfrac{\lambda_3 U}{E_P A}}; \quad C=\dfrac{1}{\lambda_1}+\dfrac{\beta-1}{\lambda_2}-\dfrac{\beta}{\lambda_3}$$

由式 (4-25) 可得桩顶沉降和轴力为:

$$\begin{Bmatrix} s_0 \\ P_0 \end{Bmatrix}=Ts(0)\begin{Bmatrix} s_D \\ P_D \end{Bmatrix}+Tsa(0) \tag{4-26}$$

由式 (4-18) 可得 D 截面的沉降和轴力为

$$\begin{Bmatrix} s_D \\ P_D \end{Bmatrix}=Tp(l_2)\begin{Bmatrix} s_C \\ P_C \end{Bmatrix}+Ta(l_2) \tag{4-27}$$

联立式 (4-26)、式 (4-27) 和式 (4-20) 可得

$$\begin{Bmatrix} s_0 \\ P_0 \end{Bmatrix}=Tr\begin{Bmatrix} s_b \\ P_b \end{Bmatrix}+Tra \tag{4-28}$$

其中,$Tr=Ts(0) \cdot Tp(l_2) \cdot Te(l_1)$;

$Tra=Ts(0) \cdot Ta(l_2)+Tsa(0)$;

滑移段 l_2 的取值如下：

① 当 $s_b < s_{u2}(l)$ 时，可用下式计算 l_2 的值：

$$s_D = [\lambda_2 + (\beta-1)\lambda_1](\tau_0 + fl_2)/(\lambda_1\lambda_2)$$
$$= [Tp(l_2)](1,1)s_C + [Tp(l_2)](1,2)P_C + Ta_1(1)$$

② 当 $s_b > s_{u2}(l)$ 时，表明桩身已经全部进入滑移状态，$l_2 = l_1 = l$。

当桩端土处于弹性状态时：

$$P_0 = k_{15}s_0 + Tra(2) - k_{15}Tra(1) \tag{4-29}$$

其中，$k_{15} = \dfrac{Tr(2,1) + k_1 Tr(2,2)}{Tr(1,1) + k_1 Tr(1,2)}$

当桩端土处于塑性状态时：

$$P_0 = k_{16}s_0 + Tra(2) - k_{16}Tra(1) + (k_1-k_2)s_{bu}[Tr(2,2) - k_{16}Tr(1,2)] \tag{4-30}$$

其中，$k_{16} = \dfrac{Tr(2,1) + k_2 Tr(2,2)}{Tr(1,1) + k_2 Tr(1,2)}$。

由于 l_2 随着桩顶荷载的增加而增大，从而使 k_{15} 或 k_{16} 发生变化，荷载沉降关系为曲线，一旦桩身全部进入滑移阶段，荷载沉降呈直线关系。

(2) 桩侧土强度为恒定值

此时 $\lambda_3 = 0$，桩周土真正进入滑移状态，侧摩阻力为一常值。微分方程（4-24）转变为：

$$\left.\begin{aligned} E_P A \frac{d^2 s}{dz^2} - \beta\lambda_1 s_{u1} U &= 0 \\ E_P A \frac{ds}{dz}\bigg|_{z=l_2} &= -P_D \\ s\big|_{z=l_2} &= s_D \end{aligned}\right\} \tag{4-31}$$

解该方程得：

$$\begin{Bmatrix} s \\ P \end{Bmatrix} = Tc(z) \begin{Bmatrix} s_D \\ P_D \end{Bmatrix} + Tca(z) \tag{4-32}$$

其中，$Tc(z) = \begin{pmatrix} 1 & (l_2-z)/(E_P A) \\ 0 & 1 \end{pmatrix}$；

$$Tca(z) = \frac{\beta U}{E_P A} \cdot \begin{Bmatrix} \tau_0(l_2-z)^2/2 + f(z^3 - 3l_2^2 z + 2l_2^3)/6 \\ E_P A \tau_0 (l_2-z) + f E_P A(l_2^2 - z^2)/2 \end{Bmatrix}$$

由式（4-32）可得桩顶沉降和轴力关系为：

$$\begin{Bmatrix} s_0 \\ P_0 \end{Bmatrix} = Tc(0) \begin{Bmatrix} s_D \\ P_D \end{Bmatrix} + Tca(0) \tag{4-33}$$

则式（4-28）中的 Tr 和 Tra 分别改写为：

$$Tr = Tc(0) \cdot Tp(l_2) \cdot Te(l_1)$$
$$Tra = Tc(0) \cdot Ta(l_2) + Tca(0)$$

其后通过临界位移间的大小比较，对桩端土状态的分类讨论跟前面相同。相应的关于滑移段的长度的计算方法修改成下面的形式：

① 当 $s_b < s_{u2}(l)$ 时，可用下式计算 l_2 的值：

$$s_D = [\lambda_2 + (\beta-1)\lambda_1](\tau_0 + fl_2)/(\lambda_1\lambda_2)$$
$$= [Tp(l_2)](1,1)s_C + [Tp(l_2)](1,2)P_C + Ta_1(1)$$

② 当 $s_b > s_{u2}(l)$ 时，表明桩身已经全部进入滑移状态，$l_2 = l_1 = l$。

对桩侧为理想弹塑性模型的推导，只要参数做相应地修改，具体步骤同上。

3. 模型参数的确定

需要输入的土的参数有：反映桩侧极限摩阻力的参数 τ_0、f，反映桩侧承载特性的刚度系数 λ_1、λ_2、λ_3 和 β，以及反映桩端承载特性的 s_{bu}、k_1 和 k_2；桩的参数有桩长 L，桩径 D 和桩身弹性模量 E_P。土体参数通过对单桩静载实测资料进行反分析是最为准确的。其中 τ_u、λ_1、λ_2、β 和 s_{u1}、s_{u2} 可以通过式（4-9）、式（4-10）进行相互的换算。

根据前面推导的桩身完全处于弹性状态的桩顶初始刚度 k_{11} 可以反分析出 λ_1 和 k_1，桩身完全处于滑移状态时，桩端处于塑性状态时的桩顶刚度 k_{16} 反分析出 k_2。

此外可由单桩的静载试验得出极限侧摩阻力随深度的分布情况得出相应的桩侧土的刚度系数及界限位移。也可根据当地的工程经验取侧阻发挥的临界位移值以及强度系数 β（对侧阻软化为软化系数）。

图 4-6 为此方法计算所得的 Q-s 曲线与实测曲线对比，可以发现趋势非常相似，数值大小非常相近，说明此方法的合理性。

图 4-7 为对单桩轴力分布的计算值与实测值对比，可以发现随着荷载水平提高，轴力的计算值与实测值吻合得越好，而在低水平荷载作用下，稍有偏差，这表明将桩周土侧摩阻力的发挥均一化之后还是有误差的。

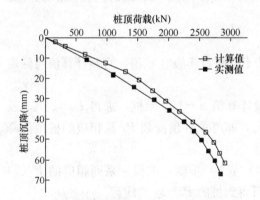

图 4-6 桩顶荷载沉降的计算值与实测值对比

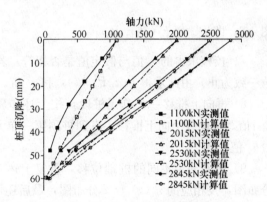

图 4-7 单桩轴力分布的计算值与实测值对比

4.3.5 利用实测传递函数的位移协调计算

荷载传递法的位移协调法解法（Seed 和 Reese，1957）是应用实测的传递函数来计算 p-s 曲线，因此不能直接求解微分方程（4-5）。这时可采用位移协调法求解，可将桩化分成许多单元体，考虑每个单元的内力与位移协调关系，求解桩的荷载传递及沉降量。其计算步骤如下：

1）已知桩长 L、桩截面积 A_p、桩弹性模量 E_p，以及实测的桩侧传递函数曲线，如图 4-8 所示。

2）将桩分成 n 个单元，每单元长 $\Delta L = L/n$，见图 4-8，n 的大小取决于要求的计算精度，D'Appolonia 和 Thurman (1965) 指出，当 $n=10$ 时一般可满足实用要求。

3) 先假定桩端处单元 n 底面产生位移 s_b，从实测桩端处的传递函数曲线中求得相应于 s_b 时的桩侧摩阻力 τ_b 值。Seed 和 Reese (1957) 建议桩端处桩的轴向力 P_b 值，可用一般虚拟的桩长 ΔL_p 的摩阻力来表示，即

$$P_b = U \Delta L_p \tau_b \qquad (4-34)$$

式中 ΔL_p——虚拟的桩端换算长度。

上述计算 P_b 的公式是很粗略的，ΔL_p 的确定也较困难。因此，Coyle 和 Reese (1966) 建议 P_b 按 Skempton 的地基承载力公式计算，Gardner (1975) 建议 P_b 可按

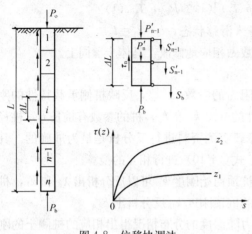

图 4-8 位移协调法

Mindlin 公式计算，也可用 $P_b = k_b A_b s_b$（k_b 和 A_b 为桩端处的地基反力系数和桩截面积）。

4) 假定第 n 单元桩中点截面处的位移为 s'_n（一般可假定 s'_n 等于或略大于 s_b），然后从实测的传递函数 ($\tau-s$) 曲线上，求得相应于 s'_n 时的桩侧摩阻力 τ_n 值。

5) 求第 n 单元桩顶面处轴向力 $P_{n-1} = P_b + \tau_n U \Delta L$。

6) 求第 n 单元桩中央截面处桩的位移 $s'_n = s_b + \Delta$，式中 Δ 为第 n 单元下半段桩的弹性压缩量，即 $\Delta = \frac{1}{4}(P_b + P'_n) \frac{\Delta L}{A_p E_p}$。其中 P'_n 为第 n 单元桩中央截面处桩的轴向力，见图 4-8，即 $P'_n = \frac{1}{2}(P_b + P_{n-1})$。

7) 校核求得的 s'_n 值与假定值是否相符，若不符则重新假定 s'_n 值，直到计算值与假定值一致为止。由此求得 P_b、P_{n-1}、s'_n 和 τ_n 值。

8) 再向上推移一个单元桩段，按上述步骤计算第 $n-1$ 单元桩，求得 P_{n-2}、s'_{n-1} 及 τ_{n-1} 值。依此逐个向上推移，直到桩顶第一单元，即可求桩顶荷载 P_0 及相应的桩顶沉降量 s_0 值。

9) 重新假定不同的桩端位移，重复上述 4) 至 8) 步骤，求得一系列相应的 $P(z)$ 分布图，及相应的 $\tau(z)-z$ 分布图，最后还可得到桩的 P_0-s_0 曲线。

4.4 剪 切 位 移 法

4.4.1 剪切位移法的基本原理

剪切位移法（shear displacement method）是假定受荷桩身周围土体以承受剪切变形为主，桩土之间没有相对位移，将桩土视为理想的同心圆柱体，剪应力传递引起周围土体沉降，由此得到桩土体系的受力和变形的一种方法。

Cooke (1974) 通过在摩擦桩周用水平测斜仪量测桩周土体的竖向位移，发现在一定的半径范围内土体的竖向位移分布呈漏斗状的曲线。当桩顶荷载小于 30% 极限荷载时，大部分桩侧摩阻力由桩周土以剪应力沿径向向外传递，传到桩尖的力很小，桩尖以下土的

固结变形是很小的，故桩端沉降 s_b 是不大的。据此，Cooke 认为评定单独摩擦桩的沉降时，可以假设沉降只与桩侧土的剪切变形有关。

图 4-9 所示为单桩周围土体剪切变形的模式，假定在工作荷载下，桩本身的压缩很小可忽略不计，桩土之间的黏着力保持不变，亦即桩土界面不发生滑移。

在桩土体系中任一高程平面，分析沿桩侧的环形单元 $ABCD$，桩受荷前 $ABCD$ 位于水平面位置，桩受荷发生沉降后，单元 $ABCD$ 随之发生位移，并发生剪切变形，成为 $A'B'C'D'$，并将剪应力传递给邻近单元 $B'E'C'F'$，这个传递过程连续地沿径向往外传递，传递到 x 点距桩中心轴为 $r_m=nr_0$ 处，在 x 点处剪应变已很小可忽略不计。假设所发生的剪应变为弹性性质，即剪应力与剪应变成正比关系。

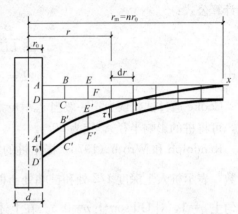

图 4-9 剪切变形传递法桩身荷载传递模型

Randolph（1978）进一步发展了该方法，使之可以考虑可压缩性桩，并且可以考虑桩长范围内轴向位移和荷载分布情况，并将单桩解析解推广至群桩。Kraft（1981）考虑了土体的非线性性状，将 Randolph 的单桩解推广至土体非线性情况。Chow（1986）将 Kraft 的解推广至群桩分析。王启铜（1991）将 Randolph 的单桩解从均质地基推广到成层地基，并考虑了桩端扩大的情况。宰金珉（1993，1996）将剪切位移法推广到塑性阶段，从而得到桩周土非线性位移场解析解表达式。在该基础上，与层状介质的有限层法和结构的有限元法联合运用，给出群桩与土和承台非线性共同作用分析的半解析半数值方法。

剪切位移法可以给出桩周土体的位移变化场，因此通过叠加方法可以考虑群桩的共同作用，这较有限元法和弹性理论法简单。但假定桩土之间没有相对位移，桩侧土体上下层之间没有相互作用，这些与实际工程桩工作特性并不相符。

4.4.2 剪切位移法的假设条件

假定桩本身的压缩很小可忽略不计，受荷桩身周围土体以承受剪切变形为主，桩土之间没有相对位移，将桩土视为理想的同心圆柱体，剪应力传递引起周围土体沉降。

4.4.3 剪切位移法本构关系的建立与求解

根据上述剪应力传递概念，可求得距桩轴 r 处土单元的剪应变为 $\gamma=\dfrac{ds}{dr}$，其剪应力 τ 为：

$$\tau = G_s\gamma = G_s\frac{ds}{dr} \tag{4-35}$$

式中 G_s——土的剪切模量。

根据平衡条件知

$$\tau = \tau_0\frac{r_0}{r} \tag{4-36}$$

由公式(4-35)得

$$ds = \frac{\tau}{G_s}dr = \frac{\tau_0 r_0}{G_s}\frac{dr}{r} \tag{4-37}$$

若土的剪切模量 G_s 为常数，则由式（4-37）可得桩侧沉降 s_s 的计算公式为：

$$s_s = \frac{\tau_0 r_0}{G_s} \int_{r_0}^{r_m} \frac{dr}{r} = \frac{\tau_0 r_0}{G_s} \ln\left(\frac{r_m}{r_0}\right) \tag{4-38}$$

若假设桩侧摩阻力沿桩身为均匀分布，则桩顶荷载 $P_0 = 2\pi r_0 L \tau_0$，土的弹性模量 $E_s = 2G_s(1+v_s)$。当取土的泊松比 $v_s = 0.5$ 时，则 $E_s = 3G_s$，代入式（4-38）得桩顶沉降量 s_0 的计算公式：

$$s_0 = \frac{3}{2\pi} \frac{P_0}{LE_s} \ln\left(\frac{r_m}{r_0}\right) = \frac{P_0}{LE_s} I \tag{4-39}$$

其中
$$I = \frac{3}{2\pi} \ln\left(\frac{r_m}{r_0}\right) \tag{4-40}$$

Cooke 通过试验认为，一般当 $r_m = nr_0 > 20r_0$ 后，土的剪应变已很小可略去不计。因此，可将桩的影响半径 r_m 定为 $20r_0$。

Randolph 和 Wroth（1978）提出桩的影响半径 $r_m = 2.5L\rho(1-v_s)$，其中 ρ 为不均匀系数，表示桩入土深度 1/2 处和桩端处土的剪切模量的比值，即 $\rho = \frac{G_s(l/2)}{G_s(l)}$。因此，对均匀土 $\rho = 1$，对 Gibson 土 $\rho = 0.5$。在上述确定影响半径的两种经验方法中，Cooke 提出 r_m 只与桩径有关比较简单，而 Randolph 等提出 r_m 与桩长及土层性质有关，比较合理。

上述 Cooke 提出的单桩沉降计算公式（4-38）和式（4-39），由于忽略了桩端处的荷载传递作用，因此对短桩误差较大。Randolph 等提出将桩端作为刚性墩，按弹性力学方法计算桩端沉降量 s_b，即

$$s_b = \frac{P_b(1-\gamma_s)}{4r_0 G_s}\eta \tag{4-41}$$

式中 η——桩入土深度影响系数，一般 $\eta = 0.85 \sim 1.0$。

对于刚性桩，则根据 $P_0 = P_s + P_b$ 及 $s_0 = s_s + s_b$ 的条件，由式（4-38）及式（4-41）可得

$$P_0 = P_s + P_b = \frac{2\pi L G_s}{\ln\left(\frac{r_m}{r_0}\right)} s_s + \frac{4r_0 G_s}{(1-\gamma_s)\eta} s_b \tag{4-42}$$

$$s_0 = s_s + s_b = \frac{P_0}{G_s r_0 \left[\dfrac{2\pi L}{r_0 \ln\left(\dfrac{r_m}{r_0}\right)} + \dfrac{4}{(1-\gamma_s)\eta}\right]} \tag{4-43}$$

4.5 弹性理论法

4.5.1 弹性理论法的基本原理

弹性理论（elastic theory method）计算方法用于桩基的应力和变形是 20 世纪 60 年代初期提出来的，Poulos、Davis 和 Mattes 等人做了大量的工作。他们的基本思路是：为了对桩土性状做系统化的分析，首先将实际问题予以理想化，并使它成为数学上容易处理的模型。当对这个简单模型的数学性状获得经验之后，就可以把这个理想化模型不断地加以改进，使之更加趋近于实际问题。Poulos 等人所考虑的最简单问题是均质的、各向同性的半无限弹性体中的单个摩擦桩，从这个基本点出发，对问题的理想化加以改进。

Poulos 对单根摩擦桩的分析,是把桩当作在地面处受有轴向荷载 P、桩长为 L、桩身直径为 D、桩底直径 D_b 的一根圆柱。为了便于分析,假设桩侧摩阻力为沿桩身均匀分布的摩擦应力 q,桩端阻力为在桩底均匀分布的垂直应力 P_b(图 4-10)。

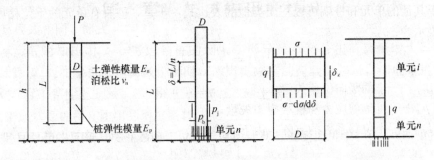

图 4-10 摩擦桩分析示意图

分析中假定桩侧面为完全粗糙,桩底面为完全光滑,并认为土是理想的、均质的、各向同性的弹性半空间,其杨氏模量为 E_s,泊松比为 ν_s,它们都不因桩的存在而改变。如果桩-土界面条件为弹性的,且不发生滑动,则桩和其邻接土的位移必然相等。

D'Appolonia(1963)用 Mindlin 解系统研究了桩基础的沉降,并对下卧层是基岩的情况进行了修正,最早提出了弹性理论法。Poulos(1968a,1968b,1969)从弹性理论中的 Mindlin 公式出发,系统地导出了单桩和群桩的计算理论以及表格。Butterfield(1971)认为 Poulos 的假设,比如桩端光滑、桩端阻力均布、忽略桩侧径向力等假定影响了计算的精度,因此他对桩单元进行了细分,考虑了不同径向距离处桩端阻力不一致的情况,并引入桩侧径向力,采用虚构应力函数的方法求解,计算表明,径向力对竖向位移影响以及竖向力对径向位移的影响都比较小。费勤发(1984)基于 Mindlin 应力解,提出用分层总和法来形成地基的柔度矩阵,这样能方便地考虑不同的土层分布。杨敏(1992)采用边界积分法,分析层状地基中桩基沉降问题,基于 Mindlin 应力解,引入一个沉降调整系数进行修正,从而适用于分析各种非均匀土。金波(1997)基于轴对称弹性力学基本方程,采用 Hankel 变换,利用传递矩阵方法得出层状地基在内部轴对称荷载作用下的位移解,建立了层状地基中单桩沉降的计算方法。吕凡任(2004)提出了考虑桩土相对位移的"广义弹性理论法",从而可以考虑桩周土的塑性,并将其应用于斜桩分析。

4.5.2 弹性理论法的假设条件

弹性理论法假定土为均质的、连续的、各向同性的弹性半空间体,土体性质不因桩体的存在而变化。采用弹性半空间体内集中荷载作用下的 Mindlin 解计算土体位移,由桩体位移和土体位移协调条件建立平衡方程,从而求解桩体位移和应力。

4.5.3 弹性理论法本构关系的建立与求解

考虑图 4-10 中的典型桩单元 i,由于桩单元 j 上的侧摩擦力 p_j 使桩单元 i 处桩周土产生的竖向位移 ρ_{ij}^s 可表示为:

$$\rho_{ij}^s = \frac{D}{E_s} I_{ij} p_j \tag{4-44}$$

式中 I_{ij}——单元 j 剪应力 $p_j=1$ 时在单元 i 处产生的土的竖向位移系数。

由所有的 n 个单元应力和桩端应力使单元 i 处土产生竖向位移为:

$$\rho_i^s = \frac{D}{E_s}\sum_{j=1}^{n} I_{ij}p_j + \frac{D}{E_s}I_{ib}p_b \tag{4-45}$$

式中 I_{ib}——桩端应力 $p_b=1$ 时在单元 i 处产生的土的竖向位移系数。

对于其他的单元和桩端可以写出类似的表达式，于是，桩所有单元的土位移可用矩阵的形式表示为：

$$\{\rho^s\} = \frac{D}{E_s}[I_s]\{p\} \tag{4-46}$$

式中 $\{\rho^s\}$——土的竖向位移矢量；

$\{p\}$——桩侧剪应力和桩端应力矢量；

$[I_s]$——土位移系数的方阵，由下式给出。

$$[I_s] = \begin{bmatrix} I_{11} & I_{12} & \cdots & I_{1n} & I_{1b} \\ I_{21} & I_{22} & \cdots & I_{2n} & I_{2b} \\ \cdots & \cdots & \cdots & \cdots & \cdots \\ I_{n1} & I_{n2} & \cdots & I_{nn} & I_{nb} \\ I_{b1} & I_{b2} & \cdots & I_{bn} & I_{bb} \end{bmatrix} \tag{4-47}$$

式中 $[I_s]$ 中各元素表示半空间体内单位点荷载产生的位移，可以由 Mindlin 方程的数值积分求得。

根据位移协调原理，若桩土间没有相对位移，则桩土界面相邻的位移相等，即：

$$\{\rho^p\} = \{\rho^s\} \tag{4-48}$$

式中 $\{\rho^p\}$——桩的位移矢量。

若考虑桩是不可压缩的，则上式中的位移矢量是常量，等于桩顶沉降。根据静力平衡条件及式 (4-46) 和式 (4-48)，联立解之即可求得 n 个单元的桩周均布应力 p_j、桩端均布应力 p_b 以及桩顶沉降 s。Mattes 和 Poulos 在计算各单元的位移时，还考虑了桩的轴向压缩。

对于有相同的 m 根桩的群桩，将每根桩分为 n 个单元，则类似于单根摩擦桩的方程式，可得土的位移方程为：

$$\{\rho^s\} = \frac{D}{E_s}[IG]\{p\} \tag{4-49}$$

式中 $\{\rho^s\}$——所有桩的全部单元的 $m\times(n+1)$ 个土的竖向位移矢量；

$\{p\}$——$m\times(n+1)$ 个桩单元的桩侧应力和桩端应力矢量；

$[IG]$——土的位移系数的 $m\times(n+1)$ 阶方阵。

矩阵 $[IG]$ 中的每一项如前单桩情况所述，可由 Mindlin 方程的数值积分求得。

根据位移协调原理，利用与前述单桩相同的方法，求得 $m\times n$ 个未知侧应力，m 个未知桩端应力。对于低承台群桩基础，还应考虑承台与土界面的位移协调性。Butterfield 和 Banerjee 基于上述思想分析了带刚性承台的可压缩性群桩，认为所采用的方法可以用于任意性状的低承台群桩基础。

以上群桩分析中要解的未知数的数目很多，但 Poulos 另辟蹊径，利用对称性来减少群桩中方程的数目。这种简化的方法只需对群桩中受荷相同的两根桩进行上述分析，从这种分析中可导出如下的相互作用系数 α：

$$\alpha = \frac{\Delta\rho_d^p}{\rho_d^p} \tag{4-50}$$

式中 $\Delta\rho_d^p$——该桩由邻桩引起的附加沉降；

ρ_d^p——该桩在自身荷载作用下的沉降。

变化两根桩的桩距，可以得到无量纲形式表示的 α 与桩距的关系。根据这种相互作用系数以及叠加原理，原则上可以分析任意桩距的任何规模的群桩基础。

综上所述，弹性理论方法概念清楚，运用灵活。但受其假设的限制，与很多工程情况不符，且土性参数难以确定，计算量很大，故在实际工程应用中较少，但其适合用于程序开发。

4.6 路桥桩基简化方法

根据当地的特定地质条件和桩长、桩型、荷载等，经过对工程实测资料的统计分析可得出估算单桩沉降的经验公式。由于受具体工程条件限制，经验公式虽然具有局限性，不能普遍采用，但经验法在当地很有用处，可以比较准确地估计单桩沉降，并对其他地区亦可做比较与参考。

将桩视为承受压力的杆件，其桩顶沉降 s_0 由桩端沉降 s_b 与桩身压缩量 s_s 组成，且侧阻与端阻对 s_b、s_s 均有影响。根据简化方法的不同和考虑角度的不同，有不同的单桩沉降简化计算方法。下式是我国《铁路桥涵设计规范》（TBJ2—85）和《公路桥涵地基与基础设计规范》（JTJ 024—85）中计算单桩沉降 s_0 的公式。

$$s_0 = s_s + s_b = \Delta\frac{PL}{E_p A_p} + \frac{P}{C_0 A_0} \tag{4-51}$$

式中 P——桩顶竖向荷载；

L——桩长；

E_p、A_p——分别为桩弹性模量和桩截面面积；

A_0——自地面（或桩顶）以 $\varphi/4$ 角扩散至桩端平面处的扩散面积；

Δ——桩侧摩阻力分布系数，对打入式或振动式沉桩的摩擦桩，$\Delta=2/3$，对钻（挖）孔灌注摩擦桩，$\Delta=1/2$；

C_0——桩端处土的竖向地基系数，当桩长 $L\leqslant 10m$ 时，取 $C_0=10m_0$，当 $L>10m$ 时，取 $C_0=Lm_0$，其中 m_0 为随深度变化的比例系数，根据桩端土的类型从表 4-2 查取。

土的 m_0 值　　　　表 4-2

土 的 名 称	土的 m_0 值（kN/m⁴）	土 的 名 称	土的 m_0 值（kN/m⁴）
流塑黏性土，$I_L>1$，淤泥	1000~2000	半干硬性的黏性土，粗砂	6000~10000
软塑黏性土，$1>I_L>0.5$，粉砂	2000~4000		
硬塑黏性土，$0.5>I_L>0$，细砂、中砂	4000~6000	砾砂，角砾土，碎石土，卵石土	10000~20000

4.7 单桩沉降计算的分层总和法

单桩沉降分层总和法计算公式如下：

$$s = \sum_{i=1}^{n} \frac{\sigma_{zi} \cdot \Delta Z_i}{E_{si}}$$

假设单桩的沉降主要由桩端以下土层的压缩组成，桩侧摩阻力以 $\dfrac{\overline{\varphi}}{4}$ 扩散角向下扩散，扩散到桩端平面处用一等代的扩展基础代替，扩展基础的计算面积为 A_e（图 4-11）。

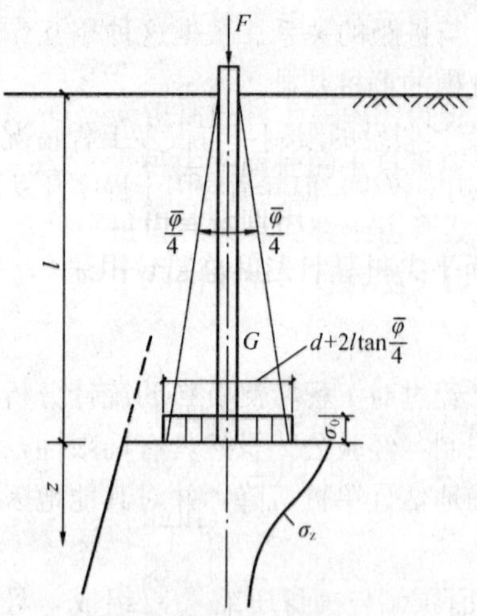

$$A_e = \frac{\pi}{4}\left(d + 2l\tan\frac{\overline{\varphi}}{4}\right)^2 \qquad (4\text{-}52)$$

式中 $\overline{\varphi}$ ——桩侧各层土内摩擦角的加权平均值。

在扩展基础底面的附加压力 σ_0 为：

$$\sigma_0 = \frac{F+G}{A_e} - \overline{\gamma}\cdot l \qquad (4\text{-}53)$$

式中 F ——桩顶设计荷载；
G ——桩自重；
$\overline{\gamma}$ ——桩底平面以上各土层土有效重度的加权平均值；
l ——桩的入土深度。

图 4-11 单桩沉降的分层总和法简图

在扩展基础底面以下土中的附加应力 σ_z 分布可以根据基础底面附加应力 σ_0，并用 Boussinesq 解查规范附加应力系数表确定，也可按 Mindlin 解确定。压缩层计算深度可按附加应力为 20% 自重应力确定（对软土可按 10% 确定）。

4.8 单桩的数值分析法

目前应用较为广泛和成熟的数值分析方法主要包括有限元法（finite element method）、边界元法（boundary element method）和有限条分法（finite strip method）。

4.8.1 单桩的有限元法

有限单元法是适应计算机应用而发展起来的一种比较新颖和有效的数值计算方法，随着计算机的发展，有限元的应用越来越广泛。

有限元分析可分为三个阶段：前处理、处理、后处理。前处理是建立有限元模型，完成单元网格划分；后处理是采集分析结果，使用户能简便提取信息，了解计算结果。

下面通过一单桩有限元实例的分析来介绍有限元模型的建立方法，计算原理以及参数的选取方法等内容，有限元计算模型如图 4-12。

1. 单桩有限元网络模型建立的基本假定

本例中单桩有限元网络模型建立的基本假定如下：

1）单桩分析采用空间轴对称问题分析，以单桩轴线为对称轴，取右半部分，采用平面轴对称模式进行计算。

2）荷载为均匀施加。根据有限元数值积分，将均匀

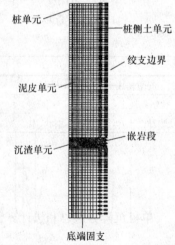

图 4-12 有限元计算模型

3) 模型采用 8 节点 serendipity 四边形单元,地基土由有限层组成,在同一层地基土及同一单元内土为均质、各向同性的弹性半无限体,其弹性模量和泊松比都不因桩的存在而有所改变。桩土之间无相对滑动,桩土位移协调。在桩的临界域内,位移和应力变化很大,因而将网格划分得很密,考虑到嵌岩段受力复杂对桩岩界面均进行加密处理。

4) 沿桩径向取 6 倍直径,桩端下竖直方向取足够长。

2. 弹性有限元模型建立 (setup of elastic FE model)

1) 刚度矩阵的建立 (setup of stiffness matrix)

本例采用 8 节点等参数矩形单元,这类单元采用比常应变三角形单元次数更高的位移模式,故可以更好地反映弹性体中的位移状态和应力状态,位移模式取为:

$$u = \sum_{i=1}^{8} N_i u_i \tag{4-54}$$

$$v = \sum_{i=1}^{8} N_i u_i \tag{4-55}$$

其中形函数可以通过边线方程求得:

$$N_i = \frac{1}{4}(1+ss_i)(1+tt_i)(ss_i+tt_i-1) \quad (i=1,3,5,7)$$

$t=+1$ 或 -1 的边中点

$$N_i = \frac{1}{2}(1-s^2)(1+tt_i) \quad (i=2,6)$$

$s=1$ 或 -1 的边中点

$$N_i = \frac{1}{2}(1+ss_i)(1-t^2) \quad (i=4,8)$$

坐标变换式也采用位移一样的形函数

$$x = \sum_{i=1}^{8} N_i x_i \tag{4-56}$$

$$y = \sum_{i=1}^{8} N_i y_i \tag{4-57}$$

两组坐标间的关系

$$\begin{Bmatrix} \frac{\partial N_i}{\partial s} \\ \frac{\partial N_i}{\partial t} \end{Bmatrix} = \begin{bmatrix} \frac{\partial x}{\partial s} & \frac{\partial y}{\partial s} \\ \frac{\partial x}{\partial t} & \frac{\partial y}{\partial t} \end{bmatrix} \begin{bmatrix} \frac{\partial N_i}{\partial x} \\ \frac{\partial N_i}{\partial t} \end{bmatrix} = [J] \begin{bmatrix} \frac{\partial N_i}{\partial x} \\ \frac{\partial N_i}{\partial y} \end{bmatrix} \tag{4-58}$$

其中,雅可比矩阵

$$[J] = \begin{bmatrix} \frac{\partial x}{\partial s} & \frac{\partial y}{\partial s} \\ \frac{\partial x}{\partial t} & \frac{\partial y}{\partial t} \end{bmatrix} \tag{4-59}$$

几何矩阵为:

$$[B] = [B_1, B_2, B_3, B_4] \tag{4-60}$$

典型的子矩阵为:

$$[B_i] = \begin{bmatrix} \dfrac{\partial N_i}{\partial x} & 0 \\ 0 & \dfrac{\partial N_i}{\partial y} \\ \dfrac{\partial N_i}{\partial y} & \dfrac{\partial N_i}{\partial x} \end{bmatrix} \tag{4-61}$$

其中，

$$\frac{\partial N_i}{\partial x} = \left[\left(\sum_{i=1}^{8} \frac{\partial N_i}{\partial t} y_i\right) \frac{\partial N_i}{\partial s} - \left(\left(\sum_{i=1}^{8} \frac{\partial N_i}{\partial t} y_i\right) \frac{\partial N_i}{\partial t}\right)\right]/|J| \tag{4-62}$$

$$\frac{\partial N_i}{\partial y} = \left[\left(\sum_{i=1}^{8} \frac{\partial N_i}{\partial t} x_i\right) \frac{\partial N_i}{\partial s} - \left(\left(\sum_{i=1}^{8} \frac{\partial N_i}{\partial t} x_i\right) \frac{\partial N_i}{\partial t}\right)\right]/|J| \tag{4-63}$$

单元刚度矩阵可由虚功推导得出

$$[K]^e = \int [B]^T [D] [B] dv = \int_{-1}^{1} \int_{-1}^{1} [B]^T [D] [B] \det [J] ds dt \tag{4-64}$$

八节点四边形单元等参数公式中，被积函数$[B]^T[D][B]$两个方向是四次函数，不能用显式求积，需要采用数值积分，以较高阶的多项式来逼近函数，一种有效的方法是采用高斯积分，为了精确积分，需要的高斯点比在2×2网格的点多，在极限情况下，单元受常应力所需的积分是精确计算单元面积所必需的最低阶，即3×3阶，因而单刚公式可化为

$$[K]^e = \sum_{j=1}^{3} \sum_{i=1}^{3} W_i W_j [B]^T [D] [B] \det J \tag{4-65}$$

其中，W_i，W_j为高斯积分中的加权系数。

单刚求出后，就可根据节点平衡条件组合成总刚，加入边界条件后形成最终的联立方程。

2) 位移方程的建立（setup of displacement function）

a. 为了分析方便及精确起见，沿桩长方向的桩侧剪应力亦用均匀分布在桩各个单元圆周上的线荷载来代替，这对于任意i的土单元I，其在j土单元作用力下的竖向位移为：

$$s_{ij} = I_{ij} f_j \tag{4-66}$$

式中，I_{ij}为j单位作用力对I单元的竖向位移影响系数。有广义的Mindlin解给出。

因此，由于全部n个单元的桩侧及桩的阻力对I单元土的总位移为：

$$s_i = \sum_{j=1}^{n} I_{ij} P_j + I_{ib} P_b \tag{4-67}$$

式中，I_{ib}为j单元作用力对桩底的位移影响系数。有广义Mindlin解给出。

这样，土的位移方程可方便的写出：

$$\{s\} = \{I_s\}\{P\} \tag{4-68}$$

式中　$\{s\}$——土的位移矢量；

$\{P\}$——桩侧、桩底阻力的列向量；

$[I_s]$——为土的竖向位移柔度矩阵，即

$$I_s = \begin{bmatrix} I_{11} & I_{12} & \cdots & I_{1n} & I_{1b} \\ I_{21} & I_{22} & \cdots & I_{1n} & I_{2b} \\ \vdots & \vdots & \cdots & \vdots & \vdots \\ I_{n1} & I_{n2} & \cdots & I_{nn} & I_{nb} \\ I_{b1} & I_{b2} & \cdots & I_{bn} & I_{bb} \end{bmatrix} \tag{4-69}$$

$[I_s]$中各元素的数值可通过弹性多层体系内的点荷载产生的位移的广义 Mindlin 方程的积分而方便地得到。

b. 桩身的位移方程

Poulos 在分析桩身的过程中采用等间距的插分格式，这就要求桩身的分段必须相同。求解分层土中分段长度不等的桩时，采用有限单元法是很方便的，这时可将桩视为一轴向荷载作用的杠杆。对于桩身第 i 个单元，其单元刚度矩阵为：

$$[K_p] = \frac{E_p A_i}{\Delta l_i} \begin{bmatrix} 1 & -1 \\ -1 & 1 \end{bmatrix} \tag{4-70}$$

该单元的两个结点分别为第 i 个结点和第 $i+1$ 个结点，这两个结点至桩顶的距离分别为 l_i 和 l_{i+1}，单元长度为 $\Delta l_i = l_{i+1} - l_i$，$E_p$ 为桩的弹性模量，A_i 为该单元的桩身横截面积。

根据有限单元法的基本原理，对整根桩可写出桩结点的力和位移之间的方程如下：

$$[K_p]_i = \{s_p\} = \{P\} \cdot \{f\} \tag{4-71}$$

式中 $\{f\}$——作用在桩段结点上的集摩阻力中列向量，其值为：

$$\{f\} = [f_1 f_2 L f_n f_b]^T \tag{4-72}$$

$[K_p]$——桩的总刚度矩阵；

$$\{s_p\} = \{s_{p1}, s_{p2}, L, s_{pn}, s_{pb}\} \tag{4-73}$$

$\{P\}$——外荷载列向量，其值为：

$$\{P\} = [Q, 0, \cdots, 0]^T \tag{4-74}$$

c. 单桩分析的位移方程（displacement function of single pile analysis）

根据桩与桩侧土之间的变形协调条件，即桩与桩侧土之间没有相对滑动，可得如下方程：

$$\{s_p\} = \{s_s\} = \{s\} \tag{4-75}$$

由土体的位移方程可得：

$$\{P\} = [I_n]^{-1}\{s_s\} = [K_s]\{s\}$$

由以上式子可得：

$$([K_p] + [K_s])\{s\} = \{P\} \tag{4-76}$$

式中 K_s——土体的刚度矩阵，该式即为求解单桩的位移法方程。

求出桩身位移 $\{s\}$ 后，根据上面的式子即可求出桩侧摩阻力 $\{f\}$。

3. 单桩弹塑性有限元分析（FE analysis of single pile elasto-plasticity）

1) 弹塑性模型的建立及其屈服条件（setup and yield condition of elasto-plastic model）

国外自 20 世纪 60 年代以来开始重视弹塑性模型的研究，从 1963 年 Roscoe 提出著名的剑桥模型后，又有拉德—邓肯及帽子模型，这些模型都是单屈服形式，即与体积压缩有关的塑性屈服，本例中桩基及地基土均采用 Drucker-Prager 弹塑性模型，其屈服准则表达式为：

$$F = \sqrt{J_2} + \alpha I_1 - K = 0 \tag{4-77}$$

式中 α, K——试验常数;

I_1——应力张量第一不变量;

J_2——应力偏张量第二不变量。

Drucker-Prager 弹塑性模型认为材料处于弹性阶段（$F<0$）或卸载时（$F=0$，同时 $\delta F<0$），应力-应变关系为：

$$\delta\sigma_{ij} = K\delta\varepsilon_{KK}\delta_{ij} + 2G\delta e_{ij} \tag{4-78}$$

当 $F=0$，且加载时，$\delta F=0$，应力-应变关系为：

$$\delta\sigma_{ij} = K\delta\varepsilon_{KK}\delta_{ij} + 2G\delta e_{ij} - d\lambda\left[-3K\alpha\delta_{ij} + \frac{Gs_{ij}}{\sqrt{J_2}}\right] \tag{4-79}$$

式中

$$d\lambda = \frac{-3K\alpha\delta\varepsilon_{KK} + \frac{G}{\sqrt{J_2}}s_{mn}\delta e_{mn}}{9K\alpha^2 + G}$$

$$\alpha = \frac{\sin\varphi}{\sqrt{3(3+\sin^2\varphi)}}$$

$$K = \frac{\sqrt{3}C\cos\varphi}{\sqrt{3+\sin^2\varphi}}$$

2）弹塑性有限元需考虑的几方面问题

通过大量的工程实测数据我们可以发现，桩身在受压时会发生塑性变形，其塑性变形的大小不仅跟桩所受荷载水平有关，而且还与充盈系数、桩长、桩径、桩端土性状、泥皮、混凝土的强度等级有关。对桩土体系引入弹塑性有限元分析，主要目的就是为了解决不同荷载水平、混凝土强度等级、桩土界面对桩塑性变形的影响。虽然弹塑性有限元为我们解决桩土塑性变形提供了一种重要的方法，但尚需要考虑以下几方面问题：

（1）引入接触面单元，以考虑桩土之间的滑移，Trochanis（1991）在分析单桩的性状时，指出考虑桩土滑移很重要。

（2）充盈系数的影响，桩径沿桩长变化，可能会发生扩颈、缩颈及混凝土有夹层及离析的现象。

（3）考虑泥浆及沉渣的影响，由于泥浆的存在，对桩侧土的摩阻力影响较大。沉渣对灌注桩沉降的影响也很大。

（4）计算参数较难选取，由于工程勘察资料中缺乏强风化岩和微风岩的 c、φ 值，混凝土的 c、φ 值也较难选取。

（5）虽然当前岩土介质的弹塑性理论有了很大的发展，提出的模型也越来越复杂，如屈服面的奇异性，塑性流动的非关联及弹塑性的耦合现象。但这些复杂理论的所需参数在通常的实验中很难得到。

4. 有限元模型的实体和计算内容

1）有限元模型的实体（entity of FE model）

将工程中桩可能遇到的几种典型的受力情况抽象成图 4-13 所示的计算模型。其有限元网络模型见图 4-12。

图 4-13 中，H 为沿深度方向所取的计算边界长度、L 为桩长、d 为桩径、Q 为桩顶所受荷载，E_p 为桩身弹性模量，E_s 为桩周土弹性模量，E_b 为持力层弹性模量，h 为桩尖进入持力层的深度。由该图可见，影响单桩沉降的无量纲因素有：E_p/E_s、E_b/E_s、L/d、h/d。

2) 计算内容中考虑主要因素对桩应力场和位移的影响

本例中所用程序为 Algor 公司的 FEAS 有限元分析程序。本程序能求解出多种屈服准则的平面应力、平面应变及轴对称的弹塑性模

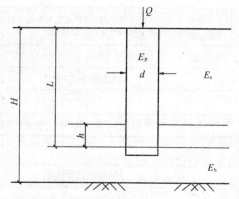

图 4-13 单桩荷载传递的线弹性模型

型，本程序具有较高的前、后处理能力，前处理主要包括单元网络和结点坐标的自动生成及差错功能，后处理主要包括图形的生成。本节采用 Algor 程序并利用线弹性模型研究。

a. 持力层的性质（E_b/E_s）、桩刚度系数 K（E_p/E_s）、桩长径比（L/d）、桩尖进入持力层的深度（h/d），桩顶荷载水平对钻孔灌注桩的荷载传递特性的影响。

b. 沉渣的厚度、性状及泥皮对钻孔灌注桩的荷载传递特性的影响。

5. 模型的计算过程及计算参数的选择（流程图）

根据模型的数据计算，其部分结果如图 4-14、图 4-15 所示，模型中桩径取 1m，桩长分别为 10m，30m，50m，嵌岩深度为 1m、2m、3m、5m、10m。桩的弹性模量与土的弹性模量之比值 E_p/E_s（即桩刚度系数 k）一般为 1000 或 100。

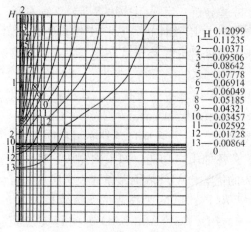 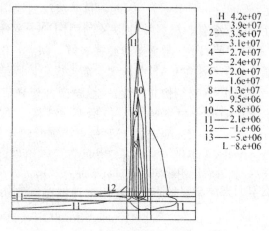

图 4-14 桩长 30m，沉渣 5cm，在 $Q=9000$kN 下桩土位移分布图

图 4-15 桩长 30m，沉渣 5cm，在 $Q=9000$kN 下桩土位移分布图

边界条件假定如下：

①因为模型为轴对称图形，沿桩轴向取 3 倍桩径处约束为铰支；

②沿桩长方向取适当长，即此处不受桩的影响，约束为固定支座；

③轴力均布桩上，按有限元积分到桩的节点上。

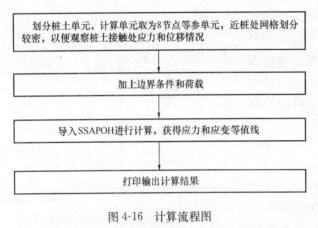

图4-16 计算流程图

计算流程图如图4-16所示。

6. 常用桩基有限元软件分析

近年来在计算机技术和数值分析方法支持下发展起来的有限元分析（FEA，Finite Element Analysis）方法为解决复杂的工程分析计算问题提供了有效的途径。随着有限元理论的成熟和计算机硬件的发展，开发了众多的商业通用有限元软件，如ABAQUS、ANSYS、MARC、ADINA等。下面针对桩基有限元分析，对这些常用软件作一简要介绍。

1) 通用有限元分析软件

ANSYS由于其强大的通用性以及多物理场耦合的分析功能，在国内得到了广泛的应用。ANSYS同样也被用于桩基分析，ANSYS提供了较多的材料库，但关于土的模型较少，仅提供了Drucker-Prager模型和Mohr-Coulomb模型。具有较强的参数编程建模能力（APDL程序语言），界面菜单建模较好。ANSYS还提供了civilFEM土木工程模块，内嵌有多国规范，从而使ANSYS更贴近设计应用，但同样不能进行固结问题的分析。

ABAQUS由于其强大的非线性分析功能，尤其对于处理接触非线性问题，比较有优势。ABAQUS提供了较多的岩土模型，包括Drucker-Prager模型和Mohr-Coulomb模型、Clay plasticity等。因此，目前被较多地用于桩基分析。定义包括边界条件、荷载条件、接触条件、材料特性以及利用用户子程序和其他应用软件进行数据交换。Python，CAE/VIEWER，界面菜单建模较好。缺点，由于其前处理开发晚于程序的开发，因此有部分命令不能在CAE中体现。能考虑土体固结。

ADINA对结构非线性、流/固耦合等复杂问题的求解具有强大优势。其材料库提供了丰富的岩土材料模型，包括Cam-Clay、Morh-Coloumb、Drucker-Prager、Curve-Input、Duncan-Zhang标准E-B模型、随时间变参数模型（后二者通过用动态链接库实现）等。ADINA提供了二次开发功能，允许用户自定义各种用户功能，如本构算法、材料破坏准则、接触摩擦形式等。用于桩基分析具有较大的优势。AUI界面菜单建模来实现所有建模和前后处理功能，能考虑土体的固结分析。采用Parasolid为核心的实体建模技术，可与Unigraphics、SolidWork、SolidEdge、Pro/E、I-DEAS、AutoCAD等实行无缝集成，还可以与Nastran等软件交换有限元模型数据。

MARC提供的屈服准则有Von Mises准则和Mohr Coulomb（线性和抛物线型）准则等。摩擦模型中提供了Coulomb摩擦模型，Stick-Slip模型和Shear模型。MENTAT，界面菜单建模较弱。MSC.Marc提供了方便的开放式用户环境用于进行二次开发，其用户子程序入口覆盖了几何建模、网格划分、边界定义、材料选择到分析求解、结果输出等，功能强大。可直接访问AutoCAD、IGES、Unigraphic、Catia、Solid work、Pro/E、Solid Edge、I-DEAS等CAD软件，还可以实现对NASTRAN、PATRAN、ABAQUS、

ANSYS 等的访问。

此外应用较多还有 ALGOR，SAP2000，PATRAN，NASTRAN，COSMOS，前二者更多地应用于结构分析，后三者多用于一些专业分析，在岩土工程中应用较少，目前 PATRAN 多用于前后处理。

进行岩土工程分析比较强大的依次是 ABAQUS，ADINA，MARC 和 ANSYS。

2）专业有限元分析软件

除了上述通用有限元分析软件外，还有一些基于有限元的专业分析软件，如 Plaxis，GeoStudio，MIDAS/GTS 等。

Plaxis 是一个 2D 分析软件，较适合岩土工程变形和稳定分析。软件提供了较多的土体本构模型，有摩尔库仑、软土模型、硬化模型和软土流变模型等。

这些专业有限元软件虽然在多场耦合、非线性计算等很多方面不及通用有限元软件，但由于其针对岩土工程领域开发，具有较强的专业性和实用性，尤其在岩土工程设计中有较为广泛的应用。

3）其他分析软件

目前应用较多的数值分析软件还有 FLAC/FLAC3D，FLAC 是基于有限差分法原理开发的，与基于有限元的软件有所不同。FLAC 中也提供了较多的土体材料模型，包括 Drucker-Prager、Morh-Coloumb、应变硬化/软化 Morh-Coloumb，修正 Cam 模型等。软件的 FISH 语言可进行参数化模型设计，对求解土体的固结渗流问题具有优势。

4）主要有限元软件比较

主要有限元软件的建模方法、土体本构模型、非线性分析及二次开发等方面特点的比较见表 4-3。

4.8.2 边界元法

边界元法（boundary element method）亦称积分方程法，是把区域问题转化为边界问题求解的一种离散方法，即将筏板地基中的桩进行离散化分析。Banerjee（1969，1976，1978）、Butterfield（1970，1971）、Wolf（1983）先后用边界元法对单桩和群桩进行分析。

单纯的边界元法假设桩土界面位移协调，没有考虑桩土界面土的屈服滑移，与实际工程有一定差距。Sinha（1996）提出了一种完整的边界元法，把桩离散用边界元法分析，用薄板有限元法分析筏板，土被假定为均质弹性体，引入了土的滑移现象，以分析土体的膨胀或固结效应。

4.8.3 有限条分法

有限条分法（Finite strip method）首先用于分析上部结构，并取得成功。Cheung（1976）首先提出将有限条分法用于单桩分析，以分析层状地基中单桩的特性。随后 Guo（1987）将有限条分法发展成为无限层法，分析了层状地基中的桩基础，能更有效地求解层状地基中桩与土体的相互作用。王文、顾晓鲁（1998）进一步以三维非线性棱柱单元模拟土体，将桩土地基分割成一系列横截面为封闭或单边敞开的有界和无界棱柱单元，利用分块迭代法求解桩—土—筏体系。

表 4-3

有限元软件比较

程序名称	建模			土体本构模型	非线性分析	二次开发
	菜单建模	参数建模	模型导入			
ABAQUS	通过 CAE 建模，简单方便。不足之处是有部分命令不能在 CAE 中体现	可用 Python 语言进行参数化的建模	可导入 IGES、AutoCAD、VDA 等格式的模型	Modified Drucker-Prager、Mohr-Coulomb、Modified Cam-Clay、Coupled Creep and Drucker-Prager Plasticity、Modified Cap、Coupled Creep and Cap Plasticity、Jointed Material，土体模型丰富	具有较强的非线性分析功能，尤其对摩擦分析、能求解固结问题	功能强大的用户子程序，可定义边界条件、荷载条件、接触特性、材料特性以及其他应用软件进行数据交换
ADINA	AUI 界面菜单建模，交互性有待提高		Parasolid 为核心的实体建模技术。可与 UG、SolidWork、SolidEdge、Pro/E、I-DEAS、AutoCAD 等无缝集成。还可与 Nastran 等交换有限元模型数据	Cam-Clay、Mohr-Coloumb、Drucker-Prager、Curve-Input、Duncan-Zhang 标准 E-B 模型、随时间变参数模型（后二者通过动态链接库实现）等，土体模型较丰富	对结构非线性、流/固耦合等问题的求解具有优势，能求解固结渗流问题	提供二次开发功能，允许用户自定义各种用户功能，如本构算法、材料破坏准则、接触摩擦形式等
ANSYS	利用 GUI 界面菜单建模，简单方便	利用 APDL 程序语言，具有较强的参数化编程建模能力	与 UG、Pro/E、I-Deas、Catia、CADDS、SolidEdge、SolidWorks 等有接口	Drucker-Prager、Mohr-Coulomb，岩土模型较少	强大的通用性以及多物理场耦合分析功能，不能求解固结问题	有良好的功能强大的用户二次开发环境
MARC	利用 MENTAT 建模，方便性较前三者弱	可用 Python 语言进行参数化建模	可直接访问 AutoCAD、IGES、Unigraphic、Catia、Solidwork、Pro/E、Solid Edge、I-DEAS 等 CAD 软件。还可以实现与 NASTRAN、PATRAN、ABAQUS、ANSYS 等的访问	Von Mises、Mohr Coulomb（线性和非线性）、修正 Duncan-Zhang 和修正 Cam-Clay	提供了 Coulomb、Stick-Slip 和 Shear 三种摩擦模型，具有较强的非线性分析能力	提供功能强大的二次开发环境，用户子程序几乎覆盖几何建模、网格划分、边界材料选取等

4.9 群桩沉降计算理论

由桩群、土和承台组成的群桩，在竖向荷载作用下，其沉降的变形性状是桩、承台、地基土之间相互影响的结果。

群桩沉降（pile group settlement）及其性状同单桩明显不同，群桩沉降是一个非常复杂的问题，它涉及众多因素，一般说来，可能包括群桩几何尺寸（如桩间距、桩长、桩数、桩基础宽度与桩长的比值等），成桩工艺，桩基施工与流程，土的类别与性质，土层剖面的变化，荷载的大小，荷载的持续时间以及承台设置方式等。对于影响沉降的主要因素，单桩与群桩两者也不相同，前者主要受桩侧摩阻力影响，而后者（群桩）的沉降在很大程度上与桩端以

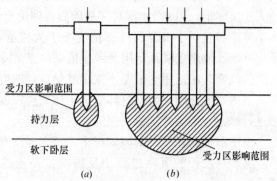

图 4-17　单桩与群桩下压缩层厚对比
(a) 单桩；(b) 群桩

下土层的压缩性有关，图 4-17 表示持力层下有软下卧层时，单桩试验承载力和变形能满足设计要求，但群桩沉降就不一定能满足设计要求，需要验算。

4.9.1 群桩沉降的组成

群桩沉降主要由桩身混凝土的压缩和桩端下卧层的压缩组成。

这两种变形所占群桩沉降的比例与土质条件、桩距大小、荷载水平、成桩工艺（挤土桩与非挤土桩）以及承台的设置方式（高、低承台）等因素有密切关系。

目前在工程中的沉降计算方法大多都只考虑桩端下卧层的压缩，并加以修正得出群桩沉降量。

4.9.2 群桩沉降计算理论与方法

传统沉降计算理论在桩基沉降计算时通常采用等代墩基法，即将桩基视作一种实体基础，再按浅基础的计算法计算桩基沉降，采用单向压缩分层总和法计算沉降值，将桩基沉降看成是等代墩基底面的下卧层的压缩量引起的，然后通过相关的系数修正沉降量。此法的关键是等代墩基底面的位置如何取，是否考虑侧摩阻力的扩散作用及扩散角的取法，等代墩基面下的土的附加应力的计算方法（采用 Boussinesq 解还是 Mindlin 解）。

《建筑地基基础设计规范》（GB 50007—2002）采用的就是传统桩基理论，在计算沉降时，等代墩基底面取在桩端平面，同时考虑群桩外围侧面的扩散作用。地基内的应力分布采用 Boussinesq 解。Peck 等考虑到桩间土也存在着压缩变形，建议将假想墩基底面置于桩端平面以上 L_c 高度，根据桩周围土体的性质不同，L_c 取不同的值。刘金砺也提出应根据桩端持力层、桩径和桩长径比的不同，等代墩基底面应该取不同的位置。浙江大学张忠苗提出了考虑等代墩基自身压缩变形的群桩沉降计算公式，并提出了根据不同的承台桩边距离来选取应力扩散位置的方法。

在我国通常采用群桩桩顶外围按 $\varphi/4$ 向下扩散，Tomlison（1977）则对群桩外侧面

的扩散作用提出一简化方法，即以群桩桩顶外围按水平与竖向1：4向下扩散，由此得到的假想实体基础底面积通常比按$\varphi/4$角度扩散要大些。

近年来，上海地区积累的长桩基础沉降观测资料证实，Boussinesq解给出了偏大的土中附加应力计算值，并随着桩长的增加而趋于增大，Mindlin解相对合理。姚笑青对上述两种方法对比分析中指出，Boussinesq解计算简单，但对深基础而言理论上不严密，计算值大于实际值；Mindlin解对深基础而言理论上比较严密，但计算复杂，实际桩端荷载比不易确定，且对小桩群的计算精度小于大桩群。《建筑桩基技术规范》将Mindlin解和Boussinesq解建立联系，用两者比值来修正沉降量。

等代墩基法适用于桩距不大于6倍桩径的群桩。该法计算简单，但是存在最大的问题是高估墩基底面的应力，这样造成了压缩层深度增加，虽然用沉降修正系数或等效作用系数进行修正，但是计算值仍保守，较实测值大。

由于群桩沉降涉及的因素很多，至今还没有一种既能反映土的非线性、固结和流变性质，又能在漫长的沉降过程中反映出桩与土的界面上相互作用力不断变化性状的计算模式。

当前的群桩沉降方法主要有等代墩基（实体深基础）法［equivalent pier method (deep foundation method)］，等效作用分层总和法（《建筑桩基技术规范》方法）［equivalent layerwise summation method (mehod of technical code for building pile foundations)］，沉降比法（settlement ratio method）等，各种方法的假定条件及优缺点见表4-4。

群桩沉降计算方法模型比较　　　　　　　　　表4-4

群桩沉降计算方法	假定条件	优　点	缺　点
等代墩基法	1）不考虑桩间土压缩变形对桩基沉降的影响，即假想实体基础底面在桩端平面处； 2）如果考虑侧面摩阻力的扩散作用，则按$\varphi/4$角度向下扩散； 3）桩端以下地基土的附加应力按Boussinesq解确定	计算方法简便	没有考虑桩间土的压缩变形，计算桩端以下地基土中的附加应力时，采用Boussinesq解，这与工程中桩基基础埋深较大的实际情况不甚符合
明德林—盖得斯法	1）假定承台是柔性的； 2）桩群中各桩承受的荷载相等； 3）桩端平面以下土中的附加应力按明德林—盖得斯解分布； 4）各层土的压缩量按分层总和法计算	由于盖得斯应力解比布西奈斯克解更符合桩基础的实际，因此按明德林—盖得斯法计算桩基沉降较为合理	计算过程较为复杂，需计算机程序进行
建筑地基基础设计规范法	1）实体基础底面在桩端平面处，只计算桩端以下地基土的压缩变形，不考虑桩间土对桩基沉降的影响； 2）桩端以下地基土中的附加应力采用Boussinesq解； 3）考虑侧向摩阻力的扩散作用；通过沉降经验系数修正	考虑应力扩散作用，计算简单明了	未考虑桩间土的压缩变形，不能反映桩距、桩数等因素的变化对桩端平面以下地基土中的附加应力的影响，计算厚度较大，计算结果有可能偏大

续表

群桩沉降计算方法	假定条件	优点	缺点
浙江大学修正地基基础设计规范法	1) 考虑桩身压缩，用弹性理论计算压缩量 s_s； 2) 实体基础底面在桩端平面处，只计算桩端以下地基土的压缩变形 s_b； 3) 根据端承桩、摩擦桩和桩端平面下有软下卧层三种情况分别考虑不同的应力扩散方法和计算压缩层深度	考虑了桩身压缩量，根据端承桩、摩擦桩和桩端平面下有软下卧层三种情况分别考虑不同的应力扩散方法和计算压缩层深度，明确了承台计算面积范围，计算实际操作性强，方法合理	计算桩端以下地基土中的附加应力时，采用 Boussinesq 解，没有采用 Mindlin 解，需要数值方法进一步研究
建筑桩基规范法	1) 不考虑桩基侧面应力的扩散作用； 2) 将承台视作直接作用在桩端平面，即实体基础的尺寸等同于承台尺寸，且作用在实体基础底面的附加应力也取为承台底的附加应力； 3) 引入了等效沉降系数来修正附加应力	在计算附加应力时考虑了桩距、桩径、桩长等因素，能够综合反映桩基工作性能；引入了等效沉降系数来修正附加应力，使得附加应力更加趋于 Mindlin 解；计算简单方便	没有考虑桩间土的压缩变形，直接将承台底部的附加应力当作桩端附加应力，导致压缩层厚度取值变大，最终计算结果有可能偏大

4.9.3 土中应力计算的 Boussinesq 解与 Mindlin 解

1. 集中力作用在地表时应力计算的 Boussinesq 解

在均匀的、各向同性的半无限弹性体表面（如地基表面）作用一竖向集中力 Q（图 4-18），计算半无限体内任意点 M 的应力（不考虑弹性体的体积力），在弹性理论中由布西奈斯克 Boussinesq (1885) 解得，其应力及位移的表达式分别为：

采用直角坐标表示时（图 4-18）

正应力：
$$\sigma_z = \frac{3Qz^3}{2\pi R^5} \tag{4-80}$$

$$\sigma_x = \frac{3Q}{2\pi}\left\{\frac{zx^2}{R^5} + \frac{1-2v}{3}\left[\frac{R^2-Rz-z^2}{R^3(R+z)} - \frac{x^2(2R+z)}{R^3(R+z)^2}\right]\right\} \tag{4-81}$$

$$\sigma_y = \frac{3Q}{2\pi}\left\{\frac{zy^2}{R^5} + \frac{1-2v}{3}\left[\frac{R^2-Rz-z^2}{R^3(R+z)} - \frac{y^2(2R+z)}{R^3(R+z)^2}\right]\right\} \tag{4-82}$$

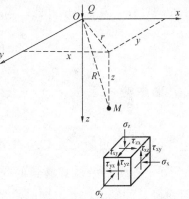

图 4-18 Boussinesp 解（直角坐标）

剪应力：
$$\tau_{xy} = \tau_{yx} = \frac{3Q}{2\pi}\left[\frac{xyz}{R^5} - \frac{1-2v}{3}\frac{xy(2R+z)}{R^3(R+z)^2}\right] \tag{4-83}$$

$$\tau_{yz} = \tau_{zy} = -\frac{3Q}{2\pi}\frac{yz^2}{R^5} \tag{4-84}$$

$$\tau_{zx} = \tau_{xz} = -\frac{3Q}{2\pi}\frac{xz^2}{R^5} \tag{4-85}$$

x、y、z 轴方向的位移分别为：

$$u = \frac{Q(1+v)}{2\pi E}\left[\frac{xz}{R^3} - (1-2v)\frac{x}{R(R+z)}\right] \tag{4-86}$$

$$v = \frac{Q(1+v)}{2\pi E}\left[\frac{yz}{R^3} - (1-2v)\frac{y}{R(R+z)}\right] \quad (4\text{-}87)$$

$$w = \frac{Q(1+v)}{2\pi E}\left[\frac{z^2}{R^3} + 2(1-v)\frac{1}{R}\right] \quad (4\text{-}88)$$

式中 x、y、z——M 点的坐标，$R=\sqrt{x^2+y^2+z^2}$；

E、v——弹性模量及泊松比。

当 M 点应力用极坐标表示时（图 4-19）：

$$\sigma_z = \frac{3Q}{2\pi z^2}\cos^5\theta \quad (4\text{-}89)$$

$$\sigma_r = \frac{Q}{2\pi z^2}\left[3\sin^2\theta\cos^2\theta - \frac{(1-2v)\cos^2\theta}{1+\cos\theta}\right] \quad (4\text{-}90)$$

$$\sigma_t = -\frac{Q(1-2v)}{2\pi z^2}\left[\cos^2\theta - \frac{\cos^2\theta}{1+\cos^2\theta}\right] \quad (4\text{-}91)$$

$$\tau_{rz} = \frac{3Q}{2\pi z^2}(\sin\theta\cos^4\theta) \quad (4\text{-}92)$$

$$\tau_{tr} = \tau_{tz} = 0 \quad (4\text{-}93)$$

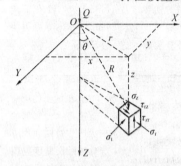

图 4-19 Boussinesq 解（极坐标）

上述的应力及位移分量计算公式，在集中力作用点处是不适用的，因为当 $R\to 0$ 时，应力及位移均趋于无穷大，事实上这是不可能的，因为集中力是不存在的，总有作用面积的。而且此刻土已发生塑性变形，按弹性理论解已不适用了。

上述应力及位移分量中，应用得最多的是竖向正应力 σ_z 及竖向位移 w，因此着重讨论 σ_z 的计算。为了应用方便，式（4-80）改写成如下形式：

$$\sigma_z = \frac{3Q}{2\pi}\frac{z^3}{R^5} = \frac{3Q}{2\pi z^2}\frac{1}{\left[1+\left(\frac{r}{z}\right)^2\right]^{5/2}} = \alpha\frac{Q}{z^2} \quad (4\text{-}94)$$

式中集中应力系数 $\alpha = \dfrac{3}{2\pi\left[1+\left(\dfrac{r}{z}\right)^2\right]^{5/2}}$，$\alpha$ 是 $\left(\dfrac{r}{z}\right)$ 的函数，可制成表 4-5，供查用。

在工程实践中最常碰到的问题是地面竖向位移（即沉降）问题。计算地面某点 A（其坐标为 $z=0$，$R=r$）的沉降 s 可由式（4-88）求得（图 4-20），即

$$s = w = \frac{Q(1-v^2)}{\pi E r} \quad (4\text{-}95)$$

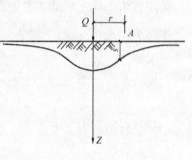

图 4-20 集中力作用在地表时的地面竖向位移

式中 E——土的模量（MPa）。

集中力作用于半无限体表面时竖向附加应力系数 α　　　表 4-5

r/z	α	r/z	α	r/z	α	r/z	α	r/z	α
0.00	0.4775	0.20	0.4329	0.40	0.3294	0.60	0.2214	0.80	0.1386
0.05	0.4745	0.25	0.4103	0.45	0.3011	0.65	0.1978	0.85	0.1226
0.10	0.4657	0.30	0.3849	0.50	0.2733	0.70	0.1762	0.90	0.1083
0.15	0.4516	0.35	0.3577	0.55	0.2466	0.75	0.1565	0.95	0.0956

续表

r/z	α	r/z	α	r/z	α	r/z	α	r/z	α
1.00	0.0844	1.30	0.0402	1.60	0.0200	1.90	0.0105	2.80	0.0021
1.05	0.0744	1.35	0.0357	1.65	0.0179	1.95	0.0095	3.00	0.0015
1.10	0.0658	1.40	0.0317	1.70	0.0160	2.00	0.0085	3.50	0.0007
1.15	0.0581	1.45	0.0282	1.75	0.0144	2.20	0.0058	4.00	0.0004
1.20	0.0513	1.50	0.0251	1.80	0.0129	2.40	0.0040	4.50	0.0002
1.25	0.0454	1.55	0.0224	1.85	0.0116	2.60	0.0029	5.00	0.000

2. 集中力作用在土体内时应力计算的 Mindlin 解

地下空间的利用以及使用桩基础，基础的埋置深度不是在地表面，而是在较深的深度，这时利用集中力作用在地表面的应力计算公式和实际情况就不一致了。此时利用集中力作用在土体内的应力计算公式就比较合理。集中力作用在土体内深度 c 处，土体内任一点 M 处（图 4-21）的应力和位移解由 Mindlin (1936) 求得：

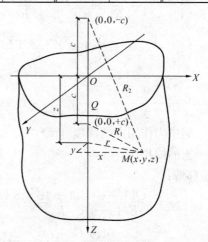

图 4-21 竖向集中力作用在弹性半无限体内所引起的内力

六个应力解：

$$\sigma_x = \frac{Q}{8\pi(1-v)} \left\{ -\frac{(1-2v)(z-c)}{R_1^3} + \frac{3x^2(z-c)}{R_1^5} - \frac{(1-2v)[3(z-c)-4v(z+c)]}{R_2^3} \right.$$

$$+ \frac{3(3-4v)x^2(z-c)-6c(z+c)[(1-2v)z-2vc]}{R_2^5} + \frac{30cx^2z(z+c)}{R_2^7}$$

$$\left. + \frac{4(1-v)(1-2v)}{R_2(R_2+z+c)} \left(1 - \frac{x^2}{R_2(R_2+z+c)} - \frac{x^2}{R_2^2}\right) \right\} \tag{4-96}$$

$$\sigma_y = \frac{Q}{8\pi(1-v)} \left\{ -\frac{(1-2v)(z-c)}{R_1^3} + \frac{3y^2(z-c)}{R_1^5} - \frac{(1-2v)[3(z-c)-4v(z+c)]}{R_2^3} \right.$$

$$+ \frac{3(3-4v)y^2(z-c)-6c(z+c)[(1-2v)z-2vc]}{R_2^5} + \frac{30cy^2z(z+c)}{R_2^7}$$

$$\left. + \frac{4(1-v)(1-2v)}{R_2(R_2+z+c)} \left(1 - \frac{y^2}{R_2(R_2+z+c)} - \frac{y^2}{R_2^2}\right) \right\} \tag{4-97}$$

$$\sigma_z = \frac{Q}{8\pi(1-v)} \left\{ \frac{(1-2v)(z-c)}{R_1^3} - \frac{(1-2v)(z-c)}{R_2^3} + \frac{3(z-c)^3}{R_1^5} \right.$$

$$\left. + \frac{3(3-4v)z(z+c)^2-3c(z+c)(5z-c)}{R_2^5} + \frac{30cz(z+c)^3}{R_2^7} \right\} \tag{4-98}$$

$$\tau_{yz} = \frac{Qy}{8\pi(1-v)} \left\{ \frac{1-2v}{R_1^3} - \frac{1-2v}{R_2^3} + \frac{3(z-c)^2}{R_1^5} + \frac{3(3-4v)z(z+c) - 3c(3z+c)}{R_2^5} \right.$$
$$\left. + \frac{30cz(z+c)^2}{R_2^7} \right\} \tag{4-99}$$

$$\tau_{xz} = \frac{Qx}{8\pi(1-v)} \left\{ \frac{1-2v}{R_1^3} - \frac{1-2v}{R_2^3} + \frac{3(z-c)^2}{R_1^5} + \frac{3(3-4v)z(z+c) - 3c(3z+c)}{R_2^5} \right.$$
$$\left. + \frac{30cz(z+c)^2}{R_2^7} \right\} \tag{4-100}$$

$$\tau_{xy} = \frac{Qxy}{8\pi(1-v)} \left\{ \frac{3(z-c)}{R_1^5} - \frac{3(3-4v)(z-c)}{R_2^5} - \frac{4(1-v)(1-2v)}{R_2^2(R_2+z+c)} \right.$$
$$\left. \times \left(\frac{1}{R_2+z+c} + \frac{1}{R_2} \right) + \frac{30cz(z+c)}{R_2^7} \right\} \tag{4-101}$$

式中　$R_1 = \sqrt{x^2 + y^2 + (z-c)^2}$；

　　　$R_2 = \sqrt{x^2 + y^2 + (z+c)^2}$；

　　　c——集中力作用点的深度（m）；

　　　v——土的泊松比。

竖向位移解：

$$w = \frac{Q(1+v)}{8\pi E(1-v)} \left[\frac{3-4v}{R_1} + \frac{8(1-v)^2 - (3-4v)}{R_2} + \frac{(z-c)^2}{R_1^3} \right.$$
$$\left. + \frac{(3-4v)(z+c)^2 - 2cz}{R_2^3} + \frac{6cz(z+c)^2}{R_2^5} \right] \tag{4-102}$$

式中　E——土的模量（MPa）。

当集中力作用点移至地表面，且求解集中力作用点外地表面任一点的沉降，只要令 $c=0, z=0$，则有与式（4-95）完全相同的公式。因此 Boussinesq 解是 Mindlin 解的特例。由于桩基置于土体中，常用 Mindlin 解来计算。Mindlin 解的优点是可以考虑桩与桩之间桩土相互作用的影响。

4.10　等代墩基法

限于桩基础沉降变形性状的研究水平，人们目前在研究能考虑众多复杂因素的桩基础沉降计算方法。等代墩基（实体深基础）(equivalent pier method (deep foundation method)) 模式计算桩基础沉降是在工程实践中最广泛应用的近似方法。该模式假定桩基础如同天然地基上的实体深基础一样，在计算沉降时，等代墩基底面取在桩端平面，同时考虑群桩外围侧面的扩散作用。按浅基础沉降计算方法（分层总和法）进行估计，地基内的应力分布采用 Boussinesq 解。图 4-22 为我国工程中常用两种等代墩基法的计算图式。这两种图式的假想实体基础底面都与桩端齐平，其差别在于不考虑或考虑群桩外围侧面剪应力的扩散作用，但两者的共同特点是都不考虑桩间土压缩变形对沉降的影响。

在我国通常采用群桩桩顶外围按 $\varphi/4$ 向下扩散与假想实体基础底平面相交的面积作为实体基础的底面积 F，以考虑群桩外围侧面剪应力的扩散作用。对于矩形桩基础，这时 F

可表示为：

$$F = A \times B = \left(a + 2L\tan\frac{\varphi}{4}\right)\left(b + 2L\tan\frac{\varphi}{4}\right) \quad (4\text{-}103)$$

式中 a、b——分别为群桩桩顶外围矩形面积的长度和宽度；
　　A、B——分别为假想实体基础底面的长度和宽度；
　　L——桩长；
　　φ——群桩侧面土层内摩擦角的加权平均值。

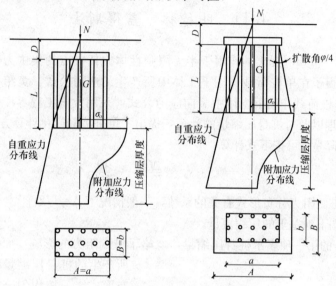

图 4-22　等代墩基法的计算示意图

对于图 4-22 所示的两种图式，可用下列公式计算桩基沉降量 s_G：

$$s_G = \psi_s B \sigma_0 \sum_{i=1}^{n} \frac{\delta_i - \delta_{i-1}}{E_{ci}} \quad (4\text{-}104)$$

式中 ψ_s——经验系数，应根据各地区的经验选择；
　　B——假想实体基础底面的宽度，如不计侧面剪应力扩散作用，取 $B=b$；
　　n——基底以下压缩层范围内的分层总数目，按地质剖面图将每一种土层分成若干分层，每一分层厚度不大于 $0.4B$；压缩层的厚度计算到附加应力等于自重应力的 20%处，附加应力中应考虑相邻基础的影响；
　　δ_i——按 Boussinesq 解计算地基土附加应力时的沉降系数；
　　E_{ci}——各分层土的压缩模量，应取用自重应力变化到总应力时的模量值；
　　σ_0——假想实体基础底面处的附加应力，即 $\sigma_0 = \dfrac{N+G}{F} - \sigma_{c0}$；
　　N——作用在桩基础上的上部结构竖直荷载；
　　G——实体基础自重，包括承台自重和承台上土重以及承台底面至实体基础底面范围内的土重与桩重；
　　σ_{c0}——假想实体基底处的土自重应力。

$$s_G = \psi_s \sum_{i=1}^{n} \frac{\sigma_{zi}}{E_{ci}} H_i \quad (4\text{-}105)$$

这里 H_i 为第 i 分层的厚度，σ_{zi} 为基础底面传递给第 i 分层中心处的附加应力，其余符号同上。

从上述可以看出，在我国工程中采用等代墩基法计算桩基沉降有如下的特点：

(1) 不考虑桩间土压缩变形对桩基沉降的影响，即假想实体基础底面在桩端平面处；

(2) 如果考虑侧面摩阻力的扩散作用，则按 $\varphi/4$ 角度向下扩散；

(3) 桩端以下地基土的附加应力按 Boussinesq 解确定。

4.11 明德林—盖得斯法

Geddes 根据 Mindlin 提出的作用于半无限弹性体内任一点的集中力产生的应力解析解进行积分，导得了在单桩荷载作用下土体中所产生的应力公式。黄绍铭等则依据上述 Geddes 导得的单桩荷载作用下土体中竖向应力公式，采用我国工程界广泛采用的地基沉降分层总和法原理以及对桩身压缩量的计算，提出了单桩沉降简化计算方法，经过简化分析处理，单桩沉降量 s 可按下式计算：

$$s = s_s + s_b = \frac{\Delta QL}{E_p A_p} + \frac{Q}{E_s L} \quad (4-106)$$

式中 Δ——与桩侧阻力分布形式有关的系数，一般情况下 $\Delta = 1/2$；

E_s——桩端下地基土的压缩模量。

式 (4-106) 的第一项表示桩身压缩量，忽略了桩端阻力的影响，而在计算桩侧阻力所产生的桩身压缩量时，桩侧阻力分布形式统一按均匀分布考虑，即统一取 $\Delta = 1/2$；式 (4-106) 的第二项表示桩端沉降量。

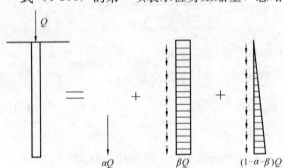

图 4-23 单桩荷载组成示意图

Geddes 在推导单桩荷载应力公式时，假定桩顶竖向荷载 Q 可在土中形成三种如图 4-23 所示的单桩荷载形式：以集中力形式表示的桩端阻力的荷载 $Q_b = \alpha Q$；沿深度均匀分布形式表示的桩侧阻力的荷载 $Q_u = \beta Q$ 和沿深度线性增长分布形式表示的桩侧阻力荷载 $Q_v = (1-\alpha-\beta)Q$，α 和 β 分别为桩端阻力和桩侧均匀分布阻力分担桩顶竖向荷载的比例系数。在上述三种单桩荷载作用下，土体中任一点 (r, z) 的竖向应力 σ_z 可按下式求解：

$$\sigma_z = \sigma_{zb} + \sigma_{zu} + \sigma_{zv} = (Q_b/L^2) \cdot I_b + (Q_u/L^2) \cdot I_u + (Q_v/L^2) \cdot I_v \quad (4-107)$$

式中 I_b、I_u 和 I_v 分别为桩端阻力、桩侧均匀分布阻力和桩侧线性增长分布阻力荷载作用下在土体中任一点的竖向应力系数。

$$I_b = \frac{1}{8\pi(1-\mu)} \left\{ -\frac{(1-2\mu)(m-1)}{A^3} + \frac{(1-2\mu)(m-1)}{B^3} - \frac{3(m-1)^3}{A^5} \right.$$

$$\left. - \frac{3(3-4\mu)m(m+1)^2 - 3(m+1)(5m-1)}{B^5} - \frac{30m(m+1)^3}{B^7} \right\} \quad (4-108)$$

$$I_u = \frac{1}{8\pi(1-\mu)} \left\{ -\frac{2(2-\mu)}{A} + \frac{2(2-\mu)+2(1-2\mu)\frac{m}{n}\left(\frac{m}{n}+\frac{1}{n}\right)}{B} - \frac{2(1-2\mu)\left(\frac{m}{n}\right)^2}{F} \right.$$
$$+ \frac{n^2}{A^3} + \frac{4m^2-4(1+\mu)\left(\frac{m}{n}\right)^2 m^2}{F^3} + \frac{4m(1+\mu)(m+1)\left(\frac{m}{n}+\frac{1}{n}\right)^2 - (4m^2+n^2)}{B^3}$$
$$\left. + \frac{6m^2\left(\frac{m^4-n^4}{n^2}\right)}{F^5} + \frac{6m\left[mn^2 - \frac{1}{n^2}(m+1)^5\right]}{B^5} \right\} \quad (4\text{-}109)$$

$$I_v = \frac{1}{4\pi(1-\mu)} \left\{ -\frac{2(2-\mu)}{A} + \frac{2(2-\mu)(4m+1) - 2(1-2\mu)\left(\frac{m}{n}\right)^2(m+1)}{B} \right.$$
$$+ \frac{2(1-2\mu)\frac{m^3}{n^2} - 8(2-\mu)m}{F} + \frac{mn^2+(m-1)^3}{A^3} + \frac{4\mu n^2 m + 4m^3 - 15n^2 m}{B^3}$$
$$- \frac{2(5+2\mu)\left(\frac{m}{n}\right)^2(m+1)^3 - (m+1)^3}{B^3} + \frac{2(7-2\mu)nm^2 - 6m^3 + 2(5+2\mu)\left(\frac{m}{n}\right)^2 m^3}{F^3}$$
$$+ \frac{6nm^2(n^2-m^2) + 12\left(\frac{m}{n}\right)^2(m+1)^5}{B^5} - \frac{12\left(\frac{m}{n}\right)^2 m^5 + 6nm^2(n^2-m^2)}{F^5}$$
$$\left. - 2(2-\mu)\ln\left(\frac{A+m+1}{F+m} \times \frac{B+m+1}{F+m}\right) \right\} \quad (4\text{-}110)$$

式中 $n=r/l$；$m=z/l$；$F=m^2+n^2$；$A^2=n^2+(m-1)^2$；$B^2=n^2+(m+1)^2$。L、z 和 r 见图 4-24 所示几何尺寸，μ 为土的泊松比。

在计算群桩沉降时，将各根单桩在某点所产生的附加应力进行叠加，进而计算群桩产生的沉降。

采用 Mindlin-Geddes 法计算桩基沉降一般需要用计算机计算，在计算机已经普及的今天，计算的难度已经不是一个主要的问题，普及明德林—盖得斯法计算桩基沉降已具备了客观条件。

由于盖得斯应力解比布西奈斯克解更符合桩基础的实际，因此按明德林—盖得斯法计算桩基沉降较为合理。图 4-25 给出了 69 个工程分别按实体深基础法（图 a）和明德林—盖得斯法（图 b）计算的沉降与实测沉降的比较，图中纵坐标是实测沉降量，横坐标是计算沉降量，明德林—盖得斯法计算的结果分布于 45°线的两侧，表明从总体上两者是吻合的；而实体基础法的计算结果均偏离于 45°线，说明计算值普遍偏大。

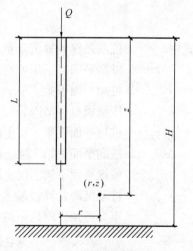

图 4-24 单桩荷载应力计算几何尺寸

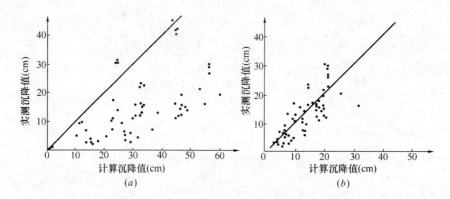

图 4-25 计算沉降量与实际沉降量的比较

4.12 建筑地基基础设计规范法

4.12.1 地基规范计算方法的思路

地基基础设计规范采用的是传统桩基理论，在计算沉降时，假定实体深基础底面取在桩端平面处，只计算桩端以下地基土的压缩变形，不考虑桩间土对桩基沉降的影响。桩基础最终沉降量的计算采用单向压缩分层总和法。桩端以下地基土中的附加应力采用Boussinesq解，考虑侧向摩阻力的扩散作用，通过沉降经验系数修正。

4.12.2 地基基础设计规范的计算公式

《建筑地基基础设计规范》（GB 50007—2002）中桩基础最终沉降量的计算采用单向压缩分层总和法理论公式为：

$$s = \psi_p \sum_{j=1}^{m} \sum_{i=1}^{n_j} \frac{\sigma_{j,i} \Delta h_{j,i}}{E_{sj,i}} \qquad (4\text{-}111)$$

式中 s——桩基最终计算沉降量（mm）；

m——桩端平面以下压缩层范围内土层总数；

$E_{sj,i}$——桩端平面下第 j 层土第 i 个分层在自重应力至自重应力加附加应力作用段的压缩模量（MPa）；

n_j——桩端平面下第 j 层土的计算分层数；

$\Delta h_{j,i}$——桩端平面下第 j 层土的第 i 个分层厚度（m）；

$\sigma_{j,i}$——桩端平面下第 j 层土第 i 个分层的竖向附加应力（kPa）；

ψ_p——桩基沉降计算经验系数，各地区应根据当地的工程实测资料统计对比确定。不具备条件时也可按表 4-6 选用。

等代墩基法计算桩基沉降经验系数 ψ_p 表 4-6

$\overline{E}_s$ (MPa)	$\overline{E}_s < 15$	$15 \leqslant \overline{E}_s < 30$	$30 \leqslant \overline{E}_s < 40$
ψ_p	0.5	0.4	0.3

实际计算中，按照实体深基础计算桩基础最终沉降量所用单向压缩分层总和法计算公式如下：

$$s = \psi_p \sum_{i=1}^{n} \frac{p_0}{E_{si}} (z_i \bar{\alpha}_i - z_{i-1} \bar{\alpha}_{i-1})$$
(4-112)

式中 z_i、z_{i-1}——桩端平面至第 i 层土、第 $i-1$ 层土底面的距离（m）；

$\bar{\alpha}_i$、$\bar{\alpha}_{i-1}$——基础底面计算点按 Boussinesq 解至第 i 层土、第 $i-1$ 层土底面范围内平均附加应力系数，可按《建筑地基基础设计规范》（GB 50007—2002）附录 K 采用；

E_{si}——基础底面下第 i 层土的压缩模量（MPa）；

p_0——桩底平面处的附加压力（kPa），实体基础的支承面积可按图 4-26 计算。

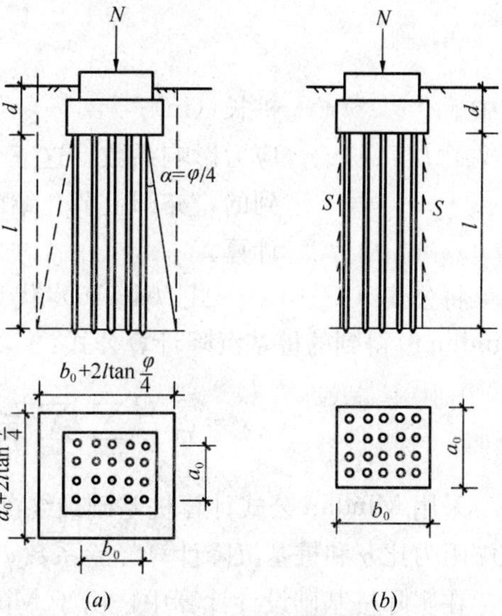

图 4-26 地基基础设计规范实体深基础的底面积

4.12.3 地基基础设计规范中的平均附加应力系数计算

对于桩端平面以下附加应力的计算，一般有 Boussinesq 解和 Mindlin 解两种，公式（4-112）是按 Boussinesq 解得到的沉降计算公式。注意 Boussinesq 解是集中力作用在桩端平面处的附加应力分布。

《建筑地基基础设计规范》（GB 50007—2002）附录 R 中也给出了桩端平面以下附加应力的采用 Mindlin 解的分层总和法沉降计算公式，而 Mindlin 解是集中力作用在桩端平面以下土体内部的附加应力分布。

将各根桩在某点产生的附加应力，逐根叠加按下式计算：

$$\sigma_{j,i} = \sum_{k=1}^{n} (\sigma_{zp,k} + \sigma_{zs,k})$$
(4-113)

设 Q 为单桩在竖向荷载的准永久组合作用下的附加荷载，由桩端阻力 Q_p 和桩侧摩阻力 Q_s 共同承担，且：$Q_p = \alpha Q$，α 是桩端阻力比。桩的端阻力假定为集中力，桩侧摩阻力可假定为沿桩身均匀分布和沿桩身线性增长分布两种形式组成，其值分别为 βQ 和 $(1-\alpha-\beta)Q$，如图 4-23 所示。

第 k 根桩的端阻力在深度 z 处产生的应力：

$$\sigma_{zp,k} = \frac{\alpha Q}{l^2} I_{p,k}$$
(4-114)

第 k 根桩的侧摩阻力在深度 z 处产生的应力：

$$\sigma_{zs,k} = \frac{Q}{l^2} [\beta I_{s1,k} + (1-\alpha-\beta) I_{s2,k}]$$
(4-115)

对于一般摩擦型桩可假定桩侧摩阻力全部是沿桩身线性增长的（即 $\beta=0$），则上式可简化为：

$$\sigma_{zs,k} = \frac{Q}{l^2}(1-\alpha)I_{s2,k} \tag{4-116}$$

式中　　　l——桩长（m）；

I_p，I_{s1}，I_{s2}——应力影响系数，这三个应力影响系数是 Geddes 根据 Mindlin 解推导得到的，亦即上节介绍的式（4-108）~式（4-110），可用于地基规范中计算。

将公式（4-113）~式（4-116）代入公式（4-111），得到单向压缩分层总和法按 Mindlin 解得到的桩基沉降计算公式：

$$s = \psi_p \frac{Q}{l^2} \sum_{j=1}^{m} \sum_{i=1}^{n_j} \frac{\Delta h_{j,i}}{E_{sj,i}} \sum_{k=1}^{n} \left[\alpha I_{p,k} + (1-\alpha)I_{s2,k}\right] \tag{4-117}$$

采用 Mindlin 公式计算桩基础最终沉降量时，竖向荷载准永久组合作用下附加荷载的桩端阻力比 α 和桩基沉降计算经验系数 ψ_p 应根据当地工程的实测资料统计确定。

在实际桩基础设计计算中，由于 Mindlin 解计算非常复杂，为了简化计算，《建筑地基基础设计规范》（GB 50007—2002）实际采用 Boussinesq 解，查附录 K 平均附加应力系数表来确定基础底面计算点至第 i 层土底面范围内平均附加应力系数 $\bar{\alpha}_i$，并用公式（4-112）来计算群桩沉降。

附录 K 中矩形面积上均布荷载作用下角点的平均附加应力系数 $\bar{\alpha}$ 部分值如表 4-7 所示。

矩形面积上均布荷载作用下角点的平均附加应力系数 $\bar{\alpha}$　　　表 4-7

z/b \ l/b	1.0	1.2	1.4	1.6	1.8	2.0	2.4	2.8	3.2	3.6	4.0	5.0	10.0
0.0	0.2500	0.2500	0.2500	0.2500	0.2500	0.2500	0.2500	0.2500	0.2500	0.2500	0.2500	0.2500	0.2500
0.2	0.2496	0.2497	0.2497	0.2498	0.2498	0.2498	0.2498	0.2498	0.2498	0.2498	0.2498	0.2498	0.2498
0.4	0.2474	0.2479	0.2481	0.2483	0.2483	0.2484	0.2485	0.2485	0.2485	0.2485	0.2485	0.2485	0.2485
0.6	0.2423	0.2437	0.2444	0.2448	0.2451	0.2452	0.2454	0.2455	0.2455	0.2455	0.2455	0.2455	0.2456
0.8	0.2346	0.2372	0.2387	0.2395	0.2400	0.2403	0.2407	0.2408	0.2409	0.2409	0.2409	0.2410	0.2410
1.0	0.2252	0.2291	0.2313	0.2326	0.2335	0.2340	0.2346	0.2349	0.2351	0.2352	0.2352	0.2353	0.2353
1.2	0.2149	0.2199	0.2229	0.2248	0.2260	0.2268	0.2278	0.2282	0.2285	0.2286	0.2287	0.2288	0.2289
1.4	0.2043	0.2102	0.2140	0.2164	0.2180	0.2191	0.2204	0.211	0.2215	0.2217	0.2218	0.2220	0.2221
1.6	0.1939	0.2006	0.2049	0.2079	0.2099	0.2113	0.2130	0.2138	0.2143	0.2146	0.2148	0.2150	0.2152
1.8	0.1840	0.1912	0.1960	0.1994	0.2018	0.2034	0.2055	0.2066	0.2073	0.2077	0.2079	0.2082	0.2084

注：表中 b——基础宽度（m）；l——基础长度（m）；z——计算点离基础底面垂直距离（m）。

4.12.4　建筑地基基础规范法的特点

地基基础设计规范实体深基础法计算桩基沉降有三大特点：

1) 假想实体基础底面在桩端平面处，只计算桩端以下地基土的压缩变形，不考虑桩间土对桩基沉降的影响；

2) 实体深基础法在计算桩端以下地基土中的附加应力时，和浅基础一样，采用

Boussinesq 解，这与工程中桩基基础埋深较大的实际情况不甚符合。Boussinesq 解是竖向荷载作用在弹性半无限体表面时的理论解，用于计算桩端以下土体中的附加应力显然有点勉强；地基规范是通过沉降经验系数 ψ_p 来加以对深度的修正；虽然附录 R 中也给出了 Mindlin 解计算方法，但没有给出设计人员可以直接使用的计算表格。

3) 考虑墩基侧向摩阻力的扩散作用，按 $\varphi/4$ 角度向下扩散。

4) 地基规范沉降计算通过按实体深基础计算桩基沉降经验系数查表来修正计算结果。该方法把桩长部分看作一个没有变形的整体（等代墩基是刚性的）。没有考虑桩身压缩的影响，无法考虑桩距、桩数等因素对桩间土压缩的影响，也不能考虑桩距、桩数等因素的变化对桩端平面以下地基土中的附加应力的影响。也就是说群桩基础中的桩数的变化丝毫不影响沉降计算的结果，因此该方法不适用于按变形控制桩基础的设计。

总之，由于荷载的不均匀性和地基土的不均匀性等原因，理论沉降计算值与实际沉降计算值尚有一定误差，要结合地区经验作出修正。

4.13 浙江大学考虑桩身压缩的群桩沉降计算方法

规范的等代墩基法只计算桩端以下地基土的压缩变形，并未考虑桩身混凝土本身的压缩变形，浙江大学张忠苗课题组（2003）提出了一种考虑群桩桩身压缩量的群桩沉降计算方法。

群桩基础桩顶最终沉降量 s

$$s = s_s + s_b = \frac{P_1 l}{EA} + \psi_p \sum_{j=1}^{m} \sum_{i=1}^{n_j} \frac{\sigma_{j,i} \Delta h_{j,i}}{E_{sj,i}} \tag{4-118}$$

式中 s_s——群桩桩身弹性压缩变形量；

s_b——群桩桩端沉降量；

P_1——分配到单根的设计单桩竖向承载力特征值；

l——桩长；

E——桩体的弹性模量值；

A——桩截面积；

ψ_p——沉降经验系数，参考地基规范并用地区经验校正。

其他符号含义同前。

实际计算中，按照实体深基础计算桩基础最终沉降量所用单向压缩分层总和法计算公式如下：

$$s = \frac{P_1 l}{EA} + \psi_p \sum_{i=1}^{n} \frac{p_0}{E_{si}} (z_i \bar{\alpha}_i - z_{i-1} \bar{\alpha}_{i-1}) \tag{4-119}$$

式中各符号意义同前。

桩身弹性压缩变形量 s_s 的计算按弹性理论计算，现举例计算如下：

取单桩桩径 $d=1000$mm，设计单桩竖向承载力特征值 $N=P_1=5000$kN，则根据公式 $s_s = \frac{P_1 l}{EA}$ 可得不同混凝土强度、不同桩长的桩弹性压缩变形量如表 4-8 所示。

桩身混凝土弹性压缩量 s_s 的计算例表（mm） 表 4-8

桩身混凝土强度等级 \ 桩长（m）	10	20	30	40	50	60	70
C20	2.50	5.00	7.49	9.99	12.49	14.99	17.48
C25	2.27	4.55	6.82	9.10	11.37	13.65	15.92
C30	2.12	4.25	6.37	8.49	10.62	12.74	14.86
C35	2.02	4.04	6.07	8.09	10.11	12.13	14.15
C40	1.96	3.92	5.88	7.84	9.80	11.76	13.72

群桩基础底面附加应力也采用等代墩基法计算，但具体沉降计算中作了如下处理：

1. 计算模式

1）当群桩为嵌入硬质岩成为完全端承且桩端下无软下卧层时，可不计算桩端平面以下的压缩，群桩基础沉降只计算桩身压缩；

2）当群桩为端承型桩时，可按图 4-27（a）模式计算，即不考虑应力扩散角，计算面积为承台面积；

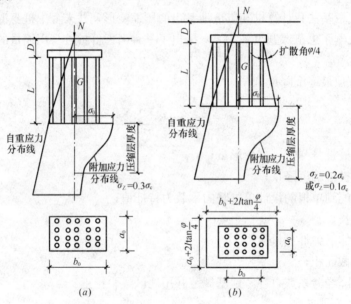

图 4-27 浙江大学群桩沉降计算模式
（a）端承型桩；（b）摩擦型桩

3）当为摩擦型群桩和桩端下有软弱下卧层时，可按图 4-27（b）模式计算，即考虑承台应力扩散作用，按 $\varphi/4$ 向下扩散。

2. 等代墩基面积计算

1）桩顶承台面积规定如下：当边桩外缘与承台边缘的距离小于 1m 时，取两者之间的实际距离计算承台面积，即如果桩外缘与承台边缘距离为 0.5m，则取 0.5m；

当边桩外缘与承台边缘的距离大于 1m 时，取两者间距为 1m 计算承台面积，即如果桩外缘与承台边缘距离为 1.5m，则取 1m。

2) 等代墩基面积计算是否进行应力扩散计算按第 1 点规定执行。

3. 压缩层计算深度

桩基础的最终沉降计算深度 z_n，按应力比法确定。

1) 端承型群桩由于桩端压缩小，所以 $\sigma_z = 0.3\sigma_c$。
2) 摩擦型群桩由于桩端压缩较大，所以 $\sigma_z = 0.2\sigma_c$。
3) 当桩端存在软弱下卧层时，由于桩端压缩大，所以 $\sigma_z = 0.1\sigma_c$。

式中 σ_z——计算深度 z_n 处的附加应力；
σ_c——土的自重应力。

这样处理的特点是概念明确，计算参数明确，易于操作，但桩基沉降经验系数有待于进一步积累。

4.14 建筑桩基技术规范方法

4.14.1 建筑桩基技术规范计算思路

桩基规范法是以 Mindlin 位移公式为基础的方法，该法通过均质土中群桩沉降的 Mindlin 解与均布荷载下矩形基础沉降的 Boussinesq 解的比值（等效沉降系数 ψ_e）来修正实体基础的基底附加应力，然后利用分层总和法计算桩端以下土体的沉降。该法适用于桩距小于或等于 6 倍桩径的桩基。

4.14.2 建筑桩基技术规范计算公式

《建筑桩基技术规范》中规定，对于桩中心距小于或等于 6 倍桩径的桩基，其最终沉降量计算可采用等效作用分层总和法（equivalent layerwise summation method）。等效作用面位于桩端平面，等效作用面积为桩承台投影面积，等效作用附加应力近似取承台底平均附加压力。等效作用面以下的应力分布采用各向同性均质直线变形体理论。计算模式如图 4-28 所示，桩基最终沉降量可用角点法按下式计算：

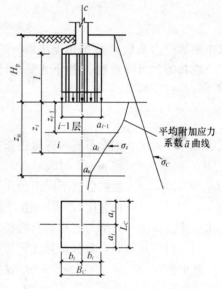

图 4-28 桩基沉降计算示意图

$$s = \psi \cdot \psi_e \cdot s' = \psi \cdot \psi_e \cdot \sum_{j=1}^{m} p_{0j} \sum_{i=1}^{n} \frac{z_{ij}\bar{\alpha}_{ij} - z_{(i-1)j}\bar{\alpha}_{(i-1)j}}{E_{si}} \quad (4-120)$$

式中 s——桩基最终沉降量，(mm)；
s'——按实体深基础分层总和法计算出的桩基沉降量，(mm)；
ψ——桩基沉降经验系数，无当地可靠经验时可按表 4-8 确定；
ψ_e——桩基等效沉降系数，按式（4-124）确定；
m——角点法计算点对应的矩形荷载分块数；
p_{0j}——第 j 块矩形底面在荷载效应准永久组合下的附加压力，(kPa)；
n——桩基沉降计算深度范围内所划分的土层数；

E_{si}——等效作用面以下第 i 层土的压缩模量（MPa），采用地基土在自重压力至自重压力加附加压力作用时的压缩模量；

z_{ij}、$z_{(i-1)j}$——桩端平面第 j 块荷载作用面至第 i 层土、第 $i-1$ 层土底面的距离（m）；

$\bar{\alpha}_{ij}$、$\bar{\alpha}_{(i-1)j}$——桩端平面第 j 块荷载计算点至第 i 层土、第 $i-1$ 层土底面深度范围内平均附加应力系数，可按《建筑桩基技术规范》附录 D 采用。

计算矩形桩基中点沉降时，桩基沉降计算式（4-120）可简化成下式：

$$s = \psi \cdot \psi_e \cdot s' = 4 \cdot \psi \cdot \psi_e \cdot p_0 \sum_{i=1}^{m} \frac{z_i \bar{\alpha}_i - z_{i-1} \bar{\alpha}_{i-1}}{E_{si}} \tag{4-121}$$

式中 p_0——在荷载效应准永久组合下承台底的平均附加压力；

$\bar{\alpha}_i$、$\bar{\alpha}_{i-1}$——平均附加压力系数，根据矩形长宽比 a/b 及深宽比 $\frac{z_i}{b} = \frac{2z_i}{B_c}$，$\frac{z_{i-1}}{b} = \frac{2z_{i-1}}{B_c}$ 查《建筑桩基技术规范》附录 D。

桩基沉降计算深度 z_n，按应力比法确定，即 z_n 处的附加应力 σ_z 与土的自重应力 σ_c 应符合下式要求：

$$\sigma_z \leqslant 0.2\sigma_c \tag{4-122}$$

$$\sigma_z = \sum_{j=1}^{m} a_j p_{0j} \tag{4-123}$$

式中附加应力系数 a_j 根据角点法划分的矩形长宽比及深宽比查附录 D。

桩基等效沉降系数 ψ_e 按下式简化计算：

$$\psi_e = C_0 + \frac{n_b - 1}{C_1(n_b - 1) + C_2} \tag{4-124}$$

$$n_b = \sqrt{n \cdot B_c / L_c} \tag{4-125}$$

式中 n_b——矩形布桩时的短边布桩数，当布桩不规则时可按式（4-125）近似计算，当 $n_b < 1$ 时取 $n_b = 1$；

C_0、C_1、C_2——根据群桩不同距径比（桩中心距与桩径之比）S_a/d、长径比 l/d 及基础长宽比 L_c/B_c，由《建筑桩基技术规范》附录 E 确定；

L_c、B_c、n——分别为矩形承台的长、宽及总桩数。

当布桩不规则时，等效距径比可按下式近似计算：

圆形桩　　　　　　　$S_a/d = \sqrt{A}/(\sqrt{n} \cdot d)$

方形桩　　　　　　　$S_a/d = 0.886\sqrt{A}/(\sqrt{n} \cdot b)$

式中 A——桩基承台总面积；

b——方形桩截面边长。

无当地经验时，桩基沉降计算经验系数 ψ 可按表 4-9 选用。

桩基沉降计算经验系数 ψ　　　　　　　　表 4-9

$\bar{E}_s$（MPa）	≤8	13	20	35	≥50
ψ	1.6	1.0	0.75	0.5	0.4

注：$\bar{E}_s$ 为沉降计算深度范围内压缩模量的当量值，可按下式计算：$\bar{E}_s = \frac{\sum A_i}{\sum \frac{A_i}{E_{si}}}$，式中 A_i 为第 i 层土附加压力系数沿土层厚度的积分值，可近似按分块面积计算。ψ 可根据 $\bar{E}_s$ 内插取值。采用后注浆施工工艺的灌注桩桩基沉降经验系数乘以 0.8 折减系数。

计算桩基沉降时，应考虑相邻基础的影响，采用叠加原理计算，桩基等效沉降系数可按独立基础计算。

当桩基形状不规则时，可采用等代矩形面积计算桩基等效沉降系数，等效矩形的长宽比可根据承台实际尺寸形状确定。

规范中桩基沉降经验系数 ψ 是收集了软土地区上海、天津，一般第四纪土地区北京、沈阳，黄土地区西安共计 150 份已建桩基工程的沉降观测资料，实测沉降与计算沉降之比 ψ 与沉降计算深度范围内压缩模量当量值 $\overline{E}_s$ 的关系如图 4-29 所示。根据该结果给出表 4-9 桩基沉降计算经验系数。

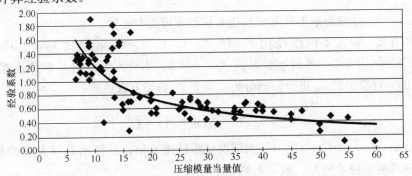

图 4-29 沉降经验系数 ψ 与压缩模量当量值 $\overline{E}_s$ 的关系

4.14.3 桩基规范等效沉降系数 ψ_e 的由来

运用弹性半无限体内作用力的 Mindlin 位移解，基于桩、土位移协调条件，略去桩身弹性压缩，给出匀质土中不同距径比、长径比、桩数、基础长宽比条件下刚性承台群桩的沉降数值解：

$$w_m = \frac{\overline{Q}}{E_s d} \overline{w}_m \tag{4-126}$$

式中 $\overline{Q}$——群桩中各桩的平均荷载；

E_s——均质土的压缩模量；

d——桩径；

$\overline{w}_m$——Mindlin 解群桩沉降系数，随群桩的距径比、长径比、桩数、基础长宽比而变；运用弹性半无限体表面均布荷载下的 Boussinesq 解，不计实体深基础侧阻力和应力扩散，求得实体深基础的沉降：

$$w_B = \frac{P}{aE_s} \overline{w}_B \tag{4-127}$$

式中 $\overline{w}_B = \dfrac{1}{4\pi}\left[\ln\dfrac{\sqrt{1+m^2}+m}{\sqrt{1+m^2}-m} + m\ln\dfrac{\sqrt{1+m^2}+1}{\sqrt{1+m^2}-1}\right]$ (4-128)

m——矩形基础上的长宽比，$m=a/b$；

P——矩形基础上的均布荷载之和。

由于数据过多，为便于分析应用，当 $m<15$ 时，式（4-128）经统计分析后简化为

$$\overline{w}_B = (m+0.6336)/(1.951m+4.6275) \tag{4-129}$$

由此引起的误差在 2.1% 以内。

相同基础平面尺寸条件下，对于不考虑群桩侧面剪应力和应力不扩散实体深基础 Boussinesq 解沉降计算值 w_B 和按不同几何参数刚性承台群桩 Mindlin 位移解沉降计算值 w_m 二者之比为等效系数 ψ_e。按实体深基础 Boussinesq 解计算沉降 w_B，乘以等效系数 ψ_e，实质上纳入了按 Mindlin 位移解计算桩基础沉降时，附加应力及桩群几何参数的影响。

$$\text{等效沉降系数 } \psi_e = \frac{w_m}{w_B} = \frac{\dfrac{\overline{Q}}{E_s d}\overline{w_m}}{\dfrac{n_a n_b P}{a E_s}\overline{w_B}} = \frac{\overline{w_m}}{\overline{w_B}} \cdot \frac{a}{n_a n_b d} \tag{4-130}$$

式中　n_a、n_b——分别为矩形桩基础长边布桩数和短边布桩数。

为应用方便，将按不同距径比 $S_a/d=2$、3、4、5、6，长径比 $L/d=5$、10、15…100，总桩数 $n=4\cdots600$，各种布桩形式（$n_a/n_b=1$、2、…10），桩基承台长宽比 L_c/B_c，对式（4-130）计算出的 ψ_e 进行回归分析，得到 ψ_e 的如下表达式：

$$\psi_e = C_0 + \frac{n_b - 1}{C_1(n_b - 1) + C_2} \tag{4-131}$$

其中 $n_b = \sqrt{n \cdot B_c/L_c}$，$C_0$、$C_1$、$C_2$ 为随群桩距径比 s_a/d、长径比 L/d 及基础长宽比 L_c/B_c，由《建筑桩基技术规范》附录 E 确定。

4.14.4　建筑桩基技术规范中单桩、单排桩沉降计算分层总和法的应用

1. 承台底地基土不分担荷载

《建筑桩基技术规范》中规定对于单桩、单排桩、桩中心距大于 6 倍桩径的桩基，当承台底地基土不分担荷载时，可采用 Mindlin 解考虑桩径影响，计算桩端平面以下的竖向附加应力，按单向压缩分层总和法计算该点的最终沉降量。对于长径比大于 50 的基桩沉降量应计入桩身的弹性压缩量。

$$s = \sum_{i=1}^{n} \frac{\sigma_{zi} \cdot \Delta Z_i}{E_{si}} = \sum_{i=1}^{n} \frac{\Delta Z_i}{E_{si}} \sum_{j=1}^{m} \frac{Q_j}{L_j^2}[\alpha_j I_{p,ij} + (1-\alpha_j) I_{s,ij}] \tag{4-132}$$

摩擦型桩的桩身弹性压缩量　　$s_e = \dfrac{Q_j L_j}{2 E_c A_p}$ (4-133)

端承型桩的桩身弹性压缩量　　$s_e = \dfrac{Q_j L_j}{E_c A_p}$ (4-134)

式中　m——计算影响范围（0.6 倍桩长）内的基桩数；

　　　n——沉降计算深度范围内土层的计算分层数，分层数应结合土层性质，分层厚度不应超过计算深度的 0.3 倍；

　　　σ_{zi}——计算点影响范围内各基桩产生的桩端平面以下第 i 层土 1/2 厚度处附加竖向应力之和；

　　　ΔZ_i——第 i 个计算土层厚度（m）；

　　　$E_{s,i}$——第 i 个计算土层的压缩模量（MPa），采用土的自重应力至土的自重应力加附加应力作用时的压缩模量；

　　　Q_j——第 j 桩在荷载效应准永久组合作用下，桩顶的附加荷载（kN）；当地下室埋深超过 5m 时，取荷载效应准永久组合作用下的总荷载为考虑回弹再压缩的等代附加荷载；

L_j——第 j 桩桩长（m）；

α_j——第 j 桩桩端总阻力与桩顶荷载之比，近似取总端阻力与单桩承载力特征值之比；

$I_{p,ij}$，$I_{s,ij}$——分别为第 j 桩的桩端阻力和桩侧阻力对计算轴线第 i 计算土层 1/2 厚度处的应力影响系数；

E_c——桩身混凝土的弹性模量。

2. 承台底地基土分担荷载

对于单桩、单排桩、桩中心距大于 6 倍桩径的桩基，当承台底地基土分担荷载按复合桩基计算时，可采用 Mindlin 解考虑桩径影响，计算基桩引起的附加应力，采用 Boussinesq 解计算承台引起的附加应力，取二者叠加，按单向压缩分层总和法计算该点的最终沉降量。对于长径比大于 50 的基桩沉降量应计入桩身的弹性压缩量，按式（4-133）、式（4-134）计算。

$$s = \sum_{i=1}^{n} \frac{\sigma_{zi} + \sigma'_{zi}}{E_{si}} \Delta Z_i = \sum_{i=1}^{n} \frac{\Delta Z_i}{E_{si}} \left\{ \sum_{j=1}^{m} \frac{Q_j}{L_j^2} [\alpha_j I_{p,ij} + (1-\alpha_j) I_{s,ij}] + \sum_{k=1}^{u} \alpha_{k,i} p_{c,k} \right\}$$

(4-135)

式中 σ_{zi}——计算点影响范围（0.6 倍桩长）内各基桩产生的桩端平面以下第 i 个计算土层 1/2 厚度处附加应力之和；

σ'_{zi}——承台压力对沉降计算点桩端平面以下第 i 计算土层 1/2 厚度处产生的应力；将承台板划分为 u 个矩形，采用角点法确定后叠加；

$p_{c,k}$——第 k 块承台底均布压力，$p_{c,k} = \eta_{c,k} \cdot f_{ak}$，其中 $\eta_{c,k}$ 为第 k 块承台底板的承台效应系数，按表 4-10 确定；f_{ak} 为承台底地基承载力特征值；

$\alpha_{k,i}$——第 k 块承台底角点处，桩端平面以下第 i 计算土层 1/2 厚度处的附加应力系数，按《建筑桩基技术规范》附录 D 确定。

承台效应系数 η_c 表 4-10

B_c/l \ S_a/d	3	4	5	6	>6
≤0.4	0.06～0.08	0.14～0.17	0.22～0.26	0.32～0.38	0.50～0.80
0.4～0.8	0.08～0.10	0.17～0.20	0.26～0.30	0.38～0.44	
>0.8	0.10～0.12	0.20～0.22	0.30～0.34	0.44～0.50	
单排桩条基	0.15～0.18	0.25～0.30	0.38～0.45	0.50～0.60	

注：1. 表中 S_a/d 为桩中心距与桩径之比；B_c/l 为承台宽度与有效桩长之比。
2. 对于桩布置于墙下的箱、筏承台，η_c 可按单排桩条基取值。

3. 最终沉降计算深度 z_n

对于单桩、单排桩、疏桩基础及其复合桩基础的最终沉降计算深度 z_n（final calculation depth for settlement），按应力比法确定。嵌岩的完全端承桩不计算桩端平面以下的沉降。其他按下面确定。

单桩、单排桩、疏桩基础　　　　　$\sigma_z = 0.2\sigma_c$

单桩、单排桩、疏桩的复合桩基　　$\sigma_z + \sigma'_z = 0.2\sigma_c$

式中 σ_z、σ_z'——计算深度 z_n 处的附加应力，由式（4-132）（4-135）中相应的附加应力项公式计算；

σ_c——土的自重应力。

4.14.5 桩基规范法计算沉降的特点

桩基规范法具有以下特点：

1. 假想实体基础底面在桩端平面处，只计算桩端以下地基土的压缩变形，不考虑桩间土对桩基沉降的影响，实体深基础法在计算桩端以下地基土中的附加应力按 Boussinesq 解。将承台视作直接作用在桩端平面，即实体基础的尺寸等同于承台尺寸，且作用在实体基础底面的附加应力也取为承台底的附加应力，不考虑桩间土对桩基沉降的影响。

2. 考虑墩基侧向摩阻力的扩散作用，按 $\varphi/4$ 角度向下扩散。

3. 不同于地基规范的是它引入了等效沉降系数 ψ_e（通过均质土中群桩沉降的 Mindlin 解 w_m 与均布荷载下矩形基础沉降的 Boussinesq 解 w_b 的比值）来修正附加应力，使得附加应力更加趋于 Mindlin 解，该系数反映了桩长径比、距径比、布桩方式及桩数等因素对地基中附加应力的影响。

4. 桩基规范法原理简单，计算方便，是工程实践中应用最为广泛的一种近似计算方法。这是一种半经验的计算方法，在计算沉降时，还必须用一个经验系数 ψ 来修正。这个沉降经验系数是基础沉降实测值和计算值的统计比值，它随实测值数量的增加而逐步趋于合理。尽管桩基规范法采用了沉降计算经验系数，相对来说较合理。但由于荷载的不均匀性和地基土的不均匀性，计算预估沉降与现场实测沉降仍有一定的差距。

4.14.6 桩基规范关于减沉复合疏桩基础的沉降计算

对于复合疏桩基础而言，与常规桩基相比其沉降性状有两个特点。一是桩的沉降发生塑性刺入的可能性大，在受荷变形过程中桩、土分担荷载比随土体固结而使其在一定范围变动，随固结变形逐渐完成而趋于稳定。二是桩间土体的压缩固结主要受承台压力作用，受桩、土相互作用影响次之。由于承台底平面桩、土的沉降是相等的，桩基的沉降既可通过计算桩的沉降，也可通过计算桩间土沉降实现。桩的沉降包含桩端平面以下的压缩和塑性刺入（忽略桩的弹性压缩），同时应考虑承台土反力对桩沉降的影响。桩间土的沉降包含承台底土的压缩和桩对土的影响。为了回避桩端塑性刺入这一难以计算的问题，桩基规范采取计算桩间土沉降的方法。这里必须注意减沉复合疏桩基础的前提是允许桩有一定的沉降从而使桩底承台的土发挥作用，实质上是摩擦桩的一种计算方式，而本书 3.8.2 节中离心试验结果表明当布桩桩间距从 $2d$ 扩大到 $5d$ 时相应的群桩效率系数 η 从 0.88 增大到 1.03。亦即群桩发挥的效率提高了，从而可以节省部分桩基造价。但事实上，纯摩擦桩在各种不利荷载（如动荷载、风荷载、地震荷载以及人为的超载）作用下容易产生刺入破坏。所以减沉复合疏桩基础还是要选择较好的桩端持力层以控制沉降，否则容易产生过大沉降现象。另外，减沉复合疏桩基础一般只适用于有基础大底板的多层和小高层建筑，而不适用于高层和超高层建筑，另外减少桩数要经过严密计算，不能过大地任意减桩，否则会发生桩基工程事故。

基础平面中点最终沉降计算式为

$$s = 4\psi_{sp} P_0 \sum_{i=1}^{n} \frac{z_i \overline{\alpha_i} - z_{i-1} \overline{\alpha_{i-1}}}{E_{si}} \tag{4-136}$$

$$P_0 = \frac{F - \eta_p n R_a}{A_c} \tag{4-137}$$

1. 承台底地基土的压缩变形沉降。

按 Boussinesq 解计算土中的附加应力，按单向压缩分层总和法计算沉降，与常规浅基沉降计算模式相同，即式（4-136）。

关于承台底附加压力 p_0，考虑到桩的刺入变形导致承台分担荷载量增大，故在式（4-137）计算 p_0 时扣除桩分担荷载份额时，适当折减桩的荷载分担量，即取基桩荷载分担量 $\eta_p n R_a$，对于黏性土 $\eta_p = 0.7$，粉土 $\eta_p = 0.8$，砂土 $\eta_p = 1.0$。

2. 关于地基受桩相互作用的增沉系数 ψ_{sp}。

桩侧阻力引起的沉降，按桩侧剪切位移传递法计算，桩侧离桩中心任一点 r 的竖向位移为：

$$w_r = \frac{\tau_0 r_0}{G_s} \int_r^{r_m} \frac{d_r}{r} = \frac{\tau_0 r_0}{G_s} \ln \frac{r_m}{r} \tag{4-138}$$

减沉桩桩端阻力比例较小，端阻力对承台底地基土位移的影响也较小，予以忽略。

式（4-138）中，τ_0 为桩侧阻力平均值，取 $\tau_0 = 30 \text{kPa}$；r_0 为桩半径，取 $r_0 = 0.15 \text{m}$；G_s 为土的剪切模量，$G_s = E_0/2(1+v)$，v 为泊松比，取软土 $v = 0.4$；E_0 为土的变形模量，其理论关系式：$E_0 = (1 - \frac{2v^2}{1-v}) E_s = \beta E_s$，$E_s$ 为土的压缩模量；实际测试结果，对于淤泥、淤泥质土 $\beta = 1.05 \sim 2.97$，这里取 $E_0 = 2E_s = 4 \text{MPa}$，则 $G_s = 1.43 \text{MPa}$；软土桩侧土剪切位移最大半径 $r_m = 6 \sim 12d$，取一般值 $r_m = 9d$。将以上数值代入式（4-138）可得桩侧任一处 r 的竖向位移 w_r。将桩周碟形位移式（4-138）进行积分，求得任一基桩桩周碟形位移体积，为：

$$V_{sp} = \int_0^{2\pi} \int_{r_0}^{r_m} \frac{\tau_0 r_0}{G_s} r \ln \frac{r_m}{r} dr d\theta = \frac{\pi \tau_0 r_0}{G_s} \left(\frac{r_m^2}{2} \ln r_m - r_0^2 \ln r_m + \frac{r_0^2}{2} \ln r_0 + \frac{r_m^2}{4} - \frac{r_0^2}{4} \right) \tag{4-139}$$

将以上参数代入式（4-139），求得位移体积 V_{sp}。桩距 $S_a = 5d, 6d, 7d, 8d, 9d, 10d$ 条件下桩对土的平均增沉量 $\bar{s}_{sp}$ 为上述 V_{sp} 除以方形面积 S_a^2，再将 $\bar{s}_{sp}$ 除以假想无桩影响的地基沉降量 s_0。并设 $s_0 = 80 \text{mm}$，得到桩—土影响系数 α_i。这里说明两点：一是桩周土受桩侧阻力作用产生的碟形位移受相邻桩影响将出现叠加效应而增大，这里通过对单一基桩桩周位移体积除以小于碟形位移圆面积 $\pi(r_m^2 - r_0^2)$ 的方形面积 $\bar{S}_{ax}^2$、$\bar{S}_{ay}^2$ 得到反映；二是为简化计算，基于承台底和桩侧土层性质相同，将桩—土相互作用增沉量除以无桩影响得地基土压缩变形量，求得桩—土影响系数 α_i，如表 4-11 所示。

将 x、y 向的平均 $\bar{S}_{ax}$、$\bar{S}_{ay}$ 相应的桩—土影响系数 α_x、α_y 叠加，求得桩—土相互作用增沉系数：

$$\psi_{sp} = 1 + \alpha_x + \alpha_y$$

桩—土影响系数 α_i 表 4-11

S_a	$5d$	$6d$	$7d$	$8d$	$9d$	$10d$
α_i	0.30	0.22	0.15	0.11	0.09	0.08

4.15 群桩沉降计算的沉降比法

众所周知，群桩沉降 s_G 一般要大于在相同荷载作用下单桩的沉降 s，通常将这两者沉降的比值称为群桩沉降比 R_s（settlement ratio）。在工程实践中，有时利用群桩沉降比 R_s 的经验值和单桩沉降 s 来估算群桩沉降 s_G，即

$$s_G = R_s \cdot s \tag{4-140}$$

s 通常可从现场单桩试验得到的荷载—沉降曲线求得。目前估计 R_s 的方法有二类，即经验法和弹性理论法。本节讨论基于砂土中桩基原型观测或室内模型试验而得到的估计 R_s 的经验方法。

根据一些桩基原型观测资料，Skempton（1953）建议按群桩基础宽度的大小来估计 R_s，即

$$R_s = \left(\frac{4B+2.7}{B+3.6}\right)^2 \tag{4-141}$$

式中 B——群桩基础宽度（m）。

根据砂土中打入桩基和沉井的资料，Meyerhof（1959）建议按下式估计方形群桩的 R_s 值：

$$R_s = \frac{\overline{S}_a(5-\overline{S}_a/3)}{(1+1/r)^2} \tag{4-142}$$

式中 $\overline{S}_a$——桩间距与桩径的比值；
r——方形群桩的行数。

根据中—密砂土中模型桩群的试验资料，Vesic（1967）建议按下式估计 R_s：

$$R_s \approx \sqrt{\frac{\overline{B}}{d}} \tag{4-143}$$

式中 $\overline{B}$——群桩的外排桩轴线之间的距离；
d——桩径。

通过密实细砂中方形群桩与单桩试验结果的对比，BepeqaHyeB（1961）发现，在桩间距为（3~6）d 条件下，群桩沉降的大小与群桩假想支承面积的边长成线性增长，而不受群桩桩数或桩间距的影响。因此，群桩沉降比等于边长比，

$$R_s = \frac{B}{B_1} = \sqrt{\frac{A}{A_1}} \tag{4-144}$$

式中 A——群桩假想支承面积，$A=B^2$；
B——群桩假想面积的边长，按图 4-30 确定；
A_1——单桩假想支承面积，$A_1=B_1^2$；
B_1——单桩假想面积的边长，按图 4-30 确定。

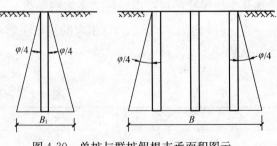

图 4-30 单桩与群桩假想支承面积图示

4.16 桩筏（箱）基础沉降计算

桩筏、桩箱基础以其明显的优点被广泛用作高层建筑的基础结构。

桩箱基础（pile-box foundation）由于其箱基具有较大的结构刚度，一般可按墙下板受桩的冲切承载力计算确定板厚，按构造要求配筋即可满足设计要求。但对于桩筏基础（pile raft foundation），由于其底板和地下室结构刚度有限，其在上部结构荷载作用下的整体和局部弯曲所产生的内力，特别是弯矩的影响不可忽视。

作为高层建筑桩筏基础设计的控制要求之一，沉降计算的合理性尤为重要，目前桩筏（箱）基础沉降计算方法主要包括简易理论法、半经验半理论法和有限元法。这里介绍一下董建国、赵锡宏等的简易理论法和半经验半理论法以及浙江大学的有限元法。

4.16.1 简易理论法

董建国、赵锡宏等的简易理论法（simplified theoretical method）视桩与桩间土为整体，如同复合地基，故称为复合地基模式。此法未计及桩径及桩的平面分布对基础沉降的影响，同时对桩端下地基最终沉降计算仍然有赖于实际经验。

1. 计算模型的建立

图 4-31 所示为一桩箱基础，在外力 P 作用下，桩箱基础的受力机理。设桩箱基础沿长、宽周边深度方向土体的剪应力为 τ_z，则总抗力 T 为：

$$T = U \int_0^L \tau_z \mathrm{d}z \tag{4-145}$$

式中 U——箱基平面的周长。

根据外荷 P 与抗力 T 的大小，沉降计算有不同的模式。

1) $P > T$ 实体深基础模型的沉降计算

当外荷 P 大于总抗力 T 时，桩箱基础四周将产生剪切变形，使桩长范围内、外土体的整体性受到破坏，这时可忽略群桩周围土体的作用，采用等代实体深基础模式计算桩箱（筏）基础的最终沉降（图 4-32），具体步骤如下：

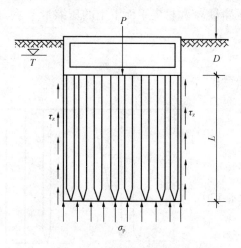

图 4-31 桩箱基础受力机理

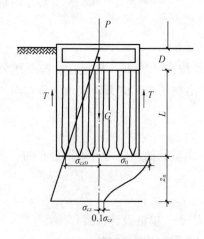

图 4-32 $P > T$ 的实体深基础模式

a. 从底面起算确定自重应力。

b. 从桩尖平面起算确定附加应力 σ_0：

$$\sigma_0 = \frac{P+G-T}{A} - \sigma_{cz0} \quad (4-146)$$

式中　G——包括桩间土在内的群桩实体的重量；
　　　σ_{cz0}——桩尖平面处的土自重应力；
　　　A——箱基底面积。

c. 采用分层总和法计算桩尖平面下土层的压缩量：

$$s_s = \sum_{j=1}^{m} \frac{\overline{\sigma}_{zj}}{E_{sj}} \cdot h_j \quad (4-147)$$

式中　m——平面下一倍箱基宽度内土的分层数；
　　　E_{sj}——第 j 层土的压缩模量，采用自重应力至自重应力与附加应力之和时对应的值；
　　　h_j——第 j 层土的厚度；
　　　$\overline{\sigma}_{zj}$——第 j 层土中的平均附加应力，应考虑相邻荷载影响，可采用布辛奈斯克解计算。

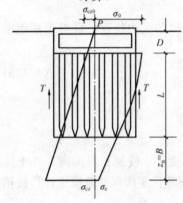

图 4-33　$P \leqslant T$ 的复合地基模式

2) $P \leqslant T$ 复合地基模型的沉降计算

当外荷 P 小于等于总抗力 T 时（图 4-33），群桩桩长范围外的周围土体同样具备抵抗外荷的能力，使桩箱基础的沉降受到约束。这时可认为桩的设置是对桩长范围土体的加固，与箱（筏）基础下的土体一起形成复合地基。由于桩的弹性模量远远大于土的弹性模量，故桩的设置将使桩长范围内土体变形大大减小，根据共同作用原理，桩长范围内土体的压缩量可用桩的弹性变形等代。

所以，在 $P \leqslant T$ 的情况，桩箱（筏）基础的最终沉降 s 由桩的压缩量 s_p 和桩尖平面下土的压缩量 s_s 两部分组成：

$$s = s_p + s_s \quad (4-148)$$

式中，s_s 按式（4-147）确定；s_p 按下述公式确定：

a. 沿桩长的压应力为三角形分布时（图4-34a）

$$s_p = \frac{P_p L}{2 A_p E_p} \quad (4-149)$$

b. 沿桩长的压应力为矩形分布时（图4-34b）

$$s_p = \frac{P_p L}{A_p E_p} \quad (4-150)$$

式中　P_p——单桩设计荷载；
　　　A_p——桩的截面积；
　　　L——桩长；

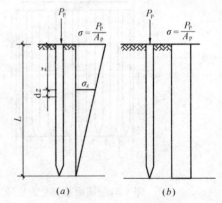

图 4-34　沿桩长的压应力分布模式

E_p——桩的弹性模量。

沿桩长压应力的分布一般是按经验确定：当桩所承受的荷载为设计荷载时，采用三角形分布；当荷载等于极限荷载时，采用矩形分布。

2. 总抗力 T 的确定

对于上述两种沉降计算模式的正确选用的关键是总抗力 T 的确定。

根据土的抗剪强度理论 $\tau = \sigma \cdot \tan\varphi + c$ 和由图 4-35 所示的抗剪强度与自重应力的关系，可得：

$$\tau_z = \sigma_{cx} \cdot \tan\varphi + c = \sigma_{cy} \cdot \tan\varphi + c \quad (4\text{-}151)$$

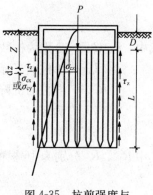

图 4-35 抗剪强度与自重应力关系

式中　σ_{cx}、σ_{cy}——分别为 x、y 方向土的自重应力。

假定土的侧压力系数 $K_0 = 1$，有 $\sigma_{cx} = \sigma_{cy} = \sigma_{cz}$，则式（4-151）可写成：

$$\tau_z = \sigma_{cz} \cdot \tan\varphi + c \quad (4\text{-}152)$$

所以，总抗力 T 为：

$$T = U \sum_{i=1}^{n} \int_0^{h_i} (\sigma_{czi} \cdot \tan\varphi_i + c_i) \mathrm{d}z = U \sum_{i=1}^{n} (\bar{\sigma}_{czi} \cdot \tan\varphi_i + c_i) \cdot h_i \quad (4\text{-}153)$$

式中　U——箱（筏）基础平面周长；

$\bar{\sigma}_{czi}$——箱（筏）基础底面到桩尖范围内第 i 层土的平均自重应力；

h_i——第 i 层土的厚度。

4.16.2　半经验半理论法

半经验半理论法是基于建筑物总荷载由桩群与筏底地基土共同承担；桩筏基础视为刚性体；刚性群桩沉降由 Poulos 和 Davis 公式确定；桩筏基础沉降与群桩沉降相同；建筑物基础竣工时的沉降可根据地区经验的修正系数对计算沉降 s 修正获得。据此可得半经验半理论公式。但此公式不能反映桩长、桩的平面布置方式对基础沉降的影响。

1. 筏底（箱底）承担荷载值

在计算桩箱基础沉降时，由于其纵向弯曲不大，基础可作为刚性体考虑。此时，基础沉降 s 可用下式近似表示：

$$s = pB_e \frac{1-\mu_s^2}{E_0} \quad (4\text{-}154)$$

则作用在基础上的总荷载（压力）p 为：

$$p = \frac{sE_0}{B_e(1-\mu_s^2)} \quad (4\text{-}155)$$

式中　B_e——基础的等效宽度，取 $B_e = \sqrt{A}$，A 为基础面积；

E_0、μ_s——分别为桩土共同作用的弹性模量和泊松比。

2. 群桩承担荷载值

Poulos 和 Davis 曾给出刚性基础下群桩基础沉降 s_g 的计算公式：

$$s_g = \frac{P_g R_s I}{n E_0 d} \quad (4\text{-}156)$$

则群桩承担的荷载 P_g 为：

$$P_g = \frac{s_g \cdot E_0 nd}{R_s I} \quad (4-157)$$

式中 n、d——分别为桩数和桩径；
I——单桩的沉降系数，根据长径比 L/d 由图 4-36 确定；
R_s——群桩的沉降影响系数，根据长径比 L/d 和距径比 s_a/d 由图 4-37 按下式确定：

$$R_s = (R_{25} - R_{16})(\sqrt{n} - 5) + R_{25} \quad (4-158)$$

式中 R_{16}、R_{25} 分别为 16 根桩和 25 根桩时沉降影响系数。

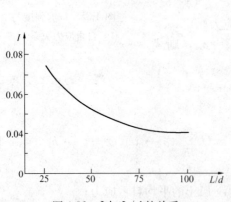

图 4-36 I 与 L/d 的关系

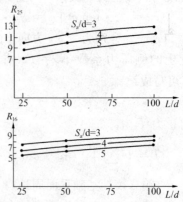

图 4-37 R_{16}、R_{25} 与 L/d、S_a/d 的关系

3. 桩箱（筏）基础的沉降

建筑物的总荷载 P 由群桩和基底土共同承担，即：

$$P = P_g + P_s = P_g + pA_e \quad (4-159)$$

式中 A_e——基础底面积减去群桩有效受荷面积，即：

$$A_e = A - n\frac{\pi(K_p d)^2}{4} \quad (4-160)$$

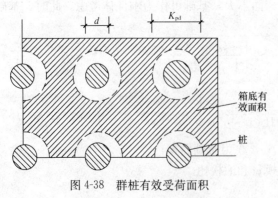

图 4-38 群桩有效受荷面积

式中符号意义见图 4-38。

将式（4-155）和式（4-157）代入式（4-159），得：

$$P = \frac{s_g \cdot E_0 nd}{R_s I} + \frac{sE_0}{B_e(1-\mu_s^2)} A_e \quad (4-161)$$

根据变形协调原理，箱（筏）基础的沉降应等于群桩沉降：$s_g = s$，则上式可写成：

$$P = sE_0 \left[\frac{nd}{R_s I} + \frac{A_e}{B_e(1-\mu_s^2)}\right] \quad (4-162)$$

由此得到桩箱（筏）基础沉降计算的理论公式为：

$$s = \frac{PB_e(1-\mu_s^2)}{E_0} \cdot \frac{R_s I}{A_e R_s I + ndB_e(1-\mu_s^2)} \qquad (4-163)$$

将上式根据地区经验乘以桩基沉降的经验修正系数 ψ_s，则可得到计算建筑物竣工时沉降的半经验半理论的实用公式：

$$s = \psi_s \frac{PB_e(1-\mu_s^2)}{E_0} \cdot \frac{R_s I}{A_e R_s I + ndB_e(1-\mu_s^2)} \qquad (4-164)$$

式中　ψ_s——桩基沉降的经验系数，按表 4-12 确定。

ψ_s 值　　　　　　　　　　表 4-12

类　别	桩入土深度（m）	ψ_s
Ⅰ	20～30	0.70～1.00
Ⅱ	30～45	0.35～0.45
Ⅲ	>45	0.20～0.25

式（4-164）右端项分作两部分：第一部分反映桩箱、桩筏基础沉降计算的弹性理论公式特性；第二部分反映各种因素对沉降的影响，包括箱（筏）基尺寸、地基土特性、桩基布置和尺寸等。

半经验法计算桩箱（筏）基础沉降的精确程度取决于式中各参数的取值，需根据地区经验确定。

4.16.3　桩筏基础的有限元法

高层建筑桩筏基础与地基共同作用条件下，以有限单元法求桩筏基础位移从方法上讲与其他结构有限元分析相比并无特别之处，但由于计算涉及高层建筑上部结构、筏基、桩土地基等不同部分，各部分之间的接触条件、单元形式、介质材料类型、初始状况各不相同。尤其是桩土、筏土之间几何尺寸的差异及介质力学特征的突变使单元划分较密、计算节点较多，整体刚度矩阵的阶数很高，有限元解题规模十分浩大。为使有限元分析更为有效，可以利用各部分结构的特点分别进行简化。

有限单元法求解桩筏基础沉降关键在于弹性力学中迭加原理对于筏底群桩的有效性，因为上述桩土体系的位移荷载关系基于单桩特性和简单迭加。而实例表明筏底群桩沉降特性有别于单桩而存在群桩效应，已有研究表明：桩间距、桩长、桩径、桩的平面布置方式及布桩平面系数、成桩方式、筏板与土的接触情况、持力层土和筏板底地基土的性状等诸多因素会影响桩筏基础沉降，由于牵涉因素太多，各种桩筏基础的沉降分析方法还有待完善。

下面主要介绍一下浙江大学建筑工程学院研制的桩筏基础设计分析有限元软件的分析原理。

浙江大学所提出的简化桩土共同作用分析方法分析桩筏基础沉降和内力的关键步骤有三个：

（1）确定桩端位置下卧层的沉降；
（2）根据下卧层的沉降和单桩的 $p\text{-}s$ 曲线获得群桩中单桩的 $p\text{-}s$ 曲线；
（3）基础的有限元分析。

1. 下卧层沉降计算

桩筏基础桩端下卧层沉降采用等代实体墩基按分层总和法计算，计算包括下卧层附加应力计算、沉降经验系数计算和总沉降的确定。

1) 下卧层附加应力计算

根据《建筑桩基技术规范》规定，对于桩中心距小于或者等于6倍桩径的桩基，其下卧层沉降的计算可以采用等效作用分层总和法。等效作用面位于桩端平面，作用面积为承台或者基础板投影面积，等效作用附加应力近似等于承台或者基础板底平均附加应力。下卧层附加应力计算采用 Mindlin 解。具体计算如下式：

$$\sigma_z = \frac{Q}{8\pi(1-v)}\left\{\frac{(1-2v)(z-c)}{R_1^3} - \frac{(1-2v)(z-c)}{R_2^3} + \frac{3(z-c)^3}{R_1^5}\right.$$
$$\left. + \frac{3(3-4v)z(z+c)^2 - 3c(z+c)(5z-c)}{R_2^5} + \frac{30cz(z+c)^3}{R_2^7}\right\} \quad (4\text{-}165)$$

式中 $R_1 = \sqrt{x^2+y^2+(z-c)^2}$；

$R_2 = \sqrt{x^2+y^2+(z+c)^2}$；

c——集中力作用点的深度（m）；

v——土的泊松比；

x、y、z——计算点的坐标。

2) 沉降经验系数确定

由于桩位的复杂性和基础板的多样性，按分层总和法计算得到的下卧层沉降要进行修正。桩基内任意点的最终沉降按下式计算

$$s = \psi \cdot \psi_e \cdot s' \quad (4\text{-}166)$$

式中 s——桩基的最终沉降；

s'——按分层总和法计算出的桩基沉降量；

ψ——桩基沉降计算的经验系数；

ψ_e——桩基等效沉降系数；

ψ——确定可采用两种方法：a. 若当地有可靠的经验时，根据经验值确定。b. 若当地无可靠的经验时，按规范确定如下：非软土地区和软土地区桩端有良好持力层时 ψ 取 1；软土地区且桩端无良好持力层时，当桩长 $l \leqslant 25$m 时，取 $\psi=1.7$；桩长 $l>25$m 时，ψ 取 $(5.9l-20)/(7l-100)$。

桩基等效沉降系数 ψ_e 可按下式简化计算：

$$\psi_e = C_0 + \frac{n_b - 1}{C_1(n_b-1) + C_2} \quad (4\text{-}167)$$

$$n_b = \sqrt{n \cdot B_c/L_c} \quad (4\text{-}168)$$

式中 n_b——矩形布桩时短边布桩数，当 n_b 计算值小于 1 时，取 $n_b=1$；

C_0，C_1，C_2——根据群桩不同距径比（桩中心距与桩径之比）S_a/d，长径比 l/d 及基础长宽度比 L_c/B_c 确定。

2. 群桩中的单桩 $p\text{-}s$ 曲线

群桩中单桩刚度分析是桩筏基础沉降分析的关键性步骤。群桩中单桩刚度分析的关键问题是如何考虑下卧层变形对单桩刚度的影响。该软件采用刚度修正法分析单桩刚度。

为说明方便起见，定义如下符号：

P——作用在基础板上的总荷载；

P_k——第 k 根桩的桩顶反力;
s_k——第 k 根桩桩顶沉降;
s'_k——第 k 根桩桩端沉降（下卧层沉降）;
Δ_k——第 k 根桩桩身压缩量;
K_k——群桩中第 k 根桩的单桩刚度;
n——总桩数。

群桩中第 k 根桩的刚度 K_k 可以定义为

$$K_k = \frac{P_k}{S_k} \tag{4-169}$$

群桩中单桩的沉降表示为 $s_k = s'_k + \Delta_k$（图 4-39），由于单桩沉降主要由桩身压缩引起，Δ_k 可以近似地根据单桩的 P-s 曲线得到，即当 P_k 已知时，由单桩的 P-s 曲线可求出 $\Delta_k(P_k)$。但要注意的是，s'_k 不是由 P_k 唯一确定的，而是由群桩中各桩引起的。实测及计算结果表明，绝大部分桩的桩顶反力均在平均桩反力 $\overline{P} = \dfrac{P}{n}$ 附近，因此在计算桩的刚度 K_k 时不妨假定:

$$P_k = \frac{P}{n} = \overline{P} \tag{4-170}$$

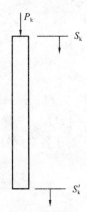

图 4-39 单桩变形示意

把上式代入 K_k 公式可得:

$$K_k = \frac{P/n}{s'_k(P) + \Delta_k(P/n)} \tag{4-171}$$

3. 基础的有限元分析

软件采用 16 节点实体退化等参元对任意形状变厚度板进行分析，该单元考虑了板的横向剪切效应，是厚薄板通用的等参单元。假设基础板对地基的作用是连续的分布荷载，数值分析时没有引入其他任何简化假定，能更真实地描述实际情况，实体退化等参元可以准确地考虑地基的水平刚度。

1) 16 节点退化实体等参元

16 节点 40 自由度的退化板壳单元能够细致地描述板的三维几何形状，见图 4-40。

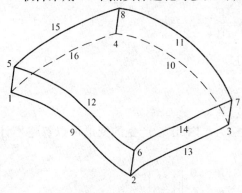

图 4-40 16 节点板单元

在三维实体等参元中，单元中任意点的坐标按下式插值得到

$$\begin{Bmatrix} x \\ y \\ z \end{Bmatrix} = \sum_{k=1}^{n} N_k \begin{Bmatrix} x_k \\ y_k \\ z_k \end{Bmatrix} \tag{4-172}$$

式中 N_k——插值形函数;
n——等参元节点数。

单元中任意点的位移可以类似地由节点位移表示为:

$$\begin{Bmatrix} u \\ v \\ w \end{Bmatrix} = \sum_{k=1}^{n} N_k \begin{Bmatrix} u_k \\ v_k \\ w_k \end{Bmatrix} \tag{4-173}$$

由位移-应变关系，单元中任意一点的应变为

$$\{\varepsilon\} = \sum_{k=1}^{n} [B_k]\{\delta_k\} \tag{4-174}$$

式中，$\{\varepsilon\} = \{\varepsilon_x, \varepsilon_y, \varepsilon_z, \gamma_{yz}, \gamma_{zx}, \gamma_{xy}\}^T$，$[B_k]$是单元应变-位移关系矩阵，$\{\delta_k\} = \{u_k, v_k, w_k\}^T$。根据虚功原理可得单元刚度矩阵为

$$[K] = \int_{-1}^{1}\int_{-1}^{1}\int_{-1}^{1}[B]^T[D][B]|J|\,\mathrm{d}\xi\mathrm{d}\eta\mathrm{d}\zeta \tag{4-175}$$

式中 $|J|$——Jacobi 行列式；

$[D]$——弹性系数矩阵。

对于各向同性材料，$[D]$可表示为

$$[D] = \begin{bmatrix} d_{11} & d_{12} & d_{13} & & & \\ d_{12} & d_{11} & d_{13} & & & \\ d_{13} & d_{13} & d_{33} & & & \\ & & & d_{44} & & \\ & & & & d_{44} & \\ & & & & & d_{44} \end{bmatrix} \tag{4-176}$$

对于三维弹性理论

$$d_{11} = d_{33} = \frac{E(1-\mu)}{(1+\mu)(1-2\mu)}$$

$$d_{12} = d_{13} = \frac{E\mu}{(1+\mu)(1-2\mu)}$$

$$d_{44} = \frac{E}{2(1+\mu)}$$

E 为弹性模量，μ 为泊松比。

根据 Reissener 板理论的假定，$\sigma_z \ll \sigma_x$，$\sigma_z \ll \sigma_y$，因此 σ_z 产生的变形可以忽略不计。引入这一假定后，弹性应力应变关系简化为：

$$\begin{Bmatrix} \sigma_x \\ \sigma_y \\ \tau_{yz} \\ \tau_{zx} \\ \tau_{xy} \end{Bmatrix} = \begin{bmatrix} d_1 & d_2 & 0 & 0 & 0 \\ & d_1 & 0 & 0 & 0 \\ & & d_3 & 0 & 0 \\ & & & d_3 & 0 \\ & & & & d_3 \end{bmatrix} \begin{Bmatrix} \varepsilon_x \\ \varepsilon_y \\ \gamma_{yz} \\ \gamma_{zx} \\ \gamma_{xy} \end{Bmatrix}$$

式中，$d_1 = \frac{E}{1-\mu^2}$，$d_2 = \mu d_1$，$d_3 = \frac{E}{2(1+\mu)}$。为了和三维实体单元相一致，将上式扩阶，并注意到板问题的两个事实：(1) 应变 ε_z 和 ε_x、ε_y 具有相同的量级；(2) 应变 ε_z 的实际大小对板的应变能的影响很小，可以忽略不计。

$$\begin{Bmatrix} \sigma_x \\ \sigma_y \\ \sigma_z \\ \tau_{yz} \\ \tau_{zx} \\ \tau_{xy} \end{Bmatrix} = \begin{bmatrix} d_1 & d_2 & & & & \\ d_2 & d_1 & & & & \\ & & d_4 & & & \\ & & & d_3 & & \\ & & & & d_3 & \\ & & & & & d_3 \end{bmatrix} \begin{Bmatrix} \varepsilon_x \\ \varepsilon_x \\ \varepsilon_x \\ \gamma_{yz} \\ \gamma_{zx} \\ \gamma_{xy} \end{Bmatrix} \quad (4\text{-}177)$$

一般取 $d_4 = \lambda E$, $\lambda \geqslant 1$。注意到，由扩阶后的应力-应变关系得到的 ε_z 并非实际的应变。比较（4-176）和（4-177）式可见，两者在形式上完全相同，因此只要在一般的三维实体单元中应用应力-应变关系（4-177）即可分析板问题。板单元的一致质量矩阵和刚度矩阵分别为：

$$[M_{ij}] = [I]_{3\times 3} \int_{-1}^{1} \int_{-1}^{1} \int_{-1}^{1} N_i N_j \rho |J| \mathrm{d}\xi \mathrm{d}\eta \mathrm{d}\zeta \quad (4\text{-}178)$$

$$[K_{ij}] = \int_{-1}^{1} \int_{-1}^{1} \int_{-1}^{1} [B_i]^T [D][B_j] |J| \mathrm{d}\xi \mathrm{d}\eta \mathrm{d}\zeta \quad (4\text{-}179)$$

式中 N_i——三维实体等参单元的形函数。

2）分区积分技术

由于同一单元中可能包含若干不同的材料区域，如混凝土中的配筋等，单元元素矩阵的积分必须分区进行。不失一般性，假定每种材料区域可以由 8～20 个单元内节点描述。每个单元内节点可由该节点在母单元中的坐标表示。记第 k 个材料区域第 i 个节点的母单元坐标为 $(\xi_i^k, \eta_i^k, \zeta_i^k)$，则材料区域中任意点的母单元坐标为：

$$\xi^k = \sum_{i=1}^{nm} N_i(\xi', \eta', \zeta')\xi_i^k; \eta^k = \sum_{i=1}^{nm} N_i(\xi', \eta', \zeta')\eta_i^k; \zeta^k = \sum_{i=1}^{nm} N_i(\xi', \eta', \zeta')\zeta_i^k$$

式中 nm 为描述第 k 个材料域的单元内节点数目。$\xi' \in [-1, 1]$，$\eta' \in [-1, 1]$，$\zeta' \in [-1, 1]$。

则单元的元素矩阵可改为

$$[M_{ij}] = [I]_{3\times 3} \sum_{k=1}^{m} \int_{-1}^{1} \int_{-1}^{1} \int_{-1}^{1} N_i(\xi^k, \eta^k, \zeta^k) N_j(\xi^k, \eta^k, \zeta^k) \rho^k |J| |J'| \mathrm{d}\xi' \mathrm{d}\eta' \mathrm{d}\zeta'$$
$$(4\text{-}180)$$

$$[K_{ij}] = \sum_{k=1}^{m} \int_{-1}^{1} \int_{-1}^{1} \int_{-1}^{1} [B_i(\xi^k, \eta^k, \zeta^k)]^T [D^k][B_j(\xi^k, \eta^k, \zeta^k)] |J| |J'| \mathrm{d}\xi' \mathrm{d}\eta' \mathrm{d}\zeta'$$
$$(4\text{-}181)$$

式中 m——材料分区数；

$|J'|$——区域内坐标变换矩阵的 Jacobi 行列式的值。

3）基础板的有限元分析

单元平衡方程组集后得到用板的总刚度矩阵 $[K]$ 和总节点位移矢量 $\{\delta\}$ 表示的平衡方程

$$[K]\{\delta\} = \{F\} - \{Q\} \quad (4\text{-}182)$$

式中 $\{F\}$——荷载的等效节点力矢量；

$\{Q\}$——地基和桩反力等效节点力矢量。

$\{Q\}$ 和位移矢量 $\{\delta\}$ 存在如下关系

$$\{Q\} = [K^f]\{\delta\} \tag{4-183}$$

把 (4-183) 式代入平衡方程 (4-182) 得

$$([K]+[K^f])\{\delta\} = \{F\} \tag{4-184}$$

求解上述线性方程组可得所有节点位移矢量，代入式（4-183）得板和地基及桩间的相互作用。

4. 共同作用分析

软件假定基础板和地基间是完全接触的，无相对滑动。板对地基的作用为一连续的分布荷载。对任意的单元 e，记节点 k 处的分布力强度为 q_{xk}，q_{yk}，q_{zk}，单元中任意一点的接触分布力的强度可类似式（4-181）来确定

$$\{q\} = \sum_{k=1}^{n} N_k \{q_k\} \tag{4-185}$$

根据虚功原理，单元接触分布力的等效节点力 $\{Q_i^e\} = \{Q_{xi}^e, Q_{yi}^e, Q_{zi}^e\}^T$ 可表示为

$$\{Q_i^e\} = \sum_{j=1}^{n} A_{ij}\{q_j\} \tag{4-186}$$

式中，$A_{ij} = \int_{-1}^{1}\int_{-1}^{1} N_i N_j |J'| d\xi d\eta$。$i$ 遍历单元所有节点，e 遍历所有单元，组集可得：

$$\{Q\} = [A]\{q\} \tag{4-187}$$

1) Winkler 地基模型

Winkler 模型是一种最简单的线性弹性地基模型，它假定地基土界面上一点处承受的分布力强度 $\{q(x,y)\}$ 与该点的位移 $\{u(x,y)\}$ 成正比，而与其他点的压力无关，即：

$$q(x,y) = [k(x,y)]\{u(x,y)\} \tag{4-188}$$

式中，矩阵 $[k]$ 为由基床系数构成的对角矩阵，且一般只有第三个对角元素非零。把式（4-188）代入式（4-186），可得

$$\{Q_i^e\} = [k_{ij}^e]\{\delta_j\} \tag{4-189}$$

$$[K_{ij}^e] = \int_{-1}^{1}\int_{-1}^{1} [k]N_i N_j |J'| d\xi d\eta \tag{4-190}$$

由于 $[k]$ 一般为常系数矩阵，可以提到积分外边。式（4-189）组集后得式（4-183）。

2) 弹性地基模型

文克尔模型假设仅受区域发生沉降，这与土介质的连续性态是不一致的。弹性半空间模型起源于经典的连续介质力学的成果，应用于土与结构的相互作用。介质土的性质由地基土的变形模量 E_s 和泊松比 μ_s 表示。均匀各向同性弹性半空间表面作用集中力时，表面任意点的位移解为：

$$\{u\} = [u^*]\{P\} \tag{4-191}$$

式中 $[u^*]$ 为 3×3 的方阵，各元素为

$$u_{11}^* = \frac{1}{2\pi G_s}\frac{R^2-\mu_s y^2}{R^3}; \quad u_{12}^* = \frac{\mu_s}{2\pi G_s}\frac{xy}{R^3}; \quad u_{13}^* = \frac{(1-2\mu_s)}{4\pi G_s}\frac{x}{R^2}$$

$$u_{21}^* = \frac{\mu_s}{2\pi G_s}\frac{xy}{R^3}; \quad u_{22}^* = \frac{1}{2\pi G_s}\frac{R^2-\mu_s x^2}{R^3}; \quad u_{23}^* = \frac{(1-2\mu_s)}{4\pi G_s}\frac{y}{R^2}$$

$$u_{31}^* = \frac{(1-2\mu_s)}{4\pi G_s}\frac{x}{R^2}; \quad u_{32}^* = \frac{(1-2\mu_s)}{4\pi G_s}\frac{y}{R^2}; \quad u_{33}^* = \frac{(1-\mu_s)}{2\pi G_s}\frac{1}{R}$$

式中 R，x，y 分别为荷载作用点到位移计算点位置矢量的模和坐标分量。把地基看成是弹性半空间，则在接触分布力的作用下，地基表面任意节点 (x_i, y_i) 处的位移可以表示为：

$$\{\delta_i\} = \sum_{j=1}^{n}[\delta]_{ij}\{q_j\} \tag{4-192}$$

式中 $[\delta]_{ij}$ 为——3×3 的柔度矩阵，由下式确定：

$$[\delta]_{ij} = \sum_e \int_{\Omega_e}[u^*]_{ij}N_{j_e}\mathrm{d}x\mathrm{d}y \tag{4-193}$$

其中，e 为围绕节点 j 的单元，Ω_e 为单元 e 所占的平面区域，j_e 为节点 j 在单元 e 中的序号。遍历地基表面所有节点，并组集可得

$$\{\bar{u}\} = [\delta]\{q\} \tag{4-194}$$

式中 $\{\bar{u}\}$ 为地基表面上所有节点位移矢量，$\{q\}$ 为地基表面上节点接触分布力强度矢量，对式（4-194）求逆得 $\{q\}$，代入式（4-186）可得

$$[K^f] = [A][\delta]^{-1} \tag{4-195}$$

3）对称面处理

类似于一般的有限元分析，基础板有限元分析耗时最多的步骤是线性方程组（4-184）的求解，特别是当线性方程组的系数矩阵为满阵的时候。许多工程基础板往往存在一个或两个对称平面，充分利用对称性可大幅度地减少计算量。

对于 Winkler 地基，对称面的处理和一般有限元法相同，只需在式（4-184）中引入对称约束条件即可。对于弹性地基，式（4-184）需要做适当的修正，确保积分核 $[u^*]$ 中包含对称分布荷载的作用。应当注意的是，引入对称分布荷载作用后，柔度矩阵 $[\delta]$ 为一奇异矩阵，式（4-185）不可以直接求逆，需要经过处理。

4.17 桩基沉降计算实例

4.17.1 持力层下无软弱下卧层沉降计算实例

某高层建筑采用的满堂布桩的钢筋混凝土桩，筏板基础及地基的土层分布如图 4-41 所示，桩为摩擦桩，桩距为 $4d$（d 为桩的直径）。由上部荷载（不包括筏板自重）产生的筏板底面处相应于荷载效应准永久组合时的平均压力值为 550kPa，不计其他相邻荷载的影响。筏板基础宽度 $b = 30.8\mathrm{m}$，长度 $a = 57.2\mathrm{m}$，筏板厚 750mm。群桩外缘尺寸的宽度 $b_0 = 30\mathrm{m}$，长度 $a_0 = 57.4\mathrm{m}$。钢筋混凝土桩有效长度取 38m，即假定桩端计算平面在筏板底面向下 38m 处。桩端持力层土层厚度 $h_T = 35\mathrm{m}$，桩间土的内摩擦角 $\varphi = 21°$。在实体基础的支承面积范围内，筏板、桩、土的混合重度（或称平均重度）可近似取 $20\mathrm{kN/m^3}$。

【解】（1）实体深基础的支承面积

$a_0 = 57.4\mathrm{m}$，$b_0 = 30\mathrm{m}$，$\alpha = 21°/4 = 5.25°$

$$a_1 = a_0 + 2l\tan\alpha = 56.4 + 2 \times 38 \times \tan 5.25° = 62.7\mathrm{m}$$

$$b_1 = b_0 + 2l\tan\alpha = 30.0 + 2 \times 38 \times \tan 5.25° = 36.3\mathrm{m}$$

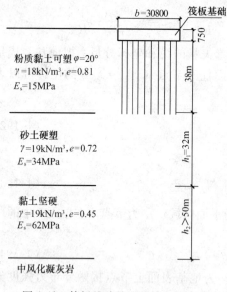

图 4-41 筏板基础及地基的土层分布

实体深基础的支承面积：$A = a_1 \times b_1 = 62.7 \times 36.3 = 2276.01 \text{m}^2$

（2）桩底平面处对应于荷载效应准永久组合时的附加压力 p_0（kPa）

上部荷载准永久组合 $P = 550 \times 57.4 \times 30 = 947100 \text{kN}$

实体基础的支承面积范围内，筏板、桩、土重 $G = 38.0 \times 2276.01 \times 20 = 1729767.6 \text{kN}$

等代实体深基础底面处的土自重应力值 $p_{cd} = 18 \times 38 = 684 \text{kPa}$

桩底平面处对应于荷载效应准永久组合时的附加压力 p_0

$$P_0 = \frac{P+G}{A} - p_{cd} = \frac{947100 + 172976736}{2276.01} - 684$$
$$= 492.1 \text{kPa}$$

（3）计算桩基础中点的地基变形时，其地基变形计算深度（m）

因 $b_1 = 36.3 \text{m} > 30 \text{m}$，不能用《建筑地基基础设计规范》简化公式（5.3.7）确定地基变形计算深度。

《建筑地基基础设计规范》规定"当存在较厚的坚硬黏性土层，其孔隙比小于 0.5、压缩模量大于 50MPa 时，z_n 可取至该层土表面"。

本题桩端持力层土层厚度 $h_T = 40 \text{m}$ 下的土层为坚硬的黏土，$e = 0.45 < 0.5$、$E_s = 62 \text{MPa} > 50 \text{MPa}$，符合《建筑地基基础设计规范》的规定，故地基变形计算深度取 $z_n = h_1 = 32 \text{m}$

（4）持力层顶面、底面处，矩形面积土层上均布荷载作用下角点的平均附加应力系数

使用《建筑地基基础设计规范》表 K.0.1-2 时，对等代实体深基础底面处的中点来说，应分为四块相同的小面积，其长边 $l_1 = 62.7/2 = 31.35 \text{m}$，短边 $b_1 = 36.3/2 = 18.15 \text{m}$，等代实体深基础底面处的中点 0 为四个小矩形的角点，同时，查得的平均附加应力系数应乘以 4。计算过程及结果见表 4-13。

持力层顶面处矩形面积土层上均布荷载作用下角点的平均附加应力系数 $4\bar{\alpha}_0 = 1.0$。

持力层底面处矩形面积土层上均布荷载作用下角点的平均附加应力系数 $4\bar{\alpha}_1 = 0.8$。

计 算 结 果 表 4-13

点号	z_i (m)	l_1/b_1	z/b_1	$\bar{\alpha}_i$	$z_i\bar{\alpha}_i$ (mm)	$z_i\bar{\alpha}_i - z_{i-1}\bar{\alpha}_{i-1}$ (mm)
0	0	1.73	0	$4 \times 0.25 = 1.0$	0	25600
1	32		1.76	$4 \times 0.20 = 0.8$	25600	

（5）实体深基础计算桩基沉降经验系数 ψ_p

查《建筑地基基础设计规范》表 R.0.3 得实体深基础计算桩基沉降经验系数 $\psi_p = 0.3$。

（6）通过桩筏基础平面中心点竖线上，该持力层土层的最终变形量（mm）

$P_0 = 492.1 \text{kPa}$，$E_s = 34 \text{MPa}$，根据《建筑地基基础设计规范》式（R.0.1）得该持力

层土层的变形量

$$s' = \frac{\sigma_0}{E_s}(z_i \bar{\alpha}_i - z_{i-1} \bar{\alpha}_{i-1}) = \frac{492.1}{34000} \times 25600 = 370.56 \text{mm}$$

修正后得最终变形量：$s = \psi_p s' = 0.3 \times 370.56 = 111.2$mm

4.17.2 持力层下有软弱下卧层沉降计算实例

某高层建筑采用的满堂布桩的钢筋混凝土桩，筏板基础及地基的土层分布如图 4-42 所示，其他条件同 4.17.1 例题。

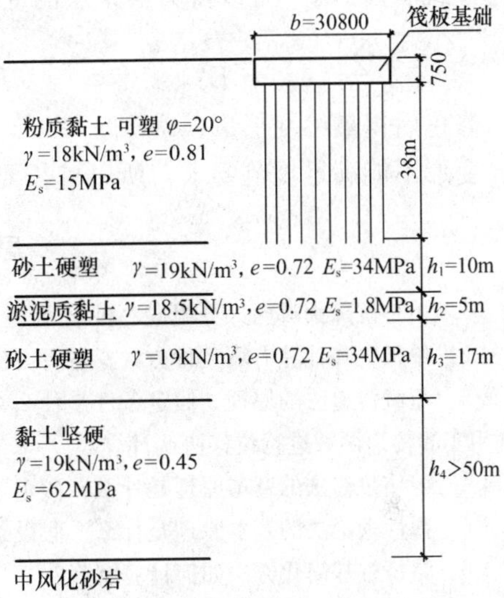

【解】（1）实体深基础的支承面积

$a_0 = 56.4$m，$b_0 = 30$m，$\alpha = 21°/4 = 5.25°$

$a_1 = a_0 + 2l\tan\alpha = 56.4 + 2 \times 38 \times \tan 5.25°$
$= 62.7$m

$b_1 = b_0 + 2l\tan\alpha = 30.0 + 2 \times 38 \times \tan 5.25°$
$= 36.3$m

实体深基础的支承面积：
$A = a_1 \times b_1 = 62.7 \times 36.3 = 2276.01 \text{m}^2$

（2）桩底平面处对应于荷载效应准永久组合时的附加压力 p_0（kPa）

上部荷载准永久组合
$P = 550 \times 57.4 \times 30 = 947100$kN

实体基础的支承面积范围内，筏板、桩、土重 $G = 38.0 \times 2276.01 \times 20 = 1729767.6$kN

等代实体深基础底面处的土自重应力值 $p_{cd} = 18 \times 38 = 684$kPa

桩底平面处对应于荷载效应准永久组合时的附加压力 p_0

$$P_0 = \frac{P+G}{A} - P_{cd} = \frac{947100 + 172976736}{2276.01} - 684 = 492.1\text{kPa}$$

图 4-42

粉质黏土 可塑 $\varphi = 20°$
$\gamma = 18$kN/m³, $e = 0.81$
$E_s = 15$MPa

38m

$b = 30800$ 筏板基础
750

砂土硬塑 $\gamma = 19$kN/m³, $e = 0.72$ $E_s = 34$MPa $h_1 = 10$m
淤泥质黏土 $\gamma = 18.5$kN/m³, $e = 0.72$ $E_s = 1.8$MPa $h_2 = 5$m
砂土硬塑 $\gamma = 19$kN/m³, $e = 0.72$ $E_s = 34$MPa $h_3 = 17$m

黏土坚硬
$\gamma = 19$kN/m³, $e = 0.45$
$E_s = 62$MPa
$h_4 > 50$m

中风化砂岩

（3）地基变形计算深度取 $z_n = h_1 + h_2 + h_3 = 32$m。

（4）持力层顶面处、底面处，矩形面积土层上均布荷载作用下角点的平均附加应力系数

使用《建筑地基基础设计规范》表 K.0.1-2 时，对等代实体深基础底面处的中点来说，应分为四块相同的小面积，其长边 $l_1 = 62.7/2 = 31.35$m，短边 $b_1 = 36.3/2 = 18.15$m，等代实体深基础底面处的中点 0 为四个小矩形的角点，同时，查得的平均附加应力系数应乘以 4。计算过程及结果见表 4-14。

持力层顶面处矩形面积土层上均布荷载作用下角点的平均附加应力系数 $4\bar{\alpha}_0 = 1.0$。

持力层底面处矩形面积土层上均布荷载作用下角点的平均附加应力系数 $4\bar{\alpha}_1 = 0.8$。

计 算 结 果　　　　　　　　　　表 4-14

点号	z_i (m)	l_1/b_1	z/b_1	$\bar{\alpha}_i$	$z_i \bar{\alpha}_i$ (mm)	$z_i \bar{\alpha}_i - z_{i-1}\bar{\alpha}_{i-1}$ (mm)
0	0		0	$4 \times 0.25 = 1.0$	0	9800
1	10	1.73	0.55	$4 \times 0.246 = 0.98$	9800	
2	15		0.83	0.955	14325	4525
3	32		1.76	0.80	25600	11275

(5) 实体深基础计算桩基沉降经验系数 ψ_p

查《建筑地基基础设计规范》表 R.0.3 得实体深基础计算桩基沉降经验系数 $\psi_p = 0.3$。

(6) 通过桩筏基础平面中心点竖线上，该持力层土层的最终变形量（mm）

$P_0 = 492.1 \text{kPa}$，$E_{s1} = 34 \text{MPa}$，$E_{s2} = 1.8 \text{MPa}$，$E_{s3} = 34 \text{MPa}$ 根据《建筑地基基础设计规范》式（R.0.1）得该持力层土层的变形量

$$s' = \sigma_0 \sum_{i=1}^{3} \frac{(z_i \bar{\alpha}_i - z_{i-1} \bar{\alpha}_{i-1})}{E_{si}} = 492.1 \times \left[\frac{9800}{34000} + \frac{4525}{1800} + \frac{11275}{34000}\right] = 1542.1 \text{mm}$$

修正后得最终变形量：$s = \psi_p s' = 0.3 \times 1542.1 = 462.6 \text{mm}$

变形不能满足规范要求，所以桩长要加长穿过软土层。

思 考 题

4-1 单桩沉降由哪两部分组成？桩端以下土体的压缩包括哪些情况？

4-2 单桩沉降计算有哪几种方法？各种方法的优缺点和适用范围是什么？

4-3 荷载传递法的原理、假定条件是什么？本构关系如何建立？荷载传递函数有怎样的解析解？如何利用实测传递函数进行位移协调计算？

4-4 剪切位移法的基本原理是什么？假定条件有哪些？本构关系如何建立和求解？

4-5 弹性理论法的基本原理是什么？假设条件有哪些？本构关系如何建立和求解？

4-6 路桥桩基简化方法如何计算沉降？

4-7 分层总和法的原理是什么？规范中分层总和法如何应用？

4-8 数值分析法有哪些？如何建立有限元模型来进行桩基沉降计算？

4-9 群桩沉降由哪几部分组成？群桩沉降计算方法有哪几种？各有怎样的假设条件和优缺点？

4-10 如何根据等代墩基法计算群桩沉降？《建筑桩基技术规范》中如何计算群桩沉降？《浙江地基基础设计规范》中如何计算群桩沉降？浙江大学考虑桩身压缩的群桩沉降计算方法如何计算群桩沉降？

4-11 明德林—盖得斯法如何进行沉降计算？

4-12 沉降比法计算桩基沉降的原理是什么？如何计算？

4-13 桩筏（箱）基础的沉降计算有哪些方法？如何计算？

第 5 章 抗拔桩受力性状

5.1 概 述

承受竖向抗拔力的桩称为抗拔桩（uplift pile）。抗拔桩广泛应用于大型地下室抗浮、高耸建（构）筑物抗拔、海上码头平台抗拔、悬索桥和斜拉桥的锚桩基础、大型船坞底板的桩基础和静荷载试桩中的锚桩基础等。由于抗拔桩的应用日益广泛，因此对抗拔桩受力性状的研究也十分重要。

本章从单桩竖向抗拔静荷载试验入手，主要介绍了抗拔桩的受力机理、抗拔桩与抗压桩的异同、抗拔桩的设计方法等方面的内容。

学完本章后应掌握以下内容：
(1) 单桩竖向抗拔静荷载试验的内容；
(2) 抗拔桩的受力机理；
(3) 抗拔桩与抗压桩的异同分析；
(4) 抗拔桩的设计方法。

学习中应注意回答以下问题：
(1) 单桩竖向抗拔静荷载试验的目的和意义是什么？试验装置包括哪些？试验方法怎样？试验成果有哪些？试验成果如何应用？
(2) 等截面抗拔桩的破坏形态有哪些？扩底抗拔桩的破坏形态有哪些？扩底抗拔桩与等截面抗拔桩在受力机理上有哪些差异？抗拔承载力上有哪些差异？
(3) 抗拔桩与抗压桩受力性状上有哪些差异？导致受力性状差异的机理是什么？
(4) 桩的抗拔承载力主要受哪两方面因素的制约？抗拔桩如何进行设计？

5.2 单桩竖向抗拔静荷载试验

单桩竖向抗拔静载试验（uplift loading tests of single pile），就是采用接近于竖向抗拔桩实际工作条件的试验方法，确定单桩竖向抗拔极限承载力。因为大型地下工程抗浮作用的荷载是随着地下水位慢慢升高而逐渐增大的，所以抗拔静载试验也采用分级加载。试验时抗拔荷载逐级作用于桩顶，桩顶上拔量慢慢增大，最终可得到单根试桩荷载—上拔量曲线（U-δ 曲线）。

5.2.1 试验的目的与适用范围

《建筑基桩检测技术规范》（JGJ 106—2003）中规定，对于承受抗拔力和水平力较大的桩基，应进行单桩竖向抗拔承载力检测。检测数量不应少于总桩数的 1%，且不应少于 3 根。

单桩竖向抗拔静荷载试验主要的目的包括以下三个方面：

1. 确定单桩竖向抗拔极限承载力及单桩竖向抗拔承载力特征值；
2. 判定竖向抗拔承载力是否满足设计要求；
3. 当埋设有桩身应力、应变测量元件时，可测定桩周各土层的抗拔摩阻力。

单桩竖向抗拔静荷载试验主要的适用范围是能达到试验目的的钢筋混凝土桩、钢桩等。

5.2.2 试验装置（test device）

单桩竖向抗拔静荷载试验的试验装置主要包括反力系统、加荷系统和上拔变形量测系统（图5-1）。

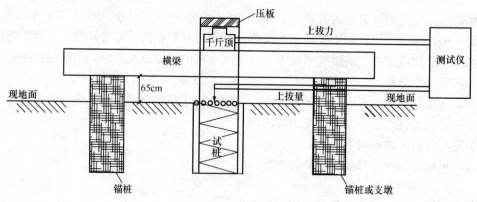

图5-1 锚桩法竖向抗拔静载试验装置示意图

1. 反力系统（reaction system）

试验反力装置宜采用反力桩（或工程桩）提供支座反力，也可根据现场情况采用天然地基提供支座反力。反力架系统应具有1.2倍的安全系数并符合下列规定：

1) 采用反力桩（或工程桩）提供支座反力时，反力桩顶面应平整并具有一定的强度。

2) 采用天然地基提供反力时，施加于地基的压应力不宜超过地基承载力特征值的1.5倍；反力梁的支点重心应与支座中心重合。

2. 加荷系统（loading system）

1) 加荷系统一般由千斤顶、油泵、压力表、压力传感器、高压油管、多通、逆止阀等组成。压力表和压力传感器必须按计量部门的要求，定期率定方可使用。试验前，需检查压力系统是否有漏油现象，若有，必须排除。必须保证测量压力的准确与稳定。

2) 千斤顶平放于主梁上，当采用2个或2个以上千斤顶加载时，应将千斤顶并联同步工作，并使千斤顶的上拔合力通过试桩中心。千斤顶上放置厚铁压板，同时将试桩钢筋焊接在压板上。

3. 上拔变形量测系统（system of uplift displacement measuring）

1) 上拔变形量测系统主要包括沉降的量测仪表（百分表、电子位移计或自动采集仪等）、百分表夹具、基准桩（墩）和基准梁。

2) 上拔变形的量测仪表必须按计量部门的要求，定期率定方可使用。对于大直径桩应在其2个正交直径方向对称安置4个位移测量仪表，中等和小直径桩径可安置2个或3

个位移测量仪表。

3）上拔变形测定平面离桩顶距离不应小于 0.5 倍的桩径。

4）固定或支承百分表的夹具和基准梁在构造上应确保不受气温、振动及其他外界因素影响而发生竖向变位。

5）基准桩与试桩、支座桩（或支墩）之间的最小中心距应符合表 5-1 的规定。

试桩、锚桩（或支墩）和基准桩之间的最小中心距 表 5-1

反力系统	试桩至支座桩	基准桩至试桩和支座桩
支座桩（支墩）横梁反力架	$4d$，且不小于 2m	$4d$，且不小于 2m

5.2.3 试验方法

一般采用慢速维持荷载法，有时结合实际工程桩的荷载特性，也可采用多循环加卸载法。此外，还有等时间间隔加载法，等速率上拔量加载法以及快速加载法等。

下面主要介绍规范规定的慢速维持荷载法：

1. 最大试验荷载要求（conditions of maximum load）

为设计提供依据的试验桩应加载至桩侧土破坏或桩身材料达到设计强度；对工程桩抽样检测时，可按设计要求确定最大加载量。

工程桩试验最大荷载取单桩竖向抗拔承载力特征值的两倍。

2. 加载和卸载方法（loading and unloading method）

加载和卸载按下列方法进行：

1）加载分级：每级加载值为预估单桩竖向极限承载力的 1/10～1/12，每级加载等值，第一级可按 2 倍每级加载值加载。

2）卸载分级：卸载亦应分级等量进行，每级卸载值一般取加载值的 2 倍。

3）预计需要时，试桩的加载和卸载可采取多次循环方法。

4）加、卸载时应使荷载传递均匀、连续、无冲击，每级荷载在维持过程中的变化幅度不得超过分级荷载的 ±10%。

3. 上拔变形观测方法（uplift displacement measuring method）

1）每级荷载施加后按第 5、15、30、45、60min 测读桩顶上拔变形量（桩身应力值），以后每隔 30min 测读一次。

2）试桩上拔变形相对稳定标准：每一小时内的桩顶上拔增量不超过 0.1mm，并连续出现两次（从分级荷载施加后第 30min 开始，按 1.5h 连续三次每 30min 的沉降观测值计算）。

3）当桩顶上拔变形速率达到相对稳定标准时，再施加下一级荷载。

4）卸载时，每级荷载维持 1h，按第 15、30、60min 测读桩顶上拔变形量（桩身应力值）后，即可卸载下一级荷载。卸载至零后，应测读桩顶残余上拔变形量（桩身残余应力值），维持时间为 3h，测读时间为第 15、30min，以后每隔 30min 测读一次。

4. 终止加载条件（conditions of terminating load）

《建筑基桩检测技术规范》（JGJ 106—2003）对终止加载条件均作了规定，当出现下列情况之一时，可终止加载：

1）在某级荷载作用下，桩顶上拔量大于前一级上拔荷载作用下上拔量的 5 倍。

2）按桩顶上拔量控制，累计桩顶上拔量超过100mm或达到设计要求的上拔量。

3）按钢筋抗拉强度控制，桩顶上拔荷载达到钢筋强度标准值的0.9。

4）对于验收抽样检测的工程桩，达到设计要求的最大上拔荷载值。

5. 成桩到开始试验的间歇时间

《建筑基桩检测技术规范》（JGJ 106—2003）对成桩到开始试验的间歇时间（intermittent time）作了如下规定：

1）试桩应在桩身混凝土达到设计强度后开始加载。

2）对于预制类桩，对砂类土休止期不得少于7天；对粉土或黏性土不得少于15天；对淤泥或软黏土不得少于25天。对于现场灌注类桩，一般要达到28天。

5.2.4 试验成果整理（test results finishing）

单桩竖向抗拔静载试验成果，为了便于应用与统计，宜整理成表格形式，并绘制有关试验成果曲线。除表格外还应对成桩和试验过程中出现的异常现象作补充说明。主要的成果资料包括以下几个方面：

1）单桩竖向抗拔静载试验变形汇总表；

2）单桩竖向抗拔静载试验荷载—变形（U-δ）曲线图；

3）单桩竖向抗拔静载试验变形—时间（δ-$\lg t$）曲线图；

4）当进行桩身应力、应变测试时，应整理出有关数据的记录表及绘制桩身应力变化、桩侧阻力与荷载—变形等关系曲线。

5.2.5 单桩轴向抗拔极限承载力的确定

《建筑基桩检测技术规范》（JGJ 106—2003）对确定单桩竖向抗拔极限承载力（axial uplift bearing capacity of single pile）方法作了如下规定：

1）根据上拔量随荷载变化的特征确定：对陡变型U-δ曲线，取陡升起始点对应的荷载值。

2）根据上拔量随时间变化的特征确定：取δ-$\lg t$曲线斜率明显变陡或曲线尾部明显弯曲的前一级荷载值。

3）当在某级荷载下抗拔钢筋断裂时，取其前一级荷载值。

另外，当作为验收抽样检测的受检桩在最大上拔荷载作用下，未出现上述第三条的情况时，可按设计要求判定。

单位工程同一条件下的单桩竖向抗拔承载力特征值应按单桩竖向抗拔极限承载力统计值的一半取值。

当工程桩不允许带裂缝工作时，取桩身开裂的前一级荷载作为单桩竖向抗拔承载力特征值，并与按极限荷载一半取值确定的承载力特征值相比取小值。

5.2.6 单桩竖向抗拔静荷载试验实例分析

1. 桩基工程概况

浙江某金融中心主楼为55、37层，地下室为3层，落地面积为17289m²，建筑面积为209180m²，主体采用框剪结构。基础设计采用钻孔灌注桩，抗拔桩长约为43m（桩径ϕ700mm），桩身采用C30。设计要求单桩竖向抗拔承载力极限值为2800kN（桩径ϕ700mm）。为了评价其实际抗拔承载力，设计要求对本工程做1根检验性抗拔试验桩，试验桩的施工记录见表5-2。

浙江某金融中心抗拔试桩施工记录简表　　　　　表 5-2

桩号	桩长（m）	桩径（mm）	打桩日期	试验日期	混凝土标号	充盈系数	配筋
P4#	43.28	700	7.29	9.10	C30	1.14	18φ28

2. 工程地质情况

根据工程地质报告，场地土层分层及主要物理力学指标如表 5-3 所示。

浙江某金融中心土工参数简表　　　　　表 5-3

层次	岩土名称	天然水量（%）	重度（kN/m³）	I_p	I_L	c（kPa）	φ（°）	E_s（MPa）	f_k（kPa）	q_{sk}（kPa）	q_{pk}（kPa）
2-1	砂质粉土	30.3	2.70			6.0	29.1	12.37	160	20	
2-2	砂质粉土夹粉砂	28.6	2.69			4.7	28.2	8.62	120	17	
2-3	粉　砂	25.3	2.69			1.6	32.1	10.73	160	16	
2-4	砂质粉土	29.8	2.70			5.0	27.9	8.97	110	13	
5	淤泥质粉质黏土	45.7	2.73	16.3	1.25	17.0	12.6	3.24	75	10	
6-1	粉质黏土	25.2	2.72	13.4	0.41	35.7	13.6	6.78	160	25	
6-2	粉质黏土	25.8	2.72	11.3	0.51	45.2	18.2	6.32	200	35	
6-3	粉质黏土	24.7	2.71	10.2	0.64	19.0	18.6	6.50	140	20	
8-1	中　砂	22.0	2.68			0.8	33.0	10.62	120	18	
8-1a	粉细砂	20.9	2.69			1.0	33.5	11.02	190	28	
8-3	含泥圆砾		2.66						350	45	1500
8-夹1	砾砂		2.67						260	40	1200
8-夹2	含砾中砂	27.0	2.67				34.55	10.50	220	30	未压浆 1000 压浆后 1200
8-3	含泥圆砾								500	60	未压浆 2200 压浆后 2900
10-1	全风化泥质粉砂岩								250	35	800
10-2	强风化泥质粉砂岩								350	45	2000
10-3-1	中风化强风化含砾砂岩								800	65	2800
10-3-2	中等风化泥质粉砂岩、含砾砂岩								1000	75	3300

3. 试验方法检测设备与执行标准

单桩竖向静荷载试验执行标准为《浙江省建筑地基基础设计规范》（DB 33/1001—2003）和中华人民共和国行业标准《建筑基桩检测技术规范》（JGJ 106—2003）。本工程试桩抗拔试验采用支墩——反力架装置，并采用千斤顶反力加载——百分表测读桩顶上拔量的试验方法。加载方法采用千斤顶反力加载，并采用分级观测及上拔量观测。试验采用维持荷载法，终止加载条件按《建筑基桩检测技术规范》和设计要求综合确定。卸载方式按规范进行。

4. 静荷载试验结果及分析

经对浙江财富金融中心 1 根试桩按维持荷载法的抗拔静载试验,得到了荷载与上拔数据见表 5-4。

浙江某金融中心 P4#试桩静载试验荷载与上拔数据表　　　表 5-4

荷　　重（kN）			桩顶上拔量（mm）			变　形 $\Delta s/\Delta P$ (mm/kN)	桩端上拔量（mm）		
加荷	卸荷	累计	本次上拔	本次回弹	累计上拔		本次上拔	本次回弹	累计上拔
560		560	1.14		1.14	0.00204	0		0
280		840	0.29		1.43	0.00104	0		0
280		1120	0.95		2.38	0.00339	0.08		0.08
280		1400	0.95		3.33	0.00339	0.27		0.35
280		1680	1.09		4.42	0.00389	0.62		0.97
280		1960	1.39		5.81	0.00496	0.70		1.67
280		2240	1.91		7.72	0.00682	0.93		2.60
280		2520	3.21		10.93	0.01146	0.82		3.42
280		2800	3.33		14.26	0.01189	1.05		4.47
	560	2240		0.20	14.06			0.09	4.38
	560	1680		0.91	13.15			0.37	4.01
	560	1120		1.97	11.18			0.82	3.19
	560	560		1.99	9.19			1.15	2.04
	560	0		1.82	7.37			1.08	0.96

将上述抗拔数据绘制成 U-δ 曲线和 δ-$\lg t$ 曲线见图 5-2、图 5-3。

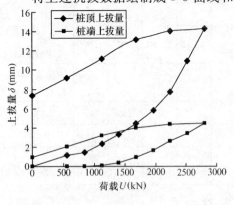

图 5-2　U-δ 曲线

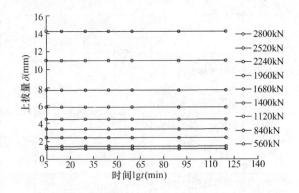

图 5-3　δ-$\lg t$ 曲线

从上述图表数据可看出对于 P4#试桩（桩径 ϕ700mm，43.28m）：按规定荷载级别加载到一级荷载 560kN 时，桩顶累计上拔量为 1.14mm，桩端累计上拔为零；加载到第三级荷载 1120kN 时，桩顶累计上拔量为 2.38mm，桩端刚开始有上拔量为 0.08mm；继续加载到第九级荷载 2800kN 时，桩顶累计上拔量为 14.26mm，桩端累计上拔为 4.47mm。卸载后测得桩顶回弹量为 6.89mm，桩顶残余上拔量为 7.37mm，桩端回弹量为 3.51mm，桩端残余上拔量为 0.96mm。

按照试桩规范结合实测资料综合分析得出试桩静载结果如表 5-5 所示,钢筋应力计测试结果见图 5-4～图 5-6。

浙江某金融中心桩抗拔静载试验成果表　　　　表 5-5

桩号	桩长（m）	桩径（mm）	龄期（d）	静载所得单桩竖向抗拔极限承载力（kN）	极限荷载对应的桩顶上拔量（mm）
P4#	43.28	700	43	≥2800	14.26

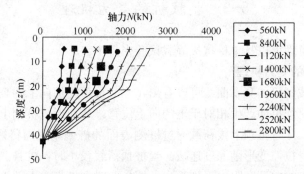

图 5-4　P4#（抗拔）桩桩身轴力分布曲线图

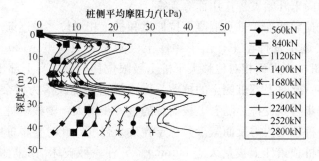

图 5-5　P4#（抗拔）桩桩侧平均摩阻力沿桩身分布曲线图

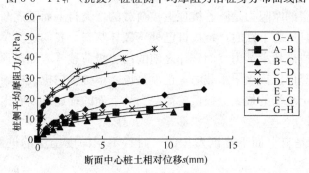

图 5-6　P4#桩桩侧平均摩阻力与断面中心桩土相对位移曲线图

5. 单桩竖向抗拔静载试验结果的几点规律

1) 从桩的 $U\text{-}\delta$ 曲线可以看出,当荷载较小时,桩顶即产生上拔量,且基本为线性变化。随着荷载的增大,桩端开始出现上拔量,而桩顶的 $U\text{-}\delta$ 曲线斜率也逐渐增大。

2) 从桩身轴力曲线可以看出,在荷载作用下,桩身轴力上大下小,轴力随荷载的增加而增大,抗拔桩桩身端部轴力为零,表现为纯摩擦桩。

3）从桩侧平均摩阻力沿桩身分布曲线可以看出，抗拔桩侧阻是从上到下逐渐发挥的，上部土层侧阻容易达到极限值，下部则较难发挥完全。

4）从平均桩侧摩阻力与桩土相对位移曲线可以看出，当桩土位移较小时，上部下部桩侧平均摩阻力均随着桩土位移的增大而增大，随着荷载增大，上部土层达到极限侧阻，增大量很小，而下部土层侧阻仍然增大。

5.3 抗拔桩的受力机理

抗拔桩的受力机理可以从单桩抗拔静载试验中得出。

5.3.1 抗拔桩的受力机理

从单桩抗拔静载试验的 U-δ 曲线可以看出，当对桩顶施加向上的竖向上拔荷载时，桩身混凝土受到上拔荷载拉伸产生相对于土的向上位移，从而形成桩侧土抵抗桩侧表面向上位移的向下摩阻力。此时桩顶上拔荷载通过桩侧表面的桩侧摩阻力传递到桩周土层中去，致使桩身轴力和桩身拉伸变形随深度递减。当桩顶荷载较小时，桩身混凝土的拉伸也在桩的上部，桩侧上部土的向下摩阻力得到逐步发挥，此时在桩身中下部桩土相对位移等于零处，其桩摩阻力因尚未开始发挥作用而等于零。

随着桩顶上拔荷载增加，桩身混凝土拉伸量和桩土相对位移量逐渐增大，桩侧中下部土层的摩阻力随之逐步发挥出来；由于黏性土极限位移只有 6~12mm，砂性土为 8~15mm，所以当长桩桩土界面相对位移大于桩土极限位移后，桩身上部土的侧阻已发挥到最大值并出现滑移（此时上部桩侧土的抗剪强度由峰值强度跌落为残余强度），此时桩身下部土的侧阻进一步得到发挥。随着上拔荷载的进一步增大，整根桩桩土界面滑移，桩顶上拔量突然增大，桩顶上拔力反而减少并稳定在残余强度，此时整根桩由于桩土界面滑移拔出而破坏（一般桩顶累计上拔量大于 50mm）。另外一种破坏情况是桩身混凝土或抗拉钢筋被拉断而破坏，此时桩顶上拔力残余值往往很小。

可见，桩侧土层的摩阻力是随着桩顶上拔荷载的增大自上而下逐渐发挥的。当桩顶上拔量突然增大很快且压力下跌时，抗拔桩已处于破坏状态，我们定义单桩上拔破坏时的最大荷载为单桩的抗拔破坏承载力。而破坏之前的前一级荷载（亦即桩顶能稳定承受的上拔荷载）称之为单桩竖向抗拔极限承载力。也就是说，单桩竖向抗拔极限承载力是静载试验时单桩桩顶所能稳定承受的最大上拔试验荷载。从上面的描述可以看出桩顶在竖向荷载作用下的传递规律是：

1. 桩侧摩阻力是自上而下逐渐发挥的，而且不同深度土层的桩侧摩阻力是异步发挥的。

2. 当桩土相对位移大于土体的极限位移后，桩土之间要产生滑移，滑移后其抗剪强度将由峰值强度跌落为残余强度，亦即滑移部分的桩侧土抗拔摩阻力产生软化。

3. 抗拔桩是纯摩擦桩，即只考虑摩阻力作用。但桩自重对抗拔力有影响。

4. 单桩抗拔破坏有两种方式，一种是整根桩桩土界面滑移破坏而被拔出，另一种是桩身混凝土（特别是上部混凝土）由于拉应力过大被拉断破坏。

5. 单桩竖向抗拔极限承载力是指抗拔静载试验时单桩桩顶所能稳定承受的最大抗拔试验荷载。

抗拔桩包括等截面抗拔桩（uplift pile with uniform cross section）和扩底抗拔桩（pedestal tension pile），它们有着不同的受力特性和受力机理，下面将分别具体阐述。

5.3.2 等截面抗拔桩

1. 等截面抗拔桩的破坏形态

抗拔桩的破坏形态（failure shapes of uplift pile）与许多因素有关。对于等截面抗拔桩，破坏形态可以分为三个基本类型：

1）沿桩—土侧壁界面剪破（shear failure along Pile-Soil Interaction），如图 5-7（a）所示，这种破坏形态在工程实际中比较常见。

2）与桩长等高的倒锥台剪破（the frustum shear failure），如图 5-7（b）所示，软岩中的粗短灌注桩可能出现完整通长的倒锥体破坏，倒锥体的斜侧面也可呈现为曲面。

3）复合剪切面剪破（the compound shear failure）：即下部沿桩—土侧壁面剪破，上部为倒锥台剪破，如图 5-7（c）所示；或者为在桩底与桩身相切，沿一定曲面的破坏，如图 5-7（d）所示。复合剪切面常在硬黏土中的钻孔灌注桩中出现，而且往往桩的侧面不平滑，凹凸不平，黏土与桩粘结得很好。当倒锥体土重不足以破坏该界面上桩—土的粘着力时即可形成这种滑面。

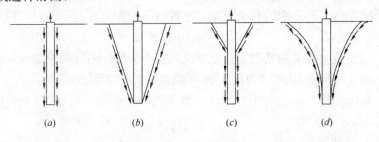

图 5-7 等截面抗拔桩的破坏形态

当土质较好，桩—土界面上粘结又牢，而桩身配筋不足或非通长配筋时，也可能出现桩身被拉断的破坏现象，如图 5-8 所示。

沿着桩—土侧壁界面上发生土的圆柱形剪切破坏形式，在一定条件下也可能转化为混合剪切面滑动形式。

当刚施加上拔荷载时，沿着满足摩尔—库伦破坏条件的区域在土中出现间条状剪切面，如图 5-9（a）所示。每一剪切面空间上又呈倒锥形斜面。此时还没有较大的基础滑移运动。随着上拔力的增加，界面外土中出现一组略与界面平行的滑裂面，沿着基础产生较大滑移（图 5-9b）。这种滑移剪切最终发展成为桩基的连续滑移（图 5-9c），即沿圆柱形的滑移面破坏。但某些情况下，在连续滑移剪切破坏发生前，间条状剪切

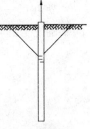

图 5-8 桩身被拉断现象

面也会直接导致基础破坏。这将产生混合式破坏面，即在靠近地面处呈一个锥形面，而下部为一个完整的圆柱形剪切面。

2. 等截面抗拔桩极限抗拔力的确定

1）单桩的抗拔力（anti-pulling force of single pile）

a. 当无抗拔桩的试桩资料时，打入桩单桩抗拔承载力标准值可按地质报告中抗压极限侧摩阻力标准值乘以折减系数来确定：

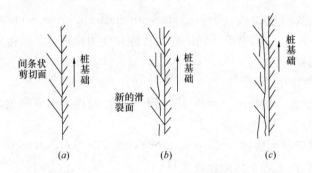

图 5-9 界面外土中剪切破坏面的发展过程

$$U_k = \Sigma \lambda_i q_{sik} u_i l_i \tag{5-1}$$

式中 U_k——基桩抗拔极限承载力标准值；

u_i——破坏表面周长，对于等直径桩取 $u=\pi d$；

q_{sik}——桩侧表面第 i 层土的抗压极限侧阻力标准值；

λ_i——抗拔系数，一般取 0.8～0.9。

b. 对于钻孔灌注桩单桩抗拔承载力可采用原水利电力部制定的《送电线路基础设计技术规定》(SDGJ 62—84) 中的有关规定，单桩轴向上拔力 T_d 按下式计算：

$$K_1 T_d \leqslant \alpha_b UL\tau_p + Q_f \tag{5-2}$$

式中 K_1——与土抗力有关的基础上拔稳定设计安全系数，因杆塔类型及其功能而异；

α_b——桩土之间极限摩阻力的上拔折减系数，当无试桩资料且入土深度不小于 6.0m 时，$\alpha_b = 0.6\sim 0.8$；当桩长 $L \leqslant 6m$ 时，$\alpha_b = 0.6$；$L \geqslant 20m$ 时，$L=0.8$；

U——桩设计周长 (m)；

L——自设计地面算起的桩入土深度 (m)；

τ_p——桩周土与桩之间极限摩阻力的加权平均值；

Q_f——桩身有效重力。

c. 我国《公路桥涵设计规范》所提出的桩抗拔承载力公式是建立在经验及相关统计的基础之上的，对灌注桩所建议的公式为：

$$[P_1] = 0.3UL\tau_p + W \tag{5-3}$$

式中 $[P_1]$——抗拔桩容许上拔荷载；

U、L——分别为桩周长及入土深度 (m)；

W——桩自重；

τ_p——桩侧壁上的平均极限摩阻力。

2) 群桩的抗拔力 (anti-pulling force of group piles)

根据《建筑桩基技术规范》(JGJ 94—94)，群桩基础及其基桩的抗拔极限承载力标准值应按下列规定确定：

对于一级建筑桩基，基桩的抗拔极限承载力标准值应通过现场单桩上拔静载荷试验确定。单桩上拔静载荷试验及抗拔极限承载力标准值取值可按单桩竖向抗拔静载试验进行；

对于二、三级建筑桩基，如无当地经验时，群桩基础及基桩的抗拔极限承载力标准值可按下列规定计算：

a. 单桩或群桩呈非整体破坏（non-Integral Destroy）

基桩的抗拔极限承载力标准值可按下式计算：

$$U_k = \Sigma \lambda_i q_{sik} u_i l_i \tag{5-4}$$

式中　U_k——基桩抗拔极限承载力标准值；

　　　u_i——破坏表面周长，对于等直径桩取 $u=\pi d$；对于扩底桩按表 5-6 取值；

　　　q_{sik}——桩侧表面第 i 层土的抗压极限侧阻力标准值；

　　　λ_i——抗拔系数，按表 5-7 取值。

扩底桩破坏表面周长 u_i　　表 5-6

自桩底起算的长度 l_i	≤5d	>5d
u_i	πD	πd

注：D 为桩端直径，d 为桩身直径。

抗拔系数 λ_i　　表 5-7

土　类	λ 值
砂　土	0.50～0.70
黏性土、粉土	0.70～0.80

注：桩长 l 与桩径 d 之比小于 20 时，λ_i 取小值。

b. 群桩呈整体破坏（Integral Destroy）

基桩的抗拔极限承载力标准值可按下式计算：

$$U_{gk} = \eta \frac{1}{n} u_l \Sigma \lambda_i q_{sik} l_i \tag{5-5}$$

式中　u_l——桩群外围周长；

　　　η——群桩效率系数。

5.3.3　扩底抗拔桩

扩底抗拔桩（pedestal tension pile）最大的优点是可以用增加不多的材料来获取显著增加桩基抗拔承载力的效果。随着扩孔技术的不断发展，扩底桩的应用愈来愈广泛，设计理论也随之发展。

1. 扩底抗拔桩的破坏形态（failure Shapes of pedestal tension pile）

1) 基本破坏模式（basic destructive model）

扩底桩破坏形态与等截面桩不同，其扩大头的上移使地基土内产生各种形状的复合剪切破坏面。这种基础的地基破坏形态相当复杂，并随施工方法、基础埋深以及各层土的特性而变，基本的破坏形式如图 5-10 所示。

2) 圆柱形冲剪式破坏（cylindrical punching failure）

当桩基础埋深不很大时，虽然桩杆侧面滑移出现得较早，但是当扩大头上移导致地基剪切破坏后，原来的桩杆圆柱形剪切面不一定能保持图 5-10 中中段那种规则的形状，尤其是靠近扩大头的部位变得更加复杂，也可能演化成图 5-11 中的"圆柱形冲剪式剪切面"，最后可能在地面附近出现倒锥形剪切面，其后的变形发展过程就与等截面桩中的相似。

只有在硬黏土中，前述间条状剪切面才可能发展成为倒锥形的破坏面。如果扩大头埋深不大，桩杆较短，则可能仅出现圆柱形冲剪式剪切面或仅出现倒锥形剪切破坏面，也可能出现一个介于圆柱形和倒锥形之间的曲线滑动面（状如喇叭）。在计算抗拔承载力时，宜多设几种可能的破坏面，择其抗力最小者作为最危险滑动面。

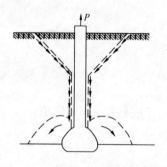

图 5-10 扩底桩上拔破坏形式

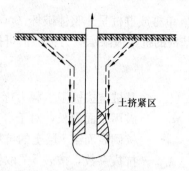

图 5-11 圆柱形冲剪式剪切面

3) 有上覆软土层时上拔破坏形态 (destructive model with upper soft soil covering)

土层埋藏条件对桩基上拔破坏形态影响极大。例如浅层有一定厚度的软土层，而扩大头又埋入下卧的硬土层（或砂土层）内一定深度处。这种设计的目的是保证扩底桩能具有较高的抗拔承载力。虽然如此，这种承载力只可能主要由下卧硬土层（或砂土层）的强度来发挥，而上覆的软土层至多只能起到压重作用。所以完整的滑动面就基本上限于下卧好土层内开展（图 5-12），而上面的软土层内不出现清晰的滑动面，而呈大变形位移（塑流）。

4) 软土中扩底桩上拔破坏形态 (destructive model with pedestal tension pile in soft soil)

均匀软黏土地基中的扩底桩在上拔力作用下，软土介质内部不易出现明显的滑动面。扩大头的底部软土将与扩大头底面粘在一起向上运动，所留下的空间会由真空吸力作用将扩大头四周的软土吸引进来，填补可能产生的空隙（见图 5-13）。与此同时，由于相当大的范围内土体在不同程度上被牵动而一起运动，较短的扩底桩周围地面会呈现一个浅平的凹陷圈，而在软土内部则始终不会出现空隙，一直到桩头快被拔出地面时才看得到扩大头与底下的土脱开。

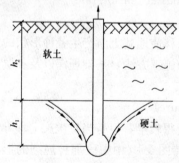

图 5-12 有上覆软土层时上拔破坏形态

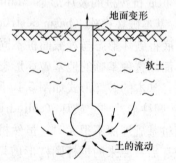

图 5-13 软土中扩底桩上拔破坏形态

2. 扩底抗拔桩极限抗拔力的确定

破坏形状与机理决定了计算方法的选择，不存在一种统一的、可以普遍适用的扩底桩抗拔承载力的计算公式。另外，构成桩上拔承载力的各部分的发挥具有不同步性。因此，下面主要针对最常见的一种上拔破坏模式展开讨论，如图 5-14 所示。

1) 基本计算公式

扩底桩的极限抗拔承载力 P_u 可视为由以下三部分即桩杆侧摩阻力 Q_s、扩底部分抗拔承载力 Q_B 和桩与倒锥形土体的有效自重 W_c 所组成。

$$P_u = Q_s + Q_B + W_c \tag{5-6}$$

计算模式简图见图 5-14。应注意桩长是从地面算到扩大头中部（若其最大断面不在中部，则算到最大断面处），而 Q_s 的计算长度为从地面算到扩大头的顶面的深度。如属干硬裂隙土，则还应扣除桩杆靠近地面的 1.0m 范围内的侧壁摩阻力。

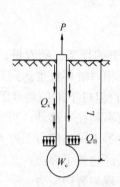
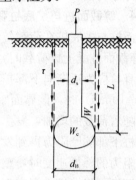

图 5-14 扩底抗拔桩承载力计算基本模式　　　　图 5-15 圆柱形滑动面法计算模式

桩扩底部分的抗拔承载力可分两大不同性质的土类（黏性土和砂性土）分别求得：

a. 黏性土（按不排水状态考虑）

$$Q_B = \frac{\pi}{4}(d_B^2 - d_s^2)N_c \cdot \omega \cdot C_u \tag{5-7}$$

b. 砂性土（按排水状态考虑）

$$Q_B = \frac{\pi}{4}(d_B^2 - d_s^2)\bar{\sigma}_v \cdot N_q \tag{5-8}$$

式中　d_B——扩大头直径；

　　　d_s——桩杆直径；

　　　ω——扩底扰动引起的抗剪强度折减系数；

　　N_c、N_q——均为承载力因素，按地基规范确定；

　　　C_u——不排水抗剪强度；

　　　$\bar{\sigma}_v$——有效上覆压力。

2）摩擦圆柱法（friction cylindrical method）

该法的理论基础是：假定在桩上拔达破坏时，在桩底扩大头以上将出现一个直径等于扩大头最大直径的竖直圆柱形破坏土体。根据这种理论的桩的极限抗拔承载力计算公式为：

a. 黏性土（不排水状态下）

$$P_u = \pi d_B \sum_0^L C_u \Delta l + W_s + W_c \tag{5-9}$$

b. 砂性土（排水状态下）

$$P_u = \pi d_B \sum_0^L K\bar{\sigma}_v \tan\varphi \Delta l + W_s + W_c \tag{5-10}$$

以上两式中　W_s——包含在圆柱形滑动体内土的重量；

$\bar{\varphi}$——土的有效内摩擦角；
C_u——黏性土的不排水强度；
K——土的侧压力系数；
$\bar{\sigma}_v$——有效上覆压力。

其他符号见计算模式简图（图 5-15）。应注意，桩长应从地面算至扩大头水平投影面积最大的部位高程。

5.3.4 等截面桩与扩底桩荷载传递规律的差异

等截面桩与扩底桩在荷载传递规律上存在着差异：

1）等截面桩受上拔荷载时，桩身拉应力开始产生在桩的顶部。随着桩顶向上位移的增加，桩身拉应力逐渐向下部扩展。当桩顶部位的桩—土相对滑移量也达到某一定值（通常小于 6～10mm）时，该界面摩阻力已发挥出其极限值；但桩下部的侧摩阻力还没有充分发挥，随着荷载的增加，发生侧摩阻力峰值的桩土界面不断往下移动；当达到一定荷载水平时，桩下部侧摩阻力得到发挥引起抗拔力增加的速度等于桩上部由于过大位移而产生的总侧摩阻力的降低速度时，整个桩身侧壁总摩阻力也已经达到了峰值，其后桩的抗拔总阻力就将逐渐下降。桩土间表现为摩擦阻力，土与土间表现为剪切应力。

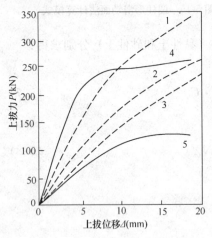

图 5-16 上拔荷载-位移曲线

2）扩底桩与等截面桩不同。在基础上拔过程中，扩大头上移挤压土体，土对它的反作用力（即上拔端阻力）一般也是随着上拔位移的增加而增大的。并且，即使当桩侧摩阻力已达到其峰值后，扩大头的抗拔阻力还要继续增长，直到桩上拔位移量达到相当大时（有时可达数百毫米），才可能因土体整体拉裂破坏或向上滑移而失去稳定。因此，扩大头抗拔阻力所担负的总上拔荷载中的百分比也是随着上拔位移量增大而逐渐增加的。桩接近破坏荷载时，扩大头阻力往往是决定因素。

3）等截面桩荷载—位移曲线有明显的转折点，甚至有峰后强度降低的现象。与之相反，扩底桩的荷载—位移曲线，在相当大的上拔位移变幅内，上拔力可不断上升，除非桩周土体彻底滑移破坏。两种桩的上拔荷载—上拔位移量曲线形状区别见图 5-16。图中 4 号、5 号桩为等截面桩，1 号、2 号和 3 号桩为扩底桩。

4）对于扩底桩，在扩大头顶部以上一段桩杆侧壁上，因扩大头的顶住而不能发挥出桩—土相对位移，从而使该段上侧摩阻力的发挥受到限制，设计中通常忽略该段上的侧摩阻力。在一定的桩型条件下，扩大头的上移还带动相当大的范围内土体一起运动，促使地表面较早地出现一条或多条环向裂缝和浅部的桩—土脱开现象。设计中通常也不考虑桩杆侧面地表下 1.0m 范围内的桩—土界面摩阻力。

5.4 抗拔桩与抗压桩的异同

抗压桩和抗拔桩由于荷载作用机理的不同，在受力性状上有着一定的差异。

5.4.1 抗拔桩与抗压桩受力性状差异性

抗拔桩与抗压桩受力性状的差异主要包括以下几个方面：

1）抗拔桩和抗压桩在小荷载情况下，U-δ 曲线和 Q-s 曲线均表现为缓变型，即沉降随荷载的增加变化不大。不过在接近极限荷载时，抗压桩曲线变化明显；而抗拔桩仍变化缓慢，确定其极限承载力，应考虑抗拔桩的 δ-$\lg t$ 曲线和 U-δ 曲线，并结合桩顶上拔量进行分析。

2）在荷载较小时，抗拔桩和抗压桩的轴力变化均集中在桩身的上部，同时，轴力沿深度的变化也十分相似。但随着荷载的增加，抗压桩端部轴力逐渐变大，在极限荷载条件下，抗压桩常表现为端承摩擦桩；而抗拔桩桩身下部轴力的变化明显大于抗压桩，端部轴力为零，表现为纯摩擦桩。

3）抗拔桩和抗压桩的侧阻的发挥均为异步的过程，即侧阻都是从上到下逐渐发挥的，还有，上部土层侧阻容易达到极限值，下部则较难发挥完全。不同在于，抗压桩上部侧阻普遍比下部土层小（出现软弱土层除外），而抗拔桩桩身中部侧阻大，两端侧阻小；同时，抗压桩端部侧阻随相对位移的增大，增加很快，而抗拔桩端部侧阻在达到一定值后，只出现很小的增幅。而且根据抗压抗拔试验资料统计，同一场地同规格的抗拔桩的极限侧阻为抗压桩极限侧阻的 0.8～0.85 倍。

4）抗拔桩与抗压桩的配筋不同。抗拔桩桩身轴力主要是靠桩内配置的钢筋承担，裂缝宽度起控制作用，因而配筋量比较大，桩自身的变形占总的上拔量的份额较小。而抗压桩轴力主要靠桩的混凝土承担，桩身压缩量较大。

5）抗拔桩桩身自重起到阻力作用，抗压桩桩身自重起到压力作用。

5.4.2 受力性状差异性的机理

抗拔桩没有端阻，其承载特性完全由侧阻所决定，因而分析抗拔抗压桩侧阻的发挥机理是揭示它们受力性状差异性的关键。

1. 桩周土应力状态对侧阻的影响

图 5-17 是桩周土体在桩基受荷时的应力状态示意图。无论是抗拔桩还是抗压桩，土体单元在受到剪切后，水平有效应力都不再是主应力，主应力的方向发生了旋转。剪应力越大，旋转角就越大。

水平有效应力 σ_r' 的变化取决于土的应力应变性能。室内三轴试验表明，一定密度的砂土，围压越小，剪胀越明显。当围压渐增到一定值时，砂土则表现为常体积；当围压再增大时，则表现为剪缩。对于一定密度的正常固结黏土，三轴剪切试验中都表现为剪缩，且围压越大，剪缩越明显。不过，无论是抗压桩还是抗拔桩，如果土体剪缩，水平有效应力将减小；反之，水平有效应力将增大。总之，桩周土体呈现何种体积变化性能，与土的密度、围压等有关，与桩基的受荷方向没有简单的对应关系，认为抗压桩桩周土受力与三轴压缩类似、抗拔桩桩周土受力与三轴拉伸类似的说法是不恰当的。

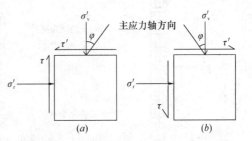

图 5-17 桩周土应力状态图
(a) 抗拔桩；(b) 抗压桩

竖向有效应力 σ_v' 的变化与荷载的作用方向有关，上拔荷载使竖向有效应力减小，下压荷载使竖向有效应力增加，这导致了抗压桩与抗拔桩桩周土体受力性状的差异。同时，抗拔试验时桩端土几乎没有抗拉性能，而抗压试验时桩端土具有良好的抗压性能以阻止桩土界面滑移，这也是两者性状差异之一。

从上面的分析可知，由于桩基所受荷载方向的不同，引起了桩周土受力性状的变化，从而使抗拔桩与抗压桩的侧摩阻力发挥机理产生差异。相应地，侧阻值的大小也是不同的。由静载试验资料可知，抗拔桩与抗压桩在相同土层的条件下（除端部的侧阻外），侧阻极限值的比值 η 基本上在 0.8～0.85 之间变化，在具体设计时 η 值应按实测统计得出。

2. 桩端阻对侧阻的影响

传统观念认为，桩侧阻力与桩端阻力是各自独立互不影响的，然而，大量模型试验和原位试验资料表明，桩端阻力与桩侧阻力之间具有相互作用，也就是说，存在某种程度的耦合。抗拔桩桩端土层由于没有端阻的影响，其应力状态必然与抗压桩有很大的区别。

在桩开始受荷时，抗拔桩与抗压桩沿桩身的侧摩阻力分布曲线相似，桩侧阻都是从桩上部开始发挥并逐渐往下传递的。随着荷载的不断增大，抗拔桩桩身上部和端部的侧阻几乎没有变化，而桩身中部侧阻变化较大；抗压桩除桩上部侧阻达到极限外，中下部侧阻均快速增长。这说明，桩端阻力的发挥会对桩侧阻力产生影响，桩侧阻随着端阻的增大而有所提高，即端阻对侧阻存在增强效应。

对于端阻的增强效应，前人已作了大量的工作。试验资料表明，桩端土层强度越高，对桩侧阻力的增强效果就越明显。同时，Vesic 试验表明，在其他条件相同的情况下，桩越长，桩侧阻力的强化效应越明显。这说明，桩端阻对侧阻的强化作用还受到桩长的影响。

综合上面的论述，可以对端阻影响侧阻的机理作以下的分析：

1) 抗压桩

抗压桩端土体的变形和应力的变化，见图 5-18。在荷载作用下，桩逐步向下移动，在桩端周围形成了两个性质不同的区域——塑变区和成拱区。由于成拱作用的原因，形成了桩端和桩端以上变形图形的不一致。成拱的形成加速了端部以上一段距离（0～5 倍桩径）内桩土相对位移的发展，同时由于上覆土的约束，使得成拱影响区内的土体水平应力增加。但端部成拱作用是桩端阻发挥后出现的，因而在荷载较小时，抗压桩端部侧阻较小，而在桩受荷接近承载力时，桩端部侧阻较桩上部侧阻明显增大了，并且桩端的成拱效应受土体强度的影响。

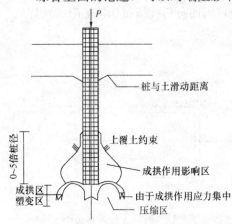

图 5-18 抗压桩端部应力状态图

在相同桩端位移的条件下，土体强度越高，成拱影响区内的应力水平就越高，从而增强效应就越明显。同时，一般来说土体的强度随深度的增加而增加，因而桩侧阻的强化效应表现为随桩长的增加而增加。

2) 抗拔桩

抗拔桩桩周土体的变形与应力变化如图 5-19 所示。图 5-20 为抗拔桩土颗粒模拟试验图。在荷载作用下，桩周土有向上滑动的趋势，桩端部由于桩身的上抬形成空穴。空穴的出现使端部的土体应力发生了松弛。同时，端部以上一段距离内的土体由于有向上移动的趋势，再加上空穴的应力松弛的影响，其水平应力大幅度下降，从而使侧阻比上部土层的侧阻还要小。当然，由于空穴的形成是在抗拔力较大的时候出现的（即端部出现滑移时），因而加载初期，其侧阻沿桩身的分布图与抗压桩的相似，而在桩接近破坏时，抗拔桩端阻与抗压桩相差很大。

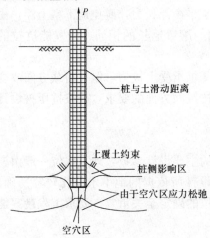
图 5-19 抗拔桩端部应力状态图

图 5-20 抗拔桩土颗粒模拟试验图

综合上述分析，对抗拔抗压桩受力性状的异同归纳如表 5-8 所示。

抗拔桩与抗压桩的异同　　　　　　表 5-8

相同点	①抗拔桩和抗压桩的 $U\text{-}\delta$ 曲线和 $Q\text{-}s$ 曲线均表现小荷载下弹性，中荷载下弹塑性； ②轴力变化集中在桩身上部，其沿深度的变化相似； ③侧阻的发挥均为异步的过程
不同点	在大荷载作用下 ①抗压桩的 $Q\text{-}s$ 曲线变化比抗拔桩 $U\text{-}\delta$ 曲线明显，抗压桩的极限承载力远大于抗拔桩； ②抗拔桩桩身下部轴力的变化比抗压桩的大很多，同时抗压桩端部轴力较大，常表现为端承摩擦桩，而抗拔桩为纯摩擦桩； ③抗压桩与抗拔桩侧阻作用力方向相反，抗压桩侧阻沿深度逐渐变大（软弱土层除外），而抗拔桩侧阻表现为"两头小，中间大"，还有抗压桩端部侧阻增加很快，而抗拔桩侧阻在达到一定值后，只出现很小增幅； ④抗拔桩与抗压桩的侧阻极限值不同，其比值 η 在 0.8～0.85 之间变化（桩端处除外），在具体设计时 η 值应按实测统计得出

5.5 抗拔桩的设计方法

5.5.1 需要验算抗拔桩承载力的工程

在一些特殊的工程条件下，需设置抗拔桩，或需要验算桩的抗拔承载力，一般有如下几个类型：

1）高层建筑附带的裙楼及地下室的桩基础；

2) 高耸铁塔、电视塔、输电线路、海洋石油平台下的桩基础；

3) 码头桥台，挡土墙，斜桩；

4) 特殊桩基，抗震桩，抗液化桩，膨胀土、冻胀土桩；

5) 桩的静载荷试验中的锚桩等。

桩基承受上拔力的情况有两类，设计的要求不完全一样。

一类是恒定的上拔力，如地下水的浮托力。为了平衡浮托力，避免地下室上浮，需要设置抗拔桩，完全按抗拔桩的要求验算抗拔承载力、配置通长的钢筋、设置能抗拉的接头等。

另一类是在某一方向水平荷载作用下才会使某些桩承受上拔力，但在荷载方向改变时这些桩可能又承受压力，设计时应同时满足抗压和抗拔两方面的要求，或按抗压桩设计并验算抗拔承载力。

5.5.2 基础抗浮设防水位及抗拔桩荷载要求

验算基础抗浮稳定性时，地下水位是确定浮力的主要设计参数，地下水位一般由勘察报告提供。在地下水位变化幅度不大的地区，抗浮设计所依据的地下水位比较容易确定；但在地下水位变化幅度比较大的地区，抗浮设防水位的确定至关重要。要求工程勘察能够在勘察报告中给出场地的抗浮设防水位。

抗浮设防水位高低直接关系到地下室基础抗拔总荷载，亦即影响到抗拔桩数量和桩基规格等设计参数的确定。无依据时，设计通常取抗浮水位为周边道路标高，也有的取±0.000标高。

建筑物重量（不包括活荷载）/水浮力$\geqslant 1.0$。

5.5.3 抗浮桩的布置方案

抗浮桩的平面布置有集中布置和分散布置两种方案：

1) 集中布置是指将桩布置在结构柱下。

布置在柱下的抗浮桩数量可以比较少，但对单桩抗浮承载力的要求比较高，桩长就可能比较长，但可以和抗压桩相结合，布置比较方便。

2) 分散布置是指将桩布置在基础底板下。

沿基础梁布置最合理。布置在板下的抗浮桩数量较多而桩长可以比较短，抗浮力的分布比较均匀，板的受力情况比较好。抗浮桩可以采用小钻孔桩或锚杆桩。

选择方案时，根据浮力的大小，地质条件以及抗压和抗浮的要求来确定。一般情况下，采用分散布置的方案比较合适。

5.5.4 普通抗拔桩承载力的验算

桩的抗拔承载力取决于桩身材料强度（包括桩在承台中的嵌固、桩的接头等）和桩与土之间的抗拔侧摩阻力，由两者中的较小值控制抗拔承载力。桩的抗拔摩阻力与抗压桩的摩阻力并不相同，通常小于抗压桩的摩阻力。

在计算抗拔桩承载力时，除了抗拔侧摩阻力外，尚需计入桩身的重力。上拔时在桩端形成的真空吸力所占的比例不大，且不稳定，因此不予考虑。桩身和承台在地下水位以下的部分应扣除地下水的浮托力，即采用浮重度计算重力。

根据《建筑桩基技术规范》规定，承受拔力的桩基，应按下列公式同时验算群桩基础及其基桩的抗拔承载力，并按现行《混凝土结构设计规范》（GB 50010—2002）验算基桩材料的受拉承载力。

$$N_k \leqslant T_{gk}/2 + G_{gp} \tag{5-11}$$
$$N_k \leqslant T_{uk}/2 + G_p \tag{5-12}$$

式中 N_k——按荷载效应标准组合计算的基桩上拔力；

T_{gk}——群桩呈整体破坏时基桩的抗拔极限承载力标准值；

T_{uk}——基桩的抗拔极限承载力标准值；

G_{gp}——群桩基础所包围体积的桩土总自重设计值除以总桩数，地下水位以下取浮重度；

G_p——基桩（土）自重设计值，地下水位以下取浮重度。

最终抗拔桩承载力要通过单桩抗拔静载试验确定。

5.5.5 季节性冻土中桩抗冻拔承载力的验算

季节性冻土（seasonal frozen soil）地区的轻型建筑物，当采用桩基础时，由于建筑物结构荷载较小，桩的入土深度较浅，常因地基土冻胀而使基础逐年上拔，造成上部建筑物的破坏。因此，对于季节性冻土地区的桩基，不仅需满足地基冻融时桩基竖向抗压承载力的要求，尚需验算由于冻深线以上地基土冻胀对桩产生的冻切力作用下基桩的抗拔承载力。

《建筑桩基技术规范》中，季节性冻土上轻型建筑的短桩基础，应按下式验算其抗冻拔稳定性：

$$\eta_f q_f u z_0 \leqslant T_{uk}/2 + N_G + G_P \tag{5-13}$$

式中 η_f——冻深影响系数，按表5-9采用；

q_f——切向冻胀力，按表5-10采用；

z_0——季节性冻土的标准冻深；

T_{uk}——标准冻深线以下单桩的抗拔极限承载力标准值；

N_G——基桩承受的桩承台底面以上建筑物自重、承台及其上土重标准值。

η_f 值 表5-9

标准冻深（m）	$z_0 \leqslant 2.0$	$2.0 < z_0 \leqslant 3.0$	$z_0 > 3.0$
η_f	1.0	0.9	0.8

q_f 值（kPa） 表5-10

土类 \ 冻胀性分类	弱冻胀	冻胀	强冻胀	特强冻胀
黏性土、粉土	30～60	60～80	80～120	120～150
砂土、砾（碎）石（黏、粉粒含量>15%）	<10	20～30	40～80	90～200

注：1. 表面粗糙的灌注桩，表中数值应乘以系数 1.1～1.3；

2. 本表不适用于含盐量大于 0.5% 的冻土。

5.5.6 膨胀土中桩基抗拔承载力的验算

膨胀土（expansive soil）具有湿胀、干缩的可逆性变形特性，其变形量与组成土的矿物成份和土的湿度变化等因素有关。

在膨胀土的大气影响的急剧层内，地基土的湿度、地温及变形变化幅度较大，因此，基础设置于急剧层内易引起房屋的损坏。在急剧层下的稳定层内，地基土湿度、温度和变形变化幅度很小，桩侧土的侧阻力也保持稳定，从而对桩起锚固作用。

大气影响急剧层内土体膨胀时，对桩侧表面产生向上胀切力 q_e，胀切力使桩产生的胀拔力为 $u\sum q_{ei}l_{ei}$，q_{ei} 值由现场浸水试验确定。

稳定土层内桩的抗拔力由桩表面抗拔侧阻力、桩顶竖向荷载和桩自重三部分组成，如式（5-14）所示。抗拔极限侧阻力设计值按抗拔桩的规定确定。

根据《建筑桩基技术规范》，膨胀土上轻型建筑的短桩基础，应按下式验算其抗拔稳定性。

$$u\sum q_{ei}l_{ei} \leqslant T_{uk}/2 + N_G + G_p \tag{5-14}$$

式中 T_{uk}——大气影响急剧层下稳定土层中桩的抗拔极限承载力标准值；

q_{ei}——大气影响急剧层中第 i 层土的极限胀切力，由现场浸水试验确定；

l_{ei}——大气影响急剧层中第 i 层土的厚度。

5.5.7 岩石锚杆基础

岩石锚杆基础适用于直接建在基岩上的柱基，以及承受拉力或水平力较大的建筑物基础。锚杆基础应与基岩连成整体，并应符合下列要求：

1) 锚杆孔直径，宜取锚杆直径的 3 倍，但不应小于一倍锚杆直径加 50mm。锚杆基础的构造要求，可按图 5-21 采用；

2) 锚杆插入上部结构的长度，应符合钢筋的锚固长度要求；

3) 锚杆宜采用热轧带肋螺纹钢筋，直径一般为 $\phi20 \sim \phi40$，水泥砂浆强度不宜低于 30MPa，细石混凝土强度不宜低于 C30。灌浆前，应将锚杆孔清理干净；

4) 锚杆基础中单根锚杆所承受的拔力，应按下列公式验算：

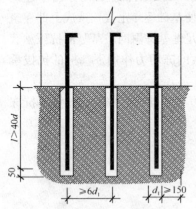

图 5-21 锚杆基础
d_1—锚杆孔直径；l—锚杆的有效锚固长度；d—锚杆直径

$$N_{ti} = \frac{F_k + G_k}{n} - \frac{M_{xk}y_i}{\sum y_i^2} - \frac{M_{yk}x_i}{\sum x_i^2} \tag{5-15}$$

$$N_{tmax} \leqslant R_t \tag{5-16}$$

式中 F_k——相应于荷载效应标准组合作用在基础顶面上的竖向力；

G_k——基础自重及其上的土自重；

M_{xk}、M_{yk}——按荷载效应标准组合计算作用在基础底面形心的力矩值；

x_i、y_i——第 i 根锚桩至基础底面形心的 y、x 轴线的距离；

N_{ti}——按荷载效应标准组合下，第 i 根锚杆所承受的拔力值；

R_t——单根锚杆抗拔承载力特征值。

对设计等级为甲级的建筑物，单根锚杆抗拔承载力特征值 R_t 应通过现场试验确定；对于其他建筑物可按下式计算：

$$R_t \leqslant 0.8\pi d_1 l f \tag{5-17}$$

式中 f——砂浆与岩石间的黏结强度特征值（MPa）。

5.5.8 群桩基础抗拔承载力的验算例题

某地下车库（按二级桩基考虑）为抗浮设置抗拔桩，桩型采用 400mm×400mm 钢筋混凝土方桩，桩长 18m，桩中心距为 2.0m，桩群外围周长为 4×35m=140m，桩数 n=16×16=256 根，按荷载效应标准组合计算的基桩上拔力 N_k=350kN。

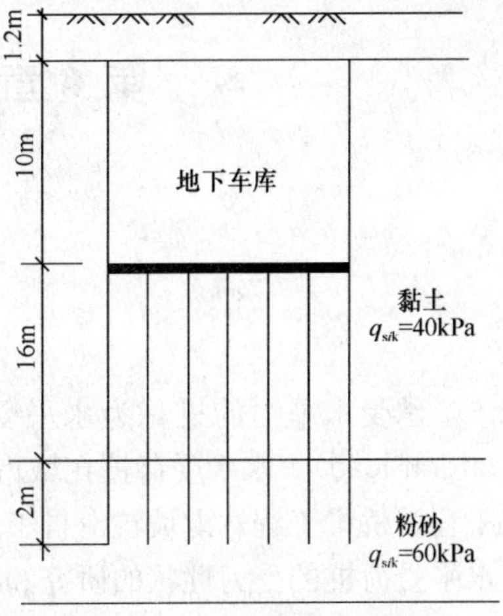

已知各土层极限侧阻力标准值如图 5-22 所示。抗拔系数 λ_i 对黏土取 0.7，粉砂取 0.6，钢筋混凝土桩体重度 25kN/m³，桩群范围内桩、土总浮重设计值 108MN。按照《建筑桩基技术规范》试验算群桩基础及其单桩的抗拔承载力。

【解】 根据《建筑桩基技术规范》，群桩和单桩抗拔承载力为：

$$N_k \leqslant T_{gk}/2 + G_{gp} \quad （群桩）$$
$$N_k \leqslant T_{uk}/2 + G_p \quad （单桩）$$

图 5-22 某地下车库抗拔桩

1. 已知 N_k=350kN，群桩外围周长 140m，单桩周长 1.6m，桩长 18m。

2. 群桩呈整体破坏时基桩的抗拔极限承载力标准值

$$T_{gk} = \frac{1}{n} u_i \Sigma \lambda_i q_{sik} l_i = \frac{1}{256} \times 140 \times (0.7 \times 16 \times 40 + 0.6 \times 2 \times 60) = 284.375\text{kN}$$

群桩基础所包围体积的桩土总自重设计值除以总桩数值

$$G_{gp} = \frac{108 \times 10^3}{256} = 421.875\text{kN}$$

$$T_{gk}/2 + G_{gp} = \frac{284.375}{2} + 421.875 = 706.25\text{kN} > N_k = 350\text{kN} \quad 群桩满足$$

3. 基桩的抗拔极限承载力标准值

$$T_{uk} = \Sigma \lambda_i q_{sik} u_i l_i = 0.7 \times 40 \times 1.6 \times 16 + 0.6 \times 60 \times 1.6 \times 2 = 832\text{kN}$$

基桩（土）自重设计值

$$G_p = 0.4 \times 0.4 \times 18 \times (25-10) = 43.2\text{kN}$$

$$T_{uk}/2 + G_p = \frac{832}{2} + 43.2 = 459.2\text{kN} > N_k = 350\text{kN} \quad 基桩满足$$

思 考 题

5-1 单桩竖向抗拔静荷载试验的目的是什么？有哪些适用范围？试验装置主要包括哪些部分？试验方法有哪些要求？试验成果包括哪些内容？根据试验成果如何确定单桩竖向抗拔极限承载力？

5-2 等截面抗拔桩和扩底抗拔桩的破坏形态各有哪些？等截面抗拔桩和扩底抗拔桩的极限抗拔力如何确定？扩底桩与等截面桩在荷载传递规律上有哪些差异？影响抗拔桩极限承载力的主要因素有哪些？

5-3 抗拔桩与抗压桩在受力性状上有哪些差异？存在这些差异的机理是什么？

5-4 桩的抗拔承载力主要受哪两方面因素的制约？抗拔桩如何进行设计？抗拔桩的设计计算方法有哪些要点？

第6章 水平受荷桩受力性状

6.1 概 述

承受水平力的桩称为水平受荷桩（laterally loaded pile）或抗水平力桩（pile under lateral load）。水平受荷桩在城市的高层建筑、输电线路、发射塔等高耸建筑、港口码头工程、桥梁工程、滑坡抗滑桩工程、抗震工程等工程中得到越来越广泛的应用。因此，对水平受荷桩的受力性状的研究和桩基抗水平力的设计也显得越来越重要。

本章主要介绍了单桩水平静荷载试验、水平受荷桩受力机理、单桩水平受荷的极限地基反力法、弹性地基反力法（m法）、$p\text{-}y$曲线法、水平荷载作用下群桩的受力性状、群桩水平受荷计算、水平受荷桩的设计及提高桩基抗水平力的技术措施等内容。

学完本章后应掌握以下内容：
(1) 单桩水平静荷载试验内容与方法；
(2) 单桩在水平荷载下的受力性状及机理；
(3) 水平荷载作用下群桩的受力性状，承台、加荷方式等对群桩的影响；
(4) 极限地基反力法的原理与应用；
(5) 弹性地基反力法的原理与应用；
(6) $p\text{-}y$曲线法的原理与应用；
(7) 群桩水平受荷的计算方法；
(8) 水平受荷桩的设计内容与方法；
(9) 提高桩基抗水平力的技术措施。

学习中应注意回答以下问题：
(1) 单桩水平静荷载试验的目的与适用范围是什么？试验的方法是怎样的？试验成果如何整理？水平承载力怎样确定？
(2) 单桩和群桩在水平荷载下的受力性状如何？有哪些影响因素？
(3) 极限地基反力法有哪些种类？计算原理是什么？黏性土和砂性土中极限地基反力法如何计算？
(4) 弹性地基反力法分为哪几类？计算原理是什么？什么是m法？m法怎样计算？
(5) 什么是$p\text{-}y$曲线法？$p\text{-}y$曲线如何确定？黏性土与砂土中的$p\text{-}y$曲线各有哪些特点？桩的内力和变形如何计算？
(6) 水平荷载作用下群桩的计算分析方法主要有哪些？各种方法的原理是什么？如何进行计算？
(7) 桩基水平承载力设计值如何确定？
(8) 提高桩基抗水平力的技术措施有哪些？

6.2 单桩水平静荷载试验

6.2.1 试验的目的与适用范围

单桩水平静荷载试验主要的目的包括以下三个方面：

1) 确定单桩水平临界和极限承载力，推定土抗力参数；
2) 判定水平承载力是否满足设计要求；
3) 通过桩身内力及变形测试，测定桩身弯矩。

单桩水平静荷载试验主要的适用范围是能达到试验目的的钢筋混凝土桩、钢桩等。

6.2.2 试验装置

单桩水平静荷载试验的试验装置主要包括反力系统（reaction system）、压力系统（pressure system）和水平位移量测系统（system of horizontal displacement measuring），试验装置见图 6-1。

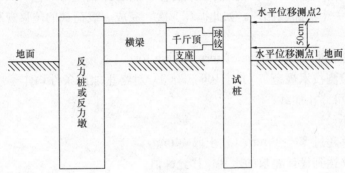

图 6-1 水平静载试验装置

1. 反力系统

反力系统一般采用反力桩横梁反力架装置，该装置能提供的反力应不小于预估最大试验荷载的 1.2 倍。

2. 压力系统

1) 压力系统一般由千斤顶、油泵、压力表、压力传感器、高压油管、多通、逆止阀等组成。压力表和压力传感器必须按计量部门的要求，定期率定方可使用。试验前，需检查压力系统是否有漏油现象，若有，必须排除。必须保证测量压力的准确与稳定。

2) 采用千斤顶施加水平力，水平力作用线应通过地面标高处（地面标高应与实际工程桩基承台底面标高一致）。

3) 在千斤顶与试桩接触处宜安置一球形铰座，以保证千斤顶作用力水平通过桩身轴线。

3. 水平位移量测系统

1) 水平位移量测系统主要包括沉降的量测仪表（百分表、机电百分表、电子位移计、自动采集仪、计算机及打印机等）、百分表夹具、基准桩（墩）和基准梁。

2) 水平位移的量测仪表必须按计量部门的要求，定期率定方可使用。

3) 每一试桩在力的作用水平面上和在该平面以上 50cm 左右各安装一或二只百分表

（下表测量桩身在地面处的水平位移，上表测量桩顶水平位移，根据两表位移差与两表距离的比值求得地面以上桩身的转角）。如果桩身露出地面较短，可只在力的作用平面上安装百分表测量水平位移。

4）固定或支承百分表的夹具和基准梁在构造上应确保不受温度变化、振动及其他外界因素影响而发生竖向变位。

5）基准桩应设置在受试桩及结构反力影响的范围外。

6）基准桩与试桩、反力桩之间的最小中心距应符合规定。

6.2.3 试验方法

单向单循环水平维持荷载法的加卸载分级，试验方法及稳定标准与单桩竖向静载试验的规定相同。下面介绍单向多循环加载法。

1. 加载和卸载方法（loading and unloading method）

单向多循环加载法的分级荷载应小于预估水平极限承载力或最大试验荷载的1/10。每级荷载施加后，恒载4min后可测读水平位移，然后卸载至零，停2min测读残余水平位移，至此完成一个加卸载循环。如此循环5次，完成一级荷载的位移观测。试验不得中间停顿。

2. 终止加载条件（conditions of terminating load）

《建筑基桩检测技术规范》（JGJ 106—2003）对终止加载条件均作了规定，当出现下列情况之一时，可终止加载：

1）桩身折断；

2）水平位移超过30～40mm（软土取40mm）；

3）水平位移达到设计要求的水平位移允许值；

4）水平荷载达到设计要求最大值。

6.2.4 试验成果整理

单桩水平静载试验成果，为了便于应用与统计，宜整理成表格形式，并绘制有关试验成果曲线。除表格外还应对成桩和试验过程中出现的异常现象作补充说明。主要的成果资料包括以下几个方面：

1）单桩水平临界荷载、单桩水平极限荷载及它们对应的水平位移；

2）各级荷载作用下的水平位移汇总表；

3）绘制水平力—时间—位移（H_0-t-x_0）、水平力 H_0 与位移梯度 $\Delta x_0/\Delta H_0$ 关系曲线（H_0-$\Delta x_0/\Delta H_0$ 曲线）或水平力 H_0 与位移 Δx_0 双对数曲线（$\lg H_0$-$\lg x_0$ 曲线）；分析确定试桩的水平荷载承载力和相应水平位移，如图6-2（a）（b）所示；

4）当测量桩身应力时，尚应绘制应力沿桩身分布和水平力—最大弯矩截面钢筋应力（H_0-σ_g）等曲线，如图6-2（c）所示。

6.2.5 单桩水平临界荷载的确定

单桩水平临界荷载（horizontal critical bearing capacity of single pile）是指桩身受拉区混凝土明显退出工作前的最大荷载，可按下列方法综合确定：

1）取 H_0-t-x_0 曲线出现突变（相同荷载增量的条件下，出现比前一级明显增大的位移增量）点的前一级荷载为水平临界荷载（图6-2a）。

2）取 H_0-$\Delta x_0/\Delta H_0$ 曲线第一直线段的终点（图6-2b）或 $\lg H_0$-$\lg x_0$ 曲线拐点所对应

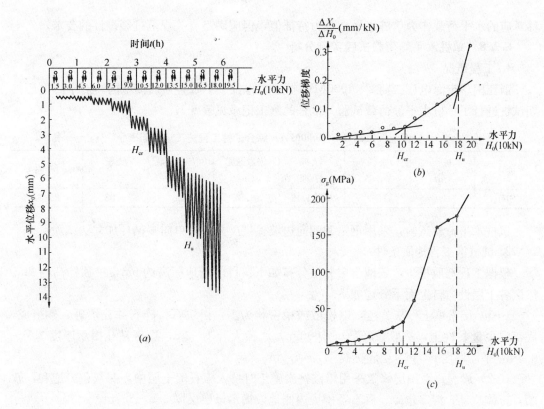

图 6-2 单桩水平静载试验成果曲线
(a) H_0-t-x_0 曲线；(b) H_0-$\Delta x_0/\Delta H_0$ 曲线；(c) H_0-σ_g 曲线

的荷载为水平临界荷载。

3) 当有钢筋应力测试数据时，取 H_0-σ_g 第一突变点的荷载为水平临界荷载，如图6-2 (c) 所示。

6.2.6 单桩水平极限承载力的确定

单桩水平极限承载力 (horizontal ultimate bearing capacity of single pile) 可以按下面的方法来确定：

1) 取 H_0-t-x_0 曲线明显陡降的前一级荷载为极限荷载（图 6-2a）。

2) 取 H_0-$\dfrac{\Delta x_0}{\Delta H_0}$ 曲线第二直线段的终点所对应的荷载为极限荷载（图 6-2b）。

3) 取桩身折断或钢筋应力达到极限的前一级荷载为极限荷载。

有条件时，可模拟实际荷载情况，进行桩顶同时施加轴向压力的水平静载试验。

6.2.7 单桩水平承载力特征值的确定

《建筑基桩检测技术规范》(JGJ 106—2003) 对单桩水平承载力特征值作了规定，单位工程同一条件下的单桩水平承载力特征值的确定应符合下列规定：

1) 当水平承载力按桩身强度控制时，取水平临界荷载统计值为单桩水平承载力特征值。

2) 当桩受长期水平荷载作用且不允许开裂时，取水平临界荷载统计值的 0.8 倍作为单桩水平承载力特征值。

另外，当水平承载力按设计要求的水平允许位移控制时，可取设计要求的水平允许位移对应的水平荷载作为单桩水平承载力特征值,但应满足有关规范抗裂设计的要求。

6.2.8 单桩水平静荷载试验实例分析

1. 工程概况

浙江国华宁海电厂二期 2×1000MW 扩建工程位于宁海县强蛟镇境内。对宁海电厂二期试桩进行了单桩水平静荷载试验,试桩的施工记录见表 6-1。

宁海电厂二期(2×1000MW)综合试桩工程施工记录简表　　　表 6-1

桩号	桩长(m)	桩径(mm)	打桩日期	入岩深度(m)	混凝土强度等级	充盈系数	配筋
S1-1	41.0	1200	05.11.12	1.3	C30	1.08	20ϕ20

试桩水平荷载试验,采用钢梁和侧向边坡提供反力,用单向多循环加载法试验。

2. 试桩区工程地质条件

根据工程地质报告,场地土层分层分布如下:目前场地标高约 6m,桩顶标高约 2m。厂区各土层性质自上而下分述如下:

(0-1)层素填土:灰黄色,以松散或稍密状为主,由块石、碎石并充填砾、砂组成,底部混少量黏性土,一般粒径 30~100mm,块径大者 1~2m,厂区钻孔揭示厚度 2.7~9.8m,平均厚度 6.7m,层底标高 1.6~6.9m。

(0-2)淤泥:系围堤修筑采用爆破挤淤施工时挤入碎石填土层中,深灰色,饱和,软塑,土体扰动,混多量碎、砾石,围堤内侧地段揭示该层层厚 3.5~3.7m。

(1)层淤泥:深灰色,饱和,流塑,含大量有机质,土质欠固结,其中二期场地堆载区域的平均固结度达到了 80%~90%,地基沉降已基本趋于稳定;非堆载预压排水处理地段的淤泥,其工程力学性质比堆载区更差。厂区钻孔揭示该层层厚为 2.2~15.6m。

(4)层粉质黏土:冲积土,浅灰色、浅黄色,以软塑为主夹可塑薄层,局部可遇,厂区揭示层厚 1.50~8.10m。

(5)层粉质黏土或粉质黏土混碎石:灰黄色、黄褐色,稍湿,硬塑为主夹可塑,含 5%~30% 左右风化碎块石,最大粒径 10~30mm,厚度变化大,钻孔揭示厚度 1.20~29.7m。

(6)层中粗砂,灰色,很湿,中密~密实,混多量圆砾或角砾、粉粒,含多量泥质。层厚 1.30m。

(7)层碎石混黏性土,黄褐色为主,局部灰白色,近底部紫红色或青灰色,稍湿,中密~密实。碎石为强或全风化凝灰岩,混粒径达 30cm 块石,层厚 0.6~3.8m。

(9-1)全风化凝灰岩:紫红色、棕红色,大部分已风化成砂砾状,土状,实测重型动探击数 $N_{63.5}=19$(≤30击/10cm),厚度 0.5~5.3m。

(9-2)强风化凝灰岩:紫红色,一期厂房西侧白象山一带为青灰色,大部分风化呈碎石状,实测重型动探击数 $N_{63.5}=56$(≥30击/10cm),风化节理裂隙发育,岩性风化破碎。厚度 0.5~15.8m。

(9-3)中风化凝灰岩,紫红色角砾凝灰岩,二期场地基底岩石大部分为与角砾凝灰岩,岩性较坚硬,完整性较好;岩体强度较高。

3. 水平载荷试验方法与技术

1）本工程试桩水平载荷试验采用千斤顶施加水平推力，水平推力作用线为黄海高程 2.0m，在作用线上及其上方 50cm 处的桩身上布置两只标点块，相应标点块上装上百分表位移传感器，以测试水平位移。

2）试验设备的安装按规范进行，并按规定布置了独立的基准梁系统。试验按预先制定的试验纲要进行。

3）加载方法采用千斤顶单向多循环加载法，分级荷载为预估水平极限承载力的1/10。每级荷载施加时，恒载 4min 后测读水平位移，然后卸载至零，停 2min 测读残余水平位移，自此完成一个加卸载循环。如此循环 5 次，完成一级荷载的位移观测，试验不得中间停顿。

4）水平荷载终止加载条件：水平荷载试验中，当发生下列现象之一时，可终止加载：

a. 桩身折断；

b. 水平位移超过 40mm；

c. 水平位移达到设计要求的水平位移允许值。

5）单桩水平临界荷载的确定：根据检测数据绘制水平力—时间—作用点位移（H-t-y_0）关系曲线和水平力—位移梯度（$H-\dfrac{\Delta Y_0}{\Delta H}$）关系曲线。根据下列原则综合确定单桩水平临界荷载：

a. 取（H-t-y_0）曲线出现拐点的前一级水平荷载值为水平临界荷载；

b. 取 $H-\dfrac{\Delta Y_0}{\Delta H}$ 曲线第一拐点所对应的水平荷载值为水平临界荷载。

6）单位工程同一条件下的单桩水平承载力特征值按如下原则：取水平临界荷载的统计值为单桩水平承载力特征值。

7）地基土水平抗力系数的比例系数 m 根据试验结果按下列公式确定：

$$m = \frac{(v_y H)^{\frac{5}{3}}}{b_0 Y_0^{\frac{5}{3}} (EI)^{\frac{2}{3}}} \tag{6-1}$$

$$\alpha = \left(\frac{m b_0}{EI}\right)^{\frac{1}{5}} \tag{6-2}$$

式中　m——地基土水平抗力系数的比例系数（MN/m^4）；

　　　α——桩的水平变形系数；

　　　v_y——桩顶水平位移系数；当 $\alpha h \geqslant 4.0$ 时（h 为桩的入土深度），$v_y = 2.441$；

　　　H——作用于地面的水平力（kN）；

　　　Y_0——水平力作用点的水平位移（m）；

　　　b_0——桩身计算宽度（m）。

4. 水平静载荷试验结果及分析

经对本工程 S1-1 试桩的单向多循环加载试验法的水平静载试验，得到了水平荷载 H 与水平位移 Y_0 数据及地基土水平抗力系数的比例系数 m。

将数据画成 H-t-Y_0 曲线、$H-\dfrac{\Delta Y_0}{\Delta H}$ 曲线、H-m 曲线、Y_0-m 曲线见图 6-3～图 6-6。

从上述图表数据可看出：S1-1 试桩（桩径 1200mm，桩长 41.0m）；按规定水平荷载级别加载第一级荷载 100kN 时，水平推力作用线最大位移为 0.39mm；加载第四级荷载 400kN 时，水平推力作用线最大位移为 2.23mm；加载第十级荷载 1000kN 时，水平推力作用线最大位移为 43.31mm。卸载至零后测得水平残余位移为 20.35mm。

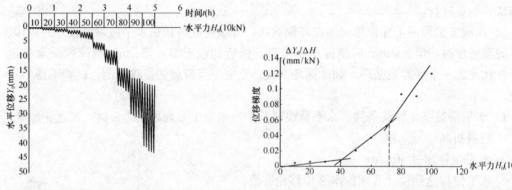

图 6-3　试桩 S1-1 单桩水平静载 H-t-Y_0 曲线　　　图 6-4　试桩 S1-1 单桩水平静载 H-$\Delta Y_0/\Delta H$ 曲线

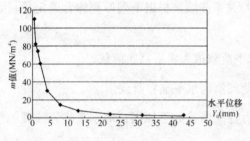 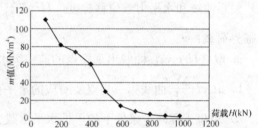

图 6-5　试桩 S1-1 单桩水平静载 Y_0-m 曲线　　　图 6-6　试桩 S1-1 单桩水平静载 H-m 曲线

按照试桩规范结合实测资料综合分析得出试桩水平静载试验结果如表 6-2。由于地基土水平抗力系数的比例系数 m 值呈高度非线性规律，结合《建筑桩基技术规范》的有关条文，表 6-2 中列出了桩顶位移 6mm 相对应的 m 值。

宁海电厂二期试桩水平荷载试验结果　　表 6-2

桩号	桩长（m）	桩径（mm）	单桩水平临界荷载（kN）	单桩水平极限荷载（kN）	桩顶位移 6mm 对应 m 值（MN/m⁴）
S1-1	41.0	1200	400	723	22

5. 单桩水平承载力特征值和地基土水平抗力系数的比例系数 m 的确定

根据中华人民共和国行业标准《建筑基桩检测技术规范》（JGJ 106—2003）中的有关规定，试桩的单桩水平承载力特征值如表 6-3 所示，对于长期受水平荷载的桩基，取表中取值的 0.8 倍。地基土水平抗力系数的比例系数推荐值见表 6-4。

试桩单桩水平承载力特征值推荐值　　表 6-3

桩型	桩长（均值）（m）	桩径（mm）	单桩水平承载力特征值（kN）
S1	40.9	1200	400

地基土水平抗力系数的比例系数 m 推荐值（桩顶位移6mm）　　表6-4

桩型	桩长（均值）(m)	桩径（mm）	m 值（MN/m⁴）
S1	40.9	1200	23.0

6. 单桩水平静载试验结果的几点规律

1) 从试桩单桩水平静载 H-t-Y_0 曲线可以看出，当荷载较小时，水平位移随着水平力的增大而缓慢增大，最初呈线性，随着荷载的增大，曲线斜率逐渐增大，在临界荷载处出现拐点。

2) 从试桩单桩水平静载 H-$\Delta Y_0/\Delta H$ 曲线可以看出，随着水平推力的增大，位移梯度分为三阶段，第一阶段为直线变形阶段，桩土处于弹性状态，对应的荷载称为临界荷载 H_{cr}。第二阶段为弹塑性变形阶段，当水平荷载超过临界荷载 H_{cr} 后，在相同的增量荷载条件下，桩的水平位移增量比前一级明显增大，对应于该阶段终点的荷载为极限荷载 H_u。第三阶段为破坏阶段。

6.3　水平受荷桩受力机理

6.3.1　水平荷载下单桩的受力性状

1. 水平荷载下单桩荷载—位移关系

从前面静载试验实测结果分析，单桩从承担水平荷载开始到破坏，水平力 H 与水平位移 Y 曲线一般可认为是三个阶段（图6-4）：

1) 第一阶段为直线变形阶段（linear deformable phase）。桩在一定的水平荷载范围内，经受任一级水平荷载的反复作用时，桩身变位逐渐趋于某一稳定值；卸荷后，变形大部分可以恢复，桩土处于弹性状态。对应于该阶段终点的荷载称为临界荷载 H_{cr}。

2) 第二阶段为弹塑性变形阶段。当水平荷载超过临界荷载（critical load）H_{cr} 后，在相同的增量荷载条件下，桩的水平位移增量比前一级明显增大；而且在同一级荷载下，桩的水平位移随着加荷循环次数的增加而逐渐增大，而每次循环引起的位移增量仍呈减小的趋势。对应于该阶段终点的荷载为极限荷载（ultimate load）H_u。

3) 第三阶段为破坏阶段（damage stage）。当水平荷载大于极限荷载后，桩的水平位移和位移曲线曲率突然增大，连续加荷情况或同一级荷载的每次循环都使位移增量加大。同时桩周土出现裂缝，明显破坏。这从水平力 H 与位移梯度 $\Delta Y_0/\Delta H$ 曲线中更易确定。

实际上，由于土的非线性，即使在水平荷载较小、水平位移不大的情况下，第一阶段也不完全是直线。对于水平承载力分别由桩身强度控制的桩和由地基强度控制的桩，桩的荷载—位移曲线也存在差别。前者达极限荷载后，桩顶水平位移很快增大，在荷载—位移曲线上有明显拐点。后者由于土体受桩的挤压逐步进入塑性状态，在出现被动破裂面之前，塑性区是逐步发展的，因此荷载—位移曲线上拐点一般不明显。

2. 入土深度、桩身和地基刚度对水平桩受力性状的影响

入土深度（the influence of embedded depth）、桩身和地基刚度（rigidness of foundation and pile）不同，桩在水平力作用下的工作性状也不相同，通常分为下列两种情况：

1) 桩径较大、桩的入土深度较小、土质较差时，桩的抗弯刚度大大超过地基刚度，

桩的相对刚度较大。在水平力的作用下，桩身如刚体一样围绕桩轴上某点转动（图 6-7a）；若桩顶嵌固，桩与桩台将呈刚体平移（图 6-8a）。此时可将桩视为刚性桩，其水平承载力一般由桩侧土的强度控制。当桩径大时，同时要考虑桩底土偏心受压时的承载力。

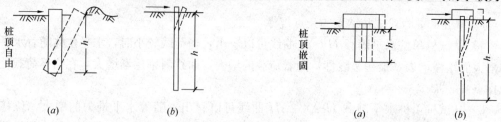

图 6-7　桩顶自由时的桩身变形和位移　　　　图 6-8　桩顶嵌固时的桩身变形和位移

2）桩径较小、桩的入土深度较大、地基较密实时，桩的抗弯刚度与地基刚度相比，一般柔性较大，桩的相对刚度较小，桩犹如竖放在地基中的弹性地基梁一样工作。在水平荷载及两侧土压力的作用下，桩的变形呈波状曲线，并沿着桩长向深处逐渐消失（图 6-7b）；若桩顶嵌固，位移情况与桩顶自由时类似，但桩顶端部轴线保持竖直，桩与承台也呈刚性平移（图 6-8b）。此时将桩视为弹性桩，其水平承载力由桩身材料的抗弯强度和侧向土抗力所控制。根据桩底边界条件的不同，弹性桩又有中长桩和长桩之分。中长桩的计算与桩底的支承情况有密切关系；长桩有足够的入土深度，桩底均按固定端考虑，其计算与桩底的支承情况无关。

3. 桩的相对刚度的影响

桩的相对刚度直接反映桩的刚性特征与土的刚性特征之间的相对关系，它又间接地反映着土弹性模量 E_s 随深度变化的性质。桩的相对刚度的引入给桩的计算带来很大方便。以我国工程部门普遍采用的 m 法为例，水平地基系数随深度线性增加，桩的相对刚度系数 T 为

$$T = \sqrt[5]{\frac{EI}{mb_0}} \tag{6-3}$$

式中　m——水平地基系数随深度增长的比例系数（N/cm⁴）；

　　　E、I——桩的弹性模量（N/cm²）和截面惯性矩（cm⁴）；

　　　b_0——考虑桩周土空间受力的计算宽度（cm）。

刚性桩还是弹性桩，可以根据桩的相对刚度系数 T 与入土深度 L_t 的关系来划分，各个国家和各个部门的划分方法不尽相同。表 6-5 是我国《港口工程桩基规范》的规定。我国铁路和公路部门规定，自地面或冲刷线算起的实际埋置深度 $h \leqslant 2.5T$ 时为刚性桩，$h > 2.5T$ 时为弹性桩。

弹性长桩、中长桩和刚性桩划分标准　　　　表 6-5

计算方法＼桩类	弹性长桩	弹性桩（中长桩）	刚性桩
m 法	$L_t \geqslant 4T$	$4T > L_t \geqslant 2.5T$	$L_t < 2.5T$

注：表中 L_t 为桩的入土深度。

6.3.2 水平荷载作用下群桩的受力性状

对于抗水平力群桩基础，其群桩效应受到桩距、桩数、桩长、桩径等参数的影响。笔者课题组通过有限元模拟得到了如下一些水平荷载作用下群桩的受力性状规律。

1. 桩距对群桩水平位移的影响

随着桩距的增大，群桩的水平位移随之减少，桩数越多，群桩效应对位移场的影响也就越大。当桩距接近或大于8倍的桩径时，随着桩距的减少，群桩的位移迅速增大，其位移效应指数也相应增大。当桩距接近或大于8倍桩径时，群桩的位移曲线变化平缓，群桩的性状也已经接近单桩，再加大桩距对减少群桩的位移已经没有效果。这说明，当群桩桩距小于8倍桩径时，要考虑群桩效应，当群桩桩距大于8倍桩径时，可近似地按单桩来处理，8倍桩距作为临界桩距是合理的。在实际设计中，桩数越多，距离越近，设计时考虑的群桩效应就越大。有限元模拟可以得到群桩设计时折减系数如表6-6所示。

群桩效应折减系数　　　　　　　　　　　　表6-6

桩距/桩径 \ 桩数	2×1	3×1	2×2	3×3
2	0.77	0.52	0.42	0.31
3	0.90	0.65	0.51	0.43
5	0.92	0.81	0.744	0.66
8	0.95	0.87	0.83	0.78
10	0.96	0.92	0.89	0.84
14	0.98	0.96	0.92	0.88

2. 桩数对群桩位移场的影响

桩数对群桩的影响也相当大，同时桩数的合理选择是决定群桩基础经济可行性的一个非常重要的因素，在其他条件一定的情况下，抗水平力群桩基础的桩数越多，其承载力也相应的越大，但同时费用也越多。

在每根桩受力都相等的情况下，桩距相同时，桩数越多，群桩桩顶位移越大，其位移群桩效应也越显著。桩数越多，群桩的位移越大，群桩的位移效应也越明显；当桩距越小，群桩位移受到桩数影响比较明显，随着桩数的增长，其位移值及位移效应指标随着大幅度增长；但是当桩距接近8倍桩距时，桩数增加对群桩桩顶水平位移及位移效应指标的影响就相当小。这从另一个方面说明了距径比8作为是否考虑抗水平力群桩位移效应的合理性。

3. 桩长对群桩位移场的影响

随着桩长的增加抗水平力桩的水平位移不断减少，同时减少的幅度有所减小，逐渐趋于平缓。

总体上看，不同桩数群桩的位移值都随着桩长的增加而增长，但是同一桩长对于不同桩数的位移值来说是不同的。桩数的增加群桩桩顶位移也有所增长，在相同的距径比情况下，桩数越多，位移越大。其原因是桩数越多，群桩效应对位移的影响也就越大。不同桩数的群桩效应系数是不同的，桩数越多，群桩效应也就越大。

不同长径比的群桩的位移值随着桩长的增加而增长，随着距径比的增大，群桩效应也相应的减少，当距径比等于8时，可以发现，长径比对水平位移的影响就可以忽略不计。

同时，在不同距径比的群桩中也能发现长径比为30是群桩效应最为明显的桩长。

4. 桩径对群桩位移场的影响

当设计水平荷载一定的时候，桩径越大，则所需桩数越少，同时桩顶位移也将越小，但是桩径的增大同时也带来成本的提高。

随着桩径的增加群桩的位移有显著的下降，桩径越大，群桩的水平位移越小。当桩径大于1.5m时，群桩的水平位移下降幅度有所减小，因此增加桩径是减少群桩水平位移的有效方法。

尽管随着桩径的增大，位移场的群桩效应系数有缓慢增加，但是总体上桩径增长时位移场群桩效应几乎不变，因此桩径的增大对群桩效应的影响可以忽略不计，在抗水平力群桩设计中，可以不计桩径变化对位移场的影响。

5. 土体模量的影响

土体模量是影响桩基水平位移最重要的因素之一，随着土体模量的增大，桩的水平位移也将减小。

随着土体模量的增大，群桩位移减小，位移减小基本上呈指数形式，当土体模量小于25MPa时，曲线为陡降型，当土体模量大于25MPa后，曲线变化趋于平缓，即使土体模量再增加，群桩位移已经基本不变。可以看出，要改善桩的水平位移，增加土体模量是非常有效的方法。土体模量变化对群桩的位移效应影响较小，基本上可以忽略。当距径比大于8时，位移效应接近于1，此时可认为已经没有位移效应。

不同深度土体的模量的变化对桩水平位移的影响是不同的，$10d$ 范围内的桩侧土模量变化对桩水平位移的影响最大，$10d \sim 20d$ 范围内的土体模量变化对桩水平位移的影响次之，桩底下部的土体模量的变化对桩水平位移的影响就相当有限了。因此，可以看出，要减少桩水平位移量主要要改善桩长范围，特别是桩上部的土体的模量。

6.4 单桩水平受荷计算

20世纪60年代初期，管桩和大直径钻孔桩开始应用，这些桩多为竖直，不但长度较长，而且具有较大的抗弯刚度，所以考虑桩的水平承载力势在必行，这时由不少学者研究发展了水平承载桩的作用机理和分析计算的多种方法并积累了一些水平静载试桩的资料。当时铁路和公路桥梁设计首先采用了 m 法、c 法，港工桩基规范也采用了 m 法和张有龄法。

目前，水平承载桩的计算方法根据地基的不同状态，主要可分为：极限地基反力法（ultimate subgrade reaction method）、极限平衡法（limit equilibrium analysis）、弹性地基反力法（elastic subgrade reaction method）也称 m 法（m method）、p-y 曲线法（p-y curve method）以及数值计算方法等。各种方法的特点及适用范围见表6-7。

单桩水平承载桩的计算方法特点及适用范围　　　　表6-7

计算方法	特　点
极限地基反力法	该方法是按照土的极限静力平衡来求桩的水平承载力，假定桩为刚性，不考虑桩身变形，根据土体的性质预先设定一种地基反力形式，仅为深度的函数。作用于桩的外力同土的极限平衡可有多种地基反力分布假定，如抛物线形、三角形等。该方法在求解极限阻力的同时可求得桩中的最大弯矩

计算方法	特 点
弹性地基反力法（m法）	假定桩埋置于各向同性半无限弹性体中，各向土为弹性体，用梁的弯曲理论来求桩的水平抗力。弹性理论法的不足是不能通过计算得出桩在地面以下的位移、转角、弯矩、土压力等值的确定也比较困难
p-y 曲线法	基本思想就是沿桩深度方向将桩周土应力应变关系用一组曲线来表示，即 p-y 曲线。在某深度 z 处，桩的横向位移 y 与单位桩长土反力合力之间存在一定的对应关系。从理论上讲，p-y 曲线法是一种比较理想的方法，配合数值解法，可以计算桩内力及位移，当桩身变形较大时，这种方法与地基反力系数法相比有更大的优越性

6.4.1 极限地基反力法（极限平衡法）

极限地基反力法适合研究刚性短桩。埋在土体中的桩，当桩长相对较长时，在桩顶的水平荷载作用下，桩身上部位移较大，而桩身下部位移和内力都很小，可以忽略不计；而当桩长相对较短时，沿桩全长的位移和内力都不可以忽略不计。前者称为长桩或柔性长桩，后者称为短桩或刚性短桩。如图 6-9 所示。

极限地基反力法，就是假定桩为刚性，不考虑桩身变形，根据土体的性质预先设定一种地基反力形式，仅为深度的函数，如图 6-10 所示。

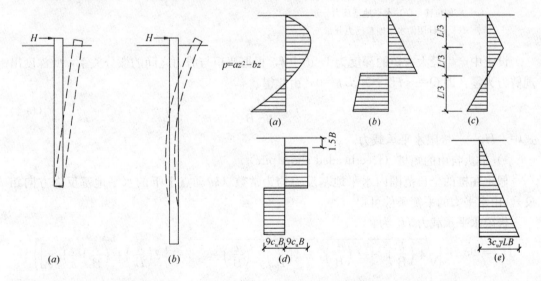

图 6-9 长桩、短桩示意图
(a) 短桩；(b) 长桩

图 6-10 短桩横向土压力分布形式

这些深度函数与桩的位移无关，根据力、力矩平衡，可直接求解桩身剪力、弯矩以及土体反力分布形式。图中 p 为桩侧土压力，L 为桩长，z 为深度，K_p 为被动土压力系数，γ 为土的重度，c_u 为黏性土不排水抗剪强度，B 为计算桩宽。

Broms（1964）对于黏性土中的短桩，提出图 6-10（d）所示反力分布形式，以黏土不排水剪强度 c_u 的 9 倍作为极限承载力。对于无黏性土中的短桩，Broms（1964）提出图 6-10（e）所示反力分布形式，取朗肯被动土压力的 3 倍作为极限承载力。

极限反力法不考虑桩土变形特性，适用于刚性桩即短桩，不适用于其他情况下的桩结构物的研究。因此，这里只介绍 Broms 法（短桩）。

1. 黏性土地基的情况

对黏性土中的桩顶加水平荷载时,桩身产生水平位移,如图 6-11(a)所示。由于地面附近的土体受桩的挤压而破坏,地基土向上方隆起,使水平地基反力减小。水平地基反力的分布见图 6-11(b)。为简化问题,忽略地表面以下 1.5B(B 为桩宽)深度内土的作用,在 1.5B 深度以下假定水平地基反力为常数,其值为 $9c_uB$,其中 c_u 为不排水抗剪强度,如图 6-11(c)所示。

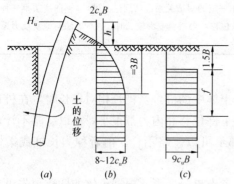 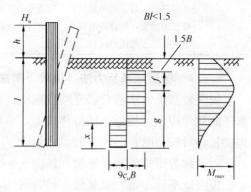

图 6-11 黏性土中桩的水平地基反力分布
(a)桩的位移;(b)水平地基反力分布;
(c)设计用的水平地基反力分布

图 6-12 黏性土地基中桩头自由的情况

设土中产生最大弯矩的深度为 $1.5B+f$,根据弯矩与剪力之间的微分关系,此深度出现剪力为零,即 $Q=-H_u+9c_uBf=0$,由此得

$$f = \frac{H_u}{9c_uB} \tag{6-4}$$

式中 H_u——极限水平承载力。

1)桩头自由的短桩(free-headed short pile)

假定在桩的全长范围内水平地基反力均为常数(转动点上下的水平地基反力方向相反)。由水平力的平衡条件可得

极限水平承载力 H_u 为:

$$H_u = 9c_uB^2\left\{\sqrt{4\left(\frac{h}{B}\right)^2 + 2\left(\frac{l}{B}\right)^2 + 4\left(\frac{h}{B}\right)\times\left(\frac{l}{B}\right) + 4.5} - \left[2\left(\frac{h}{B}\right)+\left(\frac{l}{B}\right)+1.5\right]\right\} \tag{6-5}$$

最大弯矩 M_{max} 为:

$$M_{max} = H_u(h+1.5B+f) - \frac{1}{2}(9c_uB)f^2 = H_u(h+1.5B+0.5f) \tag{6-6}$$

2)桩头转动受到约束的短桩(short pile with pile's head rotation constrainted)

假定桩发生平行移动,并在桩全长范围内产生相同的水平地基反力 $9c_uB$,桩头产生最大弯矩 M_{max}(图 6-13)。由水平力的平衡条件及桩底力矩平衡条件可得

$$H_u = 9c_uB(l-1.5B) = 9c_uB^2\left(\frac{l}{B}-1.5\right) \tag{6-7}$$

$$M_{max} = H_u\left(\frac{1}{2}+\frac{3}{4}B\right) = 4.5c_uB^3\left[\left(\frac{l}{B}\right)^2 - 2.25\right] \tag{6-8}$$

实际计算时可采用图解方法。将 $H_u/c_uB^2 - l/B$ 的关系表示于图 6-14，根据该图可很方便地求得 H_u。

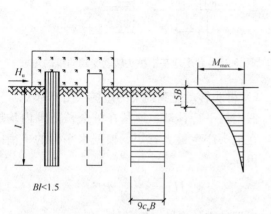
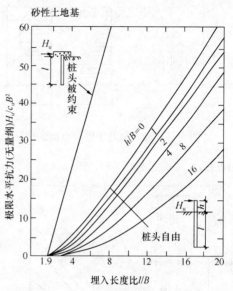

图 6-13 黏性土地基中桩头转动受到约束的桩　　图 6-14 黏性土地基中短桩的水平抗力

2. 砂土地基的情况

对砂土中的桩顶施加水平力，试验表明，从地表面开始向下，水平地基反力由零呈线性增大，其值相当于朗肯土压力 K_p 的 3 倍，故地表面以下深度为 x 处的水平地基反力 p 是：

$$\left.\begin{array}{l} p = 3K_p \gamma x \\ K_p = \dfrac{1+\sin\varphi}{1-\sin\varphi} = \tan^2\left(45° + \dfrac{\varphi}{2}\right) \end{array}\right\} \tag{6-9}$$

式中　φ——土的内摩擦角；

　　　γ——土的重度。

设土中最大弯矩处的深度为 f，该处的剪力为零，即 $Q = H_u - \dfrac{1}{2} \cdot 3K_p \gamma B f^2 = 0$，由此得

$$f = \sqrt{\dfrac{2H_u}{3K_p \gamma B}} \tag{6-10}$$

1) 桩头自由的短桩（图 6-15）

假定桩全长范围内的地基都屈服，桩尖的水平位移和桩头水平位移方向相反。将桩尖附近的水平地基反力用集中力 P_B 代替，并对桩底求矩，根据力矩的平衡条件得

$$H_u = \dfrac{K_p \gamma B l^2}{2\left(1 + \dfrac{h}{l}\right)} \tag{6-11}$$

$$M_{\max} = H_u\left(h + \dfrac{0.385l}{\sqrt{1+h/l}}\right) \tag{6-12}$$

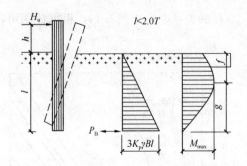

图 6-15 砂土地基中桩头自由的情况

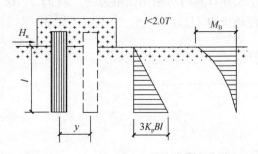

图 6-16 砂土地基中桩头转动受到约束的短桩

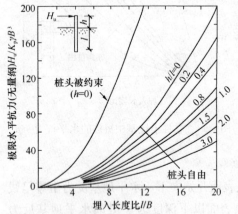

图 6-17 砂性土地基中短桩的水平抗力

2) 桩头转动受到约束的短桩（图 6-16）

假定桩平行移动，地基在桩全长范围内均屈服，在桩头产生最大弯矩。根据水平力的平衡条件，得

$$H_u = \frac{3}{2} K_p \gamma B l^2 \qquad (6-13)$$

根据桩底的力矩平衡条件，得

$$M_{max} = K_p \gamma B l^3 \qquad (6-14)$$

实际计算时可利用图解法。将 $H_u/K_p \gamma B^3$-l/B 的关系表示于图 6-17，根据该图可求得砂质土中刚性短桩的极限水平力 H_u。

当水平荷载小于上述极限抗力的 1/2 时，无论是桩还是地基（包括黏性土地基和砂性土地基），都不会产生局部屈服，此时地表面的水平位移 y_0 可由表 6-8 中的公式求得。

荷载小于极限水平抗力一半时的地面水平位移　　　表 6-8

土 性	桩 头	地面有水平位移 y_0
黏性土	自由（Bl<1.5）	$\dfrac{4H}{k_h Bl}\left(1+1.5\dfrac{h}{l}\right)$
	转动受约束（Bl<0.5）	$\dfrac{H}{k_h Bl}$
砂 土	自由（l<2T）	$\dfrac{18H}{2mBl^2}\left(1+\dfrac{4}{3}\dfrac{h}{l}\right)$
	转动受约束（l<2T）	$\dfrac{H}{mBl^2}$ （$h=0$）

注：表中 k_h 为随深度不变的水平地基系数，m 为水平地基系数随深度线性增加的比例系数。

6.4.2 弹性地基反力法（m 法）

弹性地基反力法，假定土为弹性体，用梁的弯曲理论来求桩的水平抗力。假定竖直桩全部埋入土中，在断面主平面内，地表面桩顶处作用垂直桩轴线的水平力 H_0 和外力矩 M_0。选坐标原点和坐标轴方向，规定图示方向为 H_0 和 M_0 的正方向（图 6-18a），在桩上取微段 dx，规定图示方向为弯矩 M 和剪力 Q 的正方向（图 6-18b）。通过分析，导得弯曲微分方程为

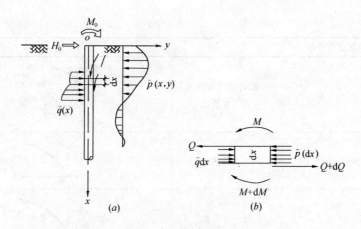

图 6-18 土中部分桩的坐标系与力的正方向

$$EI \frac{d^4 y}{dx^4} + Bp(x,y) = 0 \atop p(x,y) = (a+mx^i)y^n = k(x)y^n \Bigg\} \quad (6\text{-}15)$$

式中 $p(x,y)$——单位面积上的桩侧土抗力；
　　　　y——水平方向；
　　　　x——地面以下深度；
　　　　B——桩的宽度或桩径；
　　a, m, i, n——待定常数或指数。

n 的取值与桩身侧向位移的大小有关。根据 n 的取值可将弹性地基反力法分为线弹性地基反力法（$n=1$）和非线弹性地基反力法（$n\neq1$）。

弹性地基反力法分类　　　　　　　　　　表 6-9

	地基反力分布	方　法	图　形
线弹性地基反力法	$p=k_h y$	常数法	$k_h=$常数
	$p=mxy$	m 法	$k_h=mx$
	$p=cx^{1/2} y$	c 值法	$k_h=cx^{1/2}$
	$p=k(x)y=mx^{0.5}y$	k 法	k_h

续表

	地基反力分布	方 法	图 形
		综合刚度原理和双参数法	
非线弹性地基反力法	$p=k_s xy^{0.5}$	久保法	
	$p=k_c y^{0.5}$	林-宫岛法	

目前国内外一般规定桩在地面的允许水平位移为 $0.6\sim1.0$ cm。这样的水平位移值时，桩身任一点的土抗力与桩身侧向位移之间可近似视为线性关系，取 $n=1$，此时为线弹性地基反力法。为简化计算，一般指定 $k(x)$ 中的两个参数，成为单一参数。由于指定的参数不同，也就有了常用的张有龄法（常数法）、m 法、c 法、k 法，见表6-9。

(1) 张有龄法（$m=0$）

这种方法假设 k_h 为与深度无关的一个常数。将此关系式代入式（6-19）则桩的基本微分方程有其理论解。适当的确定 k_h 值后，它的数学处理比较简单，故其应用较广。日本，美国及我国台湾地区应用广泛。

(2) m 法（$i=1$）

这种方法假设 $k(x)=k_h z$，其中 k_h 一般写成 m，表示是与地基性质有关的系数。该方法的基本微分方程的精确求解有困难。故往往采用一些数学近似的手段求解，并作出便利的计算图表查用。m 法在我国、欧美、前苏联应用较广。

(3) c 法（$m\neq0,1$）

对地基反力系数沿深度 z 变化规律还有其他不同的描述。如在上段取 $i=1/2$，下段取 $i=0$。这便是人们熟悉的 c 法，该方法在我国公路部门应用广泛。

这里我们主要介绍 m 法。

1. 基本假定

线性地基反力法假设地基为服从虎克定律的弹性体，在处理时不考虑土的连续性，简单的数学关系很难正确表达出土的复杂性。因此，此法有很大的近似性。仅在小荷载和小位移时候比较适合应用。

2. 计算公式

通常采用罗威（Rowe）的幂级数解法。将 $p(x,y)=mxy$ 代入式（6-15），得

$$EI\frac{d^4y}{dx^4}+Bmxy=0 \qquad (6\text{-}16)$$

已知 $[y]_{x=0}=y_0$，$\left[\dfrac{dy}{dx}\right]_{x=0}=\varphi_0$

$$\left[EI\frac{d^2y}{dx^2}\right]_{x=0}=M_0,\ \left[EI\frac{d^3y}{dx^3}\right]_{x=0}=Q_0$$

并设方程（6-16）的解为一幂级数：

$$y = \sum_{i=0}^{\infty} a_i x^i \tag{6-17}$$

式中，a_i 为待定常数。对式（6-17）求 1～4 阶导数，并代入式（6-16），经推导可得

$$\left.\begin{aligned} y &= y_0 A_1(ax) + \frac{\varphi_0}{a} B_1(ax) + \frac{M_0}{a^2 EI} C_1(ax) + \frac{Q_0}{a^3 EI} D_1(ax) \\ \frac{\varphi}{a} &= y_0 A_2(ax) + \frac{\varphi_0}{a} B_2(ax) + \frac{M_0}{a^2 EI} C_2(ax) + \frac{Q_0}{a^3 EI} D_2(ax) \\ \frac{M}{a^2 EI} &= y_0 A_3(ax) + \frac{\varphi_0}{a} B_3(ax) + \frac{M_0}{a^2 EI} C_3(ax) + \frac{Q_0}{a^3 EI} D_3(ax) \\ \frac{Q}{a^3 EI} &= y_0 A_4(ax) + \frac{\varphi_0}{a} B_4(ax) + \frac{M_0}{a^2 EI} C_4(ax) + \frac{Q_0}{a^3 EI} D_4(ax) \end{aligned}\right\} \tag{6-18}$$

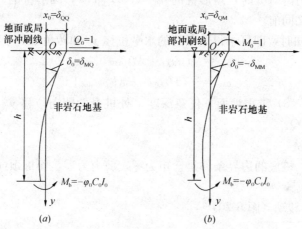

图 6-19　δ_{QQ}，δ_{QM}，δ_{MQ}，δ_{MM} 示意图

并可导得桩顶仅作用单位水平力 $H_0=1$ 时地面处桩的水平位移 δ_{QQ} 和转角 δ_{MQ}，桩顶作用单位力矩 $M_0=1$ 时桩身地面处的水平位移 δ_{QM} 和转角 δ_{MM} 如图 6-19 所示。对于桩埋置于非岩石地基中的情况：

$$\left.\begin{aligned} \delta_{QQ} &= \frac{1}{a^3 EI} \frac{(B_3 D_4 - B_4 D_3) + k_h (B_2 D_4 - B_4 D_2)}{(A_3 B_4 - A_4 B_3) + k_h (A_2 B_4 - A_4 B_2)} \\ \delta_{MQ} &= \frac{1}{a^2 EI} \frac{(A_3 D_4 - A_4 D_3) + k_h (A_2 D_4 - A_4 D_2)}{(A_3 B_4 - A_4 B_3) + k_h (A_2 B_4 - A_4 B_2)} \\ \delta_{QM} &= \frac{1}{a^2 EI} \frac{(B_3 C_4 - B_4 C_3) + k_h (B_2 C_4 - B_4 C_2)}{(A_3 B_4 - A_4 B_3) + k_h (A_2 B_4 - A_4 B_2)} \\ \delta_{MM} &= \frac{1}{aEI} \frac{(A_3 C_4 - A_4 C_3) + k_h (A_2 C_4 - A_4 C_2)}{(A_3 B_4 - A_4 B_3) + k_h (A_2 B_4 - A_4 B_2)} \end{aligned}\right\} \tag{6-19}$$

对于嵌固于岩石的桩，同样可导得

$$\left.\begin{aligned}\delta_{QQ} &= \frac{1}{a^3 EI} \cdot \frac{B_2 D_1 - B_1 D_2}{A_2 B_1 - A_1 B_2} \\ \delta_{MQ} &= \frac{1}{a^2 EI} \cdot \frac{A_2 D_1 - A_1 D_2}{A_2 B_1 - A_1 B_2} \\ \delta_{QM} &= \frac{1}{a^2 EI} \cdot \frac{B_2 C_1 - B_1 C_2}{A_2 B_1 - A_1 B_2} \\ \delta_{MM} &= \frac{1}{a EI} \cdot \frac{A_2 C_1 - A_1 C_2}{A_2 B_1 - A_1 B_2}\end{aligned}\right\} \quad (6\text{-}20)$$

式中的 A_1、B_1、C_1、D_1、A_2、$B_2 \cdots C_4$、D_4 等系数，以及 $B_3 D_4 - B_4 D_3$、$B_2 D_4 - B_4 D_2$、$\cdots$、$A_3 B_4 - A_4 B_3$、$A_2 B_4 - A_4 B_2$ 等值均可查《桥梁桩基础的分析和设计》附表二；$k_h = \frac{C_0}{\alpha E} \cdot \frac{I_0}{I}$，其中 C_0 为桩底土的竖向地基系数，I_0 为桩底全面积对截面重心的惯性矩，I 为桩的平均截面惯性矩；$\alpha = 1/T = \sqrt[5]{mb_0/EI}$，式中 b_0 为桩侧土抗力的计算宽度，当桩的直径 d 或宽度 B 大于1m时，矩形桩的 $b_0 = B + 1$，圆形桩的 $b_0 = 0.9 \times (d+1)$；当桩的直径 d 或宽度 B 小于1m时，矩形桩的 $b_0 = 1.5B + 0.5$，圆形桩的 $b_0 = 0.9 \times (1.5d + 0.5)$；其他符号意义同前。

当 H_0，M_0 已知时，即可求得地面处的水平位移 y_0 和转角 φ_0：

$$\left.\begin{aligned}y_0 &= H_0 \delta_{QQ} + M_0 \delta_{QM} \\ \varphi_0 &= -(H_0 \delta_{MQ} + M_0 \delta_{MM})\end{aligned}\right\} \quad (6\text{-}21)$$

然后根据式（6-18）求得地面下任意深度 x 处桩身的侧向位移 y、转角 φ、桩身截面上的弯矩 M 和剪力 Q。

3. 无量纲计算法

对于弹性长桩，桩底的边界条件是弯矩为零，剪力为零。而桩顶或泥面的边界条件可分为下列三种情况。

1）桩顶可自由转动（图6-20）

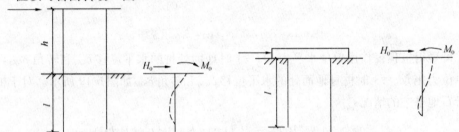

图6-20 桩顶可自由转动情况　　图6-21 桩顶固定而不能转动情况

在水平力 H_0 和力矩 $M_0 = H_0 h$ 作用下，桩身水平位移和弯矩可按下式计算：

$$\left.\begin{aligned}y &= \frac{H_0 T^3}{EI} A_y + \frac{M_0 T^2}{EI} B_y \\ M &= H_0 T A_m + M_0 B_m\end{aligned}\right\} \quad (6\text{-}22)$$

桩身最大弯矩的位置 x_m、最大弯矩可按下式计算：

$$\left.\begin{aligned}x_m &= \bar{h} T \\ M_{max} &= M_0 C_2 \text{ 或 } M_{max} = H_0 T D_2\end{aligned}\right\} \quad (6\text{-}23)$$

式中 A_y，B_y，A_m、B_m——分别为位移和弯矩的无量纲系数（表6-10）；

$\bar{h}$——换算深度，根据 $C_1=\dfrac{M_0}{H_0T}$ 或 $D_1=\dfrac{H_0T}{M_0}$ 等由表6-10中查得；

C_2、D_2——无量纲系数，根据最大弯矩位置 x_m 的换算深度 $\bar{h}=x_m/T$ 由表6-10中查得。

2）桩顶固定而不能转动（图6-21）

当桩顶固定时，桩顶转角为零$\left(即\ \varphi=\dfrac{\mathrm{d}y}{\mathrm{d}x}=0\right)$：

$$\varphi = A_\varphi \frac{H_0T^2}{EI} + B_\varphi \frac{M_0T}{EI} = 0$$

则 $\dfrac{M_0}{H_0T}=-\dfrac{A_\varphi}{B_\varphi}=-0.93$，式（6-22）可改为

$$\left.\begin{array}{l} y = (A_y - 0.93B_y)\dfrac{H_0T^3}{EI} \\ M = (A_m - 0.93B_m)H_0T \end{array}\right\} \quad (6\text{-}24)$$

式中 A_φ，B_φ——转角的无量纲系数（表6-10）。

3）桩顶受约束而不能完全自由转动（图6-22）

在水平力 H_0 作用下考虑上部结构与地基的协调作用：

$$\varphi_2 = \varphi_1 \quad (6\text{-}25)$$

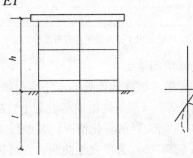

图6-22 桩顶受约束而不能完全自由转动情况

式中 φ_2——上部结构在泥面处的转角；

φ_1——桩在泥面处的转角。

根据式（6-25）通过反复迭代，可推求出桩身水平位移和弯矩。

m法计算用无量纲系数表　　　　表6-10

换算深度 $\bar{h}$ (z/T)	A_y	B_y	A_m	B_m	A_φ	B_φ	C_1	D_1	C_2	D_2
0.0	2.44	1.621	0	1	−1.621	−1.751	∞	0	1	∞
0.1	2.279	1.451	0.100	1	−1.616	−1.651	131.252	0.008	1.001	131.318
0.2	2.118	1.291	0.197	0.998	−1.601	−1.551	34.186	0.029	1.004	34.317
0.3	1.959	1.141	0.290	0.994	−1.577	−1.451	15.544	0.064	1.012	15.738
0.4	1.803	1.001	0.377	0.986	−1.543	−1.352	8.781	0.114	1.029	9.037
0.5	1.650	0.870	0.458	0.975	−1.502	−1.254	5.539	0.181	1.057	5.856
0.6	1.503	0.750	0.529	0.959	−1.452	−1.157	3.710	0.270	1.101	4.138
0.7	1.360	0.639	0.592	0.938	−1.396	−1.062	2.566	0.390	1.169	2.999
0.8	1.224	0.537	0.646	0.931	−1.334	−0.970	1.791	0.558	1.274	2.282
0.9	1.094	0.445	0.689	0.884	−1.267	−0.880	1.238	0.808	1.441	1.784
1.0	0.970	0.361	0.723	0.851	−1.196	−0.793	0.824	1.213	1.728	1.424
1.1	0.854	0.286	0.747	0.841	−1.123	−0.710	0.503	1.988	2.299	1.157

续表

换算深度 $\bar{h}$ (z/T)	A_y	B_y	A_m	B_m	A_φ	B_φ	C_1	D_1	C_2	D_2
1.2	0.746	0.219	0.762	0.774	−1.047	−0.630	−0.246	4.071	3.876	0.952
1.3	0.645	0.160	0.768	0.732	−0.971	−0.555	0.034	29.58	23.438	0.792
1.4	0.552	0.108	0.765	0.687	−0.894	−0.484	−0.145	−6.906	−4.596	0.666
1.6	0.388	0.024	0.737	0.594	−0.743	−0.356	−0.434	−2.305	1.128	0.480
1.8	0.254	−0.036	0.685	0.499	−0.601	−0.247	−0.665	−1.503	−0.530	0.353
2.0	0.147	−0.076	0.614	0.407	−0.471	−0.156	−0.865	−1.156	−0.304	0.263
3.0	−0.087	−0.095	0.193	0.076	0.070	0.063	−1.893	−0.528	−0.026	0.049
4.0	−0.108	−0.015	0	0	−0.003	0.085	−0.045	−22.500	0.011	0

注：1. 本表适用于桩尖置于非岩石土中或置于岩石面上；2. 本表仅适用于弹性长桩。

4. m 值的确定

m 值随着桩在地面处的水平变位增大而减小，一般通过水平荷载试验确定。

图 6-23 (a) 是两根钢筋混凝土桩的荷载结果，由图可以看到 m 值随着桩在地面处水平位移 y_0 增大时的变化情况，其曲线类似双曲线。

图 6-23 (b) 为代表性曲线，它可区分为Ⅰ（弹性）、Ⅱ（弹塑性）和Ⅲ（塑性）三个区段。

由图 6-23 (a) 可推论在 $y_0=6$mm 左右时桩—土体系已进入塑性区段。大直径钢筋混凝土试桩一般均表现在这一限值范围，因此通常把 6mm 作为常用配筋率下的钢筋混凝土桩的水平位移限值。如果桩的配筋率比较高，测得的 m-y_0 曲线将有所不同，其水平位移限值可比规定得稍高些。参照国内外已有的经验，配筋率较高的钢筋混凝土桩的水平位移限值大致为 6~10mm。由横向荷载试验测定 m 值时，必须使桩在最大横向荷载作用下满足下列两个条件：a. 桩周土不致因桩的水平位移过大而丧失其对桩的固着作用，亦即在横向荷载下桩长范围内的土大部分仍处于弹性工作状态；b. 在此横向荷载下，容许桩截面开裂，但裂缝宽度不应超出钢筋混凝土结构容许的开裂限度，且卸载后裂缝能闭合。

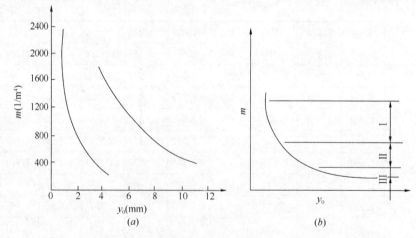

图 6-23 m-y_0 关系图

无试验资料时，m 值可按表 6-11 选用。

土 的 m 值　　　　　　　　　　　表 6-11

序号	地基土类别	预制桩、钢桩		灌注桩	
		m (MN/m⁴)	相应单桩在地面处水平位移（mm）	m (MN/m⁴)	相应单桩在地面处水平位移（mm）
1	淤泥、淤泥质土、饱和湿陷性黄土	2～4.5	10	2.5～6.0	6～12
2	流塑（$I_L>1.0$）、软塑（$0.75<I_L\leqslant 1.0$）状黏性土，$e>0.9$ 粉土，松散粉细砂，松散、稍密填土	4.5～6.0	10	6～14	4～8
3	可塑（$0.25<I_L\leqslant 0.75$）状黏性土，$e=0.7～0.9$ 粉土，湿陷性黄土，中密填土，稍密细砂	6.0～10.0	10	14～35	3～6
4	可塑（$0<I_L<0.25$）坚硬（$I_L\leqslant 0$）状黏性土，湿陷性黄土 $e<0.7$ 粉土，中密中粗砂，密实老填土	10～22	10	35～100	2～5
5	中密、密实的砾砂、碎石类土			100～300	1.5～3.0

注：当水平位移大于上表数值或灌注桩配筋率较高（>0.65%）时，m 值适当降低。

当地基土成层时，m 值采用地面以下 $1.8T$ 深度范围内各土层的 m 加权平均值。如地基土为 3 层时（图 6-24），则

$$m = \frac{m_1 h_1^2 + m_2(2h_1+h_2)h_2 + m_3(2h_1+2h_2+h_3)h_3}{(1.8T)^2} \tag{6-26}$$

5. 例题

钢管桩外径 600mm，壁厚 12mm，入土深度 $L_t=24.0$m（图 6-25），砂质地基 $m=2000$kN/m⁴，$EI=2.01\times 10^5$kN·m²，当桩顶（地面处）受水平力 $H_2=150$kN 和力矩 $M_0=450$kN·m 时，试求位移、弯矩曲线和土中桩身最大弯矩。

解：

$$T = \sqrt[5]{\frac{EI}{mb_0}} = \sqrt[5]{\frac{2.01\times 10^5}{2000\times 1.26}} = 2.40\text{m}$$

（式中 $b_0=0.9\times(1.5\times 0.6+0.5)=1.26$m）

因 $L_t/T = \dfrac{24}{2.40}=10>4$，故可作为弹性长桩用 m 法计算。

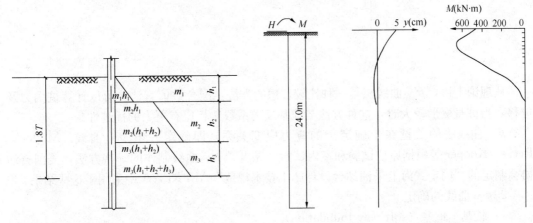

图 6-24　成层土 m 值的计算图　　　图 6-25　弯矩图与位移图

根据式（6-22）和表 6-10，取 $h=\dfrac{x}{T}$ 为 0、0.2、0.4、0.6、0.8、1.0、1.2、1.6、

2.0、3.0、4.0，列表计算出桩身各截面的弯矩和位移（见表6-12），由此绘出弯矩图和位移曲线（如图6-25所示）。

根据 $C_1 = \dfrac{M_0}{H_0 T} = 1.238$ 查表6-12得 $\bar{h} = 0.9$，故泥面下最大弯矩位置距泥面最大距离 x_m：

$$x_m = \bar{h}T = 2.18\text{m}$$

桩身各截面的弯矩和位移表　　　　　表6-12

$\bar{h}$	0.0	0.2	0.4	0.6	0.8	1.0	1.2	1.6	2.0	3.0	4.0
y (m)	0.047	0.039	0.032	0.026	0.020	0.015	0.011	0.004	0.0006	−0.002	−0.001
M (kN·m)	450	521	566	624	646	646	625	535	406	104	0

并根据 $h = x_m/T$ 查表6-12得 $C_2 = 1.441$，

故 $M_{max} = M_0 C_2 = 450 \times 1.441 = 648.45$ kN·m。

6.4.3　p-y 曲线法

1. 概述

p-y 曲线法，也称为复合地基反力系数法，该方法的基本思想就是沿桩深度方向将桩周土应力应变关系用一组曲线来表示，即 p-y 曲线，如图6-26(a) 所示。在某深度 z 处，桩的横向位移 y 与单位桩长土反力合力之间存在一定的对应关系，如图6-26(b) 所示。

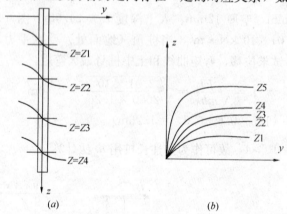

图 6-26　p-y 曲线

从理论上讲，p-y 曲线法是一种比较理想的方法，配合数值解法，可以计算桩内力及位移，当桩身变形较大时，这种方法与地基反力系数法相比有更大的优越性。

p-y 曲线法的关键在于确定土的应力应变关系，即确定一组 p-y 曲线。Matlock、Reese、Kooper 等根据原位试验和室内试验，提出了 p-y 曲线制作的一些方法，美国石油协会制定的"固定式海上采油站台设计施工技术规范" API-RP 2A 中采用了这些结果。

2. p-y 曲线的确定

1）软黏土地基（soft clay foundation）

a. Matlock 根据现场试验资料提出，由室内试验取得土体不排水抗剪强度 C_u 沿深度分布规律，土体极限反力 P_u 按下面两式计算，并取其中小值；

$$p_u = 9c_u \tag{6-27}$$

$$p_u = \left(3 + \frac{\gamma z}{c_u} + \frac{Jz}{b}\right)c_u \tag{6-28}$$

式中　z——计算点深度；

γ——由地面到计算深度 z 处的土加权平均重度；

c_u——土的排水抗剪强度；

b——桩的边宽或直径；

J——试验系数，对软黏土 $J=0.5$。

b. 计算土达到极限反力一半时的相应变形；

$$y_{50} = \rho \varepsilon_{50} d \tag{6-29}$$

式中　y_{50}——桩周土达极限水平土抗力之半时相应桩的侧向水平变形（mm）；

ρ——相关系数，一般取 2.5；

ε_{50}——三轴试验中最大主应力差一半时的应变值，对饱和度较大的软黏土也可取无侧限抗压强度一半时的应变值，当无试验资料时，ε_{50} 可按表 6-13 采用；

d——桩径或桩宽。

ε_{50} 值　　　　　表 6-13

C_u (kPa)	ε_{50}	C_u (kPa)	ε_{50}	C_u (kPa)	ε_{50}
12～24	0.02	24～48	0.01	48～96	0.07

c. 确定 p-y 曲线

由图 6-27 确定 p-y 关系式

$$\frac{p}{p_u} = 0.5\left(\frac{y}{y_{50}}\right)^{1/3} \tag{6-30}$$

2) 硬黏土地基（hard clay foundation）

a. 按试验取得土的不排水抗剪强度值和重度沿深度的分布规律以及 ε_{50} 值。

b. 用式 6-27、6-28 给出的较小值作为极限反力 P_u，式（6-28）中 J 取 0.25。

c. 计算土反力达到极限反力一半时的位移

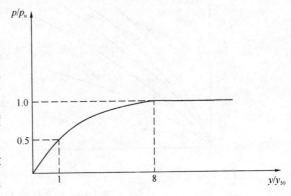

图 6-27　软黏土的 p-y 曲线

$$y_{50} = \varepsilon_{50} b \tag{6-31}$$

d. p-y 曲线方程

当 $y \geqslant 16 y_{50}$ 时，$\qquad P = P_u$

当 $y < 16 y_{50}$ 时，$\qquad \dfrac{p}{p_u} = 0.5\left(\dfrac{y}{y_{50}}\right)^{1/4} \tag{6-32}$

硬黏土地基 p-y 曲线如图 6-28 所示。

3. 桩的内力和变形计算（computing of pile's internal force and deformation）

由于土的水平抗力 p 与桩的挠曲变形 y 一般为非线性关系，用解析法来求解桩的弯曲微分方程是困难的，可用无量纲迭代法或有限差分法求得。

4. p-y 曲线法的计算参数对桩的弯矩和变形的影响

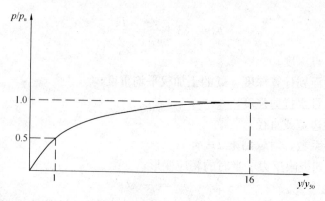

图 6-28 硬黏土的 $p\text{-}y$ 曲线

图 6-29 为 c_u 变化对 M_{max} 和 y_0 的影响，图 6-30 为砂土的 φ 角变化对 M_{max} 和 y_0 的影响。

可以看到，用 $p\text{-}y$ 曲线计算桩的弯矩和挠度时，对 y_0 和 M_{max} 的影响最大的是土的力学指标。用 $p\text{-}y$ 曲线法的计算结果能否与试桩实测值较好吻合，关键在于对黏性土不排水抗剪强度 c_u、极限主应力一半时的应变值 ε_{50}、砂性土的内摩擦角 φ 和相对密度 D_r 等取值是否符合实际情况。因此在桩基工程中必须重视上述土工指标的勘探和试验工作，从而提高 $p\text{-}y$ 曲线法的设计精度。

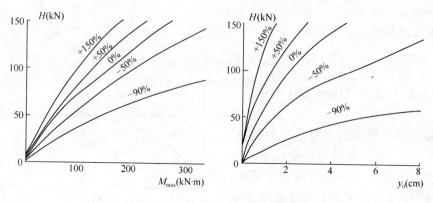

图 6-29 c_u 变化对 M_{max} 和 y_0 的影响

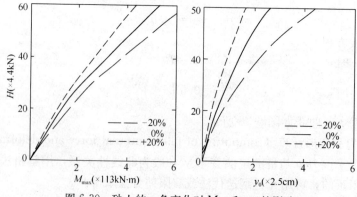

图 6-30 砂土的 φ 角变化对 M_{max} 和 y_0 的影响

6.5 群桩水平受荷计算

目前,水平荷载作用下群桩的计算分析方法主要有群桩效率法(pile group efficiency method)和群桩的 p-y 曲线法。此外,也可利用有限元法分析桩距、桩长、桩径、桩数、土质、荷载等对群桩效应的影响。

6.5.1 群桩效率法

1. 群桩水平承载力和单桩水平承载力与桩数之积的比值称为群桩效率。实际工程中,进行了单桩的试验后,就可根据实测单桩水平承载力和群桩效率很方便地计算群桩水平承载力 H_g:

$$H_g = mnH_0 \eta_{sg} \tag{6-33}$$

式中 H_g、H_0——分别为群桩与单桩水平承载力;

m、n——分别为群桩纵向(荷载作用方向)和横向桩数;

η_{sg}——反映单桩与群桩关系的群桩效率。

群桩效率法的关键是要得到能反映单群关系的群桩效率,可按表6-14取值。

群桩效应折减系数   表 6-14

桩距/桩径 \ 桩数	2×1	3×1	2×2	3×3
2	0.77	0.52	0.42	0.31
3	0.90	0.65	0.51	0.43
5	0.92	0.81	0.744	0.66
8	0.95	0.87	0.83	0.78
10	0.96	0.92	0.89	0.84
14	0.98	0.96	0.92	0.88

另外,群桩效率的确定还可以由试验导出经验公式,或根据弹性理论导出计算式,我国杨克已在土体极限平衡状态下导出了如下的群桩效率计算式。

其假定土中应力按土的内摩擦角 φ 扩散,传到垂直于荷载平面的应力一般近似为抛物线分布,现简化为三角形分布(图 6-31)。在考虑应力重叠的影响时,假定群桩中的水平力均匀分配,且每根桩具有相同的水平承载力。

2. 反映单桩与群桩关系的群桩效应 η_{sg}:

$$\eta_{sg} = K_1 K_2 K_3 K_6 + K_4 + K_5 \tag{6-34}$$

式中 K_1——桩之间相互作用影响系数;

K_2——不均匀分配系数;

K_3——桩顶嵌固增长系数;

K_4——摩擦作用增长系数;

K_5——桩侧土抗力增长系数;

K_6——竖向荷载作用增长系数。

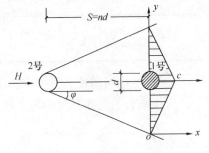

图 6-31 土中应力扩散和分布

3. $K_1 \sim K_6$ 取值方法如下：

1) 桩之间相互作用影响系数 K_1（interaction factor）

$$K_1 = \frac{1}{1 + q^m + a + b} \quad (6-35)$$

式中，q，a，b 的取值如图 6-32～图 6-34 所示。

图中　S——桩距；
　　　d——桩径；
　　　φ——土的内摩擦角。

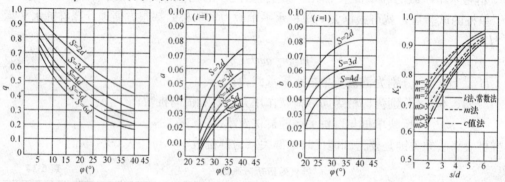

图 6-32　q 值计算图　　图 6-33　a 值计算图　　图 6-34　b 值计算图　　图 6-35　K_2 值计算图

2) 不均匀分配系数 K_2（uneven distribution factor）

根据不同的水平地基系数分布规律、不同的桩数和 S/d，制备了 K_2 的计算图（图 6-35）。

3) 桩顶嵌固增长系数 K_3（increasing coefficient of fixed top）

K_3 为桩顶嵌固时的单桩水平承载力与桩顶自由时的单桩水平承载力之比。为便于分析，仅考虑自由长度为零的行列式竖直群桩，并在地面位移相等的条件下求得 K_3（表 6-15）。

不同方法中 K_3 的取值　　　　表 6-15

计算方法	常数法	m 法	k 法	c 值法
K_3	2.0	2.6	1.56	2.32

4) 摩擦作用增长系数 K_4（increasing coefficient of friction）

入土承台的底面和侧面与土壤之间有切向力作用，使群桩水平承载力提高 ΔH_g，故

$$K_4 = \frac{\Delta H_g}{mn H_0} \quad (6-36)$$

对较软的土，剪切面一般发生在邻近承台表面的土内，此时切向力就是土的抗剪强度。对较硬的土，剪切面可能发生在承台与土的接触面上，此时切向力就是承台表面与土的摩擦力。为安全起见，可按上两种情况分别考虑，取较小值计算。

桩尖土层较好或基底下土体可能产生自重固结沉降、湿陷、震陷时，承台与土之间会脱空，不应再考虑承台底与土的摩擦力作用。

5) 桩侧土抗力作用增长系数 K_5 (increasing coefficient of soil reaction)

入土承台的侧土抗力使群桩水平承载力提高 $\Delta H''_g$，故

$$K_5 = \frac{\Delta H''_g}{mnH_0} \tag{6-37}$$

桩顶的容许水平位移一般较小，被动土压力不能得到充分发挥，故采用静止土压力计算，并略去主动土压力作用，得

$$\Delta H''_g = \frac{1}{2} K_0 \gamma B (z_1^2 - z_2^2) \tag{6-38}$$

式中　K_0——静止土压力系数；
　　　γ——土的重度；
　　　B——承台宽度；
　z_1、z_2——分别为承台底面和顶面埋深。

6) 竖向荷载作用增长系数 K_6 (increasing coefficient of vertical loads)

竖向荷载的作用使桩基水平承载力提高，提高的原因与桩的破坏机理有关。

水平承载力由桩身强度控制时，竖向荷载产生的压应力可抵消一部分桩身受弯时产生的拉应力，混凝土不易开裂，从而提高桩基水平承载力。北京桩基研究小组提出，用 $\frac{N}{rR_f A}$（其中，r——截面抵抗矩的塑性系数；R_f——混凝土抗裂设计强度；A——桩的截面积；N——计算有竖向荷载时水平承载力提高的百分比）考虑土体可能分担部分竖向荷载，故

$$K_6 = 1 + \frac{N(1-\lambda)}{rR_f A} \tag{6-39}$$

式中　λ——竖向荷载作用下，桩土共同作用时土体的分担系数。

桩身具有足够强度时，竖向荷载提高桩的水平承载能力有限，一般将它作为安全储备。

该计算方法在使用时受到下列条件的限制：(1) 适用于自由长度近似为零的等间距行列式群桩；(2) 当桩距较小时，群桩可能发生整体破坏，此时对计算式应慎重使用。

6.5.2　群桩的 p-y 曲线法

由上述分析群桩在水平力作用下的工作性状得知，群桩完全不同于单桩，一般在受荷方向桩排中的中后桩在同等桩身变位条件下，所受到的土反力较前桩为小。一方面，其差值随桩距的加大而减少，如图 6-36 所示，当 $S/d \geqslant 8$ 时，前、后桩的 p-y 曲线基本相近；另一方面，其差值又随泥面下深度的加大而减少，如图 6-37 所示，桩在泥面下的深度 $x \geqslant 10d$（d 为桩径）时，前后桩的 p-y 曲线也基本相近。这也由在砂土中原型桩试验所证实。

前桩所受到的土抗力，一般略等于或大于单桩，这是由于受荷方向桩排中的前桩水平位移与单桩相近，土抗力能充分发挥所致。设计时，群桩中的前桩若按单桩设计，工程上是偏于安全的。

我国《港口工程桩基规范》中提出了下述考虑方法：在水平力作用下，群桩中桩的中心距小于 8 倍桩径，桩的入土深度在小于 10 倍桩径以内的桩段，应考虑群桩效应。在非循环荷载作用下，距荷载作用点最远的桩按单桩计算，其余各桩应考虑群桩效应。其 p-y 曲线中的土抗力 p 在无试验资料时，对于黏性土可按下式计算土抗力的折减系数：

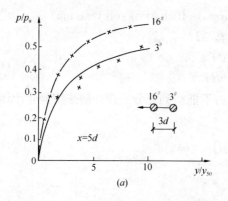
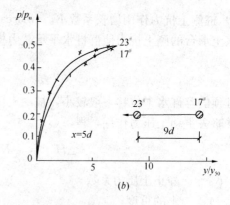

图 6-36 前桩对后桩的影响随桩距增加的变化
(a) p-y 曲线 ($S=3d$); (b) p-y 曲线 ($S=9d$)

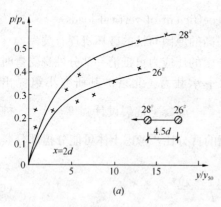
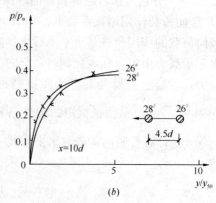

图 6-37 前桩对后桩的影响随深度增加的变化
(a) p-y 曲线 ($x=2d$); (b) p-y 曲线 ($x=10d$)

$$\lambda_h = \left[\frac{\frac{S}{d}-1}{7}\right]^{0.043(10-\frac{z}{d})} \tag{6-40}$$

式中 λ_h——土抗力的折减系数;

S——桩距;

d——桩径;

z——泥面下桩的任一深度。

通过式 (6-40) 土抗力折减系数修正后的 p-y 曲线计算的桩顶水平力和位移与现场试验实测的桩顶水平力和位移比较接近。

6.6 水平受荷桩的设计

6.6.1 单桩的水平承载力特征值的确定

受水平荷载的一般建筑物和水平荷载较小的高大建筑物单桩基础和群桩中基桩应满足:

$$H_{ik} \leqslant R_h \tag{6-41}$$

式中 H_{ik}——在荷载效应标准组合下,作用于基桩 i 桩顶处的水平力;

R_h——单桩基础或群桩中基桩的水平承载力特征值,单桩基础 $R_h=R_a$。

单桩的水平承载力特征值应按下列规定确定:

1. 对于受水平荷载较大的设计等级为甲级的建筑桩基,单桩水平承载力特征值应通过单桩水平静载试验确定,试验方法及承载力取值按现行《建筑基桩检测技术规范》(JGJ 106—2003)执行,见本书 6.2 节内容;

2. 对于钢筋混凝土预制桩、钢桩、桩身正截面配筋率不小于 0.65% 的灌注桩,可根据静载试验结果取地面处水平位移为 10mm(对于水平位移敏感的建筑物取水平位移 6mm)所对应的荷载为单桩水平承载力特征值;

3. 对于桩身配筋率小于 0.65% 的灌注桩,可取单桩水平静载试验的临界荷载的 75% 为单桩水平承载力特征值;

4. 当缺少单桩水平静载试验资料时,《建筑基桩检测技术规范》规定,可按下列公式估算桩身配筋率小于 0.65% 的灌注桩的单桩水平承载力特征值。

$$R_{ha} = \frac{0.75\alpha\gamma_m f_t W_0}{v_m}(1.25+22\rho_g)\left(1\pm\frac{\zeta_n N}{\gamma_m f_t A_n}\right) \tag{6-42}$$

式中 ±号根据桩顶竖向力性质确定,压力取"+",拉力取"-";

α——桩的水平变形系数;

R_{ha}——单桩水平承载力特征值;

γ_m——桩截面模量塑性系数,圆形截面 $\gamma_m=2$,矩形截面 $\gamma_m=1.75$;

f_t——桩身混凝土抗拉强度设计值;

W_0——桩身换算截面受拉边缘的截面模量

圆形截面为:
$$W_0 = \frac{\pi d}{32}[d^2 + 2(\alpha_E-1)\rho_g d_0^2] \tag{6-43}$$

矩形截面为:
$$W_0 = \frac{b}{6}[b^2 + 2(\alpha_E-1)\rho_g b_0^2]$$

其中 d_0 为扣除保护层的桩直径;b_0 为扣除保护层的桩截面宽度;α_E 为钢筋弹性模量与混凝土弹性模量的比值;d 为桩直径;

v_m——桩身最大弯矩系数,按表 6-16 取值,单桩基础和单排桩基纵向轴线与水平力方向相垂直的情况,按桩顶铰接考虑;

ρ_g——桩身配筋率;

A_n——桩身换算截面积

圆形截面为:
$$A_n = \frac{\pi d^2}{4}[1+(\alpha_E-1)\rho_g] \tag{6-44}$$

矩形截面为:
$$A_n = bh[1+(\alpha_E-1)\rho_g]$$

ζ_n——桩顶竖向力影响系数,竖向压力取 $\zeta_n=0.5$;竖向拉力取 $\zeta_n=1.0$。

对于混凝土护壁的挖孔桩,计算单桩水平承载力时,其设计桩径取护壁内直径。

5. 当桩的水平承载力由水平位移控制,且缺少单桩水平静载试验资料时,可按下式估算预制桩、钢桩、桩身配筋率不小于 0.65% 的灌注桩的单桩水平承载力特征值:

$$R_{ha} = \frac{\alpha^3 EI}{v_x}\chi_{0a} \tag{6-45}$$

式中 EI——桩身抗弯刚度,对于钢筋混凝土桩,$EI=0.85E_cI_0$。其中 E_c 为桩身混凝土的弹性模量;I_0 为桩身换算截面惯性矩,对于圆形截面,$I_0=W_0d_0/2$;矩形截面 $I_0=W_0b_0/2$;

χ_{0a}——桩顶允许水平位移;

v_x——桩顶水平位移系数,按表 6-16 取值,取值方法同式 6-42 中的 v_m;

其余符号意义同前。

桩顶(身)最大弯矩系数 v_m 和桩顶水平位移系数 v_x 表 6-16

桩顶约束情况	桩的换算深度(αh)	v_m	v_x	桩顶约束情况	桩的换算深度(αh)	v_m	v_x
铰接、自由	4.0	0.768	2.441	固接	4.0	0.926	0.940
	3.5	0.750	2.502		3.5	0.934	0.970
	3.0	0.703	2.727		3.0	0.967	1.028
	2.8	0.675	2.905		2.8	0.990	1.055
	2.6	0.639	3.163		2.6	1.018	1.079
	2.4	0.601	3.526		2.4	1.045	1.095

注:1. 铰接(自由)的 v_m 系桩身的最大弯矩系数,固接 v_m 系桩顶的最大弯矩系数;
2. 当 $\alpha h>4$ 时取 $\alpha h=4.0$,h 为桩的入土深度。

6. 验算永久荷载控制的桩基的水平承载力时,应将上述方法确定的单桩水平承载力特征值乘以调整系数 0.70。

6.6.2 群桩抗水平力桩的设计

1. 高承台群桩(tall platform pile foundation)基础设计计算

如图 6-38 所示,为《建筑桩基技术规范》中高承台桩计算模式图。

1)确定基本参数

所确定的基本参数包括承台埋深范围地基土水平抗力系数的比例系数 m、桩底面地基土竖向抗力系数的比例系数 m_0、桩身抗弯刚度 EI、α、桩身轴向压力传布系数 ξ_n、桩底面地基土竖向抗力系数 C_0。

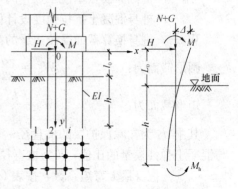

图 6-38 高承台桩计算模式图

2)求单位力作用于桩身地面处,桩身在该处产生的变位(表 6-17)

单位力作用于桩身地面处桩身在该处变位   表 6-17

$H_0=1$ 作用时	水平位移 ($F^{-1}\times L$)	$h\leqslant\dfrac{2.5}{\alpha}$	$\delta_{HH}=\dfrac{1}{\alpha^3 EI}\times\dfrac{(B_3D_4-B_4D_3)+K_h(B_2D_4-B_4D_2)}{(A_3B_4-A_4B_3)+K_h(A_2B_4-A_4B_2)}$
		$h>\dfrac{2.5}{\alpha}$	$\delta_{HH}=\dfrac{1}{\alpha^3 EI}\times A_i$
	转角 (F^{-1})	$h\leqslant\dfrac{2.5}{\alpha}$	$\delta_{MH}=\dfrac{1}{\alpha^2 EI}\times\dfrac{(A_3D_4-A_4D_3)+K_h(A_2D_4-A_4D_2)}{(A_3B_4-A_4B_3)+K_h(A_2B_4-A_4B_2)}$
		$h>\dfrac{2.5}{\alpha}$	$\delta_{MH}=\dfrac{1}{\alpha^2 EI}\times B_i$

续表

$M_0=1$ 作用时	水平位移（F^{-1}）	$h \leqslant \dfrac{2.5}{\alpha}$	$\delta_{HM} = \delta_{MH}$
		$h > \dfrac{2.5}{\alpha}$	$\delta_{HM} = \delta_{MH}$
	转角（$F^{-1} \times L^{-1}$）	$h \leqslant \dfrac{2.5}{\alpha}$	$\delta_{MM} = \dfrac{1}{\alpha EI} \times \dfrac{(A_3 C_4 - A_4 C_3) + K_h(A_2 C_4 - A_4 C_2)}{(A_3 B_4 - A_4 B_3) + K_h(A_2 B_4 - A_4 B_2)}$
		$h > \dfrac{2.5}{\alpha}$	$\delta_{MM} = \dfrac{1}{\alpha EI} \times C_i$

3) 求单位力作用于桩顶时，桩顶产生的变位（表 6-18）

单位力作用于桩顶时桩顶变化 表 6-18

$H_i=1$ 作用时	水平位移（$F^{-1} \times L$）	$\delta'_{HH} = \dfrac{l_0^3}{3EI} + \delta_{MM} l_0^2 + 2\delta_{MH} l_0 + \delta_{HH}$
	转角（F^{-1}）	$\delta'_{MH} = \dfrac{l_0^2}{2EI} + \delta_{MM} l_0 + \delta_{MH}$
$M_i=1$ 作用时	水平位移（F^{-1}）	$\delta'_{HM} = \delta'_{MH}$
	转角（$F^{-1} \times L^{-1}$）	$\delta'_{MM} = \dfrac{l_0}{EI} + \delta_{MM}$

4) 求桩顶发生单位变位时，桩顶引起的内力（表 6-19）

桩顶发生单位变位时的内力 表 6-19

发生竖直位移时	竖向反力（$F \times L^{-1}$）	$\rho_{NN} = \dfrac{1}{\dfrac{l_0 + \xi_N h}{EA} + \dfrac{1}{C_0 A_0}}$
发生水平位移时	水平反力（$F \times L^{-1}$）	$\rho_{HH} = \dfrac{\delta'_{MM}}{\delta'_{HH} \delta'_{MM} - \delta'^2_{MH}}$
	反弯矩（F）	$\rho_{MH} = \dfrac{\delta'_{MH}}{\delta'_{HH} \delta'_{MM} - \delta'^2_{MH}}$
发生单位转角时	水平反力（F）	$\rho_{HM} = \rho_{MH}$
	反弯矩（$F \times L$）	$\rho_{MM} = \dfrac{\delta'_{HH}}{\delta'_{HH} \delta'_{MM} - \delta'^2_{MH}}$

5) 求承台发生单位变位时，所有桩顶引起的反力和（表 6-20）

承台发生单位变位时桩顶的反力 表 6-20

单位竖直位移时	竖向反力（$F \times L^{-1}$）	$\gamma_{VV} = n\rho_{NN}$	
单位水平位移时	水平反力（$F \times L^{-1}$）	$\gamma_{UU} = n\rho_{HH}$	n——基桩数
	反弯矩（F）	$\gamma_{\beta U} = -n\rho_{MH}$	x_i——坐标原点至各桩的距离
单位转角时	水平反力（F）	$\gamma_{U\beta} = \gamma_{\beta U}$	K_i——第 i 排桩的根数
	反弯矩（$F \times L$）	$\gamma_{\beta\beta} = n\rho_{MM} + \rho_{HH} \Sigma K_i x_i^2$	

6) 求承台变位（表 6-21）

承台变位　　表 6-21

竖直位移（L）	$V = \dfrac{N+G}{\gamma_{VV}}$
水平位移（L）	$U = \dfrac{\gamma_{\beta\beta}H - \gamma_{U\beta}M}{\gamma_{UU}\gamma_{\beta\beta} - \gamma_{U\beta}^2}$
转角（弧度）	$\beta = \dfrac{\gamma_{UU}M - \gamma_{U\beta}H}{\gamma_{UU}\gamma_{\beta\beta} - \gamma_{U\beta}^2}$

7) 求任一基桩桩顶内力（表 6-22）

任一基桩桩顶内力　　表 6-22

竖向力（F）	$N_i = (V + \beta x_i)\rho_{NN}$
水平力（F）	$H_i = U\rho_{HH} - \beta\rho_{HM} = \dfrac{H}{n}$
弯矩（F×L）	$M_i = \beta\rho_{MM} - U\rho_{MH}$

8) 求地面处桩身截面上的内力（表 6-23）

地面处桩身截面内力　　表 6-23

水平力（F）	$H_0 = H_i$
弯矩（F×L）	$M_0 = M_i + H_i l_0$

9) 求地面处桩身的变位（表 6-24）

地面处桩身变位　　表 6-24

水平位移（L）	$x_0 = H_0\delta_{HH} + M_0\delta_{HM}$
弯矩（F×L）	$\varphi_0 = -(H_0\delta_{MH} + M_0\delta_{MM})$

10) 求地面下任一深度桩身截面内力（表 6-25）

地面下任一深度桩身截面内力　　表 6-25

弯矩（F×L）	$M_y = \alpha^2 EI(x_0 A_3 + \dfrac{\varphi_0}{\alpha}B_3 + \dfrac{M_0}{\alpha^2 EI}C_3 + \dfrac{H_0}{\alpha^3 EI}D_3)$
水平力（F）	$H_y = \alpha^3 EI(x_0 A_4 + \dfrac{\varphi_0}{\alpha}B_4 + \dfrac{M_0}{\alpha^2 EI}C_4 + \dfrac{H_0}{\alpha^3 EI}D_4)$

11) 求桩身最大弯矩及其位置（表 6-26）

桩身最大弯矩及位置　　表 6-26

最大弯矩位置（L）	由 $\dfrac{\alpha M_0}{H_0} = C_1$ 查表《建筑桩基技术规范》C.0.3-5 得相应的 αy，$y_{Mmax} = \dfrac{\alpha y}{\alpha}$
最大弯矩（F×L）	$M_{max} = M_0 C_1$

2. 低承台群桩（low platform pile foundation）基础设计计算

低承台群桩基础（不含水平力垂直于单排桩基纵向轴线和力矩较大的情况）的基桩水平承载力特征值应考虑由承台、桩群、土相互作用产生的群桩效应，可按下式确定：

$$R_h = \eta_h R_{ha} \tag{6-46}$$

1) 桩距 $S_a < 6d$ 的常规桩基

$$\eta_h = \eta_i \eta_r + \eta_l \tag{6-47}$$

$$\eta_i = \dfrac{\left(\dfrac{S_a}{d}\right)^{0.015n_2+0.45}}{0.15n_1 + 0.10n_2 + 1.9} \tag{6-48}$$

$$\eta_l = \dfrac{m\chi_{0a}B'_c h_c^2}{2n_1 n_2 R_{ha}} \tag{6-49}$$

$$\chi_{0a} = \dfrac{R_{ha}\nu_x}{\alpha^3 EI} \tag{6-50}$$

2) 桩距 $S_a \geq 6d$ 的复合桩基

$$\eta_h = \eta_i \eta_r + \eta_l + \eta_b \tag{6-51}$$

$$\eta_b = \dfrac{\mu \cdot P_c}{n_1 \cdot n_2 \cdot R_h} \tag{6-52}$$

式中 R_h——群桩基础的复合基桩水平承载力特征值；

R_{ha}——单桩水平承载力特征值；

η_h——群桩效应综合系数；

η_i——桩的相互影响效应系数；

η_r——桩顶约束效应系数，按表6-27取值；

η_l——承台侧向土抗力效应系数，当承台侧面为可液化土时，取$\eta_l=0$；

η_b——承台底摩阻效应系数；

S_a/d——沿水平荷载方向的距径比；

n_1、n_2——分别为沿水平荷载方向与垂直于水平荷载方向每排桩中的桩数；

m——承台侧面土水平抗力系数的比例系数；

χ_{0a}——桩顶（承台）的水平位移允许值，当以位移控制时，可取$\chi_{0a}=10$mm（对水平位移敏感的结构物取$\chi_{0a}=6$mm）；当以桩身强度控制（低配筋率灌注桩）时，可近似按式6-50确定；

B'_c——承台受侧向土抗一边的计算宽度，$B'_c=B_c+1$（m），B_c为承台宽度；

h_c——承台高度；

μ——承台底与基土间的摩擦系数，可按表6-28取值；

P_c——承台底地基土分担的竖向荷载标准值，$P_c=\eta_c \cdot f_{ak} \cdot A_c$。

桩顶约束效应系数 η_r　　　　　　　　　　　　　　　　　表 6-27

换算深度 ah	2.4	2.6	2.8	3.0	3.5	≥4.0
位移控制	2.58	2.34	2.20	2.13	2.07	2.05
强度控制	1.44	1.57	1.71	1.82	2.00	2.07

注：$\alpha=\sqrt[5]{\dfrac{mb_0}{EI}}$，$h$为桩的入土深度。

承台底与基土间的摩擦系数 μ　　　　　　　　　　　　　　表 6-28

土 的 类 别		摩擦系数 μ	土的类别	摩擦系数 μ
黏性土	可塑	0.25~0.30	中砂、粗砂、砾砂	0.40~0.50
	硬塑	0.30~0.35	碎石土	0.40~0.60
	坚硬	0.35~0.45	软质岩石	0.40~0.60
粉土	密实、中密（稍湿）	0.30~0.40	表面粗糙的硬质岩石	0.65~0.75

3. 计算实例分析

1）单桩水平承载力计算

某预制桩，截面0.4m×0.4m，桩长12m，C30混凝土，在地面下3.0m范围内的桩侧土为黏土，其水平抗力系数的比例系数$m=24$MN/m⁴，桩配筋率1%，试求单桩水平承载力特征值。

【解】 预制桩的单桩水平承载力特征值按下式进行计算

$$R_h = \dfrac{\alpha^3 EI}{v_x}\chi_{0a}$$

式中 R_h——单桩水平承载力特征值；

$$\alpha = \sqrt[5]{\frac{mb_0}{EI}}$$

式中 b_0——为桩身计算宽度，$b_0 = 1.5b + 0.5 = 1.5 \times 0.4 + 0.5 = 1.1\text{m}$。

桩身截面惯性矩，$I_0 = \frac{bh^3}{12} = \frac{0.4 \times 0.4^3}{12} = 2.13 \times 10^{-3} \text{m}^4$

$EI = 0.85 E_c I_0 = 0.85 \times 3 \times 10^7 \times 2.13 \times 10^{-3} = 54400 \text{kN} \cdot \text{m}^2$

$$\alpha = \sqrt[5]{\frac{mb_0}{EI}} = \sqrt[5]{\frac{24000 \times 1.1}{54400}} = 0.865/\text{m}$$

$\alpha h = 0.865 \times 12 = 10.384$，根据《建筑桩基技术规范》，桩顶约束条件为自由时，得桩顶水平位移系数 $\nu_x = 2.441$，单桩允许水平位移取 $x_{0a} = 10\text{mm}$

所以单桩水平承载力设计值为：

$$R_h = \frac{\alpha^3 EI}{\nu_x} x_{0a} = \frac{1.06^3 \times 17340}{2.441} \times 10 \times 10^{-3} = 84.6 \text{kN}$$

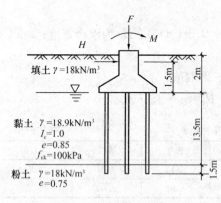

图 6-39 土层分布图

2) 低承台群桩水平承载力计算

某预制桩群桩基础，土层分布如图 6-39 所示，承台尺寸 2.8m×2.8m，埋深 2.0m，承台下 9 根桩，桩截面尺寸 0.4m×0.4m；承台高 1.5m，桩间距 1.0m，桩长 18m，C30 混凝土，承台基底以上为填土，基底以下为软塑黏土，水平抗力系数的比例系数 $m = 5.0 \text{MN/m}^4$，试求复合基桩的水平承载力特征值。

【解】①求单桩水平承载力特征值

桩身计算宽度 b_0 为：

$$b_0 = 1.5b + 0.5 = 1.5 \times 0.4 + 0.5 = 1.1\text{m}$$

桩截面惯性矩，$I_0 = \frac{bh^3}{12} = \frac{0.4 \times 0.4^3}{12} = 2.13 \times 10^{-3} \text{m}^4$

$EI = 0.85 E_c I_0 = 0.85 \times 3.0 \times 10^7 \times 2.13 \times 10^{-3} = 54400 \text{kN} \cdot \text{m}^2$

$$\alpha = \sqrt[5]{\frac{mb_0}{EI}} = \sqrt[5]{\frac{5000 \times 1.1}{54400}} = 0.632/\text{m}$$

$\alpha h = 0.632 \times 15 = 11.376 > 4$，查《建筑桩基技术规范》，当桩顶约束为铰接时得 $\nu_x = 2.441$

取桩顶允许水平位移，取 $x_{0a} = 10\text{mm}$

所以单桩水平承载力设计值为：

$$R_h = \frac{\alpha^3 EI}{\nu_x} x_{0a} = \frac{0.632^3 \times 54400}{2.441} \times 10 \times 10^{-3} = 56.3 \text{kN}$$

②求复合基桩水平承载力设计值

复合基桩水平承载力设计值应考虑承台、桩群、土相互作用产生的群桩效应，按下列公式确定。

$$R_{h1} = \eta_h R_h$$

$$\eta_h = \eta_i \eta_r + \eta_l + \eta_b$$

$$\eta_i = \frac{(S_a/d)^{0.015n_2+0.45}}{0.15n_1 + 0.10n_2 + 1.9}$$

$$\eta_l = \frac{mx_{0a}B'_c h_c^2}{2n_1 n_2 R_h}$$

$$\eta_b = \frac{\mu P_c}{n_1 n_2 R_h}$$

式中 η_h——群桩效应综合系数；

η_l——承台侧向土抗力效应系数；

η_r——桩顶约束效应系数，$\alpha h=11.376 \geqslant 4$，位移控制承载力，$\eta_r=2.05$；

η_i——桩相互影响系数；

η_b——承台底摩阻效应系数；

S_a/d——沿水平荷载方向的距径比，$S_a/d=1.0/0.451=2.22$（截面 $0.4\text{m}\times 0.4\text{m}$ 方形桩换算成圆截面桩 $d=0.451\text{m}$）；

n_1，n_2——分别为沿水平荷载方向与垂直于水平荷载方向每排桩中的桩数。

$$n_1 = n_2 = 3$$

B'_c——承台侧向土抗一边的计算宽度，$B'_c=B_c+1=2.8+1=3.8\text{m}$（$B_c$ 为承台宽度）；

h_c——承台高度，$h_c=1.5\text{m}$；

μ——承台底与基土间的摩擦系数，查《建筑桩基技术规范》。可塑黏性土 $\mu=0.25$；

P_c——承台底地基土分担竖向荷载设计值。

$P_c = \eta_c q_{ck} A_c / \gamma_c, \gamma_c = 1.7$

$\eta_c = \eta_c^i \dfrac{A_c^i}{A_c} + \eta_c^e \dfrac{A_c^e}{A_c}$

$A_c^i = 2.4\times 2.4 - 0.4^2 \times 9 = 4.32\text{m}^2, A_c^e = 0.4\times 2.8 + 0.4\times 2.4 = 2.08\text{m}^2$

$A_c = A_c^i + A_c^e = 2.08 + 4.32 = 6.4\text{m}^2$

据 $S_a/d=2.22, B_c/l=2.8/18=0.16$，查《建筑桩基技术规范》得

$\eta_c^i = 0.11, \eta_c^e = 0.63, \eta_c = 0.11 \times \dfrac{4.32}{6.4} + 0.63 \times \dfrac{2.08}{6.4} = 0.07425 + 0.20475 = 0.27$

$P_c = 0.27 \times 254 \times 6.4 / 1.7 = 266.8\text{kN}$

$\eta_i = \dfrac{(2.22)^{0.015\times 3+0.45}}{0.15\times 3 + 0.10\times 3 + 1.9} = \dfrac{1.48}{2.65} = 0.56$

$\eta_l = \dfrac{5000 \times 10 \times 10^{-3} \times 3.8 \times 1.5^2}{2\times 3\times 3\times 56.3} = 0.422$

$\eta_b = \dfrac{0.25 \times 266.8}{3\times 3\times 56.3} = 0.132$

$\eta_h = \eta_i \eta_r + \eta_l + \eta_b$
$= 0.560 \times 2.05 + 0.422 + 0.132 = 1.702$

所以考虑承台、桩群、土相互作用后，复合基桩的水平承载力特征值为：

$$R_{hl} = \eta_h R_h = 1.702 \times 56.3 = 95.8\text{kN}$$

3) 高承台群桩水平位移计算

一个山区钢筋混凝土引水渡槽采用高承台桩基础，承台板长 4.2m，宽 2.2m，承台下为 2 根 ϕ1000mm 钻孔灌注桩。承台板底距地面 4.5m，桩身穿过厚 10m 的黏质粉土层，桩端持力层为密实粗砂，在承台板底标高处所受荷载为：竖向荷载 $N=1152$kN，弯矩 $M=42$kN·m，水平力 $H=21$kN。已知桩的水平变形系数 $\alpha=0.6473$m^{-1}，$\delta_{MH}=0.9719\times 10^{-5}$rad/kN，$\delta_{HM}=0.9717\times 10^{-5}$m/kN·m，$\delta_{HH}=2.472\times 10^{-5}$m/kN，$\delta_{MM}=0.6841\times 10^{-5}$rad/kN·m。试计算该高承台桩基在地面处的桩身变位。

【解】 根据《建筑桩基技术规范》，高承台桩地面处桩身的变位为：
$$x_0 = H_0\delta_{HH} + M_0\delta_{HM}$$
$$\varphi_0 = -(H_0\delta_{MH} + M_0\delta_{MM})$$

一根桩承受水平力为：
$$H_0 = \frac{H}{2} = \frac{21}{2} = 10.5\text{kN}$$

一根桩承受的弯矩为：
$$M_0 = \frac{M}{2} + H_0 \times l_0 = \frac{42}{2} + 10.5 \times 4.5 = 68.25\text{kN·m}$$

地面处桩身变位为：
$$x_0 = 10.5 \times 2.472 \times 10^{-5} + 68.25 \times 0.9719 \times 10^{-5} = (25.956 + 66.332) \times 10^{-5}$$
$$= 92.288 \times 10^{-5}(\text{m}) = 0.922\text{mm}$$
$$\varphi_0 = -(10.5 \times 0.9719 \times 10^{-5} + 68.25 \times 0.6841 \times 10^{-5})$$
$$= -(10.2 + 46.69) \times 10^{-5} = -56.9 \times 10^{-5} = 0.569 \times 10^{-3}(\text{rad})$$

6.7 提高桩基抗水平力的技术措施

桩的水平承载力和其水平变形密切相关。在一般情况下，桩的水平变形制约了桩—土体系的抗力，只有当桩或桩基础的变形为桩基结构所允许时，桩—土体系的抗力才可作为设计采用的承载力，也就是说设计承载力应保证桩基结构的变形处于允许范围之内。因此要提高桩的水平承载力，必须保证桩—土体系有相应的刚度和强度。

6.7.1 提高桩的刚度和强度

为减少桩或桩基础的变形，可从构造上采取下列几种措施以提高桩的刚度和强度：

1. 采用刚度较大的承台座板（adoption of major rigidness pile-cap base plate）

承台座板采用较大的厚度可有效地提高桩基础的刚度。整体浇筑的大刚度承台座板能使群桩中某根桩的缺陷引起的后果分摊到相邻各桩中去，能保证群桩的整体刚度。承台座板或帽梁底部正对桩头处应设必要的钢筋网。

2. 各桩顶用联系梁或地梁相联结（connecting pile butt to connection beam or ground beam）

地梁一般在桩顶的互相垂直的两个方向设置，且应设置在桩顶，不应设于桩的侧面。其主筋应同桩头主筋相联结。在两桩之间设置横系梁，横系梁钢筋伸入桩内并浇筑在一起，使双桩能共同变形。

如果地梁或帽梁周围的土不会坍塌，其侧向土抗力可作为桩的横向抗力的一个组成部分，可分担桩的一部分横向荷载。

3. 将桩顶联结到底层地板（connecting pile butt to subfloor）

桩头及其外露的钢筋应伸入地板中并由混凝土浇筑在一起。桩和底层地板可以共同承担桩基结构的横向荷载。

4. 自由长度较大的桩以群桩为依靠（major free length pile depends on group piles）

码头前方的防撞击桩的顶部可支靠于码头面板，从而受到群桩的支持，限制桩的横向位移的发展。桩顶同码头面板之间设置减震块。

5. 用套管增强（using well casing）

桩外面设置钢套管，在桩同套管之间用压浆法将两者胶结在一起。钢套管长度一般为桩直径的四倍。钻孔灌注桩用护筒护壁施工时，亦可不拔除护筒，在浇灌混凝土时让它同桩头胶结在一起，可增强桩的刚度。

6. 设置斜桩（inclined pile setup）

群桩可设置正向斜桩或反向斜桩或正、反向斜桩对称布置以及叉桩来提高群桩刚度。当群桩在左、右和前、后两个方向都受有水平力，可在这两方向分别设置斜桩。

7. 保证桩接头刚度（assuring joint stiffness）

打入桩接头应采用可靠的刚性构造。钢管焊接接长时，焊接头应当可靠。

6.7.2 提高桩周土抗力（soil resistance around pile）

当工程设计确定了桩基础场地并通过论证确定了桩型和桩的尺度并采取提高桩或桩基础刚度和强度的措施后，还可通过地基改良以提高桩周土的抗力。桩周土愈密实，桩—土体系的承载力将愈高，变形将减少。

由于影响水平承载桩承载力及变形的主要是地面以下深度为 3~4 倍桩径范围内的土，因此改良加固的土不必达到桩的底部，仅加固到达地面以下 0~6m 的范围内即可。

据经验，桩的打入对桩周砂土的挤密影响范围在横向可达到 3~4 倍桩径处，对黏性土可达到 1 倍桩径处。故加固改良土的径向范围应大于此值。

思 考 题

6-1 单桩水平静荷载试验的目的是什么？有哪些适用范围？试验装置主要包括哪些部分？试验方法有哪些要求？试验结果包括哪些内容？根据试验成果如何确定单桩水平临界荷载和单桩水平极限承载力？

6-2 水平荷载下单桩的荷载位移曲线有何特点？分为哪三个阶段？入土深度、桩身和地基刚度对桩基水平桩受力性状有哪些影响？

6-3 水平荷载下桩距、桩长、桩径、土体模量对群桩位移场有何影响？

6-4 单桩水平受荷计算常用方法有哪几种？极限地基反力法有哪些假定？黏性土地基及砂土地基中如何用极限地基反力法计算？弹性地基反力法有哪些假定？m 法如何应用？$p-y$ 曲线法有哪些假定？各类土地基中的 $p-y$ 曲线如何确定？

6-5 群桩水平受荷计算有哪几种方法？如何计算？

6-6 单桩的水平承载力特征值如何确定？高承台和低承台群桩基础如何计算水平受力及位移？

6-7 提高桩的刚度和强度的措施有哪些？如何提高桩周土抗力？

第7章 桩基础设计

7.1 概　　述

桩基的设计既有其严肃性的一面，必须按规范保证建（构）筑的长久安全，也有其灵活性的一面，可以采用多种桩基方案比较优化设计。桩基的设计应做到安全、合理、经济、施工方便快速，并能发挥桩土体系的力学性能。桩和承台应有足够的强度、刚度和耐久性，地基应有足够的承载力，且不产生超过上部结构安全和正常使用所允许的变形。桩型的多样性决定了桩基设计的多样性，要按照不同的地质条件选择适合拟建建筑物场地环境的桩型、桩基设计方案和施工方案以保证建筑物的长久安全。

本章主要介绍了地基基础的设计总原则、桩基的设计思想、原则与内容、按变形控制的桩基设计、桩型的选择与优化、桩的平面布置、桩持力层的选择、桩长与桩径的选择、承台中桩基的承载力计算与平面布置、承台的结构设计与计算、桩基础抗震设计、特殊条件下桩基的设计原则、桩端桩侧后注浆设计、桩土复合地基设计、刚柔复合桩基设计及桩基设计程序思路简介等方面内容。

学完本章后应掌握以下内容：
(1) 地基基础的设计原则；
(2) 桩基础的设计思想与基本要求；
(3) 桩基的设计内容；
(4) 按变形控制的桩基设计方法；
(5) 桩型的选择与优化；
(6) 桩的平面布置方法；
(7) 桩持力层的选择方法；
(8) 桩长与桩径的选择方法；
(9) 桩基与承台的设计与计算；
(10) 桩基础抗震设计；
(11) 特殊条件下桩基的设计原则；
(12) 桩端桩侧后注浆设计方法；
(13) 桩土复合地基设计方法；
(14) 刚柔复合桩基设计方法；
(15) 桩基设计程序思路。

学习中应注意回答以下问题：
(1) 地基基础设计有哪些基本要求？桩基础的设计思想是什么？各类桩基的设计有哪些原则和要求？

(2) 桩基的设计包含哪些内容？如何按变形控制来进行桩基设计？

(3) 桩型选择应考虑哪些因素？如何进行桩型的优化？

(4) 影响桩基平面布置的因素有哪些？桩基平面布置有什么原则和要求？常见的桩基平面布置形式有哪些？

(5) 设计中桩持力层如何选择？

(6) 设计中桩长与桩径如何选择？

(7) 承台的设计与计算包括哪些内容？如何进行计算与校核？

(8) 如何进行桩基础抗震设计？

(9) 特殊地质条件下桩基的设计有哪些原则？

(10) 如何进行桩端桩侧后注浆设计？

(11) 复合地基如何进行设计？

(12) 刚柔复合桩基有哪些特点？如何进行设计？

(13) 桩基设计程序的思路和步骤有哪些？各步骤有哪些应注意的问题？

7.2 地基基础的设计总原则

地基基础分为浅基础和深基础，桩基础是深基础的主要形式之一，桩基础设计必须要服从地基基础设计的总原则。

7.2.1 地基基础设计的基本要求

地基基础设计包括三方面内容，即重要建筑物必须满足地基承载力要求、变形要求和稳定性要求。

地基承载力计算是每项工程都必须进行的基本设计内容。稳定性验算并不要求所有工程都需要进行。只有两种情况才需要验算建筑物的稳定性，一种是经常受水平荷载的高层建筑和高耸结构；另一种是建造在斜坡上的建筑物和构筑物。

根据地基复杂程度、建筑物规模和功能特征以及由于地基问题可能造成建筑物破坏或影响正常使用的程度，将地基基础设计分为三个设计等级，设计时应根据具体情况，按表7-1选用。

地基基础设计等级 表7-1

设计等级	建筑和地基类型
甲级	重要的工业与民用建筑物； 30层以上的高层建筑； 体型复杂，层数相差超过10层的高低层连成一体建筑物； 大面积的多层地下建筑物（如地下车库、商场、运动场等）； 对地基变形有特殊要求的建筑物； 复杂地质条件下的坡上建筑物（包括高边坡）
乙级	对原有工程影响较大的新建建筑物； 场地和地基条件复杂的一般建筑物； 位于复杂地质条件及软土地区的二层及二层以上地下室的基坑工程
丙级	场地和地基条件简单、荷载分布均匀的七层及七层以下民用建筑及一般工业建筑物； 次要的轻型建筑物

根据建筑物地基基础设计等级及长期荷载作用下地基变形对上部结构的影响程度，地基基础设计应符合下列规定：

1. 所有建筑物的地基计算均应满足承载力计算的有关规定；
2. 设计等级为甲级、乙级的建筑物，均应按地基变形设计；
3. 表 7-2 所列范围内设计等级为丙级的建筑物可不作变形验算，如有下列情况之一时，仍应作变形验算：

    1) 地基承载力特征值小于 130kPa，且体型复杂的建筑；
    2) 在基础上及其附近有地面堆载或相邻基础荷载差异较大，可能引起地基产生过大的不均匀沉降时；
    3) 软弱地基上的建筑物存在偏心荷载时；
    4) 相邻建筑距离过近，可能发生倾斜时；
    5) 地基内有厚度较大或厚薄不均的填土，其自重固结未完成时。

4. 对经常受水平荷载作用的高层建筑、高耸结构和挡土墙等，以及建造在斜坡上或边坡附近的建筑物和构筑物，尚应验算其稳定性；
5. 基坑工程应进行稳定性验算；
6. 当地下水埋藏较浅，建筑地下室或地下构筑物存在上浮问题时，尚应进行抗浮验算。

可不作地基变形计算设计等级为丙级的建筑物范围 表 7-2

地基主要受力层情况	地基承载力特征值 f_{ak}（kPa）		$60 \leqslant f_{ak} < 80$	$80 \leqslant f_{ak} < 100$	$100 \leqslant f_{ak} < 130$	$130 \leqslant f_{ak} < 160$	$160 \leqslant f_{ak} < 200$	$200 \leqslant f_{ak} < 300$
	各土层坡度（%）		$\leqslant 5$	$\leqslant 5$	$\leqslant 10$	$\leqslant 10$	$\leqslant 10$	$\leqslant 10$
建筑类型	砌体承重结构、框架结构（层数）		$\leqslant 5$	$\leqslant 5$	$\leqslant 5$	$\leqslant 6$	$\leqslant 6$	$\leqslant 7$
	单层排架结构（6m柱距） 单跨	吊车额定起重量（t）	5～10	10～15	15～20	20～30	30～50	50～100
		厂房跨度（m）	$\leqslant 12$	$\leqslant 18$	$\leqslant 24$	$\leqslant 30$	$\leqslant 30$	$\leqslant 30$
	多跨	吊车额定起重量（t）	3～5	5～10	10～15	15～20	20～30	30～75
		厂房跨度（m）	$\leqslant 12$	$\leqslant 18$	$\leqslant 24$	$\leqslant 30$	$\leqslant 30$	$\leqslant 30$
	烟囱	高度（m）	$\leqslant 30$	$\leqslant 40$	$\leqslant 50$	$\leqslant 75$		$\leqslant 100$
	水塔	高度（m）	$\leqslant 15$	$\leqslant 20$	$\leqslant 30$	$\leqslant 30$		$\leqslant 30$
		容积（m³）	$\leqslant 50$	50～100	100～200	200～300	300～500	500～1000

注：1. 地基主要受力层系指条形基础底面下深度为 $3b$（b 为基础底面宽度），独立基础下为 $1.5b$，且厚度均不小于 5m 的范围（二层以下一般的民用建筑除外）；
2. 地基主要受力层中如有承载力特征值小于 130kPa 的土层时，表中砌体承重结构的设计，应符合规范有关要求；
3. 表中砌体承重结构和框架结构均指民用建筑，对于工业建筑可按厂房高度、荷载情况折合成与其相当的民用建筑层数；
4. 表中吊车额定起重量、烟囱高度和水塔容积的数值系指最大值。

7.2.2 地基基础设计的荷载规定

地基基础设计的荷载是上部结构设计的结果，必须和上部结构设计的荷载组合与取值一致。但由于地基基础设计与上部结构设计在概念与设计方法上都有差异，在设计原则上也不统一，造成了地基基础设计荷载规定中的某些方面与上部结构设计中的习惯不完全一致，为了进行地基基础设计，在荷载计算时，必须进行3套（标准组合、基本组合和准永久组合）荷载传递的计算。荷载传递计算的结果各适用于不同的计算项目。

1. 正常使用极限状态下的计算

正常使用极限状态下，荷载效应的标准组合值应用下式表示：

$$S_k = S_{Gk} + S_{Q1k} + \psi_{c2} S_{Q2k} + \cdots\cdots + \psi_{cn} S_{Qnk} \tag{7-1}$$

式中　S_{Gk}——按永久荷载标准值 G_k 计算的荷载效应值；
　　　S_{Qik}——按可变荷载标准值 Q_{ik} 计算的荷载效应值；
　　　ψ_{ci}——可变荷载 Q 的组合值系数，按现行《建筑结构荷载规范》（GB 50009—2001）的规定取值。

荷载效应的准永久组合值 S_k 应用下式表示：

$$S_k = S_{Gk} + \psi_{q1} S_{Q1k} + \psi_{c2} S_{q2k} + \cdots\cdots + \psi_{cn} S_{qnk} \tag{7-2}$$

式中　ψ_{qi}——准永久值系数，按现行《建筑结构荷载规范》（GB 50009—2001）的规定取值。

承载能力极限状态下，由可变荷载效应控制的基本组合设计值 S，应用下式表达：

$$S = \gamma_G S_{Gk} + \gamma_{Q1} S_{Q1k} + \gamma_{Q2} \psi_{c2} S_{q2k} + \cdots\cdots + \gamma_{Qn} \psi_{cn} S_{qnk} \tag{7-3}$$

式中　γ_G——永久荷载的分项系数，按现行《建筑结构荷载规范》（GB 50009—2001）的规定取值；
　　　γ_{Qi}——第 i 个可变荷载的分项系数，按现行《建筑结构荷载规范》（GB 50009—2001）的规定取值。

对由永久荷载效应控制的基本组合，也可采用简化规则，荷载效应基本组合的设计值 S 按下式确定：

$$S = 1.35 S_k \leqslant R \tag{7-4}$$

式中　R——结构构件抗力的设计值，按有关建筑结构设计规范的规定确定；
　　　S_k——荷载效应的标准组合值。

2. 地基基础设计时，所采用的荷载效应最不利组合与相应的抗力限值应符合表7-3规定。

地基基础设计荷载规定　　　　表 7-3

计算项目	计算内容	荷载组合	抗力限值
地基承载力计算	确定基础底面积及埋深	正常使用极限状态下的标准组合	地基承载力特征值或单桩承载力特征值
地基变形计算	建筑物沉降	正常使用极限状态下的准永久组合	地基变形允许值
稳定性验算	土压力、滑坡推力、地基及斜坡的稳定性	承载力极限状态下的基本组合，但分项系数取1.0	
基础结构承载力计算	基础或承台高度、结构截面、结构内力、配筋及材料强度验算	承载力极限状态下的基本组合，采用相应的分项系数	材料强度的设计值
基础抗裂验算	基础裂缝宽度	正常使用极限状态下的标准组合	

3. 基础底面承载力计算

《建筑地基基础设计规范》（GB 50007—2002）规定基础底面的压力，应符合下式要求：

当轴心荷载作用时

$$p_k \leqslant f_a \tag{7-5}$$

式中　p_k——相应于荷载效应标准组合时，基础底面处的平均压力值；
　　　f_a——修正后的地基承载力特征值。

当偏心荷载作用时，除符合式（7-5）要求外，尚应符合下式要求：

$$p_{kmax} \leqslant 1.2 f_a \tag{7-6}$$

式中　p_{kmax}——相应于荷载效应标准组合时，基础底面边缘的最大压力值。

基础底面的压力，可按下列公式确定：

1）当轴心荷载作用时

$$p_k = \frac{F_k + G_k}{A} \tag{7-7}$$

式中　F_k——相应于荷载效应标准组合时，上部结构传至基础顶面的竖向力值；
　　　G_k——基础自重和基础上的土重；
　　　A——基础底面面积。

2）当偏心荷载作用时

$$p_{kmax} = \frac{F_k + G_k}{A} + \frac{M_k}{W} \tag{7-8}$$

$$p_{kmin} = \frac{F_k + G_k}{A} - \frac{M_k}{W} \tag{7-9}$$

式中　M_k——相应于荷载效应标准组合时，作用于基础底面的力矩值；
　　　W——基础底面的抵抗矩；
　　　p_{kmin}——相应于荷载效应标准组合时，基础底面边缘的最小压力值。

当偏心距 $e > b/6$ 时，p_{kmax} 应按下式计算：

$$p_{kmax} = \frac{2(F_k + G_k)}{3la} \tag{7-10}$$

式中　l——垂直于力矩作用方向的基础底面边长；
　　　a——合力作用点至基础底面最大压力边缘的距离；
　　　b——力矩作用方向基础底面边长；
　　　e——合力作用点至基础底面中心距离。

7.2.3　地基变形计算

1. 基本规定

建筑物的地基变形计算值，不应大于地基变形允许值。而且表 7-4 是最大允许变形量。实际设计时要控制远小于最大允许变形量。

地基变形特征可分为沉降量、沉降差、倾斜、局部倾斜。

1) 沉降量为基础中心的沉降。主要用于计算独立柱基和地基变形较均匀的排架结构柱基的沉降量，也可用于预估建筑物在施工期间和使用期间的地基变形量，以预留建筑物有关部分的净空。

2) 沉降差指两相邻独立基础沉降量的差值。主要用于计算框架结构相邻柱基的地基变形差异。

3) 倾斜是指基础倾斜方向两端点的沉降差与其距离的比值。主要用于计算大块式基础上的烟囱、水塔等高耸结构物及受偏心荷载作用或不均匀地基影响的基础整体倾斜。

4) 局部倾斜指砌体承重结构沿纵向 6～10m 范围内基础两点的沉降差与其距离的比值。主要用于计算砌体承重墙因纵向不均匀沉降引起的倾斜。

在验算地基变形时，应根据不同情况确定地基变形特征和控制值。

由于建筑地基不均匀、荷载差异很大、体型复杂等因素引起的地基变形，对于砌体承重结构应由局部倾斜控制。

对于框架结构和单层排架结构应由相邻柱基的沉降差控制。

对于多层或高层建筑和高耸结构应由倾斜值控制。

在必要情况下，需要分别预估建筑物在施工期间和使用期间的地基变形值，以便预留建筑物有关部分之间的净空，考虑连接方法和施工顺序。此时，一般建筑物在施工期间完成的沉降量，对于砂土可认为其最终沉降量已基本完成，对于低压缩黏性土可认为已完成最终沉降量的 50%～80%，对于中压缩黏性土可认为已完成 20%～50%，对于高压缩黏性土可认为已完成 5%～20%。土的压缩性可用压缩系数 a_{1-2} 或压缩模量 $E_s = \dfrac{1+e_1}{a_{1-2}}$ 来表示。

当 $a_{1-2} < 0.1 \text{MPa}^{-1}$ 时属低压缩性土，当 $0.1 \leqslant a_{1-2} < 0.5 \text{MPa}^{-1}$ 时属中压缩性土，当 $a_{1-2} \geqslant 0.5 \text{MPa}^{-1}$ 时属高压缩性土。

5) 建筑物的地基变形允许值，按表 7-4 规定采用。对表中未包括的建筑物，其地基变形允许值应根据上部结构对地基变形的适应能力和使用上的要求确定。

建筑物的地基变形允许值　　表 7-4

变形特征	地基土类别	
	中、低压缩性土	高压缩性土
砌体承重结构基础的局部倾斜	0.002	0.003
工业与民用建筑相邻柱基的沉降差		
(1) 框架结构	$0.0002l$	$0.003l$
(2) 砌体墙填充的边排柱	$0.0007l$	$0.001l$
(3) 当基础不均匀沉降时不产生附加应力的结构	$0.005l$	$0.005l$
单层排架结构（柱距为 6m）柱基的沉降量（mm）	(120)	200
桥式吊车轨面的倾斜（按不调整轨道考虑）		
纵向	0.004	
横向	0.003	

续表

变 形 特 征		地基土类别	
		中、低压缩性土	高压缩性土
多层和高层建筑的整体倾斜	$H_g \leqslant 24$	0.004	
	$24 < H_g \leqslant 60$	0.003	
	$60 < H_g \leqslant 100$	0.0025	
	$H_g > 100$	0.002	
体型简单的高层建筑基础的平均沉降量（mm）		200	
高耸结构基础的倾斜	$H_g \leqslant 20$	0.008	
	$20 < H_g \leqslant 50$	0.006	
	$50 < H_g \leqslant 100$	0.005	
	$100 < H_g \leqslant 150$	0.004	
	$150 < H_g \leqslant 200$	0.003	
	$200 < H_g \leqslant 250$	0.002	
高耸结构基础的沉降量（mm）	$H_g \leqslant 100$	400	
	$100 < H_g \leqslant 200$	300	
	$200 < H_g \leqslant 250$	200	

注：1. 本表数值为建筑物地基实际最终变形允许值；
2. 有括号者仅适用于中压缩性土；
3. l 为相邻柱基的中心距离（mm）。

必须注意表中变形值为建筑物和构筑物的最大允许变形值，实际设计中建筑物和构筑物的控制沉降量应小于上表中数值。如果建筑物实际沉降量达 200mm，那么地下自来水管、排污水管、各种电线有可能破坏从而严重影响建筑物正常使用。因此，通常设计中竣工沉降量控制在 50mm 之内。

2. 地基变形的计算

地基变形计算是由土的压缩性决定的，计算的常用方法是分层总和法，主要计算参数为土层的压缩模量和压缩层厚度及上部荷载，见本书第 4 章。影响土体压缩性因素很多。

土在外荷载作用下产生变形主要有以下一些原因：

1）土颗粒在受力后发生错动或土颗粒的集合体之间发生滑动；
2）土颗粒或颗粒集合体被压碎；
3）土颗粒之间孔隙中的自由水和空气被挤出；
4）土颗粒的薄膜水或结合水（束缚水）产生移动或被挤出，封闭的孔隙气体被压缩；
5）土颗粒产生弹性变形。

其中 1）、2）、3）项产生的变形是主要的，它是由于土体中的孔隙体积减小而形成的。可以通过对土体受力后其孔隙比的变化来表征土的压缩性。孔隙中水的挤出和土颗粒的移动都需要经过一定时间后才能完成，这就是土的压缩（地基沉降）需要一定时间才能完全稳定的主要原因。设计时要详细研究地质报告提供的岩土物理力学参数，对压缩模量的取值和变形计算深度要仔细核定。

7.3 桩基础的设计思想、原则与内容

7.3.1 桩基础的设计思想与基本要求

在土木建筑工程中,当浅基础不能满足建筑物或构筑物的承载力、变形和稳定性要求时就要采用深基础。桩基是常用的深基础。桩基的用途和类型有很多,对任一用途或类型的桩基,设计时都必须满足三方面要求:其一是桩基必须是长期安全适用的;其二是桩基设计必须是合理且经济的;其三是桩基设计必须考虑施工上的方便快速。此三方面要求同等重要,相互制约。因此,桩基设计的指导思想(design concepts of pile foundation)可以概括为在确保长久安全的前提下,充分发挥桩土体系力学性能,做到既经济合理,又施工方便、快速、环保。要求设计施工人员依据规范又不僵硬地使用规范,从桩基工程的基本原理出发,考虑上部结构荷载、地质条件、施工技术、经济条件来正确地设计施工桩基础,目的是保证建(构)筑物的长久运行安全。

桩基设计的安全性要求包括两个方面:一是桩基与地基土相互之间的作用是稳定的且变形满足设计要求;二是桩基自身的结构强度满足要求。前者要求桩基在设计荷载作用下具有足够的承载力,同时保证桩基不产生过量的变形和不均匀变形,后者要求桩基结构内力必须在桩身材料强度容许范围以内。为保证建筑物的长久安全性,桩基础必须有一定的安全储备。《建筑地基基础设计规范》中规定单桩竖向承载力特征值取单桩竖向极限承载力的一半,即安全系数为 2,以满足长期荷载和不可预见荷载对桩基础的长久安全要求。

桩基设计的合理性要求桩的持力层、桩型、桩的几何尺寸及自身参数和桩的布置尽可能地发挥桩基承载能力。按受力确定桩身材料强度等级和配筋率,无论是整体还是局部,既满足构造要求,又不过量配置材料;设计结果施工可行;设计结果符合建(构)筑物的使用功能。

桩基设计的经济性要求是指桩基设计中要通过运用先进技术和手段,充分把握桩基特性,通过多方案的比较,寻求最佳设计方案,最大限度地发挥桩基的性能,力求使设计的桩基造价最低,又能确保长久安全。

7.3.2 各类桩基的设计原则

任何建筑物的桩基设计都必须满足上面的基本要求,另外,不同的桩基还有着各自的一些特点,设计时应加以考虑,见表 7-5。

各类桩基的设计特点　　　　　　表 7-5

桩基类型	设计中应注意的问题
建筑物桩基	①首先群桩竖向承载力要满足上部结构荷载要求,桩基础的沉降量要满足变形要求; ②桩基设计中可考虑承台底土的反作用力,即"桩土共同作用",以节省工程造价; ③考虑边载作用对桩产生的力矩和负摩阻力; ④考虑特殊情况对桩产生的上拔力; ⑤考虑桩的负摩阻力作用; ⑥基坑开挖对桩的水平推力

续表

桩基类型	设计中应注意的问题
桥梁桩基	①首先群桩竖向承载力要满足上部结构荷载要求，桩基础的沉降量要满足变形要求； ②由于桥桩荷载多种多样，应充分考虑其最不利组合； ③考虑桥桩拉力作用以及桥墩（台）桩的水平荷载； ④考虑路堤的边载使桩受到负摩擦力和弯矩的作用； ⑤考虑浮托力与水流冲刷作用
港工桩基	①首先群桩竖向承载力要满足上部结构荷载要求，桩基础的沉降量要满足变形要求； ②考虑桩型要有足够的刚度和耐久性； ③考虑坡岸稳定性对桩的影响； ④考虑码头大量堆载对桩产生的负摩阻力； ⑤考虑高桩码头的群桩效应； ⑥考虑水的托浮、倾覆力矩等对桩产生的上拔力

7.3.3 桩基的设计内容

桩基设计，一般包括如下项目：
1）认真核算上部结构对基础的荷载能力要求和变形要求；
2）分析地质报告内容；
3）桩型选择及方案对比；
4）设计对所选桩型施工可行性的全面考虑；
5）桩持力层的选择；
6）桩长与桩径的选择；
7）桩的平面布置；
8）承台的设计与计算；
9）桩基沉降计算分析；
10）基桩施工对周边环境影响的评估；
11）基坑开挖对周边建筑物影响的安全性评价；
12）设计对所选桩型安全性、合理性、经济性的全面考量。

另外，为了做出高水平的桩基设计，设计前还应进行必要的基本情况调查，认真选定适用的、简便可行而又可靠的设计方法，认真测定和选用有代表性的而且可靠的原始参数；确定桩的设计承载力时应考虑不同结构物的容许沉降量；设计桩基时应遵循和执行有关规范的规定，如《建筑桩基技术规范》、《建筑地基基础设计规范》中关于桩基的部分等。

7.3.4 规范对桩基设计计算、验算内容的要求

1. 建筑桩基安全等级

根据桩基损坏造成建筑物的破坏后果（危及人的生命、造成经济损失、产生社会影响）的严重性，桩基设计时应根据表 7-6 选定适当的安全等级。

建筑桩基安全等级　　　　表 7-6

安全等级	破坏后果	建 筑 物 类 型
一级	很严重	重要的工业与民用建筑物，对桩基变形有特殊要求的工业建筑
二级	严重	一般的工业与民用建筑物
三级	不严重	次要的建筑物

2. 桩基的极限状态

桩基的极限状态分为下列两类：

承载力极限状态：对应于桩基达到最大承载能力或整体失稳或发生不适于继续承载的变形；

正常使用极限状态：对应于桩基达到建筑物正常使用所规定的变形限值或达到耐久性要求的某项限值。

3. 桩基设计时需进行的承载能力计算

所有桩基均应进行承载能力极限状态的计算，主要包括：

1）桩基的竖向承载力计算（抗压和抗拔），当主要承受水平荷载时应进行水平承载力计算；

2）对桩身及承台承载力进行计算；

3）当桩端平面以下有软弱下卧层时，应验算软弱下卧层的承载力；

4）对位于坡地、岸边的桩基应验算整体稳定性；

5）按《建筑抗震设计规范》的规定，需进行抗震验算的桩基，应作桩基的抗震承载力验算；

6）承载力计算时，应采用荷载作用效应的基本组合和地震作用效应组合。荷载及抗震作用应采用设计值。

4. 建筑桩基的变形验算

建筑桩基应验算变形如下：

1）桩端持力层为软弱土的一、二级建筑桩基以及桩端持力层为黏性土，粉土或存在软弱下卧层的一级建筑桩基，应验算沉降；并宜考虑上部机构与基础的共同作用；

2）受水平荷载较大或对水平变位要求严格的一级建筑桩基应验算水平变形；

3）沉降计算时应采用荷载的长期效应组合，荷载应采用标准值；水平变形、抗裂、裂缝宽度计算时，根据使用要求和裂缝控制等级应分别采用荷载作用效应的短期效应组合或短期效应组合考虑长期荷载的影响。

建于黏性土、粉土上的一级建筑桩基及软土地区的一、二级建筑桩基，在其施工过程及建成后使用期间，必须进行系统的沉降观测直至沉降稳定。

7.4 按变形控制的桩基设计

7.4.1 按变形控制的桩基设计理念

按变形控制的桩基设计理念，是指桩基设计时在保证长久安全和满足使用功能的前提下，控制一定的允许沉降量来协调同一建筑中不同荷载要求的变形，同时考虑桩、土、承台的共同作用，现在流行的概念设计就是这个思路。这里必须要注意建筑地基规范的变形允许值（表 7-4）是指房屋长期使用的最大和最终沉降值，而不是设计时控制变形的值。设计时房屋竣工的变形控制值建议控制在 50mm 以内，这样既满足建筑物的使用功能不使建筑物基础与周边地下管线脱开，又能做到建筑物内部不同荷载桩基础变形协调。

7.4.2 主楼与裙楼一体的桩基设计

主楼建筑往往较高，相对单位荷载较大；裙楼建筑往往较低，相对单位荷载较小。而主裙楼一体建筑往往设置有统一的地下室，地下室使用功能一般为地下车库、消防水池、电梯井等，现代设计主裙楼一般要求不设沉降缝，所以要求主裙楼建筑沉降要一致，因此在桩基设计时要考虑主裙楼桩基础的变形协调。通常设计时主裙楼桩基的桩端持力层放在同一层上，而主楼桩基由于上部荷载大采用大直径群桩基础，而裙楼桩基由于上部荷载小采用直径相对小一些的单桩或双桩基础。主楼与裙楼之间地下基础可以是一体的（但承台和基础梁板的厚度可以不一样）并通过后浇带来协调变形，特别要注意在主裙楼上部荷载变化应力叠加处会造成基础内力不均匀从而导致沉降不均匀。总之，主裙楼一体建筑在设计时要考虑两者的基础沉降基本均匀。

7.4.3 长短桩组合时的变刚度调平设计

天然地基和均匀布桩的初始竖向支承刚度是均匀分布的，设置于其上的有限刚度的基础（承台）受均布荷载作用时，由于土与土、桩与桩、土与桩的相互作用导致地基或桩群的竖向支承刚度分布发生内弱外强变化，沉降变形出现内大外小的碟形分布，基底反力出现内小外大的马鞍形分布。

当上部结构为荷载与刚度内大外小的框筒结构时，碟形沉降会更趋明显。为避免上述负面效应，突破传统设计理念，通过调整地基或基桩的竖向支承刚度分布，促使差异沉降减到最小，基础或承台内力显著降低。这就是变刚度调平概念设计的内涵（图7-1）。

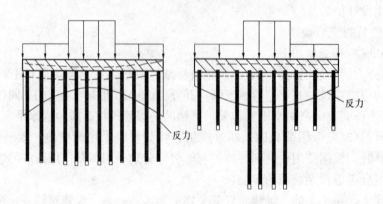

图7-1 均匀布桩与变刚度布桩的变形与反力示意

1. 局部增强

在采用天然地基时突破纯天然地基的传统观念，对荷载集度高的区域如核心筒等实施局部增强处理，包括采用局部桩基与局部刚性桩复合地基（如图7-2a）所示。

2. 桩基变刚度

当整体采用桩基时对于框筒、框剪结构，采用变桩距、变桩径、变桩长（多层持力层）布桩，如图7-2（b）、（c）、（d）所示。对于荷载集度高的内部桩群除考虑荷载因素外，尚应考虑相互作用影响予以增强；对于外围区应适当弱化，按复合桩基设计。

3. 主裙连体变刚度

对于主裙连体建筑，基础应按增强主体（采用桩基）、弱化裙房（采用天然地基、疏短桩、复合地基）的原则设计。

4. 上部结构—基础—地基（桩土）共同工作分析

在概念设计的基础上，进行上部结构—基础—地基（桩土）共同工作分析计算，进一

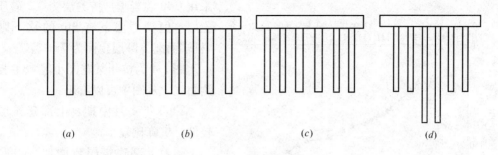

图 7-2 变刚度布桩模式
(a) 局部增强；(b) 变桩距；(c) 变桩径；(d) 变桩长

步优化布桩，并确定承台内力与配筋。

5. 必须要注意变刚度调平设计的目的是希望同一建筑物内不同荷载部位的基础沉降均匀。但在长短桩布桩时如果短桩的持力层很差，长桩的持力层很好，就会造成基础沉降不均匀。特别是在长短桩变化处，由于上部结构荷载变化造成基础交汇处应力叠加导致基础内力不均匀，从而产生基础沉降不均匀。所以变刚度调平设计是有条件的，适合于长短桩桩端持力层均较好的地层，也就是说一般适用于北方土质较好的地层中。对于短桩桩端持力层较差时应慎用。

7.4.4 考虑花园覆土、降水等附加荷载时的桩基设计

随着生态意识的提高，在城市建设时，有越来越多的绿化面积采用人工地面覆土植被，尤其是很多住宅小区大量采用花园覆土。地下基础顶面的绿化覆土与在自然土层上绿化种植不同，对地下结构影响较大，将会引起可观的地基附加应力，同时对桩基础带来负摩阻力。而现在很多住宅小区又大量采用了大面积地下车库，如果设计时不考虑花园覆土带来的附加荷载和负摩阻力，就有可能导致基础的整体过大沉降和不均匀沉降，如图 7-3 所示。对于桩基持力层下存在软弱下卧层时，更应认真考虑花园覆土带来的附加荷载和负摩阻力对桩基础沉降的影响，应在设计验算下卧层的变形时考虑花园覆土的附加荷载影响。

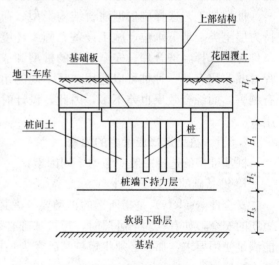

图 7-3 存在软弱下卧层的群桩基础

现代很多小区往往有很多幢不同高度的建筑，且一般设计有不同的地下室并分期施工。在地下室基坑开挖时又往往需要降水。当邻近后来建造的建筑基坑开挖降水水位下降时，会对小区内已建建筑的地下室桩基础带来负摩阻力，所以在设计计算桩基础沉降时要考虑地下降水水位下降附加荷载的影响。

杭州某花园小区 18♯楼为 10 层，建筑面积 4508m²，框架结构，平面尺寸为 37.6m×12m，基础设计采用预应力管桩，共布桩 95 根，有效桩长 13m，桩径 ϕ500，桩身

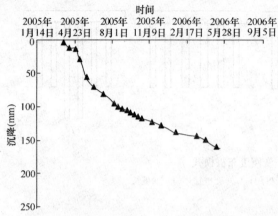

图 7-4 杭州某花园小区 18#楼沉降理论实测值

采用 C60 混凝土，持力层为 3-2 砂质粉土层。但持力层下有 9m 的软下卧层（桩端面离下卧层顶面为 7m）。

图 7-4 为杭州某花园小区 18#楼实测曲线，从图中可以看出：

2005 年 4 月中期，上部建筑层数较低，沉降比较小；

随着上部建筑层数增加，2005 年 5~8 月这期间沉降陡然增大，软弱下卧层是沉降的主要来源；

2005 年 8 月以后，由于基础周围花园覆土的回填，导致了沉降的继续增大，这就是由于花园覆土产生的附加应力引起的，同时也可以发现它对沉降的贡献还是比较大的，占总沉降的比例接近 20%左右。

7.5 桩型的选择与优化

在现代的桩基工程实践中，开发了大量的各式各样的桩型，而且一些新的桩型还在不断地涌现。对于某一项具体的工程来说，桩型选择是一个需要慎重对待的问题。桩基设计应该尽可能选用技术性能更好、经济效益更高以及更适合现有施工条件的桩型。

桩型与工艺选择应根据建筑结构类型、荷载性质、桩的使用功能、穿越土层、桩端持力层土类、地下水位、施工设备、施工环境、施工队伍水平和经验以及制桩材料供应条件等，选择经济合理、安全适用的桩型和成桩工艺。不过，严格地说，对于某一个工程，并非只有某一种桩可以选用，从不同的角度或要求来看，可能同时有两三种桩型各有利弊，而综合效果也差不多，因此，设计时应当遵循一定的选择原则来考虑桩型的选用。

7.5.1 桩型选择应考虑的因素

桩基桩型的选择一般应考虑下列因素：

1. 桩基础的长久安全性

安全性（safety）是指所选的桩型要考虑必须保证建筑物长久安全，不能只考虑满足短期的安全，如有软弱下卧层时，短桩基础必须验算下卧层的变形，如经验算长期变形不能满足使用要求，那么必须将短桩基础变为长桩基础（桩端穿过软弱下卧层到下部坚硬的持力层）。

2. 建筑物类型、上部结构特点、荷载大小、对变形的要求等

选择桩型必须考虑所设计建筑物类型（types of building）、上部结构特点（character of upper structure）、荷载大小（magnitude of loading）、对变形的要求（requirement of deformation）等因素，例如若桩的承载力较小，以致桩的数量过多，间距过密，则将会引起"桩的饱和"，此时便应考虑改用大承载力的大直径桩等桩型。对于路堤、码头等承受循环或冲击荷载的构（筑）物，可考虑采用钢桩，因钢桩具有良好的吸收能量的特性。

对于承受风力或地震作用较大的高层建筑等情况，则需采用具有承受水平力和弯矩能力较强的桩型。通常大荷载的高层建筑一般采用人工挖孔桩、大直径钻孔灌注桩、大口径预应力管桩；小高层建筑采用小直径钻孔桩和预应力管桩；多层建筑采用沉管灌注桩和小口径预应力管桩。

3. 地质条件

地质条件（geological conditions）是桩型选择要考虑的一个很重要的因素，桩型的选择要求所选定桩型在该地质条件下是安全的，能符合桩基设计对于桩承载力和沉降的要求。符合这样的要求的桩型可能不只是一种，这就要加上其他条件的限制。桩基设计中的地质问题是一个十分复杂的问题，如一般对于基岩或密实卵砾石层埋藏不深的情况，通常首先考虑端承桩，并选用大直径、高强度的嵌岩桩，并由桩身材料强度控制桩承载力；而当基岩埋藏很深时，则只能考虑摩擦型桩或摩擦端承桩，但为了避免上部建筑物产生过大的沉降，应使桩端支承于具有足够厚度的性能良好的持力层。

4. 桩土体系的力学性能

进行桩型的选择时，要考虑不同桩型的桩土体系的力学性能（mechanical properties of pile-soil system）的发挥特点，即找出不同桩型、不同桩长、不同桩径桩在本地质条件下侧阻端阻的最佳发挥性能的桩。如对于大直径超长灌注桩，应考虑其侧摩阻力软化对桩基础承载力的影响。

5. 施工条件

任何一种桩型施工都必须运用专门的施工机械设备和依靠特定的工艺才能实现。因此，在地质条件和环境条件一定的情况下，所选桩型是否能利用现有设备与技术达到预定的目标，以及现场环境是否允许该施工工艺顺利实施，都必须在选型中一一考虑。鉴于建筑物的重要性，通常首选当地比较常用的、施工与设计经验都比较成熟的桩型，如钻孔桩、预应力管桩、沉管灌注桩。

另外，桩基施工可能对周围建（构）筑物及地下设施造成扰动或危害，如打桩引起的振动、挤土等。挤土桩施工将会引起地面隆起和侧移，尤其是在密实的细粒砂质粉土和黏性土的场地，从而影响邻近建筑物和先前已打设的桩，此时采用置换桩将可减轻此类影响。如由于某些特殊原因而必须采用挤土桩时，那么必须采取预钻孔取土等相应的措施防止土体隆起和侧移。又如当采用钻孔桩时，必须对施工所产生的泥浆废液或污水妥善处理，以免污染环境。

6. 经济条件

桩型的最后选定还要看技术经济综合分析，即考虑包括桩的荷载试验在内总造价和整个工程的综合经济效益及施工方便性。为此，应对所选桩型和设计方案进行全面的技术经济分析加以论证，并同时顾及环境效益和社会效益。此外，还要考虑工期问题，延误工期是要罚款的，时间就是金钱。所以，对于桩型选择来讲，承包商的经济条件（economic conditions）及工期要求也是一个重要的因素。

7. 环境条件

环境条件（environment conditions）对桩型选择也有一定的影响和约束，现场环境是否允许所选桩型的施工工艺顺利实施，桩基施工是否会对邻近建筑物导致不良环境效应以及这些效应是否为有关法规所容许，这些问题都必须要慎重考虑。

7.5.2 桩型选择的优化

在具体进行桩的选型时，要根据上部结构的荷载特点和地质条件、环境条件、施工条件来合理选择桩型。可以初步选定 2~3 个桩型，如选钻孔桩、预应力管桩或沉管灌注桩编制初步设计方案，并进行方案的综合技术经济安全对比，优选出初步设计桩型方案。同时与各方讨论商定最终方案。

最后选定的桩型其单桩和群桩的极限强度和安全系数都应当满足规范要求。群桩的最终沉降量和最大差异沉降应首先满足甲方使用要求且必须满足《建筑地基基础设计规范》规定的容许变形量。同时，对于主楼、裙楼、地下室一体的建筑，所选桩型必须满足变形协调的要求。

规范规定对于同一建筑物，原则上宜采用同种桩型。对于有可能产生液化的砂土层，不应采用锤击式、振动式现场灌注的混凝土桩型。对于软土要考虑打桩挤土效应。

一般最终选择的桩型设计参数是经过桩基静载试验检验最终确定可行的优化方案。

7.6 桩的平面布置

桩型选定以后，即可考虑桩的平面布置问题。为了取得较好的技术上和经济上的效益，必须对荷载条件、选用的桩型、地质条件以及建筑物底层的柱距等有关因素进行综合的考虑。

7.6.1 影响桩基平面布置的因素

1. 地质条件

在满足荷载条件和规范要求的前提下，桩的布置也要适当考虑地质条件的制约。例如，在黏土地基中布桩，一般需要采用比较大的桩距，以减小地表土的隆起；当桩端持力层为倾斜的基岩或土层中含有漂石时，桩距也应取大值。如果采用预先挖孔或钻孔的办法，桩距可减小。在松砂和砂质淤泥层中，小桩距反而因能挤密桩周土，致使对具有负摩擦力的桩基产生有利的作用，故宜将桩距予以适当减小。

2. 桩型条件

考虑桩距问题，主要是尽量避免地基土中应力重叠所产生的不利影响（过大沉降或剪切破坏），但过分加大桩距，将导致由于承台加大加厚而带来的造价提高，对水下基础而言，还会带来许多不利于施工的技术问题。

众所周知，不同桩型对应力重叠不利影响是不同的，例如端承型群桩由于通过桩侧摩阻力传递到土层中的应力很小，因此桩群中各桩的相互影响较小，应力重叠只发生于持力层的深部，因而可以考虑较小的桩距。

3. 施工条件

在有些情况下，施工条件也会对桩的布置有影响，例如，当采用地下室逆作法施工时，要求桩的布置必须为一柱一桩，此时桩的中心距已为柱距所限定。又如，地下埋设物（地下管道、电缆等）的情况与桩的布置亦有关，当地下埋设物确实影响桩基施工而又不可能拆除时，布桩时必须考虑或在施工时将设计桩位移位。

4. 功能条件

桩的使用功能对桩的布置很有影响，桩的布置要使得预期的桩基功能能够充分地发挥。例如，作为深基坑开挖支护结构的围护桩，其布置形式与桩距与一般的桩基础的布置明显不同。围护桩为了发挥防渗和支挡的双重作用，一般采用小桩距和纵向排列的桩墙形式。

5. 几何条件

桩的布置还应满足最小间距的要求。桩的最小间距在很大的程度上取决于桩的直径和桩的长度。

6. 其他方面的考虑

桩的布置问题是空间性的，除了考虑桩距外，还要考虑群桩的排列形式、桩的结构形式、埋设深度以及持力层的确定等。除此以外，设计中采用的设计理论也在一定的程度上影响着布桩的最终结果。

7.6.2 规范对桩基布置的要求

桩的布置应符合有关规范的要求，《建筑桩基技术规范》对桩的布置作了如下的规定：

1. 桩的中心距

桩的最小中心距应符合表 7-7 的规定。对于大面积桩群，尤其是挤土桩，桩的最小中心距宜按表列值适当加大。

桩的最小中心距　　　　　　　表 7-7

土类与成桩工艺		排数不少于 3 排且桩数不少于 9 根的摩擦型桩基	其他情况
非挤土灌注桩		3.0d	3.0d
部分挤土桩	非饱和土、饱和非黏性土	3.5d	3.0d
	饱和黏性土	4.0d	3.5d
挤土桩	非饱和土、饱和非黏性土	4.0d	3.5d
	饱和黏性土	4.5d	4.0d
钻、挖孔扩底桩		2D 或 $D+2.0$m（当 $D>2$m）	1.5D 或 $D+1.5$m（当 $D>2$m）
沉管夯扩、钻孔挤扩桩	非饱和土、饱和非黏性土	2.2D 且 4.0d	2.0D 且 3.5d
	饱和黏性土	2.5D 且 4.5d	2.2D 且 4.0d

注：1 d——圆桩设计直径或方桩设计边长；D——扩大端设计直径。
  2 当纵横向桩距不相等时，其最小中心距应满足"其他情况"一栏的规定。
  3 当为端承桩时，非挤土灌注桩的"其他情况"一栏可减小至 2.5d。

2. 基桩排列时，桩群反力的合力点与荷载重心宜重合，并使桩基受水平力和力矩较大方向有较大的刚度。

3. 对于桩箱基础，宜将桩布置于墙下；对于带梁（肋）桩筏基础，宜将桩布置于梁（肋）下；对于大直径桩宜采用一柱一桩。

4. 同一结构单元宜避免采用不同类型的桩。同一基础相邻桩的桩底标高差，对于非嵌岩端承型桩，不宜超过相邻桩的中心距。对于摩擦型桩，在相同土层中不宜超过桩长的 1/10。

5. 一般应选择较硬土层作为桩端持力层。桩端全断面进入持力层的深度，对于黏性土、粉土不宜小于 2d；砂土不宜小于 1.5d；碎石类土，不宜小于 1d。当存在软弱下卧层时，桩端到软下卧层顶板的距离不宜小于 3d，并应进行下卧层变形验算。

当硬持力层较厚且施工条件许可时，桩端全断面进入持力层的深度宜达到桩端阻力的临界深度。

7.6.3 常见的桩基平面布置形式

总的来说，桩的布置要和基础底面及作用于基础上的荷载分布相适应，不同的基础下，桩的布置就各有不同，桩的布置要尽可能使群桩的形心与长期作用的荷载的重心在一根垂线上，这样可使上部结构对倾覆的抵抗有更好的稳定性和较小的沉降差，如当荷载有可能引起较大的弯矩时，就应把较多的桩布置在较大弯矩的一侧以使群桩有更大的抗弯能力。同时如基底面积许可，把桩排得疏一些也可使桩基具有较大的抗弯刚度和稳定性。电梯井一般应布置群桩承台，剪力墙则必须要在墙下布条形群桩。

桩的布置也要考虑到沉桩的施工实效，要使桩正确地下沉在施工平面图所示的位置，或要求各桩完全在指定垂线上，这往往都是办不到的事，所以桩基设计时，就应考虑到桩的位置虽略有变动但不致造成大碍的打算，例如一个不大的柱下基础可以使用两根桩时，由于考虑到桩的定位，垂度在实际施工中可能会有误差，就不如改用三根桩，这样各桩略有偏差，影响就较小，又如墙基下用单排桩就不如用双排桩好。

1. 承台下常见的布桩形式（planar arrangement of pile foundation in rectangular caps）（图 7-5）

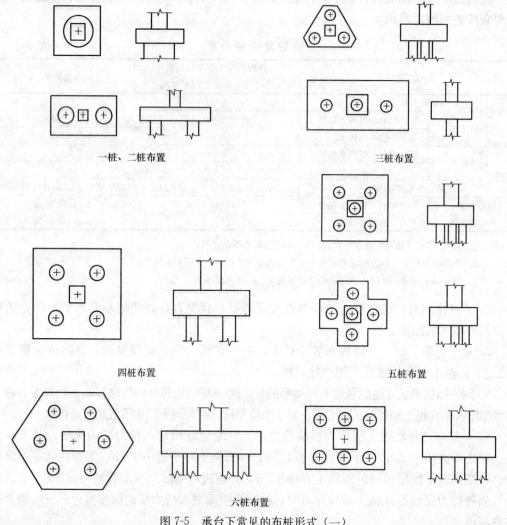

图 7-5 承台下常见的布桩形式（一）

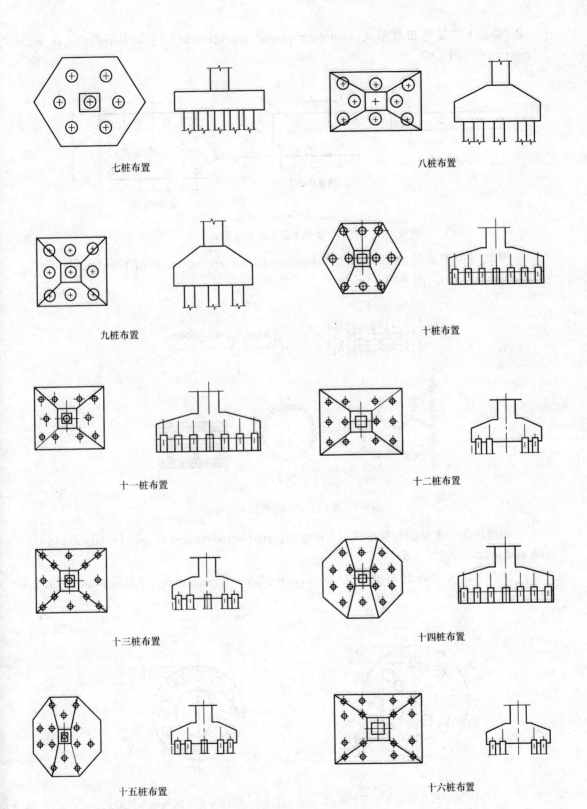

图 7-5 承台下常见的布桩形式（二）

301

2. 墙基下常见的布桩形式（common planar arrangement of pile foundation in wall foundations）（图 7-6）

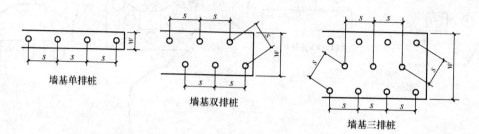

图 7-6 墙基下常见的布桩形式

3. 基坑围护中常见的布桩形式（common planar arrangement of pile foundation in support structures）（图 7-7）

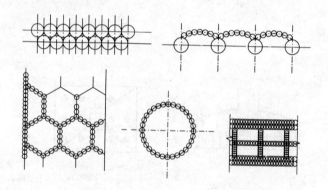

图 7-7 基坑围护中常见的布桩形式

4. 油罐粮仓等常见的布桩形式（common planar arrangement of pile foundation in oil tank and granary）（图 7-8）

5. 烟囱等常见的环形布桩形式（common planar arrangement of pile foundation in chimney）（图 7-9）

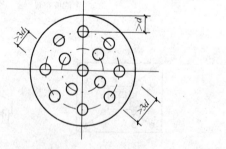
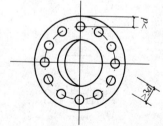

图 7-8 油罐粮仓等常见的布桩形式　　图 7-9 烟囱等常见的环形布桩形式

6. 桩平面布置实例（图 7-10）

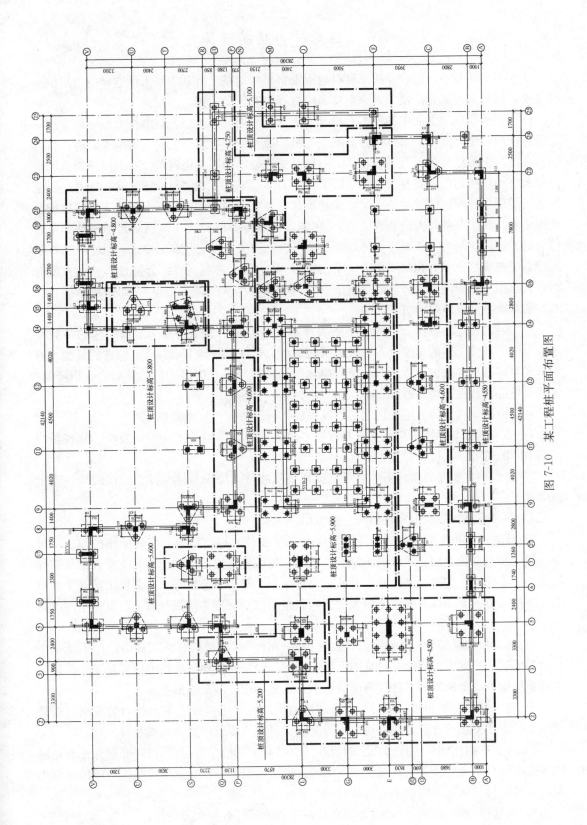

图 7-10 某工程桩平面布置图

7.7 桩基持力层的选择

在本书2.8节中，已经介绍了针对地质勘察报告对挤土桩和非挤土桩选择持力层的一些要求，这里从桩基设计出发，介绍持力层选择应遵循的原则。

持力层是指地层剖面中某一能对桩起主要支承作用的岩土层。桩端持力层一般要有一定的强度与厚度，能使上部结构的荷载通过桩传递到该硬持力层上且变形量小。所以持力层的选择与上部结构的荷载密切相关。一般对荷载较小的如6层建筑，持力层只要选用地层剖面中浅层持力层且满足沉降要求就可以。对于荷载较大的如18层建筑，持力层要选在地层剖面中较深部的较硬持力层以满足承载力要求，同时桩持力层下无软下卧层以满足变形要求。对于荷载很大的如30层高层建筑，桩端持力层要选在地层剖面中深部的坚硬持力层如中风化基岩（或厚度大的卵砾层实行桩底注浆）以满足变形要求。总之，选择桩端持力层要满足承载力和沉降要求（安全性），其次要考虑经济性、合理性、施工方便等因素。原则上在相同的经济性时尽可能不用纯摩擦桩型（即无持力层），而选择摩擦端承型、端承摩擦型或纯端承桩。

持力层的选定是桩基设计的一个重要环节。持力层的选用决定于上部结构的荷载要求、场地内各硬土层的深度分布、各土层的物理力学性质、地下水性质、拟选的桩型及施工方式、桩基尺寸及桩身强度等。持力层选择是否得当，直接影响桩的承载力、沉降量、桩基工程造价和施工难易程度。

一般地说，对于持力层的选定，可以提供下列一些应当遵循的原则：

1) 必须根据上部结构荷载要求和沉降要求来选择桩端持力层。不同高度的建筑物应选择不同的持力层，桩长桩径也不同。

2) 在经济性相同的条件下，尽可能选择坚硬的持力层作为桩端持力层以减少桩基础沉降量。

3) 同一建筑物原则上宜选用同一持力层。

4) 软土中的桩基宜选择中低压缩层作为桩基的持力层。对于上部有液化的地层，桩基一般应穿过液化土层。对于黄土湿陷性地层，桩端应穿过湿陷性土层而支承在低压缩性的黏性土、粉土、中密和密实砂土及碎石类土层中。对于季节性冻土和膨胀土地基中的桩基，桩端应进入冻深线或膨胀土的大气影响急剧层以下深度4倍桩径以上，且最小深度应大于1.5m。

5) 桩端持力层的地基承载力应能保证满足设计要求的单桩竖向承载力。如果地基中有软弱土层，原则上桩端应穿过软弱下卧层到下部较坚硬的地层作持力层。对于小荷载多层建筑桩端平面距离软弱下卧层顶面应不小于临界厚度以满足变形要求。

6) 对于地下地层为倾斜地层时，桩端持力层的选择不但要满足承载力的要求，而且要满足稳定性要求，此时桩端入持力层深度应满足规范要求以防止桩端滑移。

7) 对于基础作用在桩持力层上的荷载（总荷载中的桩端分担部分），必须保证有足够的安全度并且不会产生过大沉降量和不均匀沉降。在验算群桩基础的桩基持力层的承载力时，应考虑等代墩基的应力扩散角。

8) 在选择桩端持力层时，要考虑所选桩基的施工可行性和方便性。

9）在选择桩端持力层时，要考虑打桩对桩端持力层的扰动影响。在必要的情况下，可以考虑对持力层进行注浆加固。

10）在选择桩端持力层时要考虑打桩对周边建筑物管线等环境的影响。

11）在根据地质资料桩端持力层不能确定的情况下，可以通过对不同桩长持力层进行单桩静载试验对比的办法来最终确定合理的桩基持力层。

持力层的好坏密切关系建筑物的稳定与安全，并影响基础工程的造价，因此应对上述各项原则充分考虑后合理的确定，详细了解区内各剖面的地质情况，提供持力层等高线图。

在桩基工程实践中，通常选用的持力层多为中密以上的非液化砂层、硬塑残积土层、较硬的黏性土层或卵砾石层，以至基岩。根据6000多根试桩的统计结果，不同桩径的桩的入持力层的平均深度$\bar{h}$为：

黏土及粉土中：$\bar{h}=2.5\sim3.5m$；粉砂中：$\bar{h}=3.0\sim5.0m$；砂砾卵石层：$\bar{h}=1.5\sim2.5m$；强风化基岩中：$\bar{h}=1.5\sim2.5m$；中风化基岩中：$\bar{h}=1.0\sim1.5m$；微风化基岩中：$\bar{h}=0.5\sim1.5m$。

此值可作为设计人员控制参考，当然对于不同的荷载要求，不同的地质条件要具体问题具体分析，灵活掌握。

7.8 桩长与桩径的选择

确定桩径与桩长是个较为复杂的问题，它受到不少具体条件的制约，一般说来，桩径与桩长要受到下列各种因素的影响：桩的荷载特性（大小，作用方向，动力还是静力），桩打入地下地层的土力学特性（土层在深度方向的分布情况，各层土的物理力学特性，地下水的性质以及有无地下障碍物等），打桩方式，桩的类型与桩材等。因此在工程实践中，选用桩径与桩长要在遵守规范的前提下充分发挥桩土体系的力学性能，结合设计人员的工程经验，经过分析比较来选定最优的桩径与桩长。

在实际工作中，桩径与桩长的选用，通常是由设计人员根据自己所掌握的地质资料、荷载特点和周边成功的工程类比及选定桩型的特点，凭经验先对拟选用的桩长与桩径进行计算，然后根据甲方、施工方等各方意见来平面布桩，反复修改验算再来具体确定。

7.8.1 桩长的选择

对桩长的确定应综合考虑各种有关的因素。当然，在大多数情况下难以做到面面俱到，在桩基设计中，只能照顾和控制主要的影响因素，力求做到既满足使用要求、又能最有效地利用和发挥地基土和桩身的承载能力，既符合成桩技术的现实水平，又能满足工期要求和降低桩基造价。

在确定桩长时对各有关因素的考虑，大致可概括为如下几个方面：

1. 荷载条件

上部结构传递给桩基的荷载大小是控制单桩设计承载力因而也是控制桩长的主要因素。在给定的地质条件下，确定选用桩型和桩径后，桩长也就初步确定，因为一定的桩长才能提供足够的桩侧摩阻力和端阻力，以满足设计对单桩承载力的要求。一般直接根据规范方法确定，需要强调的是在欠固结的松散填土中，负摩擦力会引起下曳荷载，因而负摩擦力也是确定桩长的主要因素。

2. 地质条件

主要是良好持力层的埋深与地层层次排列的影响。在桩型确定以后，根据土层的竖向分布特征，大体可以选定桩端持力层，从而初步确定桩长。但地层层次的排列情况也是决定桩长的重要因素，在现实的施工技术条件下，桩的最大可能的打入深度或埋设深度以及沉降量都与地层层次的排列有密切关系。例如，对于地基浅处有砂砾层而深处有硬黏土层的情况，要权衡的是采用设置桩端于砂砾层的短桩有利，还是采用抵达硬黏土层中的长桩有利。又如，在地基为深厚（厚度为60m左右）饱和软黏土且底层为砂层的情况下，当采用天然地基及软土加固方案均不可行时，只有采用超长桩方案，将高层建筑的荷载传递至软土下的砂层。

3. 地基土的特性

桩长也受到地基土特性的影响。

1) 可液化土（liquefied soil）：饱和松砂受振动作用时，会发生液化现象，土的有效应力骤减甚至全无，抗剪强度便突然减小或变为零，这时土中的桩便失去土的支持而破坏。

规范指出，采用打桩处理时，桩长应穿过可液化砂层，并有足够长度伸入稳定土层。

2) 湿陷性黄土（collapsible loess）：湿陷性黄土受水浸湿时其强度指标会降低，桩的承载能力随之削弱，其削弱程度与桩长有关，大于10m的长桩，强度下降可达40%，小于6m的短桩可达50%。黄土湿陷还对桩产生负摩擦力，这个力产生在湿陷性黄土层的整个厚度内（即中性点出现在湿陷性与非湿陷性黄土层的交界面上）。负摩擦力的出现增大了桩所承受的荷载，故在计算桩的承载力和沉降时，都应计及桩所承受的负摩擦力。

在湿陷性黄土中，桩应穿过湿陷性土层而进入非湿陷性的土层中，故湿陷性黄土的桩长必须大于湿陷性土层厚度。

3) 膨胀土（expansive soil）：膨胀土活动层的土遇水膨胀，桩便会因而受到上拔力的作用，这对桩的结构整体性和对基础的变形都有影响，在桩的设计中，埋入活动层中那一部分桩长的承载力，不予考虑；插入活动层以下那一部分的桩长应具有足够的抗拔力，桩的结构抗力足以抵抗上拔力的作用。

4. 桩—土相互作用条件

桩长的选择要使桩—土相互作用（pile-soil interaction）发挥最佳的承载效果。从桩基设计的总体来考虑，在地基土的条件允许时，采用较长的桩、较少的桩数、较大的桩距和较大的单桩设计荷载，通常是比较经济的。比较明显的例子是当设计中考虑要多发挥承台分担荷载的作用而利用"疏桩基础理论"进行设计时，按照"长桩疏布、宽基浅埋"的原则，就应该采用较大的桩长。又如，对于摩擦桩，不宜采用短粗的大直径桩，而应采用细长桩，以获得较大的比表面尺寸和节省材料。

5. 深度效应（depth effect）

为使桩的侧阻和端阻得到有效的和合理的利用，在确定桩长时，桩端进入持力层的深度和摩擦桩的入土最小深度应分别不小于端阻临界深度 h_{cp} 和侧阻临界深度 h_{cs}，且桩端离软卧层的距离一般不应小于临界厚度。

6. 关于压屈失稳可能性及长径比的考虑

在有些情况下，桩长的确定也与桩的压屈问题有关。在相同的侧向约束和相同的桩顶约束和桩端约束条件下，桩越细长，越容易出现压屈失稳（buckling instability）。在必要时（例如对于桩的自由长度较大的高桩承台、桩周为可液化土或地基极限承载力标准值小于50kPa的地基土等情况）要进行压屈失稳验算来验证所确定的桩长。

桩的长径比的确定，除了考虑压屈失稳问题，还要考虑施工条件问题。为避免由于桩的施工垂直度偏差出现两桩桩端交会而降低端阻力，一般情况下端承桩的长径比 $l/d \leqslant 60$，摩擦桩的长径比 $l/d \leqslant 80$。对于穿越可液化土、超软土、自重湿陷性黄土的端承桩，考虑到其桩侧土的水平反力系数很低，因此，将其最大长径比适当降低。

7. 经济条件

由以上各种控制条件所确定的桩长最后可能涉及过多的材料耗费、较大的施工难度、较长的工期以及不利的环境效应等，从而使桩基的造价增高。而且，桩长与桩的间距与承台的尺寸密切相关。因此，桩长的最后确定还得考虑经济上的合理性。

7.8.2 桩径的确定

一方面桩径越大相对单桩承载力就越高，另一方面桩径越大混凝土用量就越多，所以存在一个合理桩径的问题。

桩径与桩长之间相互影响，相互制约。本书第7.8.1节中确定桩长时要考虑的一些因素也同样适用于桩径。设计时还应该注意到如下的一些规定和原则：

1）桩径的确定要考虑平面布桩和规范对桩间距的要求。如规范规定钻孔桩的最小桩间距为$3d$，若选定桩径d为1000mm，那么最小桩间距就为3000mm，此时要考虑上部荷载按3000mm的最小桩间距能否布得下全部桩。

2）一般情况下，同一建筑物的桩基应该选用同种桩型和同一持力层，但可以根据上部结构对桩荷载的要求选择不同的桩径。

3）桩径的选择应考虑长径比的要求，同时按照不出现压屈失稳条件来核验所采用的桩长径比，特别是对高承台桩的自由段较长或桩周土为可液化土或特别软弱土层的情况下更应重视。

4）按照桩的施工垂直度偏差控制端承桩的长径比，以避免相邻两桩出现桩端交会而降低端阻力。

5）对桩径的确定，在选定桩型之后考虑，因此要考虑各类桩型施工难易程度、经济性和对环境的影响程度及打桩挤土因素等。

6）当桩的承载力取决于桩身强度时，桩身截面尺寸必须满足设计对桩身强度的要求。可由式（7-11）估算桩径：

$$A = \frac{Q_u}{\psi \varphi f_{ck}} \tag{7-11}$$

式中　Q_u——与桩身材料强度有关的单桩极限承载力（kN）；

　　　φ——钢筋混凝土受压构件的稳定系数；

　　　ψ——施工条件系数；

　　　f_{ck}——混凝土的轴向抗压强度（kPa）；

　　　A——桩身截面积（m²）。

7）震害调查表明，地震时桩基的破坏位置，几乎都集中于桩顶或桩的上段部位，因此，在考虑抗震设计时，桩上段部位配筋应满足抗震构造要求或扩大桩径。

8) 当场地要考虑桩的负摩阻力时，桩径要作中性点的桩身强度验算。

7.9 承台中桩基的承载力计算与平面布置

桩基设计应满足安全、合理和经济的要求。对桩和承台来说，应有足够的强度、刚度和耐久性；对承台下的地基来说，要有足够的承载力和不产生过量的变形。

在充分掌握必要的设计资料后，承台中桩基的设计与计算可按下列步骤进行：

1) 选择桩的类型和几何尺寸，初拟承台底面标高；
2) 确定基桩承载力特征值；
3) 确定桩的数量及其平面布置；
4) 桩基承载力验算，必要时验算桩基沉降；
5) 桩身结构设计；
6) 承台设计与计算；
7) 绘制桩基施工图。

桩的类型、截面尺寸和桩长，持力层选择等应根据建（构）筑物的结构类型、楼层数量、荷载情况、场地地质和环境条件、当地使用桩基经验、施工能力和造价等因素综合考虑确定。确定的原则本章前面几节已经进行了详细介绍。在确定桩的类型和几何尺寸后，应初步确定承台底面标高，以明确有效桩长，便于计算桩基承载力。一般情况下，主要从地下空间使用要求、结构要求、工程地质水文地质条件、地基冻融条件和方便施工等方面来选择合适的承台埋深。

7.9.1 基桩竖向承载力的计算

桩基竖向承载力取决于两个方面，其一是桩本身的材料强度；其二是地基土对桩的支承抗力。设计时二者必须兼顾，即设计时分别计算二者的设计值后取其中的小值作为设计依据。

1. 桩身混凝土强度应满足桩的承载力设计要求

1)《建筑地基基础设计规范》（GB 50007—2002）中规定，计算中应按桩的类型和成桩工艺的不同将混凝土的轴心抗压强度设计值乘以工作条件系数 ψ_c，桩身强度应符合下式要求：

桩轴心受压时
$$Q \leqslant A_p f_c \psi_c \tag{7-12}$$

式中 f_c——混凝土轴心抗压强度设计值；

Q——相应于荷载效应基本组合时的单桩竖向力设计值；

A_p——桩身横截面积；

ψ_c——工作条件系数，预制桩取 0.75；灌注桩取 0.6~0.7（水下灌注桩或长桩时用低值）；有可靠质量保证时，可取 0.8。

沉管灌注桩常采用 C20~C25 混凝土，钻孔灌注桩常采用 C25~C35 混凝土，预制方桩常采用 C35~C40 混凝土，预应力管桩 PC 系列常采用 C60 混凝土，PHC 系列常采用 C80 混凝土。

2)《建筑桩基技术规范》中钢筋混凝土轴心受压桩正截面受压承载力按裂缝控制应符

合下列规定：

当桩顶以下 $5d$ 范围的桩身螺旋式箍筋间距不大于100mm时：
$$N \leqslant \psi_c f_c A_p + 0.9 f'_y A'_s \tag{7-13}$$
当桩身配筋不符合上述规定时：
$$N \leqslant \psi_c f_c A_p \tag{7-14}$$

式中 N——荷载效应基本组合下的桩顶轴向压力设计值；

ψ_c——基桩成桩工艺系数；混凝土预制桩、预应力混凝土管桩 $\psi_c=0.85$；干作业非挤土灌注桩 $\psi_c=0.9$；人工挖孔桩混凝土护壁（振实），$\psi_c=0.50$；泥浆护壁和套管护壁非挤土灌注桩、部分挤土灌注桩、挤土灌注桩 $\psi_c=0.7\sim0.8$；软土地区挤土灌注桩 $\psi_c=0.6$；

f_c——混凝土轴心抗压强度设计值；

f'_y——纵向主筋抗压强度设计值；

A'_s——纵向主筋截面面积。

钢筋混凝土轴向受压桩正截面受压承载力计算，涉及三方面因素：

a. 纵向主筋的作用。纵向主筋的承压作用在一定条件下可计入桩身受压承载力。

b. 箍筋的作用。箍筋不仅起水平抗剪作用，更重要的是起侧向约束增强作用。图7-11是带箍筋与不带箍筋混凝土轴压应力—应变关系。由图看出，带箍筋的约束混凝土轴压强度较无约束混凝土提高80%左右，且其应力—应变关系改善（图7-11）。

c. 成桩工艺系数 ψ_c。

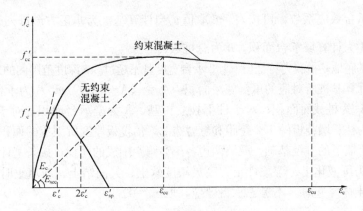

图7-11 约束与无约束混凝土应力—应变关系

2. 按土对桩的支承抗力确定桩基竖向承载力特征值

《建筑地基基础设计规范》（GB 50007—2002）中规定，设计时单桩竖向承载力特征值可按下式估算：
$$R_a = q_{pa} A_p + u_p \Sigma q_{sia} l_i \tag{7-15}$$

式中 R_a——单桩竖向承载力特征值；

q_{pa}、q_{sia}——桩端端阻力、桩侧阻力特征值；

A_p——桩底端横截面面积；

u_p——桩身周边长度；

l_i——第 i 层岩土的厚度。

当桩端嵌入完整及较完整的硬质岩且桩长较短时，可按下式估算单桩竖向承载力特征值：
$$R_a = q_{pa} A_p \tag{7-16}$$

以单桩极限承载力为已知参数，根据群桩效应系数计算群桩极限承载力，是一种沿用很久的传统简单方法。

《建筑桩基技术规范》中规定，对于端承型桩基、桩数少于4根的摩擦型桩基，和由于地层土性、使用条件等因素不宜考虑承台效应时，基桩竖向承载力特征值取单桩竖向承载力特征值，$R=R_a$。

3. 群桩效应（pile group effect）

对于群桩应考虑群桩效应，端承型短桩群桩效应系数取 $\eta=1$，摩擦型桩可按本书第3章中离心试验结果取值。

对于符合下列条件之一的摩擦型桩基，宜考虑承台效应确定其复合基桩的竖向承载力特征值。

1) 上部结构整体刚度较好、体型简单的建（构）筑物（如独立剪力墙结构、钢筋混凝土筒仓等）；

2) 差异变形适应性较强的排架结构和柔性构筑物（如钢板罐体）；

3) 按变刚度调平原则设计的桩基刚度相对弱化区；

4) 软土地区的减沉复合疏桩基础。

考虑承台效应（pile capping effect）的复合基桩竖向承载力特征值可按下式确定：
$$R = R_a + \eta_c f_{ak} A_c \tag{7-17}$$

式中　η_c——承台效应系数，可按表7-8取值；当计算基桩为非正方形排列时，$s_a = \sqrt{\dfrac{A}{n}}$，$A$ 为计算域承台面积，n 为总桩数；

f_{ak}——基底地基承载力特征值（1/2承台宽度且不超过5m深度范围内的加权平均值）；

A_c——计算基桩所对应的承台底净面积：$A_c=(A-nA_p)/n$，A 为承台计算域面积；A_p 为桩截面面积；对于柱下独立桩基，A 为全承台面积；对于桩筏基础，A 为柱、墙筏板的1/2跨距和悬臂边2.5倍筏板厚度所围成的面积；桩集中布置于墙下的桩筏基础，取墙两边各1/2跨距围成的面积，按条基计算 η_c。

当承台底为可液化土、湿陷性土、高灵敏度软土、欠固结土、新填土时，沉桩引起超孔隙水压力和土体隆起时，不考虑承台效应，取 $\eta_c=0$。

承台效应系数 η_c　　　　表7-8

B_c/l \ s_a/d	3	4	5	6	>6
≤0.4	0.06~0.08	0.14~0.17	0.22~0.26	0.32~0.38	
0.4~0.8	0.08~0.10	0.17~0.20	0.26~0.30	0.38~0.44	0.50~0.80
>0.8	0.10~0.12	0.20~0.22	0.30~0.34	0.44~0.50	
单排桩条基	0.15~0.18	0.25~0.30	0.38~0.45	0.50~0.60	

注：1. 表中 s_a/d 为桩中心距与桩径之比；B_c/l 为承台宽度与有效桩长之比。
2. 对于桩布置于墙下的箱、筏承台，η_c 可按单排桩条基取值。

7.9.2　桩数的确定及承载力、沉降验算

建（构）筑物的桩基通常是由多根桩（群桩）组成，在桩基承载力特征值确定后，由

建（构）筑物设计荷载确定基桩根数，并合理确定桩的间距和基桩的平面布置，是桩基设计中的重要环节之一。

对于低承台桩基，在桩基承载力特征值确定以后，可按桩基承台的荷载设计值和复合基桩或基桩的承载力设计值来确定桩的根数。

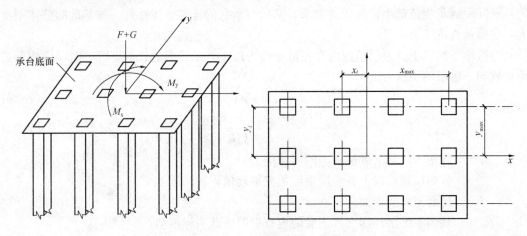

图 7-12　桩顶荷载计算简图

根据《建筑地基基础设计规范》（GB 50007—2002），桩基在轴心竖向力作用下（图 7-12），其桩数 n 应满足下式要求：

$$n = \frac{F_k + G_k}{Q_k} \tag{7-18}$$

因为 $Q_k \leqslant R_a$，所以 $n \geqslant \dfrac{F_k + G_k}{R_a}$

式中　F_k——相应于荷载效应标准组合时，作用于桩基承台顶面的竖向力；

　　　G_k——桩基承台自重及承台上土自重标准值；

　　　Q_k——相应于荷载效应标准组合轴心竖向力作用下任一单桩竖向力；

　　　R_a——单桩竖向承载力特征值。

在偏心竖向力作用下，对于偏心距固定的桩基，如果桩的布置使得群桩横截面的形心与荷载合力作用点重合时，仍可按式（7-18）确定桩数。否则，桩的根数 n 一般应按式（7-18）确定的数量增加 10%～20%，再经式（7-19）验算后决定：

$$Q_{ikmax} \leqslant 1.2 R_a \tag{7-19}$$

$$Q_{ikmax} = \frac{F_k + G_k}{n} + \frac{M_{xk} y_{max}}{\sum y_i^2} + \frac{M_{yk} x_{max}}{\sum x_i^2} \tag{7-20}$$

式中　Q_{ikmax}——相应于荷载效应标准组合偏心竖向力作用下离群桩横截面形心最远处（坐标为 x_{max}、y_{max}）的复合基桩或基桩的竖向力；

　　　M_{xk}、M_{yk}——相应于荷载效应标准组合作用于承台底面通过桩群形心的 x、y 轴的力矩；

　　　x_i、y_i——桩 i 至桩群形心的 y、x 轴线的距离。

此外，尚需按桩的水平承载力核算桩的根数：

$$n \geqslant \frac{H_{ik}}{R_{Ha}} \tag{7-21}$$

式中 H_{ik}——相应于荷载效应标准组合时,作用于承台底面的水平力;

R_{Ha}——单桩水平承载力特征值。

桩间距以及桩平面布置的确定方法和原则应满足规范的要求,在本章第6节已经详细进行了介绍,这里不再展开。总的原则是尽可能柱下布桩、墙下布桩。平面布桩尽可能均匀,桩间距满足规范最小桩间距的要求。基础与承台的连接整体性好,桩基础的整体刚度大,房屋最终沉降量小且均匀。

当桩端平面以下受力层范围内存在低于持力层1/3承载力的软弱下卧层时,应按下式验算软弱下卧层的承载力。

$$\sigma_z + \gamma_i z \leqslant f_{az} \tag{7-22}$$

$$\sigma_z = \frac{(F_k + G_k) - 2(A_0 + B_0) \times \sum q_{sik} l_i}{(A_0 + 2t \times \tan\theta)(B_0 + 2t \cdot \tan\theta)} \tag{7-23}$$

式中 σ_z——作用于软弱下卧层顶面的附加应力;

γ_i——软弱层顶面以上各土层重度加权平均值;

z——地面至软弱顶面的深度;

f_{az}——软弱下卧层经深度修正后的地基极限承载力标准值;

A_0、B_0——桩群外缘矩形面积的长、短边长;

θ——桩端硬持力层压力扩散角(表7-9)。

桩端硬持力层压力扩散角 θ 表7-9

E_{s1}/E_{s2}	$t=0.25B_0$	$t=0.5B_0$
3	6°	23°
5	10°	25°
10	20°	30°

注:E_{s1}、E_{s2}为硬持力层、软下卧层的压缩模量;当 $t<0.25B_0$ 时 θ 降低取值。

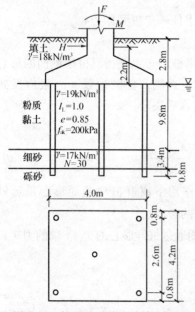

图7-13 桩基础承载力验算实例图

设计中基础的沉降应按照有关规范规定和甲方的使用要求进行验算,沉降的计算方法在本书第4章已进行了详细的介绍。目前,针对许多建筑小区的设计中,当地基存在软弱下卧层时,大面积花园覆土引起的沉降问题越来越得到重视,设计人员应在进行桩基础设计时充分加以考虑。

7.9.3 承载力验算实例

1. 无软弱下卧层群桩基础承载力验算

某一级桩基础,承台底埋深2.8m,承台作用竖向力 $F=3878.53$kN,弯矩 $M=320$kN·m,水平力 $H=450$kN,土层分布如图7-13所示,采用灌注桩基础,桩径0.8m,桩长14m,试计算桩数和验算复合基桩承载力是否满足设计要求(假设桩身混凝土强度已满足桩的承载力设计要求)。

【解】(1)计算单桩极限承载力标准值,拟定承台尺寸4.2m×4.2m。

承台及其上覆土重为：
$$G = 4.2 \times 4.2 \times 20 \times 2.8 = 987.84 \text{kN}$$

采用泥浆护壁灌注桩，桩径 0.8m，桩长 14m，桩尖持力层为砾砂层，桩端入持力层 0.8m，桩中心距 2.6m。

根据土参数根据《建筑桩基技术规范》：粉质黏土 $q_{sik}=25\text{kPa}$，细砂 $q_{sik}=60\text{kPa}$，砾砂 $q_{sik}=120\text{kPa}$，$q_{pk}=2000\text{kPa}$，按经验公式计算单桩极限承载力标准值为：

$$Q_{uk} = u\sum q_{sik}l_{si} + q_{pk}A_p = \pi \times 0.8(25 \times 9.8 + 60 \times 3.4 + 120 \times 0.8) + 2000 \times \pi \times 0.4^2$$
$$= 1369.04 + 1004.8 = 2373.84 \text{kN}$$

单桩承载力特征值 $R_a = \dfrac{Q_{uk}}{2} = \dfrac{2373.84}{2} = 1186.92\text{kN}$

(2) 按中心受压确定桩数量
$$n = \frac{F+G}{R_a} = \frac{3878.53 + 987.84}{1186.92} = 4.1 \text{ 根}$$

因偏心荷载，将桩数增加 20%，

$n = 4.1 \times 1.2 = 4.9$ 根，取桩数 5 根，桩布置如图 7-14。

(3) 考虑群桩承台效应，当布桩为不规则时，等效距径比为：
$$s_a/d = \sqrt{A_e}/(\sqrt{n} \times d) \text{（圆形桩）}$$

式中 A_e——承台总面积 $A_e = 4.2 \times 4.2 = 17.64 \text{m}^2$

$$s_a/d = \sqrt{4.2^2}/(\sqrt{5} \times 0.8) = 2.35$$

$B_c/l = 4.2/14 = 0.3$，根据《建筑桩基技术规范》得

承台效应系数 $\eta_c = 0.12$

承台底地基土净面积 $A_c = 4.2 \times 4.2 - 5 \times 0.8^2 \dfrac{\pi}{4} = 15.128 \text{m}^2$

因此，考虑承台效应的承载力特征值为
$$R = R_a + \eta_c f_{ak} A_c = 1186.92 + 0.12 \times 200 \times 15.128 = 1549.99 \text{kN}$$

(4) 复合基桩承载力验算

群桩中单桩的平均竖向力设计值为：
$$N = \frac{F+G}{n} = \frac{3878.53 + 987.84}{5} = 973.3 \text{kN}$$

$$\gamma_0 N \leqslant R, \gamma_0 = 1.1 \text{（一级桩基）}$$

$$1.1 \times 973.3 = 1070.6 \text{kN} \leqslant R = 1549.99 \text{kN}$$

复合基桩最大竖向力设计值为：
$$N_{max} = \frac{F+G}{n} + \frac{M_y x_{max}}{\sum x_i^2} = 973.3 + \frac{(320 + 450 \times 2.2) \times 1.3}{4 \times 1.3^2} = 1225.2 \text{kN}$$

$$\gamma_0 N_{max} \leqslant 1.2R$$

$$\gamma_0 N_{max} = 1.1 \times 1225.2 = 1347.72 \text{kN} \leqslant 1.2 \times 1549.99 = 1859.99 \text{kN}$$

所以复合基桩竖向承载力满足设计要求。

2. 群桩基础软弱下卧层承载力验算

某预制桩基础，一级建筑桩基，桩截面尺寸 0.4m×0.4m，C30 混凝土，桩长

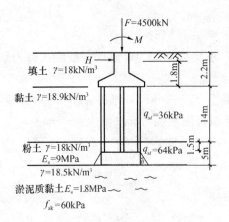

15.5m，承台埋深2.2m。群桩持力层下面有淤泥质黏土软弱下卧层，土参数如图7-14所示，试验算软弱下卧层的承载力是否满足要求。

【解】 根据公式（7-22）、公式（7-23）进行软弱下卧层承载力验算

桩端至软弱层顶面距离

$$t = 5 - 1.5 = 3.5\text{m} \geqslant 0.5B_0$$
$$= 0.5 \times 2.4 = 1.2\text{m}$$

根据《建筑桩基技术规范》得 $\theta = 25.83°$。

将桩和桩间土看成一个实体基础，其重为 G，地下水位位于承台底面，桩和土取平均重度 $\gamma = 10\text{kN/m}^3$，实体基础重为：

$$G = 2.8 \times 2.8 \times 20 \times 2.2 + 2.4 \times 2.4 \times 15.5 \times 10$$
$$= 344.96 + 892.8 = 1237.76\text{kN}$$

$$\gamma_m = \frac{18 \times 2.2 + 14 \times 8.9 + 5 \times 8}{2.2 + 14 + 5} = 9.63\text{kN/m}^3$$

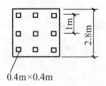

图7-14 群桩基础软弱下卧层承载力验算实例图

自重应力 $\gamma_m z = 9.63 \times 21.2 = 204.2\text{kPa}$

$\Sigma q_{sik} l = 36 \times 14 + 64 \times 1.5 = 600\text{kN/m}$

软弱下卧层顶面附加应力 σ_z 为

$$\sigma_z = \frac{1.1 \times (4500 + 1237.76) - 2 \times (2.4 + 2.4) \times 600}{(2.4 + 2 \times 3.5 \times \tan 25.83)(2.4 + 2 \times 3.5 \times \tan 25.83)} = \frac{551.536}{5.41 \times 5.41} = 18.84\text{kPa}$$

按《建筑地基基础设计规范》（GB 50007—2002）进行深度修正，淤泥质黏土，查《建筑地基基础设计规范》（GB 50007—2002）得 $\eta_d = 1.0$，软弱下卧层顶经深度修正后承载力特征值 f_a 为：

$$f_{az} = f_{ak} + \eta_d \gamma_m (d - 0.5) = 60 + 1.0 \times 9.63 \times (21.2 - 0.5) = 259.3\text{kPa}$$

$$\sigma_z + \gamma_m Z = 18.84 + 204.2 = 223.04\text{kPa} \leqslant f_{az} = 259.3\text{kPa}$$

软弱下卧层地基承载力满足要求，但要验算软弱下卧层的变形。

7.10 承台的结构设计与计算

承台的常用形式有：柱下独立承台、墙下或柱下条形承台、十字交叉条形承台、筏形承台、箱形承台和环形承台等。承台设计计算包括受弯、受冲切、受剪和局部受压等，具体计算可参考相应规范，并应符合构造要求。

7.10.1 受弯计算

1. 柱下独立桩基承台（pile caps for individual columns）

1）多桩矩形承台

多桩矩形承台的弯矩计算截面取在柱边和承台高度变化处，计算公式为：

$$M_x = \Sigma N_i y_i \tag{7-24}$$

$$M_y = \Sigma N_i x_i \tag{7-25}$$

式中 M_x、M_y——垂直于 x 轴和 y 轴方向计算截面处的弯矩设计值;

x_i、y_i——垂直于 y 轴和 x 轴方向自桩轴线到相应计算截面的距离(图7-15);

N_i——扣除承台和承台上方土重后第 i 桩竖向净反力设计值。当不考虑承台效应时,为第 i 桩竖向总反力设计值。

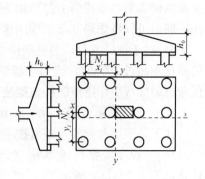

图 7-15 矩形承台弯矩计算

2) 三桩三角形承台

对于等边三桩承台(图 7-16a),弯矩可按以下简化计算方法确定:

$$M = \frac{N_{\max}}{3}(S_a - \frac{\sqrt{3}}{4}c) \tag{7-26}$$

式中 M——由承台形心至承台边缘距离范围内板带的弯矩设计值;

$N_{\max}$——扣除承台和其上填土自重后的三桩中相应于荷载效应基本组合时的最大单桩竖向力设计值;

S_a——桩中心距;

c——方柱边长,若为圆柱时,取 $c=0.866d$,d 为圆柱直径。

对于等腰三桩承台(图 7-16b),弯矩可按以下简化计算方法确定:

$$M_1 = \frac{N_{\max}}{3}(S - \frac{0.75}{\sqrt{4-\alpha^2}}c_1) \tag{7-27}$$

$$M_2 = \frac{N_{\max}}{3}(\alpha S - \frac{0.75}{\sqrt{4-\alpha^2}}c_2) \tag{7-28}$$

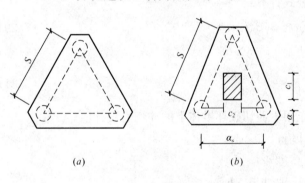

图 7-16 三角形承台弯矩计算

式中 M_1——由承台形心到承台两腰的距离范围内板带的弯矩设计值;

M_2——由承台形心到承台底边的距离范围内板带的弯矩设计值;

S——长向桩中心距;

α——短向桩距与长向桩距之比,当 α 小于 0.5 时,应按变截面的二桩承台设计;

c_1——垂直于承台底边的柱截面边长;

c_2——平行于承台底边的柱截面边长。

2. 箱形承台和筏形承台(box-caps and raft-caps)

箱形承台和筏形承台的弯矩可按下列规定计算:

1) 箱形承台和筏形承台的弯矩宜考虑地基土层性质、基桩分布、承台和上部结构形式和刚度,按地基—桩—承台—上部结构共同作用原理分析计算;

2) 对于箱形承台,当桩端持力层为基岩、密实的碎石类土、砂土,且较均匀时,当上部结构为剪力墙或当上部结构为框筒、框剪结构且按变刚度调平原则布桩时，箱形承台顶、底板可仅考虑局部弯矩作用进行计算；

3) 对于筏形承台，当桩端持力层坚硬均匀、上部结构刚度较好，且柱荷载及柱间距的变化不超过 20% 时，或当上部结构为框筒、框剪结构且按变刚度调平原则布桩时，可仅考虑局部弯矩作用按倒楼盖梁法进行计算。

3. 柱下条形承台梁（under strip column beam）

柱下条形承台梁的弯矩可按下列规定计算：

1) 一般可按弹性地基梁（地基计算模型应根据地基土层特性选取）进行分析计算；

2) 当桩端持力层较硬且桩柱轴线不重合时，可视桩为不动铰支座，按连续梁计算。

4. 墙下条形承台梁（under wall column beam）

砌体墙下条形承台梁，可按倒置弹性地基梁计算弯矩和剪力，对于承台上的砌体墙，尚应验算桩顶以上部分砌体的局部承压强度。

7.10.2 桩承台抗冲切验算（calculation of punching strength）

1. 桩基承台受柱（墙）冲切

冲切破坏锥体应采用自柱（墙）边和承台变阶处至相应桩顶边缘连线所构成的截锥体，锥体斜面与承台底面之夹角不小于 45°（图 7-17）。

受柱（墙）冲切承载力可按下列公式计算：

$$F_l \leqslant \beta_{hp}\beta_0 f_t u_m h_0 \tag{7-29}$$

$$F_l = F - \sum Q_i \tag{7-30}$$

$$\beta_0 = \frac{0.84}{\lambda + 0.2} \tag{7-31}$$

式中 F_l——在荷载效应基本组合下作用于冲切破坏锥体上的冲切力设计值；

f_t——承台混凝土抗拉强度设计值；

β_{hp}——承台受冲切承载力截面高度影响系数，当 $h \leqslant 800\text{mm}$ 时，取 β_{hp} 取 1.0，$h \geqslant 2000\text{mm}$ 时，β_{hp} 取 0.9，其间按线形内插法取值；

u_m——承台冲切破坏锥体一半有效高度处的周长；

h_0——承台冲切破坏锥体的有效高度；

β_0——柱（墙）冲切系数；

λ——冲跨比，$\lambda = a_0/h_0$，a_0 为冲跨，即柱（墙）边（或承台变阶处）到桩边的水平距离；当 $a_0 < 0.2h_0$ 时，取 $a_0 = 0.2h_0$，当 $a_0 > 0.2h_0$ 时，取 $a_0 = h_0$，λ 应满足 0.2~1.0 的要求；

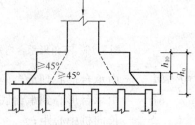
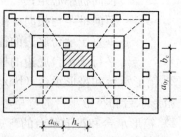

图 7-17 柱下独立桩基柱对承台的冲切计算

F——在荷载效应基本组合作用下柱（墙）底的竖向荷载设计值；

ΣQ_i——扣除承台及其上土重后，在荷载效应基本组合下冲切破坏锥体内各基桩或复合基桩的净反力设计值之和。

应用上式进行计算是困难的，因为一般情况下，承台两个方向的 λ 不同；而且当承台较厚时，满足破坏锥体斜面与承台底面间夹角不小于 45°的锥面可能不是单一的。故对柱下矩形独立承台受柱冲切的承载力可按下述公式（参见图 7-17）计算：

$$F_l \leqslant 2[\beta_{0x}(b_c + a_{0y}) + \beta_{0y}(h_c + a_{0x})]\beta_{hp} f_t h_0 \tag{7-32}$$

式中 β_{0x}、β_{0y} 由公式（7-31）求得；$\lambda_{0x} = a_{0x}/h_0$；$\lambda_{0y} = a_{0y}/h_0$；

h_c、b_c——分别为 x、y 方向的柱截面（变阶承台）的边长；

a_{0x}、a_{0y}——分别为 x、y 方向柱边（变阶承台）离最近桩边的水平距离。

对于圆柱及圆桩，计算时应将截面换算成方柱及方桩，即取换算柱截面边宽 $b_c = 0.8 d_c$（d_c 为圆柱直径），换算桩截面边宽 $b_p = 0.8 d$。

对于柱下双桩承台不需进行受冲切承载力计算，通过受弯、受剪承载力计算确定承台尺寸和配筋。

2. 柱（墙）冲切破坏锥体以外的基桩

对位于柱（墙）冲切破坏锥体以外的基桩，应按下式计算承台受基桩冲切的承载力。

1）四桩（含四桩）以上承台受角桩冲切的承载力按下列公式计算（图 7-18）：

$$N_l \leqslant \left[\beta_{1x}\left(c_2 + \frac{a_{1y}}{2}\right) + \beta_{1y}\left(c_1 + \frac{a_{1x}}{2}\right)\right]\beta_{hp} f_t h_0 \tag{7-33}$$

$$\beta_{1x} = \frac{0.56}{\lambda_{1x} + 0.2}$$

$$\beta_{1y} = \frac{0.56}{\lambda_{1y} + 0.2}$$

式中 N_l——扣除承台及其上土重后，在荷载效应基本组合作用下角桩净反力设计值；

β_{1x}、β_{1y}——角桩冲切系数；

a_{1x}、a_{1y}——从承台底角桩内边缘引 45°冲切线与承台顶面相交点至角桩内边缘的水平距离；当柱或承台变阶处位于该 45°线以内时，则取由柱边或变阶处与桩内边缘连线为冲切锥体的锥线（图 7-18）；

h_0——承台外边缘的有效高度；

λ_{1x}、λ_{1y}——角桩冲跨比，其值满足 0.2～1.0，$\lambda_{1x} = a_{1x}/h_0$，$\lambda_{1y} = a_{1y}/h_0$；

c_1、c_2——从角桩内边缘至承台外边缘的距离。

2）三桩三角形承台受角桩冲切的承载力（图 7-19）

底部角桩
$$N_l \leqslant \beta_{11}(2c_1 + a_{11})\beta_{hp} \tan\frac{\theta_1}{2} f_t h_0 \tag{7-34}$$

$$\beta_{11} = \frac{0.56}{\lambda_{11} + 0.2} \tag{7-35}$$

顶部角桩
$$N_l \leqslant \beta_{12}(2c_2 + a_{12})\beta_{hp} \tan\frac{\theta_2}{2} f_t h_0 \tag{7-36}$$

$$\beta_{12} = \frac{0.56}{\lambda_{12} + 0.2} \tag{7-37}$$

式中 λ_{11}、λ_{12}——角桩冲跨比，$\lambda_{11} = a_{11}/h_0$，$\lambda_{12} = a_{12}/h_0$；

a_{11}、a_{12}——从承台底角桩内边缘向相邻承台边引 45°冲切线与承台顶面相交点至角桩内边缘的水平距离;当柱或承台变阶处位于该 45°线以内时,则取由柱边与桩内边缘连线为冲切锥体的锥线(图 7-19)。

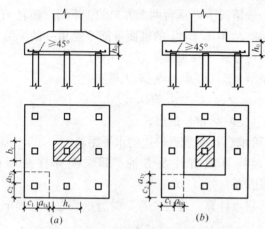

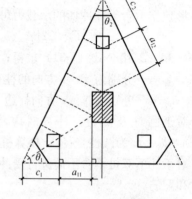

图 7-18 四桩以上承台角桩冲切计算
(a)锥形承台;(b)阶形承台

图 7-19 三桩三角形承台角桩冲切验算

3) 对于箱形、筏形承台,应按下列公式计算承台受内部基桩的冲切承载力:

a. 按下列公式计算受基桩的冲切承载力(图 7-20):
$$N_l \leqslant 2.8(b_p + h_0)\beta_{hp} f_t h_0 \tag{7-38}$$

b. 按下列公式计算受基桩群的冲切承载力(图 7-21):
$$\sum N_{li} \leqslant 2[\beta_{0x}(b_y + a_{0y}) + \beta_{0y}(b_x + a_{0x})]\beta_{hp} f_t h_0 \tag{7-39}$$

式中 β_{0x}、β_{0y}——由公式(7-31)求得,$\lambda_{0x} = a_{0x}/h_0$,$\lambda_{0y} = a_{0y}/h_0$;

N_l、$\sum N_{li}$——扣除承台和其上土重,在荷载效应基本组合下,基桩的净反力设计值、冲切锥体内各基桩或复合基桩净反力设计值之和。

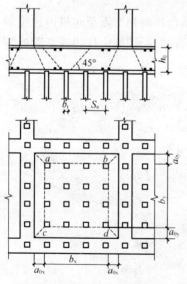

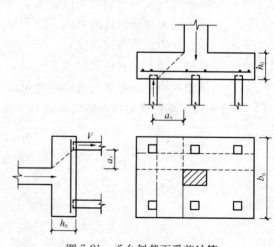

图 7-20 墙对筏形承台的冲切和基桩对筏形承台的冲切计算

图 7-21 承台斜截面受剪计算

7.10.3 受剪切验算 (calculation of shearing strength)

1. 柱（墙）下桩基承台

柱（墙）下桩基承台，应分别对柱（墙）边、变阶处和桩边联线形成的贯通承台的斜截面（图7-21）的受剪承载力进行计算。当柱（墙）承台悬挑边有多排基桩或承台为变阶时应对多个斜截面的受剪承载力进行计算。

承台斜截面受剪承载力可按下列公式计算

$$V \leqslant \beta_{hs} \alpha f_t b_0 h_0 \qquad (7\text{-}40)$$

$$\alpha = \frac{1.75}{\lambda + 1} \qquad (7\text{-}41)$$

$$\beta_{hs} = \left(\frac{800}{h_0}\right)^{1/4} \qquad (7\text{-}42)$$

式中 V——扣除承台及其上土自重后在荷载效应基本组合下，斜截面的最大剪力设计值；

f_t——混凝土轴心抗拉强度设计值；

b_0——承台计算截面处的计算宽度；

h_0——承台计算截面处的有效高度；

α——承台剪切系数；按公式（7-41）确定；

λ——计算截面的剪跨比，$\lambda_x = a_x/h_0$，$\lambda_y = a_y/h_0$，此处，a_x、a_y 为柱边（墙边）或承台变阶处至 y、x 方向计算一排桩的桩边的水平距离，当 $\lambda < 0.3$ 时，取 $\lambda = 0.3$；当 $\lambda > 3$ 时，取 $\lambda = 3$。λ 应满足 $0.3 \sim 3.0$ 的要求；

β_{hs}——受剪切承载力截面高度影响系数；当 $h_0 < 800mm$ 时，取 $h_0 = 800mm$；当 $h_0 > 2000mm$ 时，取 $h_0 = 2000mm$；

2. 柱下阶梯型、锥形的独立承台

对于柱下阶梯型、锥形的独立承台，应按下列规定分别对柱的纵横（$X-X$，$Y-Y$）两个方向的斜截面进行受剪承载力计算。

1) 对于阶梯形承台应分别在变阶处（A_1-A_1，B_1-B_1）及柱边处（A_2-A_2，B_2-B_2）进行斜截面受剪承载力计算（图7-22）。

计算变阶处截面 A_1-A_1，B_1-B_1 的斜截面受剪承载力时，其截面有效高度均为 h_{01}，截面计算宽度分别为 b_{y1} 和 b_{x1}。

计算柱边截面 A_2-A_2，B_2-B_2 的斜截面受剪承载力时，其截面有效高度均为 $h_{01}+h_{02}$，截面计算宽度分别为：

对 A_2-A_2 $\quad b_{y0} = \dfrac{b_{y1} \cdot h_{01} + b_{y2} h_{02}}{h_{01} + h_{02}}$

$$(7\text{-}43)$$

对 B_2-B_2 $\quad b_{x0} = \dfrac{b_{x1} \cdot h_{01} + b_{x2} h_{02}}{h_{01} + h_{02}}$

$$(7\text{-}44)$$

2) 对于锥形承台应对 $A-A$ 及 $B-B$ 两个

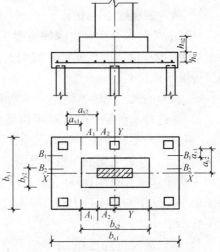

图7-22 阶形承台斜截面受剪计算

截面进行受剪承载力计算（图 7-23），截面有效高度均为 h_0，截面的计算宽度分别为：

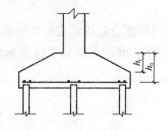

对 $A-A$ $\quad b_{y0} = \left[1 - 0.5\dfrac{h_1}{h_0}(1-\dfrac{b_{y2}}{b_{y1}})\right]b_{y1}$

(7-45)

对 $B-B$ $\quad b_{x0} = \left[1 - 0.5\dfrac{h_1}{h_0}(1-\dfrac{b_{x2}}{b_{x1}})\right]b_{x1}$

(7-46)

3) 墙（柱）下条形承台梁（含两桩承台）和梁板式筏形承台的梁受剪承载力可按现行《混凝土结构设计规范》（GB 50010—2002）计算；墙下条形承台梁的最大剪力按《建筑桩基技术规范》附录 F 确定。

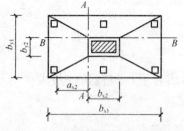

图 7-23 锥形承台斜截面受剪计算

4) 承台配有箍筋，但未配弯起钢筋时，斜截面的受剪承载力可按下列公式计算：

$$V \leqslant 0.7 f_t b_0 h_0 + 1.25 f_{yv} \dfrac{A_{sv}}{s} h_0 \quad (7-47)$$

式中 A_{sv}——配置在同一截面内箍筋各肢的全部截面面积；

s——沿计算斜截面方向箍筋的间距；

f_{yv}——箍筋抗拉强度设计值。

5) 承台配有箍筋和弯起钢筋时，斜截面的受剪承载力可按下列公式计算：

$$V = 0.7 f_t b_0 h_0 + 1.25 f_{yv} \dfrac{A_{sv}}{s} h_0 + 0.8 f_y A_{sb} \sin\alpha_s \quad (7-48)$$

式中 A_{sb}——同一截面弯起钢筋的截面面积；

f_y——弯起钢筋的抗拉强度设计值；

α_s——斜截面上弯起钢筋与承台底面的夹角。

7.10.4 承台构造要求 (construction requirements of caps)

桩基承台的构造，除满足抗冲切、抗剪切、抗弯承载力和上部结构的要求外，根据《建筑地基基础设计规范》（GB 5007—2002）尚应符合下列要求：

1) 承台的宽度不应小于 500mm，边桩中心至承台边缘的距离不宜小于桩的直径或边长，且桩的外边缘至承台边缘的距离不小于 150mm。对于条形承台梁，桩的外边缘至承台梁边缘的距离不小于 75mm，混凝土强度等级不低于 C20。垫层厚度为 100mm，混凝土强度等级不低于 C10。

2) 承台的最小厚度不应小于 300mm。

3) 在进行承台配筋时，对于矩形承台，其钢筋应按双向均匀通长布置，见图 7-24 (a)。钢筋直径不宜小于 10mm，间距不宜大于 200mm；对于三桩承台，钢筋应按三向板带均匀布置，且最里面的三根钢筋围成的三角形应在柱截面范围内，见图 7-24 (b)。承台梁内主筋除须按计算配置外，尚应符合现行《混凝土结构设计规范》（GB 50010—2002）关于最小配筋率的规定，主筋直径不宜小于 12mm，架立筋直径不宜小于 10mm，箍筋直径不宜小于 6mm，见图 7-24 (c)。

4) 承台混凝土强度等级不应低于 C20，纵向钢筋的混凝土保护层厚度不应小于 70mm，当有混凝土垫层时，不应小于 40mm。

5) 桩顶混凝土深入承台不宜小于 50mm，混凝土桩的桩顶纵向主筋应锚入承台内，其锚入长度不宜小于 30 倍主筋直径。

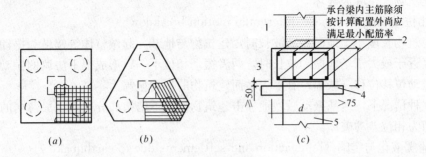

图 7-24 承台配筋
(a) 矩形承台配筋；(b) 三桩承台配筋；(c) 承台配筋截面图
1—墙；2—主筋；3—箍筋；4—垫层；5—桩

7.11 桩基础抗震设计

7.11.1 地震的破坏方式

地震破坏方式有共振破坏、驻波破坏、相位差动破坏、地震液化和地震带来的地质灾害五种。

1. 共振破坏（resonance breakdown）

地基土质条件对于建（构）筑抗震性能的影响是很复杂的，它涉及地基土层接收振动能量后如何传达到建（构）筑物上。地震时，从震源发出的地震波，在土层中传播时，经过不同性质界面的多次反射，将出现不同周期的地震波。若某一周期的地震波与地基土层固有周期相近，由于共振的作用，这种地震波的振幅将得到放大，此周期称为卓越周期 T。

卓越周期可用式 $T = \sum_{i=1}^{n} \dfrac{4h_i}{v_s}$ 计算，其中 h_i 为第 i 层厚度，一般算至基岩，v_s 为横波波速。

根据地震记录统计，地基土随其软硬程度不同，卓越周期可划分为四级：

Ⅰ级——稳定岩层，卓越周期为 0.1～0.2s，平均 0.15s；

Ⅱ级——一般土层，卓越周期为 0.21～0.4s，平均 0.27s；

Ⅲ级——松软土层，卓越周期在Ⅱ～Ⅳ级之间；

Ⅳ级——异常松散软土层，卓越周期为 0.3～0.7s，平均 0.5s。

一般低层建筑物的刚度比较大，自振周期比较短，大多低于 0.5s。高层建筑物的刚度较小，自振周期一般大于 0.5s。经实测，软土场地上的高层（柔性）建筑和坚硬场地上的拟刚性建筑的震害严重，就是由上述原因引起的。因此，为了准确估计和防止上述震害发生，必须使建筑物的自振周期避开场地的卓越周期。

2. 驻波破坏（standing wave breakdown）

地震时当两个幅值相同、频相相同但运动方向相反的两个地震波波列，运动到同一点交会时，形成驻波，其幅值增加一倍，当驻波在建筑物处产生时，会对建筑物形成较强的破坏作用，即驻波破坏。当相同条件的地震波与从沟谷反射回来的地震波在某地相会时会对该地建筑物产生驻波破坏。

3. 相位差动破坏（phase differential motion breakdown）

当建筑物长度小于地面振动波长时，建筑物与地基一起做整体等幅谐和振动。但当建筑物长接近于或大于场地振动波长时，两者振动相位不一致形成很不协调的振动，此时不论地面振动位移位移（振幅）有多大，而建筑物的平均振幅为零。

在这种情况下，地基振动激烈地撞击建筑物的地下结构部分，并在最薄弱的部位导致破坏，即为相位差动破坏。

4. 地震液化与震陷（liquefaction and settlements due to earthquake）

对饱和粉细砂土来说，在地震过程中，振动使得饱和土层中的孔隙水压力骤然上升，孔隙水压力来不及消散，将减小砂粒间的有效压力。若有效压力全部消失，则砂土层完全丧失抗剪强度和承载能力，呈现液态特征，这就是地震引起的砂土液化现象。地震液化的宏观表现有喷水冒砂和地下砂层液化两种。

地震液化会导致地表沉陷和变形，称为震陷。震陷将直接引起地面建筑物的变形和损坏。

5. 地震激发地质灾害效应（earthquake activate geologic hazard effect）

强烈的地震作用还能激发斜坡上岩土体松动、失稳，引起滑坡和崩塌等不良地质现象，这称为地震激发地质灾害效应。这种灾害往往是巨大的，可以摧毁房屋和道路交通，甚至掩埋村落，堵塞河道。因此，对可能受地震影响而激发地质灾害的地区，建筑场地和主要线路应避开。

7.11.2 不作桩基抗震验算的范围

地震震害经验表明，平时主要承受垂直荷载的桩基，无论在液化地基还是非液化地基上，其抗震效果一般都是比较好的。但以承受水平荷载和水平地震作用为主的高承台是例外。《建筑抗震设计规范》（GB 50011—2001）和《构筑物抗震设计规范》（GB 50191—93）根据结构的特点分别列出了以下桩基不验算范围：

1. 《建筑抗震设计规范》（GB 50011—2001）对于承受竖向荷载为主的低承台桩基，当地面下无液化土层，且桩承台周围无淤泥、淤泥质土和地基土静承载力标准值不大于100kPa的填土时，下列建筑可不进行桩基抗震承载力验算：

1）砌体房层。

2）《建筑抗震设计规范》（GB 50011—2001）规定可不进行上部结构抗震验算的建筑。

3）7度和8度时，一般单层厂房、单层空旷房屋和不超过8层且高度在25m以下的民用框架房屋及与其基础荷载相当的多层框架厂房。

2. 《构筑物抗震设计规范》（GB 50191—93）规定承受竖向荷载为主的低承台桩基，当同时符合下列条件时，可不进行桩基竖向抗震承载力和水平抗震承载力的验算：

1）6～8度时，符合不做天然地基验算规定的构筑物。

2）桩端和桩身周围无液化土层。

3）桩承台周围无液化土、淤泥、淤泥质土、松散砂土，且无地基静承载力标准值小于130kPa的填土。

4) 构筑物不位于斜坡地段。

桩基抗震性能一般是比较好的，另外桩基抗震验算研究尚不充分，简单实用的验算方法还不多见。因此多数抗震设计规范对桩基验算条文较少，目前抗震设计规范对桩基抗震验算规定是根据震害经验和研究成果制定的，主要包括以下一些内容。

7.11.3 液化地基的判别

在地下水位以下的饱和的粉砂和粉土在地震作用下，土颗粒之间有变密的趋势，但因孔隙水来不及排出，使土颗粒处于悬浮状态，形成如液体一样，这种现象就称为土的液化。表现的形式近于流砂，产生的原因在于振动。

液化是否发生与多种因素有关，比较复杂，不确定性较大，因此判别只能是一种估计，预测土层在一定假设条件下是否发生液化的总趋势。对于一般工程项目，砂土或粉土液化判别及危害程度估计可按"两步判别"的步骤进行。即分初判和细判（标准贯入试验判别）。

1. 地基液化的初判

饱和砂土和饱和粉土（不含黄土）的液化判别和地基处理，6度时，一般情况下可不进行判别和处理，但对液化沉陷敏感的乙类建筑可按7度的要求进行判别和处理，7～9度时，乙类建筑可按本地区抗震设防烈度的要求进行判别和处理。

存在饱和砂土和饱和粉土（不含黄土）的地基，除6度设防外，应进行液化判别；存在液化土层的地基，应根据建筑的抗震设防类别、地基的液化等级，结合具体情况采取相应的措施。

饱和的砂土或粉土（不含黄土），当符合下列条件之一时，可初步判别为不液化或可不考虑液化影响：

1) 地质年代为第四纪晚更新世（Q_3）及其以前时，7、8度时可判为不液化。

2) 粉土的黏粒（粒径小于0.005mm的颗粒）含量百分率，7度、8度和9度分别不小于10、13和16时，可判为不液化土。

3) 天然地基的建筑，当上覆非液化土层厚度和地下水位深度符合下列条件之一时，可不考虑液化影响：

$$d_u > d_0 + d_b - 2 \tag{7-49}$$

$$d_w > d_0 + d_b - 3 \tag{7-50}$$

$$d_u + d_w > 1.5 d_0 + 2 d_b - 4.5 \tag{7-51}$$

式中　d_w——地下水位深度（m），宜按设计基准期内年平均最高水位采用，也可按近期内年最高水位采用；

　　　d_u——上覆盖非液化土层厚度（m），计算时宜将淤泥和淤泥质土层扣除；

　　　d_b——基础埋置深度（m），不超过2m时应采用2m；

　　　d_0——液化土特征深度（m），可按表7-10采用。

液化土特征深度（m）　　　　表7-10

饱和土类别	7度	8度	9度
粉土	6	7	8
砂土	7	8	9

2. 地基液化的细判

当初步判别认为需进一步进行液化判别时，应采用标准贯入试验判别法判别地面下15m深度范围内的液化；当采用桩基或埋深大于5m的深基础时，尚应判别15～20m范围内土的液化。当饱和土标准贯入锤击数（未经杆长修正）小于液化判别标准贯入锤击数临界值时，应判为液化土。当有成熟经验时，尚可采用其他判别方法。

在地面下15m深度范围内，液化判别标准贯入锤击数临界值可按下式计算：

$$N_{cr} = N_0[0.9 + 0.1(d_s - d_w)]\sqrt{3/\rho_c}\,(d_s \leqslant 15) \tag{7-52}$$

在地面下15～20m范围内，液化判别标准贯入锤击数临界值可按下式计算：

$$N_{cr} = N_0(2.4 - 0.1d_s)\sqrt{3/\rho_c}\,(15 \leqslant d_s \leqslant 20) \tag{7-53}$$

式中 N_{cr}——液化判别标准贯入锤击数临界值；

N_0——液化判别标准贯入锤击数基准值，应按表7-11采用；

d_s——饱和土标准贯入点深度（m）；

ρ_c——黏粒含量百分率，当小于3或为砂土时，应采用3。

标准贯入锤击数基准值 表7-11

设计地震分组	7度	8度	9度
第一组	6 (8)	10 (13)	16
第二、三组	8 (10)	12 (15)	18

注：括号内数值用于设计基本地震加速度为0.15g和0.30g的地区。

7.11.4 单桩竖向抗震承载力计算 (pile vertical seismic capacity)

由于地震是特殊荷载，建筑工程上桩基的上部结构震害又比天然地基轻，因而抗震验算时单桩的承载力可较静载时提高。

对于单桩竖向承载力，不同规范容许较正常荷载时承载力提高的幅度稍有差异，如表7-12所示。

单桩抗震竖向承载力提高系数 表7-12

规 范 名 称	竖向承载力提高幅度（%）
构筑物抗震设计规范（1993）	1) 按公式计算时，桩端承力40%，桩侧摩阻力25% 2) 按静荷载试验时，40% 3) 偏心荷载时边桩还可提高20%
建筑桩基技术规范	25%（轴心受压） 50%（偏心荷载时的边桩）

单桩的抗震水平承载力，按照桩基技术规范，单桩的抗震水平承载力可较静载时提高25%。

7.11.5 低承台桩基抗震设计原则 (seismic design principles of low cap pile)

桩基的抗震验算在液化土中与非液化土中有许多不同，工程实际中视建筑物的重要程度及积累的抗震经验，通常按几种情况进行桩基的抗震设计与验算。

1. 桩—土—承台共同分担荷载 (load sharing in pile-soil-cap system)

由于桩承台底面以下的土和侧面的土也可以分担一部分基础上的荷载，在计算方法中考虑或不考虑这部分抗力和以何种方式考虑就构成不同的桩基计算法，得出的桩群顶部总荷载亦不相同。

《建筑桩基技术规范》中按两种情况考虑桩、土、承台三者的共同作用：

第一种情况：对一般建筑和地震烈度不太大的情况下，应考虑群桩作用与承台下及旁边土的影响适当调整单桩的设计承载力，而桩身应力的计算方法仍按常规。

第二种情况：适合于水平力大且建筑物较重要的场合，此时考虑承台—土—桩协同作用计算桩基内力。具体介绍如下：

《建筑桩基技术规范》规定，在下列情况可考虑承台—桩—土共同作用法计算桩基内力：

1）8度和8度以上烈度区，受较大横向荷载的高大建筑物，当其承台刚度大，可考虑为刚体时；

2）承受较大横向荷载或8度以上地震作用的高承台桩基。

此法在计算中假定承台为刚体，桩头嵌固于承台，桩侧土反力按三角形分布，承台与土间有剪应力，承台前方有三角形分布的土抗力（图7-25）。桩与承台视作埋于土中的刚架。方法中考虑的因素较全面，但计算工作量较大，详见《建筑桩基技术规范》中附录：

1）首先用建筑力学中的位移法分别求承台发生单位竖向位移、单位水平位移及单位转角时桩顶所受到的力，亦即桩的刚度系数。

2）求出承台发生单位竖向位移、单位水平位移和单位转角时，承台所受到的竖向抗力、水平抗力和抵抗矩。

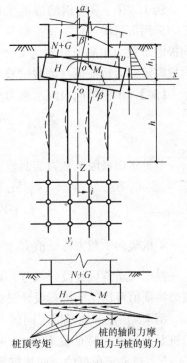

图7-25 群桩基础计算图式

3）求承台的水平位移、竖向位移及转角。

4）求解桩顶荷载。

5）求桩身内力。

2. 非液化土低承台桩基抗震验算（seismic check analysis of low cap pile in non-liquefied soil）

对于非液化土桩基抗震验算除考虑在地震下单桩承载力提高外，还应注意以下几点：

1）关于地下室外墙侧的被动土压与桩共同承担地震水平力问题，我国这方面的情况比较混乱，大致有以下做法：假定由桩承担全部地震水平力；假定由地下室外的土承担全部水平力；由桩、土分担水平力（或由经验公式求出分担比，或由有限元法计算）。目前看来，桩完全不承担地震水平力的假定偏于不安全，因为从日本的资料来看，桩基的震害是相当多的，因此这种做法不宜采用；由桩承受全部地震力的假定又过于保守，因此，规范原则上可考虑承台正面填土与桩共同承担水平地震作用。

2）关于不计桩基承台底面与土的摩阻力为抗地震水平力的组成部分问题：主要是因为这部分摩阻力不可靠；软弱黏性土有震陷问题，一般黏性土也可能因桩身摩擦力产生的桩间土的附加应力下的压缩使土与承台脱空；欠固结土有固结下沉问题；非液化的砂砾则有震密问题等。实践中不乏有静载下桩台与土脱空,地震情况下震台桩台与土脱空的工程实例。此外,计算摩阻力亦很困难,因为解答此问题须明确桩基在竖向荷载作用下的桩、土荷载分担比。出于上述考虑,为安全计,规定不应考虑承台与土的摩擦阻抗。

对于目前大力推广应用的疏桩基础,如果桩的设计承载力按桩极限荷载取用则可以考虑承台与土间的摩阻力。因为此时承台与土不会脱空,且桩、土的竖向荷载分担比也比较明确。

下面是非液化土低承台桩基抗震承载力计算实例。

例1 有一多层钢筋混凝土框架结构、位于抗震设防区、需进行桩基抗震承载力验算。采用沉管灌注桩。每一桩基下设有9根桩。根据静载荷试验,已知三根试桩的单桩竖向极限承载力实测值分别为 $Q_1=1050\text{kN}$,$Q_2=1120\text{kN}$,$Q_3=1210\text{kN}$。试确定单桩的竖向抗震承载力特征值(静载试验法)。

【解】 单桩竖向极限承载力实测值的平均值

$$Q_{uk}=\frac{1050+1120+1210}{3}=1126.7\text{kN}$$

单桩竖向极限承载力实测值的极差 $1126.7-1050=76.7\text{kN}$

$$\frac{极差}{平均值}=\frac{76.7}{1126.7}=6.8\%<30\%$$

单桩竖向承载力特征值 $R_a=\frac{1126.7}{2}=563.4\text{kN}$

根据《建筑抗震设计规范》4.4.2条第1款非液化土中低承台桩基的单桩竖向抗震承载力特征值可均比非抗震设计时提高25%,即 $R_{aE}=1.25\times563.4=704.3\text{kN}$。

例2 房屋和地基情况同例1,根据土的物理指标与承载力参数之间的经验关系确定单桩竖向承载力特征值 $R_a=600\text{kN}$。已知桩身混凝土强度确定的单桩竖向力承载力 $R=550\text{kN}$。试确定单桩的竖向抗震承载力特征值(经验参数法)。

【解】 由于桩的承载力由桩身材料强度确定,故在非抗震情况下,单桩的竖向极限承载力 $R_a=550\text{kN}$

根据《建筑抗震设计规范》,单桩竖向抗震承载力特征值为

$$R'_{aE}=1.25\times550=687.5\text{kN}$$

3. 液化土中的低承台桩基抗震验算(seismic check analysis of low cap pile in liquefied soil)

存在液化土层的低承台桩基抗震验算,应符合下列规定:

1) 对一般浅基础,不宜计入承台周围土的抗力或刚性地坪对水平地震作用的分担作用。

2) 对于液化土中的低承台桩基,且桩承台底面上、下分别有厚度不小于1.5m、1.0m的非液化土或非软弱土层时,可按下列两种情况分别进行抗震验算:

a. 桩承受全部地震作用,桩承载力可按非液化桩基土规定的原则确定,但液化土层的桩周摩擦力、水平抗力,均宜乘以液化影响折减系数,其值按表7-13采用。

b. 地震作用按水平地震影响系数最大值的10%采用,桩承载力仍可按非液化桩基规

定的原则确定，但应扣除液化土层的桩周摩擦力和桩承台下 2m 深度范围内非液化土层的桩周摩擦力。

土层的液化影响折减系数 表 7-13

标贯比 λ_N	深度（m）	折减系数
$\lambda_N \leqslant 0.6$	$d_s \leqslant 10$	0
	$10 < d_s \leqslant 20$	1/3
$0.6 < \lambda_N \leqslant 0.8$	$d_s \leqslant 10$	1/3
	$10 < d_s \leqslant 20$	2/3
$0.8 < \lambda_N \leqslant 1$	$d_s \leqslant 10$	2/3
	$10 < d_s \leqslant 20$	1

3) 打入式预制桩及其他挤土桩，当平均桩距为 2.5~4 倍桩径且桩数不少于 5×5 时，可计入打桩对土的加密作用及桩身对液化土变形限制的有利影响。当打桩后桩间土的标准贯入锤击数值达到不液化的要求时，单桩承载力可不折减，但对桩尖持力层作强度校核时，桩群外侧的应力扩散角应取为零。打桩后桩间土的标准贯入锤击数宜由试验确定，也可按下式计算：

$$N_l = N_p + 100\rho(1 - e^{-0.3N_p}) \tag{7-54}$$

式中 N_l——打桩后的标准贯入锤击数；
  ρ——打入式预制桩的面积置换率；
  N_p——打桩前的标准贯入锤击数。

下面是存在液化土层低承台桩基的抗震验算（桩承受全部地震作用）计算实例。

例 1) 某建筑物地下钻孔资料见表 7-14。地质年代属 Q_3 以后，地下水位接近地表，取地下水深度为零，基础埋深取 2.8m，按 7 度设防。试进行液化的初判。

地下钻孔资料 表 7-14

序号	土层名称	黏粒含量 ρ_c	层底标高 (m)	厚度自地面算起 (m)	侧阻力极限值 (kPa)	端阻力极限值 (kPa)	液化范围
1	素填土		-1.2	1.2			
2	粉质黏土		-2.6	1.4	32		
3	淤泥质土		-4.8	2.2	18		
4	黏 土		-9.8	5.0	85	2500	
5	粉 土	2	-13.2	3.4	45	1600	
6	粉 砂	0	-15.9	2.7	84	2700	液化层
7	粉 砂	0	-18.5	2.6	90	3000	液化层
8	粉 土	8	-27.90	9.4	86	2900	

2) 地质勘探报告中给出了各层土的桩侧摩阻力极限值和桩端端阻力极限值，如表 7-14 所示。建筑物±0.000 位于钻孔地表上 1m 处，地下水位为地表高度。建筑物在 7 度地震作用下与竖向荷载进行标准组合后，作用在±0.000 处的内力总和为 $N=28730\text{kN}$，$M=12570\text{kN·m}$，$V=1475\text{kN}$ 采用低承台桩基，承台底面标高为 -1.8m（自±0.000 算起，埋深 2.8m），承台底面为 14.4m×14.4m。预制桩选择为 $d=0.6$m 的高强混凝土预制管桩。桩长取 15.7m，进入非液化土层深度取 1.5m。单桩竖向承载力特征值通过静载试验取 $R_a=1400\text{kN}$，水平承载力特征值 $R_{Ha}=55\text{kN}$。桩布置间距取 $4d$ 为 2.4m，布置见图 7-26。试对桩进行承受全部地震作用的抗震验算。

【解】 1) 由于地质年代属 Q_3 以后，因此根据本书 7.11.3 中地基液化的初判第 1 条不符合。7度设防，粉土中最大黏粒含量为8，因此第2条也不符合。验算第3条时先确定相应数值：

$d_w=0$；$d_b=2.8m$；$d_u=9.8-2.2$（淤泥质土）$=7.6m$；$d_0=6$或7中取7（表7-10）。

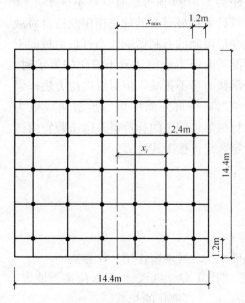

图7-26 桩基布置图

根据式（7-49） $d_u>d_0+d_b-2$
$7.6<7+2.8-2=7.8$

根据式（7-50） $d_w>d_0+d_b-3$
$0<7+2.8-3=6.8$

根据式（7-51） $d_u+d_w>1.5d_0+2d_b-4.5$
$7.6+0<1.5\times7+2\times2.8-4.5=11.6$

3个式子均不满足要求，因此需进一步进行标贯判别。

2）由于桩承台底面上、下分别有厚度不小于1.5m、1.0m的非液化土层。桩承受全部地震作用，桩承载力特征值提高25%，液化土的桩周摩阻力及桩水平抗力均应乘以《建筑抗震设计规范》表4.4.3的折减系数。

（1）不考虑液化时单桩竖向承载力

承台底标高为$-1.8m$，已进入粉质黏土层，尚有$2.6-1.8=0.8m$厚与桩产生摩阻，计入桩进承台0.1m，则这部分摩阻力应为

$$0.9\times\pi\times0.6\times32=54.3kN$$

③④⑤⑥层总侧摩阻力为

$$\pi\times0.6\times(2.2\times18+5\times85+3.4\times45+2.7\times84)=1591.68kN$$

桩进入⑦层深度为1.5m，相应侧摩阻力为

$$1.5\times\pi\times0.6\times90=254.34kN$$

总计 $54.3+1591.68+254.34=1900.32kN$

桩端阻力（进入⑦层）为

$$\frac{\pi\times0.6^2}{4}\times3000=847.8kN$$

单桩竖向承载力极限值应为两者之和即

$$1900.32+847.8=2748.12kN$$

按《建筑地基基础设计规范》规定应将此值除以2作为单桩竖向承载力特征值，有

$$R_a=2748.42/2=1374.1kN$$

与静载试验结果$R_a=1400kN$相近，因此仍取试验值。

（2）考虑液化折减后承载力特征值计算

两层液化土中三个液化点的实际标贯锤击数与临界锤击数之比分别为

$$\frac{9}{11.55}=0.779;\ \frac{11}{13.59}=0.81;\ \frac{12}{14.4}=0.83$$

根据《建筑抗震设计规范》表 4.4.3，从安全出发，取折减系数均为 2/3，则侧摩阻力应减少

$$(3.4 \times \pi \times 0.6 \times 45 + 2.7 \times \pi \times 0.6 \times 84)/3 = 238.8 \text{kN}$$

① 单桩竖向极限承载力应为

$$2800 - 238.8 = 2561.2 \text{kN}$$

特征值应为

$$2561.2/2 = 1280.6 \text{kN}$$

抗震验算时提高 25%，因此单桩竖向抗震承载力特征值为

$$1280.6 \times 1.25 = 3201.5 \text{kN}$$

② 水平向承载力特征值也按竖向比例折减为

$$45 \times \left(1 - \frac{238.8}{2800}\right) = 41.2 \text{kN}$$

再提高 25%，最终水平向抗震承载力特征值为

$$41.2 \times 1.25 = 57.5 \text{kN}$$

(3) 验算轴心竖向力作用下单桩承载力

上部传下轴力 $N = 28730 \text{kN}$，承台及其以上土重（水位下取浮重度）约为

$$14.4 \times 14.4 \times 1.0 \times 20 + 14.4 \times 14.4 \times 1.8 \times 10 = 7879.7 \text{kN}$$

总竖向力为 $28730 + 7879.7 = 36609.7 \text{kN}$

单桩承受竖向荷载 $Q = 36609.7/36 \text{kN} = 1016.9 \text{kN} < 3201.5 \text{kN}$

验算偏心竖向力作用下单桩承载力，按《建筑地基基础设计规范》，承受最大荷载为

$$Q_{max} = Q + M_{底} \cdot x_{max}/\Sigma x_i^2$$

式中 $M_{底} = 12570 + 1475 \times 2.8 = 16700$，$x_{max} = 6\text{m}$

$$Q_{max} = 1016.9 + 16700 \times 6/(1^2 + 3^2 + 5^2) \times 2 \times 6$$
$$= 1255.5 \text{kN} < (1.2 \times 3201.5) \text{kN} = 3841.8 \text{kN}$$

上述两种验算均满足。

(4) 单桩水平承载力验算

单桩承受的水平荷载为 $1475/36 = 41 \text{kN} < 51.5 \text{kN}$ 满足。

7.11.6 桩基抗震设计步骤（steps of seismic design）

在上述桩基验算原则下，桩基抗震步骤为：

1) 首先取得作用于桩顶的荷载，亦即从基础顶面的水平地震力中减去承台侧面与地震力前方的土抗力及基础底面土的摩擦力，得到作用于桩顶的水平荷载（但各个规范考虑土抗力与底面摩阻力的方法不尽相同，此点应注意）。

作用于桩顶的总竖向荷载与弯矩可自地震荷载组合的上部结构计算结果直接得到，并取用，但需将基础自重加入竖向荷载中。

2) 求出作用于各单桩顶的荷载，这一步与静载下的做法相同。

3) 求桩身的内力（剪力与弯矩）：与静载情况时一样，用 m 法求出桩身各深度处的弯矩与剪力。

4) 强度校核：如求出桩上的轴力、弯矩或剪力大于桩的承载力或抗剪抗弯强度则不容许。

具体对桩顶，要求：

轴力平均值 $N \leqslant [N]_e$

轴力最大值 $N_{max} \leqslant 1.2[N]_e$

桩顶剪力 $Q \leqslant [Q]_e$

上面的$[N]_e$与$[Q]_e$是单桩的抗震时的竖向承载力与水平承载力。

7.11.7 桩基的抗震构造要求（seismic design requirement of pile）

除上述验算原则外，还应对桩基的构造予以加强。因为桩基理论分析已经证明，地震作用下的桩基在软、硬土层交界面处最易受到剪、弯损害，因此必须采取有效的构造措施，具体规定为液化土中桩的配筋范围，应自桩顶至液化深度以下符合全部消除液化沉陷所要求的距离，其纵向钢筋应与桩顶部相同，箍筋应加密。

国标《构筑物抗震设计规范》(1994) 中，对桩基的抗震构造要求按建筑物的重要性不同分别对待，并分别为 A、B、C 三个等级，如表 7-15 所示。具体要求如下：

桩基抗震性能类别　　　　　　　　　表 7-15

烈 度	构筑物重要性等级			
	甲	乙	丙	丁
7	C	C	C	C
8	B	B	C	C
9	A	A	B	B

1) C 类抗震性能：满足一般桩基础的构造要求。

2) B 类抗震性能：应满足 C 类的所有要求，并应按本款要求采取构造措施。

必须将桩中钢筋锚入承台，锚固长度应满足受拉要求；桩身箍筋弯钩弯折 135°，钩后延伸 $10d$；在软硬土层（相邻两层剪切模量之比超过 1.6 时）界面上下各 1.2m 范围内，箍筋宜按桩顶箍筋直径、间距采用。

灌注桩：顶部 10 倍桩径长度范围内应配置钢筋，当桩的设计直径为 300～600mm 时，配筋率不应少于 0.4%～0.65%（小桩径取高值，大桩径取低值）；桩身上部 60mm 以内，箍筋直径不应小于 $\phi 6$，间距不应大于 100mm；箍筋宜采用螺旋式或焊接环式。

预制桩：纵向钢筋的最小配筋率不应小于 1%，在桩顶与承台连接处的 1.6m 长度以内，桩身箍筋直径不应小于 $\phi 6$，间距不应大于 100mm，须采用拼接桩时，应采用钢板电焊接头。

钢管桩：桩顶部应配置纵筋（配筋率不低于混凝土截面的 1%），钢筋锚固长度应满足受拉要求。

3) A 类抗震性能：应满足对 B 类的全部要求，并应按本款要求采取构造措施。

灌注桩：桩中应按计算配置钢筋；在桩身上部 1.2m 以内箍筋最大间距不应小于 80mm，且不应大于 $8d$（d 为纵向钢筋直径）；当桩径≤500mm 时，应采用 $\phi 8$ 箍筋，其他桩径时应采用 $\phi 10$。

预制桩：纵向钢筋的最小配筋率不应小于 1.2%，在桩顶与承台连接处的 1.6m 范围以内，桩身箍直径不应小于 $\phi 8$，间距不应大于 100mm。

钢管桩：钢管桩与承台的连接应按受拉设计，拉力值可按桩竖向容许承载力的 1/10

采用。对于独立桩基承台，宜在相互垂直的两个水平方向上设置承台连系梁，并以柱重力荷载的 1/10 为轴力，按拉压杆设计。

7.12 特殊条件下桩基的设计原则

7.12.1 软土地区的桩基设计原则

对于软弱土层中，根据《建筑桩基技术规范》，从桩基安全合理设计的角度出发，一般应考虑以下设计原则：

1）根据上部结构的荷载特点、工程的环境条件和地质条件，选择合适的桩型。

2）软土地基特别是沿海深厚软土区，一般坚硬地层埋置很深，桩基宜选择中、低压缩性土层作为桩端持力层。桩端全断面进入持力层的深度，对于黏性土、粉土不宜小于 $2d$；砂土不宜小于 $1.5d$；碎石类土，不宜小于 $1d$。当存在软弱下卧层时，桩端以下硬持力层厚度不宜小于 $3d$。

3）在高灵敏度厚层淤泥质土中采用沉管灌注桩、预应力管桩要考虑挤土效应。即桩间距要满足规范规定，对非饱和土最小中心距宜不小于 $3.5d$，对饱和软土最小中心距宜不小于 $4d$。桩身钢筋笼长度必须穿过软土层，桩身混凝土强度等级不应低于 C20。

4）对于易液化的软弱砂土地层的桩基设计施工时要考虑打桩后可能引起的液化效应，原则上液化土层中不能采用锤击式、振动式的沉管灌注类桩型（如要采用则应先采取降水措施），可以采用预制类桩型或钻孔灌注类桩型。

5）由于软土地基中钻孔灌注桩普遍采用泥浆护壁，泥皮效应使得桩侧阻下降，桩持力层扰动和沉渣处理不干净易使端阻降低，因此软土中桩基建议最好使用桩底桩侧后注浆技术以提高单桩承载力和使群桩沉降均匀。

6）软土地区桩基由于下列原因可能产生负摩阻力，在设计时必须考虑。

a. 新近沉积的欠固结土层；

b. 欠固结的新填土；

c. 使用过程地面大面积堆载；

d. 大面积场地降低地下水位；

e. 周围大面积挤土沉桩引起超孔隙水压和土体上涌等在孔压消散时。

实际上应视具体工程情况考虑桩侧负摩阻力对基桩的影响，关键在于设计和施工时要预先考虑，特别是在大面积降水开挖的时候和小区中心花园等大面堆载时要考虑负摩阻力。

7）桩基施工过程要考虑下列因素：

a. 挤土式预制桩、预应力管桩施工：优点是速度快，成桩质量看得见，经济性好，一般适用于建筑层数在 25 层以下的高层建筑和大型构筑物。缺点一是要考虑打桩挤土效应引起桩身本身的上浮、偏位、倾斜、接桩等质量问题；二是要考虑打桩对邻近建筑物、道路和管线等环境条件的影响破坏情况，做好防挤防灾对策（如预先采取打应力释放孔、隔挤沟和减轻挤土效应等措施）。不宜适用于桩端持力层很硬且高差变化很大的地层，因为此时桩端稳定性不好。

b. 挤土式沉管灌注桩施工优点是速度快、造价低，一般适用于 7 层以下的多层建筑和中小型厂房等，缺点是要考虑桩间距，同时要严格控制拔管速度，避免缩颈、断桩的出现，钢筋笼长度应超过淤泥质地层厚度。混凝土强度等级一般宜采用C20及以上。一般不宜适用于桩端持力层高差变化很大的倾斜地层。

c. 非挤土式成孔灌注桩优点是适用性广，适用于所有大小不同类型的建筑和不同的地层，缺点是造价相对较高。在软土中，端承型桩应通长配筋，摩擦型桩钢筋笼长度宜超过淤泥质地层的厚度，混凝土强度等级应采用C20及以上。施工中应避免缩扩径现象发生，同时严格控制入持力层深度和减少沉渣厚度。

8) 在软土地基桩基设计中要考虑基坑开挖对已成桩的影响问题。

7.12.2 填土中桩基设计原则

建筑桩基常遇到的填土地层主要是杂填土和冲填土，填土中桩基的设计一般应遵循以下一些原则：

1) 桩基设计时应注意冲填土料很细时，水分难以排出，土层下部往往处于未固结状态，常产生触变现象。

2) 对于含黏土颗粒较多的冲填土，评估其地基的变形和承载力时，应考虑欠固结的影响，对于桩基则应考虑桩侧负摩擦力的影响。

3) 杂填土当荷载增加到一定量级时浸水，则变形剧增，有湿陷性，桩基设计应予以考虑。

4) 在特殊的条件下，由建筑垃圾或旧基础构成的杂填土会在地表或地表下不深处形成一硬壳层，此种情况将不利于沉桩，但在桩承受水平力的情况下，该层将起着一种"隐支撑梁"的作用，有利于桩的支护作用。此外，在有些情况下，杂填土系以有机质含量较多的生活垃圾或对混凝土有侵蚀性的工业垃圾为主构成，设计桩基时要考虑适当的处理方法。

5) 穿过填土打入下卧土层或岩层中的桩，由于填土自重固结产生下沉，其下卧土层也因填土重量的影响产生固结下沉，由于桩周土的下沉一般大于桩身的下沉，这样桩身就作用有一种向下的摩擦力，即负摩擦力。负摩擦力问题是填土地层中桩基设计的关键问题，因为负摩擦力会导致桩身荷载增大，致使桩身强度破坏，或桩端持力层破坏。

7.12.3 湿陷性黄土地区的桩基设计原则

根据《建筑桩基技术规范》，黄土中的桩基设计一般应遵循以下一些原则：

1) 湿陷性黄土地区的桩基，由于土的自重湿陷对基桩产生负摩阻力，非自重湿陷性土由于浸水削弱桩侧阻力，承台底土抗力也随之消减，导致基桩承载力降低。为确保基桩承载力的安全可靠性，桩端持力层应选择低压缩性的黏性土、粉土、中密和密实土以及碎石类土层。

2) 湿陷性黄土地基中的单桩极限承载力的不确定性较大，故其确定方法应考虑这种特殊性，对于不同设计等级的建筑桩基分别采用不同可靠性的确定方法。

湿陷性黄土地基中的单桩极限承载力，应按下列规定确定：

a. 对于设计等级为甲级建筑桩基应按现场浸水载荷试验并结合地区经验确定；

b. 对于设计等级为乙级建筑桩基，应参照地质条件相同的试桩资料，并结合饱和状态下的土性指标、经验参数公式估算结果综合确定；对于设计等级为丙级建筑桩基，可按饱和状态下的土性指标采用经验参数公式估算。

3) 自重湿陷性黄土地基中的单桩极限承载力，应视浸水可能性、桩端持力层性质、建筑桩基设计等级等因素考虑负摩阻力的影响。

4）灌注桩宜采用后注浆工法，增强承载力。实践表明，湿陷性黄土地区灌注桩经后注浆后，承载力增幅较大，稳定性明显提高。

7.12.4 冻土地基中的桩基设计原则

土层冻结时，水分由下部土体向冻结锋面聚集而形成水分迁移，结果导致在冻结面上形成了冰夹层和冰透镜体，使得冻层膨胀，地表隆起。土体的冻胀变形引起内力进行重分布，并在冻结界面上产生冻胀应力。当冻深和土冻胀性都较大时，桩基础是较合适的基础形式之一。

1. 多年冻土（permafrost）

在多年冻土地区大多用桩来控制冻融循环引起的体积变化所产生的不均匀沉降。桩的承载力通常是通过回填在桩周孔隙中的泥浆或其他材料与桩表面间的冰冻粘着力获得的。如果在合理深度处能找到合适的土层，则承载力可主要由端阻力提供。但在绝大多数情况下，桩—土—冰的共同作用构成了很大一部分承载力，在桩贯入含冰多的细粒土时尤其是这样。对于多年冻土，桩基适用于如下的情况和设计原则：

1）控制冰的蠕变沉降和保证足够的附加冻结侧阻力，这两个因素都与温度有关，这就要求设计中采用极低的粘着应力（高安全系数）并估计可能出现的高温，因为粘着力随温度增加而降低（蠕变则减少）；

2）当冻土层较厚（>15～20m）、年平均地温较低、室内采暖温度不高和占地面积不大时，可保持地基土处于冻结状态；

3）当冻土温度不稳定、建筑物将散放出较大的热量、地基土的融沉及压缩变形较大时，可允许地基土逐渐融化；

4）当在冻土地区采用桩基时，除进行常规的桩基验算外，还应进行桩的抗拔验算。

2. 季节性冻土（seasonal frozen soil）

季节性冻土中桩基设计主要应考虑冻胀引起的基桩抗拔稳定性问题，避免冻胀力作用下产生上拔变形，乃至因累积上拔变形而引起建筑物开裂。因此，对于荷载不大的多层建筑桩基设计应考虑以下诸因素：桩端进入冻深线以下一定深度，设计冻深应按下式进行计算：

$$z_d = z_0 \cdot \psi_{zs} \cdot \psi_{zw} \cdot \psi_{ze} \tag{7-55}$$

式中 z_d——设计冻深。若当地有多年实测资料时，也可：$z_d = h' - \Delta z$，h' 和 Δz 分别为实测冻土层厚度和地表冻胀量；

z_0——标准冻深。系采用在地表平坦、裸露、城市之外的空旷场地中不少于10年实测最大冻深的平均值；

ψ_{zs}——土的类别对冻深的影响系数，可按表7-16取值；

ψ_{zw}——土的冻胀性对冻深的影响系数，可按表7-17取值；

ψ_{ze}——环境对冻深的影响系数，可按表7-18取值。

土的类别对冻深的影响系数 ψ_{zs} 表7-16

土的类别	影响系数 ψ_{zs}	土的类别	影响系数 ψ_{zs}
黏性土	1.00	中、粗、砾砂	1.30
细砂、粉砂、粉土	1.20	碎石土	1.40

土的冻胀性对冻深的影响系数 ψ_{zw}　　　　　表 7-17

冻胀性	影响系数 ψ_{zw}	冻胀性	影响系数 ψ_{zw}
不冻胀	1.00	强冻胀	0.85
弱冻胀	0.95	特强冻胀	0.80
冻　胀	0.90		

环境对冻深的影响系数 ψ_{ze}　　　　　表 7-18

周围环境	影响系数 ψ_{ze}	周围环境	影响系数 ψ_{ze}
村、镇、旷野	1.00	城市市区	0.90
城市近郊	0.95		

注：环境影响系数一项，当城市市区人口为 20~50 万时，按城市近郊取值；当城市市区人口大于 50 万小于或等于 100 万时，按城市市区取值；当城市市区人口超过 100 万时，按城市市区取值，5km 以内的郊区应按城市近郊取值。

3. 冻土中桩基的设计参照《建筑桩基技术规范》，一般有下列一些设计原则：

1）桩端进入冻深线以下的深度，应通过抗拔稳定性验算确定，且不得小于 4 倍桩径及 1 倍扩大端直径，最小深度应大于 1.5m。

2）为了减少和消除冻胀对建（构）筑物桩基的作用，宜采用钻、挖孔（扩底）灌注桩。

3）确定桩基竖向承载力时，除不计入冻胀深度范围内的桩侧阻力外，还应考虑地基土的冻胀作用，验算桩基的抗拔稳定性和桩身受拉承载力。

4）为消除桩基受冻胀作用的危害，可在冻胀深度范围内，沿桩周及承台作隔冻、隔胀处理。

7.12.5　膨胀土中桩基设计原则

膨胀土中的桩基设计（pile design of expansive soil）主要应考虑膨胀对于基桩抗拔稳定性问题，避免膨胀力作用下产生上拔变形，乃至因累积上拔变形而引起建筑物开裂。因此，对于荷载不大的多层建筑桩基设计应考虑以下诸因素：桩端进入膨胀土的大气影响急剧层以下一定深度；宜采用无挤土效应的钻、挖孔桩；对桩基的抗拔稳定性和桩身受拉承载力进行验算；对承台和桩身上部采取隔胀处理。

《建筑桩基技术规范》对膨胀土中的桩基设计作了如下的规定：

1）桩端进入膨胀土的大气影响急剧层以下的深度应满足抗拔稳定性验算要求，且不得小于 4 倍桩径及 1 倍扩大端直径，最小深度应大于 1.5m。

2）为减小和消除膨胀对建筑物桩基的作用，宜采用钻、挖孔（扩底）灌注桩。

3）确定基桩竖向极限承载力时，除不计入膨胀深度范围内桩侧阻力外，还应考虑地基土的膨胀作用，验算桩基的抗拔稳定性和桩身受拉承载力。

4）为消除桩基受膨胀作用的危害，可在膨胀深度范围内，沿桩周及承台作隔胀处理。

7.12.6　岩溶地区的桩基设计原则

岩溶地区的基岩表面起伏大，溶沟、溶槽、溶洞往往较发育，无风化岩层覆盖等特点,设计应把握三方面要点:一是基桩选型和工艺宜采用钻、冲孔灌注桩,以利于嵌岩;二是应控制嵌岩最小深度,以确保倾斜基岩上基桩的稳定;三是当基岩的溶蚀极为发育,溶沟、溶槽、溶洞密布,岩面起伏很大,且上覆土层厚度较大时,考虑到嵌岩桩桩长变异性过大,嵌岩施工难以实施,也可采用较小桩径($\phi500\sim\phi700$)密布非嵌岩桩,并后注浆,形成整体性和刚度很大的块体基础。根据《建筑桩基技术规范》岩溶中桩基设计应遵循以下原则:

1) 岩溶地区的桩基,宜采用钻、冲孔桩。当单桩荷载较大,岩层埋深较浅时,宜采用嵌岩桩。

2) 桩端置于倾斜基岩面上的嵌岩桩,桩端应全截面嵌入基岩,最小嵌岩深度不宜小于 $0.4d$,且不宜小于 $0.5m$。

3) 当岩面较为平整且上覆土层较厚时,嵌岩深度宜为 $0.2d$ 且不小于 $0.2m$;当基岩面起伏很大且埋深较大时,可采用较小桩径、小桩距的后注浆非嵌岩摩擦型灌注桩。

7.13 桩端桩侧后注浆设计

桩端桩侧后注浆技术被实践证明是一项提高钻孔灌注桩竖向承载力减少群桩不均匀沉降的有效技术,它对桩持力层为卵砾石层、粗砂层、粉砂层效果最好,承载力提高幅度高。对于桩持力层为基岩、黏土层主要是固化桩端沉渣从而减小变形。桩端桩侧后注浆的设计关键是桩基注浆方案的设计、注浆头的设计、注浆量与注浆压力的设计及注浆后桩承载力的设计。

7.13.1 注浆方案设计

注浆方案的设计主要依据上部结构的荷载特点、场地地质条件、桩型及桩的使用要求来设计。对于钻孔灌注桩由于施工时一般是泥浆护壁、桩端沉渣难清理干净、桩端持力层扰动,当其主要承受竖向抗压荷载时则使用桩端注浆方案设计。当其作为抗拔桩使用时,则应做桩侧注浆方案设计。

7.13.2 桩端注浆设计

1. 注浆头设计

注浆头设计有很多方法,最早使用的是自行车内胎包扎法、气囊法等,目前广泛使用的是打孔包扎法、单向阀法、U 型管法,如图 7-27~图 7-29 所示。打孔包扎法由于简单经济且适用于不同桩径、不同桩长的桩,所以使用最广;U 型管法主要适用于公路桥梁的超大直径桩。

2. 注浆量与注浆压力设计

桩底注浆设计中注浆量是主控因素,注浆压力是辅控因素,两者的关系见图 7-30。在桩底注浆设计时主要依据桩端持力层的厚度、扩散性、渗透性、桩承载力的提高要求、桩径大小、桩端沉渣的控制程度等来确定单桩注浆量,由于桩底注浆通常是注入纯水泥浆,水灰比一般为 $0.4\sim0.7$,所以桩端注浆量是以注入水泥量来计算的,表 7-19 是根据浙江省三十多个工地实践得出的单桩注入水泥量设计值。注浆压力通常要小于 $10MPa$,在砂砾层中注浆压力一般为 $2\sim4MPa$,与注浆顺序、注浆节奏、砂砾层的含泥量等许多因素有关。

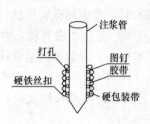

图 7-27 浙大打孔包扎注浆头

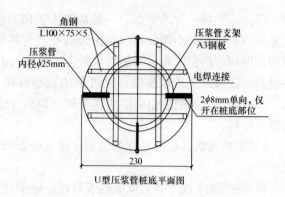

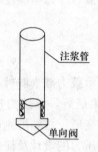

图 7-28 油嘴单向阀型注浆头

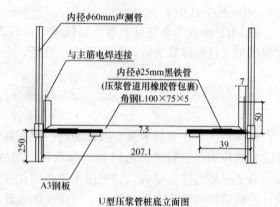

图 7-29 U型管法示意图

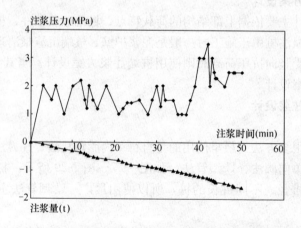

图 7-30 浙江大学港湾家园 14M3 注浆压力、注浆量曲线

一般地层注浆水泥量的设计经验数据表（单位：kg） 表 7-19

桩直径 (mm)	渗透性好的砾石层持力层厚	渗透性好的砾石层持力层薄	渗透性差的砾石层持力层厚	渗透性差的砾石层持力层薄	桩持力层为基岩	桩持力层为黏土
800	2000~3000	1000~1500	1000~1500	800~1000	约400	约600
1000	3000~4000	1500~2500	1500~2500	1000~2000	约600	约800
1200	400~5000	2500~3500	2500~3500	2000~3000	约800	约1000
1500	≥5000	≥3500	≥3500	≥3000	约1000	约1200

3. 桩端注浆桩的承载力设计

桩端后注浆灌注桩（post-grouted bored pile）的单桩极限承载力，应通过静载试验确定。经过桩端后注浆，不但端阻力有了较大提高，桩侧摩阻力也有较大提高。单桩竖向抗压极限承载力增幅在砂砾层中通常可按提高40%，中砂层中提高30%，粉砂层中提高25%，黏土层和淤质土层提高10%～15%，基岩中提高15%来设计，主要与桩底土层性状和桩底注浆的注浆量及注浆工艺有关。桩底压力注浆后灌注桩的单桩竖向极限承载力由注浆后桩土体系的极限承载力 Q_{uk} 和桩身混凝土本身的抗压承载力决定。

1) 注浆后的桩土体系单桩极限承载力 Q_{uk} 计算

$$Q_{uk}=u\Sigma \beta_{si}q_{sik}l_i+\beta_p q_{pk}A_p$$

式中　β_{si}——侧阻力增强系数，可按表7-20取值，侧阻提高主要是因为桩端注浆浆液沿着桩侧泥浆面从下而上爬升从而使桩侧泥皮得到固化，强度提高；

　　　β_p——端阻力增强系数，可按表7-20取值，端阻提高主要是桩端注浆浆液使桩端持力层扰动、桩端沉渣、桩端孔隙得到了固化，从而使桩端持力层强度提高。

q_{sik}、q_{pk}——为地质报告提供的普通钻孔灌注桩的单位侧阻和单位端阻值；

根据笔者课题组对100多根注浆桩与未注浆桩的静载试验对比得到设计可以使用的注浆侧阻力、端阻力增强系数 β_{si} 和 β_p 见表7-20。灌注桩注浆后单桩极限承载力值按预制桩 q_{sk} 及 q_{pk} 值计算。

后注浆侧阻力增强系数 β_{si}、端阻力增强系数 β_p　　　　表7-20

土层名称	淤泥质土	黏性土	粉土	粉砂、细砂	中砂	粗砂砾砂	砾石卵石	基岩
β_{si}	1.1	1.1	1.15	1.2	1.25	1.3	1.3	1.2
β_p	1.1	1.2	1.25	1.3	1.35	1.4	1.5	1.2

从表中可以看出，桩端持力层为砂砾石层的桩端后注浆效果最好，设计使用的单桩竖向极限承载力可比用地质资料提供的 q_{sik} 和 q_{pk} 值提高30%～40%；粉土、粉砂可提高20%～25%；淤泥质土和黏性土及基岩桩端注浆作用主要是固化桩端沉渣，减少变形量，其极限承载力可按提高10%～20%来设计。桩端注浆的另一个最大好处是减少群桩的变形量且使沉降均匀。

2) 桩身混凝土本身的竖向抗压极限承载力按下式计算

$$Q_k=\varphi\psi_c f_{ck}A$$

式中　φ——桩的稳定系数。针对浙江实际建议对桩径800mm以上的桩当桩长 $L<60$m 时 $\varphi=1.0$，当 $L>60$m 时 $\varphi=0.9$；桩径小于800mm的桩取0.9。

　　　ψ_c——基桩施工工艺系数，钻孔桩取 $\psi_c=0.8$（考虑缩颈等情况）；

　　　f_{ck}——桩身混凝土的极限抗压强度；

　　　A——桩身混凝土截面积；

3) 桩端注浆设计时取 Q_{uk} 与 Q_k 值两者中的小值作为单桩竖向极限承载力值，如有现场静载试验资料则用静载试验资料来设计。由于桩端持力层为砂砾层时桩端注浆后其桩的破坏方式往往表现为桩身强度破坏，因此，桩底后注浆桩要求提高桩身混凝土的设计强度以满足桩土体系的承载力要求，所以一般桩身混凝土设计强度要在 C30 混凝土以上，对于桩身穿过淤泥质土地层时要求钢筋笼通长配筋（主筋根数桩下部可以减半配置）。

7.13.3 桩侧注浆设计

桩侧后注浆顾名思义是在灌注混凝土前预埋桩侧注浆管，并在成桩后将桩侧不同深度的注浆孔打开，从桩底到桩顶分段对桩侧土注浆以达到固化泥皮提高桩侧土强度的施工技术。

桩侧注浆头的设计有图 7-31 所示的打孔橡胶管包扎法；单向阀法；沿不同深度埋设环形的 PVC 管（打孔）并用三通短管连接至桩顶的方法等等。桩侧注浆时将注浆内管放入预埋管的某一深度并将上下气囊打开定向注浆（图 7-32）。

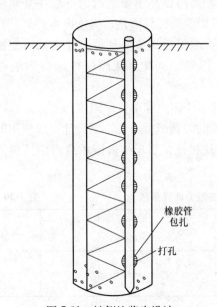

图 7-31 桩侧注浆头设计

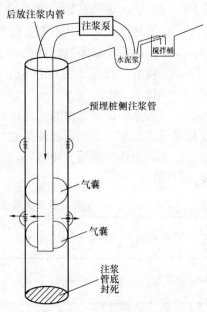

图 7-32 桩侧注浆示意图

桩侧注浆的注浆压力一般较低，它是从桩底到桩顶不同深度处注浆的，各段的注浆量也不一样，主要与桩侧土的类型和渗透性有关，常要间歇注浆，一般单桩注入水泥量为 1000～2000kg。要求注浆时也要实时记录注浆量—注浆压力与注浆时间的关系曲线。注浆后的侧阻力一般可以提高 20%～40%，甚至更高（与桩侧土性有关）。桩侧注浆的具体施工技术类同桩端注浆。

7.13.4 桩端后注浆设计应用

桩端后注浆可以减小桩端沉降，提高桩端土承载力，消除泥皮，提高桩侧土摩阻力，但不同的桩端持力层桩端注浆效果也不相同，另外，通过桩端注浆，也可减小桩径、桩长或将嵌岩桩改变成非嵌岩桩，以达到经济合理的效果。

1. 不同持力层桩底注浆效果

大量试桩结果表明，桩端压力注浆桩的极限承载力与未注浆桩相比，增幅为 30%～80%（砾石层）。

1) 砾石层的注浆效果分析

凤起路 B7 高层对四根试桩在注浆前后均作了静载试验，现将 S4 试桩注浆前后 Q-s

曲线分析如图 7-33 所示。S4 桩长 42.83m，桩径 $\phi800$，桩身 C25 混凝土，配筋 $12\phi16$，充盈系数 1.16，入砾石层 1.5m，注浆前桩试验龄期 43d，注浆后桩试验龄期 60d。

图 7-33 表明，砾石层中注浆后比注浆前承载力提高 50% 左右，且沉降减少明显。

2）粉土层中注浆效果分析

海宁市某大厦为 18 层高层，设计采用 $\phi800$mm 钻孔桩基础，桩身 C25 混凝土，桩身配筋 $12\phi16$，桩持力层为粉土层。

试桩 S1（桩底未注浆）和 S2（桩底注浆）均长 58.33m（从地面算起），施工 S2 桩桩底先灌 60cm 厚的碎石以便注浆，在 10 天后注入水泥量为 1500kg，最大注浆压力 3MPa，S1 桩桩底先灌 30cm 的碎石但没有注浆。在对 S1 试桩 48d 龄期和对 S2 试桩 56d 龄期时分别对两根桩进行了单桩竖向静荷载试验，试验结果如图 7-34 所示。

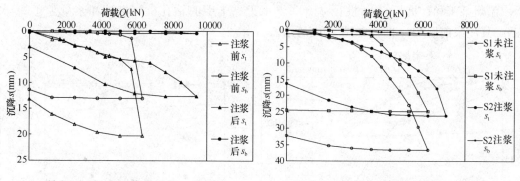

图 7-33　S4 桩注浆前后 Q-s 曲线　　　　图 7-34　海昌大厦注浆前后 Q-s 曲线

从上图中可以看出：

a. 桩底未注浆 S1 桩在桩顶加载至第四级荷载 2898kN 时，桩端开始有微小位移 0.06mm，此时桩顶累计沉降量为 3.92mm，继续加载到第十二级荷载 6210kN 时，桩顶累计沉降量为 36.62mm，桩端累计沉降量为 24.84mm。卸载后测得桩顶回弹量为 4.43mm，桩顶残余沉降量为 32.79mm，桩端残余沉降量为 24.54mm。

b. 桩底注浆 S2 桩（注入水泥 1500kg）在桩顶加载至第五级荷载 3312kN 时，桩端才开始有沉降量 0.32mm，此时桩顶沉降量为 1.36mm；加载至第十二级荷载 6210kN 时，桩顶累计沉降量为 14.35mm，桩端累计沉降量才 0.97mm；继续加载至 7038kN 时，桩顶累计沉降量为 26.14mm，桩端累计沉降量为 1.40mm。可见桩底注浆有效地减少了桩端沉降量并提高了单桩竖向承载力约 20%。卸载后测得桩顶回弹量为 9.87mm，桩顶残余沉降量为 16.27mm，桩端残余沉降量为 1.10mm。

从上述两根桩的试验结果对比发现：持力层为粉土的桩注浆后比不注浆桩端沉降量减少很多，且承载力可提高 20% 左右。

东海大桥，桩径 2.5m 的钻孔灌注桩，持力层为中砂层，桩长 110m，成功地采用桩端注浆，单桩极限承载力提高了 30%。

3）基岩中注浆效果

杭州某大楼地上 16 层，地下 2 层，大楼对振动和不均匀沉降有严格要求，其持力层为节理发育较好的中等风化安山玢岩。

设计采用钻孔灌注桩基础，桩长 45.5m，桩径均为 $\phi800$，C30 混凝土，桩入中等风化安山玢岩为 1.06m。2 根静载试桩 S1（不注浆）和 S2（注浆，注浆量为 700kg，初注压力 3~4MPa，最终注浆压力 7~8MPa，注浆开始至结束时间为 30min）。试验结果如图 7-35 所示。

从上图可见注浆前桩端最大沉降 10.8mm，注浆后桩端最大沉降仅为 0.1mm。这说明注浆对减少基岩中的桩的沉降量是有好处的。但实际上该例表明不注浆也能使单桩竖向承载力满足设计要求。另外瑞安安阳大厦的 $\phi1000$ 桩注浆与不注浆的静载试验对比也是上述结论。所以对持力层为基岩的桩，只要桩底沉渣能保证清理干净且基岩性状好，则没有必要实行桩底注浆。但对桩底沉渣不能保证及泥皮原因有特殊要求的桩，建议也可实行桩底注浆，因为桩底注浆同样也有效果。基岩中注浆量一般小于 1t 水泥。

4) 黏土中注浆效果分析

温州某工程：桩长 68m 桩径 $\phi1000$ 支承于黏土层的钻孔桩（桩端注浆量为 1.2t 水泥）。其注浆前后 Q-s 曲线如图 7-36 所示。

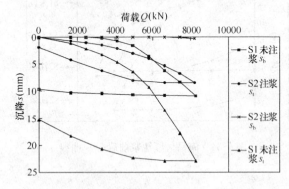

图 7-35 持力层为基岩桩注浆前后 Q-s 曲线

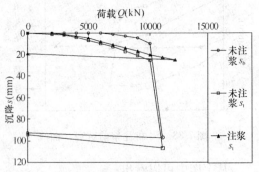

图 7-36 持力层为黏土桩注浆前后 Q-s 曲线

图 7-36 结果说明：持力层为黏土的钻孔桩，S1（未注浆）当加载至 11000kN 时桩端出现刺入破坏，累计沉降量达 113mm，未注浆时桩极限承载力可取 10000kN。S2（注浆后）当加载至 12000kN 时，桩顶累计沉降量为 33mm，其极限承载力提高约 20%。

上述两根持力层为黏土层的桩静载试验表明：在高荷载水平下未注浆桩表现出桩端刺入破坏（分析一是沉渣厚的刺入；二是黏土持力层本身的刺入）。注浆后桩端沉降量大为减少，同时承载力可提高约 15%。所以对黏土层作为桩基持力层的桩是否实行桩底注浆要从桩承载力设计值、施工方便、经济效益诸方面综合考虑，不能一概而论。

2. 注浆不但可以提高单桩承载力，最大优势是减小群桩变形量，使主群楼一体的建筑或上部结构荷载差异的构筑物沉降均匀

3. 注浆可以在相同桩径下选择较浅的持力层从而减少桩长，进而减少工程造价

通过对桩端后注浆对承载力的增加，在设计时便可适当地减小桩径或者桩长，从而达到缩短工期，减小成本的目的，实例可见下节中萧山开元名都大酒店的注浆设计。

大直径长嵌岩桩的施工难度相当大，施工速度慢，效率低，是施工企业最头痛的难题。应用桩端注浆可使泥浆护壁钻孔桩从嵌岩桩持力层改变为非嵌岩桩持力层。实例可见下节中萧山开元名都大酒店的注浆设计。

4. 注浆可以固化泥皮，提高桩侧土摩阻力

杭州市凤起路 B7 高层的四根试桩在注浆前后做了静载试验，同时在桩身内埋设了钢筋应力计，观测桩侧土摩阻力在注浆前后的变化情况。注浆前后侧阻结果如图 7-37 所示。从图 7-37 中可以看出，桩侧摩阻力在注浆后得到了明显提高。

5. 注浆可以固化沉渣和固化持力层扰动，减小桩端沉降，提高桩端土承载力

图 7-38 为杭州市凤起路 B7 高层桩端阻力与桩端位移曲线。可以看出，桩端阻力在注浆后得到了明显提高。

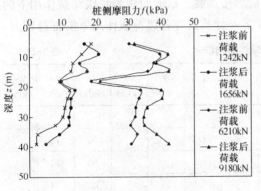

图 7-37　B7 高层不同荷载作用下各层土桩侧摩阻力

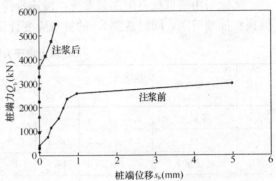

图 7-38　B7 高层桩端阻力与桩端位移曲线

宁波嘉和中心项目中，21 号试桩在第一次静载荷试验时，桩端发生严重的刺入破坏。后对该桩进行了桩端后注浆。注浆前后其 $Q\text{-}s$ 曲线如图 7-39 和图 7-40 所示。

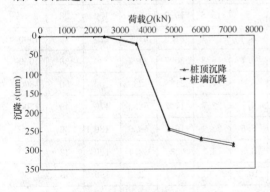

图 7-39　宁波嘉和中心 21 号试桩注浆前 $Q\text{-}s$ 曲线

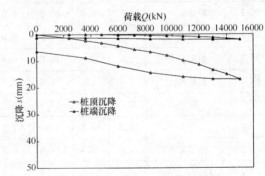

图 7-40　宁波嘉和中心 21 号试桩注浆后 $Q\text{-}s$ 曲线

对比图 7-39 和图 7-40 可以看到，通过桩端后注浆，有效地改善了桩端土性状，大大提高了桩的承载力。第一次静载荷试验时，在加载到 7200kN 时，桩顶沉降为 290.1mm，桩端沉降为 283.7mm，注浆后进行第二次静载荷试验，在加载到 15000kN 时，桩顶沉降仅为 16.93mm，桩端沉降仅有 1.99mm。

6. 普通灌注桩、挤扩灌注桩和注浆桩应用对比

为了对比软土地基中普通灌注桩、桩底后注浆桩和挤扩灌注桩得应用效果。本课题组对杭州某花园城的试桩进行了试验研究。该花园位于杭州市区，分南区、中区和北区三大块。中区共有 20～25 层的高层建筑 6 幢，7～15 层小高层建筑 10 幢。地基土物理力学性

质指标见表 7-21。

本次试验对普通灌注桩、挤扩支盘灌注桩和桩底后注浆灌注桩分别进行了单桩竖向静荷载试验，以进行对比分析。各类型桩的技术指标见表 7-22。

挤扩灌注桩 S2 和 S3 主桩径 800mm，设置三个承力盘，承力盘直径 1.6m，分别设置在 7-3 粉质黏土层，8-1 黏土层和 8-2 粉质黏土层。

注浆桩 S1 采用桩底后注浆技术，在成桩 15 天后高压灌注水泥浆液。

试验采用锚桩反力架加载系统，慢速维持荷载法加载。试验时观测每级荷载作用下的桩顶和桩端沉降，同时观测 S2 的桩身应变计读数，计算其在各级荷载作用下的桩身轴力。

地基土物理力学性质指标 表 7-21

编号	土层名称	埋深(m)	ω (%)	γ (kN/m³)	e	E_s (MPa)	I_p	φ (°)	c (kPa)	f_k (kPa)	q_{su} (kPa)	q_{pu} (kPa)
1-1	杂填土	0.4										
1-2	素填土	2.9	30.2	19.1	0.9	3	12.3			80	12	
2-1	粉质黏土		35.6	18.5	1	3.2	16.3			95	18	
2-2	粉质黏土	4.1	31.8	19.1	0.9	4.5	12.9	22	8	120	24	
2-3	黏质粉土		31.2	19	0.9	6	9.2	26.5	12	125	30	
3-1	淤泥质黏土	8.1	47.1	17.4	1.3	2.1	19	11.8	10.7	65	8	
3-2	淤泥质粉质黏土	15.3	41	17.9	1.2	2.6	14.4	19.9	8	75	12	
5-2	粉质黏土	16.4	32.5	19	0.9	4.2	15.8	22.5	14	110	20	
7-1	粉质黏土		30.9	19.2	0.9	5	15.8	19.9	39	150	28	
7-2	黏土	23.1	30.6	19.2	0.9	8.4	22.1	21.9	51.7	220	48	1500
7-3	粉质黏土	28	32.3	19	0.9	6.1	16.3	20.7	24.7	150	38	1000
7-4	粉质黏土		27	19.6	0.8	6.8	14.9	21.5	28	200	50	1800
7-5	黏土	30.7	33.5	18.9	0.9	9.7	22.7	17.7	52.3	170	49	1500
8-1	黏土	36.9	40.6	18	1.1	8.6	22.4	16.5	50.6	180	36	
8-2	粉质黏土	42.6	26.5	19.6	0.8	8.8	13.3	28	33.4	180	32	
9-1	粉砂、细砂	44.6	24.7	19.4	0.7	10.2	9	30.7	32	190	45	
9-2	砾砂					15				220	48	
9-3	圆砾	48.9				28				280	68	5000

试 桩 技 术 指 标 表 7-22

编号	桩型	桩径(mm)	桩长(m)	持力层	混凝土强度等级	支盘位置（地面标高下/m）
S1	注浆桩	800	46	9-3 圆砾	C30	
S2	三支盘	800	48.7	9-3 圆砾	C40	25.03，31.03，40.83
S3	三支盘	800	48.55	9-3 圆砾	C40	24.85，30.85，40.30
S4	普通桩	800	48.7	9-3 圆砾	C30	

1) Q-s_t 曲线分析

图 7-41 为四根试桩 Q-s_t（桩顶沉降）曲线。分析可以看到：

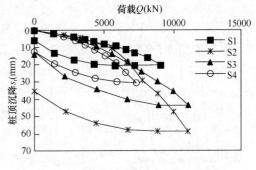

图 7-41　试桩 Q-s_t 曲线

a. 注浆桩 S1 与挤扩灌注桩 S3 的 Q-s_t 曲线均为缓变型，说明这两种类型桩均具有良好的承载性能。对比普通桩，单桩承载力均有提高，表现为在相同荷载水平下桩顶沉降减小，尤其在高水平荷载下，承载力提高幅度更大。

分析曲线还可以看到，支盘桩 S3 加载到 6600kN 时，桩顶沉降从上一级荷载下的 10.29mm 增加到 18.41mm，桩端沉降也相应从 1.50mm 增加到 6.33mm，随后沉降速率增大。表明桩端存在较厚沉渣。

b. 对于卵砾石持力层，当采用反循环施工工艺时，存在三个缺陷：一是施工容易使砂砾石层扰动，降低端阻；二是清孔时易于将其中的小颗粒清除，使得持力层孔隙比增大，压缩性增加；三是采用泥浆护壁，使侧阻降低，且由于泥浆渗入持力层空隙，使得清渣困难，端阻降低。

从 S3 的试验结果看，采用挤扩灌注桩并没有解决这三个问题。同时，在塑性指数较大或者状态较软的黏性土中，成盘会产生困难，挤压成腔时易发生腔体回缩，反复挤压放慢了施工进度，泥浆护壁同时给清孔增加了难度，此时施工技术就成为影响承载力的关键因素。

但在软土中采用桩底后注浆技术，较好地解决了上述问题，大幅度提高了其承载力并减小了沉降，更能减小群桩的不均匀沉降，而且施工简单。采用桩底后注浆技术关键是要根据不同土层确定合适的注浆工艺，控制正确的注浆压力和注浆量，选择恰当的浆液浓度和注浆节奏，在灌注时实行注浆量和注浆压力双控。

c. 分析图 7-41 曲线可以看到，在加载前期，支盘桩效果并不明显。这主要是因为该设计中的支盘位置比较靠下，最上面一个支盘位于地面标高下 24.85m，在较高的荷载水平下支盘才起到作用。因此在深厚软土地区，由于上部没有合适土层供设置支盘，支盘位置比较靠下，其承载性能及发挥时间与在非软土中不同，适用效果还需要进一步探讨。

加载后期，注浆桩与支盘桩出现了不同的发展趋势，注浆桩 Q-s_t 曲线更加平缓，承载力更高。分析原因，一是支盘桩在挤扩过程中对土体产生扰动，降低了侧阻和承载力；二是支盘上斜面一定范围内土体松动，降低了侧阻力，随着荷载增加，承力支盘在荷载作用下下移，与土体形成相对位移并导致上一支盘下部土体在支盘荷载作用下沉降增大。注浆桩由于对桩端采用压力注浆，不但改善了桩端土性状，而且由于浆液沿泥浆壁扩散及注浆后的残余应力，改善了桩侧土性状，提高了桩侧土摩阻力，使得相同荷载作用下桩身轴力减小。

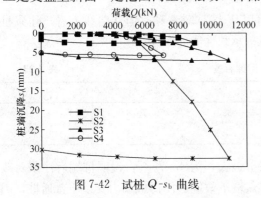

图 7-42　试桩 Q-s_b 曲线

2) Q-s_b 曲线分析

图 7-42 为 Q-s_b（桩端沉降）曲线。分

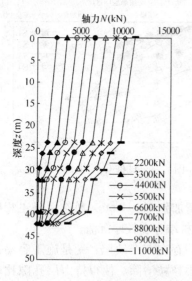

图7-43 S2桩身轴力图

析曲线可以看到，加荷前期，三种桩型的桩端沉降都很小，S1在加载至4320kN时，桩端才出现沉降0.13mm，S2在加载到4400kN时，桩端沉降0.35mm，S4加载到4320kN时，沉降0.25mm。说明随着上部荷载的增加，荷载逐步向下传递，使得桩端沉降逐渐增大。同时也说明在工作荷载作用下，对于长桩，其承载力主要靠侧摩阻力提供。

3）桩身轴力分析

图7-43为支盘桩S2在各级荷载作用下的桩身轴力曲线。可见支盘桩荷载传递方式与普通桩的荷载传递机理并无大的不同。随着桩顶荷载的增加逐渐由上向下传递。但在设置支盘的位置，轴力曲线的斜率变化较大，尤其是第一支盘处，说明承力盘的设置了改变了其承载性状，变该段单纯侧阻承载为侧阻与支盘的端阻共同承载。且随着荷载增大，承力盘承载能力发挥越明显。

从曲线还可以看到，在工作荷载下最下盘的轴力曲线斜率变化不大，说明下支盘承载力发挥有限。这也与前面的分析结果一致。

4）桩身压缩量曲线分析

图7-44为四根试桩的桩身压缩量曲线。分析曲线可以看出，相同荷载水平下，注浆桩的桩身压缩量小于支盘桩，支盘桩小于普通桩。可见采用桩底后注浆技术，不但改善了桩端土性状，同时也改善了桩侧土性状，提高了桩侧摩阻力，使得相同荷载作用下桩身轴力减小，同时桩端持力层弹性模量的增加，利于荷载的向下传递和扩散。支盘桩由于支盘的设置，承担了部分荷载，减小了主桩身的轴力，使得桩身压缩量小于普通桩。这一点还可以从表7-23看到。但从曲线上看，注浆桩在相同荷载水平下桩身压缩量最小，更有利于桩承载性能的发挥。

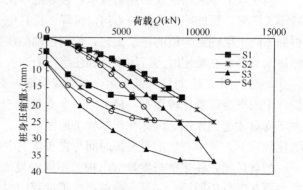

图7-44 桩身压缩量曲线

桩顶（端）回弹率表 表7-23

桩 号	S1	S2	S3	S4
桩顶回弹率（%）	71.73	39.77	70.87	58.6
桩端回弹率（%）	43.75	7.31	28.81	13.72

从上表我们还可以看到，桩端回弹率注浆桩最大，为43.75%，说明桩端后注浆对改善桩端持力层效果明显，支盘桩由于支盘的多点端承效应，使得桩端力要小于普通桩，因

此其压缩和回弹率要大于普通桩。从上可知桩端注浆对提高桩承载力减少群桩沉降大有好处。

7. 扩底桩与桩侧注浆桩极限抗拔力对比

根据王卫东介绍上海某变电站为一个全埋入地下的圆筒状地下结构，分为四层，直径130m，埋置深度约34m，面积$5.3 \times 10^4 m^2$，顶部离地面距离在2m以上，地面以上为雕塑公园。

基础采用桩筏基础，基坑工程共有80幅地下连续墙，共打下886根超深灌注桩，抗压桩桩径950mm，埋深达89.5m，有效桩长55.8m，并实施了桩端后注浆技术，设计极限承载力为15200kN。由于正常使用阶段较大的地下水浮力，工程设置了抗拔桩，桩径800mm，总桩长82.6m，有效桩长48.6m。为确定抗拔桩桩型，试桩阶段对3根钻孔扩底桩与3根钻孔桩侧注浆桩进行了抗试验对比（图7-45），都为泥浆护壁施工工艺。

此工程地质地貌类型属滨海平原，场地标高一般为2.24～3.11m，场地内30m以上普遍分布有多个软黏土层，且地下水埋深较浅。

场地土为软弱土类型，场地类别为Ⅳ类，不会发生液化，浅层地下水属潜水类型，地下水埋深一般在0.5m。承压水分布于：第一承压水附存于⑦$_1$砂质粉土、⑦$_2$砂层，第二承压水附存于⑨层砂性土。

场地土层分层及主要物理力学指标如表7-24所示。

场地土层分层及主要物理力学指标 表7-24

层序	底层名称	实测标贯击数	静力触探 比贯入阻力P_s (MPa)	静力触探 锥尖阻力q_c (MPa)	钻孔灌注桩 极限摩阻力标准值f_s (kPa)	钻孔灌注桩 极限端阻力f_p (kPa)	地基承载力 特征值f_{ak} (kPa)	地基承载力 设计值f_d (kPa)
②	粉质黏土	—	0.72	0.66	15	—	80	100
③	淤泥质粉质黏土	3.4	0.71	0.55	15	—	60	80
④	淤泥质黏土	2.6	0.65	0.53	20	—	60	80
⑤$_{1-1}$	黏土	4.3	0.94	0.72	30	—	90	100
⑤$_{1-2}$	粉质黏土	6.5	1.30	0.98	35	—	100	120
⑥$_1$	粉质黏土	14.6	2.78	1.94	50	—	100	120
⑦$_1$	砂质粉土	28.1	12.19	9.71	60	—		
⑦$_2$	粉砂	50.1	23.23	19.28	70	—		
⑧$_1$	粉质黏土	9.7	2.38	1.41	45	—		
⑧$_2$	粉质黏土与粉砂互层	15.5	3.45	2.35	60	1600		
⑧$_3$	粉质黏土与粉砂互层	—	5.98	6.00	70	1800		
⑨$_1$	中砂	62.0	—	—	90	2500		
⑨$_2$	粗砂	83.4	—	—	95	2800		

等截面桩侧注浆桩与扩底桩设计参数见表 7-25。

两种抗拔桩设计参数 表 7-25

桩型	桩径（mm）	有效桩长（m）	进入土层	极限承载力（kN）	扩底直径	注浆工艺
A	800	48.6	⑨1 中砂	4800	1500	
B	800	48.6	⑨1 中砂	4800		桩侧后注浆

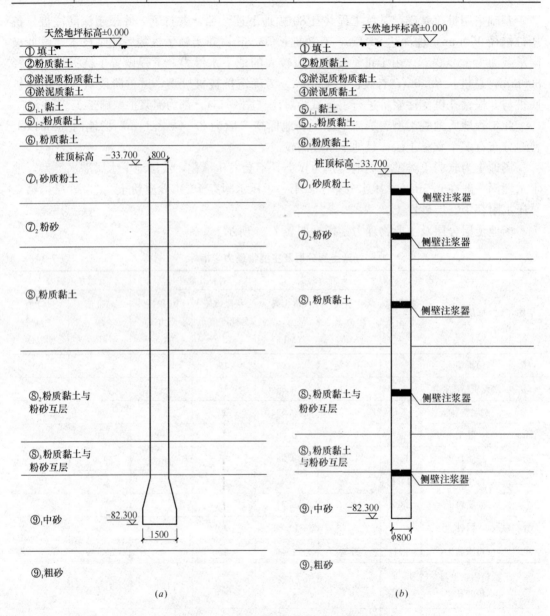

图 7-45 扩底抗拔桩与桩侧后注浆抗拔桩
(a) 扩底抗拔桩；(b) 桩侧后注浆抗拔桩

测试表明，在最大试验荷载 8000kN 上拔力作用下，桩侧注浆桩的桩顶和桩端的最大上拔量都小于扩底桩上拔量（表 7-26），说明桩侧注浆桩抗拔性能优于扩底桩。

抗拔试桩静载试验结果 表 7-26

试桩编号	最大加载量(kN)	桩顶			桩端			单桩抗拔极限承载力(kN)
		最大上拔量(mm)	残余变形(mm)	回弹率	最大上拔量(mm)	残余变形(mm)	回弹率	
T1扩底桩	8000	68.48	18.56	72.8%	18.92	4.12	78.2%	8000
T2扩底桩	8000	64.49	13.74	78.6%	19.67	3.92	80.0%	8000
T3扩底桩	8000	52.36	7.11	86.4%				8000
T4桩侧注浆	8000	40.16	9.07	77.4%	11.17	0.56	94.9%	8000
T5桩侧注浆	8000	43.50	10.83	75.1%	7.19	1.89	73.7%	8000
T6桩侧注浆	8000	47.26	11.21	76.2%	4.54	0.75	83.4%	8000

7.14 桩土复合地基设计

7.14.1 桩土复合地基的概念

桩土复合地基一般是指由两种刚度（或模量）不同的材料（不同刚度的加固桩体和桩间土）组成，共同分担上部荷载并协调变形的人工地基。它是在天然地基中设置一群碎石、砂砾等散粒材料或其他材料组成的桩体，桩体和桩间土构成了复合地基的加固区，即复合土层。常见的复合地基有砂桩、碎石桩、土桩、灰土桩、石灰桩、深层搅拌桩、旋喷桩和树根桩等。

桩土复合地基中的许多独立桩体，其顶部与基础不连接，桩体与浅基础之间通过褥垫层过渡（如图 7-46）。褥垫层可采用中、粗、砾砂、碎石、卵石等散体材料。复合地基的褥垫层可调节桩土相对变形，避免荷载引起桩体应力集中，有效保证桩体正常工作。

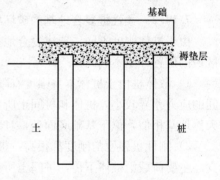

图 7-46 柔性桩复合地基结构

桩土复合地基与天然地基同属于地基范畴，但复合地基中的桩体存在，使其区别于天然地基；而桩体与桩间土共同承担荷载的特性，又使其不同于桩基础。与原天然地基相比，复合地基承载力较大，沉降量较小。

桩体在复合地基中的作用主要有：

1. 挤密作用

砂桩、碎石桩、土桩、石灰桩等在施工过程中由于振动、挤压、排土等原因，可对桩间土起到一定的挤密作用。

2. 传递荷载作用

复合地基是许多独立桩体与桩间土共同工作。在刚性基础下，桩体和桩间土沉降相等，由于桩体的刚度比桩周土体大，在刚性基础底面发生等量变形时，地基中应力将重新分配。桩体产生应力集中而桩间土应力降低，即桩体承担着较大比例的荷载，复合地基中的桩体将所分担的荷载传递到较深土层，使上层地基土（加固区）中附加应力减小，而使深层地基土（加固区下卧层）中附加应力相对增大。因而复合地基的承载力和整体刚度高于原地基，沉降量有所减少。

3. 加速排水固结作用

砂桩、碎石桩具有良好的透水性，可以有效地缩短排水距离，加速桩间土的排水固结，使复合地基承载力提高。

4. 加筋作用

复合地基中的桩体还有加筋作用，能提高土体的抗剪强度，增加土坡的抗滑能力，可有效提高地基稳定性和整体强度，并使复合土体具有较高的变形模量可有效减小土层的压缩量。

根据桩体材料、桩体强度与承载力，复合地基可分为四种类型，见表7-27。

复合地基分类   表7-27

分类方法		类 型
桩体材料	散体桩复合地基	振冲桩、砂石桩
桩体强度与承载力	低黏结强度桩复合地基	石灰桩、灰土桩、水泥搅拌桩
	中等黏结强度桩复合地基	夯实水泥土桩
	高黏结强度桩复合地基	CFG桩（水泥粉煤灰碎石桩）、素混凝土桩

7.14.2 柔性桩复合地基的破坏模式

由于桩体刚度不同，造成复合地基中的桩、土荷载分担比例不同，地基中应力最大的区域的位置亦是不同的。

1) 散体桩由于桩体本身强度有限，而经过挤压的桩间土强度又有提高，故桩、土之间的应力差异较小，桩体和桩间土所负担的荷载份额相距不多，故地基中的主要受力区与天然地基相似，位于基础底面处，且超出基础宽度较多（图7-47）。

2) 刚性桩强度与刚度都很高，桩体承担绝大部分基础荷载，桩间土所分担的荷载很少。主要荷载沿桩体下传，桩间土所受的应力是越往下越大，到了桩底时最大。桩底以下的土是主要的受力区，因为桩底轴力也全部传到土上，桩底以下的土中应力分布状态与天然地基相近，但深度却在桩长以下，这就是说，刚性桩将土的主要受力区推深到桩长以下了（图7-48）。

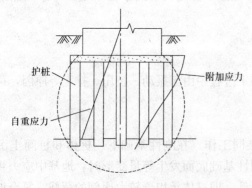

图7-47 散体桩下的主要受力区

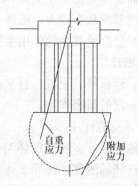

图7-48 刚性桩的地基主要受力区

柔性桩（半刚性桩）则介于散体桩与刚性桩之间，土的主要受力区可能在加固深度的中间，或者接近于基底或者接近桩底，视桩长与桩、土应力比的不同而变化。

7.14.3 桩土复合地基的设计

按承载力要求设计复合地基方法主要有荷载试验法、应力比估算法和面积比估算法。

1. 荷载试验法

对于荷载试验如何进行和分析《建筑基桩检测技术规范》（JGJ 106—2003）有明确规定。

复合地基荷载试验用于测定承压板下应力影响范围内复合土层的承载力和变形参数。复合地基载荷试验承压板应具有足够刚度。单桩复合地基荷载试验的承压板可用圆形或方形，面积为一根桩承担的处理面积；多桩复合地基荷载试验的承压板可用方形或矩形，其尺寸按实际桩数所承担的处理面积确定。桩的中心（或形心）应与承压板中心保持一致，并与荷载作用点相重合。

1）当出现下列现象之一时可终止试验：

a. 沉降急剧增大，土被挤出或承压板周围出现明显的隆起；

b. 承压板的累计沉降量已大于其宽度或直径的6%；

c. 当达不到极限荷载，而最大加载压力已大于设计要求压力值的2倍。

2）复合地基承载力特征值的确定

a. 当压力—沉降曲线上极限荷载能确定，而其值不小于对应比例界限的2倍时，可取比例界限；当其值小于对应比例界限的2倍时，可取极限荷载的一半；

b. 当压力—沉降曲线是平缓的光滑曲线时，可按相对变形值确定：

①对砂石桩、振冲桩复合地基或强夯置换墩：当以黏性土为主的地基，可取s/b或s/d等于0.015所对应的压力（s为载荷试验承压板的沉降量；b和d分别为承压板宽度和直径，当其值大于2m时，按2m计算）；当以粉土或砂土为主的地基，可取s/b或s/d等于0.01所对应的压力。

②对土挤密桩、石灰桩或柱锤冲扩桩复合地基，可取s/b或s/d等于0.012所对应的压力。对灰土挤密桩复合地基，可取s/b或s/d等于0.008所对应的压力。

③对水泥粉煤灰碎石桩或夯实水泥土桩复合地基，当以卵石、圆砾、密实粗中砂为主的地基，可取s/b或s/d等于0.008所对应的压力；当以黏性土、粉土为主，可取s/b或s/d等于0.01所对应的压力。

④对水泥土搅拌桩或旋喷桩复合地基，可取s/b或s/d等于0.006所对应的压力。

⑤对有经验的地区，也可按当地经验确定相对变形值。

按相对变形值确定的承载力特征值不应大于最大加载压力的一半。

试验点的数量不应少于3点，当满足其极差不超过平均值的30%时，可取其平均值为复合地基承载力特征值。

2. 应力比估算法

应力比估算法适用于散体桩和部分柔性桩，假定加固桩体和桩间土在刚性基础荷载作用下，基底平面内桩体和桩间土的沉降相同，由于桩体的变形模量E_p大于土的变形模量E_s，根据虎克定律，荷载向桩体集中而在桩间土上的荷载降低，在荷载作用下复合地基平衡方程式为：

$$R_a = \sigma_p A_p + \sigma_s A_s \tag{7-56}$$

$$R_a = \sigma_{sp} A \tag{7-57}$$

$$\sigma_{sp} A = \sigma_p A_p + \sigma_s A_s \tag{7-58}$$

式中 σ_{sp}——复合地基上的作用应力（kPa）；

σ_p——作用于桩体的应力（kPa）；

σ_s——作用于桩间土的应力（kPa）。

将桩土应力比 $n=\sigma_p/\sigma_s$、面积置换率 $m=A_p/A$ 代入上式，可得

$$\sigma_{sp} = \frac{m(n-1)+1}{n}\sigma_p \tag{7-59}$$

$$\sigma_{sp} = [m(n-1)+1]\sigma_s \tag{7-60}$$

由散体材料形成的散体桩的柔性桩复合地基的承载力计算中，在桩土间应变协调的条件下，桩土应力比 n 也就是桩土材料的模量比，即 $n=E_p/E_s$。当表达式（7-56）中复合地基的桩体和桩间土的承载力同时发挥时，桩土应力比也就是增强体和基体的承载力之比，即 $n=f_p/f_s$，将这一概念代入式（7-59）和（7-60），可以得到复合地基的极限承载力 f_{sp}

$$f_{sp} = \frac{m(n-1)+1}{n}f_p \tag{7-61}$$

$$f_{sp} = [m(n-1)+1]f_s \tag{7-62}$$

式中 f_{sp}——复合地基极限承载力（kPa）；

f_p——桩体的极限承载力（kPa）；

f_s——桩间土的极限承载力（kPa）。

公式（7-61）、（7-62）的取用，决定于复合地基的破坏状态。如桩体破坏，桩间土未破坏则用式（7-61）表达 f_{sp}；如桩间土破坏，桩体未破坏则用式（7-62）。根据国内统计，在大多数情况下属于前者破坏状态。

应力比 n 是复合地基的一个重要计算参数，还没有成熟的计算方法，现多用经验估计。

桩间土极限承载力 f_p 应尽量通过原位静荷载试验或其他原位测试（如十字板试验，静、动力触探试验等）确定，这样可以较好地考虑桩间土由于设置桩体而对其强度的影响。有时为了简化，也可按相应的地基土的物理力学性质从有关设计规范查用。

3. 面积比估算法

面积比法适用于刚性桩和部分半刚性桩，为了避免确定 n 值的困难，公式中仅考虑面积比 $m=A_p/A$，但认为地基的破坏状态是桩体与桩间土同时破坏。这时可得面积比计算式

$$f_{sp} = mf_p + (1-m)f_s \tag{7-63}$$

上式有时作以下修正

$$f_{sp} = mf_p + \beta(1-m)f_s \tag{7-64}$$

β——桩间土承载力折减系数，由试验或地区经验确定，对桩端土的承载力小于等于桩侧土的承载力（桩端为软土），取 $\beta=0.5\sim1.0$；对桩端土的承载力大于桩侧土的承载力（桩端为硬土），取 $\beta=0.1\sim0.4$；当不考虑桩间软土的作用时，取 $\beta=0$。

桩体单位面积极限承载力用下式计算

$$f_p = \frac{R_a}{A_p} \tag{7-65}$$

代入上式得

$$f_{sp} = m\frac{R_a}{A_p}f_p + \beta(1-m)f_s \tag{7-66}$$

此处 R_a 为单桩竖向承载力，由现场单桩载荷试验确定，或取以下二式计算结果的较小值：

$$R_a = \eta f_{cu} A_p \tag{7-67}$$

$$R_a = \pi d \sum_{i=1}^{n} h_i q_{si} + \alpha A_p q_p \tag{7-68}$$

式中 f_{cu}——桩身试块（边长为 70.7mm 的立方体）的无侧限抗压强度平均值；

d——桩的平均直径；

n——桩长范围内所划分的土层数；

h_i——桩周第 i 层土的厚度；

q_{si}——桩周第 i 层土的平均摩阻力；

q_p——桩端天然地基土的承载力；

η，α——折减系数。

4. 振冲桩设计

振冲桩适用于处理不排水抗剪强度小于 20MPa 的黏性土、粉土、饱和黄土和人工填土等地基。适用于处理砂土、粉土等地基。

1) 设计布置原则

桩位布置：对大面积满堂处理，宜用等边三角形，对独立基础或条形基础宜采用正方形，也可用等腰三角形和矩形布置。

桩间距：根据荷载大小和原土层的抗剪强度确定，可用 1.5～2.0m。荷载大、抗剪强度低时采用较小的间距；反之，宜取较大间距。对桩端未达到相对硬层的桩、应取小间距。

桩长：当相对硬层的埋深不大时，应按硬层埋深来确定桩长，当相对硬层埋深较大时，应按建筑物地基的变形允许值确定桩的长度；桩长不宜短于 4m，在可液化的地基中，桩长应按要求的抗震处理深度确定。在桩顶部应铺设一层 200～500mm 厚的碎石垫层。

桩径：可按每根桩所用的填料量计算，常为 0.8～1.2m。

2) 承载力确定

振冲桩处理后的复合地基，其承载力特征值应按现场载荷试验确定，也可用单桩和桩间土的荷载试验按下式估算：

$$f_{sp,k} = mf_{p,k} + (1-m)f_{s,k} \tag{7-69}$$

式中 $f_{sp,k}$——复合地基的承载力特征值；

$f_{p,k}$——桩体单位截面积承载力特征值；

$f_{s,k}$——桩间土的承载力特征值；

m——面积置换率；

$$m=\frac{d^2}{d_e^2} \tag{7-70}$$

式中 d——桩的直径；

d_e——等效影响圆的直径。

等边三角形布置　$d_e=1.05S$

正方形布置　　　$d_e=1.13S$

矩形布置　　　　$d_e=1.13\sqrt{S_1 S_2}$

S、S_1、S_2 分别为桩的间距、纵向间距和横向间距。

5. 灰土挤密桩设计

灰土挤密桩适用于处理地下水位以上的湿陷性黄土、素填土和杂填土地基，处理深度一般为 5～15m。当以消除地基的湿陷性为主要目的时，宜采用土挤密桩法。当以提高地基的承载力或水稳性为主要目的时，宜选用灰土挤密桩法。当地基土的含水量大于 23% 及其饱和度大于 0.65 时，不宜选用上述方法。

1) 设计布置原则

桩孔直径宜为 300～600mm，并可根据所选用的成孔设备和成孔方法确定。桩宜按三角形布置，其间距可按下式计算

$$S = 0.95\sqrt{\frac{\bar{\lambda}_c \rho_{dmax}}{\bar{\lambda}_c \rho_{dmax} - \bar{\rho}_d}} \tag{7-71}$$

式中 S——桩的间距；

d——桩孔直径；

ρ_{dmax}——桩间土的最大干密度；

$\bar{\rho}_d$——地基土挤密前的平均干密度；

$\bar{\lambda}_c$——地基土挤密后，桩间土平均压实系数，宜取 0.93。

应用压实系数控制土或灰土的夯实质量。

当用素土回填夯实时，λ_c 不应小于 0.95；

当用灰土回填夯实时，λ_c 不应小于 0.97；灰与土的体积配合比宜为 2∶8 或 3∶7。

2) 承载力确定

土或灰土挤密桩法处理地基的承载力特征值，应通过原位测试或结合当地经验确定。当无试验资料时，对土挤密桩地基，不应大于处理前的 1.4 倍，并不大于 180kPa；对灰土挤密桩地基，不应大于处理前的 2 倍，并不应大于 250kPa。

6. 砂石桩设计

砂石桩法适用于处理松散砂土、素填土和杂填土等地基。用砂石桩挤密素填土和杂填土或处理饱和黏性土等地基时尚应符合上述土或灰土桩挤密法中有关规定。

1) 设计布置原则

砂石桩的布置宜采用三角形或正方形。砂石桩直径可采用 300～800mm，根据土质情况和成桩设备等因素确定，对饱和黏性土地基宜选用较大的直径。

砂石桩的间距应通过现场试验确定，对粉土和砂土地基，不宜大于砂石桩直径的 4.5 倍；对黏性土地基不宜大于砂石桩直径的 3 倍。在有经验的地区，砂石桩的间距可按下式

计算：

a. 松散砂土地基：

等边三角形布置时，

$$S = 0.95\xi d \sqrt{\frac{1+e_0}{e_0-e_1}} \tag{7-72}$$

正方形布置时

$$S = 0.89\xi d \sqrt{\frac{1+e_0}{e_0-e_1}} \tag{7-73}$$

$$e_1 = e_{\max} - D_{ri}(e_{\max} - e_{\min}) \tag{7-74}$$

式中　　S——砂石桩间距；

d——砂石桩直径；

ξ——修正系数，当考虑振动下沉密实作用时，可取 $1.1\sim1.2$；不考虑振动下沉密实作用时，可取 1.0；

e_0——地基处理前砂土的孔隙比，可按原状土样试验确定，也可通过动力或静力触探等对比试验确定；

$e_{\max}$，$e_{\min}$——分别为砂土最大和最小孔隙比，可按《土工试验方法标准》（GB/T 50123—1999）的有关规定确定；

D_{ri}——地基挤密后要求砂土达到的相对密实度，可取 $0.70\sim0.85$。

b. 黏性土地基：

等边三角形布置时　　$S=1.08\sqrt{A_c}$ （7-75）

正方形布置时　　$S=\sqrt{A_c}$ （7-76）

式中　　A_c——1 根砂石桩承担的处理面积；

$$A_c = \frac{A_p}{m} \tag{7-77}$$

式中　　A_p——砂石桩的截面积；

m——面积置换率。

砂石桩的处理深度，当地基中的松软，土层不厚时，砂石桩宜穿越松软土层；当松软土层较厚时，桩长应根据建筑地基的允许变形值确定。对可液化砂层、桩长应穿透可液化层或按《建筑抗震设计规范》（GB 50011—2001）的有关规定执行。

砂石桩的填砂石量是控制砂石桩质量的重要指标。砂石桩孔内的填砂石量可按下式计算：

$$S = \frac{A_p l d_s}{1+e_1}(1+0.01w) \tag{7-78}$$

式中　　S——填砂石量（以重量计）；

A_p——砂石桩的截面积；

l——桩长；

d_s——砂石桩砂石料的相对密度；

w——砂石料含水量（%）。

桩孔内的填料宜用砾砂、粗砂、中砂、圆砾、卵石、碎石等。填料中含泥量不得大于

5%，并不宜含有大于50mm的颗粒。

2）承载力确定

砂石桩复合地基的承载力标准值的确定，复合地基承载力特征值应按现场载荷试验确定，也可通过下列方法确定：

对于砂石桩处理的复合地基，可用单桩和桩间土的荷载试验按式（7-69）计算；

对于砂石桩处理的砂土地基，可根据挤密后的密实状态，按《建筑地基基础设计规范》（GB 50007—2002）的有关规定确定。

7. 深层搅拌桩

深层搅拌桩是用水泥粉或水泥浆与原状土搅拌在一起沉桩的，水泥掺入量一般12%~20%，常掺入早强剂石膏和减水剂。适用于加固淤泥、淤泥质土等软黏土地基。加固深度可达15m。对含石块（粒径大于100mm）、树根或生活垃圾的人工填土不宜采用。当用于处理泥炭或地下水具有侵蚀性时，宜通过试验确定其适用性并掺入合理的添加剂。现在搅拌桩常用于深基坑止水帷幕桩。

1）设计布置原则

深层搅拌法的搅拌桩的平面布置，可根据上部结构对变形的要求，采用柱状、壁状、格栅状、块状等处理形式。一般只需在上部结构的基础范围内布桩，其桩数 n 为：

$$n = \frac{mA}{A_p} \tag{7-79}$$

式中　n——桩数；

　　　A——基础底面积。

若为柱状处理可采用正方形或等边三角形布桩形式。

2）承载力确定

深层搅拌法处理的复合地基承载力特征值应通过现场复合地基载荷试验确定，也可按下式估算：

$$f_{sp,k} = m \frac{R_k^d}{A_p} + \beta(1-m) f_{s,k} \tag{7-80}$$

式中　$f_{sp,k}$——复合地基的承载力特征值；

　　　m——面积置换率；

　　　A_p——桩的截面积；

　　　$f_{s,k}$——桩间土的承载力标准值；

　　　β——桩间土承载力折减系数，当桩端为软土时，可取 0.5~1.0，当桩端为硬土时，可取 0.1~0.4，当不考虑桩间软土时，可取 0；

　　　R_k^d——单桩竖向承载力特征值，应通过现场单桩载荷试验确定。

单桩竖向承载力特征值也可按下列二式计算，取其中较小值：

$$R_k^d = \eta f_{cu,k} \cdot A_p \quad （按桩材确定） \tag{7-81}$$

$$R_k^d = \bar{q}_s U_p l + a A_p q_p \quad （按土质确定） \tag{7-82}$$

式中　$f_{cu,k}$——与搅拌桩桩身加固土配合比相同的室内加固土试块或现场搅拌桩取芯试块在 28d 无侧限抗压强度的平均值；

　　　η——强度折减系数，可取 0.35~0.50；

$\bar{q}_s$——桩周土平均摩阻力,对于淤泥可取 5~8kPa,对于淤泥质土可取 8~12kPa,对饱和黏性土可取 12~15kPa;

U_p——桩的周长;

l——桩长;

q_p——桩端天然地基土的承载力特征值;

a——桩端天然地基土的承载力的折减系数,可取 0.4~0.6。

8. 高压旋喷注浆桩

高压旋喷注浆桩是用高压将水泥浆与土体搅拌在一起成桩,适用于处理淤泥、淤泥质土、黏性土、粉土、砂土、黄土、人工填土和碎石土等地基。若在土中含有较多大块石、大量植物根茎或有机物较多时,应根据现场试验确定其适用程度。

高压喷射注浆法还可用于既有建筑和新建建筑的地基处理、深基坑的侧壁挡土或挡水、基坑底部加固以防止管涌与隆起、坝的加固等。

高压喷射注浆法的注浆方式分旋喷注浆、定喷注浆、摆喷注浆三种类型。

根据工程需要和机具条件可采用下列施工方法:

单管法:单独喷射一种水泥浆液介质;

二重管法:同轴复合喷射高压水泥浆液和压缩空气二种介质;

三重管法:同轴喷射高压水流、压缩空气和水泥浆液等三种介质。

1)设计布置原则

高压旋喷注浆法处理的地基、宜按复合地基设计。当用作挡土结构或柱基时,可按独立承担荷载计算。

旋喷桩的强度和直径,应通过现场试验确定,也可参考表 7-28 选用。

高压旋喷桩直径选用表(m) 表 7-28

土 质	方 法	单管法	二重管法	三重管法
黏性土	0<N<5	0.6~0.9	0.8~1.2	1.2~1.8
黏性土	0<N<10	0.5~0.8	0.7~1.1	1.0~1.6
黏性土	11<N<20	0.4~0.6	0.6~0.9	0.7~1.2
砂 土	0<N<20	0.8~1.1	1.1~1.5	1.7~2.3
砂 土	11<N<20	0.6~1.0	0.9~1.3	1.2~1.8
砂 土	21<N<30	0.4~0.8	0.8~1.2	0.9~1.5
砂 砾	20<N<30	0.4~0.9	0.8~1.2	0.9~1.5

注:1. N 为标贯击数。

2. 定喷和摆喷的有效长度为旋喷直径的 1.0~1.5 倍。

3. 旋喷桩加固强度,在黏土中可达 2~5MPa,砂土中可达 4~10MPa。

2)承载力确定

旋喷桩复合地基承载力特征值应通过现场载荷试验确定。也可按下式计算或结合当地情况及土质相似工程的经验确定。

$$f_{sp,k} = \frac{1}{A_e}[R_k^d + \beta f_{s,k}(A_e - A_p)] \tag{7-83}$$

式中 $f_{sp,k}$——复合地基承载力特征值；
A_e——1 根桩承担的处理面积；
A_p——桩的平均截面积；
$f_{s,k}$——桩间天然地基土承载力特征值；
β——桩间天然地基土承载力特征值折减系数，可根据试验确定，在无试验资料时，可取 0.2～0.6，当不考虑桩间软土作用时，可取 0；
R_k^d——单桩竖向承载力特征值，可通过现场载荷试验确定。

单桩竖向承载力标准值也可按下列二式计算，取其中较小值：

$$R_k^d = \eta f_{cu,k} A_p \tag{7-84}$$

$$R_k^d = \pi d \sum_{i=1}^n h_i q_{si} + A_p q_p \tag{7-85}$$

式中 $f_{cu,k}$——桩身试块（边长为 70.7mm 的立方体）无侧限抗压强度平均值；
η——强度折减系数，可取 0.35～0.50；
d——桩的平均直径；
n——桩长范围内所划分的土层数；
h_i——桩周第 i 层土的厚度；
q_{si}——桩周第 i 层土桩周摩阻力特征值，可采用灌注桩侧壁摩阻力特征值；
q_p——桩端天然地基土的承载力特征值，可按《建筑地基基础设计规范》(GB 50007—2002)有关规定确定。

9. 复合地基承载力验算例题

某设备基础需埋置在厚度为 10.5m 的淤泥层中，设备基础底面尺寸为 4m×8m，埋深为 2.8m，基底压力 120kPa。淤泥的重度为 17kN/m³，天然地基承载力特征值为 60kPa，对深层搅拌桩的平均摩阻力 $\bar{q}_s$=6kPa。淤泥层下为较硬的黏土层，其天然地基承载力特征值为 180kPa。现采用深层搅拌桩处理地基，在基础下布置 14 根双头搅拌桩，实际加固长度为 7.7m。分两行布置，行距 1.8m。每行布置 8 根桩体，桩距 1037mm，搅拌桩水泥土的室内无侧限抗压强度不低于 800kPa。搅拌桩截面面积 A_p=0.71m²，桩周长 u_p=3.35m。试验算复合地基承载力是否足够（假定桩身强度折减系数 η=0.4，桩端天然地基土的承载力折减系数 α=0.5，桩间土承载力折减系数 β=0.3）。

【解】 1) 计算面积置换率 m

单根桩体面积 A_p=0.71m²，周长 u_p=3.35m，则面积置换率：

$$m = \frac{nA_p}{A} = \frac{14 \times 0.71}{4 \times 8} = 31.1\%$$

2) 计算搅拌桩的单桩竖向承载力特征值

取 η=0.4，α=0.5

按桩身强度计算 $R_{k1}^d = \eta f_{cu,k} A_p = 0.4 \times 800 \times 0.71 = 227.2$kN

按土体计算 $R_{k2}^d = \bar{q}_s u_p l + \alpha A_p q_p = 6 \times 3.35 \times 7.7 + 0.5 \times 0.71 \times 180 = 218.67$kN

那么，单桩竖向承载力特征值取两者中的小值，即 R_k^d=218.67kN

3) 计算复合地基承载力特征值

取 β=0.3

$$f_{\mathrm{sp,ak}} = m\frac{R_{\mathrm{k}}^{\mathrm{d}}}{A_{\mathrm{p}}} + \beta(1-m)f_{\mathrm{s,k}} = 0.311 \times \frac{218.67}{0.71} + 0.3(1-0.311) \times 60 = 108.2\mathrm{kPa}$$

4）设备基础的复合地基承载力修正后验算

由于设备基础位于淤泥层中，所以按《建筑地基基础设计规范》（GB 50007—2002）表5.2.4规定取 $\eta_{\mathrm{b}}=0$，$\eta_{\mathrm{d}}=1.0$。

则修正后的复合地基承载力特征值为：

$$f_{\mathrm{sp,a}} = f_{\mathrm{sp,ak}} + \eta_{\mathrm{d}}\gamma_0(d-0.5)$$
$$= 108.2 + 1.0 \times 17 \times (2.8-0.5) = 147.3\mathrm{kPa} > p = 120\mathrm{kPa}$$

所以设备基础经搅拌桩处理后的复合地基承载力满足要求。

7.15 刚柔复合桩基设计

7.15.1 刚柔复合桩基设计思路的由来

在深厚软土地区，对于荷载不大的多层和小高层住宅多采用普通桩基础，由于桩型一般为摩擦灌注桩，单桩承载力低，所以布桩数量多，桩与桩之间间距小，而且容易产生打桩挤土问题，从而破坏软土的结构性造成桩承载力下降和灌注桩缩径、断桩、偏位等桩身质量问题。为了克服这些问题，提出了刚性桩（rigid pile）与柔性桩（soft pile）相结合的设计思路。刚性桩与柔性桩在平面上间隔交叉布置，见图7-49、图7-50。这样刚性桩桩间距比原布桩增大一倍，挤土效应减少；同时用刚性桩（混凝土长桩）打到低压缩性的持力层来控制沉降，用柔性桩（水泥搅拌桩短桩）来协调变形。刚柔复合桩基（rigid-soft composite pile foundation）也叫长短桩复合地基。刚柔复合桩中刚性桩不与刚性基础直接接触，而是通过碎石混凝土混合垫层和混凝土垫层直接接触并协调变形，并通过地下室刚性基础起到应力平衡作用。所以刚柔复合桩基对于多层和小高层主楼基础与地下车库基础一体的建筑较适用且经济性好。

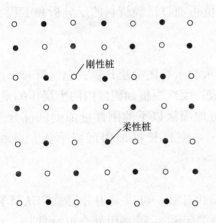
图7-49 刚柔复合桩平面布置图

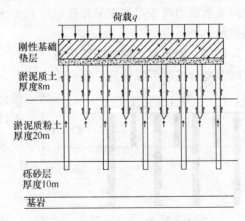
图7-50 刚柔复合桩剖面布置图

7.15.2 刚柔复合桩适用的地质条件与上部荷载的关系

刚柔复合桩基适用的地质条件一般上部为深厚软土层，软土层下为一定厚度的低压缩土层，可以作为桩端持力层，桩持力层下再没有软土层，这样桩端以下的压缩性较小。

是否适合采用刚柔复合桩基,除了与地质条件有关外,还有一个因素,就是上部结构的荷载水平。荷载很小,可能采用柔性桩复合地基就够了;荷载很大,如高层建筑对变形的要求很高,桩间土承当的荷载占总荷载的比例很小,考虑桩间土的承载力效果就不明显,此时只有采用大直径长刚性桩基础;中等的荷载水平及多层小高层,且有地下室底板,采用刚柔复合桩基的效果最显著,它既可以减少打桩挤土效应,又可以发挥变形协调。

7.15.3 刚柔复合桩承载力计算

刚柔复合桩基承载力计算思路同一般复合地基承载力计算思路相同。首先分别计算刚性长桩部分的承载力、柔性短桩部分的承载力和桩间土的承载力,然后根据一定的原则叠加形成复合地基承载力。

长短桩复合地基承载力特征值为

$$f_{ck} = m_1 \frac{R_{k1}}{A_{p1}} + \lambda_1 m_2 \frac{R_{k2}}{A_{p2}} + \lambda_2 (1 - m_1 - m_2) f_{sk} \tag{7-86}$$

式中 f_{ck}——刚柔复合桩基承载力特征值(kPa);
f_{sk}——桩间土承载力特征值(kPa);
m_1、m_2——分别为刚性长桩和柔性短桩的置换率;
R_{k1}、R_{k2}——分别为刚性长桩和柔性短桩单桩承载力特征值(kN);
A_{p1}、A_{p2}——分别为刚性长桩和柔性短桩的横截面面积(m^2);
λ_1、λ_2——分别为柔性短桩和桩间土的强度发挥系数。

要求刚柔复合桩基的实际承载力特征值要大于上部荷载效应标准组合作用下的承载力值才能保证建筑物的安全。

上式中刚性长桩和柔性短桩的单桩承载力特征值可根据地质报告和桩长、桩径由静力经验公式计算。同时,最好采用单桩或四桩承台的静载试验确定。

式(7-86)表示刚柔复合桩基破坏时,刚性长桩先达到极限承载力,此时,柔性短桩和桩间土承载力尚未得到充分发挥。λ_1 和 λ_2 的取值可通过试验资料的反分析和工程实践经验估计。

7.15.4 刚柔复合桩基沉降计算

刚柔复合桩基沉降计算一般可采用图 7-51 所示的示意图分层计算。总沉降量 s 由三部分组成:柔性短桩加固区内的土层压缩量 s_1,柔性短桩加固区以下的刚性桩加固区部分土层压缩量 s_2,刚性长桩加固区以下土层压缩量 s_3。即:

$$s = s_1 + s_2 + s_3 \tag{7-87}$$

为简化计算,可以采用分层总和法计算土层压缩量,s_1 和 s_2 可采用复合模量计算。对应压缩量 s_1 的复合模量计算式为

$$E_{cs1} = m_1 E_{p1} + m_2 E_{p2} + (1 - m_1 - m_2) E_s \tag{7-88}$$

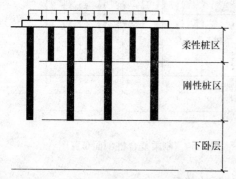

图 7-51 刚柔复合桩基沉降计算示意图

式中 E_{p1}——刚性长桩压缩模量;

E_{p2}——柔性短桩压缩模量；

E_s——桩间土压缩模量。

对应压缩量 s_2 的复合模量计算式为

$$E_{cs2} = m_1 E_{p1} + (1-m_1) E_s \tag{7-89}$$

若刚柔复合桩基设置垫层，还需考虑垫层的压缩量。若垫层压缩量较小，可忽略不计。

7.15.5 褥垫层设计

在刚柔复合桩基中，通过刚性桩、柔性桩和基底土体的变形协调来共同承担上部荷载。刚性桩的刚度远大于柔性桩和基底土体，基础底板应力集中现象明显，在设置基础底板下设置褥垫层，可以调节基础底板的应力分布。褥垫层的设计，主要包括三个方面的内容：即垫层的模量、厚度和材料。

1. 垫层模量的确定（determination of cushion modulus）

根据有限元对垫层模量（cushion modulus）的分析结果，褥垫层模量较小时，刚性桩应力集中的程度沿全桩减缓；随着褥垫层模量的减小，位于刚性桩桩顶以下某一深度处的最大正应力也逐渐减小；褥垫层模量较小时，其模量的改变对桩顶反力和桩身应力影响比较大，说明褥垫层的模量对桩土荷载的分担有着良好的调节作用，但随着褥垫层模量的增大，调节的幅度逐渐减小，因此我们应该选择一个适当的褥垫层模量以满足工程需要。

从图 7-52 可以看出：当垫层模量小于 20MPa 时，垫层模量的减小对桩身轴力的减小程度非常显著；当垫层模量在 20～40MPa 之间变化时，垫层模量的减小对桩身轴力的减小程度趋于平稳；当垫层模量大于 40MPa 时，垫层模量减小，桩身轴力基本不变。说明桩身轴力对垫层模量的反应敏感程度以

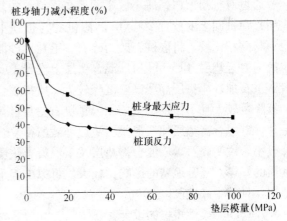

图 7-52 褥垫层模量对桩顶反力和桩身应力的影响

20～40MPa 为分界。在刚柔复合桩基中，如果垫层模量小于 20MPa，导致刚性桩顶应力过小，则必然使柔性桩桩顶应力和桩间土体应力过大，不能充分发挥刚性桩的优势。由此可见，垫层模量的取值可以推荐采用 20～40MPa，以充分发挥桩和土体的作用。

2. 垫层厚度的确定

褥垫层厚度（cushion thickness）对复合地基的性状也有较大的影响。荷载作用下，复合地基中桩体的竖向平均应力记为 σ_p，桩间土中的竖向应力记为 σ_s，则桩土应力比 n 为：

$$n = \frac{\sigma_p}{\sigma_s} \tag{7-90}$$

桩土应力比是反映复合地基中桩、土荷载分担，好垫层的效果完全可以用桩土应力比来反映，垫层的效果越好，桩与土的应力越均匀，即桩土应力比越小。因为柔性桩变

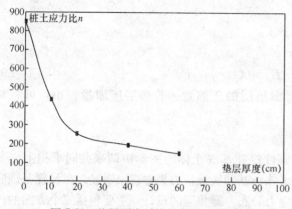

图7-53 垫层厚度对桩土应力比的影响

形与桩间土基本协调,因此其应力比接近模量比,可以不予讨论,图7-53仅表示刚性桩在不同褥垫厚度下的桩土应力比曲线。从图7-53可以看出:当垫层厚度小于200mm时,其厚度的减小对桩土应力比的影响很大;当垫层厚度大于400mm时,其厚度的增加对桩土应力比的调节作用变化不大;200~400mm的垫层厚度是桩土应力比对垫层厚度变化反应敏感程度的分界区间。可见,存在一个最佳褥垫层厚度,使得刚性桩能充分减小应力集中的程度。由此可以初步确定垫层厚度为300mm左右,再根据上部结构荷载大小做适当增减,在250~350mm之间取一个适宜的垫层厚度。

3. 褥垫层材料

通过对杭州市白荡海小区不同褥垫层材料的复合桩基承台进行的现场静载荷试验结果表明:在桩间土上放置200mm的嵌桩石与桩顶平,再在嵌桩石上设置300mm的砂褥垫层;与此相比较,将嵌桩石改为碎石、毛片、砂混合垫层(20cm厚),同时上部的砂垫层也改为混合垫层(15cm厚),混合垫层上设置10cm的C10素混凝土垫层;实验结果是前者嵌桩石加砂褥垫层静载试验沉降较大,所得复合地基承载力基本值较低,在最大荷载下的沉降量较大且不稳定。主要原因是块石垫层孔隙大,且砂褥垫层模量较小;后者碎石、毛片、砂混合褥垫层加素混凝土垫层静载所得复合地基承载力高出前者较多,其对应的沉降较小,说明碎石、砂混合褥垫层及素混凝土垫层要比纯砂垫层好得多,充分说明了垫层性质的好坏对复合地基的影响比较大。可以推荐采用碎石、毛片、砂混合垫层加素混凝土垫层,且其中嵌桩段以200mm左右为宜。

7.15.6 柔性短桩的设计

柔性短桩的设计在《建筑地基处理技术规范》(JGJ 79—2002)中有具体的要求:固化剂宜选用强度等级为32.5级及以上的普通硅酸盐水泥;水泥掺入量宜为被加固湿土质量的12%~20%,不同掺入量所形成水泥土的抗压强度和压缩模量会有所不同,初步设计时,可先定用15%进行试算,再依情况进行调整;采用深层搅拌法时,水泥浆水灰比可选用0.45~0.55;另外,可根据工程需要和土质条件,选用早强、缓凝、减水或节约水泥等外加剂。

在深厚软土地区,刚柔复合桩基中的柔性短桩,其设计主要是确定柔性短桩的置换率和长度。

1. 柔性短桩置换率

置换率(replacement rate)主要由柔性桩和土体形成改良地基的承载力要求而定,如果需要改良地基达到某一承载力,结合工程地质条件,就可以确定柔性短桩的置换率;水泥搅拌桩的直径不应小于500mm,如果先定直径为500mm,就知道所需柔性短桩的数量,再根据场地布桩条件,可以调整桩身直径和布桩数量,直到符合场地布桩条件为止。

2. 柔性短桩桩长

柔性短桩的桩长设计是深厚软土地基中刚柔复合桩基设计的一个重点。在一般柔性桩的设计中，除了应根据上部结构对承载力和变形的要求外，还要求桩最好穿透软弱土层达到承载力相对较高的土层。在深厚软土地区，软土厚度深达20多米，甚至30~40米，柔性短桩目前的最大施工深度不宜大于20米，所以不大可能穿过软弱土层达到承载力相对较高的土层。与此相反，深厚软土地基中刚柔复合桩基的柔性短桩只能全桩身处于软土中，所以柔性短桩的桩长设计只可能根据上部结构对承载力和变形的要求确定。

从前面的研究中可以看出，刚性桩复合地基加固区的沉降量比较小，建筑物的总沉降量主要由刚性桩桩端以下土层的压缩量决定，不是由柔性短桩的桩长决定，柔性短桩的长度只对加固区的沉降量有部分影响，而且影响比较小，所以总的看来，柔性短桩的桩长不是由上部结构对建筑物变形的要求确定的，它只需要根据上部结构对柔性短桩加固区承载力的要求确定。

柔性短桩的长度是由柔性短桩桩端处土体的附加应力决定的。桩长越长，桩端处土体中的附加应力越小。某一工程地质土层的性质是一定的，其中深厚软土段的地基承载力也是确定的，该承载力值也就表示此软土能承受多大的附加应力。只有当桩端处软土中的附加应力小于该土层的地基承载力，柔性短桩加固区下卧层土体才不致破坏。也就是说，柔性短桩长度是由该桩桩端处土体强度决定的。

7.15.7 刚性长桩的设计

刚性长桩的设计是刚柔复合桩基设计的主要部分，因为刚性桩承当大部分荷载，刚性桩的长度也是控制复合地基沉降的关键点。

刚性长桩的设计，和一般桩基础设计类似，其主要包括持力层的选择、桩径和桩长的确定、单桩承载力的计算等几个内容。

选择刚性桩持力层，主要依据工程地质勘探报告提供的地基土体物理和力学参数的具体情况，结合基础以上部分的结构传递荷载的大小，选择一合适的中等压缩性土层或低压缩性土层。

可能适合作为刚性桩持力层的土层不惟一，甚至有多个土层可以作为刚性桩的桩端持力层，这时就要考虑到桩长的要求。桩长越长，单桩的承载力就越高，所能承担的荷载就越大，从这个角度讲，桩长也是由上部荷载决定的。另外，刚性长桩的长度越长，桩端以下可压缩土层（包括低压缩土层）的厚度就越薄，则复合地基的总沉降量就越小，从这个角度讲，桩长对刚柔复合桩基的应用是否成功具有重要意义，反之，可以通过总沉降量的要求来确定桩长的最小值。

刚性长桩的直径通常采用377~700mm，桩型一般为沉管灌注桩、钻孔灌注桩或预应力管桩。选定某一桩径时，要综合考虑上部荷载大小、基础承台的尺寸以及布桩方式等。

确定了桩径和桩长，单桩承载力的计算就很容易了。

与一般桩基础的设计相同，刚性长桩的持力层、桩径和桩长等要综合起来一起考虑，不能片面地理解为先确定什么，再确定什么，而是根据上部荷载的大小以及基础面积等约束条件，结合地质资料综合考虑，经过试算，才能最终选择刚性长桩的各个设计参数。

7.15.8 刚柔复合桩基的现场试验与应用分析

为了进一步了解刚性桩、柔性桩、土共同作用的机理，完善设计理论，为设计提供可靠的科学数据，我们必须结合工程实践进行研究。

随着复合地基在工程中的广泛应用，确定复合地基的承载力与沉降成了学术界和工程界需要解决的问题。现场静载试验被公认为是最可靠的手段。复合地基特点在于桩与桩周土共同承担荷载，需要较大面积的载荷试验（如包含4根以上桩）方能得到比较好的结果。为此，我们对杭州市白荡海小区几组静载荷试验进行分析。其地基处理采用刚柔桩（CM桩）复合地基水泥土桩和灌注桩相结合，上设砂石褥垫层。夯实水泥土桩复合地基的主要优点是施工设备简便，工程成本较低。但是夯实水泥土桩复合地基对软弱地基承载力的提高幅度有限，而且其沉降变形也较大，不易控制。高压灌注桩复合地基的主要优点是经处理后复合地基承载力高，沉降变形小，容易控制，但其工程成本较高。

1. 实例一

1）工程概况

杭州白荡海小区位于杭州市文一路，其4#楼地上12层，地下室一层，落地面积475m²，建筑面积5800m²，框架结构。由工程地质勘察报告可知（其土工参数表见表7-29，其地质条件比较差，但35m深度以下存在全风化玢岩，力学性质较好，分布稳定，可作为持力层，因此设计桩型采用刚柔桩复合桩基加整板基础。其中M桩为柔性搅拌桩，直径500mm，长8m，水泥掺入量300kg/m³。

刚性桩为C20素混凝土桩，直径426mm，长35m，持力层为圆砾层。本次荷载板尺寸为2.95m×2.95m，厚度为45cm的钢筋混凝土板。第一块混凝土板下面为10cm的素混凝土垫层，素混凝土垫层下面为30cm的砂垫层，砂垫层下面布有两根刚性和两根柔性桩；第二块荷载板的做法如下：45cm厚荷载板下为10cm厚的素混凝土垫层，素混凝土垫层下面是厚40cm的碎石、瓜子片、砂混合垫层。荷载板做法见图7-54和图7-55。

土层的工程地质参数　　　　表7-29

层次	土层名称	层顶标高	层厚度	含水量 w（%）	压缩模量 E_s（MPa）	钻孔灌注桩	
						摩擦力标准值（kPa）	端承力标准值（kPa）
1-1	杂填土	4.12～5.55	1.0～2.90				
1-2	塘淤泥					5	
3-1	淤泥质黏土	−1.62～1.73	1.20～3.70	46.8	3.38	8	
3-2	淤泥质黏质粉土	−3.55～−1.67	3.80～6.70	41.0	2.31	10	
3-3	淤泥质粉质黏土	−8.66～−6.11	7.50～10.90	39.9	2.72	12	300
3-4	淤泥质粉质黏土	−9.83～13.06	1.70～4.50	27	3.0	15	
3-5	贝壳土			37.3	2.64	15	
5-1	粉质黏土	−27.71～26.03	2.00～3.40	20.2	4.46	18	600
5-2	粉质黏土	−29.71～29.13	2.30～3.00	20.0		300	
6-2	圆砾						
7-2	强风化安山玢岩						

2）静荷载试验技术和方法

本工程2组荷载板采用砂包堆重——反力架装置，并用千斤顶反力加载，千分表测读

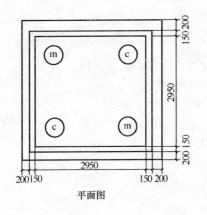
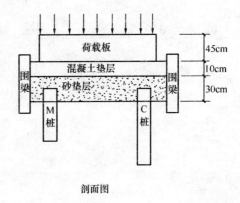

平面图　　　　　　　　　剖面图

图 7-54　第一块荷载板做法

桩顶沉降的试验方法。加载方法采用千斤顶反力加载，并采用分级及沉降观测，荷载分级为设计预估荷载的 1/8～1/12 取值，第一级取 2 倍。试验采用慢速维持荷载法，即每级荷载按 1′、5′、15′、30′、45′、60′、90′…各观测一次，且当每小时沉降增量小于 0.1mm 加下一级荷载。终止加载条件按复合地基荷载试验要点和设计综合确定。卸载方式按规范。

3）测点布置

根据观测要求，测点的位置必须有代表性，以利于分析计算。本试验在钻孔灌注桩、水泥搅拌桩桩顶和相应的板顶布置观测点，观测其对应的沉降。测点布置图见图 7-56。

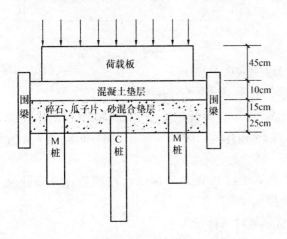
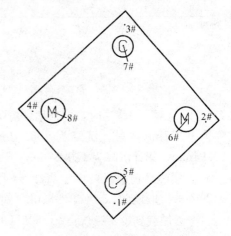

图 7-55　第二块荷载板做法　　　图 7-56　白荡海 4#楼静载试验板顶及桩顶测点布置示意图

4）测试结果分析

本次试验测定了在各级荷载作用下，各个测点的位移值，其 $Q\text{-}s$ 曲线、$\log Q\text{-}s$ 曲线见图 7-57、图 7-58。

从上述图表可看出：

a. 第一块荷载板（面积 8.7m^2）在按规定荷载级别加载到 384kN 时，桩顶累计沉降量为 1.63mm；加载到第 5 级荷载 1152kN 时，桩顶累计沉降量为 26.29mm；继续加载到

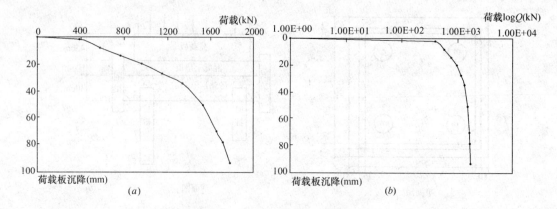

图 7-57 第一块荷载板试验结果

(a) 第一块荷载板的 Q-s 曲线；(b) 第一块荷载板 $\log Q$-s 曲线

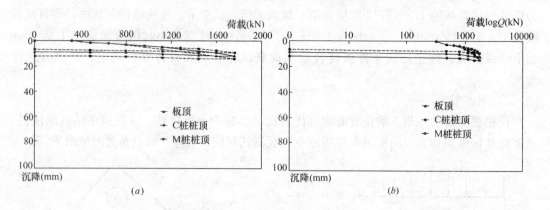

图 7-58 第二块荷载板试验结果

(a) 第二块荷载板的 Q-s 曲线；(b) 第二块荷载板 $\log Q$-s 曲线

第 10 级荷载 1792kN 时，桩顶累计沉降为 93.36mm，继续稳压在 1728kN 5h 后的本次沉降为 10.57mm，累计沉降为 103.93mm；继续稳压在 1664kN 13h 后的本次沉降量为 12.94mm，累计沉降为 116.87mm。

b. 第二块荷载板按规定荷载级别加载到第 1 级荷载 320kN 时，桩顶累计沉降量为 0.29mm；加载到第 5 级荷载 800kN 时，桩顶累计沉降量为 3.14mm；

继续加载到第 10 级荷载 1760kN 时，桩顶累计沉降量为 13.73mm。

按照复合地基规范结合实测资料综合分析得到复合地基承载力基本值见表 7-30。

杭州市白荡海旧城改造 4#楼 CM 桩复合地基静载试验成果表　　　表 7-30

板号	荷载板尺寸	桩型	静载所得复合地基承载力基本值 (kPa)	承载力基本值对应的沉降量 (mm)
1	2.95m×2.95m	CM	140.2	29.5
2	2.95m×2.95m	CM	202.3	13.73

静载试验结果分析：

第一块荷载板静载所得复合地基承载力基本值为 140.2kPa，承载力基本值对应的沉降量为 29.5mm，但极限荷载下的沉降量较大且不稳定。主要原因是块石垫层孔隙大和砂垫层模量较小。

第二块荷载板静载所得复合地基承载力为 202.3kPa，高出第一块很多，其对应的沉降仅为 13.73mm，说明碎石、砂混合垫层要比纯砂垫层好得多，充分说明了垫层性质对复合地基的影响。

2. 实例二

为验证复合地基的承载力可靠性，我们又对杭州市白荡海 23♯楼单桩和复合地基分别进行了两组静载测试。刚性桩采用钻孔灌注桩，有效桩长 36.5～38.5m，柔性桩为 ϕ500 桩，桩长 8.0m，水泥掺入量 15%。桩身采用 C25 混凝土。复合地基荷载板尺寸为 3.37m×3.37m。单桩设计要求最大荷载 2660kN，复合地基承载力标准值设计要求为 233×3.37×3.37＝2646kN。

试验成果表见图 7-59、图 7-60。

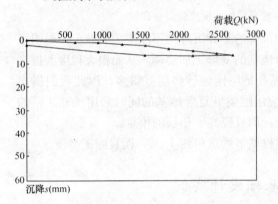

图 7-59　S1 试桩静载 Q-s 曲线

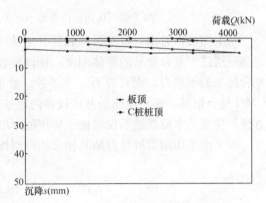

图 7-60　CM 桩复合地基静载 Q-s 曲线

静载试验结论：

通过对 23♯楼 1 根单桩和 1 组复合地基的荷载板的静载试验说明：

1) 复合地基很大程度改善了地质条件，增强了桩土的共同作用，大大减少了桩基沉降。

2) 复合地基的褥垫层的作用，大大降低了刚性桩的应力集中程度，表现在刚性桩桩顶沉降大大减小。

3) 以上 4 组静载中，复合地基的浅部沉降均大于单桩沉降，说明桩基浅部有负摩阻力。

3. 实例三

为验证对复合地基进行注浆的效果，我们对杭州市白荡海旧城改造 2♯楼进行了测试。杭州市白荡海旧城改造 2♯楼位于文一路，砖混结构。设计桩型采用刚柔复合桩基加整板基础，其中柔性桩为搅拌桩，ϕ500，桩长 8.0m，水泥掺入量 300kg/m^3，水泥土强度要求 0.08MPa；刚性桩采用 C20 素混凝土，ϕ426 桩，桩长 35m，持力层为粗砂层。本次荷载板尺寸 2.95m×2.95m，厚度为 45cm 的钢筋混凝土板。荷载板做法如下：45cm 厚荷载板下为 10cm 厚的素混凝土垫层、素混凝土垫层下为 15cm 的碎石、瓜子片、砂混合垫层，该垫层底与 CM 桩顶顶面平，再有 20cm 的碎石、瓜子片、砂混合垫层。这次对 2♯

楼荷载板垫层下2.8m深度范围内的土层进行了注浆处理。

试验结果Q-s曲线见图7-61。

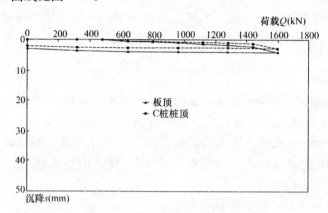

图7-61 杭州市白荡海小区2♯楼荷载板试桩静载Q-s曲线

从上图可以看出，桩基沉降和复合地基的沉降的差异沉降比不注浆大大减少，说明了注浆后增进了复合地基的整体刚度，使得复合地基的变形更加协调，从而很大程度上提高复合地基的承载力。而且碎石、瓜子片、砂混合垫层比纯砂垫层好得多。因此我们提出CMG复合地基，即对地质条件比较差的地基应用刚柔桩复合地基的同时采用浅部注浆的方法。注浆的本质就是不仅增加了垫层的厚度，而且提高了垫层的模量。

本工地采用刚柔桩复合地基比采用纯刚性桩基节约造价约10%，而且施工方便。

7.16 刚性桩基础设计实例

7.16.1 工程概况

某建筑柱下桩基，柱截面尺寸为$1m×1m$；荷载效应标准组合时桩基承台顶面竖向力$F_k=5900kN$，弯矩$M_k=340kN·m$，水平力$H_k=480kN$，承台底面埋深2.0m。

建筑场地地层条件，土层剖面如图7-62所示。

①0~12m，粉质黏土，重度$\gamma=19kN/m^3$，$e=0.80$，可塑状态，地基土极限承载力特征值$q_{pa}=200kPa$；

②12~14m，细砂、中密~密实；

③14~19m，砾石、卵石层，土层压缩模量为$E_{s3}=30MPa$；

④19~28m，粉质黏土，土层压缩模量为$E_{s4}=25MPa$；

⑤28~35m，卵石层；

⑥35~45m，粉土。

地下水位于地面下3.5m，采用水下泥浆护壁钻孔灌注桩，试设计桩基础。

7.16.2 桩基设计步骤

1. 选择持力层，确定桩的断面尺寸和长度

选③层，14~19m，砾石、卵石层为桩端持力层，桩端进入砾石、卵石层2m，已知承台底面埋深2.0m，则设计桩长$L=14m$；选取水下钻孔灌注桩的桩径$d=800mm$。

2. 确定单桩竖向极限承载力特征值R_a

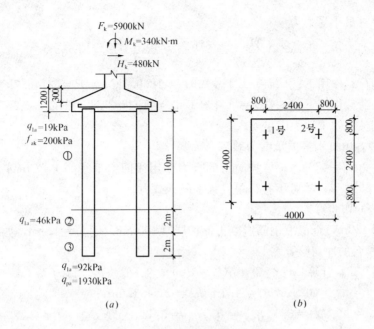

图 7-62 地质剖面图和桩基平面图
(a) 岩土剖面图；(b) 桩基平面图

单桩竖向极限承载力特征值 R_a，可根据下式进行估算。

$$R_a = u_p \sum q_{sia} l_i + q_{pa} A_p$$

桩周长：$u_p = \pi d = 2.5133$m；

桩的横截面积：$A_p = \pi d^2/4 = 0.5027$m²。

由图 7-62 中土层的物理指标有，①粉质黏土：$q_{sa} = 19$kPa，$f_{ak} = 200$kPa；②粉细砂：$q_{sa} = 46$kPa；③砾石、卵石层：$q_{sa} = 92$kPa，$q_{pa} = 1930$kPa。

则 $R_a = 2.5133 (10.0 \times 19 + 2.0 \times 46 + 2.0 \times 92) + 1930 \times 0.5027$
$= 1179.7 + 967 = 2146.7$kN

3. 确定桩数 n 及其布置

按桩基竖向荷载 $= 5900$kN 和 R_a 估算桩数 n_1 为：$n_1 = 5900/1670.6 = 3.53$ 根。

取桩数 $n = 4$ 根，桩距 $S_a = 3d = 2.4$m，取边桩中心至承台边缘距离为 $1d = 0.8$m，布置如图 7-62(b) 所示，则承台底面尺寸为：4m×4m。

其中：$A_c =$ 基础底面净面积 $= 4 \times 4 - 0.5027 \times 4 = 14.0$m²；

4. 桩基中各单桩竖向承载力验算

按荷载效应基本组合，则承台及其上土重标准值 $G_k = 4 \times 4 \times 20 \times 2.0 \times 1.35 = 864$kN。

首先，验算桩数 $n = 4$ 是否合适：$n = (F_k + G_k)/R = (5900 + 864)/2146.7 = 3.15$，说明桩数取 $n = 4$ 根可以，相应的承台尺寸选择也较合理。

其次，单桩所受的平均竖向作用力为：$N = \dfrac{(F_k + G_k)}{n} = (5900 + 864)/4 = 1691$kN，桩基中单桩最大受力为

$$N_{\max} = \frac{F_k + G_k}{n} + \frac{M_y x_i}{\sum x_j^2} = \frac{6764}{4} + \frac{340 \times 1.2}{4 \times 1.2^2} = 1691 + 71 = 1762\text{kN}$$

桩基中单桩最小受力为

$$N_{\min} = \frac{F+G}{n} - \frac{M_y x_i}{\sum x_j^2} = \frac{6764}{4} - \frac{340 \times 1.2}{4 \times 1.2^2} = 1620 \text{kN} > 0$$

轴心竖向荷载作用下：$\gamma_0 N = 1.1 \times 1691 = 1860.1 \text{kN} < R = 2146.7 \text{kN}$；
偏心竖向荷载作用下：$\gamma_0 N_{\max} = 1.1 \times 1762 = 1938.2 \text{kN} < 1.2R = 2576 \text{kN}$；
故复合基桩竖向承载力满足要求。

5. 桩基中各单桩水平向承载力验算

由于水平力 $H = 480 \text{kN}$，与竖向力的合力作用线即铅垂线的夹角 $\tan\alpha = 480/7064 = 0.068$，$\alpha = 3.89° < 5°$，故可不验算单桩水平向承载力。

6. 承台抗冲切验算

取承台厚 1.2m，近似取钢筋混凝土保护层厚 100mm，则 $h_0 = 1.1$m，如图 7-63 所示。

1）柱对承台的冲切验算

根据式（7-32）计算：$F_l \leqslant 2[\beta_{0x}(b_c + a_{0y}) + \beta_{0y}(h_c + a_{0x})]\beta_{hp} f_t h_0$

式中：$a_{0x} = a_{0y} = 0.3\text{m}, h_0 = 1.1\text{m}, h_c = b_c = 1.0\text{m}$；

$\lambda_{0x} = a_{0x}/h_0 = 3/11, \lambda_{0y} = a_{0y}/h_0 = 3/11$；

$\beta_{0x} = \beta_{0y} = \dfrac{0.84}{3/11 + 0.2} = 1.777$

由插值得 $\beta_{hp} = 0.925$
承台选用 C20 混凝土，则 $f_t = 1100 \text{kPa}$；
则上式右 $= 4 \times 1.777 \times 1.3 \times 1100 \times 1.1 \times 0.925 = 10342 \text{kN}$；
本例中 $F_l \leqslant F - \sum Q_i = 5900 - 0 = 5900 \text{kN}$；$F_l = 5900 \text{kN} < 10342 \text{kN}$。
故承台受柱冲切承载力满足要求。

2）角桩冲切验算

根据式（7-33）：$N_l \leqslant \left[\beta_{1x}\left(c_2 + \dfrac{a_{1y}}{2}\right) + \beta_{1y}\left(c_1 + \dfrac{a_{1x}}{2}\right)\right]\beta_{hp} f_t h_0$，

其中：$c_1 = c_2 = 1.2\text{m}; a_{1x} = a_{1y} = 0.3\text{m}; h_0 = 0.9\text{m}$；

$\lambda_{1x} = a_{1x}/h_0 = 3/9 = 0.333; \lambda_{1y} = a_{1y}/h_0 = 3/9 = 0.333$；

$\beta_{1x} = \beta_{1y} = \dfrac{0.56}{0.333 + 0.2} = 1.05$

由插值得 $\beta_{hp} = 0.925$
取 $N_l = N_{\max} = 1762 \text{kN}$。
则上式右 $= 2 \times 1.05 \times (1.2 + 0.3/2) \times 1100 \times 0.9 \times 0.925 = 2596.2 \text{kN}$；
$N_l = 1762 \text{kN} < 2596.2 \text{kN}$；
故承台受角桩冲切承载力满足要求。

7. 承台受剪计算

如图 7-63 所示，根据式（7-40）：$V_0 \leqslant \beta_{hs} \alpha f_t b_0 h_0$，

其中：$a_x = a_y = 0.3\text{m}; h_0 = 1.1\text{m}$；

$\lambda_x = \lambda_y = a_x/h_0 = a_y/h_0 = 3/11 = 0.273$。

因 $\lambda < 0.3$ 时，取 $\lambda = 0.3$。则 $\alpha = \dfrac{1.75}{\lambda + 1} = \dfrac{1.75}{0.3 + 1} = 1.35$；

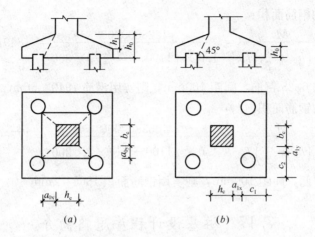

图 7-63 柱下独立桩基承台受冲切计算
(a) 柱对承台冲切验算；(b) 角桩对承台冲切验算

对 A-A，B-B 两个截面计算宽度：

$$b_{x0}=b_{y0}=\left[1-0.5\frac{h_1}{h_0}\left(1-\frac{b_{y2}}{b_{y1}}\right)\right]b_{y1}=[1-0.5\times3/11\times(1-1/4)]\times4=3.591\mathrm{m}；$$

因承台选用 C20 混凝土，则 $f_t=1000\mathrm{kPa}$；

$$\beta_{hs}\alpha f_c b_0 h_0=0.92\times1.35\times1000\times3.591\times1.1=4906.35\mathrm{kN}。$$

由图 7-62 可知危险截面 A-A 左侧共有两根单桩且均为 N_{max}，故

$$V=2\times1762=3524\mathrm{kN}<4906.35\mathrm{kN}，$$

故承台受剪承载力满足要求。

8. 承台受弯计算

图 7-63 (b) 中：

1 号桩 $N_1=N_{max}=\dfrac{F+G}{n}+\dfrac{M_y x_i}{\sum x_j^2}=\dfrac{6764}{4}+\dfrac{340\times1.2}{4\times1.2^2}=1691+71=1762\mathrm{kN}$；

2 号桩 $N_2=N_{min}=\dfrac{F+G}{n}-\dfrac{M_y x_i}{\sum x_j^2}=\dfrac{6764}{4}-\dfrac{340\times1.2}{4\times1.2^2}=1691-71=1620\mathrm{kN}$。

各桩对 x 轴，y 轴的弯矩：

$$M_x=\sum N_i y_i=(1762+1624.5)\times1.2=4063.8\mathrm{kN\cdot m}；$$

$$M_y=\sum N_i x_i=(1762+1762)\times1.2=4228.8\mathrm{kN\cdot m}。$$

承台有效计算高度 $h_0=1.1\mathrm{m}=1100\mathrm{mm}$；承台有效计算宽度 $b=b_{x0}=b_{y0}=3.591\mathrm{mm}$。

承台选用 C20 混凝土，故 $\alpha_1=1.0$，$\beta_1=0.8$，$f_c=9.6\mathrm{N/mm^2}$，$f_{cu,k}=20\mathrm{N/mm^2}$；配筋选用 HRB335 级钢筋，$f_y=300\mathrm{N/mm^2}$；$E_s=2.0\times10^5\mathrm{N/mm^2}$。

非均匀受压时的混凝土极限压应变 $\varepsilon_{cu}=0.0033-(f_{cu,k}-50)\times10^{-5}=0.0036>0.0033$，取 $\varepsilon_{cu}=0.0033$；

相对界限受压区高度 $\xi_b=\dfrac{\beta_1}{1+\dfrac{f_y}{E_s\varepsilon_{cu}}}=\dfrac{0.8}{1+\dfrac{300}{200000\times0.0033}}=0.55$

等效矩形应力图形的混凝土受压区高度 $x=\xi_b h_0=0.614\times1100=675.4\mathrm{mm}$。

沿 x 轴方向的钢筋面积：

$$A_s \geq \frac{M}{\alpha_1\left(h_0 - \frac{x}{2}\right)f_y} = \frac{4228800000}{1.0 \times \left(1100 - \frac{675.4}{2}\right) \times 300} = 18491.4 \mathrm{mm}^2$$

选用 32ϕ25 和 6ϕ28 钢筋，间距 100mm，则实用钢筋 19403.6mm^2。

沿 y 轴方向的钢筋面积：

$$A_s \geq \frac{M}{\alpha_1\left(h_0 - \frac{x}{2}\right)f_y} = \frac{4063800000}{1.0 \times \left(1100 - \frac{675.4}{2}\right) \times 300} = 17769.9 \mathrm{mm}^2$$

选用 38ϕ25 钢筋，间距 100mm，则实用钢筋面积 18654.2mm^2。

7.17 桩基设计程序思路简介

目前，国内外开发的桩基设计程序很多，PKPM 是应用较早和较多的一种，可以进行初步设计。具体施工图设计还是要结合上部结构荷载特点、地质资料、有关规范和当地实际经验进行综合设计。

桩基础的程序设计一般思路为：提供桩的形式、桩的尺寸和单桩承载力特征值。对于承台桩可由上部荷载计算出平面各处桩的根数，对于非承台桩人工输入桩的位置和根数。程序计算出每个桩在给定的单桩承载力和地质资料情况下所需的桩长，并根据桩长计算出等代地基刚度和基础沉降。

PKPM 桩基设计主要流程如图 7-64 所示，这里以目前比较流行的 PKPM 桩基础设计程序为例，简要介绍一下各流程。

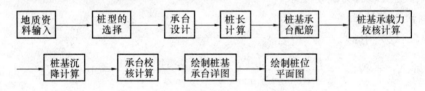

图 7-64 桩基础的设计流程

7.17.1 地质资料输入

地质资料是建筑物场地的地基状况的描述，是基础设计必不可少的信息。进行基础设计时，必须提供建筑物场地的各个勘测孔的平面坐标、竖向土层标高和各个土层的物理力学指标等信息，做成地质资料文件。

有桩地质资料需要每层土的压缩模量、重度、状态参数、内摩擦角和黏聚力，每层五个参数。

地质资料文件记录了建筑物场地的每个勘探孔点的位置、孔点组成的三角单元控制网格和土层的物理力学指标的所有信息。

最终可以绘成土层柱状图、土层剖面图及等高线图等。

7.17.2 桩型的选择

桩的分类选择有预制方桩、水下冲（钻）孔桩、沉管灌注桩、干作业钻（挖）孔桩、预制混凝土管桩、钢管桩和双圆桩等。其参数随分类不同而不同，有单桩承载力和桩直径或边长,对于干作业钻(挖)孔桩包括扩大头数据等。桩分类及其输入参数参见表 7-31。

桩基础分类与输入参数表　　　　　　　　　　表 7-31

桩 基 础 分 类	输 入 参 数
预制方桩	单桩承载力、桩边长
水下冲(钻)孔桩	单桩承载力、桩直径
沉管灌注桩	单桩承载力、桩直径
干作业钻(挖)孔桩	单桩承载力、桩直径、扩大头直径、扩大头上段长、扩大头中段长、扩大头下段长
预制混凝土管桩	单桩承载力、桩直径、壁厚
钢管桩	单桩承载力、桩直径、壁厚
双圆桩	单桩承载力、右圆半径、左圆半径、圆心距

7.17.3 承台桩设计

通过承台与上部结构框架柱相连的桩称为承台桩。这里所指的承台是狭义的,只指柱下独立承台,包括单柱或多柱的矩形、多边形承台。

1. 桩承台的控制参数

桩承台控制参数主要包括:桩间距、桩边距、承台尺寸模数、承台形状、施工方法、4 桩以上矩形承台—承台阶数、4 桩以上矩形承台—承台阶高。

2. 桩承台的生成方法

承台自动生成方式有三种:按荷载和单桩承载力计算、指定桩数生成和围区生成。

1) 按荷载和单桩承载力计算是程序按当前选择的桩的单桩承载力和指定范围内上部结构的荷载计算出所需的桩数和桩的布置情况以及承台的几何尺寸,生成承台的类型和布置位置。

2) 指定桩数生成是用户指定桩数和桩布置方式和布置范围,程序按承台参数生成承台的类型和布置位置。

3) 围区生成是人工围取要生成承台的桩,程序自动生成承台的尺寸。该方法适用于任意多边形的承台,并要求用户先布置好桩。

另外,在承台生成后,如发现承台间的间距过小或发生碰撞时,可先将原有的承台删掉,然后按程序的提示输入一个多边形,将指定的柱包在多边形内。程序会根据多边形范围内所有柱的合力生成一个联合承台。承台的布置角度由使用者指定。生成的联合承台上柱数不能超过四根。

3. 承台的布置

将已经定义的承台布置到结构平面中去。

7.17.4 非承台桩设计

PKPM 中把墙下或柱下条形承台桩、十字交叉条形承台桩、筏形承台桩和箱形承台桩都视为非承台桩。

这些桩的承台视为地基梁和筏板。所以在布桩前,必须先在墙下或柱下条形承台、十字交叉条形承台处布置地基梁,即为条形承台梁。同样必须先在筏形承台和箱形承台处布置筏板或地基梁,即为筏板承台或条形承台梁。

这里布置独立无承台桩、筏板和基础梁下的桩，从而形成柱下单根桩基础、桩梁基础、桩墙基础、桩筏基础和桩箱基础。同时可进行沉降试算和显示桩数量图。

1. 布置参数

群桩布置方式中可以选择"正方形"，则桩群的行和列是对齐的，相邻的两排两列中的四根桩的形心位于正方形的四个顶点；选择"等边三角形"，则桩群的行和列是交错的，两排中相邻的三根桩的形心位于等边三角形的顶点；选择"圆形"则所有桩的形心位于同一个圆周上。

对位的方式上可以选择"按节点布置"或"按构件布置"。

2. 群桩布置

按所选的桩类、设定桩间距和布置方式进行一组群桩的布置。

3. 沉降试算

PKPM 提供了一种根据按 MINDLIN 方法计算桩筏沉降来确定桩布置数量或桩长的工具。通过"沉降控制复合桩筏沉降曲线"对话框，来显示已知桩数的桩长—沉降曲线。

此时可修改桩间距，并得到新桩数下桩长—沉降曲线。若有多种桩类可供选择的话，可再选取其他桩类，进行试算。

通过一系列沉降试算最终确定桩筏基础的桩数、桩长和桩类。

7.17.5 桩长计算

PKPM 可根据地质资料和每根桩的单桩承载力计算出桩长。桩长的计算是按照《建筑桩基技术规范》的"经验值"方法进行。基本的计算原理如下：

1) 用户首先需给出地质资料、桩类型、桩径和单桩承载力特征值。

2) 程序按照土类型，桩类型，以及初始假设的桩长插值得到桩的极限侧阻力标准值和极限端阻力标准值以及大直径桩的尺寸效应系数。

3) 计算得到初始假设桩长所对应的单桩承载力特征值。

4) 通过迭代直到假设桩长所对应的单桩承载力特征值收敛于用户给定的单桩承载力特征值为止。

5) 按照规范的构造要求调整迭代得到的桩长结果，得到桩的实际计算长度。

7.17.6 桩基承台配筋

通过 PKPM 程序对桩基承台进行钢筋配置计算。

7.17.7 桩基承载力校核计算

1. 基桩竖向承载力的校核

在进行基桩竖向承载力设计值的计算时，先进行单桩竖向极限承载力标准值的计算，再根据承台形状，布桩形式和土层情况计算桩基中基桩的竖向承载力。

对于一般的建筑物和受横向荷载（包括力矩与横向剪力）较小的高大建筑物桩径相同的群桩基础，不考虑承台与基桩刚接共同工作和承台与土的弹性抗力作用。但对于以下情况可考虑这种作用：

1) 位于 8 度和 8 度以上抗震设防区和其他较大横向荷载的高大建筑物，当其桩基承台刚度较大或由于上部结构与承台的协同作用能增强承台的刚度时。

2) 受较大横向荷载及 8 度和 8 度以上地震作用的高承台桩基。

2. 基桩横向承载力的校核

群桩基础（不含横向力垂直于单排桩基纵向轴线和力矩较大的情况）的复合基桩横向承载力设计值应考虑由承台、桩群、土相互作用产生的群桩效应。

承受横向荷载较大的带地下室的高大建筑物桩基，可考虑承台、桩群、土共同作用。

7.17.8 桩基沉降计算

由于地质条件不均匀、荷载差异很大、体型复杂等因素引起的地基变形，对于砌体承重结构应由局部倾斜控制；对于框架结构和单层排架结构应由相邻桩基的沉降差控制；对于多层或高层建筑和高耸结构应由倾斜值控制。

7.17.9 承台校核计算

承台计算包括抗弯计算、抗冲切计算、抗剪切计算、局部承压验算。对于承台阶梯高度和配筋不满足要求的，将算出最小的承台阶梯高度与配筋。

7.17.10 绘制桩基承台详图

通过 PKPM 程序绘制桩基承台详图。

7.17.11 绘制桩位平面图

目前，实际工程设计中一般是先用 PKPM 设计一个初步的方案，然后根据规范和当地的实际经验，经过计算来综合确定桩的最终设计参数和施工图。

桩基设计的软件仍有待完善，许多科研机构也正在对结合各地实践经验的设计软件进行研究与开发。

思 考 题

7-1 桩基础的设计思想是什么？桩基设计的安全性、合理性和经济性分别指什么？各类桩基有哪些设计特点？特殊地质条件下桩基有哪些设计原则？桩基的设计内容包括哪些？如何按变形控制来进行桩基设计？

7-2 桩型选择应考虑哪些因素？设计中对桩型选择应该怎样考虑？如何进行桩型的优化设计？

7-3 规范对桩基布置有哪些要求？影响桩基平面布置的因素有哪些？常见的桩基平面布置形式有哪些？

7-4 桩持力层的选择应遵循哪些原则？

7-5 桩长、桩径的确定应考虑哪些因素？

7-6 承台桩基的设计与计算包括哪些步骤？基桩竖向承载力设计值如何确定？如何计算所需桩数？怎样进行桩的布置？

7-7 桩基承台如何进行受弯、受冲切、受剪切验算？承台构造有哪些要求？

7-8 地震的破坏方式有哪几种？哪些情况下可以不作桩基抗震验算？单桩抗震承载力如何确定？低承台桩抗震设计有哪些原则？桩基抗震设计步骤有哪些？桩基的抗震有哪些构造要求？

7-9 各种特殊条件下桩基的设计有哪些原则？

7-10 桩端桩侧后注浆设计有哪些要素？如何进行设计？

7-11 刚柔复合桩基有哪些特点？长短桩复合地基承载力和沉降如何计算？长短桩复合地基怎样设计？褥垫层如何设计？

7-12 如何应用 PKPM 软件进行桩基础设计？

第8章 桩基工程施工

8.1 概 述

桩基础是一种特殊的深基础，深埋于地下，是一种隐蔽工程；同时，其结构类型、传力特点与施工方法有着密切的关系，施工质量又直接影响桩基础的承载性状。所以研究桩基础的施工是桩基工程的一项重要内容。

本章主要介绍了桩基施工前的调查与准备、各种类型桩的施工方法及常见问题解决方法、桩端后注浆技术、桩基工程事故的处理对策，同时对桩基工程预算以及桩基工程现场监理内容也作了阐述。

学完本章后应掌握以下内容：

(1) 桩基工程施工前的调查与准备工作内容；

(2) 预应力管桩、预制混凝土方桩、钢桩、沉管灌注桩、钻孔灌注桩、人工挖孔桩、挤扩支盘灌注桩、大直径薄壁筒桩、水泥搅拌桩、碎石桩的施工方法及施工中的常见问题；

(3) 桩端（侧）后注浆施工技术；

(4) 桩基工程事故的处理对策；

(5) 桩基工程预算的内容与方法；

(6) 桩基工程现场监理的内容。

学习中应注意回答以下问题：

(1) 桩基工程施工前的调查与准备工作主要包括哪些内容？各有怎样的要求？

(2) 预应力管桩的特点有哪些？主要适用范围？有哪些施工方法？施工流程有哪些？施工中的常见问题有哪些？

(3) 预制混凝土方桩的施工过程主要有哪四部分？各个部分的要求有哪些？施工中的常见问题有哪些？

(4) 钢桩的制作和焊接有哪些要求？钢桩的施工流程有哪些？钢桩施工中有哪些常见问题？一般怎样处理？

(5) 沉管灌注桩常见的施工方法有哪几种？施工的程序是怎样的？施工中的常见问题有哪些？如何处理？

(6) 钻孔灌注桩施工方法根据地质条件的不同分为哪两种？各有怎样的施工设备和施工流程？施工中的常见问题有哪些？

(7) 人工挖孔桩的特点及适用范围？人工挖孔桩的施工流程？

(8) 挤扩支盘灌注桩有哪些特点？挤扩支盘灌注桩的施工工艺流程、方法及施工中的常见问题是什么？

（9）大直径薄壁筒桩施工的工艺流程？施工中的常见问题及解决方法？

（10）水泥搅拌桩的特点与适用范围有哪些？有怎样的施工工艺流程？

（11）碎石桩适用于哪些地层？碎石桩的施工工艺流程？

（12）桩侧、桩底后注浆的施工工艺？注浆材料的性能如何选择？

（13）桩基工程事故主要有哪些？有哪些处理对策？

（14）桩基工程费用组成有哪些？桩基工程预决算方法？

（15）桩基工程监理有哪些特点？桩基工程现场监理的内容有哪些？

8.2 桩基施工前的调查与准备

桩基工程施工前的调查与准备工作主要包括桩基施工前的调查、编制桩基工程施工组织设计和桩基础施工准备。

8.2.1 桩基施工前的调查

桩基施工前的调查（investigation before pile construction）内容主要包括现场踏勘、施工场地和周围状况、桩基设计情况及有关监督单位和法规上的限制等。

1. 现场踏勘

桩基的现场踏勘（depending on the scene），就是结合地质报告对拟打桩的现场场地的地质情况和地下水情况及周边环境条件进行现场实地调查，了解打桩可行性和建立初步方案。

2. 施工场地及周围状况调查

1）施工场地的状况（status of construction site）

a. 施工场地表面状态和地上堆积物及地面标高的变化情况；

b. 地下建筑物、管道、树木及地上障碍物等；

c. 地基的稳定程度。

2）施工场地周围建筑物的状况（status of the buildings around the construction site）

a. 周围建筑物的结构、构造和层数；

b. 周围建筑物的地下部分深度和基础型式及地基沉降；

c. 周围建筑物施工状况，包括开挖深度、开挖规模、基坑挡土方法及基坑开挖时排降水方法等；

d. 周围建筑物的用途及附属设备等。

3）公共设施及周围道路状况（status of public facilities and the surrounding roads）

a. 地下管线（自来水管、下水管、煤气管等）的位置、埋深、管径、使用年限等情况；

b. 周围道路的级别、宽度、交通情况等。

3. 桩基设计情况

1）桩基形式；

2）桩位平面布置图；

3）桩顶设计标高与现有地面标高的关系；

4）桩基尺寸；

5）桩与承台连接，桩的配筋，强度等级以及承台构造等；

6）桩的试打、试成孔以及桩的载荷试验资料。

4. 有关监督单位及法规上的限制

1）场地红线范围及建筑物灰线定位情况；

2）道路占用或使用许可证；

3）人行道的防护措施；

4）地下管道的暂时维护措施；

5）架空线路的暂时维护措施等。

8.2.2 编制桩基工程施工组织设计

桩基础工程在施工前，应根据工程规模的大小、复杂程度和施工技术的特点，编制整个分部分项工程施工组织设计或施工方案。其包括的内容与要求如下：

1. 机械施工设备的选择

应根据工程地质条件、桩基础形式、工程规模、工期、动力与机械供应以及现场情况等条件来选择合适的桩基施工设备。

2. 设备、材料供应计划

制定设备、配件、工具（包括质量检查工具）、桩体（对于预制桩、钢管桩和埋入桩等）、灌注桩所需材料（钢筋、水泥、砂石料以及外加剂等或商品混凝土）的供应计划和保障措施。

3. 成桩方式与进度要求

针对不同类型的桩基础，根据进度要求（progress requirement），制定有针对性的计划；对于预制桩要考虑桩的预制、起吊方案、运输方式、堆放方法、沉桩方式、打桩顺序和接桩方法等；对于就地灌注桩要考虑成孔、钢筋笼的放置、混凝土的灌注、泥浆制备、使用和排放（对于泥浆护壁灌注桩成孔的情况）、孔底沉渣清理等。

4. 作业和劳动力计划

制定劳动力计划（labor plan）及相应的管理方式。

5. 桩的试打或试成孔

如编制施工组织设计或施工方案前未进行桩的试沉（对于打入桩、压入桩）或试成孔（对于灌注桩），则此项工作应在桩基正式施工前进行，各方都参加并形成试打桩会议纪要作为施工依据。

6. 桩的载荷试验

如无试桩资料，设计单位要求试桩时，有相应资质的试桩单位应制定试桩计划。

7. 制定各种技术措施

制定保证工程质量、安全生产、劳动保护、防火、防止环境污染（振动、噪声、泥浆排放等）和适应季节性（冬期、雨期）施工的技术措施以及文物保护措施。

8. 编制施工平面图

在图上标明桩位、编号、数量、施工顺序；水电线路、道路和临时设施的位置；当桩基施工需制备泥浆时，应标明泥浆制备设施及其循环系统的位置；材料及桩（对于预制桩）的堆放位置。

8.2.3 桩基础施工准备

1. 清除施工场地内障碍物

桩基础施工前,应清除妨碍施工的地上、地下障碍物,如电杆、架空线、地下构筑物、树木、埋设管道等,这对保证顺利进行桩基础施工十分重要。

2. 施工场地平整处理

1) 现场预制桩场地的处理

为了保证在施工现场预制桩的质量,防止桩身发生弯曲变形,应对预制混凝土桩的制作场地进行必要的夯实和平整处理。

2) 沉桩场地的平整处理

施工设备进场前应做好场地的平整工作,对松软场地应进行夯实处理。若施工场地的地基承载力不能满足桩机作业时的要求,应在表面铺以碎石,并予以整平,以提高地基表面承载力,保证桩架作业时正直,不发生不均匀沉降。雨期施工时,必须采取排水措施。

3. 放线定位 (line location)

1) 放基线 (baseline location)

桩基轴线,不仅是桩基础施工,而且是整个上部结构施工所应遵照的,必须予以高度重视。轴线的施放,应以国家级三角网控制点引入,并应多次复合测量。桩基轴线的定位点,应设置在不受桩基础施工影响处。

2) 设置水准基点 (set benchmarks)

每根桩入土后,均应按照设计要求做标高记录。为了控制桩基施工的标高,应在施工地区附近设置水准基点,一般要求不少于2个,为防止损坏,应设置在不受桩基施工影响处。

3) 施放桩位 (pile location)

根据设计图纸中的桩位图,按沉桩顺序将桩逐一编号,根据桩号所对应的轴线,按尺寸要求施放桩位,并设置样桩,以供桩机就位后定位。

4. 打桩前的准备工作

针对不同的设计桩型,选择相对应的打桩机各就各位。同时对钻孔桩施工配备好泥浆池、泥浆泵等设备。

8.3 预应力管桩施工

8.3.1 预应力管桩的特点及适用范围

预应力管桩 (prestress tube pile) 的主要优点有单桩承载力高、适用范围广、桩长规格灵活、单位承载力造价低、接桩速度快、施工工效高、工期短、桩身耐打、穿透力强等,而且成桩质量可靠。预应力管桩一般采用工厂化生产,桩身质量可靠,只要严格执行沉桩操作规程,成桩质量较好,从而得到广泛应用。

预应力管桩按其桩身混凝土强度等级分为普通预应力混凝土管桩 (PC桩,强度等级不低于C60) 和高强预应力混凝土管桩 (PHC桩,强度等级不低于C80)。

先张法管桩外径有300mm、400mm、500mm、550mm、600mm等规格。管壁厚55~

130mm，应视管径、设计承载力大小而不同，一般随管径增加，壁厚也增加。管桩每节长一般不超过15m，常用节长8～12m，有时按设计要求节长为4～5m。

预应力管桩按有效预应力（筋）的大小可分为A型、AB型、B型和C型，对应配筋由少到多。预应力混凝土管桩的规格和力学性能见表8-1。

预应力混凝土管桩规格与力学性能参考表 表8-1

规 格			B_1PC300	B_1PC400	B_2PC400	B_1PC550	B_1PHC550	PHC550	PHC600
直径（mm）			300	400		550			600
壁厚（mm）			45	55	65	70	100		105
混凝土强度等级			C60			C80			
重量（t/m）			0.092	0.153	0.173	0.264	0.37		0.42
桩节长度（m）			6～14			6～15			
配筋	预应力筋	直径（mm）	ϕ5	ϕ7.4	ϕ7.4	ϕ9.2	ϕ9.2	ϕ11	ϕ11
		数量	8	7	9	8	8	10	11
	螺旋筋	直径（mm）	ϕ3.5	ϕ4.0	ϕ4.0	ϕ4.8	ϕ4.8	ϕ4.8	ϕ4.8
		L1 螺距	50	40	40	40	40	40	40
		L2 螺距	100	80	80	80	80	80	80
抗裂弯矩（kN·m）			16.8	35.8	43.9	94	96	140	176
极限弯矩（kN·m）			24	49	71.9	140	145	240	294
轴心受压极限值（kN）			1180	1970	2291	3470	4226	5680	6580

预应力管桩一般适合于多层、小高层和25层以下的高层建筑的桩基础。桩持力层可选在黏性土、砂性土、全风化岩、强风化岩。桩长可按实际需要接长（但长径比应控制在100以内）。

但预应力管桩在下列地层情况下不宜使用：

1）存在大面积地下障碍物（如孤石）时；
2）场地内地层中有坚硬夹层时；
3）桩持力层为硬质中风化岩时，此时要控制总锤击数和最后贯入度以免桩身被打碎；
4）石灰岩溶洞地层；
5）桩基持力层为硬质岩且岩层面倾角很陡时，此时桩端稳定性不好。

8.3.2 预应力管桩的制作

预应力混凝土管桩制作工艺有后张法和先张法两种。

后张法的桩径较大（ϕ800～ϕ1200），桩身混凝土采用离心—辊压—振动复合工艺成型，而且每节长约4～5m，壁厚12～15cm，而且在管壁中间预留有15～25个ϕ130左右的小孔。使用时通过这些预留孔用高强钢绞线将各段管连接起来，并在其后张拉过程中再对这些孔道高压注浆，使之形成一长桩，桩长可达70～80m。宁波北仑港某码头曾用后张法管桩。

在工业与民用建筑中使用的基本上都是先张法预应力混凝土管桩，该管桩的生产制作工艺包括混凝土制备、钢筋笼制作、布料合模、预应力张拉、离心成型、普通蒸养和蒸压养护六大环节。先张法预应力管桩工艺流程如图8-1所示。

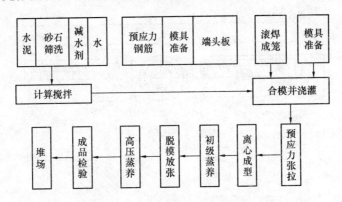

图8-1 先张法预应力管桩工艺流程

第1环节是钢筋笼的制作。它通过对预应力筋进行高精度切断并镦头后用自动滚焊编削机滚焊成笼。

第2环节是高强度等级混凝土的制备。水泥采用不低于42.5级的硅酸盐水泥，粗骨料在5～20mm间且要求岩石强度在150MPa以上，细骨料砂的细度模数在2.6～3.3间，砂石必须筛洗洁净，混凝土水灰比0.3左右，水泥用量500kg/m³左右，砂率控制在32%～36%间，掺入高效减水剂，混凝土的坍落度约在3～5cm。

第3环节布料合模，即用带电子计量装置与螺旋输送装置的布料机（与钢模行走速度同步配合）将混凝土均匀地投入钢模内，保证管节壁厚均匀，布料结束后进行合模。

第4环节进行预应力张拉，用千斤顶张拉并锚定在端头板上。

第5环节是离心成型。离心过程主要是低速、中速、高速3个阶段，离心时间长短与混凝土坍落度、桩直径、离心机转速等有关。在离心过程中离心力将混凝土料挤向模壁，排出多余的空气和多余的水，使其密实度大大提高。一般从管桩外型可看到，管外壁较光滑，而内壁较粗糙。

第6环节初级养护与高压蒸养，先张法预应力混凝土管桩采用二次养护工艺。先经初级蒸汽养护，使混凝土达到脱模强度，放张脱模后再到蒸压釜内进行高温高压（最高压力1.0MPa，最高温度约180℃）蒸养10h左右。

上述工艺生产出的PHC（高强度混凝土管桩）管桩强度达C80以上，且从成型到使用的最短时间只需3～4d，而PC混凝土管桩有些厂家采用常压蒸汽养护，脱模后再移入水池养护半个月，所以出厂时间要长。

先张法预应力管桩是一种空心圆柱形细长构件，主要由圆筒形桩身、端头板和钢套箍组成，如图8-2所示。

预应力管桩的接头，一般采用端头板电焊连接，端头板厚度一般取18～22mm，端板

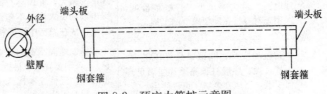

图8-2 预应力管桩示意图

外缘一周留有坡口，供对接时烧焊用。其构造及端部大样见图8-3。

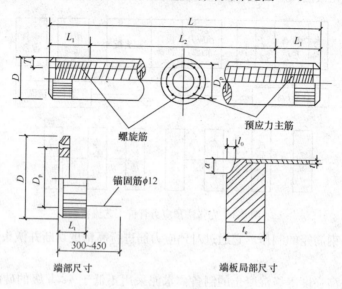

图 8-3 预应力管桩构造及端部尺寸

预应力管桩沉入土中第一节桩称为底桩，端部设十字形、圆锥形或开口型桩尖，前两种属闭口型。十字形桩尖加工容易，造价较低，破岩能力强，其缺点是在穿越砂层时，不如其他两种桩尖。闭口桩尖，桩端力稳定。开口管桩不需桩尖，所以应用较广。将桩刚打入土中时，由于管桩开口使土不断涌入管内，形成土塞，土塞长度约为桩长的1/2~1/3左右，试土质而定，但形成稳定土塞后再向下沉桩，管桩就变成实心桩，挤土效应明显。所以单根管桩在沉桩过程中刚开始时挤土效应少，但随着桩入土深度增加挤土效应就很明显。一个场地多根管桩打桩过程中由于群桩挤土效应使黏性土桩侧土结构破坏降低沉桩阻力和单桩极限承载力，只有随着休止时间增加黏性土的触变恢复才使群桩承载力恢复增长。另外一点值得注意，管桩内土塞效应是使短期单桩承载力增加的，但假如管桩上段节头内漏水使管桩内充水长期浸泡时，土塞中土体由于桩侧内壁水的作用将降低单桩承载力，所以在打桩施工中（特别是桩端为风化岩残积土且有承压水时）应引起重视。

8.3.3 预应力管桩的沉桩方法

预应力管桩的施工方法有锤击法沉桩和静力压桩法（顶压法和抱压法）。预应力管桩沉桩过程中要注意土塞效应和挤土效应。

锤击法沉桩和静力压桩法的优缺点见表8-2。

锤击法沉桩和静力压桩法的优缺点　　　　表 8-2

序号	施工方法	优　点	缺　点
1	锤击法沉桩	打桩机械简单、打桩速度快、对场地地面承载力要求低、打桩单价低，适用于对打桩振动要求低的工地	打桩振动噪声大，有打桩挤土效应对周边环境影响大，桩顶易打碎，打桩时只能记录锤击数和贯入度，不能记录最终压桩力，所以锤击法在城市中心区和老城区无法使用
2	静力法沉桩	无振动噪声、能记录最终压桩力、压桩直观、一般桩顶完整、能满足环保要求，所以在老城区可以使用	对场地地面承载力有要求（常要填塘渣平整），否则要发生压桩机本身沉陷，有打桩挤土效应，沉桩成本比锤击法高一些，有地下硬夹层时无法压桩

锤击法沉桩和静力压桩法的常见打桩设备如图8-4~图8-6所示。

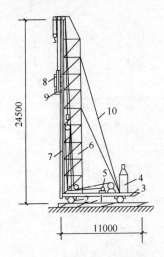 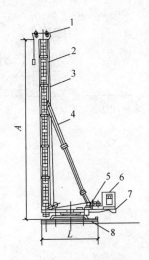

图8-4 滚管式打桩架的结构

1—枕木；2—滚管；3—底架；
4—锅炉；5—卷扬机；6—桩架；
7—龙门架；8—蒸汽锤；
9—桩帽；10—牵绳

图8-5 步履式打桩架

1—顶部滑轮组；2—导杆；3—锤和桩起吊用钢丝绳；
4—斜撑；5—吊锤和桩用卷扬机；6—司机室；
7—配重；8—步履式底盘

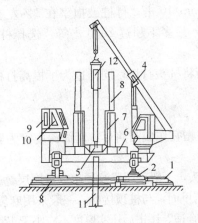 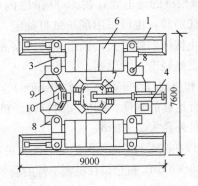

图8-6 全液压式静力压桩机

1—长船行走机构；2—短船行走及回转机构；3—支腿式底盘结构；4—液压起重机；5—夹持与压板装置；
6—配重铁块；7—导向架；8—液压系统；9—电控系统；10—操纵室；11—已压入下节桩；12—吊入上节桩

值得注意的是，预应力管桩或预制桩均属于挤土桩，不论采用锤击法施工或静压法施工都应注意打桩挤土问题和挖土凿桩引起的偏位及破损问题。要注意打桩顺序、打桩节奏、打桩速度及每天打桩数和最后打桩贯入度或压桩力的控制及防挤土（如泄压孔、防挤孔）措施的采取。

下面具体介绍锤击法沉桩和静力压桩的施工方法。

8.3.4 锤击法沉桩施工

1. 锤击法沉桩的工艺流程

锤击法施工预应力管桩的工艺流程包括：测量定位→底桩就位、对中和调直→锤击沉桩→接桩→再锤击、接桩→打至持力层→收锤，如图8-7所示。

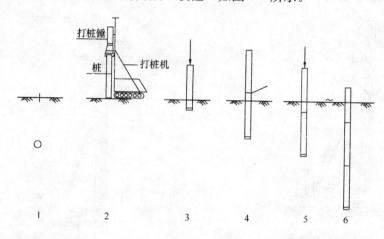

图 8-7 管桩锤击施工工序
1—测量放样；2—就位对中调直；3—锤击下沉；4—电焊接桩；
5—再锤击、再接桩、再锤击；6—收锤，测贯入度

2. 桩锤选择（selection of the hammer）

施工时常用锤击能量大、施工速度快、工效高的柴油锤打桩。桩锤大小应能满足打桩的各项技术指标要求：最后贯入度在 20～40mm/10 击；打桩破损率在 1% 左右，最多不超过 3%；每根桩的锤击数宜在 1500 击以内，最多不超过 2500 击等。选择桩锤重量时，可以根据以往经验，也可采用现场试打确定。

为了防止桩锤回弹过大，锤击应力过高而将桩头打坏，同样也为了提高打桩速度，桩锤应遵循"重锤轻击"的原则。

3. 桩帽和垫层（pile caps and cushion）

桩帽应有足够的强度、刚度和耐打性。桩帽宜作成圆筒形，套筒深度宜为 35～40cm，内径应比管桩外径大 2～3cm。

"锤垫"设在桩帽的上部，保护柴油锤和桩头，一般采用坚纹硬木或盘圈层叠的钢丝绳制作，厚度取 15～20cm；桩垫设在桩帽下部的套筒里面，与桩顶接触，一般采用麻袋、硬纸板、水泥纸袋、胶合板等材料，要求厚度均匀，软硬合适、锤击后压实厚度不应小于 12cm。

4. 接桩（pile connection）

预应力管桩的接桩，现在全部用端头板，四周一圈坡口进行电焊连接。当底桩桩头被沉至离地面 0.5～1.0m 时，可用钢丝刷将两个对接桩头端头板上的泥土铁锈刷清，露出金属光泽，待两个端头板对齐后，在端头板四周均匀对称点焊 4～6 点，一般为防止产生接桩偏斜，应用两个焊工对称操作，要求两个端头板之间焊接饱满。待焊缝自然冷却 8～10min 后便可继续锤击沉桩。

5. 打桩顺序（piling order）

打桩时，由于桩对土体的挤密作用，后打入桩将使先打入桩受水平推挤而造成偏移和变位，或被垂直挤拔造成浮桩；而后打入的桩由于土体隆起或挤压很难达到设计标高或入土深度，造成截桩过大。所以施打群桩时，为了保证质量和进度，防止周围建筑物被破坏，应根据桩基平面布置、桩的尺寸、密集程度、深度等实际情况来正确选择打桩顺序。

《建筑桩基技术规范》中规定,打桩顺序应按下列规定执行:
1) 对于密集桩群,自中间向两个方向或四周对称施打;
2) 当一侧毗邻建筑物时,由毗邻建筑物处向另一方向施打;
3) 根据基础的设计标高,宜先深后浅;
4) 根据桩的规格,宜先大后小,先长后短。

图 8-8 为几种常见打桩顺序对土体的挤密状况。

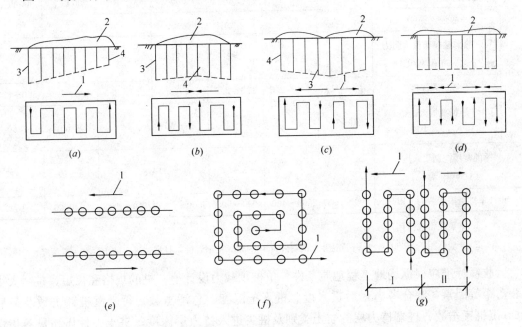

图 8-8 打桩顺序和土体挤密状况
(a) 逐排单向打设;(b) 两侧向中心打设;(c) 中部向两侧打设;(d) 分段相对打设;(e) 逐排打设;
(f) 自中部向边缘打设;(g) 分段打设
1—打设方向;2—土的挤密情况;3—沉降量大;4—沉降量小

实际施工中,除了考虑以上因素外,有时还考虑打桩架移动的方便与否来确定打桩顺序。

6. 打桩收锤标准(criterion of stopping hammering)

桩锤重的选用应根据地质条件、桩型、桩的密集程度、单桩竖向承载力及现有施工条件等因素确定,也可参照表 8-3 选用。

锤重选择表　　　　　　　　　　　　表 8-3

锤 型		柴油锤(t)						
		25	35	45	60	72	D80	D100
锤的动力性能	冲击部分质量(t)	2.5	3.5	4.5	6.0	7.2	80	100
	总质量(t)	6.5	7.2	9.6	15.0	18.0	170	200
	冲击力(kN)	2000~2500	2500~4000	4000~5000	5000~7000	7000~10000	>10000	>12000
	常用冲程(m)	1.8~2.3						

续表

锤型			柴油锤（t）						
			25	35	45	60	72	D80	D100
预制方桩、预应力管桩的边长或直径（mm）			350～400	400～450	450～500	500～550	550～600	600以上	600以上
钢管桩直径（mm）				400		600	900	900～1000	900以上	900以上
持力层	黏性土粉土	一般进入深度（m）	1.5～2.5	2.0～3.0	2.5～3.5	3.0～4.0	3.0～5.0		
		静力触探比贯入阻力平均值（MPa）	4	5	>5	>5	>5		
	砂土	一般进入深度（m）	0.5～1.5	1.0～2.0	1.5～2.5	2.0～3.0	2.5～3.5	4.0～5.0	5.0～6.0
		标准贯入击数 $N_{63.5}$（未修正）	20～30	30～40	40～45	45～50	50	>50	>50
锤的常用控制贯入度（cm/10击）			2～3	3～5		4～8		5～10	7～12
设计单桩极限承载力（kN）			800～1600	2500～4000	3000～5000	5000～7000	7000～10000	>10000	>10000

注：1. 本表仅供选锤用；
2. 本表适用于20～60m长钢筋混凝土预制桩及40～60m长钢管桩，且桩端进入硬土层有一定深度。

收锤标准应根据场地工程地质条件、单桩承载力设计值、桩的规格和长短、桩锤大小和落距等因素，综合考虑最后贯入度、桩入土深度、总锤击数、每米沉桩锤击数及最后1m沉桩锤击数、桩端持力层的岩土类别及桩尖进入持力层深度、桩土弹性压缩量等指标给出。收锤标准应以到达的桩端持力层、最后贯入度或最后1m沉桩锤击数为主要控制指标，桩端持力层作为定性控制，最后贯入度及最后1m沉桩锤击数作为定量指标。作为施工人员，在实际施工过程中，应根据工程地质条件、施工条件等具体条件综合分析评定。

《建筑桩基技术规范》对桩终止锤击的控制原则规定如下：

1）桩端（指桩的全断面）位于一般土层时，以控制桩端设计标高为主，贯入度为辅；

2）桩端达到坚硬、硬塑的黏性土、中密以上粉土、砂土、碎石类土、风化岩时，以贯入度控制为主，桩端标高为辅；

3）贯入度已达到设计要求而桩端标高未达到时，应继续锤击3阵，并按每阵10击的贯入度不应大于设计规定的数值，必要时，施工控制贯入度应通过试验与有关单位会商确定。

以上的停止锤击的控制原则适用于一般情况，实践中也存在某些特例。如软土中的密集桩群，由于大量桩沉入土中产生挤土效应，对后续桩的沉桩带来困难，如坚持按设计标高控制很难实现。按贯入度控制的桩，有时也会出现满足不了设计要求的情况。对于重要建筑，强调贯入度和桩端标高均达到设计要求，即实行双控是必要的。当桩端土很硬时，应控制总锤击数和最后贯入度以免打坏桩身。对于软土中打桩应注意打桩挤土引起的挤土浮桩和偏位现象。因此确定停锤标准是较复杂的，宜借鉴经验与通过静载试验综合确定停锤标准。

7. 施工中应注意的问题

1) 打桩过程中应防止偏心打桩，打桩时应保证桩锤、桩帽和桩身中心线重合，如有偏差应随时纠正，特别是第一节底桩，对成桩质量影响更大，因此其垂直偏差不得大于0.5%。

2) 在较厚的黏土、粉质黏土中施打多节管桩中，宜连续施工，一次完成。

3) 控制打桩顺序和打桩节奏，锤击法打桩一般有挤土效应，当打桩场地周围有地下管线和建筑物时，应事先打应力释放孔并监测挤土位移，如打桩挤土位移增大应移位跳打，同时控制每天的打桩数，也可以采取上部取土植桩等方式以减少挤土效应。

4) 在液化砂土层中打桩时，要注意控制孔压膨胀等措施。

5) 打桩时要注意接头焊缝的牢固。过打可能使焊缝脱焊。

6) 打桩时要注意测量桩顶标高，严防桩顶上浮或偏位。

8.3.5 静压法沉桩施工（construction of static pressed pile method）

1. 抱压式与顶压式液压静力压桩机

静力压桩宜选择液压式压桩机。液压静力压桩机分为"抱压式液压静力压桩机"和"顶压式液压静力压桩机"两种，如图8-9、图8-10所示。

图8-9 抱压式静力压桩机

图8-10 顶压式静力压桩机

抱压式液压静力压桩机压桩过程是通过夹持机构"抱"住桩身侧面，由此产生摩擦传力来实现的；而顶压式液压静力压桩机则是从预制桩的顶端施压，将其压入地基的。由于施压传力方式不同，这两种桩机结构形式、性能特点、适用范围也有显著不同。抱压式桩机主要由压桩系统和夹桩机构及吊机组成，抱压式压桩机重心低，易于行走，但配重量一般小于500t，压桩时用专用夹具将管桩侧面抱住向下施压，所以压桩力一般小于500t。而顶压式桩机主要由压桩系统和桩帽及卷扬机吊桩系统组成。顶压式桩机除压桩机构中没有夹桩机构外，一般不带起重机。顶压式压桩机重心高，但配重量可达到700t。顶压式压桩机压桩时靠桩帽压住桩顶并用液压千斤顶向下顶力沉桩，所以最大压桩力可达650t，满足$\phi 600$高强管桩的压桩需要。

2. 静压桩机的机械性能要求

对于静压桩机的机械性能有如下要求：

1) 机身总重量加配重要求达到设计要求；

2) 桩机机架应坚固、稳定，有足够的承载力和刚度，沉桩时不产生颤动位移；

3) 夹具应有足够的刚度和硬度，夹片内的圆弧与桩径应严格匹配，夹具在工作时，夹片内侧与桩周应完整贴合，呈面接触状态，且应保证对称向心施力，严防点接触和不均匀受力；

4) 压桩机行走要灵活，压桩机的底盘要能承受机械自重和配重的基本要求，底盘的面积要有足够大，满足地基承载力的要求。

5) 桩身允许抱压压桩力宜满足下列要求：

方桩：　　　　　　　　$p_{jmax} \leqslant 1.1 f_c A$

PC 管桩：　　　　　　$p_{jmax} \leqslant 0.5 (f_{ce} - \sigma_{pc}) A$

PHC 管桩：　　　　　 $p_{jmax} \leqslant 0.45 (f_{ce} - \sigma_{pc}) A$

式中　p_{jmax}——桩身允许抱压压桩力；

　　　f_c——方桩桩身混凝土轴心抗压强度设计值；

　　　f_{ce}——管桩离心混凝土抗压强度设计值；

　　　σ_{pc}——管桩混凝土有效预压应力；

　　　A——桩身横截面面积。

顶压式压桩机的最大压力或抱压式压桩机送桩时的最大抱压力可比桩身允许的抱压压桩力大 10%。

3. 静压法施工工艺流程

静压法施工工艺流程概述起来大致如下：

测定桩位→压桩机就位调平→将管桩吊入压桩机夹持腔→夹持管桩对准桩位调直→压桩至底桩露出地面 2.5～3.0m 时吊入上节桩与底桩对齐，夹持上节桩，压底桩至桩头露出地面 0.60～0.80m→调整上下节桩，与底桩对中→电焊接桩、再静压、再接桩直至需要深度或达到一定终压值，必要时适当复压→截桩，终压前用送桩将工程桩头压至地面以下。压桩程序见图 8-11。

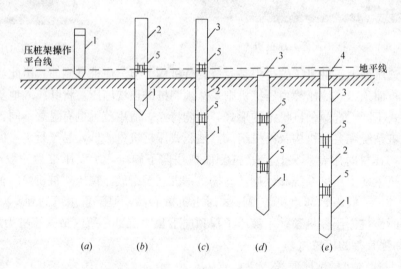

图 8-11　压桩程序示意图

(a) 准备压第一段桩；(b) 接第二段桩；(c) 接第三段桩；(d) 整根桩压平至地面；(e) 采用送桩压桩完毕

1—第一段桩；2—第二段桩；3—第三段桩；4—送桩；5—接头

1)《建筑桩基技术规范》对静力压桩的施工提出了下列要求：

a. 第一节桩下压时垂直度偏差不应大于 0.5%；

b. 宜将每根桩一次性连续压到底，且最后一节有效桩长不宜小于5m；

c. 抱压力不应大于桩身允许侧向压力的1.1倍。

2)《建筑桩基技术规范》对静力压桩施工的终压提出了下列规定：

a. 应根据现场试压桩的试验结果确定终压力标准；

b. 终压连续复压次数应根据桩长及地质条件等因素确定。对于入土深度大于8.0m的桩，复压次数可为2~3次；对于入土深度小于8.0m的桩，复压次数可为3~5次；

c. 稳压压桩力不得小于终压力，稳定压桩的时间宜为5~10s。

3)《建筑桩基技术规范》对静压送桩提出下列规定：

a. 测量桩的垂直度并检查桩头质量，合格后方可送桩，压、送作业应连续进行；

b. 送桩应用专制钢质送桩器，不得用工程桩作送桩器；

c. 当场地上多数桩较短（有效桩长 $L \leqslant 15m$）或桩端持力层为风化软质岩可能需要复压时，送桩深度不宜超过1.5m；

d. 当桩的垂直度偏差小于1‰且桩的有效桩长大于15.0m时，静压桩送桩深度不宜超过8.0m。

4)《建筑桩基技术规范》规定，压桩顺序应根据场地工程地质条件确定：

a. 对于场地地层中局部含砂、碎石、卵石时，宜先对该区域进行压桩；

b. 若持力层埋深或桩的入土深度差别较大时，宜先施压长桩后施压短桩。

5) 静压法管桩施工注意事项

a. 静压桩架有两条长腿和两条短腿，它们与地基接触面积不一样，所以长腿对地接触压力小，短腿对地接触压力大。当地表土较软时，短腿移动的沉降要大于长腿移动的沉降，作为引起地基土浅层的挤土作用。当打入的预应力管桩桩顶距地面较浅时，桩架短腿的移动就有可能使预应力管桩偏位，在施工中必须要重视；

b. 静压桩架施工时后压桩会对先打入土中的桩产生挤土作用，并使先打桩上浮或偏位；

c. 静压桩群桩施工过程中由于群桩挤土效应会使桩间土和桩端土土结构破坏从而降低其强度。

8.3.6 预应力管桩沉桩施工中的常见问题及注意事项

预应力管桩施工中的工程质量问题主要包括桩顶偏位、桩身倾斜、桩顶碎裂、桩身断裂以及沉桩达不到设计的控制要求等，各种问题产生的原因见表8-4，根据不同的原因，就可以在施工中采取相应的措施来防止各种问题的发生。

预应力管桩常见问题及处理对策　　　　　表8-4

问　题	产生的原因	处　理　对　策
桩顶偏位	1) 先施工的桩因后打桩挤土偏位； 2) 两节或多节桩在施工时，接桩不直，桩中心线成折线形，桩顶偏位； 3) 基坑开挖时，挖土不当或支护不当引起桩身倾斜偏位	1) 先检测桩身是否完好； 2) 如桩完好可以在桩倾斜的反方向取土扶直； 3) 在桩身内重新放钢筋笼灌混凝土加固
桩身倾斜	1) 先打的桩因后打桩挤土被挤斜； 2) 施工时接桩不直； 3) 基坑开挖时，或边打边开挖，或桩旁堆土，或桩周土体不平衡引起桩身倾斜	

续表

问 题	产生的原因	处 理 对 策
桩顶碎裂	1) 桩端持力层很硬，且打桩总锤击数过大，最后停锤标准过严； 2) 施打时桩锤偏心锤击； 3) 桩顶混凝土有质量问题	将桩顶碎裂段重新凿除并检测桩下部是否完整，最后用钢筋混凝土将桩接高到设计标高
桩身断裂	1) 接桩时接头施工质量差引起接头开裂、脱节； 2) 桩端很硬，总锤击数过大，最后贯入度过小； 3) 桩身质量差； 4) 挖土不当	1) 先检测桩身断裂界面位置； 2) 在管桩内芯重新下钢筋笼（笼长比界面深3m），重新在管内灌混凝土； 3) 重新测承载力或补桩
桩顶上浮	1) 后打桩对先打桩挤土作用使先打桩上浮； 2) 基坑开挖坑底面土隆起使桩顶上浮	1) 用打入或压入法将上浮桩复位； 2) 检测桩身质量和承载力； 3) 加强基础刚度

8.4 预制混凝土方桩的施工

预制混凝土方桩（precast concrete square-pile）的施工过程主要包括预制桩的制作，起吊、运输，堆放、接桩以及沉桩四个方面内容。

8.4.1 混凝土预制桩的制作

混凝土预制方桩可以在工厂或施工现场预制，现场的主要制作程序如下：

制作场地压实平整→场地地坪作三七灰土或灌注混凝土→支模→绑扎钢筋骨架、安装吊环→灌注混凝土→养护至30%强度拆模→支间隔头模板、刷隔离剂、绑钢筋→灌注间隔桩混凝土→同法间隔重叠制作其他各层桩→养护至70%强度起吊→达100%强度后运输、堆放。混凝土预制桩的制作应符合下列要求：

1. 基本要求（basic requirement）

预制桩的制作应根据工程条件（土层分布、持力层埋深）和施工条件（打桩架高度和起吊运输能力）来确定分节长度，避免桩尖接近持力层或桩尖处于硬持力层中时接桩。每根桩的接头数不应超过两个，尽可能采用两段接桩，不应多于三段，现场预制方桩单节长度一般不应超过 25m，节长规格一般以二至三个规格为宜，不宜太多。

2. 场地要求（ground requirement）

预制场地必须平整坚实，并有良好的排水条件，在一些新填土或软土地区，必须填碎石或中粗砂并进行夯实，以避免地坪不均匀沉降而造成桩身弯曲。

3. 模板要求（template requirement）

现场预制桩身的模板应有足够的承载力、刚度和稳定性，立模时必须保证桩身和桩尖部分的形状、尺寸和相对位置正确，尤其要注意桩尖位置与桩身纵轴线对准，以避免沉桩时将桩打歪，模板接缝应严密，不得漏浆。

4. 钢筋骨架的要求（reinforcement cage requirement）

在制作混凝土预制桩的钢筋骨架时，钢筋应严格保证位置的正确，桩尖对准纵轴线。钢筋骨架的主筋应尽量采用整条，尽可能减少接头，如接头不可避免，应采用对焊或电弧焊，或采用钢筋连接器，主筋接头配置在同一截面内的数量不得超过50%（受拉筋）；相邻两根主筋接头截面的距离应大于35d（主筋直径），并不小于500mm，桩顶1m范围内不应有接头。对于每一个接头，要严格保证焊接质量，必须符合钢筋焊接及验收规范。

预制桩桩头一定范围的箍筋要加密；在桩顶约250mm范围需增设3～4层钢筋网片，主筋不应与桩头预埋件及横向钢筋焊接。桩身纵向钢筋的混凝土保护层厚度一般为30mm。

5. 桩身混凝土的要求（pile concrete requirement）

预制方桩桩身混凝土强度等级常采用C35～C40，坍落度为6～10cm。灌注桩身混凝土，应从桩顶开始向桩尖方向连续灌注，混凝土灌注过程中严禁中断，如发生中断，应在前段混凝土凝结之前将余段混凝土灌注完毕。在灌注和振捣混凝土时，应经常观察模板、支撑、预埋件和预留孔洞的情况，发现有变形、位移和漏浆时，应马上停止灌注，并应在已灌注的混凝土凝结前修整完好后才能继续进行灌注。

为了检验混凝土成桩后的质量，应留置与桩身混凝土同一配合比并在相同养护条件下养护的混凝土试块，试块的数量对于每一工作班不得少于一组。

对灌注完毕的桩身混凝土一般应在灌注后12h内，在露出的桩身表面覆盖草袋或麻袋并浇水养护。浇水养护时间，对普通硅酸盐水泥或矿渣硅酸盐水泥拌制的混凝土，不得少于7d；对掺用缓凝型外加剂的混凝土，不得少于14d。浇水次数应能保护混凝土处于润湿状态；混凝土的养护用水应与拌制用水相同。当气温低于5℃时，不得浇水。

8.4.2 混凝土预制桩的起吊、运输和堆放

1. 桩的起吊（lifting of pile）

当方桩的混凝土达到设计强度的70%时方可起吊。起吊时应采取相应措施，保持平稳，保护桩身质量。

现场密排多层重叠法制作的预制方桩，起吊前应将桩与邻桩分离，因为桩与桩之间粘结力较大，分离桩身的工作要仔细，以免桩身受损。

吊点位置和数量应符合设计规定。一般情况下，单节桩长在17m以内可采用两点吊，18～30m的可采用三点吊，30m以上的应用四点吊。当吊点少于或等于三个时，其位置应按正负弯矩相等的原则计算确定，当吊点多于三个时，其位置应按反力相等的原则计算确定。常用几种吊点合理位置如图8-12所示。

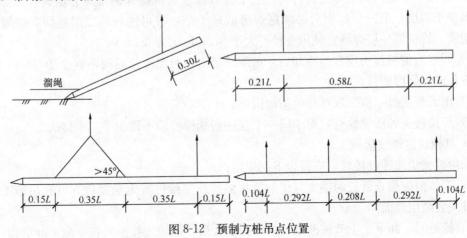

图8-12 预制方桩吊点位置

2. 桩的运输和堆放（transportation and storage of pile）

预制桩运输时的强度应达到设计强度的100%。

运输时，桩的支承点应按设计吊钩位置或接近设计吊钩位置叠放平稳并垫实，支撑或绑扎牢固，以防止运输中晃动或滑落；采用单点吊的短桩，运输时也应按两点吊的要求设置两个支承。

预制桩在堆放时，要求场地平整坚实，排水良好，使桩堆放后不会因为场地沉陷而损伤桩身。桩应按规格、长度、使用的顺序分层叠置，堆放层数不应超过四层。桩下垫木宜设置两道，支承点的位置就在两点吊的吊点处并保持在同一横断面上，同层的两道垫木应保持在同一水平上。

从现场堆放点或现场制桩点将预制方桩运到打桩机前方的工作一般由履带吊机或汽车吊机来完成。现场预制的桩应尽量采用即打即取的方法，尽可能减少二次搬运。预制点若离打桩点较近且桩长小于18m的桩，可用吊机进行中转吊运，运输时桩身应保持水平，应有人扶住或用溜绳系住桩的一端，以防止桩身碰撞打桩架。

8.4.3 混凝土预制桩的接桩

当桩长度较大时，受运输条件和打（压）桩架高度限制，一般应分成数节制作，分节打（压）入，在现场接桩。混凝土预制桩的连接可采用焊接、法兰接及机械快速连接（螺纹式、啮合式）。

接桩材料对于焊接接桩，钢钣宜用低碳钢，焊条宜用E43，并应符合《建筑钢结构焊接技术规程》（JGJ 81—2002）要求，同一工程内的质量探伤检测不得少于3个接头；对于法兰接桩，钢板和螺栓宜用低碳钢。

1. 焊接接桩

采用焊接接桩除应符合现行《建筑钢结构焊接技术规程》的有关规定外，尚应符合下列规定：

1) 下节桩段的桩头宜高出地面0.5m；

2) 下节桩的桩头处宜设导向箍以方便上节桩就位。接桩时上下节桩段应保持顺直，错位偏差不宜大于2mm。接桩就位纠偏时，不得用大锤横向敲打；

3) 管桩对接前，上下端板表面应用铁刷子清刷干净，坡口处应刷至露出金属光泽；

4) 焊接宜在桩四周对称地进行，待上下桩节固定后拆除导向箍再分层施焊；焊接层数不得少于两层，第一层焊完后必须把焊渣清理干净，方可进行第二层施焊，焊缝应连续、饱满。管桩第一层焊缝宜使用直径不大于3.2mm的焊条；

5) 焊好后的桩接头应自然冷却后才可继续锤击，自然冷却时间不宜少于8min；严禁用水冷却或焊好即施打；

6) 雨天焊接时，应采取可靠的防雨措施；

7) 焊接接头的质量检查，对于同一工程探伤抽样检验不得少于3个接头。

2. 机械快速螺纹接桩

采用机械快速螺纹接桩，应符合下列规定：

1) 安装前应检查管桩两端头制作的尺寸偏差及连接件有无受损后方可起吊施工，其下节桩头宜高出地面0.8m；

2) 接桩时，卸下上下节桩两端头的保护装置后，应清理接头残物，涂上润滑脂；

3）采用专用接头锥度对中，对准上下节桩进行旋紧连接；

4）可采用专用链条式扳手进行旋紧（臂长1m卡紧后人工旋紧再用铁锤敲击扳臂），锁紧后两端板尚应有1~2mm的间隙。

3. 机械啮合接头接桩

采用机械啮合接头接桩，应符合下列规定：

1）将上下接头钣清理干净，用扳手将已涂抹沥青涂料的连接销逐根旋入上节桩Ⅰ型端头钣的螺栓孔内，并用钢模板调整好连接销的方位；

2）剔除下节桩Ⅱ型端头钣连接槽内泡沫塑料保护块，在连接槽内注入沥青涂料，并在端头钣面周边抹上宽度20mm，厚度3mm的沥青涂料；若地基土、地下水含中等以上腐蚀介质，桩端钣板面应满涂沥青涂料；

3）将上节桩吊起，使连接销与Ⅱ型端头钣上各连接口对准，随即将连接销插入连接槽内；

4）加压使上下节桩的桩头钣接触，接桩完成。

8.4.4 混凝土预制桩的沉桩

混凝土预制桩的打（压）桩方法较多，主要有锤击法沉桩和静力压桩法。

锤击法沉桩和静力压桩法的施工方法、施工流程及施工要求在前面预应力管桩中已经详细进行了介绍。

除了锤击法沉桩和静力压桩沉桩外，还有一些特殊的方法，如振动法沉桩、射水法沉桩、植桩法沉桩、斜桩沉桩法等。

8.4.5 混凝土预制桩施工中的常见问题及注意事项

在预制桩施工过程中，常会发生一些问题，如桩顶碎裂、桩身断裂、桩顶偏位或上升涌起、桩身倾斜、沉桩达不到设计控制要求以及桩急剧下沉等，当发生这些问题时，应综合分析其原因，并提出合理的解决方法，表8-5为预制桩施工中常见的问题及解决方法。

预制桩施工中常见的问题及解决方法　　　　　表8-5

问　题	可 能 产 生 原 因	解 决 方 法
桩顶碎裂	1）桩端持力层很硬，且打桩总锤击数过大，最后停锤标准过严； 2）施打时桩锤偏心锤击； 3）桩顶混凝土有质量问题	1）应按照制作规范要求打桩； 2）上部取土植桩法； 3）对桩顶碎裂桩头重新接桩
桩身断裂	1）接桩时接头施工质量差引起接头开裂、脱节； 2）桩端很硬，总锤击数过大，最后贯入度过小； 3）桩身质量差； 4）挖土不当	1）打桩过程中桩要竖直； 2）记录贯入度变化，如突变则可能断桩； 3）浅部断桩挖下去接桩，深部断裂则要补打桩
桩顶位移	1）先施工的桩因后打桩挤土偏位； 2）两节或多节桩在施工时，接桩不直，桩中心线成折线形，桩顶偏位； 3）基坑开挖时，挖土不当或支护不当引起桩身倾斜偏位	1）施工前探明处理地下障碍物，打桩时应注意选择正确打桩顺序； 2）在软土中打密集群桩时应注意控制打桩速率和节奏顺序； 3）控制桩身质量和承载力

续表

问 题	可能产生原因	解 决 方 法
桩身倾斜	1）先打的桩因后打桩挤土被挤斜； 2）施工时接桩不直； 3）基坑开挖时，或边打桩边开挖，或桩旁堆土，或桩周土体不平衡引起桩身倾斜	1）在打桩中应注意场地平整、导杆垂直，稳桩时，桩应垂直； 2）在桩身偏斜反方向取土后扶直； 3）检测桩身质量和承载力
桩身上浮	先施工的桩因后打桩挤土上浮	1）打桩时应注意选择正确打桩顺序； 2）控制打桩速率和节奏顺序； 3）上浮桩复打、复压
桩急剧下沉	桩的下沉速度过快，可能是因为遇到软弱土层或是落锤过高、桩接不正而引起的	施工时应控制落锤高度，确保接桩质量。如已发生这种情况，应拔桩检查，改正后重打，或在原桩旁边补桩

8.5 钢桩的施工

常用的钢桩主要包括钢管桩（steel tubular piles）、H型钢桩（H-shaped steel piles）和其他异型钢桩。钢桩具有强度高、施工方便的特点，但成本也最高而且要防腐蚀。

8.5.1 钢桩的制作

制作钢桩的材料应符合设计要求，现场制作钢桩应有平整的场地及挡风防雨措施。钢桩制作的容许偏差应符合表8-6的规定。用于地下水有侵蚀性的地区或腐蚀性土层的钢桩，应按设计要求作防腐处理。

钢桩制作的容许偏差 表8-6

序 号	项 目		容许偏差（mm）
1	外径或断面尺寸	桩端部	±0.5%外径或边长
		桩身	±0.1%外径或边长
2	长 度		>0
3	矢 高		≤1%桩长
4	端部平整度		≤2（H型桩≤1）
5	端部平面与桩身中心线的倾斜值		≤2

8.5.2 钢桩的焊接

根据《建筑桩基技术规范》，钢桩的焊接应符合下列规定：
1）必须清除桩端部的浮锈、油污等脏物，保持干燥；下节桩顶经锤击后的变形部分应割除；
2）上下节桩焊接时应校正垂直度，对口的间隙为2~3mm；
3）焊丝（自动焊）或焊条应烘干；
4）焊接应对称进行；
5）焊接应用多层焊，钢管桩各层焊缝的接头应错开，焊渣应清除；
6）气温低于0℃或雨雪天，无可靠措施确保焊接质量时，不得焊接；

7）每个接头焊接完毕，应冷却 1min 后方可锤击；

8）焊接质量应符合国家《钢结构工程施工质量验收规范》(GB 50205—2001)和《建筑钢结构焊接技术规程》(JGJ 81—2002)，每个接头除应按表 8-7 规定进行外观检查外，还应按接头总数的 5%做超声或 2%做 X 射线拍片检查，对于同一工程，探伤抽样检验不得少于 3 个接头。

9）H 型钢桩或其他异型薄壁钢桩，接头处应加连接板，其形式如无规定，可按等强度设置。

接桩焊缝外观允许偏差 表 8-7

序号	项目	允许偏差（mm）	序号	项目	允许偏差（mm）
1	上下节桩错口		2	咬边深度（焊缝）	0.5
	①钢管桩外径≥700mm	3			
	②钢管桩外径<700mm	2	3	加强层高度（焊缝）	0～+2
	H 型钢桩	1		加强层宽度（焊缝）	0～+3

8.5.3 钢管桩的施工

1. 施工准备

沉桩前，应认真处理高空、地上地下的障碍物。钢管桩施工时通常会对周围环境造成较大的噪声、振动，施工前应制定出有效的降低噪声和防振措施。

为了防止沉桩时，特别是大型群桩施工时受桩排挤的土向上或向四周水平移动而对附近建（构）筑物造成危害，打桩前还应对周围的建筑物、构筑物作全面检查，如有危房或危险构筑物，必须予以加固，必要时可在打桩场地与建（构）筑物之间挖掘沟槽或采用排土量少的开口桩，以减少地基变位的影响。

2. 确定打桩顺序

打桩设备确定后，应依据工程特点、打桩作业部分的面积、桩的形式及位置、地质水文条件、气象条件、周围环境及地貌、施工机械性能和设计条件确定打桩顺序。

在确定打桩顺序时，应考虑以下几项原则：

1）根据基础的设计标高，宜先深后浅；

2）根据钢桩的规格，宜先长后短、先大后小；

3）当一侧毗邻建筑物时，由毗邻建筑物处向另一方向施打；

4）当场地中有重要管道、电缆或其他地下公共设施时，应先打靠近这些设施的桩，并使后打入各桩越来越远离已有设施；

5）打桩顺序应满足业主或设计方的特殊要求，并注意优先打密集区的桩；

6）为了能使在打桩机回转半径范围内的桩能一次流水施工完毕，应先组织好桩的供应，并安排好场地处理、放样桩和复核等配合工作；

7）当场地狭小时，应特别注意防止分批进场堆放的桩因施工顺序安排不当而导致施工与运输的矛盾。

3. 沉桩方法

钢管桩沉桩方法较多，应结合工程场地具体地质条件、设备情况和环境条件、工期要求等选定打桩方法。目前常用的是冲击法和振动法，但由于对噪声和振动的限制，目前采用压入法和挖掘法的工程逐渐增多。

钢管桩的施工程序为：桩机安装→桩机移动就位→吊桩→插桩→锤击下沉、接桩→锤击至设计标高→内切割桩管→精割、盖帽。

在钢管桩的沉桩过程中，应注意以下几方面的问题：

1) 始终要注意观测钢管桩沉入情况，有无异常现象。如发现桩身下沉过快、桩身倾斜、桩锤回弹过高、桩架晃动等情况时，应立即停止锤击，查明原因后再开始继续施工。

2) 钢管桩在沉桩过程中应连续，尽量避免长时间停歇中断。

3) 桩的分节长度应合适，应结合穿透中间的坚硬土层，接桩时桩尖不宜停留在坚硬土层中，否则当继续施工时，由于阻力过大可能使桩身难以继续下沉。

4) 施工时，为了防止对周围建（构）筑物振动过大，可以在地面开挖防振沟，消除地面振动，并可与其他防振措施结合使用。沉桩过程中，应加强邻近建筑物、地下管线的观测、监护。

5) 打长桩时，可在导杆上装配可以升降的防振装置，在桩发生横向振动时，可以防止桩的弯曲变形。

4. 钢管桩施工常见问题及对策

1) 桩水平位移、倾斜

钢管桩如果采用闭口桩则其排土量同预制桩一样，也是桩管体积的100%，一般采用开口钢管桩可以减少挤土，但当其下沉至一定深度时，挤入管口的土体会将管口封闭，同样会引起挤土，一般情况下，随着桩管直径的增大，挤土量会逐渐减少。但尽管如此，当桩位较密时，桩的施工由一边向另一侧或由中间对称向四周推进，土体越挤越密，加之沉桩产生的超静水压力，使先打的桩上部挠曲变形，使桩顶出现位移、倾斜。这种侧向应力的大小与工程地质、桩型、桩群密度、沉桩顺序、沉桩速率有关。

施工时可以采取以下措施：

（1）尽可能采用开口钢管桩，或采取预钻孔打入法，减少挤土。

（2）采用长桩，提高单桩承载力，减少桩的数量，增大桩距，以减少对浅层土体的挤压影响。

（3）选用合理的打桩流水方案，避免在基础混凝土灌注完毕的区域附近打桩。

（4）选择合理的打桩顺序，具体要求和预制桩相同。

（5）减慢打桩速度，减少单位时间内的挤土量。

（6）增加辅助措施。钻孔设置排水砂井或插入塑料排水板，以减少超孔隙水压力。

2) 打桩造成周围建筑物位移及振动影响

沉桩时，钢管桩进入土层对软土产生挤压，使附近建筑物地下管线产生水平和垂直方向的位移，严重时导致裂缝或损坏；同时采用柴油锤打桩引起的振动会使周围建筑物地基沉降陷落，还会使附近的设备及各种精密机械工作性能受到影响。

施工时，为了减少挤土，除采用开口桩外，还可以在靠近建筑物的一侧设浅层防挤沟，减挤砂井或其他排水桩。防挤沟如较浅可采用空沟，如较深，可填入发泡塑料、砂等松散材料，将打桩传来的振动波吸收或反射，可以减振 1/10～1/3。

3) 钢管桩被打坏

在采用下端开口钢管桩时，如果钢管桩壁过薄，那么在桩尖穿过坚硬黏土层或粗砂、砾石层时，容易使开口桩尖卷曲破坏。沉桩时应在钢管底端加焊一道钢套箍，以加强桩尖部分的刚度，另外如果遇到较大孤石、旧混凝土基础时，应在沉桩前清除，减少沉桩阻力。

此外，如果焊接材料、设备、技术不过关引起焊接质量下降时，在沉桩时由于桩锤的反复锤击，会使钢管桩在接头部破坏。因此焊接材料要好，而且必须严格按焊接规范施工，另外必须确保钢桩能垂直地沉入，沉桩前应调整好桩架，避免偏心打桩。

4）沉桩困难

有两种情况，一是在整个沉桩过程中，中间有硬土层需要穿过，造成沉桩困难；二是桩尖快到持力层时，贯入度过小，难以达到实际标高。

当贯入度过小，难以达到标高时，首先应对所选桩锤进行分析，其锤击能量、回跳高度是否足够，桩是否垂直。如果设备正常，则应采取前面提到的保证顺利沉桩措施。

5）桩急剧下沉

可能遇到软土层、土洞，或桩身弯曲。应该将桩拔起检查改正重打，或在原桩位附近补桩并加强沉桩前的检查。

8.5.4 H型钢桩的施工

1. 施工机械

H型钢桩的施工机械与钢管桩基本相同，可采用柴油锤和液压锤沉桩，但其断面刚度较小，抗锤击能力差，桩锤不应选得过大，最好不大于4~5t，并且在锤击过程中，桩架前应有横向约束装置，防止横向失稳。H型钢桩的桩帽，应根据桩的尺寸在现场用钢板焊接而成。

2. 沉桩施工

H型钢桩的沉桩工艺流程与钢管桩基本相同，但有以下几方面应稍作改变：

1）钢桩截面刚度较小，接头处应加连接板，焊接时桩尖不能停在硬土层中。

2）送桩不宜过深，否则容易使H型钢桩移位，或者因锤击过多而失稳，当持力层较硬时不宜采用送桩。

3）场地准备应比钢管桩更严格。桩入场前应仔细检查堆放场地，防止变形，沉桩前应清除地面层大石块、混凝土块等回填物，保证沉桩质量。

4）H型桩不像钢管桩无方向性要求，其断面横轴向和纵轴向的抗弯能力是有差异的，应根据设计单位的图示方向插桩。

5）锤击时必须有横向稳定措施，防止桩在沉入过程中发生侧向失稳而被迫停锤。有效措施是设铰链抱箍，抱箍可开启、可闭合，由于锤击是瞬间冲击荷载，横向振动较大，造成抱箍经常损坏，应有充分的准备。

6）H型钢桩在沉入设计标高并完成基坑开挖后，应在其桩顶加盖桩盖。

3. 常见施工问题及措施

1）桩身扭转。沉桩过程中，桩周围土体发生变化，聚集在H型钢桩两翼缘间的土存在差异，且随着打桩入土深度的增加而加剧，致使桩朝土体弱的方向转动。如入土深度不大，可拔出桩再次锤击入土。

2）贯入度突然增大。具体表现是在沉桩过程中回弹量过大，锤击声音不很清脆，导致这种现象的原因很多，桩没有垂直插入土中，锤击过程中发生倾斜，而且越打越斜，桩架无抱箍，锤击时自由长度较大，如桩断面刚度太小，则横向无约束也造成倾斜沉入。施工场地用块石或混凝土块填成，桩位没有彻底清理，插桩时如块体夹在桩的一侧，强行沉入后，因两侧阻力不同造成桩身倾斜。对这类事故的防治措施是：彻底清理桩位下的障碍物，垂直插桩，桩架设抱箍以增加横向约束。

8.6 沉管灌注桩施工

沉管灌注桩（tube-sinking poured piles）属于挤土灌注桩，是目前采用广泛的一种灌注桩。它按照沉管工艺的不同，可分为锤击沉管灌注桩、振动沉管灌注桩、振动冲击沉管灌注桩和内夯沉管灌注桩。

8.6.1 锤击沉管灌注桩的施工

锤击沉管灌注桩（hammering tube-sinking poured piles）是利用桩锤的锤击作用，将带活瓣桩尖或钢筋混凝土预制桩尖的钢管锤击沉入土中，然后边灌注混凝土边用卷扬机拔出桩管成桩。《建筑桩基技术规范》规定，锤击沉管灌注桩施工应根据土质情况和荷载要求，分别选用单打法、复打法、反插法。

1. 施工机械设备

锤击法沉管的主要设备一般是锤击打桩机，主要由桩架、桩锤、卷扬机、桩管等组成，配套机具有上料斗、1t 机动翻斗车、混凝土搅拌机等。

1）锤击沉管打桩机

锤击沉管打桩机（如图 8-13 所示）在施工时应根据具体场地、土质、桩身需要选用。

2）桩锤

锤击沉管打桩机的桩锤一般采用电动落锤、柴油锤和蒸汽锤三种，其中柴油锤应用较广，不同型号的柴油锤，其冲击部分的重量不同，适用于不同类型的锤击沉管打桩机，应根据具体工程情况选用。

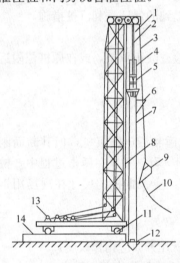

图 8-13 锤击沉管打桩机示意图
1—桩锤钢丝绳；2—桩管滑轮组；3—吊斗钢丝绳；4—桩锤；5—桩帽；6—混凝土漏斗；7—桩管；8—桩架；9—混凝土吊斗；10—回绳；11—行驶用钢管；12—预制桩靴；13—卷扬机；14—枕木

3）桩管与桩尖

桩管一般选用无缝钢管，钢管直径一般为 273～600mm。桩管与桩尖接触部分宜用环形钢板加厚，加厚部分的最大外径应比桩尖外径小 10～20mm。桩管外表面应焊有表示长度的数字，以便在施工中观测入土深度。

桩尖可采用活瓣桩尖、混凝土预制桩尖和封口桩尖等，见图 8-14。

一般情况不宜选用活瓣桩尖，如果采用时，则活瓣桩尖应有足够的刚度和强度，且活瓣之间应贴合紧密，不得有较大缝隙。桩尖合拢后，其尖端应在桩管中轴线上，活瓣应张合灵活，否则易产生质量问题。

采用钢筋混凝土预制桩尖时，其混凝土要有足够强度，强度等级一般不应低于 C30。桩管下端与桩尖接触处，应垫置缓冲材料，以防钢管将桩尖打碎而产生质量缺陷。

桩尖入土如有损坏，应及时将桩管拔出，用土或砂填实，另换新桩尖重新打入；如采用活瓣桩尖，在沉管过程中，为防止水或泥浆进入桩管，应事先在桩管中灌入一部分混凝土方可沉管。

2. 施工程序

锤击沉管灌注桩的施工应根据土质情况和荷载要求，分别选用单打法、复打法、反插法。锤击沉管灌注桩的施工过程可综合为：安放桩靴→桩机就位→校正垂直度→锤击沉管至要求的贯入度或标高→测量孔深并检查桩靴是否卡住桩管→下钢筋笼→灌注混凝土→边锤击边拔出钢管。工艺过程见图 8-15。

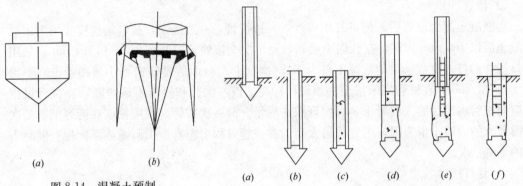

图 8-14 混凝土预制、
活瓣桩尖和封口桩尖
(a) 钢筋混凝土桩靴；
(b) 钢活瓣桩靴

图 8-15 锤击沉管灌注桩施工程序示意图
(a) 就位；(b) 沉入套管；(c) 开始灌注混凝土；
(d) 边锤击边拔管，并继续灌注混凝土；
(e) 下钢筋笼，并继续灌注混凝土；(f) 成型

3. 施工要点

1) 安放桩尖

混凝土预制桩尖或钢桩尖的加工质量和埋设位置应与设计相符，桩管与桩尖的接触应有良好的密封性。

2) 桩机就位

将桩管对准预先埋设在桩位上的预制桩尖或将桩管对准桩位中心，将桩尖活瓣合拢，再放松卷扬机钢丝绳，利用桩机及桩本身自重，把桩尖竖直地压入土中。在钢管与预制桩尖接口处应垫缓冲层。

3) 锤击沉管

首先应检查桩管与桩锤、桩架等是否在同一垂线上，如桩管垂直度偏差不大于 0.5%时，即可用桩锤轻击，观察偏移在允许范围内，方可正常施打，直至符合设计深度要求。群桩基础和桩中心距小于 4 倍桩径或小于 2m 的桩基，应提出保证邻桩桩身质量的措施，选择合适的打桩顺序，一般采用跳打法，中间空出的桩，应在邻桩混凝土强度达到设计强度的 50%后方可施打，以防桩管挤土而使新浇的邻桩断桩。如沉管过程中桩尖损坏，应及时拔出桩管，用土和砂填实后另安桩尖重新沉管。

沉管全过程必须有专职记录员作好施工记录；每根桩的施工记录均应包括每米沉桩的锤击数和最后一米的锤击数；必须准确测量最后三阵，每阵 10 击的贯入度及落锤高度。

测量沉管的贯入度应在下列条件下进行：桩尖未破坏，锤击无偏心，落距符合规定，

桩帽和弹性垫层正常。

4）灌注混凝土

沉管至设计标高后，应立即灌注混凝土，尽量减少时间间隔；灌注混凝土之前，必须检查桩管内有无吞桩尖或进泥进水，然后再用吊斗将混凝土通过漏斗灌入桩内。当桩身配钢筋笼时，第一次混凝土应先灌至笼底标高，然后放置钢筋笼，再灌混凝土至桩顶标高。

一般采用C20~C25混凝土，混凝土坍落度为8~12cm。桩身混凝土的充盈系数不得小于1.0；对充盈系数小于1.0的桩，宜全长复打；对可能有断桩和缩颈桩，应采用局部复打。成桩后的桩身混凝土顶面标高应不低于设计标高500mm。

5）拔管

当混凝土灌满桩管后，便可开始拔管，一边拔管，一边锤击，拔管的速度要均匀，对一般土层以1m/min为宜，在软弱土层和软硬土层交接处宜控制在0.5~0.8m/min。采用倒打拔管的打击次数，单动汽锤不得少于50次/min，自由落锤轻击（小落距锤击）不得少于40次/min，在桩管底未拔至桩顶设计标高之前，倒打和轻击不得中断，在拔管过程中应向桩管内继续灌入混凝土，以保证灌注质量。前一次拔管高度应控制在能容纳第二次所需灌入的混凝土量为限，不宜拔得太高。在拔管过程中应有专用测锤或浮标检查混凝土面的下降情况。

6）复打法

当单打施工的桩身充盈系数达不到规定值时，或有可能产生断桩和缩颈桩时，可采用复打法施工。复打后由于桩身混凝土灌注量大，提高了单桩承载力。

复打法是在单打法施工完毕后，拔出桩管，及时清除粘附在管壁和散落在地面上的泥土，在原位上第二次安放桩靴，以后的施工过程与单打法相同。全长复打桩的入土深度宜接近原桩长，局部复打应超过断桩或缩颈区1m以上。

采用全长复打时，第一次灌注混凝土应达到自然地面；前后两次沉管的轴线应重合；复打施工必须在第一次灌注的混凝土初凝之前完成；第二次桩身混凝土不得少灌。

当桩身配有钢筋时，混凝土的坍落度宜采用80~100mm；素混凝土桩宜采用60~80mm。

4. 锤击沉管灌注桩的施工特点及应用范围

锤击沉管灌注桩的施工特点是：可采用普通锤击打桩机施工，设备简单，操作方便，沉桩速度快。适用于黏性土、淤泥质土、稍密的砂土及杂填土层中使用；不宜用于标准贯入击数大于12的砂土及击数大于15的黏性土及碎石土；由于锤击沉管灌注桩在灌注混凝土过程中没有振动，所以容易产生桩身缩颈、混凝土离析等现象，特别是在厚度较大、含水量和灵敏度高的淤泥土等土层中使用时更容易出问题。所以锤击式沉管灌注桩不常用。

8.6.2 振动沉管灌注桩的施工

振动沉管灌注桩（vibrosinking pile）是利用振动桩锤将桩管沉入土中，然后灌注混凝土而成桩。它是目前最常用的沉管灌注桩施工方式，振动沉管灌注桩适用于在一般黏性土、淤泥、淤泥质土、粉土、稍密及松散的砂土及填土中使用，但在淤泥和淤泥质黏土中施工时要采取防止缩颈和挤土效应的措施。振动冲击沉管灌注桩也可用于中密碎石土层和强风化岩层。但在较硬土层中施工时易损伤桩尖，应慎用并采取相应的措施。

1. 振动沉管灌注桩的施工机械设备

振动沉管灌注桩的施工机械设备包括：振动锤、桩架、卷扬机、加压装置、桩管、桩尖或钢筋混凝土预制桩靴等。

2. 施工工艺

振动沉管施工法，是在振动锤竖直方向反复振动作用下，桩管也以一定的频率和振幅产生竖向往复振动，以减少桩管与周围土体的摩阻力，当强迫振动频率与土体的自振频率相同时（黏土自振频率为600～700r/min，砂土自振频率为900～1200r/min）土体结构因其共振而破坏。与此同时，桩管受加压作用而沉入土中，在达到设计要求深度后，边拔管、边振动、边灌注混凝土、边成桩。

这种沉桩方法的施工程序，可总结如下：桩机就位→振动沉管→灌注混凝土→安放钢筋笼→拔管、灌注混凝土→成桩。施工程序见图8-16。

3. 振动沉管灌注桩施工要点

1）材料要求和桩径

混凝土强度等级常用C20和C25；粗骨料粒径应不大于40mm，含泥量小于3%；砂宜选用中、粗砂，含泥量小于5%；混凝土坍落为8～12cm。振动沉管灌注桩桩径常用ϕ377和ϕ426两种规格。桩长按设计要求定。

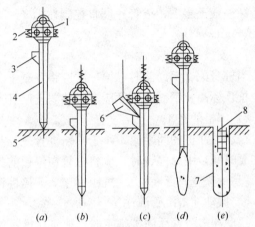

图8-16 振动沉管灌注桩施工程序

(a) 桩机就位；(b) 沉管；(c) 上料；(d) 拔出桩管；
(e) 在桩顶部混凝土内插入短钢筋并灌满混凝土
1—振动锤；2—加压减振弹簧；3—加料口；4—桩管；
5—活瓣桩尖；6—上料斗；7—混凝土桩；8—短钢筋骨架

2）施工方法的选用

振动沉管灌注桩施工法一般有单打法、复打法、反插法等，应根据土质情况和荷载要求分别选用。单打法适用于含水量较小的土层，反插法和复打法适用于软弱饱和土层。

3）桩机就位

采用单打法沉管时，宜采用混凝土预制桩尖。施工时，将桩管对准埋设在桩位上的预制桩尖，放松卷扬机钢丝绳，利用振动机及桩管自重，把桩尖压入土中，检查桩管垂直度偏差，如不超过规定值，即可开始沉管；采用活瓣桩尖时，应将桩管对准桩位中心，并将桩尖活瓣合拢紧密。

4）振动沉管

开动振动锤，放松钢丝绳，开动加压卷扬机，桩管即在强迫振动下迅速沉入土中。

沉管过程中，应经常探测管内有无水或泥浆，如发现水或泥浆较多，应拔出桩管，用砂回填桩孔后重新安放桩尖沉管；如发现地下水或泥浆进入套管，一般应在桩管沉人前先灌入1m高左右的混凝土或砂浆，封住漏水缝隙，然后再继续沉桩。

沉管时，为了适应不同土壤条件，常用加压法来调整土的自振频率，桩尖压力改变可利用卷扬机把桩架的部分重量传到桩管上加压，并根据桩管沉入速度，随时调整离合器，防止桩架抬起发生事故。

施工中，必须严格控制最后30s的电流、电压值，其值按设计要求或根据试桩和当地经验确定。

5) 灌注混凝土

桩管沉到设计标高后，停止振动，用上料斗将混凝土灌入桩管内，然后边振动边拔管。

6) 拔管

当混凝土灌满一段桩管以后即可开始拔管。开始拔管前，应先起动振动机，振动5~10s，再开始拔管，应边振边拔，每拔0.5~1.0m停拔振动5~10s；如此反复，直至桩管全部拔出，混凝土灌至设计要求的桩顶超灌高度为止。

在一般土层中，拔管速度宜控制在1.2~1.5m/min，在软弱土层中，宜控制在0.6~0.8m/min。

7) 安放钢筋笼、成桩

当桩身配有钢筋笼时，第一次应将混凝土灌至笼底标高，然后安放钢筋笼，再灌混凝土至桩顶标高。钢筋笼长度应穿过软弱土层且不少于6m。

8) 邻桩的施工

振动灌注桩的间距应不小于4倍桩管外径，相邻桩施工时，其间隔时间不得超过水泥的初凝时间，中途停顿时，应将桩管在停顿前先沉入土中，以防止因土体挤密而产生断桩（尤其是钢筋笼底部断桩）。桩距小于3.5倍桩管外径时，应采用跳打法。

9) 振动冲击沉管灌注桩

振动冲击沉管灌注桩施工时，拔管速度宜控制在1.0m/min内，桩锤上下冲击次数不得少于70次/min；在淤泥层或淤泥质土层中，其拔管速度不得大于0.8m/min。

10) 复打法和反插法施工

复打法的施工要求与锤击沉管灌注桩相同。反插法是指在拔管时，桩管每拔出0.5~1.0m，便向下反插约0.3~0.5m，如此反复进行，并始终保持振动，直至桩管全部拔出地面。反插法施工应满足以下要求：

a. 在拔管过程中，应分段添加混凝土，保持管内混凝土面始终不低于地表面或高于地下水位1.0~1.5m以上，拔管速度应小于0.5m/min。

b. 在桩尖处的1.5m范围内，应多次反插以扩大桩的端部断面，增加桩的承载力。

c. 穿过淤泥层时，应当放慢拔管速度，并减少拔管高度和反插深度，在流动性淤泥中不宜用反插法。

11) 其他注意事项

a. 在拔管过程中，桩管内至少应保持2m高的混凝土或不低于地面。不足时及时补灌，以防止混凝土中断形成缩颈。

b. 每根桩的混凝土灌注量，应保证成桩后平均截面积与端部截面积比值不小于1.1。

c. 混凝土的灌注高度应超过桩顶设计标高0.5m，适时修整桩顶，凿去浮浆后，应保证桩顶设计标高及混凝土质量。

d. 对某些密实度大，低压缩性、且土质较硬的黏土，一般的振动沉拔桩机难于把桩管沉入设计标高。这时，可适当配合螺旋钻，先钻去部分较硬土层，以减少桩尖阻力，然后再用振动沉管灌注桩施工工艺。这种方法所成的桩，其承载力与全振动沉管灌注桩相近,同时可扩大已有设备的能力,减少挤土和对临近建筑的振动影响。

4. 振动沉管灌注桩的特点及适用范围

振动沉管灌注桩的工艺特点是:

1) 能适应复杂地层,不受持力层起伏和地下水位高低的限制。

2) 能用小桩管打出大截面桩(一般单打法的桩截面比桩管大30%;复打法可扩大80%;反插法可扩大50%)使桩的承载力增大。

3) 对砂土,可减轻或消除地层的地震液化性能。

4) 有套管保护,可防止坍孔、缩孔、断桩等质量通病,且对周围环境的噪声及振动影响较小。

5) 施工速度快,效率高,操作规程简便,安全,费用也较低。

但是由于桩管振动而使土体受扰,会降低地基强度。因此,当土层为软弱土时,至少应养护15d,才能恢复地基强度。

8.6.3 夯扩沉管灌注桩施工

夯扩沉管灌注桩通过外管与内夯管结合锤击沉管实现桩体的夯压、扩底、扩径。内夯管比外管短100mm,内夯管底端可采用闭口平底或闭口锥底,见图8-17。

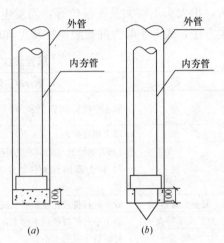

图 8-17 内外管及管塞
(a) 平底内夯管;(b) 锥底内夯管

外管封底可采用干硬性混凝土、无水混凝土配料,经夯击形成阻水、阻泥管塞,其高度一般为100mm。当内、外管间不会发生间隙涌水、涌泥时,亦可不采用上述封底措施。

桩端夯扩头平均直径可按下列公式估算:

一次夯扩 $D_1 = d_0 \sqrt{\dfrac{H_1 + h_1 - C_1}{h_1}}$;二次夯扩 $D_2 = \sqrt{\dfrac{H_1 + H_2 + h_2 - C_1 - C_2}{h_2}}$

式中 D_1、D_2——第一次、二次夯扩扩头平均直径;

d_0——外管直径;

H_1、H_2——第一次、二次夯扩工序中外管中灌注混凝土面高度从桩底算起;

h_1、h_2——第一次、二次夯扩工序中外管上拔高度(从桩底算起)可取 $H_1/2$,$H_2/2$;

C_1、C_2——第一次、二次夯扩工序中内外管同步下沉至离桩底的距离,可取 C_1、C_2 值为 0.2m (见图8-18)。

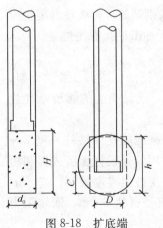

图 8-18 扩底端

桩的长度较大或需要配置钢筋笼时,桩身混凝土宜分段灌注。拔管时内夯管和桩锤应施压于外管中的混凝土顶面,边压边拔。

施工前宜进行试成桩，并应详细记录混凝土的分次灌注量，外管上拔高度，内管夯击次数，双管同步沉入深度，并检查外管的封底情况，有无进水、涌泥等，经核定后作为施工控制依据。必须注意，夯扩灌注桩不适用在易液化砂土层中施工，因为液化后桩身混凝土易离析。

8.6.4 沉管灌注桩的主要问题及对策

在沉管灌注桩的施工过程中，常会发生一些问题，如缩颈、扩颈、断桩、混凝土离析、扩大头不够大及桩偏位等，当发生这些问题时，应综合分析其原因，并提出合理的解决方法，表8-8即为沉管灌注桩常见问题及处理对策。

沉管灌注桩常见问题及处理对策　　　　　表 8-8

问　题	可　能　原　因	处　理　对　策
缩　颈	软土中拔管速度过快，软土结构破坏	进行桩身质量和承载力检测。若严重缩颈时需补桩
扩　颈	砂土层处扩颈	注意扩颈后产生沉渣的处理
断　桩	1）有钢筋笼与无钢筋笼界面处断桩（挤土） 2）桩上部因桩架移动或挤土或挖土不当断桩	浅部断桩挖开重新接桩； 深部断桩则补打桩
混凝土离析	砂土处打桩液化使水泥浆流失	同上
夯扩头不够大	黏土中夯扩时扩颈不够大，夯扩参数不当	调整夯扩参数和方法
桩偏位	打桩挤土或挖土不当	反向取土扶直，加强基础刚度或补桩

8.7　钻孔灌注桩施工

钻孔灌注桩（construction of bored pile）是利用钻孔机在桩位成孔，然后在桩孔内放入钢筋骨架再灌混凝土而成的就地灌注桩。它能在各种土质条件下施工，具有无振动、对土体无挤压等优点。常用的施工方法根据地质条件的不同可分为干作业成孔灌注桩和泥浆护壁成孔灌注桩。钻孔桩的施工顺序为成孔→第一次清渣→下钢筋笼→第二次清渣→灌注混凝土成桩。

8.7.1　干作业成孔灌注桩

干作业成孔灌注桩（construction of bored pile in a dry condition）是指不用泥浆或套管护壁情况下，用人工或机械钻具钻出桩孔，然后在桩孔中放入钢筋笼，再灌注混凝土成桩。它分为螺旋钻成孔灌注桩（poured screw drill piles）和柱锤冲击成孔灌注桩。

1. 螺旋成孔施工机械设备

螺旋成孔施工设备包括螺旋钻机，它由主机、滑轮组、螺旋钻杆、钻头、滑动支架、出土装置等组成，如图8-19所示。施工时电动机带动钻杆转动，使钻头上的螺旋叶片旋转来切削土层，削下的土屑靠与土壁的摩擦力沿叶片上升排出孔外。

螺旋钻机成孔有长杆螺旋成孔（钻杆长度10m以上）、短螺旋成孔（钻杆长度3～8m）、环状螺旋成孔、振动螺旋成孔和跟管螺旋成孔等几种，常用的是长杆螺旋成孔和短杆螺旋成孔。前者成孔直径较小，一般不超过1.0m，成孔深度受桩架高度限制，有8m、10m、12m三种。后者效率低，但深度较大，可达50m，桩孔直径可达3.0m，回转阻力相对较小。

钻杆根据叶片螺旋距不同，分为密纹叶片和疏纹叶片。前者应用于含水量较大的软塑土层中；后者主要用于在含水量较小的砂土或可塑、硬塑的黏土中成孔。

钻头形式多样，常用类型有平底钻头、耙式钻头、筒式钻头和锥底钻头，如图 8-20 所示。施工时应根据土层的不同分别选用。

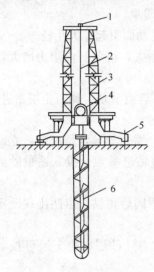

图 8-19 螺旋钻孔机示意图
1—导向滑轮；2—钢丝绳；3—龙门导架；
4—动力箱；5—千斤顶支腿；
6—螺旋钻杆

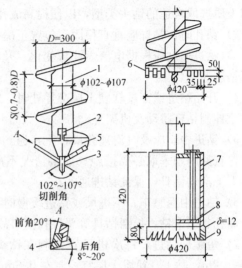

图 8-20 钻头形式示意图
1—螺旋钻杆；2—钻头接头；3—导向尖；4—合金刀；
5—切削刀；6—耙齿；7—筒体；8—推土盘；
9—八角硬质合金刀头

平底钻头用于松散土层；耙式钻头用于杂填土中；遇到混凝土块、条石或大卵石等障碍物时，可用筒式钻头将其钻透，被钻出的碎块挤在钻头筒中排出；对于一般的黏土层，常采用锥底钻头施工。

2. 螺旋成孔桩施工流程

螺旋钻孔机成桩的施工程序是：桩机就位→取土成孔→清孔，检查成孔质量→安放钢筋笼或插筋→放置护孔漏斗，灌注混凝土成桩。其工序见图 8-21。

由螺旋钻头切削土体，切下的土随钻头旋转并沿螺旋叶片上升而排出孔外。当螺旋钻机钻至设计标高时，在原位空转清土，停钻后提出钻杆弃土，钻出的土应及时清除，不可

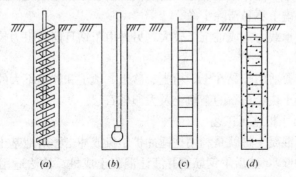

图 8-21 螺旋钻孔机成桩的施工程序
(a) 螺旋钻机钻孔；(b) 空转清土后掏土；(c) 放入钢筋骨架；(d) 灌注混凝土

堆在孔口。钢筋骨架绑好后，一次整体吊入孔内。如过长亦可分段吊，两段焊接后再徐徐沉放孔内。钢筋笼吊放完毕，应及时灌注混凝土，灌注时应分层捣实。

3. 螺旋成孔施工要点

1）合理选择钻头类型。不同土层的成孔难易程度不同，应根据前面讲的各种钻头的适用土质选取合适的钻头类型，以便提高成孔效率保证成孔质量。

2）钻孔时，钻杆应垂直稳固、位置正确，防止因钻杆晃动而引起扩大孔径。

3）钻进速度应根据电流表读数变化，及时调整。电流增大，说明孔内阻力增大，应降低钻进速度。

4）开始钻进或穿过软硬土层交界处时，应缓慢进尺，在含有砖块、卵石土层钻进时，应注意控制钻杆跳动及机架晃动。

5）钻进中，应及时清理孔口积土，遇到地下水、塌孔、缩孔等异常情况时，立即停钻，检查原因，采取必要措施。如果情况不严重时，可调整钻进参数，投入适量砂或黏土，上下活动钻具，保证钻进通畅；

6）钻进中遇憋车、不进尺或钻进缓慢时，应及时查明原因后再钻，以防出现严重倾斜、塌孔甚至卡钻、折断钻具等恶性孔内事故。

7）短螺旋钻进，每次进尺宜控制在钻头长度的 2/3 左右，砂层、粉土层可控制在 0.8~1.2m，黏土、粉质土层宜控制在 0.6m 以下。

8）成孔达到设计深度后，应使钻具在孔内空钻数圈清除虚土，然后起钻卸土，并保护孔口，防止杂物落入。如果出现严重塌孔，有大量泥土时，应回填砂或黏土重新钻孔，或者填入少量石灰；少量泥浆不易清除时，可投入一些 25~60mm 的碎石或卵石插实以挤密土壤，防止桩承重后发生大量沉降。

9）灌注混凝土前，应先放松孔口护孔漏斗，随后放置钢筋笼并再次清孔，最后灌注混凝土。钢筋骨架的主筋不宜少于 $6\phi 12$~16，长度不小于桩长的 1/3~1/2，箍筋宜用 $\phi 6$~8@200~300，混凝土保护层厚度 40~50mm。骨架应一次绑好，用导向钢筋送入孔内，长度较大时应分段吊放，然后逐段焊接。灌注桩顶以下 5m 范围混凝土时，应随浇随振动，每次灌注高度不得大于 1.5m。混凝土应分层灌注。

4. 螺旋钻成孔灌注桩的特点及适用范围

螺旋钻成孔灌注桩的特点是：成孔不用泥浆或套管护壁；施工无噪声、无振动、对环境影响较小；设备简单，操作方便，施工速度快；由于干作业成孔，混凝土灌注质量易于控制。其缺点是孔底虚土不易清除干净。

因此，影响桩的承载力，成桩沉降较大，另外由于钻具回转阻力较大，对地层的适应性有一定的条件限制。

这种成孔方法主要适用于黏性土、粉土、砂土、填土和粒径不大的砾砂层，也可用于非均质含碎砖、混凝土块、条石的杂填土及大卵砾石层。

5. 柱锤冲孔混凝土桩施工工艺

干作业柱锤冲孔混凝土桩就是利用柱锤冲扩钻机或冲击锤对地基土冲击成孔（一般孔深较浅，所以不用护壁），然后下钢筋笼并灌注混凝土成桩。该法适用于地下水位以上的残坡积或回填土碎石土地基、黄土黏土地基短桩施工。

8.7.2 泥浆护壁钻孔灌注桩

一般地基的深层钻进，都会遇到地下水问题和孔壁缩扩颈问题。泥浆护壁钻孔灌注桩（mud protection pored piles）顾名思义是采用孔内泥浆循环保护孔壁的湿作业成孔灌注桩。它能够解决施工中地下水带来的孔壁塌落、钻具磨损发热及沉渣问题。钻孔灌注桩按钻进成孔方式和清孔方式分类如下：

1. 泥浆护壁成孔灌注桩按钻进成孔方式分类（表 8-9）

常见钻孔灌注桩成孔工艺方法及适用范围 表 8-9

作业方式	钻进方式	适用孔径 mm	清孔方法	混凝土灌注方式	适用地层	优缺点
泥浆护壁成孔	潜水电钻	600~1000	正循环清孔或气举反循环清孔	导管水下灌注	黏性土、淤泥、砂土	由于动力小，一般孔径小孔深浅，所以不常用
	正循环回转钻	500~2000	正循环清孔或气举反循环清孔	导管水下灌注	所有地层	采用回旋钻施工，对硬基岩施工速度慢，但该法最常用
	泵式反循环回转钻	600~4000	泵式反循环	导管水下灌注	所有地层	适合于大口径灌注桩施工，扭矩大但施工效率低，常用
	取土钻	500~2000	正循环清孔或气举反循环清孔	导管水下灌注	适用于各种复杂土层。砂层、砾砂层、强风化基岩	施工速度快但对硬基岩持力层因取土困难不适合，常用
	冲击钻	600~4000	正循环清孔或气举反循环清孔	导管水下灌注	所有地层	特别是坚硬岩层优点最突出，缺点是易扩孔且施工速度慢，常用
	冲抓钻	600~1200	正循环清孔	导管水下灌注	适用于杂填土层和卵石、漂石层	对卵、漂石层适合但易塌孔不常用

2. 泥浆护壁钻孔灌注桩按清孔方式分类（表 8-10）

常见钻孔灌注桩清孔方式及适用范围 表 8-10

作业方式	清孔方式	适用孔径 mm	清孔设备及原理	适用桩长	适用地层	优缺点
泥浆护壁成孔	正循环清孔	600~1000	利用泥浆泵向钻杆内或导管内注入泥浆送到孔底，然后该泥浆将孔底沉渣经孔壁循环上来，再流到泥浆池的循环清孔方式	一般孔深在70m以内	所有地层	最常用的清孔方式，清孔成本低，但清孔速度慢，对于桩长较长时沉渣清理较困难，对持力层扰动后沉渣清理更困难
	气举反循环清孔	500~2000	利用空压机将导管内的风管注入压缩空气，从而使导管内变成低压的气水混合物，由于孔壁与导管内浆液压力差的作用将孔底沉渣抽上来的循环清孔方式	所有桩长，但要注意空压机风量和风管高度的协调	黏性土和基岩地区适用。但粉砂层应注意清孔时间一般应控制在10min以内	清孔时间快，效率高。缺点是易塌孔且必须保持孔内泥浆面不下降
	泵式反循环清孔	600~4000	利用深井砂石泵将孔底沉渣抽上来的循环清孔方式	桩长受真空度的制约	所有地层	优点是扭矩大，适用于超长超大钻孔桩施工，但钻进效率低

3. 泥浆护壁成孔灌注桩施工流程

泥浆护壁成孔可用多种形式的钻机钻进成孔。在钻进过程中，为防止塌孔，应在孔内注入黏土或膨润土和水拌合的泥浆，同时利用钻削下来的黏性土与水混合自造泥浆保护孔壁。这种护壁泥浆与钻孔的土屑混合，边钻边排出孔内相对密度、稠度较大泥浆，同时向孔内补入相对密度、稠度较小泥浆，从而排出土屑。当钻孔达到规定深度后，清除孔底泥渣，然后安放钢筋笼，在泥浆下灌注混凝土成桩。泥浆护壁成孔灌注桩施工流程见图8-22。

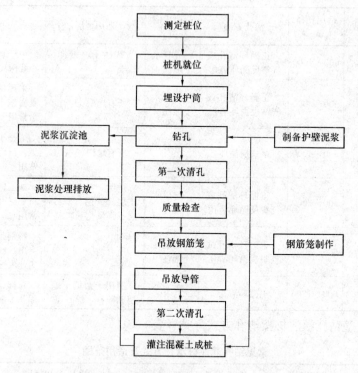

图 8-22 泥浆护壁成孔灌注桩施工流程

4. 桩定位及护筒设置

首先请规划测量部门确定拟建筑场地的红线范围及灰线定位，其次根据设计桩位平面图确定每个桩位的具体位置，并在中心处打好木桩或插上钢筋，紧接着桩基就位。然后根据测定的桩位埋设护筒。一切就位后再开钻。

护筒的作用是固定钻孔位置，保护孔口，提高孔内水位，防止地面水流入，增加孔内静水压力以维护孔壁稳定，并兼作钻进导向，护筒设置方法如下：

1) 护筒一般为4～8mm钢板，水上桩基施工时应根据护筒长度增加钢板的厚度，其内径应大于钻头直径，当用回转钻时，宜大于100mm；当用冲击钻和潜水电钻时，宜大于200mm，在护筒上部开设1～2个溢浆孔；

2) 护筒埋设深度根据土质和地下水位而定，在黏性土中不宜小于1.0m，在砂土中不宜小于1.5m，其高度尚应满足孔内泥浆面高度的要求；

3) 埋设护筒时，在桩位打入或挖坑埋入，一般宜高出地面300～400mm，或高出地下水位1.5m以上使孔内泥浆面高于孔外水位或地面，在水上施工时，护筒顶面的标高应满足在施工最高水位时泥浆面高度要求，并使孔内水头经常稳定以利护壁；

4）护筒埋设应准确、稳定，护筒中心与桩位中心的偏差不得大于50mm；护筒的垂直度，尤其是水上施工的长护筒更为重要。

5. 泥浆的制备与处理

泥浆的制备通常在挖孔前搅拌好，钻孔时输入孔内；有时也采用向孔内输入清水，一边钻孔，一边使清水与钻削下来的泥土拌和形成泥浆。泥浆的性能指标如相对密度、黏度、含砂量、pH值、稳定性等要符合规定的要求。泥浆的选料既要考虑护壁效果，又要考虑经济性，尽可能使用当地材料。但泥浆循环池制作中必须要有排渣池→沉淀池→过筛池→钻孔循环过程。泥浆的制备应符合下列要求：

1）除能自行造浆的淤泥质黏土和黏土土层外，其他砂类土土层均应制备泥浆。泥浆制备应选用高塑性黏土或膨润土。泥浆应根据施工机械、工艺及穿越的土层进行配比设计。根据《建筑桩基技术规范》膨润土泥浆可参考表8-11的性能指标制备。

制备泥浆的性能指标　　　　　　　　　表8-11

项目	性能指标	检验方法
相对密度	1.1～1.20（正循环取高值）	泥浆比重计
黏度	15～25s	50000/70000漏斗法
含砂率	<4%～6%（膨润土造浆取低值）	
胶体率	>95%	量杯法
失水量	<30mL/30min	失水量仪
泥皮厚度	1～3mm/30min	失水量仪
静切力	10s，1～4Pa	静切力计
稳定性	<0.03g/cm^3	
pH值	7～9	pH试纸

注：1. 对于正反循环钻成孔应确保泥浆的护壁和清渣功能；
　　2. 对于旋挖成孔应确保泥浆护壁的功能。

桥梁规范对泥浆性能指标的规定见表8-12。

泥浆性能指标　　　　　　　　　表8-12

钻孔方法	地层情况	泥浆性能指标							
		相对密度	黏度(Pa·s)	含砂率(%)	胶体率(%)	失水率(mL/30min)	泥皮厚(mm/30min)	静切力(Pa)	酸碱度(pH)
正循环	一般地层	1.05～1.20	16～22	8～4	≥96	≤25	≤2	1.0～2.5	8～10
	易坍地层	1.20～1.45	19～28	8～4	≥96	≤25	≤2	3～5	8～10
反循环	一般地层	1.02～1.06	16～22	≤4	≥95	≤20	≤3	1～2.5	8～10
	易坍地层	1.06～1.10	18～28	≤4	≥95	≤20	≤3	1～2.5	8～10
	卵石层	1.10～1.15	20～35	≤4	≥95	≤20	≤3	1～2.5	8～10
推钻冲抓	一般地层	1.10～1.20	18～24	≤4	≥95	≤20	≤3	1～2.5	8～11
冲击	易坍地层	1.20～1.40	22～30	≤4	≥95	≤20	≤3	3～5	8～11

2) 泥浆性能指标

a. 相对密度 d_s

用泥浆相对密度计测定。将要量测的泥浆装满泥浆杯，加盖并洗净从小孔溢出的泥浆，然后置于支架上，移动游码，使杠杆呈水平状态（即水平泡位于中央），读出游码左侧所示刻度，即为泥浆的相对密度 d_s。

若工地无以上仪器，可用一口杯先称其质量设为 m_1，再装满清水称其质量 m_2，再倒去清水，装满泥浆并擦去杯周溢出的泥浆，称其质量设为 m_3，则

$$d_s = \frac{m_3 - m_1}{m_2 - m_1} \tag{8-1}$$

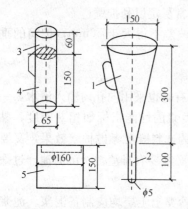

图 8-23 黏度计（尺寸单位：mm）
1—漏斗；2—管子；3—量杯 200mL；
4—量杯 500mL 部分；5—筛网及杯

b. 黏度 η

用工地标准漏斗黏度计测定（图 8-23）。用两端开口量杯分别量取 200mL 和 500mL 泥浆，通过滤网滤去大砂粒后，将泥浆 700mL 均注入漏斗，然后使泥浆从漏头流出，流满 500mL 量杯所需时间（s），即为所测泥浆的黏度。

校正方法：漏斗中注入 700mL 清水，流出 500mL，所需时间应是 15s，其偏差如超过 ±1s，测量泥浆黏度时应校正。

c. 静切力 θ

工地可用浮筒切力计测定（图 8-24）。测量泥浆切力时，可用下式表示：

$$\theta = \frac{G - \pi d \delta h \gamma}{2\pi d h + \pi d \delta} \tag{8-2}$$

式中　G——铝制浮筒质量（g）；
　　　d——浮筒的平均直径（cm）；
　　　h——浮筒的沉没深度（cm）；
　　　γ——泥浆密度（g/cm³）；
　　　δ——浮筒壁厚（cm）。

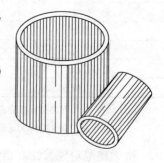

图 8-24　浮筒切力计

量测时，先将约 500mL 泥浆搅匀后，立即倒入切力计中，将切力筒沿刻度尺垂直向下移至与泥浆接触时，轻轻放下，当它自由下降到静止不动时，即静切力与浮筒重力平衡时，读出浮筒上泥浆面所对的刻度，即为泥浆的初切力。取出切力筒，擦净粘着的泥浆，用棒搅动筒内泥浆后，静止 10min，用上述方法量测，所得即为泥浆的终切力，单位均为 Pa。

d. 含砂率

工地可用含砂率计（图 8-25）测定。量测时，把调好的泥浆 50mL 倒进含砂率计，然后再倒进清水，将仪器口塞紧摇动 1min，使泥浆与水混合均匀。再将浮筒仪器垂直静放 3min，仪器下端沉淀物的体积（由仪器刻度上读出）乘 2 就是含砂率（有一种大型的含砂率计，内装 900mL 的，从刻度读出的数不乘 2 即为含砂率）。

e. 胶体率（%）

胶体率是泥浆中土粒保持悬浮状态的性能。测定方法可将 100mL 泥浆倒入 100mL 的量

杯中,用玻璃片盖上,静置24h后,量杯上部泥浆可能澄清为水,测量时其体积如为5mL,则胶体率为100－5＝95。即95%。

f. 失水率（mL/30min）

用一张12cm×12cm的滤纸,置于水平玻璃板上,中央画一直径3cm的圆,将2mL的泥浆滴入圆圈内,30min后,测量湿圆圈的平均直径减去泥浆摊平的直径（mm）,即为失水率。在滤纸上量出泥浆皮的厚度（mm）即为泥皮厚度。泥皮愈平坦、愈薄则泥浆质量愈高,一般不宜厚于2～3mm。

g. 酸碱度

即酸和碱的强度简称。pH值是常用的酸碱标度之一。pH值等于溶液中氢离子浓度的负对数值,即$pH=-\lg[H^+]=\lg 1/[H^+]$。pH值等于7时为中性,大于7时为碱性,小于7时为酸性。工地测量pH值方法,可取一条

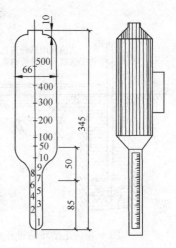

图8-25 含砂率计
（尺寸单位:mm）

pH试纸放在泥浆面上,0.5s后拿出来与标准颜色相比,即可读出pH值。也可用pH酸碱计,将其探针插入泥浆,直接读出pH值。

3) 施工期间护筒内的泥浆面应高出地下水位1.0m以上,在受水位涨落影响时,泥浆面应高出最高水位1.5m以上。

4) 在清孔过程中,应不断置换泥浆,直至灌注水下混凝土。

5) 灌注混凝土前,孔底500mm以内的泥浆相对密度应小于1.25、含砂率≤8%、黏度≤28s。

6) 在容易产生泥浆渗漏的土层中应采取维持孔壁稳定的措施。

7) 废弃的泥浆、渣应按环境保护的有关规定处理。

8.7.3 正循环钻进正循环清孔施工工艺

1. 正循环钻进正循环清孔施工工艺

正循环钻进正循环清孔施工工艺顾名思义就是回旋钻机通过钻杆携带钻头顺时针方向旋转向下钻进成孔的一种钻进方式,其沉渣清孔方式采用正循环清孔。

正循环钻进正循环清孔是目前国内工业与民用建筑钻孔灌注桩普遍采用的钻孔方法。它适宜于钻进填土、黏性土、砂性土层和一般性基岩等所有土层。

正循环钻进正循环清孔的施工流程如下:桩机就位→正循环钻进到底→第一次通过钻杆正循环清孔→安放钢筋笼和导管→第二次通过导管正循环清孔→测量沉渣是否满足设计和规范要求→灌注混凝土沉桩。

这种施工方式在钻进时第一次清孔通过钻杆采用正循环清孔,进行二次清孔时通过导管也采用正循环进行清孔。其施工工艺见图8-26。

第一次清孔泥浆经钻杆内腔流向孔底,将钻头切削破碎下来的钻渣岩屑,经钻杆与孔壁的环状空间,携带至地面。第二次清孔是在下放钢筋笼和导管后进行的,第二次清孔泥浆经导管内腔流向孔底,将第一次清孔余留下的和沉淀下的钻渣岩屑,经导管与孔壁的环状空间,携带至地面。该施工方法设备简单轻便,适应狭小场地作业,操作简易,配套设

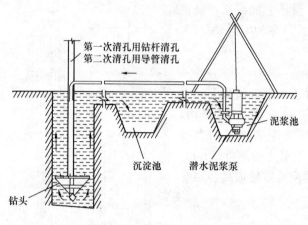

图 8-26 正循环钻进正循环清孔施工

备、器具较少,工程费用低,其主要要点为:

1)一般泥浆相对密度 1.2 左右,第一次清孔通过泥浆泵向钻杆内注入泥浆并沿孔壁将沉渣带上来,边钻进边正循环清孔到底,并清除大部分沉渣。

2)第二次清孔是在下放钢筋笼和导管后进行的,利用泥浆泵向导管内注入泥浆并沿孔壁将沉渣带上来。由于岩屑的相对密度约为 1.3 左右,所以此时要清渣干净,一是要将泥浆变稠(但矛盾的是泥浆变稠后泥皮会变厚),二是将泥浆泵的泵压增大,三是清孔时间延长且要多循环,四是清孔干净后必须立即灌注混凝土且初灌量要大。

2. 正循环钻进正循环清孔施工机械

其常见的施工机械如表 8-13 所示。

正循环钻进施工机械 表 8-13

作业方式	常用钻机类型	适用孔径	适用桩长	钻头
泥浆护壁成孔	地质小钻机	$\phi500$ 以下	一般 25m 以内的灌注桩及树根桩	小钻头
	10型、15型、20型、25型、35型回旋钻	型号越大扭矩越大,钻孔孔径也可以越大	一般钻机型号越大施工桩长可越长,但桩径越大,施工桩长越短。一般正循环钻机施工桩长在 100m 以内	三角形钻头或牙轮钻头

主要设备包括钻机与钻台、钻头、泥浆泵、泥浆池及循环系统:

1)钻机:目前较普遍使用的有 10 型、15 型、20 型、25 型、35 型回旋钻机,地质小钻机等。不论使用何种钻机,其主要技术性能必须满足施工要求。

2)泥浆泵:一般采用往复式泥浆泵,也可使用离心式砂泵。其选型应根据桩深(长)、桩径与钻杆、水龙头的通水口径而定。

3)钻台与钻塔:目前使用较多的有轨道式多向活动钻台、滚筒式钻台和步履式钻台几种类型。钻台必须符合整体稳定性好、移动快捷安全、钻进平稳的原则。钻塔形状较多,大体可分为塔式和龙门式两类,要便于施工作业、安全提升载荷不小于 10t,有效提升高度能满足升降钻具的需要。

4)泥浆循环系统:泥浆循环系统由泥浆池、沉淀池、循环槽、废浆池、泥浆输送管道与钻渣分离装置组成,并应有排水、排废浆和外运通道。泥浆一般宜集中搅拌、储藏和向钻孔输送。

5)钻杆:要求钻杆具有足够的强度和较大的通水口径。钻杆直径不小于 89mm。

6)钻头:三翼钻头、四翼钻头、耙式钻头、筒式钻头,如图 8-27 所示。

3. 钻进技术及操作规程

1)钻进技术参数选择

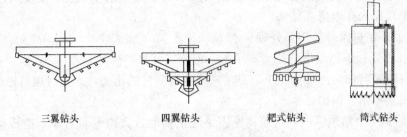

|三翼钻头|四翼钻头|耙式钻头|筒式钻头|

图 8-27 钻头类型

a. 冲洗液量：保持足够的冲洗液量是提高钻进效率的关键，冲洗液量应根据孔内上返流速而定，使用泥浆钻进时，一般上返流速应大于 0.25m/s，冲洗液量可按式（8-3）计算：

$$Q = 60 \times 10^3 \cdot F \cdot V \tag{8-3}$$

式中　Q——冲洗液量，L/min；

　　　F——桩孔横截面积，m^2；

　　　V——钻孔冲洗液上返流速，m/s。

b. 转速：在松散地层中钻进，筒式钻头的外沿线速度以不超过 2.5m/s 为宜，根据钻头直径大小不同，转速约为 30~80r/min；在软硬不均、或钻至基岩面穿越硬夹层时，钻速应相应降低。慢速钻进。

c. 钻压：应根据钻进地层和设备能力合理选择。在松散地层中钻进，应以保持冲洗液畅通，钻渣清除及时和孔壁完整为前提，在硬质地层中钻进可用钻铤或加重块来提高钻压，但应注意以钻机不超负荷为准。

2）钻进操作应遵守的事项

a. 开钻前设备要试运转，待正常后方能开钻。下钻时钻头内不应直接放在筒底，应离筒底 100mm 左右开动泥浆泵，视泵量正常后开动钻机再将钻头慢慢放至孔底，轻压慢转。钻头不得碰撞和挤摩护筒，待钻头通过护筒后才能逐渐增加转速和增大钻压，直至正常钻进。

b. 正常钻进时，应合理掌握钻进技术参数，不得随便提动钻具和盲目加大钻压，以免造成孔斜和人为的孔内事故。操作时要精力集中，掌握升降机钢丝绳的松紧度，减少钻杆与水龙头晃动。

c. 钻进中遇到钻具跳动、蹩车、蹩泵、孔内严重漏水或涌水、钻孔偏斜等现象时，应及时查明原因，调整钻进技术参数以控制钻速。必要时应采取加大泥浆比重、黏度，更换钻头或增加导向钻具等措施。

d. 在不同地层中钻进，要及时更换相适应的钻头。

e. 钻进过程中要注意操作安全，防止人员和工具掉入孔内。

3）升降钻具应注意事项

a. 升降钻具前要认真检查升降机的制动装置、离合器、提引器、天车、游动滑车和拧卸工具等是否安全好用；要准确丈量机上余尺，并按岗位责任各自做好准备工作。

b. 操作升降机要轻而稳，不得猛刹猛放和超负荷使用，钻头进出孔口时要扶正对准，不得挂碰孔口护筒。

c. 孔口操作要相互配合，垫叉、管钳、扳手等工具要拿牢放稳，必要时应系上安全绳，避免工具掉入孔内损坏钻头。

4）正循环钻进常见故障及处理

a. 钻孔坍塌：原因是地层压力不平衡、松散或含水丰富等。

处理方法：可加大泥浆的比重、黏度来增加泥浆柱的压力，必要时也可把黏土投入塌孔孔段，捣实重钻以保护孔壁。

b. 在黏土层中钻进缓慢、憋泵：原因是泥浆黏度过大或泵量过小，造成糊钻或泥包钻头。

处理方法：降低泥浆黏度或直接把清水泵入孔内，以钻具空转来清理孔底泥块，必要时应提钻清理泥包钻头。

c. 钻孔偏斜：原因是施工中钻机产生不均匀沉陷或钻具弯曲、钻进中钻头遇到障碍物或遇到倾斜度较大的软硬地层交界处、基岩面钻进及操作不当。

处理方法：钻进时注意钻机平稳，发现钻机不均匀沉陷时及时调整平稳；发现孔内障碍物应及时处理，障碍过大时可用筒式钻头钻穿处理；在倾斜度较大的软硬地层交界处及基岩面钻进中发现孔斜时，应加长粗径导向钻具，把钻头提至倾斜孔段的直孔孔段，吊住钻具在偏斜孔段反复扫孔纠斜，纠斜无效时可采用回填偏斜孔段，捣实后再用纠斜钻具缓慢扫孔。

d. 在松散地层钻进钻速缓慢，钻头磨损严重：原因是泥浆性能差，泵量小，泥浆上返流速小，孔底沉渣不能及时排除造成重复破碎严重磨损钻头。

处理方法：可加大泥浆黏度，加大泵量提高泥浆上返流速，必要时也可采用钻进一定孔段，专门进行一次清孔，使孔底清洁后再进行钻进。

e. 钻具折断及孔内落物：原因是孔内阻力大、钻具磨损严重或有损伤，操作方法不当所造成。

处理方法：钻杆可用带导向锥、钢丝绳打捞活套打捞；钻头可用公锥或双钩打捞器打捞；工具掉入可用永磁打捞器打捞。

8.7.4 正循环钻进气举反循环清孔施工工艺

1. 正循环钻进气举反循环清孔施工工艺

正循环钻进气举反循环清孔施工工艺顾名思义就是回旋钻机通过钻杆携带钻头顺时针方向旋转向下钻进成孔的一种钻进方式，但其沉渣清孔方式采用气举反循环清孔。

正循环钻进气举反循环清孔适宜于钻进黏性土和一般性基岩等土层的二次清孔。

正循环钻进气举反循环清孔的施工流程如下：桩机就位→正循环钻进到底→第一次通过钻杆正循环清孔→安放钢筋笼和导管→第二次通过导管气举反循环清孔→测量沉渣是否满足设计和规范要求→灌注混凝土成桩。

这种施工方式在钻进时第一次清孔通过钻杆采用正循环清孔，进行二次清孔时通过导管采用气举反循环进行清孔。其二次清孔施工工艺如图 8-28 所示。

第一次清孔泥浆经钻杆内腔流向孔底，将钻头切削破碎下来的钻渣岩屑，经钻杆与孔壁的环状空间，携带至地面。第二次清孔是在下放钢筋笼和导管后进行的，第二次清孔在导管内放置一根风管（长度按计算确定，一般约为导管长度的 1/2 左右），用空压机向导管内腔注入压缩空气形成气水混合物，从而将第一次清孔余留下的和沉淀下的钻渣岩屑，

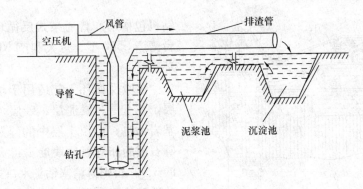

图 8-28 正循环钻进气举反循环二次清孔施工

经导管内喷出到沉淀池中。该清孔方法有以下特点：

1）一般孔内泥浆相对密度 1.2 左右，第一次清孔通过泥浆泵向钻杆内注入泥浆并沿孔壁将沉渣带上来边钻进边正循环清孔到底，并清除大部分沉渣。

2）第二次清孔在导管内放置一根风管，用空压机向导管内腔注入压缩空气形成气水混合物产生导管内外的压力差，从而将第一次清孔余留下的及后来沉淀下的钻渣岩屑，经导管内喷出到沉淀池中。风管长度与导管长度、空压机风量及沉渣的比重有关。风管越长一般压力差越大。由于岩屑的比重约为 1.3 左右，所以此时要清渣干净，一是风管的长度约放入导管 1/3～1/2 左右；二是导管内气水混合物由于压力差作用冲出后会造成孔壁泥浆面的下降所以要用泥浆泵向孔壁补给泥浆；三是泥浆补给的速度远不及气水混合物冲出的排渣速度，因此清孔时间要短，一般 3～10min，以防塌孔；四是清孔干净后必须立即灌注混凝土。

3）该方法对很厚的粉砂层清孔时易引起塌孔，必须注意。

2. 正循环钻进气举反循环清孔施工机械及操作规程

同正循环清孔。

8.7.5 泵式反循环施工工艺

1. 泵式反循环施工工艺

泵式反循环施工工艺顾名思义就是利用回旋钻机通过钻杆携带钻头旋转向下钻进成孔并用砂石泵清理沉渣的一种施工方式。

泵吸反循环钻成孔是利用离心泵的抽吸作用，在钻杆内腔造成负压状态，在大气压力作用下冲洗液经钻杆与孔壁间的环状空间流向孔底，与岩土钻渣组成混合液，被吸入钻杆内腔，排入地面泥浆循环系统。

图 8-29 为泵吸反循环施工原理图。先在桩位上插入比桩径大 10%～15% 的钢护筒，护筒的顶面标高至少应比最高地下水位高出 2m。钻机水龙头出口与砂石泵由橡胶软管联在一起，同时与砂石泵 7 组装在一起的还有真空泵 10。钻孔时，真空泵先启动，通过软管 11 将孔内的泥浆吸出水龙头，顺着吸渣软管 8 到达砂石泵内，砂石泵启动后，孔内的泥浆与钻渣从空心钻杆内被吸出，送到沉渣池 13，稀浆流回孔内，这样的循环出渣方式称为泵吸反循环。

泵吸反循环钻进成孔具有施工效率高、桩孔质量好、成孔费用低、施工安全等优点，在桩孔施工中应优先采用。

2. 泵式反循环施工机械及操作规程

泵式反循环施工机械包括反循环钻机、钻杆、钻头、砂石泵及反循环泥浆循环系统。

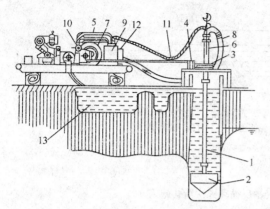

图 8-29 泵吸反循环施工法
1—钻杆；2—钻头；3—旋转台盘；4—液压马达；
5—液压泵；6—方型传动杆；7—砂石泵；8—吸
渣软管；9—真空柜；10—真空泵；11—真空软管；
12—冷却水槽；13—泥浆沉淀池

钻机包括国产普通泵式反循环钻机，还有台湾产 S500 型、意大利产 R618 型等反循环钻机。

泵吸反循环工艺适用于填土层、砂土层、黏土层、淤泥层、砂层、卵砾石层和基岩钻进。但填土层中的碎砖、填石和卵砾石层的卵砾石的块度不得大于钻杆内径的 3/4，否则易堵塞钻头水口或管路，影响冲洗液的正常循环。施工的桩孔直径一般在 600mm 以上，孔深可以较深。设备、机具的技术性能应能满足施工要求。

1) 泥浆冲洗液循环系统设置应遵守下列规定：

a. 规划布置施工现场时，应首先考虑冲洗液循环、排水、清渣系统的安设，以保证泵吸反循环作业时，冲洗液循环通畅，污水排放彻底，钻渣清除顺利。

b. 地面循环系统一般分为自流回灌式和泵送回灌式两种。应根据施工场地、施工地层和设备情况，合理选择循环方式。自流回灌式循环系统设施简单，清渣容易，循环可靠，应优先选用。

c. 循环系统中沉淀池、循环池、循环槽（或回灌管路或回灌泵）等的规格，应根据钻孔容积，砂石泵的型号规格来决定：

循环池的容积，应不小于桩孔实际容积的 1.2 倍，以保证冲洗液正常循环。

沉淀池的容积一般为 6~20m³，桩孔直径小于 800mm 时，选用 6m³，小于 1500mm 时，选用 12m³，大于 1500mm 时，选用 20m³。

现场应专设储浆池，其容积不小于桩孔实际容积的 1.2 倍，以确保灌注混凝土时冲洗液不致外溢。

循环槽（或回灌管路）的断面积应是砂石泵出水管断面积的 3~4 倍。若用回灌泵回灌，其泵的排量应大于砂石泵的排量；循环槽（或回灌管路）的坡度不宜小于 1∶100。

d. 沉淀池和循环池可用砖块砌制或用 4~6mm 钢板加工制作。

e. 沉淀池设置应方便钻渣清除外运。

2) 冲洗液净化

a. 清水钻进时，在沉淀池内钻渣通过重力沉淀后予以清除。沉淀池应交替使用，并及时清除沉渣。

b. 泥浆钻进时，宜使用多级振动筛和旋流除砂器或其他机械除渣装置进行机械除砂清渣。振动筛主要清除较大粒径的钻渣，筛板（网）规格可根据钻渣粒径的大小分级确定。旋流除砂器的有效面积，要适应砂石泵的排量，除砂器数量可根据清渣需要确定。

c. 应及时清除循环池沉渣。

3) 钻杆的要求

单根钻杆长度不宜大于 3m，且内径应与砂石泵排量相匹配钻杆可采用插装式或法兰盘式连接，并在连接处安装"O"型密封圈密封。"O"型密封圈应装在专门加工的密封槽内，并高出 2～3mm。连接好的钻杆柱应平直可靠，密封良好。

4) 钻头技术要求

钻头应具有良好的工作性能，其主要技术要求如下：

a. 钻头进水口断面开敞、规整、流阻小，以利于防止砖块、砾石等堆挤堵塞；钻头体中心管口距钻头底端高度不宜大于 250mm；钻头体吸水口直径宜略小于钻杆内径。

b. 钻头一般应有单或双腰带导正环；导正环圆度误差不得大于 5mm，与钻头同心度误差不得大于 3mm。

c. 钻头翼片应均布焊接，肩高一致。其底面上的切削具呈梳齿形交错排列，在任一同心圆上不得留有空缺。切削具出刃应一致，并用螺栓连接在翼片上。

d. 钻头翼片、支撑杆架与钻头管体及导正环要焊接牢靠。为防止因电焊造成管体焊接部位的强度下降，支撑杆架的焊接点不宜布置在管体的同一截面上。焊接时应控制焊点温度，保持焊条平稳均匀移动，不得有夹渣、漏点、裂缝等现象。钻头不得有偏重偏心现象。

e. 应经常检查切削刃及翼片的磨损情况，并及时予以修整更换。未经修复的坏旧钻头不准下孔使用。

5) 钻进操作要点

a. 砂石泵起动后，待形成正常反循环后，才能开动钻机慢速回转，下放钻头至孔底。开始钻进时，应先轻压慢转，至钻头正常工作后，逐渐增大转速，调整钻压，并避免钻头吸水口堵水。

b. 钻进时应认真观察进尺情况和砂石泵的排水出渣情况，排量减少或出水含钻渣较多时，应控制给进速度，防止因循环液相对密度太大而中断反循环。

c. 应根据不同的地层情况、桩孔直径、砂石泵的合理排量和经济钻速来选择和调整钻进参数，推荐的钻进参数和钻速见表 8-14。

泵吸反循环推荐钻进参数和钻速　　　　　表 8-14

地层 \ 钻进参数和钻速	钻压（kN）	转速（r/min）	砂石泵排量（m³/h）	钻速（m/h）
黏土层、硬土层	10～25	30～40	180	4～6
砂土层	5～15	20～40	160～180	6～10
砂层、砂砾层、砂卵石层	3～10	20～40	160～180	8～12
中硬以下基岩、风化基岩	20～40	10～30	140～160	0.5～1

注：1. 砂石泵组排量要考虑孔径大小和地层灵活选择调整，一般外环间隙冲洗液流速不宜大于 10m/min，钻杆内上返速度应大于 2.4m/s。

2. 钻孔直径较大时，钻压宜选用上限，转速宜选用下限，获得下限钻速；桩孔直径较小时，钻压宜选用下限，转速宜选用上限，获得上限钻速。

d. 在砂砾、砂卵、卵砾石地层钻进时，为防止钻渣过多，卵砾石堵塞管路，可采用减少钻压或间断给进的方法来控制钻进速度。

e. 加接钻杆时，应先停止钻进，将钻具提离孔底 80～100mm，维持冲洗液循环 1～2min，以清洗孔底并将管道内的钻渣携出排净，然后停泵加接钻杆。

f. 钻杆应拧紧上牢。

g. 钻进时如孔内出现坍孔、涌砂等异常情况，应立即将钻具提离孔底，控制泵量，保持冲洗液循环，吸除坍塌物和涌砂；同时向孔内输送性能符合要求的泥浆，保持水头压力以抑制涌砂和垮孔；恢复钻进后，控制泵排量不宜过大，避免吸垮孔壁。

h. 钻进达到要求孔深停钻时，应维持冲洗液正常循环，清除孔底沉渣至返出冲洗液的钻渣含量符合规程。提钻时应注意操作轻稳，防止钻头拖刮孔壁，并向孔内补充适量冲洗液，稳定孔内水头高度。

8.7.6 冲击成孔灌注桩的施工

冲击成孔灌注桩（impact holing cast-in-situ pile）是利用冲击式钻机或卷扬机把带钻刃的、有较大质量的冲击钻头（又称冲锤）提高，靠自由下落的冲击力来削切岩层或冲挤土层，部分碎渣和泥浆挤入孔壁中，大部分成为泥渣，并利用专门的捞渣工具掏土成孔，最后灌注混凝土成桩。

1. 冲击成孔灌注桩施工工艺

冲击成孔灌注桩设备简单、操作方便，所成孔坚实、稳定、坍孔少，不受场地限制，无噪声和振动影响，因此应用广泛。在黏土、粉土、填土、淤泥中成孔较高，而且特别适用于有孤石的砂砾石层、漂石层、坚硬土层、岩层中使用。桩孔直径一般为60～150cm，最大可达250cm；孔深最大可超过100m。冲击桩单桩成孔时间相对稍长，混凝土充盈系数相对较大，可达1.2～1.5。但由于冲击桩架小，一个场地可同时容纳多台冲击桩基施工，所以群桩施工速度一般。其最大优点是可在硬质岩层中成孔。

冲击成孔灌注桩施工工艺程序是：设置护筒→钻机就位、孔位校正→冲击成孔、泥浆循环→清孔换浆→终孔验收→下钢筋笼和导管→二次清孔→灌注混凝土成桩。

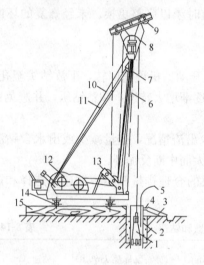

图8-30 简易冲击式钻机
1—钻头；2—护筒回填土；3—泥浆渡槽；4—溢流口；5—供浆管；6—前拉索；7—主杆；8—主滑轮；9—副滑轮；10—后拉索；11—斜撑；12—双筒卷扬机；13—导向轮；14—钢管；15—垫木

2. 冲击成孔灌注桩施工机械与操作规程

1）施工机械

冲击成孔灌注桩的设备由钻机、钻头和掏渣筒、转向装置和打捞装置等构成。如图8-30所示。

钻头有一字型、十字型、工字型、圆型等，常用钻头为十字型，其重量应根据具体施工条件确定。

掏渣筒的主要作用是捞取被冲击钻头破碎后的孔内钻渣。它主要由提梁、管体、阀门和管靴等组成。

阀门有多种形式，常用的有碗形活门、单向活门和双扇活门等。

2）施工要点

根据《建筑桩基技术规范》中规定内容，冲击成孔灌注桩的施工应符合下列要求：

a. 埋设护筒

冲孔桩的孔口应设备护筒，其内径应大于钻头直径200mm，其余规定与正反循环钻孔灌注桩要求相同。

b. 泥浆制备和使用应符合本书前文规定。

c. 安装冲击钻机

在钻头锥顶和提升钢丝绳之间设置保证钻头自动转向的装置，以免产生梅花孔。

d. 冲击钻进

①开孔时，应低锤密击，如表土为淤泥、细砂等软弱土层，可加黏土块夹小片石反复冲击孔壁，孔内泥浆应保持稳定。

②进入基岩后，应低锤冲击或间断冲击，如发现偏孔应立即回填片石至偏孔上方300～500mm处，然后重新冲击。

③遇到孤石时，可预爆或用高低冲程交替冲击，将其击碎或挤入孔壁。

④应采取有效的技术措施，防止扰动孔壁造成塌孔、扩孔、卡钻和掉钻及泥浆流失等。

⑤每钻进4～5m深度应验孔一次，在更换钻头前或容易缩孔处，均应验孔。

⑥进入基岩后，每钻进100～500mm应清孔取样一次（非桩端持力层为300～500mm，桩端持力层为100～300mm），以备终孔验收。

⑦冲孔中遇到斜孔、弯孔、梅花孔、塌孔、护筒周围冒浆时，应立即停钻，查明原因，采取措施后继续施工。

⑧大直径桩孔可分级成孔，第一级成孔直径为设计桩径的0.6～0.8倍。

e. 捞渣

开孔钻进，孔深小于4m时，不宜捞渣，应尽量使钻渣挤入孔壁。排渣可用泥浆循环或抽渣筒等方法，如采用抽渣筒排渣，应及时补给泥浆，保证孔内水位高于地下水位1.5m。

f. 清孔

不宜坍孔的桩孔，可用空气吸泥清除；稳定性差的孔壁应用泥浆循环或抽渣筒排渣。清孔后，在灌注混凝土之前泥浆的密度及液面高度应符合规范的有关规定，孔底沉渣厚度也应符合规范规定。

g. 清孔后应立即放入钢筋笼和导管，并固定在孔口钢护筒上，使其在灌注混凝土中不向上浮和向下沉。钢筋笼下完并检查无误后应立即灌注混凝土，间隔不可超过4h。

8.7.7 取土钻成孔灌注桩施工

取土钻（旋挖钻）成孔施工法是利用钻杆和斗式钻头的旋转及重力使土屑进入钻斗，土屑装满钻斗后，提升钻斗出土，这样通过钻斗的旋转、削土、提升和出土，多次反复而成孔。

取土钻成孔施工法的优、缺点及适用范围见表8-15。

1. **取土钻成孔灌注桩施工工艺**

取土钻成孔灌注桩施工工艺流程如下：

安装钻机→钻头着地钻孔→钻头满土后提升上来，开始灌水→旋转钻机，将钻头中的土倾卸到翻斗车上→关闭钻头的活门，将钻头转回钻进点，并将旋转体的上部固定住→降落钻头→埋置导向护筒，灌入稳定液→将侧面铰刀安装在钻头内侧，开始钻进取土→钻孔完成后，用清底钻头进行第一次清孔，并测定沉渣厚度→测定孔泥浆相对密度→放入钢筋笼→插入导管→第二次清孔并测量沉渣厚度→水下灌注混凝土，边灌边拔导管，混凝土全部灌注完毕后，拔出导管→拔出导向护筒，成桩。

取土钻成孔施工法特点及使用范围　　　　表 8-15

成孔方式	优点	缺点	适用范围
取土钻成孔	1）取土钻进速度快； 2）振动小，噪声低； 3）最适宜于在硬质黏土中干钻； 4）可用比较小型的机械钻成大直径、大深度的桩孔； 5）机械安装比较简单； 6）施工场地内移动机械方便； 7）造价低； 8）工地边界到桩中心的距离较小； 9）采用稳定液能确保孔壁不坍塌	1）在卵石（粒径 10cm 以上）层及硬质基岩等硬层中钻进很困难； 2）稳定液管理不适当时，会产生坍孔； 3）土层中有强承压水时，施工困难； 4）由于使用了稳定液，增加了排土的困难； 5）沉渣处理困难； 6）钻孔后的桩径，按地质情况的不同，可能比钻头直径大 10%～20% 左右	取土钻成孔法适用于填土层、黏土层、粉土层、淤泥层、砂土层以及短螺旋不易钻进的含有部分卵石、碎石的地层。采用特殊措施，还可嵌入岩层

取土钻成孔法是在泥浆稳定液保护下取土钻进。因钻机结构决定，取土钻头钻进时，每孔要多次上下往复取土作业。由于这个施工特点，如果对护壁泥浆稳定液管理不善，就可能发生坍孔事故。可以说，泥浆稳定液的管理是取土钻成孔法施工作业中的关键。

稳定液是在钻孔施工中为防止地基土坍塌、使地基土稳定的一种液体。它以水为主体，内中溶解有以膨润土或 CMC（羧甲基纤维素）为主要成分的各种原材料。

2. 取土钻成孔灌注桩施工机械

钻斗取土钻机由主机、钻杆和钻头 3 部分组成，如图 8-31、图 8-32 所示。

1）主机

主机有履带式、步履式、滚管式和车装式底盘。用于短螺旋钻进的钻孔机均可用于取土钻进。

2）钻头

钻头种类有数 10 种，常用的有锅底式、多刃切削式、锁定式、清底式、螺旋复合式及扩底式等。

3）钻杆

钻杆通常为伸缩式方形和圆管形钻杆。

3. 取土钻成孔灌注桩施工要求

1）为确保稳定液的质量，需用不纯物含量少的水。

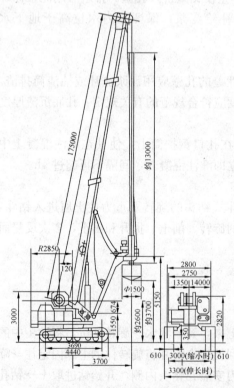

图 8-31　日立建机 TH55 钻斗钻机

2）设置表层护筒，护筒至少需高出地面 300mm。

3）为防止钻斗内的土砂掉落到孔内而使稳定液性质变坏或沉淀到孔底，斗底活门在钻进过程中应保持关闭状态。

4）必须控制钻斗在孔内的升降速度，应按孔径的大小及土质情况来调整钻斗的升降速度（表 8-16）。在桩端持力层中钻进时，上提钻斗时应缓慢。

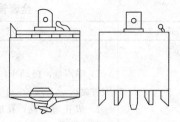

图 8-32　钻斗钻机的钻头

稳定液必要黏度参考值　　　　　　　　　　　　　　表 8-16

桩径（mm）	升降速度（m/s）	桩径（mm）	升降速度（m/s）
700	0.97	1300	0.63
1200	0.75	1500	0.58

注：1. 本表适用于砂土和黏性土互层的情况；
　　2. 在以砂土为主的土层中钻进时，表中值应适当减小；
　　3. 随深度增加，对钻斗的升降要慎重，但升降速度不必变化太大。

5）为防止孔壁坍塌，所用稳定液的必要黏度参考值如表 8-17 所示。

稳定液的黏度参考值　　　　　　　　　　　　　　表 8-17

土质	必要黏度（Pa·s）(500/500CC)	土质	必要黏度（Pa·s）(500/500CC)
砂质淤泥	20～23	砂（N≥20）	23～25
砂（N<10）	>45	混杂黏土的砂砾	25～35
砂（10≤N<20）	25～45	砂砾	>45

注：1. 以下情况，必要黏度取值应大于表中值：①砂层连续存在时；②地层中地下水较多时；③桩径大于 1300mm 时。
　　2. 当砂中混杂有黏性土时，必要黏度取值可小于表中值。

6）为防止孔壁坍塌，应确保孔内水位高出地下水位 2m 以上。

7）根据钻孔阻力大小，考虑必要的扭矩，来决定钻头的合适转数。

8）第 1 次清孔，在钢筋笼插入孔内前进行，一般采用清底钻头正循环清孔。如果沉淀时间较长，则应采用真空泵进行反循环清孔。

9）第 2 次清孔，在混凝土灌注前进行，通常采用泵升法。此法比较简单，即利用灌注导管，在其顶部接上专用接头，然后用真空泵进行反循环排渣。

8.7.8　全套管冲抓钻成孔灌注桩施工

全套管冲抓钻成孔施工法，是利用摇动装置的摇动（或回转装置的回转）使钢套管与土层间的摩阻力大大减小，边摇动（或边回转）边压入，同时利用冲抓斗挖掘取土，直至套管下到桩端持力层为止。挖掘完毕后立即进行挖掘深度的测定，并确认桩端持力层，然后清除虚土。成孔后将钢筋笼放入，接着将导管竖立在钻孔中心，最后灌注混凝土成桩。

全套管成孔施工法的优、缺点及适用范围见表 8-18。

全套管成孔施工法的优、缺点及适用范围　　　　表 8-18

成孔方式	优 点	缺 点	适用范围
全套管冲抓钻成孔	1）噪声低，振动小，无泥浆污染及排放； 2）成孔质量高，孔壁不会塌落，清底效果好； 3）配合各种类型抓斗，几乎在各种土层、岩层中均可施工； 4）因用套管，可靠近既有建筑物施工； 5）可施工斜桩	1）需较大场地； 2）桩径受限制； 3）在软土及含地下水的砂层中挖掘，因下套管时的摇动使周围地基松软； 4）地下水位下有厚细砂层时，拉拔套管困难； 5）用冲抓斗挖掘时扰动桩端持力层； 6）当套管外地下水位较高时，孔底易发生隆起、涌砂	适用于砂卵石地层

1. 全套管冲抓钻成孔灌注桩施工工艺

全套管冲抓钻成孔灌注桩施工程序如下：

将摇动式全套管钻机放在桩位上，对准桩心，埋设第一节套管→用锤式抓斗挖掘，同时边摇动套管边把套管压入土中→连接第二节套管，重复前一步→依次连接、摇动和压入其他节套管，直至套管下到桩端持力层为止→挖掘完毕后立即测定挖掘深度，确认桩端持力层，清除底虚土→将钢筋笼放入孔中→插入导管→边灌注混凝土，边拔导管、套管，成桩。

2. 全套管冲抓钻成孔灌注桩施工机械

全套管冲抓钻成孔灌注桩的施工机械主要由主机、锤式抓斗、动力装置和套管组成，如图 8-33 所示。

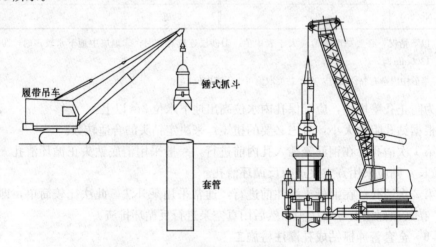

图 8-33　全套管冲抓钻成孔灌注桩施工机械

3. 全套管冲抓钻成孔灌注桩施工要求

1）埋设套管必须竖直，在套管压入过程中，应不断校核垂直度。
2）在卵石层中应采用边挖掘边跟管的方法。
3）遇个别大漂石，用凿槽锥顺着套管小心冲击，把漂石拨到钻孔中间后抓出。
4）孔底处理方法如下：①孔内无水，可下人入孔底清底；②虚土不多且孔内水位很低时，可轻轻地放下锤式抓斗掏底；③孔内水位高且沉渣多时，用锤式抓斗掏完底以后，立即将沉渣筒吊放到孔底，待泥渣充分沉淀以后，再将沉渣筒提上来；④在灌注混凝土之前，采用真空泵反循环清渣。

8.7.9 钻孔桩钢筋笼制作下放

1. 钢筋笼长度、钢筋规格和根数配置按规范及设计要求。
2. 钢筋笼材质要求

1）钢材的种类、钢号及尺寸规格应符合设计文件的规定要求。

2）钢材进货时，要有质量保证书，并应妥善保管，防止锈蚀。

3）对钢筋的材质有疑问时，应进行物理和机械性能测试或化学成分的分析。

4）焊接用的钢材，应做可焊接质量的检测，主筋焊接接头长度、质量应符合《钢筋焊接及验收规程》（JGJ 18—2003）的规定。

3. 制作要求

1）尺寸允许偏差

主筋间距±10mm；加强筋间距±10mm；箍筋间距±20mm；钢筋笼直径±10mm；钢筋笼长度±100mm；主筋弯曲度<1%；钢筋笼弯曲度≤1%。

分段制作的钢筋笼，每节钢筋笼的保护层垫块不得少于两组，每组四个，在同一截面的圆周上对称焊上。

主筋混凝土的保护层厚度不应小于30mm，水下灌注桩主筋混凝土保护层厚度不应小于50mm。保护层允许偏差应符合下列规定：

水下混凝土成桩　　±20mm；

干孔混凝土成桩　　±10mm。

2）焊接要求

分段制作的钢筋笼，主筋搭接焊时，在同一截面内的钢筋接头不得超过主筋总数的50%，两个接头的间距不小于500mm，主筋的焊接长度，双面焊为4～5d，单面焊为8～10d。

箍筋的焊接长度一般为箍筋直径的8～10倍，接头焊接只允许上下叠搭，不允许径向搭接。加强箍筋与主筋的连接宜采用点焊。

4. 钢筋笼的吊放

1）钢筋笼的顶端应设置2～4个起吊点。钢筋笼直径大于1200mm，长度大于6m时，应采取措施对起吊点予以加强，以保证钢筋笼在起吊时不致变形。

2）吊放钢筋笼入孔时应对准孔位，保持垂直，轻放、慢放入孔。入孔后应徐徐下放，不得左右旋转。若遇阻碍应停止下放；查明原因进行处理。严禁高提猛落和强制下入。

3）钢筋笼吊放入孔位置容许偏差应符合下列规定：

钢筋笼中心与桩孔中心：±10mm；

钢筋笼定位标高：±50mm。

4）钢筋笼过长时宜分节吊放，孔口焊接。分节长度应按孔深、起吊高度和孔口焊接时间合理选定。孔口焊接时，上下主筋位置应对正，保持钢筋笼上下轴线一致。

5）钢筋笼全部下入孔后，应检查安放位置并做好记录。符合要求后，可将主筋点焊于孔口护筒上或用钢丝牢固绑于孔口，以使钢筋笼定位；当桩顶标高低于孔口时，钢筋笼上端可用悬挂器或螺杆连接加长2～4根主筋，延长至孔口定位，防止钢筋笼因自重下落或灌注混凝土时往上窜动造成错位。

6) 桩身混凝土灌注完毕，达到初凝后即可解除钢筋笼的固定，以使钢筋笼随同混凝土收缩，避免固结力损失。

7) 采用正循环或压风机清孔，钢筋笼入孔宜在清孔之前进行，若采用泵吸反循环清孔，钢筋笼入孔一般在清孔后进行。若钢筋笼入孔后未能及时灌注混凝土，停隔时间较长，致使孔内沉渣超过规定要求，应在钢筋笼定位可靠后重新清孔。

8.7.10 钻孔桩水下混凝土的灌注

泥浆护壁成孔灌注桩桩孔施工完毕后，即可吊装钢筋笼，待隐蔽工程验收合格后应立即灌注混凝土。

水下灌注混凝土的施工程序是：安装钢筋笼和安设导管→清孔→设隔水栓使其与导管内水面→贴紧并用钢丝悬吊在导管下口→灌注首批混凝土→剪断钢丝使隔水栓下落→连续灌注混凝土，边灌边拔导管，提升导管→拔出护筒。隔水栓或导管法灌注水下混凝土的施工程序如图 8-34 所示。

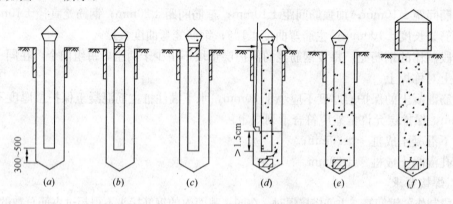

图 8-34　水下混凝土灌注程序

(a) 安设导管（导管底部与孔底之间预留出 300～500mm 空隙）；
(b) 悬挂隔水栓，使其与导管水面紧贴；(c) 灌入首批混凝土；
(d) 剪断钢丝，隔水栓下落孔底；(e) 连续灌注混凝土，
边灌边拔导管，上提导管；(f) 混凝土灌注完毕，拔出护筒

由于水下灌注混凝土是在泥浆中进行，因此混凝土除了满足灌注桩施工的一般规定外，还应满足一些特殊要求：

1. 水下混凝土的配合比应符合下列要求：

1) 水下混凝土必须具备良好的和易性，配合比应通过试验确定；水下混凝土强度等级一般为 C25～C40，常用 C25 和 C30，根据单桩抗压荷载要求而定；水下混凝土坍落度宜为 180～220mm；水泥用量不少于 360kg/m^3；

2) 水下混凝土的含砂率宜为 40%～45%，并宜选用中粗砂；混凝土骨料应采用硬质岩，粗骨料的最大粒径应小于 40mm；

3) 为提高混凝土质量，现在大中城市一般都采用商品混凝土泵送，这样有利于钻孔灌注桩混凝土的连续灌注。单桩浇灌混凝土应预留 2 组混凝土试块以便做抗压试验。

2. 导管的构造和使用应符合下列规定：

1) 导管壁厚不宜小于3mm，直径宜为200～250mm；直径制作偏差不应超过2mm，导管的分节长度视工艺要求确定，底管长度不宜小于4m，接头宜用法兰或双螺纹方扣快速接头。

2) 导管使用前应试拼装、试压，试水压力为0.6～1.0MPa。

3) 每次灌注后应对导管内外进行清洗。

3. 使用的隔水栓应有良好的隔水性能，保证顺利排出，现在一般采用沙袋或球阀或翻盖式阀门。

4. 灌注水下混凝土应遵守下列规定：

1) 开始灌注混凝土时，为使隔水栓能顺利排出，导管底部至孔底的距离宜为300～500mm，桩直径小于600mm时可适当加大导管底部至孔底距离。

2) 第一次初灌量要足够大，使导管一次埋入混凝土面以下0.8m以上，且第二斗混凝土连续浇灌。

3) 灌注过程中导管埋入混凝土面深（埋管高度）宜为2～6m。

4) 严禁导管提出混凝土面，以免造成夹泥或断桩。应有专人测量导管埋深及管内外混凝土面的高差，填写水下混凝土灌注记录。

5) 严禁埋管高度过深，以免导管埋入混凝土中太长拔不出来造成堵管。

6) 每根桩桩身水下混凝土必须连续灌注，若中途停顿时间过长会造成上下混凝土面因初凝时间不一致而胶结不良。对灌注过程中的一切故障均应记录备案。

7) 控制最后一次混凝土灌注量，规范规定超灌高度宜为0.8～1.0m，实际操作时要保证在设计桩顶标高面的混凝土强度达到设计强度。超灌高度过低，桩顶浮浆使设计桩顶混凝土强度不足。超灌高度过高则提高甲方成本。通常实际操作超灌高度为0.8～2.0m。

8) 若设计桩顶标高较深，则桩顶混凝土除了合理预留超灌高度外，应对桩顶未灌孔填土以使桩顶混凝土密实且利于打桩机行走安全。

8.7.11 钻孔灌注桩成桩质量问题及处理对策

1. 允许偏差

《建筑桩基技术规范》中规定，钻孔灌注桩的平面施工允许偏差见表8-19：

灌注桩成孔施工允许偏差 表8-19

成孔方法		桩径允许偏差（mm）	垂直度允许偏差（%）	桩位允许偏差（mm）	
				1～3根桩、条形桩基沿垂直轴线方向和群桩基础中的边桩	条形桩基沿轴线方向和群桩基础中间桩
泥浆护壁钻、挖、冲孔桩	$d \leqslant 1000$mm	±50	1	$d/6$且不大于100	$d/4$且不大于150
	$d > 1000$mm	±50		$100+0.01H$	$150+0.01H$
锤击（振动）沉管振动冲击沉管成孔	$d \leqslant 500$mm	−20	1	70	150
	$d > 500$mm			100	150
螺旋钻、机动洛阳铲干作业成孔		−20	1	70	150
人工挖孔桩	现浇混凝土护壁	+50	0.5	50	150
	长钢套管护壁	+50	1	100	200

注：1. 桩径允许偏差的负值是指个别断面；
2. H为施工现场地面标高与桩顶设计标高的距离；d为设计桩径。

2. 桩身施工质量问题

在钻孔灌注桩的施工过程中，常会发生一些问题，如桩头混凝土强度不足、桩身缩颈、扩颈、桩身断桩或夹泥、桩端沉渣厚等，当发生这些问题时，应综合分析其原因，并提出合理的解决方法，表 8-20 即为钻孔灌注桩常见问题及处理对策。

钻孔灌注桩常见问题及处理对策　　　表 8-20

问题	可能原因	处理对策
桩头混凝土强度不足	桩顶标高上超灌高度不够，浮浆多	凿到硬混凝土层接桩
桩身缩颈	淤质地层护壁不够，待孔时间长使孔壁收缩	承载力检验，若不满足设计则补桩
桩身扩颈	砂土层塌孔，护壁不好	可以不处理
桩身断桩或夹泥	灌注混凝土时导管拔空，泥浆涌入界面	补桩
桩端沉渣厚	清孔工作未做好或待孔时间过长	桩端注浆或桩架复压或补桩

另外，钻孔灌注桩在凿桩时容易将桩头凿坏，而引起桩头沉降大，在施工中应引起注意。

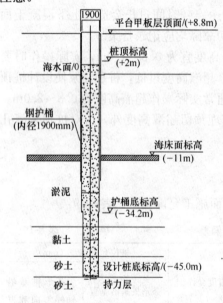

图 8-35　某桥梁水上桩基的深度剖面示意图

对具体问题要具体分析，要结合设计要求、地质情况和施工记录对具体问题提出有针对性的处理意见，必要时召开专家论证会商讨处理对策。但关键是打桩单位要认真施工，监理单位要严格监理，设计单位要及时解决遇到的具体问题，这样才能保证钻孔桩施工质量。

8.7.12　水上钻孔灌注桩施工

以上所述均为陆地上的钻孔灌注桩施工，水上钻孔灌注桩是桥梁码头工程的常用桩型，水上钻孔灌注桩施工第一步是要建立一个水上施工平台，第二步是在桩位下放钢护筒（钢护筒长度要大于水深且进入土层一般不少于5m），第三步在施工平台上架设钻机并将钻杆钻头放入护筒内，第四步要建立泥浆循环系统，第五步钻机开钻，第六步钻到设计桩底标高后第一次清孔，第七步下放钢筋笼（及注浆管）并二次清孔，第八步灌注防腐蚀的混凝土成桩（图 8-35）。

水上施工难度很大，要求制定详细的施工方案。

8.8　人工挖孔桩施工

人工挖孔灌注桩（artificial bored pile）是用人工挖土成孔，然后安放钢筋笼，灌注混凝土成桩。挖孔扩底灌注桩是在挖孔灌注桩的基础上，扩大桩端尺寸而成。这类桩由于其受力性能可靠，不需要大型机具设备，施工操作工艺简单，在各地应用较为普遍，是大直径灌注桩施工的一种主要工艺方式。

8.8.1 人工挖孔桩的特点及适用范围

人工挖孔扩底灌注桩适用于持力层埋藏较浅、单桩承载力要求较高的工程，一般被设计成端承桩，以中风化岩或微风化岩作持力层。当挖孔扩底灌注桩被设计成摩擦桩或端承摩擦桩时，桩身强度不能充分发挥，因此有时也被设计成空心桩或竹节空心桩。

人工挖孔灌注桩适用于桩直径800mm以上，无地下水或地下水较少的黏土、粉质黏土、含少量的砂、砂卵石的黏性土层，也可用于膨胀土、冻土中施工，特别适于在黄土中使用，成孔深度一般在20m左右，可用于高层建筑、公用建筑、水工结构的基础。对有流砂、地下水位较高、涌水量大的冲积地带及近代沉积的含水量较高的淤泥及淤泥质土层中，以及松砂层、连续的极软弱土层中不宜采用。对于孔中氧气缺乏或有毒气发生的土层也应该慎用。

人工挖孔桩的主要特点见表8-21。

人工挖孔桩的特点　　　　　表8-21

人工挖孔桩特点	具 体 表 现
优　点	1) 单桩承载力高，结构传力明确，沉降量小，可一柱一桩，不需承台，不需凿桩头，可起到支撑、抗滑、锚拉、挡土等作用； 2) 可直接检查桩径、垂直度和持力土层情况，桩质量有保证； 3) 施工机具设备简单，一般均为工地常规机具，施工工艺操作简便，占地小，进出场方便； 4) 施工时无振动、无挤土、无环境污染、基本无噪声，对周围建筑物影响较小； 5) 挖孔桩一般按端承桩设计，桩身强度能充分发挥，桩身配筋率低，因此节省投资，同时，可以多桩同时施工，速度快，能根据工期要求灵活掌握工程进度，节省设备费用
缺　点	1) 工人劳动强度大，作业环境差； 2) 安全事故多，是各种桩基中出现人身伤害事故最高的； 3) 挖孔抽水易引起附近地面沉降、房屋开裂或倾斜； 4) 在含水量较大的土层中施工不当时，可能导致挖孔桩施工的失败

8.8.2 人工挖孔桩的施工

1. 施工准备

1) 根据设计施工图和地质勘察资料，对挖孔作业的整体可行性做出正确判断。对穿越砂层、淤泥层的挖孔作业可能会出现的诸如流砂、涌水、涌泥等现象，以及抽水可能引起的环境影响作一次经验性评估，并且针对性地制定有效的技术和安全防范措施。若遇溶洞或持力层中有软夹层的地质现象，勘察资料应按每桩位或每柱位处设一勘察孔，且孔深一般应达到挖孔桩孔底以下3倍桩径的要求，提供各种勘察数据，以便指导施工。

2) 平整场地、设置排水沟、集水井和沉淀池。场地应排水畅通，从桩孔抽出的水，要经过处理才允许外排。

3) 调查场地四周环境，对场地四周建筑物，尤其是危房、天然地基上的楼房及地下管线进行详细调查，并采取防范措施。

4) 编制施工组织设计，组织施工图会审。

5) 测量放线与开孔挖孔桩工程基线、高程、坐标控制点及桩轴线的测放方法和要求，一般与其他桩型施工相同,但挖孔桩桩径较大,桩数较少,一项工程的桩位放样一般是一次性完成,而且往往与开孔相结合。

6) 检查施工设备,进行安全技术交底。施工单位技术负责人员应带领机械、电气技术人员和安全人员逐孔全面检查各项施工准备,确保机电设备完好,符合安全使用标准。向现场施工操作人员进行详细的安全和技术交底,使安全管理在思想、组织和措施上全部得到落实。

7) 安全措施:挖孔桩安全问题包括地下挖土人员安全及已挖孔口安全围护等。

2. 成孔作业

1) 开孔

开孔是指在现场地面上修筑第一节孔圈护壁,或称为护肩。开孔前,应从桩中心位置向桩外引出四个桩中轴线控制点并加以固定。当现场地面灌注混凝土垫层时,应将控制点引到垫层上,经复核无误后,在桩径圆圈内开始挖土;安装护壁模板;复核护壁模板直径、中心点位置无误后,灌注护壁混凝土。

第一节孔圈护壁的中心点与设计轴线的偏差不得大于20mm;二正交直径的差异不大于50mm;井圈顶面应比场地高出150～200mm,壁厚比下面井壁厚100～150mm,以阻挡地面水流入孔内,防止地面上的泥土、石块和杂物进入孔内,并增大孔壁抵抗下沉的能力。第一节护壁筑成后,再将桩孔中轴线控制点引回至护壁上,并进一步复核无误后,作为确定地下各节护壁中心的测量基准点。同时用水准仪把相对水准标高标定在第一节孔圈护壁上,作为确定桩孔深度和桩顶标高的依据。

2) 分节挖土和出土

挖土次序是先挖中间部分,后挖周边,允许尺寸误差不超过30mm。扩底部分采取先挖桩身圆柱体,再按扩底尺寸从上到下削土修成扩底形。为防止扩底时扩大头处的土方坍塌,宜采取间隔挖土措施,留4～6个土肋条作为支撑,待灌注混凝土前再挖除。我国大多数挖桩,采用外壁为直立式的护壁形式,护壁内侧沿桩长为锯齿形,而护壁外侧的直径上下一样。在土质较好的条件下,一节桩孔的高度通常为90cm左右。一节桩孔的土方挖完后,应用长度为桩径加二倍护壁厚的竹杆在桩孔上下作水平转动,保证桩孔质量。桩孔开挖包括灌注护壁混凝土。开挖工作应连续进行,否则孔底及四周土体经水浸泡易发生坍塌。挖孔桩成孔示意见图8-36。

挖孔时应注意桩位放样准确,在桩外设定位龙门板。当桩净距小于2倍桩径并且小于2.5m时,应间隔开挖。

3) 安装护壁钢筋和护壁模板

挖孔桩护壁模板一般做成通用模板,模板用角钢作骨架,钢板做面板,模板之间用螺栓连接。模板高度通常为1.0m。拼装时,最后两块模板的接缝宜放一木条,以便于拆模。护壁厚度按计算确定,也可按经验确定,一般为100～150mm。大直径桩的护壁厚度可达200～300mm。土质较好的小直径桩护壁可不放钢筋,但当设计要求放置钢筋或挖土遇软弱土层时应加设钢筋,然后才能安装护壁模板。护壁中的水平环向钢筋不宜太多,竖向钢筋端部宜弯成发夹式的钩并拧入至设计挖土面内一定深度,以便与下一节护壁中的钢筋相连接。模板安装后应检查其直径是否符合设计要求,并保证任何二正交直径的误差不大于50mm,其中心位置可通过孔口设置的轴线标记安放的十字架,在十字架交叉点悬吊锤球的方法来确定。要求桩孔的垂直偏差不大于桩长的0.5‰;符合要求后,可用木楔打入土中稳定模板,防止浇捣混凝土时发生移动。

4) 灌注护壁混凝土

外壁为直立式的护壁,其形状是上部厚下部薄,上节护壁的下部应嵌在下节护壁的上部混凝土中。灌注混凝土前,可在模板顶部放置钢脚手架或半圆形的钢平台作临时性操作平台。灌注混凝土时宜在桩孔内抽干水的情况下进行,并宜使用早强剂。振捣不宜用振捣器,可用手锤敲击模板和用棍棒反复插捣来捣实混凝土。

5) 修筑半圆护壁应遵守下列规定

a. 护壁的厚度、拉结钢筋、配筋及混凝土的强度等级应符合设计要求。

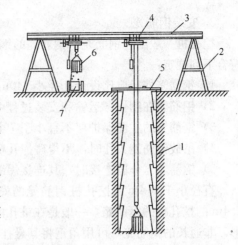

图 8-36 挖孔桩成孔示意图
1—混凝土护壁;2—钢支架;3—钢横梁;
4—电葫芦;5—安全盖板;6—活底吊桶;
7—机动翻斗车或手推车

b. 上、下节护壁的搭接长度不得小于50mm。

c. 桩孔开挖后应尽快灌注护壁混凝土,宜当天连续施工完毕。

d. 护壁混凝土应保证密实,根据土层渗水情况使用速凝剂。

e. 护壁模板一般应在24h之后拆除,正常情况是在第二天下节桩孔土方挖完后进行。

f. 拆模板后若发现护壁有蜂窝、漏水现象,应马上加以堵塞或导流,并及时补强,防止桩孔外侧之水夹带泥砂流入孔内造成事故。

g. 同一水平上的井圈任意直径的极差不得大于50mm。

6) 桩孔抽水

有些挖孔桩工地,地下水位较高,在成孔作业中需要不断地抽水,而大量抽水又容易发生流砂和坍塌,还会引起附近地面下沉、房屋开裂,所以成孔作业时抽水,需要有丰富经验的施工人员和操作工人来进行把握。当地下水较丰富时,应分批进行开挖,每批数量不可太少,也不可太多,且孔位宜均匀分布。在第一批桩孔开挖时,应选一二根桩挖得深一些,使其起集水井作用。第二批桩孔开挖时,可利用第一批未灌混凝土的桩孔进行抽水,以后抽水可依此类推。桩孔内抽水宜连续进行,以避免地下水位频繁涨落而引起桩孔四周土体颗粒流失加速,造成护壁外面出现空洞,引起护壁下沉脱节。在连续抽水时,一定要十分留意和观察孔内和地面上的变化,以避免孔内发生流砂和坍孔,孔外房屋开裂下沉。当抽水影响邻近建(构)筑物基础及发生地面下沉时,应立即在建筑物附近设立灌水管,或利用已经开挖但未完成的桩孔进行灌水,以保持水压平衡与土体稳定。

当大量抽水仍未能顺利进行挖孔作业时,应采取以下有效措施,如灌浆、做止水围护墙等,以减少地下水的渗透,降低因抽水造成的影响等。

7) 验底和扩孔

当挖孔至设计标高时,应及时通知监理、建设、设计单位和质检部门对孔底土质进行鉴定。孔底不应积水,终孔后应清理好护壁上的淤泥和孔底残渣、积水,进行隐蔽工程验收,验收合格后,应立即封底和灌注混凝土。

3. 安装钢筋笼

挖孔桩一般配置钢筋笼，钢筋笼的钢筋直径、长度等由设计计算而定。其制作要求应符合下列规定：

1) 钢筋笼外径应比设计孔径小140mm左右；
2) 钢筋笼在制作、运输和安装过程中，应采取措施防止变形；
3) 钢筋笼的主筋保护层不宜小于70mm，其允许偏差为±2.0mm；
4) 吊放钢筋笼入孔时，不得碰撞孔壁，灌注混凝土时应采取措施固定钢筋笼位置；
5) 钢筋笼需分段连接时，其连接焊缝及接头数量应符合国标的规定。

直径小于1.4m的挖孔桩钢筋笼的安装，一般是先在施工现场绑扎成形；直径大于1.4m的挖孔桩的钢筋笼，一般是在桩孔内安装绑扎，此时笼的箍筋全是圆环形而非螺旋形。非通长的钢筋笼，可用角钢将其悬挂在护壁上，桩身混凝土可由孔底一直浇到桩顶；也可待桩身混凝土灌注到笼底标高时才安装钢筋笼再继续灌注混凝土。

4. 灌注桩身混凝土

灌注桩身混凝土的方法应根据桩孔内渗水量及渗水的分布来选定。当孔内无水时可采用干灌法；当孔内渗水量较大时应用导管法灌注水下混凝土。

1) 干灌法（dry pouring method）

干灌法灌注桩身混凝土时，必须通过溜槽；当高度超过3m时，应用串桶，串桶末端离孔底高不宜大于2m。混凝土宜采用插入式振捣，泵送混凝土时可直接将混凝土泵的出料口移入孔内投料。

2) 水下灌注法（underwater pouring method）

采用导管直径为25～30cm，桩孔内水面应略高于桩外的地下水位。开灌前，储料斗内的混凝土必须有一定的量，足以将导管底端一次性埋入水下的混凝土达0.8m以上的深度。

不论干灌法或水下灌注法，均应留置试块，每根桩不得少于一组。

在灌注桩身混凝土时应注意：混凝土要垂直灌入桩孔内，并应连续分层灌注，每层厚度不超过1.5m。小直径桩孔，6m以下利用混凝土的大坍落度和下冲力使密实；6m以上分层捣实。大直径桩应分层捣实，或用卷扬机吊导管上下插捣。对直径小、深度大的桩，人工下井振捣有困难时，可在混凝土中掺入水泥量0.25%的减水剂，增加坍落度使之密实，但桩上部钢筋部位仍应用振动器振捣密实。必须注意，当地下有承压水时，要注意在灌注过程中始终抽干地下水，防止混凝土的离析现象的发生。

桩身混凝土的养护，当桩顶标高比自然场地标高低时，在混凝土灌注12h后进行湿水养护；当桩顶标高比场地标高高时，混凝土灌注12h后应覆盖草袋，并湿水养护，养护时间不得少于7d。

8.8.3 人工挖孔桩施工注意要点

1. 安全事故原因

人工挖孔桩施工中，发生安全事故的原因主要有以下六类：

1) 地面或高空坠物；
2) 地面施工人员失足跌入桩孔；
3) 施工人员触电；
4) 起重工具失灵；

5）桩孔内涌水、涌砂；

6）桩孔内出现有毒气体或缺氧使施工人员窒息。

2. 安全施工措施

《建筑桩基技术规范》规定，人工挖孔桩施工应采取下列安全措施：

1）孔内必须设置应急软爬梯；供人员上下井使用的电葫芦、吊笼等应安全可靠，并配有自动卡紧保险装置，不得使用麻绳和尼龙绳吊挂或脚踏井壁凸缘上下。电葫芦宜用按钮式开关，使用前必须检验其安全起吊能力。

2）每日开工前必须检测井下是否有有毒、有害气体，并应有足够的安全防范措施。桩孔开挖深度超过10m时，应有专门向井下送风的设备，风量不宜少于25L/s。

3）孔口四周必须设置护栏，护栏高度一般为0.8m。

4）挖出的土石方应及时运离孔口，不得堆放在孔口四周1m范围内，机动车辆的通行不得对井壁的安全造成影响。

8.8.4 人工挖孔桩施工常见问题及处理对策

在人工挖孔桩的施工过程中，常会发生一些问题，如桩头混凝土强度不足、桩身缩颈、扩颈、桩身断桩或夹泥、桩端沉渣厚等，当发生这些问题时，应综合分析其原因，并提出合理的解决方法，表8-22即为人工挖孔桩常见问题及处理对策。

人工挖孔桩常见问题及处理对策　　　　　　　　　　表8-22

问　　题	可　能　原　因	处　理　对　策
桩身离析	挖孔桩内有水，灌混凝土时遇水混凝土离析	钻孔注浆或补桩
桩端持力层达不到设计要求	1）未挖到真正的硬岩层，在做桩端岩基静载试验后重新再向下挖到硬层； 2）成桩后承载力不到，则桩端持力层承载力不足； 3）桩端下有软下卧层	向下挖或补桩

8.9　挤扩支盘灌注桩施工

挤扩支盘灌注桩（squeezed branch piles）是在原有等截面钻孔灌注桩的基础上发展而来的。其专用液压挤扩设备（如图8-37所示）与现有桩工机械配套使用，产生如图8-38所示的挤扩支盘灌注桩。根据地质情况，在适宜土层中挤扩成承力盘及分支。承力盘直径较大，但应注意的是设计挤扩直径不应大于相应设备型号能挤扩的最大直径。表8-23为几种常用的挤扩设备型号与挤扩直径表。

挤扩设备型号与挤扩直径　　　　　　　　　　表8-23

参　　数 \ 设备型号	98-400型	98-600型	2000-800型
弓压臂长度（mm）	480	752.5	910
桩身直径 d（mm）	450～600	650～800	850～1000
承力盘挤扩最大直径（mm）	1180	1590	1980

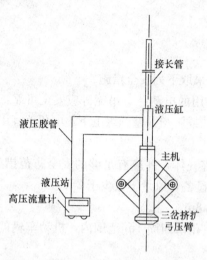
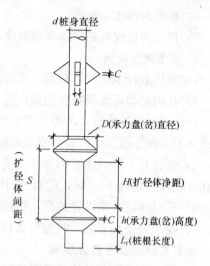

图 8-37 挤扩支盘灌注桩成型机设备　　图 8-38 挤扩支盘灌注桩构造

挤扩支盘灌注桩由桩身、底盘、中盘、顶盘及数个分支所组成。根据土质情况，在硬土层中设置分支或承力盘。分支和承力盘是在普通圆形钻孔中用专用设备通过液压挤扩而形成的。在支、盘挤成空腔同时也把周围的土挤密。经过挤密的周围土体与腔内灌注的钢筋混凝土桩身、支盘紧密的结合为一体，发挥了桩土共同承力的作用，提高了桩的侧摩阻力和端承力，从而使桩承载力大幅度增加。

经测算承力盘的面积约为主桩载面的 4～7 倍，如把各盘和各分支的面积加起来，其总和约为主桩截面的 10～20 倍。

8.9.1 挤扩支盘灌注桩的特点

挤扩支盘灌注桩一般具有以下特点：

1）可以利用沿桩身不同部位的硬土层来设置承力盘及分支，将摩擦桩改为变截面的多支点摩擦端承桩，从而改变了桩的受力机理。这样的桩基础会使建筑物稳定、抗震性好、沉降变形更小。

2）有显著的经济效益。其单方混凝土承载力为相应普通灌注桩的 2 倍以上。

3）对不同土质的适应性强。在内陆冲积和洪积平原及沿海、河口部位的海陆交替层及三角洲平原下的硬塑黏性土、密实粉土、粉细砂层或中粗砂层等均适合作支盘桩的持力层。而且不受地下水位高低的限制。

4）成桩工艺适用范围广。可用于泥浆护壁成孔工艺、干作业成孔工艺、水泥注浆护壁成孔工艺和重锤挤扩成孔工艺等。

5）由于单桩承载力较大，在负荷相同的情况下，可比普通直孔桩缩短桩长，减少桩径或减少桩数，作为高层建筑及重要构筑物的基础，可供设计灵活使用，既可作桩下单桩方案以减少承台施工量，又可沿箱基墙下或筏基柱下布桩以减少底板厚度及配筋量。这不仅能节省投资，而且施工方便、工期短、造价低、质量优。

6）对环境保护有利，与同承载力普通泥浆护壁钻孔桩相比，泥浆排放量显著减少。

7）挤扩支盘灌注桩是在普通钻孔桩成孔完成后再挤扩灌注，缺点是施工时间相对较长，挤扩过程中孔壁泥皮较厚、桩端沉渣较厚，如果清渣不干净，反过来也会影响桩承载力发挥。

8.9.2 挤扩支盘灌注桩的施工

1. 挤扩支盘灌注桩工艺流程

挤扩支盘灌注桩施工由钻进成孔、挤扩成型、下钢筋笼、二次清孔、水下混凝土灌注几道工序完成。施工工艺简单，仅在普通灌注桩施工的基础上多了挤扩支盘以及二次清孔的过程。具体的工艺流程见工艺流程详图 8-39。

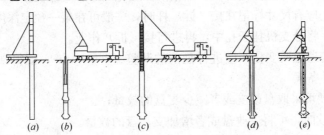

图 8-39 挤扩支盘灌注桩施工工艺流程图示
(a) 钻进成孔；(b) 挤扩成型；(c) 下钢筋笼；
(d) 二次清孔；(e) 水下混凝土灌注

2. 泥浆护壁成孔工艺

当地下水位较高时，通常利用孔内地层中的黏性土，原土造浆以泥浆护壁成孔，根据地质情况选择持力层设置分支及承力盘，按支盘设计深度，下入全液压支盘成型机，操作液压工作站，将弓压臂（承力板）挤出，收回，反复转角，经多次挤压成盘，再由上层至下或由下至上完成多个支盘的作业，然后安放钢筋笼、清孔，灌注混凝土成桩，施工应注意如下事宜：

1）施工前必须具有地质勘察资料、桩位平面图、各支盘在土层中的剖面图以及施工组织设计（或施工方案）。

2）施工前必须先打试成孔，以便核对地质资料，钻孔终孔后，宜自下而上按每延米每次旋转 90°挤扩一次，按挤扩压力值检验各土层的软硬程度，并且核查施工工艺及技术要求是否适宜。

3）泥浆制备与质量要求

在黏土、粉质黏土层钻进时，可注入清水，以原土造浆护壁，如在砂夹层较厚或在砂土、碎石中钻进时，应采用制备泥浆；泥浆的稠度应控制适量。注入干净泥浆的相对密度，应控制在 1.1 左右，排出泥浆相对密度宜为 1.2～1.4；当穿过砂夹卵石层或容易塌孔的土层时，排出泥浆的相对密度可增大至 1.3～1.5。每钻进 8～10m 测定泥浆指标一次。要求泥浆胶体率不小于 95%、含砂量<6%、黏度 15～25Pa·s。

泥浆池的容积应大于钻孔容积的 2 倍，泥浆循环系统要健全，含砂量过大不得继续使用。

4）正循环钻进终孔时，随即进行清孔，即提钻 0.3m 快速旋转磨孔 10min，使沉渣厚度小于 10cm。

5）钻孔终孔后，检测孔深，泥浆指标和沉渣厚度。

6）分支机入桩孔前必须检查法兰连接、螺栓、油管、液压装置、弓压臂分合情况，一切正常才能投入运行。

7) 支盘成形宜采取自下而上进行。将设计支盘标高换算成深度值，挤扩前后均应测量孔深，并应按作业表要求做出详细的施工记录。

8) 成盘时，按接长杆上分度顺次转角挤扩，当设备旋转180°后，即完成盘形。

9) 成盘过程中，应认真观测压力表的变化，详细记录各支盘首次压力值及分支时间，并测量泥浆液面下降尺寸及变化情况、油箱油面变化尺寸和支盘机上升尺寸。

10) 接长杆上应有尺寸标记在接（拆）杆时，一般可在某一预定深度分支（尽量与设计支盘位置吻合）将分支机挂于孔中，再进行接（拆）作业。

11) 成盘时若遇地质变化，应进行盘位的调整（0.5～1m），征得现场技术负责人同意并及时上报设计备案。

a. 若由软变硬可采取盘改支或者减少支盘的数量；

b. 若由硬变软时，可将支改盘或者增加支、盘的数量。

12) 每盘成形后，应立即补足泥浆，以维持水头压力。

13) 桩布置较密的工程，在施工流水时应跳打施工。

14) 支盘成形后，应立即投放钢筋笼和清孔等，不得中途停工。

15) 灌注混凝土时要求导管离孔底不得大于0.5m，混凝土初灌量要求混凝土面高出底盘顶1m以上，严禁把导管底端拔出混凝土面。

16) 支盘桩的混凝土灌注量其充盈系数应大于1。

17) 由班组质量员、工地专职质量检查员和公司质量工程师等组成的质量保证体系，对各工序进行质量控制和评定。

3. 干孔作业成孔工艺

当地下水位较深时，水位以下可采用螺旋钻机进行干作业成孔后，下入支盘的支盘机，按设计支盘位尺寸进行挤扩作业，处理虚土，下钢筋笼，灌注混凝土成孔，该法速度快。

4. 水泥注浆护壁成孔工艺

干砂成桩时，孔壁易坍塌，成盘作业无法进行，这时必须采用灌注水泥浆工艺，稳住孔壁后，方能挤扩成盘。

5. 重锤捣扩成孔工艺

浅层软土分布区，上部荷载不大的一般多层建筑物，利用浅部可塑黏性土层为依托，通常插入孔内的外套管加入建筑废料（破碎砖瓦、破碎片、碎石、小石块等），在管内用重锤冲捣将废料挤入孔壁，到设计厚度后，放入支盘机，按设计盘位尺寸再挤扩成盘，下钢筋笼灌注混凝土成桩，获取理想的单桩承载力，该法可大量节约材料和投资，用于不受噪声和振动限制的场区，各种工艺的核心都必须把支盘成型作业中的盘腔做好，成盘作业有多项指标实施监督与检测。

8.9.3 挤扩支盘灌注桩施工注意要点

由于挤扩支盘灌注桩单桩承载力高，因此在施工过程中对质量控制要求严格，要注意以下几个方面的内容：

1. 支盘成型挤扩的首次压力值

支盘机最初张开需要的最大的力，该压力预估值应由勘测报告的土层情况、施工人员的经验和试成孔的数据综合确定。压力表读数，即实际挤扩压力值≥0.8×预估压力值。

2. 挤扩成盘过程中泥浆的下降体积

一定程度上反映成盘的质量与成盘体积，要求泥浆要有明显下降。

3. 盘体直径

这是保证成盘质量的一个重要指标。可使用自备孔径盘径检测仪自检也可使用井径仪检查，要求不小于设计直径1/15。

4. 支盘间距

按施工记录核实是否符合设计规定。

5. 桩身质量

可用取芯、超声波等常规方法检测。

6. 单桩承载力

用静载荷试验按《建筑地基基础设计规范》（GB 50007—2002）规范的相关条款进行。

7. 成孔质量

根据《建筑桩基技术规范》规定，支盘桩要求成孔垂直度允许偏差≤1%，这也是挤扩设备的要求及保证成桩质量的关键。

8. 挤扩支盘质量

挤扩支盘的质量关系到桩的承载力，因此本工序设质量控制点。成盘质量一级检查步骤如下：

施工班组通过油压值（油压值即首次挤扩压力值，该指标直接反映承力盘所处土层的压缩特性）、油面下降量（油面下降量是反映支盘机弓压臂状态的直观指标）使用孔径盘径检测仪对孔径以及盘径进行自检，以上指标为一级检查，如果施工中挤扩油压值与预估压力值相差较大（即实际挤扩压力值<0.8×预估压力值），应立即报告现场技术人员，并根据情况对盘位进行适当调整；

现场质检员进行现场监督检查为二级检查；

监理工程师检查认证为三级检查。

9. 二次清孔质量

水下灌注桩沉渣的厚度也是直接影响承载力的一个因素，因此二次清孔的检查也被列为重点。

10. 灌注混凝土

混凝土的灌注是能否成桩的关键，因此灌注混凝土是非常重要的质量控制工序。在《建筑桩基技术规范》的基础上对挤扩支盘灌注桩混凝土灌注作了如下特殊规定：

1）灌注时导管离孔底不得大于0.5m，混凝土初灌量要求混凝土面高出底盘顶1m以上，严禁把导管底端拔出混凝土面。

2）拆除导管时应计算导管长度。当导管底端位于盘位附近时，应有意识地上下抽拉几次导管，利用混凝土的和易性使盘位附近的混凝土密实。

总之，挤扩支盘灌注桩施工的成盘质量直接关系到单桩承载力的高低，施工必须认真对待。

11. 挤扩支盘灌注桩常见问题及处理对策

1）支盘达不到设计要求，支盘不够或缩颈，可以采取重新支盘。

2) 桩端沉渣，二次清孔不干净，可以重新清孔。这是挤扩支盘灌注桩的缺点，必须重视。

8.10 大直径薄壁筒桩施工

振动沉模现浇大直径混凝土薄壁筒桩（vibration cast-in-place thin-walled pipe pile）（下文简称薄壁筒桩）的软土地基加固技术主要优点是造价相对较低、施工速度快、加固处理深度不受限制，适宜各种地质条件，可明显增加路基的稳定性、提高桩土地基的抗水平力，该桩型由海洋二所谢庆道和河海大学刘汉龙分别申请了专利。

振动沉模现浇大直径混凝土薄壁筒桩技术适用于各种结构物的大面积地基处理。如多层及小高层建筑物地基处理；高速公路、市政道路的路基处理；大型油罐及煤气柜地基处理；污水处理厂大型曝气池、沉淀池基础处理；江河堤防的地基加固等。但大直径筒桩桩身质量不易保证，竖向承载力相对较低。

8.10.1 振动沉模现浇薄壁筒桩施工机具设备

振动套管成模大直径现浇筒桩机具主要包括：底盘（含卷扬机等）、龙门支架、振动头、钢质内外套管空腔结构、环形混凝土桩尖（或活瓣桩尖）、成模造浆器、混凝土分流器等部分，如图8-40所示。

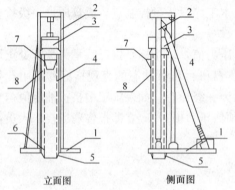

图8-40 振动沉模现浇薄壁筒桩设备
1—底盘（含卷扬机等）；2—龙门支架；3—振动头；
4—钢质内外套管空腔结构；5—活瓣桩靴结构；
6—成模造浆器；7—进料口；8—混凝土分流器

主要机械构成及作用：

1) 底盘：用I20工字钢焊接而成5000mm×9000mm的矩形框架，用于支撑和摆放所有装置。

2) 龙门塔架：与普通沉管桩和深层搅拌桩相比，振动沉模筒桩在提升过程中，因环形腔体模板受到管壁内双向摩阻力作用，需要较大提升力。因此，塔架在施工过程中除满足稳定性外，还要求满足较大的纵向压力的要求。

3) 提升装置：由于沉管直径大，提升力较普通沉管桩提升力要大。

4) 加压措施：在桩头满足强度要求的前提下，考虑现场提供动力且在振动力不能满足沉桩要求时，可通过附加压力，即依靠设备自重，使沉管带动桩头在边振动边加压下迅速沉桩。

5) 环形沉腔模板：由两种不同直径的钢管组合而成的同心环腔。在桩体不要求配置钢筋情况下可以将内、外管焊接固定，这样可以大大简化施工工艺，如图8-41所示。桩尖采用环形混凝土桩尖。

8.10.2 振动沉模现浇薄壁筒桩施工工艺及要点

1. 施工流程

施工进场→现场装配→桩机就位→振动沉入双套管→灌注混凝土→振动拔管→移机，施工流程见图8-42。

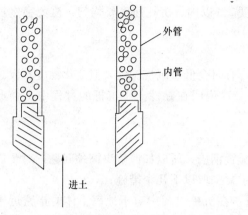
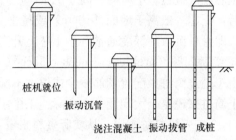

图 8-41 双套管与环形桩尖　　　　图 8-42 施工流程示意

在设备底盘和龙门支架的支撑下,依靠振动头的振动力将双层钢管组成的空腔结构及焊接成一体的下部活瓣桩靴或环形混凝土桩尖沉入预定的设计深度,形成地基中空的环形域,在腔体内均匀灌注混凝土,之后,振动拔管,灌注于内管中土体与外部的土体之间便形成混凝土筒桩。成模造浆器在沉管和拔管过程中,通过压入润滑泥浆保证套管顺利工作。活瓣桩靴在沉管下沉时闭合,在拔桩时自动分开。混凝土分流器的作用使得沉管中的混凝土均匀密实。

2. 施工要点

振动沉模现浇薄壁筒桩在施工中要注意以下要点:

1)为保证在含地下水地层中应用现浇管桩的质量,保证在成桩过程中地下水、流砂、淤泥不从桩靴处进入管腔,灌注混凝土时宜采用二步法工艺,即在成桩管下到地下水位以上即进行第一次灌注,将桩靴完全封闭,然后继续下到设计深度后再进行第二次灌注成桩。

2)为保证桩与桩之间在成桩过程中不互相影响,施工顺序应采用隔孔隔排施工工序。

3)如遇到较硬夹层,可利用专门设计的成模润滑造浆器在沉桩过程中注入泥浆。

4)内外管应锁定后方可起吊装配。

5)混凝土应以细石料为主,可以适当掺入减水剂,以利于混凝土在腔体中有较好流动性。

6)在遇到砂性土层时,宜放慢上提的速度。

8.10.3 现浇薄壁筒桩在施工过程中存在的问题及解决办法

现浇薄壁筒桩在施工过程中常存在的问题主要有地下水入渗、闭塞效应、缩颈、混凝土的离析和厚薄不均等问题,下面介绍各种问题产生的原因及处理方法。

1. 地下水入渗问题 (problem of groundwater infiltration)

地下水入渗是指在成桩过程中,地下水流沙或淤泥由管靴进入管腔,影响混凝土灌注质量,这是现浇混凝土筒桩所必须面对的问题。在施工中主要采取以下方法解决:

1)两步法解决。所谓两步法工艺,就是在成桩管下到地下水位以上即进行第一次灌注,将桩靴完全封闭,然后继续下到设计深度后进行第二次灌注成桩。

2)成孔器与桩靴应吻合一致,密切咬合,每次沉孔前桩靴与沉孔器之间需要用胶泥或石膏水泥密封防水，同时严格控制在垂直度2%以内。沉孔速度要均匀，避免突然加力与加速情况。沉孔深度需达到设计桩底标高。

2. 土塞效应（plug effect）

土芯在沉桩过程中有时会高于沉桩深度，有时会低于沉桩深度，但变化幅度不大。在成桩后，土芯一般高于地面（10cm）或持平。这说明在黏性土中沉桩的过程中不会形成土塞，即管桩沉入的深度通常等于土芯上升高度。

3. 缩颈问题（problem of neck reduced）

由于现浇筒桩中配置钢筋较少或根本不配置钢筋，所以如何解决缩颈问题，对于现浇混凝土筒桩来说是个大问题。在实际施工中主要采取以下几个措施：

1）合理安排打桩次序。从实际资料来看，在沉桩过程中对于地表土体的挤密近于指数形势的衰减。在距桩心2.5m处桩周土的位移小于2mm，而且在深度3m以下，桩周土的位移几乎为零。所以在施工过程中合理设计打桩的次序及桩距是很重要的。

2）自模板体系的保护作用。在施工过程中，在振动力的作用下，环形模板的腔体沉入土中灌注混凝土，当振动模板提拔时，混凝土从环形腔体模板下端注入环形槽内，空腹模板起到了护壁作用。因此，有效地防止了缩壁和塌壁现象。

3）通过造浆器造浆，可以减少沉模时环形套模内外摩擦阻力，保护桩芯的侧壁土稳定。

4. 断桩（broken pile）

造成断桩大致有以下原因：1）拔管速度太快，混凝土还没来得及排出管外，周围土径向挤压形成断桩；2）桩距过小，受邻近桩体施工时的荷载挤压形成断桩；3）套管中进入泥浆水，产生夹泥。

预防措施：灌注混凝土时严格控制拔管速度，在混凝土接头处要适当加密反插振捣。在软土地基上打较密集群桩时，为减少桩的变位，可采取控制打桩速度及设计合理打桩顺序，最大程度减少挤土效应。拔管速度应控制在0.8~1.2m/min之间，不应超过1.5m/min，在土层分界面附近应停顿30s左右。在沉管未提离地面前管模内混凝土保持高于地面50cm，且锤头不停止振动。

5. 混凝土的离析和厚薄不均问题（problem of concrete segregation and uneven thickness）

1）由于现浇大直径薄壁筒桩的空腔较窄小，所以容易发生缩颈等现象。因此，如何振捣就是要特别注意的问题。在现阶段，我们主要采用自制的混凝土分流器来避免灌注时候的离析和厚薄不均。

2）控制混凝土的原料。混凝土以细石料为主，并可适当加入减水剂，以利于混凝土的流动。通过提升料斗的方法将混凝土送入成孔器壁腔内，成孔器放慢提升，提升速度为1m/min。成孔器在提升过程中，应边提升边振动，以保证灌注混凝土有良好的密实度。薄壁管桩在灌注过程中，设计采用半排土方案，即每次沉孔将有一部分土体沿着内壁向上排出，并排出地面。每次沉桩结束后，应立即将部分泥土清除出路基以外，再平整好原地面。

6. 桩体歪斜（pile inclination）

桩体歪斜产生原因可能是桩机就位时没调好垂直度，或者邻桩施工时的挤土效应所致。

预防措施：桩机就位时应调整桩机的垂直度和水平度，垂直度以桩塔的垂线控制，垂直偏差应小于1‰。沉管应自然下垂就位，不得人为强行推动沉管就位。在软土地基上打较密集群桩时，可采取控制打桩速度及设计合理打桩顺序，最大限度减少挤土效应。

8.11 水泥搅拌桩施工

水泥搅拌桩是采用水泥或水泥砂浆为固化剂，通过特别的搅拌机械，在地基深处就地将软土和固化剂强制搅拌，产生一系列物理化学反应，使软土硬结成具有整体性、水稳定性和一定强度的完整桩体。水泥搅拌桩按照水泥喷入土中的方式又分为水泥浆喷搅拌桩和水泥粉喷搅拌桩。水泥搅拌桩通常设计水泥掺入量为15%左右，可以根据地质条件掺入专用的早强剂石膏和减水剂等。

8.11.1 深层水泥搅拌桩

1. 深层水泥搅拌桩的特点与适用范围

搅拌桩具有如下特点：

1) 施工中将固化剂和原土就地拌合，最大限度地利用了原土的承载力。
2) 施工时无振动、无噪声，不挤土，对周围已有建筑物的影响较小。
3) 渗透性小，能防渗止水，所以在基坑支护中作止水帷幕桩。
4) 间距可大可小，布置比较灵活。
5) 比较经济且施工速度快。

水泥搅拌法适用于处理正常固结的淤泥与淤泥质土、粉土、饱和黄土、素填土、黏性土以及无流动地下水的饱和松散砂土等地基。对无工程经验的地区，必须通过现场试验确定其适用性和处理效果。

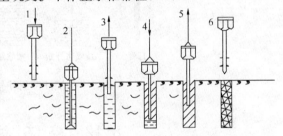

图 8-43 深层搅拌法施工工艺流程
1—定位下沉；2—钻进喷浆搅拌；3—重复搅拌提升；
4—重复搅拌下沉到底部；5—重复搅拌提升；6—施工完毕

2. 深层水泥搅拌桩的施工工艺流程

搅拌桩的施工工艺流程如图 8-43 所示，主要包括：桩机就位→钻进喷浆到底→提升搅拌→重复喷射搅拌→重复提升复搅→成桩完毕。

8.11.2 高压喷射注浆搅拌桩

1. 高压喷射注浆搅拌桩的特点与适用范围

高压喷射注浆法就是利用钻机把带有喷嘴的注浆管钻入（或置入）至土层预定深度，以 20~40MPa 的压力把浆液或水从喷嘴喷射出来，形成喷射流冲击破坏土层，形成预定形状的空间，土颗粒与浆液搅拌混合，凝结成加固体，从而达到加固土体的目的。水泥掺入量一般为 25%~30%左右，单重管直径为 700~800mm，双重管直径为 800~900mm，三重管直径为 1000~1200mm。

它具有增大地基强度、提高地基承载力、止水防渗、减少支挡结构物土压力、防止砂土液化和降低土的含水量等多种功能，适用于超深基坑的止水帷幕桩。

高压喷射注浆法分为旋喷、定喷和摆喷三种,如图8-44所示。定喷和摆喷两种方法通常用于基坑防渗、改善地基土的水流性质和稳定边坡等工程。旋喷法较常用。

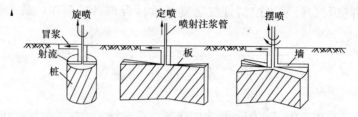

图 8-44　高压喷射注浆的三种形式

2. 高压喷射注浆搅拌桩的施工工艺

喷射注浆法的施工工艺基本是先把钻机插入或打进预定土层,自下而上进行喷射注浆作业、冲洗等,如图8-45所示。

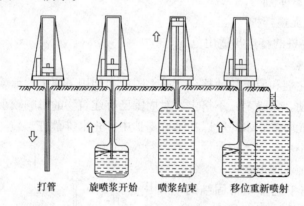

图 8-45　高压喷射注浆施工工艺

8.12　碎石桩施工

在软弱地基中采用一定的方式成孔并向孔中填入碎石,在地基中形成一根碎石柱体,称为碎石桩。碎石桩又有振冲碎石桩和柱锤冲扩碎石桩。

8.12.1　振冲碎石桩

振冲碎石桩由德国人S.Stewerman于1936年提出,早期用于加固松砂地基。20世纪50年代后开始用于黏性土地基的加固,我国于1977年开始用振冲法加固软弱地基。

1. 振冲碎石桩适用地层

振冲碎石桩一般适用于松散砂土的加固处理,也可适用于对黏性土的加固处理,但碎石桩为散体材料桩,在承受荷载后,其抵抗荷载的能力,完全依赖于桩周土体的径向支撑力,由于软黏土的天然抗剪强度小,所以往往难以提供碎石桩需要的足够的径向支撑力,因此不能获得满意的加固效果,甚至造成加固处理的完全失败。一般当软黏土地基的天然不排水强度小于20kPa时,常不能取得满意的加固效果。

2. 振冲碎石桩施工方法

振冲碎石桩施工时,以起重机吊起振冲器,启动潜水电机后带动偏心块,使振冲器产生高频振动，同时开动水泵，使高压水通过喷嘴喷射高压水流，在振动力和高压水流的作用下，在土层中形成孔洞，直至设计标高。然后经过清孔，用循环水带出孔中稠泥浆后，向桩孔逐段填入碎石，每段填料均在振冲器振动作用下振挤密实，达到要求的密实度后就可以上提，重复上述操作步骤直至地面，从而在地基中形成一根具有相应直径的密实碎石柱体，即碎石桩。振冲碎石桩施工工艺流程见图8-46。

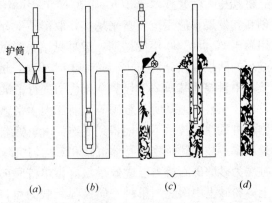

图8-46 振冲碎石桩施工工艺流程
(a) 振冲器定位；(b) 成孔；(c) 喂料；(d) 终孔、完毕、移位

8.12.2 柱锤冲扩桩

柱锤冲扩桩法是反复将柱状重锤提到高处使其自由落下冲击成孔，然后分层填入碎石或素混凝土夯实形成扩大桩体，与桩间土组成复合地基的地基处理方法。

柱锤冲扩碎石桩技术是通过机具成孔，然后通过孔道在地基处理的深层部位进行填碎石，用具有高动能的特制重力锤进行冲、砸、挤压的高压强、强挤密的夯击作业，从而达到加固地基的目的，使地基承载性状显著改善。

柱锤冲扩桩处理技术在加固地基时，采用较重夯锤，孔内加固料单位面积受到高动能、强夯击，使地基土受到很高的预压应力，处理后的地基浸水或加载都不会产生明显的压缩变形，地基承载力可提高3~9倍，最大处理深度可达30m，桩体直径可达0.6~2.5m。而且桩间土也受很大侧向挤压力，同样也被挤密加固。桩周土被挤密形成了强制挤密区、挤密区以及挤密影响区，复合地基的整体刚度均匀，这是一般柔性桩加固地基难以取得的效果。图8-47所示为柱锤冲扩桩桩周土作用机理。

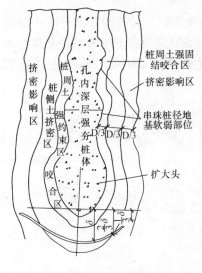

图8-47 柱锤冲扩桩桩周土作用机理

8.13 桩端桩侧后注浆施工技术

桩端桩侧压力注浆（base pressure grouting）是指在钻孔、挖孔和冲孔等各种形式的灌注桩灌注前在桩身预埋注浆管和注浆头，成桩一定时间后用高压注浆泵先清水开塞然后向桩端或桩侧注水泥浆的一种施工技术。这些水泥浆通过渗透、填充、置换、压密、劈裂及固结等物理化学形式的共同作用，固化了桩土界面泥皮及改善桩端（侧）土体的物理力学性质，使桩端阻力和桩侧阻力得到不同程度的提高，从而减少群桩的沉降。

桩端压力注浆技术于1961年在Maracaibo大桥桩基中首次应用。此后，该项技术不断创新和发展，应用范围越来越广，取得了十分显著的技术和经济效益。该技术在我国的应用始于20世纪80年代初期，最早见诸报道的是北京市建筑工程研究所沈保汉等1983年进行的两根直径分别为12.8cm和13.4cm，桩长分别为2.43m和2.51m的小规格桩的试验。中科院地基所20世纪90年代初进行了试验。最近十年来，随着桩基工程技术的迅速发展，中科院地基所刘金砺等和浙江大学张忠苗等在桩底注浆理论和应用方面做了很多工作。桩端注浆技术不断地得到成熟。由于桩端压力注浆技术效果好、速度快、可以节省大量成本、减少建筑物的整体沉降和不均匀沉降，所以该项技术得到广泛应用。桩端注浆在桩端为砂卵砾石持力层中效果最好，单桩竖向极限承载力至少可以提高30%～40%及以上；粉砂土中次之，单桩竖向极限承载力可以提高20%～30%左右；黏性土中，注浆主要是加固沉渣，单桩竖向极限承载力可以提高10%～15%左右；有裂隙发育的基岩中，注浆主要是加固基岩裂隙和沉渣，减少变形量，单桩竖向极限承载力可以提高15%左右。桩端注浆最大的好处不但是提高单桩竖向承载力，而且对减少群桩沉降尤其是主裙楼一体建筑的群桩不均匀沉降特别有效。因此桩端注浆越来越受到设计人员的重视和应用。桩端注浆一般是先渗透注浆然后压密注浆再劈裂注浆，但其三者是交替进行的。

8.13.1 桩侧、桩端后注浆的施工工艺

桩端及桩周对浆体而言是开放空间，桩端注浆属隐蔽工程，目前的监测手段十分有限，要实现上述目标则主要依赖于好的注浆工艺。好的注浆工艺建立在对桩端注浆机制的正确认识上，它要求因地制宜，严密设计，优质施工，适时调控。桩侧、桩端后注浆流程见图8-48，注浆装置见图8-49。

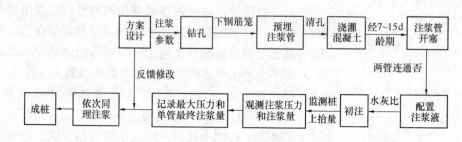

图8-48 桩端注浆流程

1. 注浆头制作及注浆管埋设

浙江大学制作的桩端注浆管（grouting pipe）采用$\phi 30 \sim \phi 50$钢管，壁厚大于2mm。

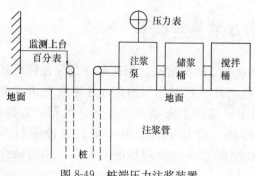

图8-49 桩端压力注浆装置

注浆头制作是用榔头将钢管的底端砸成尖形开口，钢管底端40cm左右打上4排每排4个$\phi 8$的小孔，然后在每个小孔中放上图钉（单向阀作用）再用绝缘胶布再加硬包装带缠绕包裹，以防小孔被浇桩的混凝土堵塞。钢管可作为钢筋笼的一根主筋，用丝扣连接或外加短套管电焊，但要注意不能漏浆。现在也有用自行车内胎包扎注浆头的，也有采用专用单向阀或U形管的。

每根桩一般应埋设 2 根注浆管。对桩径大于 1500mm 的桩宜埋设 3 根注浆管。桩长越长，注浆管直径应越大，注浆管底端原则上应比通长配筋的钢筋笼长 50～100mm。两管应沿钢筋笼内侧垂直且对称下放，注浆管下端比钢筋笼长约 50～100mm。管子连接可以采用丝扣连接或外接短套管（长约 20cm）焊接的办法。

桩端注浆管一直通到桩顶，管顶端临时封闭。同时对有地下室的工程，注浆管在基坑开挖段内最好不要有接头，以避免漏浆。与此同时，预埋注浆管时，还应保护好注浆管，防止其弯曲。钻孔灌注桩桩端（侧）后注浆桩配筋构造如图 8-50 所示。桩侧注浆即在设计要注浆的土层深度位置，在注浆管设置注浆孔并用专用塑胶管包扎好，注浆时将注浆内管放到预埋的注浆管某深度位置，并用上下气囊封住，使注浆管只沿某一深度土层上注出去。同理可注其他深度上。

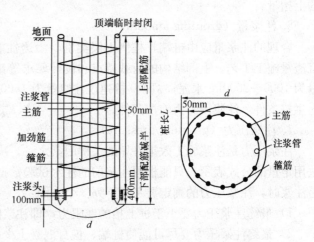

图 8-50　钻孔灌注桩桩端后注浆桩配筋构造图

2. 桩开始注浆时间（start time of grouting）

泥浆护壁灌注桩水下混凝土初凝期需 7d 左右，故注浆时间宜在混凝土初凝（即 7～15d 左右）后进行。注浆开塞过早，会导致因桩身混凝土强度过低而破坏桩本身，另外可能因已开塞的管子由于承压水的砂子倒灌使注浆管内充填黄沙而堵塞；注浆开塞过晚，可能难以使桩端已硬化的混凝土形成注浆通道，从而使注浆头打不开。经过这几年采用开塞注浆头的大量工程实践表明，一般是边开塞边注浆（因为浙大注浆头已能够做到在 60 天内也可顺利开塞）。

3. 注浆泵

注浆泵应采用最大注浆压力 10MPa 以上，排浆量大于 $5m^3/min$ 的高压注浆泵。

4. 压水试验（开塞）

压水试验（water-pressure test）是注浆施工前必不可少的重要工序。成桩后至实施桩底注浆前，通过压水试验来认识桩底的可灌性。压水试验的情况是选择注浆工艺参数的重要依据之一。此外，压水试验还担负探明并疏通注浆通道，提高桩底可灌性的特殊作用。

压水试验不会影响注浆固结体的质量。这是因为，受注体是开放空间。无论是压水试验注入的水，还是注浆浆液所含的水，都将在注浆压力或地层应力下逐渐从受注区向外渗透消散其多余的部分。

一般情况下压水宜按 2～3 级压力顺次逐级进行，并要求有一定压水时间与压水量，压水量一般控制在 $0.6m^3$ 左右，开塞压力一般小于 8MPa。如一管压水，另一管冒水，则连通了。通常单管压水开塞，如压下的水能连续下灌也表示已开通。一般压水开通后应立即初注。

5. 初注（the first grouting）

在压水试验之后，就要将配制好的水泥浆通过高压泵（要求最大压力达10MPa以上的泵）和预埋管注入到桩端砾石层中去。初注时一般压力较小，浆液亦由稀到稠。初注要密切注意注浆压力、注浆量和注浆皮管的变化，并注意注浆节奏。同时，用百分表监测桩的上抬量。

6. 注浆量（grouting amount）

合理的注浆量应由桩端、桩侧土层类别、渗透性能、桩径、桩长、承载力增幅要求、沉渣量施工工艺、上部结构的荷载特点和设计要求等诸因素确定。一般 $\phi 800$ 桩建议注浆量为 $1000 \sim 2500$ kg 水泥；$\phi 1000$ 桩建议注浆量为 $1500 \sim 4000$ kg 水泥。一般注浆以注浆量为主控条件，注浆压力为辅控条件。

7. 注浆压力（grouting pressure）

注浆压力是注浆施工效果好坏的关键因素之一。决定注浆压力的因素较多，目前还无法用定量的公式表示，只能根据注浆前的注水试验数据和以往的施工经验确定。进行桩端后注浆时，注浆压力的确定要考虑下列3个方面：

1) 最终注浆压力要小于桩上抬的摩阻力，即注浆时不能使桩向上严重位移；
2) 最终注浆压力要尽可能使桩端、桩身混凝土少破坏；
3) 最终注浆压力要使注浆量达到设计要求，形成扩大头，使桩端加固明显。

在现场施工时要详细记录注浆压力—注浆量随注浆时间的变化情况，见表8-24。

现场注浆记录参考表　　　　表8-24

工程名称	桩号		桩长		桩径		桩持力层		混凝土强度等级		打桩日期		注浆日期		设计单桩注浆量	
观测项目及序号	1	2	3	4	5	6	7	8	9	10	11	12	13	14	15	备注
注浆时间（min）	2	4	6	8	10	12	14	16	18	20	22	24	26	28	30	
水灰比																
管1注浆压力（MPa）																
管1注浆量（kg水泥）																
管2注浆压力（MPa）																
管2注浆量（kg水泥）																
累计单桩注浆量（吨水泥）																
注浆施工单位	负责人						注浆记录员						监理人员			

8. 浆液浓度（slurry concentration）

不同浓度的浆体其行为特性有所不同：稀浆（水灰比约为0.7∶1）便于输送，渗透能力强，用于加固预定范围的周边地带；中等浓度浆体（水灰比约为0.5∶1）主要加固预定范围的核心部分，在这里中等浓度浆体起充填、压实、挤密作用；而浓浆（水灰比约为0.4∶1）的灌注则对已注入的浆体起脱水作用。水泥浆液应过筛，以去除水泥结块。

在桩底可灌性的不同阶段，调配不同浓度的注浆浆液，并采用相应的注浆压力，才能做到将有限浆量送达并驻留在桩底有效空间范围内。浆液浓度的控制原则一般为：依据压水试验情况选择初注浓度，通常先用稀浆，随后渐浓，最后注浓浆。在可灌的条件下，尽量多用中等浓度以上浆液，以防浆液作无效扩散。在实际工程应用中，施工单位往往多只使用水灰比为（0.4~0.6）：1 的浓浆。浆液浓度选择原则是维持注浆压力低时可用浓浆，注浆压力高时用稀浆，最后注入时用浓浆通常在浆液中可放入减水剂、固化膨胀剂和早强剂。

9. 注浆顺序（grouting order）

从群桩桩位平面上讲，从中心某根单桩开始由内向外注，优点是各桩注浆量能满足设计要求，但扩散半径大，注浆压力低，整个群桩范围周边浆液扩散范围很大，不利于群桩周边边界的围合；从群桩四周先注然后向内注，优点是群桩周边边界可以围合，但注到中心桩注浆压力很大，注浆量有可能达不到设计要求。所以具体工程注浆顺序要针对上部结构的整体性、地质条件和设计要求及施工工艺综合确定。总之，确保达到设计的注浆量是关键。

10. 注浆节奏（grouting rhythm）

为了使有限浆液尽可能充填并滞留在桩底有效空间范围内，在注浆过程中还需掌握注浆节奏，实行间歇注浆。间歇时间的长短需依据压水试验结果确定，并在注浆过程中依据注浆压力变化，判断桩底可灌性现状加以调节。间歇注浆的节奏需掌握得恰到好处，既要使注浆效果明显，又要防止因间歇停注时间过长堵塞通道而使注浆半途而废。对于短桩，桩底注浆时往往会出现浆液沿桩周上冒现象，此时应在注入产生一定冒浆后暂时停止一段时间，待桩周浆液凝固后，再施行注浆，这样可以达到设计要求的注浆量。

11. 终止注浆条件（termination conditions of grouting）

1）终止注浆条件主要以单桩注入水泥量达到设计要求为主。

2）如果单管注浆量能达到设计要求，则第二根管可以不注。

3）如果第二根管注浆量仍不能达到设计要求，那么实行间歇注浆以达到设计注浆量为止。

4）如果实行多次间歇注浆仍不能达到设计要求的单桩注浆量，那么当注浆压力连续达到 8MPa 且稳定 5min 以上，该桩终止注浆。同时对相邻桩适当加大注浆量。

5）如果桩顶冒浆，那么推迟注浆时间或实行间歇多次注浆。

12. 注浆后的保养龄期

所谓注浆后的保养龄期即桩底注浆后多少时间后可以做静载试验或作为工程桩使用的龄期，通常要求注浆后保养至少 15d 以上以便桩底浆液凝固。

8.13.2 注浆材料的性能和选择

1. 注浆材料的分类

注浆材料按照其组成成分，可以分为化学类浆液和非化学类浆液。化学类浆液又分为水玻璃类和有机高分子类。非化学类浆液分为水泥类、黏土类、膨润土类和砂浆。桩端注浆一般使用水泥浆。

2. 注浆材料的性能

对注浆材料的性能，主要从下面几个方面来确定。

1）密度和相对密度。

2）黏度。黏度是度量流体黏滞性大小的物理量，浆的绝对黏度是滞浆液流动时，具有不同流速的各层面间之内摩擦力。浆液的黏度大小直接影响浆液的扩散半径，同时决定着浆液的压力、流量等参数的确定。黏度越小，扩散半径越大，越有利于注浆。但桩底注浆不能使浆液流失很远，所以要采用合理的黏度。

3）pH值。

4）凝胶时间。凝胶时间一般是指从参加反映的全部组合混合时起直到凝胶发生，浆液不再流动为止的一段时间。凝胶时间是浆液的一项很重要的性能，为了得到较理想的扩散半径和较好的注浆效果，凝胶时间应该能准确调节和控制。单位浆液水泥浆是缓慢固化的，强度逐渐增长，其凝胶时间较长。因此一般都测定水泥浆的初凝和终凝时间，目前一般采用圆锥稠度仪来测定水泥浆初凝和终凝时间，并将初凝时间作为凝胶时间。

5）结合率。结合率 $\beta=$ 浆液体积 V_2/结合体积 V_1。若 $\beta<1$，则结合体收缩；若 $\beta>1$，则结合体膨胀。一般要选择结合体膨胀的浆液。

6）抗压强度和抗折强度。对水泥浆采用纯浆液一次成型试块，其尺寸为 $4cm\times 4cm\times 16cm$，待浆液凝胶后脱模，试块放在 $20\pm5℃$ 水中养护，测定 1d、3d、7d 和 28d 抗压和抗折强度，每组取三块测其平均值。

7）注入能力与渗透性（可渗性）。渗透系数是表示岩土透水性大小的指标，渗透系数大，渗透性好。渗透能力指受注土层浆液注入的难易程度，渗透系数大，一般可注性好。

8）粘结强度。指注浆材料（如水泥浆）在被注体的缝隙中聚合后，聚合体与被注体的粘结能力。

3. 注浆材料的选择

土质条件是决定浆材的关键，其次是环境条件、注浆目的和要达到的预期效果等因素。

选择浆液必须与砂土层渗透注入为主，黏土层为脉状劈裂注入的机理吻合。渗透性注入的机理是溶液性浆液（如水泥浆）取代土颗粒间隙中的水；而劈裂注浆是浆液在土层中形成纯浆液的固结脉，同时这些脉压密周围土层，此时应用浓浆。

对于桩底注浆这样对浆液固结体的长期耐久性有很高要求的注浆，应选择凝胶时间长、渗透性好，无硅石淋溶的，凝胶收缩率小的和匀凝强度高的浆液。故一般选用水泥类浆材。

理想的注浆材料应该满足以下一些要求：1）浆液黏度低，流动性好，可注性好，能够进入细水孔隙和粉细砂砾层；2）浆液凝固时间能够准确控制；3）浆液的稳定好；4）浆液无毒、无臭、不污染环境；5）浆液对注浆设备、管路损伤小，并且容易清洗；6）浆液固化时收缩小，并能牢固与岩土粘结；7）浆液结石率高，易于形成结合体；8）结合体耐态化性能好；9）注浆材料的粒度较细，易于扩散流动；10）浆液配置方便，操作容易掌握，原材料来源丰富，且价格便宜。

通常桩底注浆采用水灰比 0.4~0.6 的纯水泥浆，对渗透性好的地层可掺入膨胀剂或注水泥砂浆。

8.13.3 注浆常见事故及处理措施

1. 注浆中断

注浆施工过程中，一个孔的注浆作业通常是连续进行到结束，不宜中断。但在施工中可能中断，其原因有二：一是被迫中断，如设备故障、停水、停电、材料供应不及时等；二是有意中断，如在注浆中当注浆量不见减小，而注浆延续时间较长，为防止串浆、跑浆等实行的间歇注浆。

应尽量避免被迫中断注浆。注浆中断后应立即查明原因，采取有效措施排除故障，尽快恢复注浆。恢复注浆时宜从稀浆开始。若进浆量与中断前接近，则可尽快恢复到中断前的稠度，否则应逐级增加浆液浓度。若注浆量减少较多，注浆压力上升幅度较大，短时间内即结束注浆，说明被注介质内的裂隙被堵塞，应重新扫孔和冲洗后再行注浆；若仍无改善，则应考虑间歇一段时间后在附近钻孔补注。

对于有意中断注浆，其目的是为了尽快堵塞裂隙，一般应清孔至原深度后再行注浆。若复孔后钻孔进浆量很小或不再进浆，也可视为正常结束。

2. 注浆压力达不到结束标准

注浆过程中，有时会出现压力不升，吃浆不止的情况，大多不是因为孔隙体积太大没有填满，而是因地层的特殊结构条件，使浆液从某一通道流失。对此可采用以下办法进行处理：

1）降低注浆压力，限制浆液流量，以便减小浆液在裂隙中的流动速度，使浆液中的颗粒尽快沉积。

2）采用水灰比比较大的浆液，即提高浆液的浓度。

3）加入速凝剂，如水玻璃等，控制浆液的凝胶时间。

4）采用间歇注浆的方式，促使浆液在静止状态下沉积，根据地质条件和注浆目的决定材料用量和间歇时间的长短。若有地下水的流动，宜反复间歇注浆。

5）若为填充注浆，可在浆液中加入砂等粗粒料，采用专门的注浆设备。

在进浆量不止的情况下，不一定非达到注浆终压才结束注浆，一般达到设计的注浆量即可终止（终止时浆液要浓一点）。但在该工地第1根、第2根桩试注时应会同设计单位、建设单位、施工单位、监理单位和勘察单位共同确定注浆量和注浆压力。

3. 冒浆

对于桩长比较短的桩容易出现冒浆，根据浙江的经验桩长20m以下容易出现冒浆，桩长40m个别桩在龄期短时有可能出现冒浆，桩长50m以上一般不冒浆。根据实测和理论计算，桩端注浆浆液的爬升高度约为20~25m（依不同的土性和界面条件而异）。对于冒浆一般采用间歇注浆的办法，即注一段时间等冒浆后再停一段时间再复注，如此循环往复数次以达到设计确定的注浆量为止。

4. 注浆管路堵塞

管路堵塞的原因有多方面：

工艺设计方面的原因如注浆头设计不当打不开，注浆头开塞过早砂子倒灌进注浆管内，注浆浆液过浓等。

施工方面的原因，如注浆头制作不过关，注浆管焊接问题（如漏浆），注浆管弯断，注浆管堵塞等。要特别注意基坑开挖段注浆管是空管（即没有混凝土包裹），容易造成由打桩机移位、搅拌车走动、挖土机移动等带来的破坏事故。如为基坑开挖段上部注浆管破坏堵塞则在基坑开挖后挖到桩顶标高时再注浆；若为单根注浆管堵塞则开另外一根注浆管注浆；若全部注浆管都堵塞，此时如为群桩基础可以加大对邻近两根桩的注浆量以弥补，对于其他情况的单桩所有注浆管堵塞则应用小钻机补打孔注浆。

5. 环境污染

在注浆工程的施工过程中，应尽量避免对周围环境的污染，环境污染包括三个方面：噪声污染，振动污染，毒物污染。

在注浆施工前，应了解注浆工艺设计的使用是否对周围环境有噪声和振动的影响以及工程所在地的环境保护标准，避免对相当范围内的生活环境和人们的身心健康产生影响。

当采用化学注浆时，应充分了解化学浆材的毒性及工程所在地的水文地质条件。调查水源的位置、深度及使用状况；了解河流、湖泊、海域等水域及饮用水的贮水池、养鱼池等设施的位置、深度、形状及使用状况。对拟使用的浆液种类、性质、有毒程度进行认真评价，防止其对人体健康的损害和对地下水的污染。

6. 浆液流失

注浆过程中，压力一直较低，注入比较容易，尤其是在注入量较大的时候。这时候就要查看地质报告，研究下面是否有地下土层断裂带、溶洞孔洞、地下暗河或者地下设施的通道等浆液流失。此时应该采取的措施主要是先查清原因同时可采取以下措施：

1）采用速凝浆液，即在水泥浆液中加入速凝剂；2）采用水泥—水玻璃双浆液；3）控制水灰比，增加水泥用量。

7. 桩体上抬和地面隆起

在进行桩端后注浆的时候，如果成桩时间短，注浆压力过大，就有可能造成桩体上抬。如果桩本身比较短，还有可能造成地面隆起。当注浆过程中发现桩体有明显上抬现象或地面有隆起时，应立即降低注浆压力，再继续灌注一段时间停止，然后查明导致桩体上抬和地面隆起的原因，采取有效措施。因此，在进行桩端后注浆时，应对地面和桩顶进行隆起观测。

尤其是对以下几种情况，在注浆过程中更应进行注浆的桩顶上抬量监测和地面变形观测。

1）为确定施工中应采用的注浆压力而进行的现场注浆试验；

2）在软弱或裂隙发育的地基注浆，尤其是桩较短时，若对其上或者临近构筑物造成危害，影响其安全或者正常使用时；

3）附近有地下管线埋设；

4）有必要控制地面隆起的注浆工程。

地面变形的监测，当不产生严重后果时，可以采用精度较低的测量仪器（如水准仪等）。即在注浆区域内设置若干各水准观测地点，观测注浆前、注浆过程中和注浆后各个测点的高程变化。当严格控制地面变形时，应使用千分表或者百分表进行检测。对注浆桩体应进行严格的上抬量观测，严格控制，因此应采用千分表或者百分表进行检测。

8. 单桩所有注浆管打不开

一般采用桩侧打孔补注浆（对于短桩也可以采用桩身钻孔补注浆），同时利用钻杆注浆或重新下注浆管注浆。此时，注浆孔的孔侧封堵成为关键，而且应为间歇注浆。

8.13.4　桩端压力注浆桩的经济效益工程实例分析

下面介绍具有代表意义的萧山开元名都大酒店注浆实例。

杭州萧山开元名都大酒店，位于杭州市萧山经济开发区，世贸广场南侧，萧山市心路东侧。地处钱塘江南岸，属海积平原地貌。拟建高层建筑多幢，其主楼44层，有裙楼2层，地下室1层，高212m，框剪结构。主楼设计采用$\phi1000$钻孔灌注桩，设计要求单桩竖向承载力特征值为5800kN。原持力层设计为中风化基岩，桩长约70m。地基土主要物理力学性质指标见表8-25。

开元名都地基土主要物理力学性质指标参数表　　　　表8-25

编号	土层名称	层厚(m)	含水量(%)	相对密度	e	E_s(MPa)	I_p	c	φ	q_{su}(kPa)	q_{pu}(kPa)
1	杂填土	0.5~1.2									
2	粉质黏土	0.0~1.7	31.1	2.71	0.886	5.43	11.6	32.0	21.5	16	
3-1	淤泥质粉质黏土	0.0~2.0	39.3	2.72	1.102	3.71	14.2	15.0	14.8	15	
3-2	砂质粉土	0.0~4.0	34.3	2.70	0.926	7.17	9.2	7.8	26.9	22	
4-1	砂质粉土	2.0~5.2	32.0	2.70	0.828	11.50	9.0	4.8	30.4	26	
4-2	砂质粉土	8.5~11.3	26.1	2.70	0.715	11.91		4.0	31.5	55	
5	淤泥质粉质黏土	14.0~19.3	42.4	2.73	1.179	3.37	14.1	16.2	14.7	18	
6	粉砂	1.0~8.4	29.8	2.70	0.929	6.71	9.6	7.3	28.5	50	
7	粉质黏土	0.0~5.7	32.4	2.72	0.988	3.97	10.8	19.3	20.2	28	
8-1	圆砾	0.0~3.5		2.66						100	
8-2	淤泥质粉质土	0.0~3.4	33.6	2.72	1.001	3.97	11.4	22.3	16.6	22	
8-3	卵石	11.9~14.4	27.0	2.65						130	3500
10-1	全风化凝灰岩	5.1~8.3	16.5	2.69	0.469	10.72		5.0	33.5	50	1500
10-2	强风化凝灰岩	2.3~10.2	28.5	2.73	0.856	7.53	16.1	54.0	18.0	130	3500

由于进入中风化持力层要穿过12~14m厚的卵石层以及近10m厚的全风化凝灰岩层，施工难度比较大，施工质量及工期不易保证。

甲方向我们进行咨询，我们建议将持力层改为8-3卵石层，桩长约45m，桩径不变，但进行桩端后注浆。试验采用锚桩—反力架装置，共进行3组试锚桩试验。每根注浆量为3.5t水泥，水灰比0.5。试桩参数见表8-26，$Q\text{-}s$曲线如图8-51所示。静载试验表明有效桩长45m，桩径不变在卵石层注浆后单桩竖向抗压承载力能满足原设计桩长70m入岩的设计要求。这样方案一改，每根桩缩短25m，即每根桩节省19.625m³混凝土。

开元名都试桩参数表　　　　表8-26

桩号	桩长(m)	桩径(mm)	持力层	入持力层深度(m)	注浆量(t)	最大加载(kN)	最大加载沉降量(mm)	
							桩顶	桩端
S1	49.7	1000	卵砾石	5	3.5	13200	15.73	2.35
S2	48.8	1000	卵砾石	4	3.5	13200	16.97	3.6
S4	49.6	1000	卵砾石	5	3.5	13200	15.07	3.03
原设计	70	1000	中风化岩	2	无	要求12000	备注（桩长减少25m）	

从图8-51可以看到，通过注浆，试桩在随后加载13200kN时，桩顶沉降小于20mm，桩端沉降仅为3.6mm。试桩的极限承载力至少可取13200kN，比地质报告提供的卵砾石层作持力层的极限承载力提高约1倍。

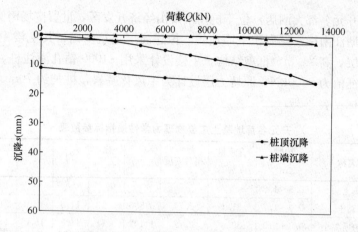

图 8-51　开元名都 S1 试桩 Q-s 曲线

现该工程已竣工并投入使用。工后沉降观测表明,整个基础沉降约为 16mm,且比较均匀。

萧山开元名都大酒店,商品混凝土按 1000 元/m^3 计算,每根桩减少桩长 25m,整个工程共对 360 根 ϕ1000 钻孔灌注桩进行了桩端后注浆。

整个工程节省造价为:

$$S = \frac{\pi D^2}{4} \times \Delta L \times 1000 \times 360 = 7068583 \text{ 元}$$

而且工期缩短了 3 个月,经济效益明显。

8.14　桩基工程事故的处理对策

对桩基工程事故首先要对原设计资料、地质报告、打桩记录、挖土情况、监理情况、测试报告进行详细的综合分析并召开专家论证会。分析产生桩基事故的原因,确定原有桩的承载力,并提出今后补救处理的措施确保处理工程的长久安全。

8.14.1　基础施工阶段桩基事故处理

对于施工阶段桩基事故要根据设计要求、地质情况和打桩记录、挖土情况及测试结果分析桩基产生事故的原因并采取有针对性的措施(表 8-27)。

基础施工阶段桩基事故处理对策　　　　表 8-27

桩基事故类型	分　类	主要处理对策
钻孔灌注桩事故	桩身质量	浅部断桩、离析、夹泥凿桩后再接桩,深部断桩则补桩。
	桩承载力不足	一般补桩或桩土共同作用(好土)。
预应力管桩事故	桩身质量	偏位:反方向取土纠偏并在管内放钢筋笼再灌混凝土。 断桩:浅部接桩,深部则补桩。
	桩承载力不足	复压或复打桩或补桩。
沉管灌注桩事故	桩身质量	浅部凿桩后再接桩,深部断桩则补桩。
	桩承载力不足	一般补桩或桩土共同作用(好土)

补桩一般补打同类桩,特殊条件下也常补树根桩或静压锚杆桩。

8.14.2 建（构）筑物竣工后桩基事故处理

建筑物竣工后桩基事故处理要依据上部结构荷载、地质情况、原桩基施工记录和基础情况及环境条件等综合研究补救处理方案。对于高层建筑原则上应补打大桩、长桩，工程量大。对于小高层及多层建筑常用静压锚杆桩或树根桩基础托换加固，在处理同时应加强沉降监测等。当建筑物不均匀沉降时还应先纠偏然后再加固。加固时必须要同步进行沉降观测。

8.14.3 静压锚杆桩施工

静压锚杆桩适用于既有建筑和新建建筑地基处理和基础加固，如图 8-52 所示。

锚杆静压桩的桩身可采用混凝土强度等级为 C30 以上的 200mm×200mm 或 250mm×250mm 或 300mm×300mm 预制钢筋混凝土方桩，也可选用钢管做桩身，每节长一般为 2~3m，由静压龙门架施工净空高度确定。桩节的接头一般采用角钢焊接或硫磺胶泥等。沉桩方法为先在原有基础上凿孔并预埋四颗地锚螺杆→然后将压桩龙门架固定在地锚螺杆上形成整体→将 2m 长预制短桩放入桩孔中→桩上放千斤顶→千斤顶与龙门架之

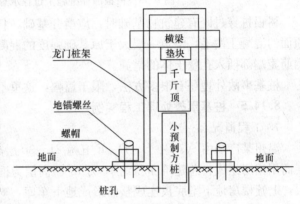

图 8-52 静压锚杆桩施工示意图

间放横梁→千斤顶向下施力压桩→压至地面后接第二节桩→继续向下压桩→……→直至压到设计桩长和设计压桩力为止。

当桩压到设计要求后，应在不卸载条件下立即将其与基础锚固，在封桩混凝土达到设计强度后，才能拆除压力架和千斤顶，当不需要对桩施加预应力时，在达到设计深度和压桩力后，即可拆除压桩架，并进行封桩处理，桩与基础锚固前应将桩头进行截短和凿毛处理，对压桩孔的孔壁应预凿毛并清除杂物，再浇筑 C30 微膨胀早强混凝土。

8.14.4 树根桩施工

树根灌注桩适用于桩基工程事故加固、低层房屋基础和既有建筑物的基础加固以及增加边坡的稳定性等。

树根灌注桩施工时可根据不同地质情况和工程要求，采用不同钻头、桩孔倾斜角和钻进方法。通常常用的树根桩施工方法如下：先用小钻机成孔（孔深按设计要求，孔径通常为 300~600mm）→预埋注浆管和钢筋笼→灌注一定级配的碎石→向桩底注入水泥浆或水泥砂浆并使水泥浆上冒至孔口→成桩。注浆宜分两次进行，第一次注浆压力可取 0.3~0.5MPa，第二次注浆压力 0.5~2.0MPa，并应在第一次注的浆液达到初凝之后终凝之前进行第二次注浆。如图 8-53 所示。

由于树根灌注桩桩身混凝土强度通常为 C15~C20，所以单桩竖向承载力特征值通常取 300~500kN（视地质条件和桩长桩径而定）。因此适用于地基加固的桩基。其优点是对不同的施工条件都适用。可以是直桩，也可以是斜桩，所以对已经打好桩的小型桩基工程事故处理特别有效。

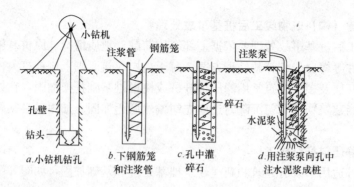

图 8-53 树根灌注桩施工过程示意图（$a \rightarrow b \rightarrow c \rightarrow d$）

树根桩穿过既有建筑物基础时，应凿开基础，将主钢筋与树根桩主筋焊接，并将基础顶面的混凝土凿毛，浇筑一层大于原基础强度的混凝土。采用斜向树根桩时，应采取防止钢筋笼端部插入孔壁土体的措施。

桩基事故处理还有很多方法，限于篇幅，这里不再展开。

8.14.5 桩基事故处理工程实例

1. 工程概况

温州某广场由 A、B、C、D、E 五幢 21~30 层高层，F、G 两幢多层及整体相连的二层商用裙房组成，总建筑面积约 10 万 m^2。高层为框剪结构，多层为框架结构，地下室一层，七幢楼房地下室底板连成整体形成地下车库，对沉降要求比较严格。高层采用 PHC-AB600（130）管桩，桩长 60m，持力层为含粉质黏土砂砾层，单桩极限承载力设计值为 6130kN，布桩 710 根；多层及裙房采用 PTC-A400（65）型管桩，单桩极限承载力设计值为 1830kN，布桩 1132 根。

地基土物理力学性质见表 8-28。

地基土物理力学性质指标　　　　表 8-28

层号	岩土名称	层底埋深 (m)	重度 ($kN·m^{-3}$)	含水率 (%)	孔隙比	I_P	I_L	E_s (MPa)	f_k (kPa)	q_{sk} (kPa)	q_{pk} (kPa)
1-1	人工填土		17.2	52.4	1.445	21.60	1.130				
1-2	黏土	1.9	18.7	37.0	1.024	19.30	1.560	3.00	100	26	
3-1	淤泥	18.9~19.2	16.0	68.3	1.917	23.60	1.641	1.20	45	9	
3-2	淤泥质黏土	22.5~23.0	17.6	46.5	1.291	18.23	1.162	2.30	55	13	
4-1	黏土	24.1~25.0	18.9	34.8	0.960	16.53	0.667	5.00	100	33	
4-2	黏土	40.3~41.5	18.4	39.5	1.088	16.00	0.798	5.00	90	30	
5-1	含圆砾粉质黏土	42.6~44.0	18.9	35.1	0.964	16.67	0.719	5.10	170	45	
5-2	黏土	46.2~52.0	18.5	36.8	1.016	16.94	0.753	5.23	100	33	
6-1	粉质黏土	53.1~55.0	19.4	31.5	0.860	17.04	0.423	6.42	200	70	2200
6-2	黏土	59.0~59.3	18.6	36.6	1.011	16.76	0.750	5.23	140	44	1500
7-1	黏土	59.5~63.9	19.2	32.1	0.899	17.66	0.434	6.62	160	66	2100
7-2	黏土	60.9~62.4	18.3	39.2	1.097	18.73	0.725	4.80	130	50	1400
8-1	含粉质黏土圆砾	65.0~67.2	19.7	24.6	0.720	7.93	1.030	9.74	170	60	4000

2. 工程事故及分析

工程桩开工前打了7根预应力管桩试打桩，试桩桩径 $\phi600$ 桩长60m，桩持力层为8-1含粉质黏土圆砾，第一次静载试验结果7根试桩全部达到6000kN（见图8-54）。所以按楼号开展了大面积工程桩施工，共打桩1132根。打桩过程中发现桩普遍有上浮现象，工程桩完成后第2次静载试验有60%的试验桩不合格（见图8-55）。打桩结束开挖后经测量统计发现，桩上浮量 $h \geq 20cm$ 的桩占16.49%，$15cm \leq h < 20cm$ 的桩占12.95%，$10cm \leq h < 15cm$ 的桩占17.04%，五幢楼房的最大上浮量分别为380、335、275、475和295mm。

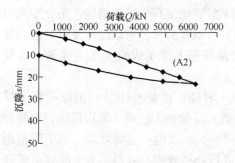

图8-54 典型试打桩 Q-s 曲线

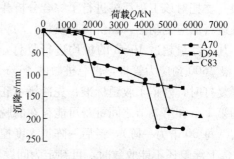

图8-55 典型上浮工程桩 Q-s 曲线

将打桩时的控制标高和打桩结束开挖后测得的桩顶标高的差值整理得到桩上浮量等值线图。其中A幢桩上浮量等值线见图8-56，桩位布置如图8-57所示。

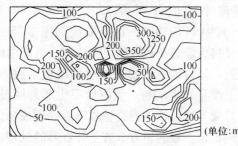

图8-56 A幢桩体上浮量等值线图

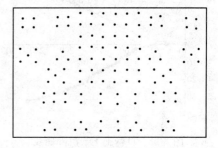

图8-57 A幢桩位示意图

从图8-56、图8-57及打桩施工记录可以看出，桩体上浮量与布桩密度、桩的平面布位和施工顺序密切相关。布桩越密，上浮量越大。打桩时基本遵循从中心向四周后退式打桩的原则，因此中间桩的上浮量较周围桩的上浮量要大。中上部的桩先于下部施工，其累计上浮量相对较大，后期施工的则要小一些。

打桩过程中发现，在紧邻桩位打桩时，桩体上浮最明显，跳打在同一直线的隔位桩而中间桩已施工时，桩体受影响较小。

3. 管桩上浮处理技术方案

对管桩产生的浮桩，目前工程中一般采用以下几种技术措施：

1) 注浆，对浮桩进行桩底（侧）后注浆；
2) 补桩，补管桩、钻孔桩或者静压锚杆桩；
3) 基础处理，对底板进行加厚处理；
4) 复打或者复压，对浮桩进行复打或复压；
5) 复合地基处理，一般补打散体材料桩等柔性桩。

每一种方法都有一定的适用性。

考虑到本工程桩普遍上浮且上浮量较大,甲方先选取了注浆处理方案。由于没有预埋管,所以在预应力管桩中只有靠临时钻孔注浆,因此注浆过程中发现浆液易沿管桩内壁上冒,同时注浆压力较难控制。因为桩端持力层为含粉质黏土的圆砾,压力小注浆效果不明显,压力大容易引起桩体进一步上浮。注浆后静载荷试验也表明进行管桩临时钻孔后注浆效果不明显,且由于桩普遍上浮超过基础设计标高,需要大量凿桩,对桩体破坏较大,不经济。所以基坑开挖后工期停工半年一直拿不出有效的处理方案。后来浙江大学张忠苗课题组受委托对该工程浮桩进行了综合分析并提出了对管桩复打的处理措施。第一步先对工程桩进行低应变动测,评价桩身质量,动测表明桩身质量尚可。所以进行复打处理。复打时,凡上浮量超过 10cm 的桩均进行复打,复打量原则上等于或略大于上浮量。共复打 325 根 $\phi 600$ 预应力管桩,占总桩数的 46%。

复打时,修正了收锤标准:先冷锤(正常施工时锤击能量)10 击,消除因桩上浮导致的第 1 节和第 2 节之间桩身可能存在的脱节,然后降低锤击能量,采用重锤轻击并分阵锤击(每 30 击为一阵),最后一阵贯入度控制在 2~4cm 以内,且要收敛。当下沉量超过 1.1 倍上浮量还不能收敛时,可判定为问题桩,进行补桩处理。复打后 Q-s 曲线由陡降型变为缓变型,单桩承载力大幅提高。

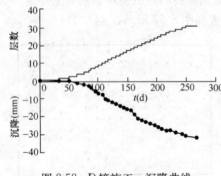

图 8-58 D 幢施工—沉降曲线

在复打桩承载力检验合格后,开始上部结构的施工,同时进行全程沉降观测。5 幢高层实测工后沉降平均值分别为 19、21、32、32 和 28mm,其中 D 幢施工—沉降曲线如图 8-58 所示。从复打后静载荷试验结果和施工—沉降曲线可以看到,复打能有效提高浮桩的单桩承载力,即使对上浮量较大的桩,复打效果也非常明显,而且复打成本低,该工程是桩基事故处理成功的典型案例,该工程为甲方节省了几百万的处理成本并节省了工程时间,受到甲方的表扬。因此,当管桩桩身质量尚能保证时在软土地基中对管桩上浮进行复打处理是最有效的方案。

8.15 桩基工程预决算

桩基工程属于基本建设内容中的单位工程(土建工程)中的分部工程(打桩工程)。桩基工程预算是根据桩基工程施工图,按照地区性工程预算定额和间接费用取费标准编制出的桩基工程费用文件,它是决定工程造价,实行招标和签订承包合同的重要基础,它是施工单位内部实行经济承包、核算的依据。

8.15.1 桩基工程费用组成

桩基工程费用由直接费、间接费、计划利润和税金等部分组成,如图 8-59 所示。桩基工程费用组成和一般建筑安装工程费用组成相同。

8.15.2 桩基工程预算定额

1. 打桩工程预算定额

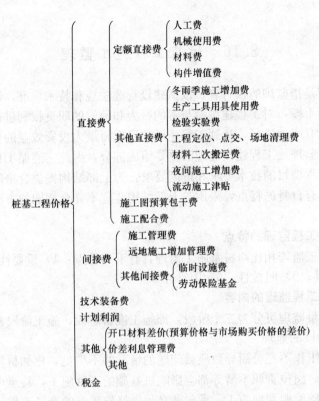

图 8-59 桩基工程价格项目

打桩工程预算定额由分部说明、工程量计算规则、定额项目表、附表四部分组成。

2. 桩基工程预算方法

桩基工程价格计算程序见表 8-29。

桩基工程价格计算程序表 表 8-29

序号	费用项目		计算方法	
			以直接费为计费基础的工程	以人工费为计费基础的工程
1	直接费	定额直接费	施工图工程量×预算定额基价×（1＋调整系数）	
2		其中：人工费	人工耗用量×人工单价×（1＋调整系数）	
3		其他直接费	1×费率和按实计算	2×费率和按实计算
4		施工图预算包干费	1×费率	1×费率
5	间接费		1×费率	2×费率
6			1×费率	2×费率
7			1×费率	2×费率
8			1×费率	2×费率
9	直接费与间接费之和技术装备费计划利润开口材料价差价差利息管理费税金含税工程造价		1＋3＋4＋5＋6＋7＋8	1＋3＋4＋5＋6＋7＋8
10			9×费率	2×费率
11			9×费率	2×费率
12			价差额	
13			12×费率	
14			(1＋3＋4＋5＋6＋11＋12＋13)×税率	
15			9＋10＋11＋12＋13＋14	

8.16 桩基工程施工监理

工程建设监理是指监理的执行者，依据建设行政法规和技术标准，综合运用法律、经济、行政和技术的手段，对工程建设参与者的行为和他们的职责权利进行必要的协调与约束，保障工程建设有序地进行，达到工程建设项目取得最大投资效益的目的。

桩基工程施工监理是工程建设监理的重要组成部分，因此它遵循工程建设监理的一般原则，服从整个工程项目的技术要求和进度要求，为上部结构提供合格的桩基础。但同时桩基施工监理又具有自身的特点，采用与上部结构监理不完全相同的方法，执行自身特定的相关规范规程。

8.16.1 桩基工程监理的特点

与上部结构施工监理相比，桩基施工监理具有下列特点：1) 重要性；2) 隐蔽性；3) 复杂性；4) 风险性；5) 时效性；6) 困难性。

8.16.2 桩基工程监理的内容

桩基工程的质量监理可分为三个阶段，即施工准备阶段、施工阶段和验收阶段。

1. 施工准备阶段的监理

施工中因准备工作不充分而导致质量问题的情况并不少见，比如材料供应不足、设备陈旧不能正常工作、岗位责职不清等都会影响桩基础的正常施工，甚至可能造成严重的质量事故。为使桩基础能顺利地施工，承包商必须做好施工前的准备工作，并在开工前写开工申请单交监理工程师审核。

2. 施工阶段的监理

在施工过程中，原材料的变化、实际配合比的偏差、操作不当、机械故障等因素以及工作人员的疏忽大意都可能造成质量问题。因此监理工程师除了对桩基工程开工报告严格审查外，还需在施工阶段加强旁站监理，多巡视，勤检查，及时纠正不符合质量要求的、不符合规范的做法。

3. 验收阶段的监理

验收阶段的监理工作主要包括施工桩身质量检测、质量评定和桩基工程的竣工验收。

4. 施工监理报告

监理报告是对工程项目实现三大目标（质量、进度和投资）情况的评估，也是监理工作本身的总结。监理报告一般在施工竣工报告提交一个月以内提交给业主。桩基础施工监理报告一般应包括下列内容：

1) 概况，包括工程项目的基本情况和监理工作的基本情况，如项目的性质和规模、桩的尺寸、数量、施工方法、地质条件等，监理工作的系统和特点等；
2) 监理工作的范围及内容；
3) 监理工作方法；
4) 监理工作情况；
5) 对桩基工程的质量评估。

思 考 题

8-1 桩基工程施工前的调查与准备工作主要包括哪三部分？桩基施工前的调查内容主要是什么？

桩基工程施工组织设计的内容包括哪些？桩基础施工前应做哪些准备工作？

8-2 预应力管桩的特点及适用范围？预应力混凝土管桩的制作方法？预应力管桩如何沉桩？预应力管桩施工中的常见问题与处理对策？

8-3 预制混凝土方桩的施工过程主要包括哪四个方面？预制混凝土方桩的现场制作程序及要求？混凝土预制桩的起吊、运输和堆放方法及要求？混凝土预制桩的沉桩主要有哪两种方法？具体施工过程是怎样的？施工中有哪些要求？特殊沉桩方法有哪几种？

8-4 钢管桩和H型钢桩的特点及适用范围？各自的施工方法及施工中常见的问题有哪些？

8-5 沉管灌注桩按照沉管工艺可分为哪三种？各自的施工设备、施工流程、施工特点及应用范围有哪些？

8-6 钻孔灌注桩一般分为哪两种？各自的适用条件、施工设备、施工流程是什么？什么是正循环与反循环施工法？分别适用于什么条件？泥浆护壁钻孔灌注桩对泥浆性能有哪些要求？水下灌注混凝土有哪些注意事项？泥浆护壁钻孔灌注桩施工中质量问题有哪些？如何处理？

8-7 人工挖孔桩的特点及适用范围？人工挖孔桩的施工流程？人工挖孔桩施工注意要点？

8-8 挤扩支盘灌注桩的特点？挤扩支盘灌注桩工艺流程？挤扩支盘灌注桩施工注意要点？

8-9 大直径薄壁筒桩的特点有哪些？现浇薄壁筒桩施工机具设备？振动沉模现浇薄壁筒桩施工工艺？施工过程中存在的问题及解决办法？

8-10 深层水泥搅拌桩与高压喷射注浆桩各有哪些特点和适用范围？工艺流程有哪些？

8-11 碎石桩的适用地层与施工工艺流程？

8-12 桩端压力注浆的目的？桩侧、桩底后注浆的施工工艺？注浆材料的性能和选择？常见的注浆事故有哪些？如何处理？

8-13 桩基工程事故主要有哪些？有哪些处理对策？树根桩和锚杆静压桩怎样施工？

8-14 桩基工程费用由哪几部分组成？打桩工程预算定额由哪几部分组成？桩基工程预算方法？

8-15 桩基工程监理的特点？桩基工程的质量监理的三个阶段？各个阶段的内容？验收阶段的监理工作主要包括什么？

第 9 章 支 护 桩 设 计

9.1 概 述

根据桩基与周围土体的相互作用,可以将桩基分为两大类。第一类桩基直接承受外荷载并主动向土中传递应力,称为"主动桩"(initiative pile);第二类桩基并不直接承受外荷载,只是由于桩周土体在自重或外荷下发生变形或运动而受到影响,称为"被动桩"(passive pile),被动桩问题往往比主动桩要复杂得多。

随着城市建设的飞速发展,高层、超高层建筑和大中型地下市政设施日益增多,深基坑工程已呈现出"数量多、规模大、深度深、难度高"的趋势,因此,基坑支护工程设计的发展也越来越重要。

本章主要介绍了支护桩的设计概论、水土压力计算、自立式支护设计、排桩支护结构设计、地下连续墙支护、注浆锚杆土钉墙支护、基坑开挖施工与监测要点以及边坡抗滑桩的设计等内容。

学完本章后应掌握以下内容:
(1) 基坑支护结构形式及适用条件;
(2) 水土压力的计算方法;
(3) 自立式支护设计内容与方法;
(4) 排桩支护结构的设计内容;
(5) 地下连续墙支护的特点及施工方法;
(6) 注浆锚杆土钉墙支护设计内容;
(7) 基坑开挖施工与监测要点;
(8) 边坡抗滑桩的设计方法。

学习中应注意回答以下问题:
(1) 基坑支护结构有哪几种基本类型?各有哪些优点和缺点?
(2) 土压力计算主要有哪两种方法?如何进行计算?有什么样的适用条件?
(3) 自立式支护设计主要包括哪几方面的计算和验算内容?有哪些构造上的要求?
(4) 排桩支护结构的设计一般包括哪些内容?有哪些构造上的要求?排桩内支撑支护设计包括哪些内容?内支撑结构有哪些形式?各种形式的特点是什么?
(5) 地下连续墙的施工流程主要包括哪些?地下连续墙有哪些优缺点和适用条件?
(6) 注浆锚杆土钉墙支护如何进行设计?有哪些验算内容?有哪些构造上的要求?
(7) 基坑开挖施工与监测要点有哪些?
(8) 边坡抗滑桩如何进行设计?

9.2 基坑支护桩的设计概论

9.2.1 基坑支护的方式

基坑支护（retaining and protection of foundation excavation）是为满足地下结构的施工要求及保护基坑周边环境的安全，对基坑侧壁采取的支挡、加固与保护措施。应综合场地工程地质与水文地质条件、地下室的要求、基坑开挖深度、降排水条件、周边环境和周边荷载、施工季节、支护结构使用期限等因素，因地制宜地选择合理的支护结构形式。

基坑支护工程中的常用支护形式按照支护结构受力特点分为自立式支护（水泥土墙）(ement-soil retaining wall)、排桩及内支撑支护（soldier pile and inner support）、地下连续墙支护（foundation pit braced）以及土钉墙结构（soilnailed wall structure）等几种基本类型（如图 9-1 所示）。

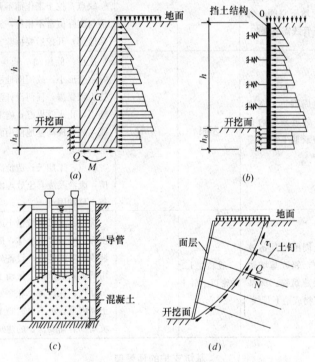

图 9-1 支护结构的几种基本类型
(a) 自立式支护结构；(b) 排桩支护结构；(c) 地下连续墙支护；(d) 土钉墙结构

上述几种支护结构的基本形式具有各自的受力特点和适用条件，应根据具体工程情况合理选用。各种支护结构的适用条件及特点见表 9-1。

9.2.2 基坑支护桩设计的预警值

基坑开挖是一项系统工程，必须要设计单位、勘察单位、建设单位、施工单位、监理单位、检测单位密切配合。基坑支护设计时对深层土体位移、地下水位变化、压顶梁沉降与地面沉降及支撑轴力必须进行监测，同时设计时必须事先考虑如表 9-2 所示的预警值以便采取应急措施。

支护结构形式及适用条件　　　　　　表 9-1

支护结构形式	施工及场地条件	土层条件	开挖深度（m）	优　缺　点
自立式支护（水泥土墙）	基坑周围不具备放坡条件，但具备挡墙的施工宽度；邻近基坑边无重要建筑物或地下管线	黏性土或粉土	<6	优点：水泥土搅拌桩实体相互咬合较好，比较均匀，桩体连续性好，强度较高；既可挡土又可形成隔水帷幕；适用于任何平面形状；施工简便 缺点：坑顶水平位移较大，易倾覆，需要有较大的坑顶宽度，开挖深度不能大
排桩内支撑	基坑平面尺寸较小；或邻近基坑边有深基础建筑物；或基坑用地红线以外不允许占用地下空间；邻近地下管线需要保护	不限	<20	优点：受地区条件、土层条件及开挖深度等的限制较少；支撑设施的构架状态单纯，易于掌握应力状态，易于实施现场监测。用水泥土桩可作止水帷幕 缺点：挖土工作面不开阔；支撑内力的计算值与实际值常不相符，施工时需采取对策并加强监测；开挖后要拆除支撑
地下连续墙	基坑周围施工宽度狭小；邻近基坑边有建筑物或地下管线需要保护	不限	<60	优点：低振动，低噪声；刚度大，整体性好，变形小，故周围地层不致沉陷，地下埋设物不致受损；任何设计强度、厚度或深度均能施工；止水效果好；施工范围可达基坑用地红线，故可提高基地使用面积；可作为永久结构的一部分 缺点：工期长，造价高；采用稳定液挖掘沟槽，废液及废弃土处理困难；需有大型机械设备，移动困难
土钉墙	基坑周围不具备放坡条件；邻近基坑边无重要建筑物、深基础建筑物或地下管线	一般黏性土、中密以上砂土	<12	优点：土钉与坑壁土通过注浆体、喷射混凝土面层形成复合土体，提高边坡稳定性及承受坡顶荷载的能力；设备简单；施工不需单独占用场地；造价低；振动小，噪声低 缺点：在淤泥、松砂或砂卵石中施工困难；土体内富含地下水时施工困难。在市区内或基坑周围有需要保护的建筑物时，应慎用土钉墙

基坑支护的预警值　　　　　　表 9-2

监测项目	实测最大累计预警值	每天相对变化预警值	应急措施
深层土体位移	一般累计达到 40mm 时	≥5mm/d 且连续三天	达到预警值时必须立即停止开挖，分析原因并采取相应的应急措施
地下水位变化	按允许降水漏斗计算	≥0.5m/d	
支撑轴力	达到设计支撑梁截面理论轴力 F_1 的 80%	≥10%F_1/d	
压顶梁及地面沉降	累计达到 30mm 时	≥0.5mm/d	

9.2.3　基坑开挖与支护桩设计的内容

基坑支护应保证岩土开挖、地下结构施工的安全，并使周围环境不受损害。

1. 基坑开挖与支护设计应包括下列内容：

1）支护体系的方案技术经济比较和选型；
　　2）支护结构的强度、稳定和变形计算；
　　3）基坑内外土体的稳定性验算；
　　4）基坑降水或止水帷幕设计以及围护墙的抗渗设计；
　　5）基坑开挖与地下水变化引起的基坑内外土体的变形及其对基础桩、邻近建筑物和周边环境的影响；
　　6）基坑开挖施工方法的可行性及基坑施工过程中的监测要求。
　2. 基坑开挖与支护设计应具备下列资料：
　　1）岩土工程勘察报告；
　　2）建筑总平面图、周围地下管线图、地下结构的平面图和剖面图；
　　3）邻近建筑物和地下设施的类型、分布情况和结构质量的检测评价。
　3. 支护结构的荷载效应应包括下列各项：
　　1）土压力；
　　2）静水压力、渗流压力、承压水压力；
　　3）基坑开挖影响范围以内建（构）筑物荷载、地面超载、施工荷载及邻近场地施工的作用影响；
　　4）温度变化（包括冻胀）对支护结构产生的影响；
　　5）临水支护结构尚应考虑波浪作用和水流退落时的渗透力；
　　6）作为永久结构使用时尚应按有关规范考虑相关荷载作用。

9.3 水土压力计算

　　支护结构的主要荷载是地层中水土的水平压力，水土压力是由定值的竖向水土压力按照一定规律转化为水平压力作用于支护结构上。支护结构荷载不仅与土的重量有关，还与土的强度、变形特性和渗透性有关，具有很大的不确定性。

9.3.1 三种土压力

　　作用在挡土墙上的侧向土推力称为土侧压力，简称土压力。土压力是由墙后填土与填土表面上的荷载引起的。根据挡土墙受力后的位移情况，土压力可分以下三类：
　1. 主动土压力
　　挡土墙在墙后土压力作用下向前移动或转动，土体随着下滑，当达到一定位移时，墙后土体达极限平衡状态，此时作用在墙背上的土压力就称为主动土压力（图 9-2a）。
　2. 被动土压力
　　挡土墙在外力作用下向后移动或转动，挤压填土，使土体向后位移，当挡土墙向后达到一定位移时，墙后土体达极限平衡状态，此时作用在墙背上的土压力称为被动土压力（图 9-2c）。
　3. 静止土压力
　　挡土墙的刚度很大，在土压力作用下不产生移动或转动，墙后土体处于静止状态，此时作用在墙背上的土压力称为静止土压力（图 9-2b），例如地下室外墙受到的土压力。
　　上述三种土压力，在相同条件下，主动土压力最小，被动土压力最大，静止土压力介

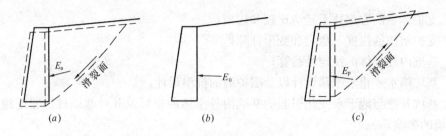

图 9-2 三种土压力
(a) 主动土压力；(b) 静止土压力；(c) 被动土压力

于两者之间。

9.3.2 水土分算和水土合算方法的适用条件

目前，工程上常采用的土压力计算方法有朗肯土压力、库仑土压力和各种经验土压力确定方法。

在水土分算时，水压力的计算方法有：按静水压力计算的方法、按渗流计算确定水压力分布的方法等。水土合算时不需单独考虑水压力作用。

基坑支护工程的土压力、水压力计算，常采用以朗肯土压力理论为基础的计算方法，根据不同的土性和施工条件，分为水土合算和水土分算两种方法。由于水土分算和水土合算的计算结果相差较大，对基坑挡土结构工程造价影响很大，故需要非常慎重的舍取，要根据具体情况合理选择。

地下水位以下的水压力和土压力，按有效应力原理分析时，水压力与土压力应分开计算。水土分算方法概念比较明确，但是在实际使用中有时还存在一些困难，特别是对黏性土，水压力取值的难度大，土压力计算还应采用有效应力抗剪强度指标，在实际工程中往往难以解决。因此，在很多情况下黏性土往往采用总应力法计算土压力，即将水压力和土压力混合计算，也有了一定的工程实验经验。然而，这种方法亦存在一些问题，可能低估了水压力的作用。

根据《建筑基坑支护技术规程》(JGJ 120—99) 规定，对于作用于支护结构上的水平荷载标准值应按当地可靠经验确定，当缺少经验时，可按下列规定计算：

1) 对碎石土、砂土等无黏性土按水土分算原则进行计算。在地下水位以下，作用于支护结构的侧压力，等于土压力与静水压力之和。土压力采用浮重度 γ'、有效应力抗剪强度指标 c' 和 φ' 计算。

2) 对于黏性土和粉土按水土合算原则进行计算。作用在支护结构上的侧压力，仅考虑土压力，水土合算时，地下水位以下的土压力采用饱和重度 γ_{sat}、总应力抗剪强度指标 c 和 φ 计算。

9.3.3 水土合算时的水土压力

水平荷载和抗力可按下面公式计算 (图 9-3)：

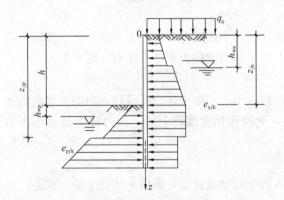

图 9-3 水平荷载和抗力标准值计算简图

$$e_{ajk} = (q_0 + p_{jk} + \Sigma \gamma_i h_i) K_{aj} - 2c_{jk} \sqrt{K_{aj}} \quad (9\text{-}1)$$

$$e_{pjk} = (\Sigma \gamma_i h_i) K_{pj} + 2c_{jk} \sqrt{K_{pj}} \quad (9\text{-}2)$$

式中 e_{ajk}——作用在支护结构上 j 点处水平荷载标准值（主动土压力强度）（kPa）；

e_{pjk}——作用在支护结构上 j 点处抗力标准值（被动土压力强度）（kPa）；

q_0——地面附加均布荷载（kPa）；

p_{jk}——局部附加荷载在 j 点处产生的竖向应力标准值（kPa）；

γ_i——第 i 层土的天然重度（kN/m³）；

h_i——第 i 层土的厚度（m）；

K_{aj}——第 j 点所在土层的主动土压力系数，$K_{aj} = \tan^2(45° - \varphi_{jk}/2)$；

K_{pj}——第 j 点所在土层的被动土压力系数，$K_{pj} = \tan^2(45° + \varphi_{jk}/2)$；

c_{jk}, φ_{jk}——第 j 点所在土层的黏聚力标准值（kPa）和内摩擦角标准值（°）。

9.3.4 水土分算时的水土压力

当计算点位于地下水位以下时：

$$e_{ajk} = (q_0 + p_{jk} + \Sigma \gamma'_i h_i) K_{aj} - 2c'_{jk} \sqrt{K_{aj}} + \gamma_w (z_{ja} - h_{wa}) \quad (9\text{-}3)$$

$$e_{pjk} = (\Sigma \gamma'_i h_i) K_{pj} + 2c'_{jk} \sqrt{K_{pj}} + \gamma_w (z_{jp} - h - h_{wp}) \quad (9\text{-}4)$$

式中 γ'_i——第 i 层土的有效重度（kN/m³）；

h_i——第 i 层土的厚度（m）；

K_{aj}——第 j 点所在土层的主动土压力系数，$K_{aj} = \tan^2(45° - \varphi'_{jk}/2)$；

K_{pj}——第 j 点所在土层的被动土压力系数，$K_{pj} = \tan^2(45° + \varphi'_{jk}/2)$；

c'_{jk}, φ'_{jk}——第 j 点所在土层的有效黏聚力标准值（kPa）和有效内摩擦角标准值（°）；

γ_w——地下水的重度（kN/m³）；

z_{ja}——水平荷载标准值计算点深度；

z_{jp}——抗力标准值计算点深度；

h——基坑深度（m）；

h_{wa}——基坑外地下水位深度（m）；

h_{wp}——基坑内地下水位至基坑底的距离（m）。

当计算点位于地下水位以上时，计算公式与水土合算公式相同。

9.4 自立式支护设计

水泥土墙重力式结构是在基坑侧壁形成一个具有相当厚度和重量的刚性实体结构，以其重量抵抗基坑侧壁土压力，满足该结构的抗滑移和抗倾覆要求。这类结构一般采用水泥土搅拌桩，有时也采用旋喷桩，使桩体相互搭接形成块状或格栅状等形状的重力结构（图9-4）。

水泥土墙重力式结构的设计主要包括抗倾覆稳定验算、抗滑移稳定验算、地基承载力验算、嵌固深度计算、墙体厚度计算、正截面承载力验算以及构造要求等。抗倾覆稳定验

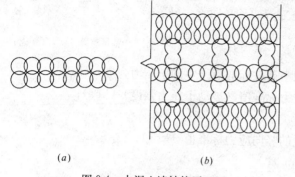

图 9-4 水泥土墙结构平面图
(a) 壁状；(b) 格栅状

算的安全系数应大于 1.6，抗滑移稳定验算的安全系数应大于 1.3，墙体下的地基承载力应大于墙底的垂直作用力。深基坑计算可按照《建筑基坑支护技术规程》(JGJ 120—99) 执行。

9.4.1 嵌固深度计算（calculation for embedded depth）

1. 按整体稳定计算嵌固深度

《建筑基坑支护技术规程》(JGJ 120—99) 建议采用圆弧滑动简单条分法用式 (9-5) 计算，如图 9-5 所示：

$$\sum_{i=1}^{n} c_i l_i + \sum_{i=1}^{n} (q_0 b_i + w_i)\cos\theta_i \tan\varphi_i - \gamma_k \sum_{i=1}^{n}(q_0 b_i + w_i)\sin\theta_i \geqslant 0 \quad (9\text{-}5)$$

式中 c_i、φ_i——最危险滑动面上第 i 土条滑动面上的黏聚力、内摩擦角；

l_i——第 i 土条的弧长；

b_i——第 i 土条的宽度；

w_i——作用于滑裂面上第 i 土条单位宽度的实际重量，黏性土、水泥土按饱和重度计算，砂类土按浮重度计算；

θ_i——第 i 土条弧线中点切线与水平线夹角；

γ_k——整体稳定分项系数，一般取 1.3。

计算时，选择的各计算滑动面应通过墙体嵌固端或在墙体以下。当嵌固深度以下存在软弱土层时，尚应验算沿软弱下卧层滑动的整体稳定性。有关资料表明，整体稳定条件是墙体嵌固深度的主要控制因素。

当按圆弧滑动简单条分法计算的嵌固深度设计值 h_d（$h_d = 1.1h_0$）小于基坑开挖深度 h 的 0.4 倍时，宜取 $0.4h$。

2. 抗渗透稳定条件验算

《建筑基坑支护技术规程》(JGJ 120—99) 规定，当基坑底为碎石土及砂土、基坑内排水且作用有渗透水压力时，水泥土墙的嵌固深度设计值尚应满足抗渗透稳定的条件，按式 (9-6) 进行抗渗透稳定验算（图 9-6）：

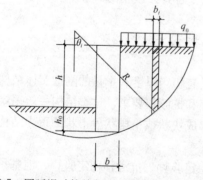

图 9-5 圆弧滑动简单条分法嵌固深度计算简图

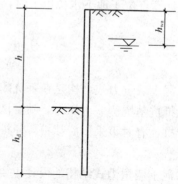

图 9-6 渗透稳定计算

$$h_d \geqslant 1.2\gamma_0(h-h_{wa}) \quad (9-6)$$

式中 h_d——水泥土墙的嵌固深度设计值；
γ_0——基坑侧壁重要性系数；
h——基坑开挖深度；
h_{wa}——地下水埋深。

3. 抗隆起稳定验算嵌固深度

一般严格按《建筑基坑支护技术规程》（JGJ 120—99）要求进行设计后，抗隆起条件已自行满足。但对于软土地基，当设计条件不同于该规程要求时，宜对抗隆起条件进行验算。可采用如下计算模型和滑动线，如图9-7所示。

根据极限承载力的平衡条件整理得验算公式为：

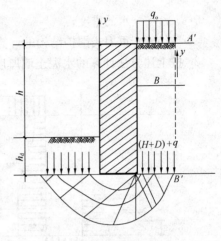

图9-7 抗隆起稳定计算简图

$$h_d \geqslant \frac{\left(1+\dfrac{q_0}{\gamma h}\right) + \dfrac{c}{\gamma h}(K_{pe}\pi\tan\varphi-1)\dfrac{1}{\tan\varphi}}{K_{pe}\pi\tan\varphi-1} \quad (9-7)$$

式中 h_d——水泥土墙嵌固深度；
q_0——地面荷载；
γ——土层平均重度；
h——基坑深度；
c——嵌固端部以下土层黏聚力；
φ——嵌固端部以下土层内摩擦角。

9.4.2 墙体厚度计算

《建筑基坑支护技术规程》（JGJ 120—99）规定，水泥土墙厚度设计值宜按重力式结构的抗倾覆极限平衡条件来确定。

1. 对于墙底位于碎石土、砂土上时（图9-8a）

根据水泥土墙上各力对O点取矩的平衡条件，水泥土墙体厚度b应满足：

$$b \geqslant \sqrt{\frac{10(1.2\gamma_0 h_a \Sigma E_{ai} - h_p \Sigma E_{pj})}{5\gamma_{cs}(h+h_d) - 2\gamma_0\gamma_w(2h+3h_d-h_{wp}-2h_{wa})}} \quad (9-8)$$

2. 对于墙底位于黏性土、粉土上时（图9-8b）

根据平衡条件，水泥土墙体厚度b应满足：

$$b \geqslant \sqrt{\frac{2(1.2\gamma_0 h_a \Sigma E_{ai} - h_p \Sigma E_{pj})}{\gamma_{cs}(h+h_d)}} \quad (9-9)$$

式中 ΣE_{ai}——基坑外侧（主动侧）水平力的总和；
ΣE_{pj}——基坑内侧（被动侧）水平力的总和；
h_a、h_p——分别为基坑外侧及内侧水平力合力作用点距支护结构底部的距离；
h_{wa}、h_{wp}——分别为基坑外侧及内侧的地下水位埋深；
γ_{cs}——水泥土墙的平均重度；

γ_w——水的重度；

b——重力式围护结构的计算宽度。

3. 按上述方法计算的水泥土墙厚度小于 $0.4h$ 时，应取 $0.4h$。

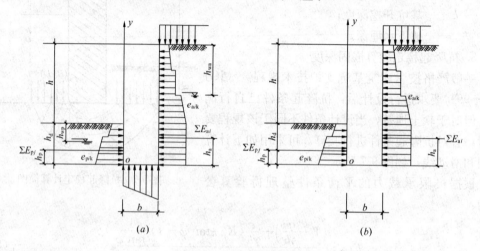

图 9-8 水泥土墙体厚度计算
(a) 砂土及碎石土；(b) 粉土及黏性土

9.4.3 正截面承载力验算

《建筑基坑支护技术规程》(JGJ 120—99) 要求对水泥土墙墙体所受压应力和拉应力的强度进行验算，其方法和公式为：

1. 压应力验算

$$1.25\gamma_0\gamma_{cs}z + \frac{M}{W} \leqslant f_{cs} \tag{9-10}$$

式中 γ_{cs}——水泥土墙的平均重度；

z——由墙顶至计算截面的深度；

M——单位长度水泥土墙截面弯矩设计值；

W——水泥土墙截面模量；

f_{cs}——水泥土开挖龄期抗压强度设计值。

2. 拉应力验算

$$\frac{M}{W} - \gamma_{cs}z \leqslant 0.06f_{cs} \tag{9-11}$$

9.4.4 构造要求

1) 水泥土墙采用格栅布置时，水泥土的置换率对于淤泥不宜小于 0.8，淤泥质土不宜小于 0.7，一般黏性土及砂土不宜小于 0.6；格栅长宽比不宜大于 2。

2) 水泥土桩与桩之间的搭接宽度应根据挡土及截水要求确定，考虑截水作用时，桩的有效搭接宽度不宜小于 150mm；当不考虑截水作用时，搭接宽度不宜小于 100mm。水泥土挡墙是靠桩与桩的搭接形成连续墙，桩的搭接是保证水泥墙的抗渗漏及整体性的关键，由于桩施工有一定的垂直度偏差，应控制其搭接宽度。

3) 当变形不能满足要求时，宜采用基坑内侧土体加固或水泥土墙插筋加混凝土面板及加大嵌固深度等措施。

4）水泥土墙顶部宜设置钢筋混凝土面板，面板厚度可为0.15～0.2m。面板与水泥土墙用插筋连接，插筋长度不宜小于1.0m，采用钢筋时直径不宜小于12mm，采用竹筋时断面不小于当量直径$\phi 16$，当水泥土墙为搅拌桩时，一般每根桩至少插筋1根。

5）为了增加水泥土墙的抗倾覆能力和减小变形，可通过加固水泥土墙前的被动土区来提高刚度和抗力，加固宽度和范围应根据实际情况掌握。

6）为了提高重力式结构抗倾覆力矩，充分发挥结构自重的优势，加大结构自重的力臂，可采用变截面的结构形式，如图9-9所示。

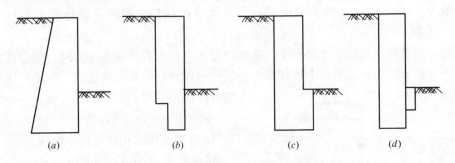

图9-9 提高水泥土墙体刚度及安全性的措施

9.5 排桩支护结构设计

9.5.1 一般规定

对于施工场地狭窄、地质条件较差、基坑较深或需严格控制基坑开挖引起的地面变形，应采用排桩式挡土结构进行支护。

排桩式挡土结构由围护结构及支撑系统组成，其选型应综合考虑基坑周边环境、现场地质条件、围护桩墙的使用目的、基坑规模和基坑安全等级等因素，结合土方开挖方法及降水、土体加固等辅助措施，通过方案比较确定。

排桩式围护结构一般应设置内撑式或锚拉式支撑系统。条件许可时，二、三级基坑也可采用悬臂式挡土结构；当基坑较深或土质较差、单层支撑不能满足挡土结构的受力或环境保护要求时，可采用多层支撑。

排桩式围护结构的设计应包括以下内容：

1) 入土深度的确定，根据挡土结构的静力平衡条件，初步确定墙体入土深度，并分别按支护结构与地基的抗滑动稳定、基坑底部的抗隆起、抗渗流稳定及墙体变形控制要求进行校核；

2) 根据支撑系统的布置及架、拆支撑顺序，进行围护结构的内力及变形计算；

3) 围护结构的构件和节点设计；

4) 当必须严格控制施工引起的地面变形时，分析和预估基坑开挖产生的墙体水平位移、墙脚下沉、坑底土体隆起及降水等对墙背土层位移的影响，必要时应提出相应的技术措施；

5) 当围护结构作为主体结构一部分时，尚应计算在使用荷载作用下的内力及变形。

9.5.2 嵌固深度计算

桩墙支护结构的嵌固深度（embedded depth）有多种常用的计算方法，根据结构形式和受力特点的不同，可用不同的方法计算，嵌固深度应满足结构整体稳定、抗坑底隆起和抗渗透破坏等破坏形式的要求。《建筑基坑支护技术规程》（JGJ 120—99）中主要采用极限平衡法、等值梁法及圆弧滑动简单条分法。

《建筑基坑支护技术规程》（JGJ 120—99）规定，悬臂式桩墙结构嵌固深度宜按极限平衡法确定；单支点桩墙支护结构，其嵌固深度宜用等值梁法确定。多支点桩墙结构嵌固深度宜用圆弧滑动简单条分法确定。当按上述方法确定的悬臂式及单支点支护结构嵌固深度设计值 $h_d < 0.3h$ 时，宜取 $h_d = 0.3h$；多支点支护结构嵌固深度设计值小于 $0.2h$ 时，宜取 $h_d = 0.2h$。

同时，当基坑底为碎石土及砂土、基坑内排水且作用有渗透水压力时，侧向截水的排桩、地下连续墙除应满足本章上述规定外，嵌固深度设计值尚应满足式（9-12）抗渗透稳定条件（图9-7）：

$$h_d \geqslant 1.2\gamma_0(h - h_{wa}) \tag{9-12}$$

1. 悬臂支护结构的极限平衡法

悬臂支护结构（cantilever retaining structure）的嵌固深度可以采用极限平衡法计算确定，有时桩墙底端作为自由端的单支点结构也可用极限平衡法计算。作用在支护结构上的土压力在基坑外侧一般可采用主动土压力，基坑内侧取被动土压力。

悬臂式支护结构的最小嵌固深度设计值 h_d 通过各水平力对支护结构底端取矩的力矩平衡

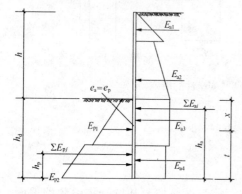

图 9-10 悬臂式支护结构嵌固深度计算简图

条件确定（图 9-10）：

$$\Sigma E_{pj} \cdot h_p - \Sigma E_{ai} \cdot h_a = 0 \tag{9-13}$$

式中 ΣE_{pj}、h_p——分别为被动侧土压力的合力及合力对支护结构底端的力臂；

ΣE_{ai}、h_a——分别为主动侧土压力的合力及合力对支护结构底端的力臂。

$$h_d = x + K \cdot t \tag{9-14}$$

式中 x——基坑面至基坑面下作用在支护结构上土压力零点（主动土压力与被动土相等处）的距离；

K——经验安全系数，一般取 1.2；

t——土压力零点至支护结构计算端点的距离。

《建筑基坑支护技术规程》（JGJ 120—99）规定，悬臂桩墙结构嵌固深度宜用极限平衡法确定，其计算公式为：

$$h_p \Sigma E_{pj} - 1.2\gamma_0 h_a \Sigma E_{ai} \geqslant 0 \tag{9-15}$$

式中 ΣE_{pj}——桩墙底以上基坑内各土层水平抗力标准值 e_{pji} 的合力之和；

h_p——合力 ΣE_{pj} 作用点至桩墙底的距离；

ΣE_{ai}——桩墙底以上基坑外侧各土层水平抗力标准值 e_{aji} 的合力之和；

h_a——合力 ΣE_{aj} 作用点至桩墙底的距离；

γ_0——基坑侧壁重要性系数。

2. 等值梁法

等值梁法（equivalent beam method）是极限平衡法中的一种方法，适用于带有支锚的桩墙支护结构的嵌固深度的计算，一般可分为单支点结构的等值梁法和多支点结构的等值梁法。等值梁法计算嵌固深度时，也同时计算了桩墙结构的支点力。

9.5.3 排桩支撑体系设计与计算

内支撑（inner-support）是桩墙—内支撑支护结构的重要组成部分。它由支撑杆件、腰梁、立柱等构件组成，是承受支护结构所传递的土压力、水压力的结构体系。支撑结构体系必须稳定、节点连接构造必须可靠，支撑与桩墙结构共同形成一个可靠的空间结构。

按材料种类可以分为钢支撑、钢筋混凝土支撑和木支撑等类型。

内支撑体的设计内容主要包括内支撑结构体系的布置、结构的内力和变形计算、构件的强度和稳定验算等。

1. 内支撑的布置

内支撑结构的常用形式有单层或多层平面支撑体系和竖向斜撑体系。在实际工程中，根据具体情况进行选择。

1）平面支撑体系布置（arrangement of plain bracing system）

平面支撑体系可以直接平衡支撑两端围护墙上所受到的部分侧压力，构造简单，受力明确，适用范围较广。但当构件长度较大时，应考虑弹性压缩对基坑位移的影响。此外，当基坑两侧的水平作用力相差悬殊时，围护墙的位移会通过水平支撑而相互影响，此时应调整支护结构的计算模型。

平面支撑体系布置应符合下列规定：

a. 一般情况下，平面支撑体系应由腰梁、水平支撑和立柱三部分组成；

b. 根据工程具体情况，水平支撑可以用对撑、对撑桁架、斜角撑、斜撑桁架以及边桁架和八字撑等形式组成的平面结构体系，如图 9-11 所示；

c. 支撑轴线的平面位置应避开主体工程地下结构的柱网轴线；

d. 相邻支撑之间的水平距离不宜小于 4m，当采用机械挖土时，不宜小于 8m；

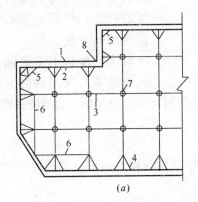
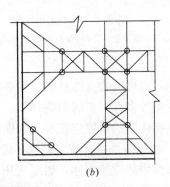

图 9-11 水平支撑体系

1—围护桩；2—腰梁；3—对撑；4—八字撑；5—角撑；6—系杆；7—立柱；8—阴角

e. 沿腰梁长度方向水平支撑点的间距：对于钢腰梁不宜大于 4m，对于混凝土腰梁不宜大于 9m；

f. 对于地下连续墙，如在每幅槽段的墙体上设有 2 个以上的对称支撑点时，可用设置在墙体内的暗梁代替腰梁；

g. 基坑平面形状有向内凸出的阳角时，应在阳角的两个方向上设置支撑点，如图 9-11（a）所示，在地下水位较高的软土地区，尚宜对阳角处的坑外地基进行处理。

2) 平面支撑体系的竖向布置（vertical arrangement of plain bracing system）

平面支撑体系的竖向布置应符合下列规定：

a. 在竖向平面内，水平支撑的层数应根据基坑开挖深度、工程地质条件、支护结构类型及工程经验，由围护结构的计算确定；

b. 上、下层水平支撑轴线应布置在同一竖向平面内。竖向相邻水平支撑的净距不宜小于 3m，当采用机械下坑开挖及运输时，不宜小于 4m；

c. 设定的各层水平支撑标高，不得妨碍主体工程地下结构底板和楼板构件的施工；

d. 一般情况下应利用围护墙顶的水平圈梁兼作第一道水平支撑的腰梁，当第一道水平支撑标高低于墙顶圈梁时，可另设腰梁，但不宜低于自然地面以下 3m；

e. 当为多层支撑时，最下一层支撑的标高在不影响主体结构底板施工的条件下，应尽可能降低；

f. 立柱应布置在纵横向支撑的交点处或桁架式支撑的节点位置上，并应避开主体工程梁、柱及承重墙的位置。立柱的间距一般不宜超过 15m；

g. 立柱下端一般应支承在较好的土层上，开挖面以下的埋入深度应满足支撑结构对立柱承载力和变形的要求。

3) 竖向斜撑体系（vertical inclined supporting system）

竖向斜撑体系的作用是将围护墙上侧压力通过斜撑传到基坑开挖面以下的地基上，如图 9-12 所示。其施工流程是：围护墙完成后，先对基坑中部的土层采取放坡开挖，然后安装斜撑，再挖除四周留下的土坡。对于平面尺寸较大，形状不很规则，但深度较浅的基坑采用斜向支撑体系施工比较简单，也可节省支撑材料。但是墙体位移受到坑内土坡变形、斜撑的弹性压缩以及斜撑基础变形等多种因素的影响。

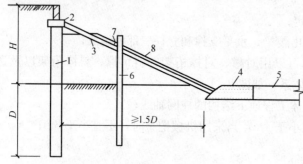

图 9-12 竖向斜撑体系

1—围护墙；2—墙顶梁；3—斜撑；4—斜撑基础；5—基础压杆；
6—立柱；7—系杆；8—土堤

竖向斜撑体系的布置应符合下列规定：

a. 竖向斜撑体系通常应由斜撑、腰梁和斜撑基础等构件组成。当斜撑长度大于 15m 时，宜在斜撑中部设置立柱，如图 9-12 所示；

b. 斜撑宜采用型钢或组合型钢截面；

c. 竖向斜撑宜均匀对称布置，水平间距不宜大于 6m；

d. 斜撑与基坑底面之间的夹角一般情况下不宜大于 35°，在地下水位较高的软土地区不宜大于 26°，并与基坑内土堤的稳定边坡相一致；

e. 斜撑基础与围护墙之间的水平距离不宜小于围护墙在开挖面以下插入深度的 1.5 倍；

f. 斜撑与腰梁、斜撑与基础以及腰梁与围护墙之间的连接应满足斜撑水平分力和垂直分力的传递要求。

2. 支撑构件截面承载力计算及变形规定

作用在支撑上的荷载包括水平力和竖向荷载。水平力包括由桩墙结构通过腰梁或冠梁传递的支撑支座反力、支撑预加压力及温度变化等的影响；竖向荷载主要是支撑自重和附加在支撑上的施工活荷载。支撑预加压力值不宜大于支撑力设计值的 0.4~0.6 倍。

1) 支撑构件的截面承载力计算

支撑构件的截面承载力（cross-section bearing capacity of bracing frame member）应根据支护结构在各个施工阶段荷载作用效应的最大值进行计算，其承载力表达式为：

$$\gamma_0 F \leqslant R \tag{9-16}$$

式中 γ_0——围护结构的重要性系数，对于安全等级为一级、二级和三级的基坑支撑构件，应分别取得 1.10、1.05、1.00；

F——支撑构件内力的组合设计值，取荷载综合分项系数 1.20，各项荷载作用下的内力组合系数均取 1.0；

R——按现行国家有关结构设计规范确定的截面承载力设计值。

2) 立柱截面承载力计算

立柱计算应符合下列规定：

a. 立柱内力宜根据支撑条件按空间框架计算，也可按轴心受压构件计算，轴向力设计值可按下列经验公式确定：

$$N_z = N_{z1} + \sum_{i=1}^{n} 0.1 N_i \tag{9-17}$$

式中 N_{z1}——水平支撑及柱自重产生的轴力设计值；

N_i——第 i 层交汇于本立柱的最大支撑轴力设计值；

n——支撑层数。

b. 各层水平支撑间的立柱受压计算长度可按各层水平支撑间距计算；最下层水平支撑下的立柱受压计算长度可按底层高度加 5 倍立柱直径或边长。

c. 立柱基础应满足抗压和抗拔的要求，并应考虑基坑回弹的影响。

d. 支撑预加压力值不宜大于支撑力设计值的 0.4~0.6 倍。

3) 支撑构件的变形应符合下列规定

a. 支撑构件的变形可根据构件刚度按结构力学的方法计算。

b. 支撑在竖向平面内的挠度宜小于其计算跨度的 1/800~1/600。

c. 腰梁、边桁架及主支撑构件的水平挠度宜小于其计算跨度的 1/1500~1/1000。

3. 施工要点

支撑结构的安装和拆除顺序应与围护结构的设计工况相一致。支撑结构的安装应符合下列规定：

1) 在基坑竖向平面内严格遵守分层开挖，先支撑后开挖的原则；

2) 支撑安装应与土方开挖密切配合，在土方挖到设计标高的区段内，及时安装并发挥支撑作用；

3) 钢结构支撑宜采用工具式接头，并配有计量千斤顶装置。千斤顶与计量仪表应由专人使用管理，并定期校验，正常情况下每半年校验一次，使用中有异常现象应随时校验或更换；

4) 钢结构支撑安装后应施加预应力。预应力控制值应由设计确定，通常不应小于支撑设计轴向力的50%，也不宜大于75%；

5) 现浇混凝土支撑必须在混凝土强度达到设计强度80%以上，才能开挖支撑以下的土方。

9.5.4 排桩支护结构的构造要求

按《建筑基坑支护技术规程》(JGJ 120—99) 的规定，排桩支护结构应满足下列构造要求。

1. 排桩的构造要求 (construction requirements of soldier pile)

1) 悬臂式排桩结构桩径不宜小于600mm，桩间距应根据排桩受力及桩间土稳定条件确定。

2) 排桩顶部应设钢筋混凝土冠梁连接，冠梁高度（水平方向）不宜小于桩径，冠梁高度（竖直方向）不宜小于400mm。排桩与桩顶冠梁的混凝土强度等级宜大于C20，当冠梁作为连系梁时可按构造配筋。

3) 基坑开挖后，排桩的桩间土防护可采用钢丝网混凝土护面、砖砌等处理方法，当桩间渗水时，应在护面设泄水孔。当基坑面在实际地下水位以上且土质较好、暴露时间较短时，可不对桩间土进行防护处理。

2. 锚杆的构造要求 (construction requirements of anchor rod)

1) 锚杆长度设计应符合下列规定：

a. 锚杆自由段长度不宜小于5m并应超过潜在滑裂面1.5m；

b. 土层锚杆锚固段长度不宜小于4m；

c. 锚杆杆体下料长度应为锚杆自由段、锚固段及外露长度之和，外露长度须满足台座、腰梁尺寸及张拉作业要求。

2) 锚杆布置应符合以下规定：

a. 锚杆上下排垂直间距不宜小于2.0m，水平间距不宜小于1.5m；

b. 锚杆锚固体上覆土层厚度不宜小于4.0m；

c. 锚杆倾角宜为15°～25°，且不应大于45°。

3) 沿锚杆轴线方向每隔1.5～2.0m宜设置1个定位支架。

4) 锚杆锚固体宜采用水泥浆或水泥砂浆，其强度等级不宜低于M10。

3. 支撑的构造要求 (construction requirements of poling)

1) 钢筋混凝土支撑应符合下列要求：

a. 钢筋混凝土支撑构件的混凝土强度等级不应低于C20；

b. 钢筋混凝土支撑体系在同一平面内应整体浇筑，基坑平面转角处的腰梁连接点应按刚节点设计。

2）钢结构支撑应符合下列要求：

a. 钢结构支撑构件的连接可采用焊接或高强螺栓连接；

b. 腰梁连接节点宜设置在支撑点的附近，且不应超过支撑间距的 1/3；

c. 钢腰梁与排桩、地下连续墙之间宜采用不低于 C20 的细石混凝土填充；钢腰梁与钢支撑的连接节点应设加劲板。

3）支撑拆除前应在主体结构与支护结构之间设置可靠的换撑传力构件或回填夯实。

9.6 地下连续墙支护

9.6.1 概述

随着城市建设和工业的发展，高层建筑、重型厂房以及各种大型地下设施日益增多。这些建筑物的基础大多埋置很深，荷载很大，要求也高，并且由于受到原有建筑物和正常生产活动的限制，往往只能在狭窄的场地或在密集的建筑群中施工。地下连续墙技术自 20 世纪 50 年代初出现，以后在世界各国很快被推广发展。这项新技术已成为各主要工业国家深基础施工的一种重要手段，在水利坝基防渗、竖井开挖、工业厂房、设备基础、高层建筑基础、城市地下铁道工程以及地下建筑工程中获得广泛的应用。

地下连续墙（concrete diaphragm wall retaining structure）施工的基本原理是用专门的挖槽设备，沿着深基或地下建筑物周边，在泥浆护壁的条件下，开挖出具有一定宽度和深度的沟槽，然后将钢筋笼吊放入沟槽，最后用导管在充满泥浆的沟槽中浇筑混凝土，筑成一个单元的墙段。各单元槽段由特制的接头连接，这样就形成地下连续墙。

9.6.2 地下连续墙支护设计

《建筑基坑支护技术规程》（JGJ 120—99）中地下连续墙的设计计算方法与排桩的设计计算方法相同，可参照本书 9.5 节内容。

9.6.3 槽壁桩施工工艺

地下连续墙槽壁桩的施工流程主要包括：开挖导沟、修筑导墙、制备护壁泥浆、成槽、槽段内钢筋混凝土施工等。

1. 开挖导沟，修筑导墙

槽段开挖前，应沿地下连续墙墙面两侧构筑导墙（图 9-13）。导墙（guide wall）一般采用现浇钢筋混凝土结构，也可以采用预制钢筋混凝土或钢构件。导墙应筑于坚实的地层上，背后需要回填时，应用黏性土分层夯实，必要时可填筑素混凝土，不得漏浆。预制钢筋混凝土和钢结构导墙安装时，必须保证接头连接质量。导墙深度一般为 1~2m，墙顶高出施工地面 0.1~0.2m。

导墙应及时加设墙间支撑。现浇混凝土达到设计强度前，重型施工机械设备不得在导墙附近停置或作业。

导墙内侧面应垂直，净距为地下墙设计厚度加 40~60mm 的施工余量。平面位置对地下墙中心线距离的允许偏差为 ±10mm，墙面平整度小于 5mm。导墙顶面应平行并保持水平。

2. 制备护壁泥浆

泥浆的质量对地下连续墙施工的效率和成败具有重要的意义。泥浆在挖槽过程中起到

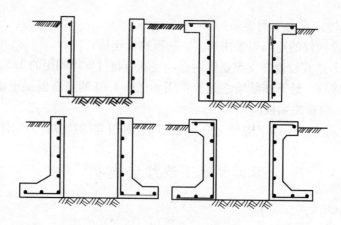

图 9-13 导墙的几种断面形式

固壁、携土、冷却和润滑作用。其固壁作用是主要的,因此称为护壁泥浆。泥浆性能要求及制备方法与钻孔灌注桩施工基本相同。

护壁泥浆的性能指标应符合表 9-3 的规定。

泥浆的性能指标　　　　　　表 9-3

项　目	性能指标	检查方法	项　目	性能指标	检查方法
相对密度	1.1～1.15	泥浆比重秤	泥皮厚度	1～3mm/30min	失水量仪
黏　度	20～25Pa·s	500～700ml 泥斗法	静切力 1min 10min	20～30mg/cm^2 50～100mg/cm^2	静切力计
含砂率	<6%		稳定性	≤0.03g/cm^2	
胶体率	>95%	量杯法	pH 值	7～9	pH 试纸
失水量	<30ml/30min	失水量仪			

3. 成槽

成槽（trench）是地下连续墙施工中最主要的一道工序。对于不同的土质条件和挖槽深度,应采用不同的成槽机械。

对含有较大卵石、孤石等复杂地层,采用冲击式凿井机械,依靠钻头本身重力反复冲击破碎地基土,然后用带有活底的取渣筒将破碎下来的土石屑取出成孔。

对一般地质条件的土,特别是软土地基,则常用抓斗、铲斗直接出土的成槽机械或旋转切削土层、泥浆循环出碴的机械和施工方法。

多头钻开挖槽段都采用反循环泥浆排泥,即泥浆由导沟流入,与钻屑一起悬混,经钻头被吸力泵吸入空心钻杆,排出槽外。

单元槽段开挖到设计标高后,在插放接头管和钢筋笼之前,必须及时清除槽底淤泥和沉碴。反循环出渣成槽施工时,则通常在槽段挖完后继续进行泥浆反循环作用,即用"换浆法"清基。

地下连续墙单元槽段之间的连接有刚性接头和非刚性接头两种,国内使用最多的是用钢制接头管连接的非刚性接头。接头要求满足受力和防渗,又便于施工。接头管是在单元槽段开挖完工后,在其邻节未挖土的一端吊放接头管,以隔离未开挖的土壁,然后在槽段内吊放钢筋笼,浇灌混凝土;在混凝土浇灌后 2～3h,就可将接头管拔出,形成半圆形接头。地下连续墙施工接头形式见图9-14。柔性接头抗剪、抗弯能力较差，而刚性接头可以传递槽段之间的竖向剪力。

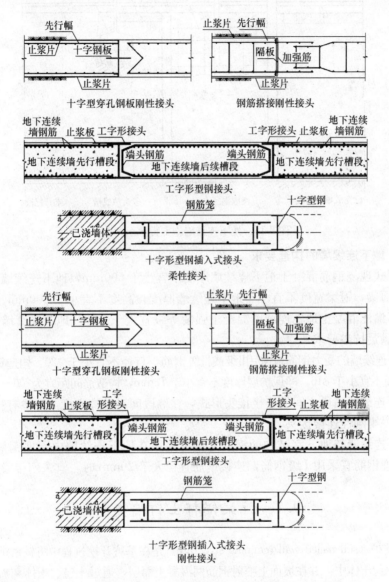

图 9-14 地下连续墙施工接头形式

4. 槽段内钢筋混凝土施工

成槽并安插接头管后，即将预先制作的钢筋笼吊放入槽内，一般是一个单元槽段为一个钢筋笼，钢筋的搭接不宜用铅丝绑扎，应用点焊焊接。

槽段中的混凝土浇灌是在护壁泥浆中施工，与钻孔水下混凝土施工相同，但泥浆相对密度和黏度较大，因此，对混凝土的流动性要求更高。混凝土的配合比应按设计要求，通过试验确定。

浇灌混凝土后，随即拔出接头管，则一个单元墙段的地下连续墙施工完毕，又可进行下一单元墙段的施工。地下连续墙施工程序见图9-15。

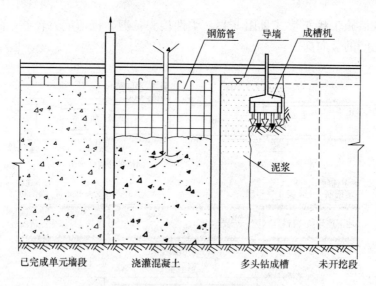

图 9-15 地下连续墙施工程序示意图

9.6.4 地下连续墙的构造要求

1) 悬臂式现浇钢筋混凝土地下连续墙厚度不宜小于 600mm，地下连续墙顶部应设置钢筋混凝土冠梁，冠梁宽度不宜小于地下连续墙厚度，高度不宜小于 400mm。

2) 水下灌注混凝土地下连续墙混凝土强度等级宜大于 C20，地下连续墙作为地下室外墙时还应满足抗渗要求。

3) 地下连续墙的受力钢筋应采用Ⅱ级或Ⅲ级钢筋，直径不宜小于 $\phi 20$。构造钢筋宜采用Ⅰ级钢筋，直径不宜小于 $\phi 16$。净保护层厚度不宜小于 70mm，构造筋间距宜为 200～300mm。

4) 地下连续墙墙段之间的连接接头形式，在墙段间对整体刚度或防渗有特殊要求时，应采用刚性、半刚性连接接头。

5) 地下连续墙与地下室结构的钢筋连接可采用在地下连续墙内预埋钢筋、接驳器、钢板等，预埋钢筋宜采用Ⅰ级钢筋，连接钢筋直径大于 20mm 时，宜采用接驳器连接。

9.7 注浆锚杆土钉墙支护

土钉墙支护（soil nailed wall retaining structure）是在基坑开挖过程中将较密排列的细长杆件土钉置于原位土体中，并在坡面上喷射钢筋网混凝土面层，通过土钉、土体和喷射混凝土面层的共同工作，形成复合土体。土钉墙支护充分利用土层介质的自承力，形成自稳结构，承担较小的变形压力，土钉承受主要拉力，喷射混凝土面层调节表面应力分布，体现整体作用。同时由于土钉排列较密，通过高压注浆扩散后使土体性能提高。在实际施工中是边开挖边支护，施工快捷简便，经济可靠，得到广泛的应用。土钉墙支护见图 9-16。

目前，土钉墙的设计在理论上尚无一套完整严格的分析计算体系，但在工程实践上，技术人员根据支护结构的通常受力分析方法给出了一些实用的计算经验公式并经大部分工程实践证明是可行的。

根据这些经验公式及进一步分析，土钉墙的计算主要包括局部稳定性及整体稳定性验算，这两种验算是目前在土钉墙设计中的主要计算内容。

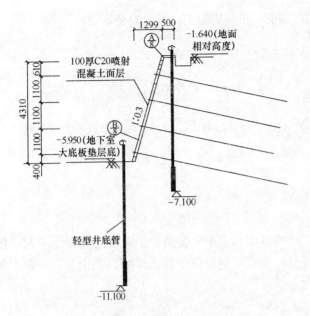

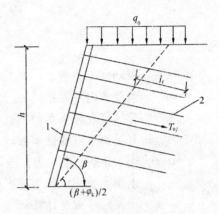

图 9-16 土钉墙支护简图

图 9-17 土钉抗拉承载力计算简图
1—喷射混凝土面层；2—土钉

9.7.1 局部稳定性验算（checking computations of local stability）

土钉墙在保证整体稳定性条件下，土钉墙面层与土钉的连系作用防止了沿朗肯主动土压力破裂面所产生的破坏，土钉墙面层与土钉共同承担由主动土压力所产生的荷载，由于土钉墙面层刚度较小，整个面层无法形成一个相互协同作用的刚体。为保证沿主动土压力破裂面不发生破坏，需要依靠单根土钉的抗拉能力以平衡作用于面层上的主动土压力。当土钉的水平间距为 s_x，垂直间距为 s_z 时，按《建筑基坑支护技术规程》的方法，局部稳定性要求单根土钉的受拉荷载标准值 T_{jk} 由下式计算确定（图 9-17）：

$$T_{jk} = \xi e_{ak} s_x s_z / \cos\theta \tag{9-18}$$

式中 ξ——斜面土钉墙荷载折减系数；

e_{ak}——作用于土钉位置处的水平荷载标准值；

s_x、s_z——土钉与相邻土钉的水平、垂直间距；

θ——土钉的倾角。

9.7.2 整体稳定验算

土钉墙的整体稳定验算（checking computations of resistance to overturning）是针对土钉墙整体性失稳的破坏形式，边坡沿某弧面或平面，整体向坑内滑移或塌滑，此时土钉或者与土体一起滑入基坑，或者与土钉墙面层脱离，或者被拉断。整体稳定分析采用极限平衡状态的圆弧滑动条分法。

土钉墙应验算施工期间不同开挖深度时，沿基坑开挖面以下可能的滑动面采用圆弧滑动简单条分法，按式（9-19）进行计算，如图 9-18 所示，经验算各种可能的潜在滑动面，并均应满足式（9-19）

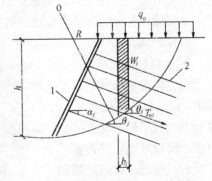

图 9-18 土钉墙整体稳定性
分析的条分法
1—喷射混凝土面层；2—土钉

的要求，或经过搜索寻找出最危险的滑裂面，由此确定土钉墙的安全系数。

$$\sum_{i=1}^{n} c_{ik}L_i s + s\sum_{i=1}^{n}(w_i + q_0 b_i)\cos\theta_i \tan\varphi_{ik} + \sum_{j=1}^{m} T_{nj}$$
$$\times \left[\cos(a_j + \theta_j) + \frac{1}{2}\sin(a_j + \theta_j)\tan\varphi_{ik}\right]$$
$$- s\gamma_k\gamma_0 \sum_{i=1}^{n}(w_i + q_0 b_i)\sin\theta_i \geqslant 0 \qquad (9-19)$$

式中　n——滑动体分条数；

　　　m——滑动体内土钉数；

　　　γ_k——整体滑动分项系数，取 1.3；

　　　γ_0——基坑侧壁重要性系数；

　　　w_i——第 i 分条土重，当在地下水位以下，土条滑裂面位于黏性土或粉土中时，按上覆土层的饱和土重度计算；土条滑裂面位于砂土或碎石类土中时，按上覆土层的浮重度计算；

　　　b_i——第 i 分条宽度；

　　　c_{ik}——第 i 分条滑裂面处土体固结不排水（快）剪黏聚力标准值；

　　　φ_{ik}——第 i 分条滑裂面处土体固结不排水（快）剪内摩擦角；

　　　θ_i——第 i 分条滑裂面处中点切线与水平面夹角；

　　　a_j——第 j 根土钉与水平面之间的夹角；

　　　L_i——第 i 分条滑裂面处弧长；

　　　s——计算滑动体单元厚度；

　　　T_{nj}——第 j 根土钉在圆弧滑裂面外锚固体与土体的极限抗拉力，可按（9-20）式确定。

单根土钉在圆弧滑裂面外锚固体与土体的极限抗拉力可按下式确定：

$$T_{nj} = \pi d_{nj} \sum q_{sik} l_{ni} \qquad (9-20)$$

式中　d_{nj}——第 j 根土钉的直径；

　　　q_{sik}——土钉穿越第 i 层土土体与锚固体极限摩阻力标准值，应由现场确定；

　　　l_{ni}——第 j 根土钉在圆弧滑裂面外穿越第 i 层稳定土体内的长度。

土钉或锚杆桩的抗拔力应通过抗拔试验确定。

9.7.3　构造要求

1. 土钉墙墙面坡度（the slopes of soil nailed wall）

按《建筑基坑支护技术规程》（JGJ 120—99）要求，土钉墙的适宜高度一般不超过 12m，但随着施工技术的进步，实际工程应用中，在地质条件较好、周边环境简单或采用复合型土钉墙的情况下，土钉墙高度也可适当加高，有些工程已采用 15m 左右高度的土钉墙。墙面坡度一般不宜大于 1∶0.1，采用复合土钉墙时，坡面可做成垂直的，但超出了规程对普通土钉墙的限制。在条件允许时，尽可能选择较缓的坡面坡度，以增加稳定性。土钉墙应分层分段施工，每层开挖的最大深度应保证该工况下土钉墙的稳定和刚开挖段坡体不塌落。在砂性土中，每层开挖高度不能太大，视土的状态决定，在黏性土中可以适当增大。每层开挖高度应与土钉竖向间距同步。

2. 土钉长度（soil nail length）

土钉长度一般为开挖深度的 0.5～1.2 倍。土钉太短起不到锚固作用，易沿土钉端部形成整体滑动，土钉过长对承载力的提高不明显，且施工难度大，费用高。所以选择土钉长度时要综合考虑技术、经济和施工难易程度。

3. 土钉直径（soil nail diameter）

土钉的钢筋直径一般为 16～32mm，用Ⅱ级或Ⅲ级螺纹钢筋；成孔孔径根据成孔方法确定，人工成孔时，孔径一般为 70～120mm；机械成孔时，孔径一般为 100～120mm，也可用到 150mm。也可采用 $\phi 48$ 钢管用空压机压入土中形成锚杆并向管内外注浆形成锚杆桩支护土钉墙。

4. 土钉间距（soil nail spacing）

为使土钉与周围土体形成组合的整体，土钉的间距不能过大。一般工程多取土钉的水平间距和竖向间距在 1.0～1.5m，最大为 2.0m，视土钉墙高度、坡度和土质条件决定。各层土钉的布置可用矩形或梅花形，也可根据不同性质土层的分布，每层土钉采用不同间距。

5. 土钉倾角（soil nail inclination）

土钉倾角取决于注浆钻孔工艺与土体分层特点等多种因素，一般为 5°～20°。模型实验结果表明，增加土钉倾角使土钉墙的位移和坡顶转角增加；有限元分析也表明，当土钉倾角为零时，支护的变形最小。但出于土钉注浆的要求，倾角不能过小而影响注浆质量。当由于土层变化，需要将土钉锚固在较好土层内，土钉的倾角也应按此综合选择。

6. 注浆材料（grouting material）

一般选用水泥浆，也可用水泥砂浆。水泥浆水灰比宜为 0.5，水泥砂浆配合比宜为 1∶1～1∶2，水灰比 0.38～0.45。

7. 喷射混凝土面层

喷射混凝土面层应配置钢筋网，钢筋直径宜为 6～10mm，最常用的为 6mm。钢筋网的钢筋间距宜为 150～300mm。喷射混凝土强度等级不宜低于 C20，面层厚度一般 80～100mm。土钉与面层钢筋要有效连接，一般设加强钢筋或承压钢板等构造措施，与土钉钢筋焊接或用螺栓连接。

8. 排水措施

当有地下水渗流时，坡面应设泄水孔。为防雨水等地表水渗漏，坡顶和坡脚应有排水措施。

9.8 基坑开挖施工与监测要点

基坑开挖前必须做出系统的监测方案，监测方案应包括监测项目、监测方法及精度要求、监测点的布置、观测周期、监控时间、工序管理和记录制度、报警标准以及信息反馈系统等。

观测点的布置应能满足监测要求。基坑开挖影响的范围随开挖深度的增加而增大，一般从基坑边缘向外两倍开挖深度范围内的建（构）筑物均为监测对象，三倍坑深范围内的重要建（构）筑物，应列入监测范围内。

基坑工程监测（monitoring schemes of foundation pit）项目可根据《建筑基坑支护技术规程》(JGJ 120—99) 要求的基坑监测项目按表 9-4 选择。

《建筑基坑支护技术规程》(JGJ 120—99) 中基坑监测项目表　　　表 9-4

监测项目 \ 基坑侧壁安全等级	一级	二级	三级
支护结构水平位移	应测	应测	应测
周围建筑物、地下管线变形	应测	应测	宜测
地下水位	应测	应测	宜测
桩、墙内力	应测	宜测	可测
锚杆拉力	应测	宜测	可测
支撑轴力	应测	宜测	可测
立柱变形	应测	宜测	可测
土体分层竖向位移	应测	宜测	可测
支护结构界面上侧向压力	宜测	可测	可测

9.8.1　围护桩（墙）顶面水平位移

围护桩（墙）顶面的水平位移监测，是深基坑开挖施工监测的一项基本内容。通过围护桩（墙）顶面水平位移监测，可以掌握围护桩（墙）在基坑挖土施工过程中，围护桩（墙）顶面的平面变形情况，用于同设计比较，分析对周围环境的影响。另外，围护桩（墙）顶面水平位移数值可以作为测斜测试孔口的基准点。

9.8.2　围护桩（墙）测斜

支护结构在基坑挖土后，基坑内外的水土压力平衡要依靠围护桩（墙）和支撑体系。围护桩（墙）在基坑外侧水土压力作用下，会发生变形。要掌握围护桩（墙）的侧向变形，即在不同深度上各点的水平位移，可通过对围护桩（墙）的测斜监测来实现。

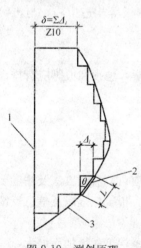

图 9-19　测斜原理
1—基准线；2—测斜仪；3—变形后的曲线

围护桩（墙）的测斜监测，一般通过活动式测斜仪进行。在需要进行测斜监测的部位埋设与活动式测斜仪配套的测斜管，测斜管内部有两对互成 90°的导向滑槽。把测斜仪的一组导向轮沿测斜管导向滑槽放入管中，一直滑到管底，每隔一定距离（500mm 或 1000mm）向上拉线（标有刻度的信号线）读数，测定测斜仪与垂直线之间的倾角变化，即可得出不同深度部位的水平位移。图 9-19 所示为位移测量原理，测斜仪的倾斜方向带有符号，即图中得出的 Δ_i 有正负号。图 9-20 为测斜仪器在测斜管中的工作示意。

图 9-19 所示的曲线为测斜曲线，通过对围护桩（墙）的测斜监测，获得围护桩（墙）的测斜曲线，把测斜曲线同围护桩（墙）设计变形计算值进行比较，判断分析围护桩（墙）是否稳定和安全。另外，通过测斜曲线可以分析围护桩（墙）的变形是否会对周围环境产生不利影响。

在进行测斜测试操作时，应注意以下三点：

1）测量时，把测斜仪放入测斜管中，保持一段时间，使测斜仪与管内温度基本一致，待显示仪读数稳定后才能开始测量。

2）一般对围护桩（墙）的测斜监测是要获得围护桩（墙）垂直基坑边线的测斜曲线，因此在埋设测斜管时，必须把测斜管内互成90°的导向滑槽中的一对滑槽与基坑边线垂直。

3）由于测斜仪测得的是两对滚轮之间（标距500mm）的相对位移，所以必须选择测斜管中的不动点作为量测的基准点，如果围护桩（墙）的插入比较大，可以管底端为不动点用管顶位移进行校核；如果围护桩（墙）的插入比不大，不能保证底端不动，则必须以管顶为基准点，用经

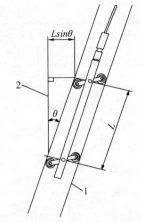

图 9-20　测斜仪在管中工作示意
1—测斜管；2—垂直线；L—标距；
θ—倾角；$L\sin\theta$—侧向位移

纬仪或其他手段测出该点的绝对水平位移，以推算出测斜管不同深度的绝对水平位移，确定测斜曲线。

9.8.3　支撑监测

支护结构的支撑体系根据支撑构件的材料可分为钢筋混凝土支撑和钢支撑两大类。这两类支撑在进行支撑轴力监测时，应根据各自的受力特点及构件的构造情况，选取适当的测试变量，埋设与测试变量相应的钢弦式传感器进行变量测试，以达到监测目的。由于支撑基本上为受压构件，在内力监测中以轴力为主，但是弯曲变形或侧向变形过大可能引起支撑失稳，因此还需对支撑的隆沉和水平位移进行监测。

9.8.4　围护桩（墙）内力和水土压力

对围护桩（墙）的内力监测主要是为了防止围护桩（墙）因强度不足而导致支护结构破坏。对围护桩（墙）内力测试值的分析主要是以支护结构设计计算结果为依据，由于支护结构的设计受地质条件、地面荷载条件、施工条件及外界其他因素等影响较大，其中如何正确取定水土压力的分布规律就是关键的技术问题，目前土压力理论计算值同实际土压力值还存在一定差异，因此在进行围护桩（墙）内力监测的同时，最好能对围护桩（墙）内外侧的水土压力进行监测，以全面分析和掌握支护结构的受力情况。当监测的内力出现异常时，可以分析其是属于设计原因还是属于施工原因等，以利针对性地采取措施。

9.9　基坑支护桩工程实例分析

9.9.1　工程概况

宁波嘉和中心位于宁波奉化江西侧市区的新中心CBD9#、10#地块。本工程总用地面积约17014m²，总建筑面积157200m²，由1幢21层的公寓楼、1幢28层公寓楼、1幢40层的办公楼及6层裙房与3层地下室组成，框架结构。基础设计采用钻孔灌注桩，桩长约55m，桩径$\phi1000$，桩身采用C45混凝土，持力层为粉砂层，入持力层深度为8m。设计要求单桩竖向最大试验荷载为15000kN（桩径$\phi1000$）。地基土物理力学参数见表9-5。

宁波嘉和中心地基土物理力学性质参数表　　　　　表 9-5

层号	岩土名称	天然含水量（%）	重度（kN/m³）	I_P	I_L	c（kPa）	φ（°）	E_s（MPa）	f_k（kPa）	q_{sk}（kPa）	q_{pk}（kPa）
1	杂填土							2.36			
3—1	淤泥质粉质黏土	45.6	17.4	18.1	1.282	9.8	4.2	9.20	80	5	
3—2	粉砂	27.5	19.1			7.5	26.8	2.62	140	16	
4	黏土	44.0	17.46	20.6	0.974	15.8	5.7	6.32	100	13	
5	粉质黏土	28.3	19.54	15.8	0.451	56.8	7.3	9.65	210	25	
6—1	砂质粉土	28.9	19.37	11.0	1.102	18.2	23.6	8.79	200	22	
6—2	砂质粉土	30.0	19.23	9.5	1.281	13.4	23.6	6.50	220	22	
7—1	粉质黏土	33.0	18.95	15.6	0.751	26.7	6.9	7.45	180	16	
7—2	粉质黏土	24.5	19.76	13.3	0.360	60.8	8.1	12.37	235	27	
8	粉砂	19.6	20.15			9.4	30.3	11.27	260	30	1500
9	粉质黏土	27.9	19.20	15.9	0.398	63.5	11.1	8.39	220	28	
10	黏质粉土	29.8	19.19	13.3	0.767	36.4	15.0	7.03	250	26	
11—1	粉质黏土	32.6	19.01	18.7	0.501	48.2	7.1	6.90	190	25	

9.9.2 基坑围护方案

1. 基坑围护形式

根据本基坑开挖深度、用地红线、工程地质条件和环境保护等情况的综合分析后，确定基坑采用地下连续墙加内支撑的结构形式，地下连续墙厚 900mm，地下连续墙混凝土强度等级采用水下混凝土 C35。支护体系主体采用三道钢筋混凝土水平内支撑形式，办公楼区域增加第四道钢筋混凝土内支撑。基坑底被动区土体加固及二次围护均采用高压旋喷桩。

围梁和支撑均采用现浇混凝土结构。第一道支撑面标高为 —2.550m，第二道支撑面标高为 —7.800m，第三道支撑面标高为 —12.500m，第四道支撑面标高为 —15.150m。主撑构件断面 800mm×700mm，立柱断面为 ϕ900。压顶梁、第一至三道围梁和支撑均采用现浇混凝土结构，混凝土强度 C30，主筋保护层厚度为 25mm；主楼处第四道支撑采用现浇混凝土结构（本次设计按拆除形式考虑）。

要求支撑钢筋应按受拉钢筋要求焊接，支撑地模须严格整平，按中心受压构件要求控制纵向轴线的偏差。支撑地模必须平整可靠，防止浇捣混凝土时支撑产生变形。主支撑宜一次浇筑完成，不留施工缝。

基坑底被动区土体加固及二次围护均采用高压旋喷桩，水泥搅拌桩施工采用多次喷浆工艺；水泥搅拌桩桩径为 ϕ600，桩间搭接为 150，采用普通 32.5 级水泥，水泥掺合比为 13%，水灰比为 0.5。为加快施工进度，加入适量早强剂。

2. 基坑外排水设置

在基坑外侧设排水明沟，根据实际施工情况每隔 20m 左右设一个集中排水井；基坑内根据实际施工情况设纵横向排水沟及集中排水井，坑内排水沟及集水井应尽量远离连续墙。在基坑开挖及基础施工时，对基坑内排水沟及集水井的数量和位置合理地调整，做好基坑内外有组织的排水工作，确保基坑内土体不受水浸泡。

3. 设计建议施工程序

设连续墙顶冠梁、车辆进出通道加固梁板→设地表、坡面混凝土面层，并设好地表排水明沟及集水井→基坑内外区分块分层卸土至第一道围梁面标高（保留基坑中部土体）→挖地槽至第一道围梁及支撑底标高，设水平围梁及支撑→分区分块分层放坡开挖土体至第二道围梁支撑面标高→挖地槽至第二道围梁及支撑底标高，并设第二道水平围梁及支撑→分区分块分层放坡开挖土体至第三道围梁支撑面标高→基坑北区设轻型井点降水→挖地槽至第三道围梁及支撑底标高，并设第三道水平围梁及支撑→（裙楼部分）→分区分块分层放坡开挖土体至地下室底板底标高→办公楼区域设第四道支撑→人工边修土边设坑底混凝土垫层，并设好坑底集中降水→挖承台及地梁土体→施工群楼地梁、承台及底板→主楼区域底板垫层改为钢筋混凝土垫层→挖井道土体，并及时设井底垫层→拆除第四支撑，主楼底板施工→拆除第三道支撑→施工地下二层楼板（-10.000），设置汽车坡道部位临时转换支撑→拆除第二道支撑→施工地下二层顶板（-5.500），设置汽车坡道部位临时转换支撑→拆除第一道支撑→施工夹层楼板（-3.100）→±0.000。

9.9.3 基坑监测方案

由于本基坑开挖面积和挖深较大，施工周期较长，周边环境复杂，基坑开挖和地下室施工期间不可避免地会对基坑外侧1.5～2倍挖深范围内的四周环境产生不利影响，基坑土体开挖施工（及连续墙施工）及地下室施工期间加强对基坑支护结构、工程桩、邻近建（构）筑物、道路及地下管线的监测，监测主要包括以下一些内容（基坑监测平面布置见图9-21）：

1. 深层土体位移监测

在基坑支护结构外侧四周埋设测斜管，埋深约为35m，测斜管共13根；观测孔宜在基坑施工前15d埋设。在试成槽阶段，选点对墙幅外深层土体位移进行监测（位置

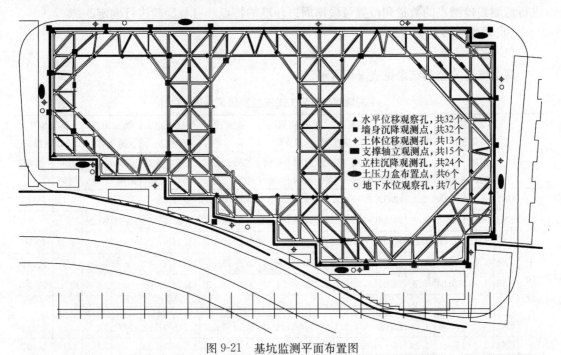

图 9-21 基坑监测平面布置图

见图 9-21)。

2. 支撑轴力监测

在关键支撑处设置钢筋应力计进行轴力监测,第一至第三道支撑每道设 15 处,第四道支撑 4 处。

3. 墙身应力监测

在典型墙幅处设置钢筋应力计进行墙身应力监测,共设 6 幅,每幅设 7 点。

4. 墙身变形监测

在典型墙幅处对墙身变形进行监测,共设 6 幅,每幅设一根测管。

5. 水平位移监测

压顶梁、水平围梁、工程桩及基坑外的建(构)筑物上设点进行水平位移观测,随时掌握墙顶、围梁、工程桩及坑外建(构)筑物的水平变位情况。其中在压顶梁和第一道水平围梁上暂定为各设 32 点。

6. 沉降监测

在立柱、支撑节点、压顶梁顶、基坑内外土体设点进行沉降观测,以掌握基坑开挖过程中支撑体系竖向变位、基坑内土体隆起、基坑外土体沉陷等情况。其中立柱沉降观测点暂定 24 个,墙身沉降观测点暂定 32 个。

7. 地下水位监测

在基坑四周埋设观测孔对地下水位进行监测,地下水位监测孔共 7 个,孔深约 20m。

8. 水土压力监测

地下连续墙后埋置土压力盒(平面 6 点),监测开挖过程中墙后水土压力的变化。

9. 周边环境监测

设点对周边房屋的墙体侧向变形、相邻房屋沉降、倾斜及裂缝、周边道路沉降及变形进行监测。检测点的数量和位置可根据周边环境的特点和自身经验进行确定。

10. 周边管线监测

11. 监测结果

深基坑部分监测结果见表 9-6 所示。

基坑围护各施工工况监测值汇总表　　　　表 9-6

		挖到第一道支撑		挖到第二道支撑		挖到第三道支撑		挖到第四道支撑		挖到设计标高		底板浇筑完毕		拆除第四道支撑		拆除第三道支撑	
		监测时间	监测值	监测时间	监测值	监测时间	监测值	监测时间	监测值	监测时间	监测值	监测时间	监测值	监测时间	监测值	监测时间	监测值
深层土体位移	CX1	4.2	5.33	5.2	12.59	6.15	25.84	7.26	39.74	9.26	55.63	12.29	58.03			1.12	58.27
	CX2	4.3	6.69	5.9	19.36	6.25	32.19	7.26	51.81	9.26	67.67	1.3	71.19	11.22	70.36		
	CX3	4.12	9.44	5.28	18.65	7.8	29.9	—	—	9.13	46.7	11.14	47.21	—	—	1.8	49.07
	CX4	4.13	9.91	5.22	14.28	7.4	15.48	8.4	36.3	9.9	44.64	11.14	47.42	—	—	1.8	52.12
	CX5	4.10	10.04	5.5	16.01	6.27	17.01	8.3	23.90	9.15	25.27	11.24	27.64			12.15	27.77
	CX6	4.6	8.52	5.2	15.16	6.19	31.72	8.2	38.54	9.6	44.58			10.30	48.02		
	CX7	4.1	5.59	4.24	12.63	6.3	23.94	7.20	23.49	8.20	28.57	12.29	37.92	11.22	37.54		
	CX8	3.30	5.04	4.24	16.07	6.3	24.38	7.20	21.54	8.31	29.24	12.29	35.93			1.12	36.42

续表

		挖到第一道支撑		挖到第二道支撑		挖到第三道支撑		挖到第四道支撑		挖到设计标高		底板浇筑完毕		拆除第四道支撑		拆除第三道支撑	
		监测时间	监测值	监测时间	监测值	监测时间	监测值	监测时间	监测值	监测时间	监测值	监测时间	监测值	监测时间	监测值	监测时间	监测值
墙身位移	QS1	4.13	12.21	5.14	17.62	7.8	34.02	—	—	9.13	57.2	1.3	56.43	—	—	—	—
	QS2	4.12	12.7	5.12	19.21	7.1	30.33	8.4	53.19	9.2	50.06	11.14	54.14	—	—	1.8	57.66
	QS3	4.9	8.06	5.5	20.23	6.24	38.73	8.4	39.1	9.15	57.12	11.24	58.05	10.27	58.19	12.7	60.08
	QS4	4.3	7.25	4.30	17.36	6.13	23.12	7.31	20.58	7.31	20.46	—	—	—	—	—	—
	QS5	3.29	4.53	4.24	19.69	6.7	33.37	7.18	50.96	8.31	58.3	12.29	62.35	—	—	1.12	62.73
地下水位变化	SW1	4.2	—	5.2	—	6.15	—	7.26	−115	9.26	−200	12.29	−300	11.22	−270	1.12	−170
	SW2	4.3	—	5.9	—	6.25	—	7.26	−145	9.26	−280	1.3	−300	—	—	—	—
	SW3	4.12	—	5.28	—	7.8	−145	—	—	9.13	−450	11.14	−490	—	—	1.8	−390
	SW4	4.13	—	5.22	—	7.4	−545	8.4	−650	9.9	−820	11.14	−930	—	—	1.8	−915
	SW5	4.6	—	5.2	—	6.19	—	8.2	−820	9.6	−915	—	—	10.30	−1115	—	—
	SW6	4.1	—	4.24	—	6.3	—	7.20	−625	8.20	−670	12.29	−885	11.22	−885	—	—
	SW7	3.30	—	4.24	—	6.3	—	7.20	−890	8.31	−1660	12.29	−1715	—	—	1.12	−1500

注：深层土体位移、连续墙身位移和地下水位变化的单位为"mm"。

从表 9-6 中可以看出深基坑开挖过程中深层土体的最大位移、墙身位移和地下水位的变化情况。根据这一变化情况可以指导挖土施工作业。

9.10 边坡抗滑桩的设计

抗滑桩（slope anti-slide pile）在港口码头及路堤边坡等的设计中应用十分广泛，在土坡或地基中，桩的抗滑稳定作用，是桩本身刚度提供的抗滑力，它直接阻止土体的滑动。

抗滑桩的工作原理如图 9-22 所示，一滑坡断面，AB 为抗滑桩，它的一部分 BC 埋在滑面以下。当桩左侧的滑坡体（称为上块）有向右变形的趋势时，抗滑桩上将承受一个荷载 P（也就是对滑坡体提供了一个反力 P）。抗滑桩在这个荷载作用下，是依靠埋入滑面以下部分的锚固作用以及"下块"的被动抗力 P' 来维持稳定的。因此，在有明显滑动面，而滑动面以下有较完整的基岩或密实的基础，能提供足够的锚固力的情况下，设置抗滑桩能够有效提高边坡的稳定性。

9.10.1 抗滑桩设计的要求

抗滑桩的设计主要包括以下一些要求：

1）整个滑坡体具有足够的稳定性，即抗滑稳定安全系数满足设计要求，保证滑体不越过桩底，不从桩间挤出。

2）桩身要有足够的强度和稳定

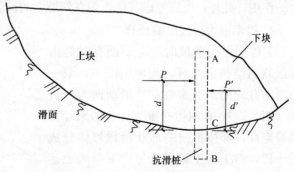

图 9-22 抗滑桩阻滑原理

性，桩的断面和配筋合理，能满足桩内应力和桩身变形的要求。

3）桩周的地基抗力和滑体的变形在容许范围内。

4）抗滑桩的间距、尺寸、埋深等都较适当，保证安全，方便施工，并使工程量最省。

9.10.2 滑坡的力系分析

边坡的稳定计算，主要是滑动破坏的计算。目前大多仍是按照库伦定律或由此引申的准则进行。计算时，将滑体视为均质刚性体，不考虑滑体本身的变形，然后对边界条件加以简化以便于计算，如：将滑动面简化为平面，折面或弧面等；将立体问题简化为平面问题；将均布力简化为集中力等。滑坡推力的计算方法如下：

1. 滑动面为一平面时的计算

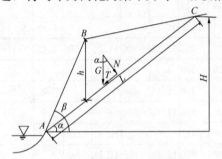

图 9-23 边坡稳定计算剖面图

滑动面为一平面时，是最简单的情况，在由软弱面控制的顺层滑坡中常可见到。假定只考虑岩体自重，不考虑侧向切割面的摩擦阻力，垂直于滑动方向取一个单位宽度计算。沿滑动方向的剖面如图 9-23 所示。AC 为滑动面，其长度为 L，滑体 ABC 的重量为 G，下滑力为 $G\sin\alpha$，抗滑力为 $G\cos\alpha\tan\varphi+cL$（$\varphi$—内摩擦角，$c$—黏聚力）。

安全系数 K 可按下式计算：

$$K = \frac{界面抗滑力}{滑坡下滑力} = \frac{G\cos\alpha\tan\varphi + cL}{G\sin\alpha} = \frac{\tan\varphi}{\tan\alpha} + \frac{cL}{G\sin\alpha} \tag{9-21}$$

假如滑体断面 ABC 为三角形，$G = \frac{\gamma}{2}hL\cos\alpha$，代入上式简化后得：

$$K = \frac{\tan\varphi}{\tan\alpha} + \frac{4c}{\gamma h \sin 2\alpha} \tag{9-22}$$

式中　h——滑坡体高度；

　　　γ——岩石重度；

　　　K——安全系数，《岩土工程勘察规范》（GB 50021—2001）规定，一般取 1.10～1.25。

从上式可以看出，边坡的稳定安全系数是随着 α 角和滑体高度 h 的增加而降低，随着 φ、c 值的增加而增大。

大多数边坡发生破坏时，均是在有水渗入岩体后发生。因此，一般计算时应考虑水压力的作用。此外，尚应考虑其他作用在斜坡上的荷载以及地震力等。

2. 滑动面为折线时的计算

岩体中发生滑坡时，滑动面有时是由几组软弱结构面组成。此种情况下，取一沿滑动方向的剖面来看，其滑动面为一折线（图 9-24），此时可按推力计算法来计算其稳定性，即按折线的形状将滑坡体分成若干段，自上而下逐段计算，下滑力也逐段向下传递，算至末段即可判断其整体的

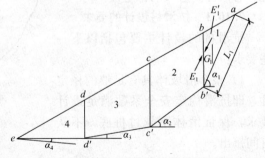

图 9-24 滑动面为折线的滑坡剖面图

稳定性。计算步骤如下：

取垂直于剖面方向为一个单位宽度，按滑动面形状分为 4 段，每段滑动面均为直线。

第一段滑体 abb' 的静力平衡计算（图 9-25a）：
$$E_1 + G_1\cos\alpha_1\tan\varphi_1 + c_1L_1 - KG_1\sin\alpha_1 = 0$$
或
$$E_1 = KG_1\sin\alpha_1 - G_1\cos\alpha_1\tan\varphi_1 - c_1L_1 \tag{9-23}$$

式中 E_1——第二段滑体 $bcc'b'$ 对第一段滑体的推力（图 9-25a），作用方向平行于 ab' 滑动面。假定向上为正值。

其他符号同前。

第二段滑体 $bcc'b'$ 的静力平衡计算（图 9-25b）：在计算第二段滑体时，除滑体 $bcc'b'$ 本身的重量产生的下滑力和抗滑力外，还有第一段滑体传递过来的推力 E_1'，它与上式中的 E_1 大小相等方向相反，也可称做第一段的剩余下滑力，此外还有第三块滑体对第二块滑体的推力 E_2，它平行于滑动面 $b'c'$，假定向上为正值（若计算结果为负值即为向下）。

$$E_2 = KG_2\sin\alpha_2 - G_2\cos\alpha_2\tan\varphi_2 - c_2L_2 + E_1'\cos(\alpha_1-\alpha_2) - E_1'\sin(\alpha_1-\alpha_2)\tan\varphi_2$$

式中 E_2——第三块滑体对第二块滑体的推力。

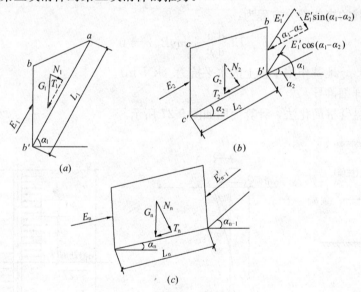

图 9-25 滑体分段计算示意图
(a) abb' 段滑体；(b) $bcc'b'$ 段滑体；(c) 任意一段滑体剖面

同理，可列出任何一段的平衡式（图 9-25c）：
$$E_i = KG_i\sin\alpha_i - G_i\cos\alpha_i\tan\varphi_i - c_iL_i + E_{i-1}'\cos(\alpha_{i-1}-\alpha_i) - E_{i-1}'\sin(\alpha_{i-1}-\alpha_i)\tan\varphi_i$$

令
$$\psi = \cos(\alpha_{i-1}-\alpha_i) - \sin(\alpha_{i-1}-\alpha_i)\tan\varphi_i$$

则：
$$E_i = KG_i\sin\alpha_i - G_i\cos\alpha_i\tan\varphi_i - c_iL_i + \psi \cdot E_{i-1}' \tag{9-24}$$

式中 ψ——力的传递系数，其他参数同上。

按上述步骤依次计算至最后一段推力（m 段的推力记作 E_m）。若 $E_m \leqslant 0$，即 m 段没有推力，斜坡是稳定的；若 $E_m > 0$，说明 m 段还有推力，所以斜坡是不稳定的。通过计

算可知推力 E_i 在各段分布的情况，但在计算中，如果 E_i 出现负值时，表示滑坡推力不再向下一段传递，亦即滑坡岩体已经稳定，所以这时是安全的。

在实际工程中，我们可以通过先假定最后一段 $E_m=0$，代入式 9-24，求得再依次向前一段回推，最终求得安全系数 K，若 $K>1$（《岩土工程勘察规范》（GB 50021—2001）规定 $K=1.10\sim1.25$），这时滑坡是安全的。

3. 抗滑桩推力分析

推力在桩上的分布可根据滑体性质来确定。当滑体为黏聚力较大的黏土、土夹石、较完整的岩层时，滑体系均匀下向蠕动，或整体向下移动，故推力分布可按矩形考虑；当滑体为松散体、堆积层或破碎岩层时，推力分布可按三角形考虑；当滑体不属上述情况，而介于二者之间时，推力分布可按抛物线形或简化为梯形考虑。推力在桩上的分布，实际上还与桩的变形情况、桩前滑体产生抗力的性质、滑动面土的性质及滑动面倾角大小等因素有关，是一个尚需进一步研究的问题。

9.10.3 桩身内力的计算

抗滑桩桩身内力的计算可以采用前面介绍的 m 法求解，如图 9-26 所示，抗滑桩滑动面上受水平荷载的挠曲微分方程为：

$$EI\frac{d^4x}{dy^4} + myB_p x = 0 \tag{9-25}$$

式中 $myB_p x$——地基作用于桩上的水平抗力（kN/m）。

这里不再详细推导。

下面介绍悬臂桩简化法，计算简图如图 9-27 所示。

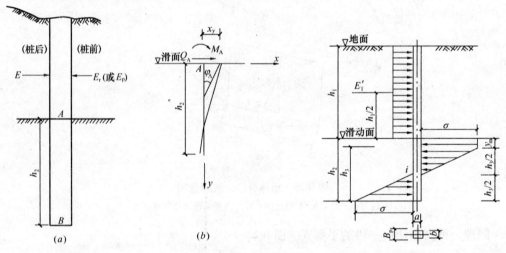

图 9-26 抗滑桩的计算图式
(a) 弹性桩所受外荷载；(b) 弹性桩的内力和变位

图 9-27 简化法计算简图

滑动面以上（受荷段）桩的计算与悬臂桩法完全一样。滑动面以下（锚固段）的计算，采用地层的侧壁容许应力作为控制值，求出桩的最小锚固深度后，再根据桩的侧壁应力图计算桩的内力。

1. 基本假定

1) 同地层相比较，假定桩为刚性的；

2）忽略桩与周围岩土间的摩擦力、粘结力；

3）锚固段地层的侧壁应力呈直线变化，其中滑动面和桩底地层的侧壁应力发挥一致，并等于侧壁容许应力；滑动面以下一定深度范围内的侧壁应力假定相同，并设此等压段内的应力之和等于受荷段荷载。

2. 基本公式

1）荷载按矩形分布时

$$桩的最小锚固深度 \quad h_{2\min} = \frac{E'_T}{[\sigma]B_p} + \sqrt{\frac{3E'_T}{[\sigma]B_p}\left[\frac{E'_T}{[\sigma]B_p} + h_1\right]} \tag{9-26}$$

以上式中 E'_T——荷载，即每根桩承受的滑坡推力与抗滑力之差（kN）；

h_1——桩的受荷段长度（m）；

y_m——锚固段地层达$[\sigma]$区的厚度（m）；

h_3——锚固段地层弹性区厚度（m）；

B_p——桩的计算宽度（m）。

2）荷载按三角形分布时

这种情况，只需将前种情况荷载 E'_T 的作用点至滑动面的距离 $h_1/2$ 改为 $h_1/3$，同样可导出桩的最小锚固深度：

$$h_{2\min} = \frac{E'_T}{[\sigma]B_p} + \sqrt{\frac{E'_T}{[\sigma]B_p}\left[\frac{E'_T}{[\sigma]B_p} + 2h_1\right]} \tag{9-27}$$

其余计算两者完全相同。

9.10.4 滑坡抗滑桩治理工程实例

1. 工程概况

杭州市郊来龙山山顶高程约 150m，城市防洪枢纽北渠环绕来龙山山脚，南侧山脚下省级公路需要扩建加宽，西侧为某中学。自 20 世纪 70 年代北渠开凿以来，来龙山时有滑坡现象，近年来由于公路拓宽施工，中学操场开挖扩大，滑坡现象日益明显，严重影响生命财产安全，所以必须进行监测处理。

2. 滑坡体的地质条件

场区属低山丘陵向河流堆积平地过渡型地貌，总体地势东高西低，由来龙山低山丘陵向西渐过渡为残丘，再过渡为河流堆积相平地。

来龙山山脊大致呈北东——南西向，最高山峰高程 193.2m，场区位于来龙山西南段，山脊高程 95.0～127.3m，坡脚地面高程 13～17m，山坡地形上陡下缓，坡度 20°～35°，坡面地形较完整，无深切冲沟。坡脚下南为公路，西为中学。

勘察揭示，场地主要由二类岩石构成，除了场区东部（山坡上部）为砂岩区下部为花岗岩区以外，其余区域均由花岗岩构成。

各岩土层工程地质特征从上而下为：

①杂填土或耕植土；②坡洪积层；③风化残积层，可分为两个亚层；③-1 粉质黏土层；③-2 砂岩风化残积层；④-1 全风化花岗岩；④-2 强风化花岗岩；④-3 中风化花岗岩；⑤细砂岩；⑤-1 全风化砂岩；⑤-2 强风化砂岩；⑤-3 中风化砂岩。

场区地下水类型可分为松散岩类孔隙水和基岩裂隙水。

裂隙水：主要赋存于岩石风化破碎带和节理裂隙带内，裂隙水由大气降雨水和上部孔隙水补给，其富水性受构造及裂隙发育控制，场区裂隙水一般为潜水，局部为微弱承压水，据观测，承压水水头高出开挖地面2.71m，流量约0.56L/min。

孔隙水：场地山坡的覆盖层和全风化土层深厚，分布广，是孔隙水的主要赋存场所，属潜水类型，直接受大气降水补给，向坡脚排泄。

勘察报告中通过进行了竖井现场渗水试验、钻孔注水、压水试验及室内原状土样渗透试验，可知来龙山滑坡区域土体的渗透系数较大，特别是黏土夹碎石层和粉质黏土层，十分有利于雨水的下渗。此外土体中形成稳定的渗流压力，对边坡的稳定不利。

来龙山滑坡成因分析：来龙山场区地形上陡下缓，坡度20°～30°。山坡多处被开挖临空和坡面梯形改造，地形呈多级台阶状。坡面改造，破坏了自然排水条件，造成地表水排泄不畅，以垂直下渗为主。场区高程80m以下山坡，黏土夹碎石层和粉质黏土层土体孔隙比较大，达到0.5～1.14，而且渗透系数达到1.56×10^{-3}cm/s，土体的渗透性较好，极易使地表水入渗，同时也为地下水的赋存提供了良好条件，同时也增加了作用在滑坡上的外力。黏土层部分位于地下水位以下，处于软塑状态，强度很低。雨季地表水渗入到该层土体中，使地下水位升高，坡体内土体的含水量增加。粉质黏土土质松软，处于软～可塑状态，大部分均位于地下水位以下，该层土体强度较低，容易引发山体滑坡。

大气降水是本区地下水的主要补给来源。此地区6～7月份雨季期间，降雨量大，暴雨、特大暴雨频发，降雨量集中。地表经过人工翻耕，致使表层土质疏松，地表难以形成径流，地表水下渗，增加了山坡土体的含水量，降低土体的抗剪强度，滑面上的抗滑力随之下降。同时下渗的地下水抬高了地下水位面，使坡体中的水位差增加，地下水的渗流速度加大，地下水渗流过程中的水压力随之增大。上述因素都导致土体滑动，山坡体开裂。坡体中的各种裂缝的存在反过来又增加了地下水的下渗，促使滑坡进一步产生位移。

3. 滑坡体及抗滑桩的设计

本次滑坡治理的目的是保证来龙山西麓的山体稳定及其周边建（构）筑物的安全，D区主要采取坡顶大面积卸土，坡面中部锚杆喷浆加固，坡脚上方土层中设置抗滑桩支挡结构，公路边坡脚处采用加筋土挡墙支护，北渠边部分回填夯实，见图9-28。

1）地表排水措施

在滑坡体外以及滑坡体内设置多道地表截水天沟和明沟，拦截地表径流，并引向北渠或坡体以外排出。明沟及天沟均采用钢筋混凝土制作。

2）上部土层坡面采用削坡、减重和反压方法

坡顶大面积卸土，以减轻滑坡体的重量，减缓滑坡速度。

3）坡面中部土层锚杆喷浆加固

刷方土坡坡顶采用锚杆注浆加固。锚杆长18m，间距1.5m。土锚采用$\phi32$ II级钢筋，锚孔孔径$\phi100$，孔内灌注25N/mm²砂浆，各锚杆之间相互用钢筋焊接成网格状并加格栅式混凝土梁框架护坡面。格栅中间土体绿化。

4）靠近坡脚上部土体中采用抗滑桩支挡设计

抗滑桩采用钻孔灌注桩，共70根，双排间距4.5m，桩径1500mm，桩长40m，桩间距4.5m。抗滑桩配筋20根$\phi25$通长，混凝土强度等级C30。抗滑桩之间用连系梁相互连接以增加整体刚性。

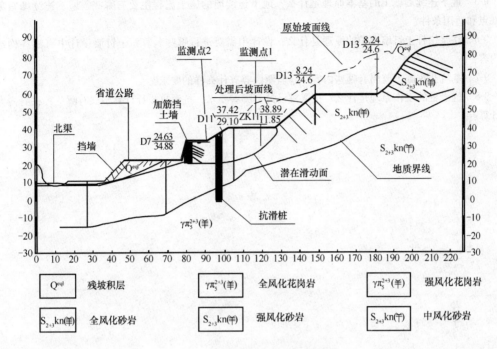

图 9-28 D 区削坡施工前后剖面图

抗滑桩施工采用跳挖式施工,至少间隔 2 根桩,严禁大断面同时开挖。施工时先施工抗滑桩,开挖至横梁处,然后横梁与抗滑桩一起浇注。

5) 坡脚采用加筋土挡墙加固以保护拓宽公路边坡不受塌方影响

加筋土挡墙面板采用矩形混凝土预制槽板,厚 18cm,强度等级 C25。

6) 刷方后的土坡,结合排水沟设计进行综合绿化处理以美化环境

4. 滑坡体治理前后的监测

对滑坡体进行监测,主要任务是对地质灾害进行变形监测和治理效果检查监测。整个监测系统包括监测传感器埋设、现场测试、数据处理分析、信息反馈等环节,以便能及时、快速对滑坡变形过程进行分析反馈。主要监测内容包括以下几个方面:

1) 深层土体水平位移监测;
2) 地下水位变化监测;
3) 抗滑桩内力监测。

思 考 题

9-1 深基坑支护结构有哪几种基本类型?各种支护结构适用的场地、地层条件是什么?适合多大的开挖深度?各有哪些优缺点?

9-2 水土分算和水土合算方法的适用条件各是什么?如何计算水土压力?

9-3 自立式水泥土墙的设计包括哪些内容?嵌固深度如何计算?墙体厚度如何计算?正截面承载力如何验算?有哪些构造上的要求?

9-4 排桩支护结构设计一般包含哪些内容?嵌固深度如何计算?桩墙锚杆如何计算?排桩内支撑如何布置?支撑构件截面承载力计算如何验算?支撑构件的变形应符合哪些规定?支护结构有哪些施工要求?排桩支护结构有哪些构造要求?

9-5 地下连续墙施工的基本原理是什么？地下连续墙的施工流程主要有哪些？地下连续墙有哪些优缺点和适用条件？

9-6 注浆锚杆土钉墙支护的原理是什么？设计中需要进行哪些验算？土钉墙设计中有哪些构造要求内容？

9-7 基坑开挖施工监测有哪些内容？各监测内容有什么样的要求？

9-8 抗滑桩的工作原理是什么？抗滑桩设计有哪些要求？抗滑桩设计计算步骤有哪些？桩身内力如何计算？

第 10 章 桩基工程试验与检测

10.1 概 述

桩基础通常在地下或水下，属隐蔽工程。桩基础工程的质量直接关系到整个建筑物的安危。桩基础施工程序繁琐、技术要求高、施工难度大，容易出现质量问题。因此，桩基础工程的试验和质量检验尤为重要，设计前、施工中和施工后都要进行必要的试验和检验。随着我国基本建设的迅猛发展，以及桩基础的大量应用，从事桩基础工程检测的队伍必将日益壮大。随着科学技术的发展，桩基工程检测技术也在不断更新和提高。

本章主要介绍了桩基室内模型试验内容与现场检测内容、模型桩室内静载试验、模型桩室内离心试验、桩基现场成孔质量检测、桩身混凝土钻芯取样法检测、低应变反射波法检测桩身质量、孔中超声波法检测桩身质量、桩基承载力检测方法、基桩高应变检测、自平衡法检测原理等内容。

学完本章后应掌握以下内容：
(1) 桩基室内模型试验与桩基现场检测包含的内容；
(2) 模型桩室内静载试验设计内容与方法；
(3) 模型桩室内离心试验的原理与试验方法；
(4) 桩基现场成孔质量检测内容与试验方法；
(5) 钻芯取样法检测桩身质量的方法；
(6) 低应变反射波法检测桩身质量内容与方法；
(7) 孔中超声波法检测桩身质量内容与方法；
(8) 高应变检测内容与方法；
(9) 自平衡法检测原理。

学习中应注意回答以下问题：
(1) 桩基室内模型试验研究的问题主要包括哪些方面？桩基现场检测包括哪些内容？
(2) 模型桩室内静载试验的设计包括哪三个方面内容？
(3) 模型桩室内离心试验的原理是什么？离心试验主要装备有哪些？有哪些试验步骤？
(4) 桩基现场成孔质量检测的目的是什么？成孔质量检验标准有哪些？如何进行桩位偏差检查？桩孔径、垂直度的检测有哪些方法？孔底沉渣厚度如何检测？
(5) 钻芯法检测的目的与适用范围？钻芯法检测的设备及现场操作方法？芯样试件抗压强度如何计算？检测数据的分析与判定方法？
(6) 低应变反射波法检测桩身质量的原理是什么？反射波法有哪些典型的波形特征？如何确定桩长及桩身缺陷位置？桩身完整性程度分析的方法是什么？反射波法测试仪器及

测试方法?

（7）孔中超声波法检测桩身质量的原理是什么？超声波法检测的仪器与检测方法有哪些？如何判定桩身混凝土缺陷？

（8）高应变动测的原理是什么？高应变动测法如何进行桩身质量的检验及承载力的计算？

（9）什么是自平衡法检测？自平衡法检测原理是什么？

10.2 桩基室内模型试验内容与现场检测内容

10.2.1 桩的室内模型试验内容

桩基工程研究中，在不宜进行原型试验时，可以采用室内模型试验作为一种有效方法。

桩的室内模型试验（model test of pile）是根据桩基的实际工作状态，建立与原型具有相似性规律的模型，通过控制试验条件，研究桩基的受力变形等特性的试验，它包括模型桩室内静载试验和模型桩室内离心试验两种，在试验中要注意尺寸效应的影响，因为模型桩可以依工程桩按比例缩小，但土颗粒及土、水应力状态不能按比例缩小。但桩基室内模型试验可以发现桩承载力与变形特性的变化规律供设计和研究使用。桩基室内模型试验研究的问题大致包括以下几个方面：

1) 桩基受力特性（mechanics property of pile foundation）；
2) 桩基变形特性（deformation property of pile foundation）；
3) 桩基稳定性问题（stability problem of pile foundation）；
4) 桩基设计参数问题（design parameters problem of pile foundation）；
5) 桩基施工中的问题（construction problem of pile foundation）。

10.2.2 桩基现场检测内容

桩基础在施工中容易出现各种质量问题，因此桩基工程的试验、检测、验收工作非常重要。桩基的主要检测内容和检测方法见表10-1。

桩基检测方法及检验目的   表10-1

检测内容	检测目的	检测时间
各类成孔检测法	孔径、垂直度、沉渣厚度	成孔后立即检测
单桩竖向抗压静载试验	确定单桩竖向抗压极限承载力；判定竖向抗压承载力是否满足设计要求；通过桩身内力及变形测试，测定桩侧摩阻力、桩端阻力	桩身混凝土强度达到设计要求；休止期：砂土，7d；粉土，10d；非饱和黏性土，15d；饱和黏性土，25d
单桩竖向抗拔静载试验	确定单桩竖向抗拔极限承载力；判定竖向抗拔承载力是否满足设计要求；通过桩身内力及变形测试，测定桩的抗拔摩阻力	同上
单桩水平静载试验	确定单桩水平临界和极限承载力，推定土抗力参数；判定水平承载力是否满足设计要求；通过桩身内力及变形测试，测定桩身弯矩和挠曲	同上
钻芯法	检测灌注桩桩长、桩身混凝土强度、桩底沉渣厚度，判定或鉴别桩底岩土性状，判断桩身完整性类别	28d以上

续表

检测内容	检测目的	检测时间
低应变法	检测桩身缺陷及其位置,判定桩身完整性类别	混凝土强度达到设计强度的70%,约14d左右,且不小于15MPa
高应变法	判定单桩竖向抗压承载力是否满足设计要求;检测桩身缺陷及其位置,判断桩身完整性类别;分析桩侧和桩端土阻力	同静载试验
声波透射法	检测灌注桩桩身混凝土的均匀性、桩身缺陷及其位置,判定桩身完整性类别	混凝土强度达到设计强度的70%,约14d左右,且不小于15MPa

10.3 模型桩室内静载试验

桩基的模型试验一般属于科学研究性试验。在明确试验目的的基础上,桩基模型试验设计一般包括以下三个方面:模型桩设计(design of model pile)、荷载装置设计(design of loading experiment)和试验观测设计(design of experimental observation)。

10.3.1 模型桩室内静载试验设计

根据模型试验和原型试验的力学性能的相似关系,确定模型桩的材料、数量、直径、长度、布置方式和桩身测试元件的埋设等。

目前,桩身测试元件采用较多的是电阻应变片。在模型桩的适当位置埋设电阻应变片,可以得到相应的桩身轴力、弯矩和剪力的变化情况。

在进行模型桩设计时,需考虑地基土的模拟方法和有关技术。若地基土为砂、砾砂等,试验前应确定其颗粒级配;若地基土为黏性土,需确定其密实度和固结情况。

10.3.2 模型桩室内静载试验装置设计

荷载装置设计首先必须明确荷载类型,即桩基承受的是静载还是动载,是水平荷载还是竖向荷载。试验的加载装置因试验类型不同而不同,现场小尺寸模型试验可以采用堆载平台装置或锚桩反力装置施加竖向荷载,当室内模型试验所施加的荷载较小时,可采用砝码加载。

根据试验目的要求,规定荷载分级、每级加载量、加卸载速度和间歇时间,并确定变形的稳定标准。

10.3.3 模型桩室内静载试验观测设计

模型试验观测设计主要是确定观测项目、测点布置、仪器选择、观测方法等,各设计内容的特点见表10-2。

模型试验观测设计内容　　表 10-2

设计内容	特点
观测项目	模型试验观测主要作变形测定,如桩或土层的沉降、水平位移、应变、裂缝以及桩或承台的刚体变位等观测
测点布置	1)在满足试验目的的前提下,测点宜少不宜多,保证效率和质量; 2)测点位置必须有代表性,如沉降、位移测点应布在最大沉降和最大位移发生处,应变测点按要求布置在最大受力处或桩身中性轴上等; 3)测点位置对试验观测应该是方便、安全的

设计内容	特　　点
仪器选择	1) 选择观测仪器时，须先充分掌握其性能，根据实际情况选择使用既符合试验要求又简便的量测仪器，不可盲目采用高准确度、高灵敏度的精密仪器； 2) 要求观测仪器型号、规格尽可能相同，仪器的量程应充分考虑足够应用； 3) 若有条件，尽量采用自动记录式仪器
观测方法	1) 试验观测方法与试验方案、加载程序有密切关系，在测定时应同时或基本上同时记录全部仪器的读数，若测点太多，最好分几组进行测读； 2) 观测时间应严格按试验规定进行

10.4　模型桩室内离心试验

土工离心模型试验（indoor centrifuge model experimental of pile）是一种行之有效的物理模型，是以相似理论为理论基础，将原型材料按一定比例尺制成模型后，置于由离心机生成的离心场中，通过加大土体的体积力，使模型达到与原型相同的应力状态，从而使原型与模型的变形和破坏过程保持良好的相似性，并以此来研究原型的变形和破坏。

10.4.1　室内模型试验相似定律

相似理论是说明自然界和工程科学中各种相似现象、相似原理的学说，它的理论基础是关于相似的三个定理。

1. 相似第一定理

相似第一定理为：对于相似的现象，其相似指标等于1，或其相似准则的数值相同。

相似第一定理也叫正定理，用于描述相似现象的性质，决定着模型试验必须测量哪些量。

如在两质点运动现象相似问题中，质点1有 v_1、l_1、t_1，质点2有 v_2、l_2、t_2，由于两现象相似，则有

$$\left.\begin{array}{l} v_2 = C_v v_1 \\ l_2 = C_l l_1 \\ t_2 = C_t t_1 \end{array}\right\} \tag{10-1}$$

式中　C_v、C_l、C_t 即为相似常数，同时相似常数必须满足以下这个方程：

$$\frac{C_v C_t}{C_l} = C = 1 \tag{10-2}$$

此处的常数 C 即为相似指标。将相似指标中的各相似常数还原成相应物理量的比值，得：

$$\frac{v_1 t_1}{l_1} = \frac{v_2 t_2}{l_2} = \frac{vt}{l} = 不变量 \tag{10-3}$$

此处"不变量"即为本例的相似准则。相似准则最常用于描述相似现象的性质，其特点是：(1) 无量纲；(2) 综合数群；(3) 适用的相似现象可达无数。

当用相似第一定理指导模型研究时，首先重要的是导出相似准则，然后在模型试验中测量所有与相似准则有关的物理量，借此推断原型的性能。由于各物理量处于同一准则之

中，故若几何相似得到保证，便可找到各物理量相似常数间的倍数关系。

2. 相似第二定理

相似第二定理为：设一物理系统有 n 个物理量，其中 k 个物理量的量纲是相互独立的，则它们可表示成 $(n-k)$ 个相似准则的函数关系。即

$$f(\pi_1, \pi_2, \cdots \pi_{n-k}) = 0 \quad (10-4)$$

相似第二定理也称 π 定理，它是用于描述现象研究结果如何向同类现象推广，决定模型试验中整理实验结果的原则。

3. 相似第三定理

相似第三定理为：对于同一类现象，如单值量相似，且由单值量组成的相似准则在数值上相等，则现象相似。

相似第三定理也叫逆定理，用于描述现象实现相似的根据，决定着模型试验所遵守的条件。

综上可见，相似的第一定理是数值上的要求，第二定理是物理上的要求，第三定理是相似的充分必要条件，相似理论就是通过上述三个定理实现对模型试验的指导作用。

10.4.2 土工离心机原理

在离心模型试验中，模型与原型的相似关系可由控制物理现象的微分方程或量纲分析推导出来。用模型来模拟原型，就是使模型与原型有相同的力学表现。

多年来，一些学者如 Bucky（1931）、Pokrovskii（1934）、Hubert（1937）、Schofield（1976）、Ovesen（1979）等都曾反复讨论了离心模拟原理。Schofield 对土工离心模型试验中所遵循的两个最重要的原理作了简要的概括：

1）为了在小比例模型中相应点产生与原型相同的应力，模型重量必须以模型尺寸对原型减小的比例增加。

2）由于原型所有应力在模型上确切再现，模型比原型小 n 倍，因此水力坡降为原型的 n 倍，加之渗透路径缩短 n 倍，所以模型中渗透过程发生的相对速率为原型的 n^2 倍。

表 10-3 列出了主要物理量的离心模型相似率。该表的前提是（1）加速度放大 n 倍，（2）模型尺寸为原型的 $1/n$，（3）模型材料采用与原型一致的材料。

离心模型相似率 表 10-3

内容分类	物理量	量纲	模型与原型的比例	内容分类	物理量	量纲	模型与原型的比例
几何量	长度	L	$1:n$	外部条件	速度	LT^{-1}	$1:1$
	面积	L^2	$1:n^2$		加速度	LT^{-2}	$n:1$
	体积	L^3	$1:n^3$		集中力	MLT^{-2}	$1:n^2$
材料性质	含水量		$1:1$		均布荷载	$ML^{-1}T^{-2}$	$1:1$
	密度	ML^{-3}	$1:1$		能量、力矩	ML^2T^{-2}	$1:n^3$
	容重	$ML^{-2}T^{-2}$	$n:1$		频率	T^{-1}	$n:1$
	不排水强度、凝聚力	$ML^{-1}T^{-2}$	$1:1$	性状反应	应力	$ML^{-1}T^{-2}$	$1:1$
	内摩擦角		$1:1$		应变		$1:1$
	变形系数	$ML^{-1}T^{-2}$	$1:1$		位移	L	$1:n$
	抗弯刚度	ML^3T^{-2}	$1:n^4$		时间	T	
	抗压刚度	MLT^{-2}	$1:n^2$		惯性（动态过程）		$1:n$
	渗透系数	LT^{-1}	$n:1$		渗流、固结或扩散		$1:n^2$
	质量	M	$1:n^3$		蠕变、黏滞流		$1:1$

10.4.3 模型比尺 n 的确定

对于桩基的离心模型试验而言，尽可能缩小模型的体积，能极大的减少模型各处加速度的不均匀性，从而提高试验的精度。

模型比尺 n 的选择需要综合考虑各种影响因素，比如所选原型桩的尺寸、模型箱的尺寸、离心机自身设备及模拟精度等限制。

本书 10.4.5 节实例中由于进行大直径超长桩的离心模型试验，原型桩主要桩长为 70m，有必要选用大型模型箱进行离心模型试验，因而试验选取 1000mm×900mm×1000mm（长宽高）模型箱进行试验；同时由于模拟精度的问题，模型要尽可能小，用以减小误差；还有考虑到试验量测仪器（应变片、应力计）安装难度及其量程的限制，模型应选取较大的尺寸。综合考虑，试验选取模型比尺 $n=100$。

10.4.4 离心模型试验设备

1. 离心机（centrifugal machine）

图 10-1 为南京水利科学研究院 400gt 土工离心机。该机主要由吊篮、转臂、支座、连轴器、减速器、传动轴、调速电动机及其控制器等组成，简图如 10-2 所示，表 10-4 为世界各国大型土工离心机性能。

图 10-1 400gt 大型土工离心机

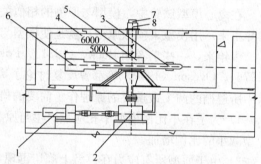

图 10-2 400gt 土工离心机剖面图（单位：mm）
1—电动机；2—减速齿轮箱；3—平衡重；4—转臂；5—加荷设备液压系统；6—吊篮；7—电滑环；8—液压滑环

世界各国大型土工离心机性能　　　　　表 10-4

单 位	时 间	有效半径（m）	模型重（kg）	加速度（g）	容量（gt）
英国曼彻斯特大学	1971	3.2	4500	130	600
日本港湾研究所	1980	3.8	2769	113	312
法国道桥研究中心	1985	5.5	2000	200	200
前联邦德国波鸿鲁尔大学	1987	4.1	2000	250	500
意大利结构模型试验所	1987	2.0	400	600	240
美国加州大学	1988	9.1	3600	300	1080
美国科罗拉多大学	1988	6.0	2000	200	400
美国桑地那试验中心	1988	7.6	7257	240	800
荷兰代尔夫特土工所	1989	6.0	5500	350	
南京水利科学研究院	1992	5.0	2000	200	400
中国水利水电科学研究院	1993	4.0	1500	300	450

续表

单 位	时 间	有效半径（m）	模型重（kg）	加速度（g）	容量（gt）
加拿大寒带海洋研究中心	1993	5.0	2200	200	220
日本竹中建设	1997	6.5	5000	200	500
日本土木研究所	1997	6.6	5000	150	400
日本西松建设	1998	3.8	1300	150	200
美国陆军水道试验站	1998	6.5	8800	350	1256
瑞士联邦技术研究院	2000	2.2	2000	440	880
香港科学技术大学	2000	4.4	4000	150	400
日本大林组	2000	7.0	7000	120	700

2. 数据采集系统（data acquisition system）

3. 计算机控制电液伺服加荷系统

计算机控制电液伺服加荷系统主要由轴套筒、作动器、大荷载反力架、控制阀、高精度的位移和测力传感器、计算机控制系统组成，如图 10-3～图 10-5 所示。

图 10-3　加荷设备液压系统

图 10-4　加荷设备计算机控制系统

10.4.5　离心模型试验实例

离心模型试验可以用来研究单桩及群桩的受力性状，下面介绍笔者课题组所做的离心模型试验内容及试验方法。

1. 模型土的基本物理力学性质

试验采用宁波嘉和中心的现场土样，其主要土层为淤泥质黏土层，因而本次试验取淤泥质黏土作为模型土的主要土质，同时考虑现场实际持力层为粉砂层，故试验在模型箱底层铺设一定厚度的粉砂层。

图 10-5　加荷设备伺服油缸

现场淤泥质黏土和粉砂的物理、力学性质指标见表 10-5。

试验土样物理力学参数表　　　　表 10-5

土　名	含水量（%）	重度（kN/m³）	孔隙比	液限（%）	塑性指数	压缩系数（MPa^{-1}）	凝聚力（kPa）	摩擦角（°）
淤泥质黏土	45.6	16.1	1.7	52.6	25.3	1.79	7	2
粉　砂	19.6	20.15	0.6			0.14	9.4	30.3

2. 地基土层的模拟

桩基的受力与变形特性取决于地基土层的物理力学特性，因此，模型地基土层的性质能否反映实际的地基土层,是离心模型试验成败的关键。

根据离心模型相似率,模型地基用料应完全取自现场土料,试验主要研究桩基的受力和变形问题,对于砂性土,以天然地基密度作为主要模拟量;对于黏性土,以地基强度指标作为主要模拟量,而其他诸如含水量、容重等参量作为次要参量近似满足相似律。

制备地基土模型时,粉砂层采用分层击实的方法;均质黏土层,用泥浆沉积固结的方法制备饱和黏土地基。

模型地基土的主要性质见表10-6。

模型地基土层的主要性质　　　　　　表10-6

土 名	厚 度 (cm)	含水量w (%)	密度ρ (g/cm³)	压缩系数 (MPa^{-1})
淤泥质黏土	65	36.5	1.64	1.81
粉 砂	25	18.5	2.05	

3. 桩基的模拟

对于选取模型桩及桩承台的尺寸时,应考虑到模型箱、最小桩距、粒径效应、边界条件等限制条件。

1) 模型箱

本试验选取离心机所能装载最大尺寸的模型箱,即 1000mm×900mm×1000mm(长宽高)模型箱进行试验。

2) 最小桩距

桩对土的影响距离是有限的,美国石油学会建议8倍的桩径,Cooke在伦敦黏土中桩试验实测约为12倍桩径。

3) 粒径效应

对于粗粒土,Craig经研究认为,桩基等结构物的尺寸与模型土的最大粒径之比应大于或等于40,模型土料的粒径不相似性不会对基础承载力特性有影响。徐光明提出结构物尺寸与最大粒径之比大于23就足够了。对于细粒土,大量研究和试验表明,细粒土粒径效应很不明显,故可以不用考虑。

4) 边界条件

Ovesen(1979)认为模型与箱壁的距离B与模型尺寸b之比应大于2.82,即$B/b>$2.82,方可以消除边界效应。徐光明和张为民则认为$B/b>3.0$时,边界效应才会不太明显。

桩基的模拟是试验的关键。桩基模拟的关键问题,一是桩基自身的变形特性要求与原型一致,二是桩基与桩侧土体的摩阻特性要求与原型一致(图10-6、图10-7)。

图10-6　模型桩

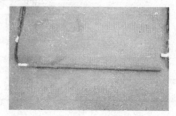

图10-7　泥皮效应

桩基入土的模拟：考虑到模拟钻孔桩，在地基土层固结完成后，在模型箱上设置基准框架，以准确确定模型桩的位置和垂直度，然后选用比桩径大 2mm 的空心管压入到所需的深度，拔出空心管，将制备好的模型桩放入孔内，最后在 100g 条件下运转 30min 再进行试验。

4. 承台的模拟

原型承台为 10m×10m×1m 的混凝土板，由模拟率可知，模型承台采用 10cm×10cm×1cm 的铝合金板，在桩位上钻一个直径与桩径相同、深 2mm 的孔（图 10-8），桩插入孔内，使桩顶在平面上的位置固定不动。承台与其底下的土完全接触，以保证试验时地基土能提供相应的反力。

承台安装时，用水准仪控制其水平度。施加竖向荷载时，荷载作用在承台的中心上，以防止发生偏心荷载。

5. 荷载的模拟

通过计算机控制的电液伺服加荷系统分级对承台施加竖向荷载。对于单桩，由于承载力较小，采用沉降控制方

图 10-8　群桩承台模型

式加荷，每次施加 0.05mm 级位移，每级荷载达到相对稳定后加下一级荷载。群桩试验采用荷载控制方式加荷载，每次施加 0.4kN，每级荷载达到相对稳定后加下一级荷载。

6. 量测技术

量测技术（measurement technology）是离心模型试验的关键之一，因需将处在高速旋转及高重力场中的模型的微小变化量测出来，难度较大。

1）桩基应变和轴力测量与计算

竖向承载试验采用电阻应变片，测出应变后，经计算和修正得到桩轴力、桩侧摩阻力等。

2）桩顶或承台沉降测量

采用非接触式的激光位移传感器测量。

3）桩顶或承台竖向荷载测量

采用应变式的荷载传感器测量。

4）测试仪器的标定

在试验前，对所有测量传感器进行标定和筛选，使其能满足试验的各项要求。

7. 试验方案

综合上述各方面的模拟技术并结合本试验的试验目的，在满足边界条件和忽略桩相互影响的情况下，在 1000mm×1000mm×900mm（长高宽）的模型箱布置了 13 组大型土工离心模型试验，表 10-7 汇总了各试验方案，桩平面布置见图 3-77。其中单桩试验桩顶露出泥面 2cm，桩身压缩应变测点布置在泥面以下 8、18、28、38、48、58、68cm 处（桩长不同，测点酌减），群桩试验桩顶与泥面基本齐平，桩身压缩应变测点布置在泥面以下 10、20、30、40、50、60cm 处。

8. 试验程序

1）模型地基制备：在 1g 环境下分层进行模型地基土层固结，使地基土达所需高度。

2）试验准备：加工模型桩、模型承台、桩安装固定架、位移传感器安装架等，桩上贴电阻应变片，处理桩表面摩阻、泥皮，标定传感器等等。

试验方案汇总表　　　　　　　　　表10-7

参　数	单　桩									2×2群桩			
桩径（cm）	1.4	1.4	1.4	1.4	1.4	1.0	1.2	1.2	1.6	1.4	1.4	1.4	1.4
桩长（cm）	50	60	70	80	70	70	70	70	70	70	70	70	70
考虑泥皮	泥皮	泥皮	泥皮	泥皮	普通	泥皮	泥皮	普通	泥皮	泥皮	泥皮	泥皮	泥皮
桩间距										2d	3d	4d	5d

3）在1g环境下插入安装模型桩，并在100g环境下运行30min。
4）安装承台（群桩）、加荷系统、测试系统。
5）在100g环境下分级施加荷载，并进行加荷过程的测试。
6）重复第3）～5）步，直到完成所有试验。
7）试验资料整理与分析。

10.5　桩基现场成孔质量检测

灌注桩成孔作业由于是在地下、水下完成，质量控制难度大，容易产生塌孔、缩颈、桩孔偏斜、沉渣过厚等问题。

因此，灌注桩在混凝土浇注前进行成孔质量检测对于控制成桩质量显得尤为重要。

10.5.1　成孔质量检验标准

我国的国家标准以及交通、建筑等行业颁布的有关桩基础施工技术及验收规范中，对混凝土灌注桩成孔质量的检验内容、检验标准、检查方法等提出了具体规定和要求。成孔质量检验的内容包括桩孔位置（pile position）、孔深（hole depth）、孔径（pile diameter）、垂直度（vertical deviation）、沉渣厚度（sediment thickness）、泥浆指标等。

1. 成孔的桩位、孔径、垂直度允许偏差

《建筑地基基础工程施工质量验收规范》（GB 50202—2002）中对灌注桩成孔的桩位、孔径、垂直度允许偏差的规定见表10-8。

灌注桩的平面位置和垂直度的允许偏差　　　　　表10-8

序号	成孔方法		桩径允许偏差（mm）	垂直度允许偏差（%）	桩位允许偏差（mm）	
					1～3根、单排桩基垂直于中心线方向和群桩基础的边桩	条形桩基沿中心线方向和群桩基础的中间桩
1	泥浆护壁钻孔桩	$D \leqslant 1000mm$	±50	<1	$D/6$，且不大于100	$D/4$，且不大于150
		$D > 1000mm$	±50		$100+0.01H$	$150+0.01H$
2	套管成孔灌注桩	$D \leqslant 500mm$	−20	<1	70	150
		$D > 500mm$			100	150
3	干成孔灌注桩		−20	−20	<1	70	150
4	人工挖孔桩		+50	+50	<0.5	50	150
			+50	+50	<1	100	200

注：1. 桩径允许偏差的负值是指个别断面；
　　2. 采用复打、反插法施工的桩，其桩径允许偏差不受上表限制；
　　3. H（m）为施工现场地面标高与桩顶设计标高的距离，D（mm）为设计桩径。

2. 成孔的孔深、泥浆密度、沉渣厚度指标

《建筑地基基础工程施工质量验收规范》(GB 50202—2002) 中对灌注桩成孔的孔深、泥浆密度、沉渣厚度指标作了如下规定：

1）孔深允许偏差为+300mm，只深不浅，嵌岩桩应确保全截面进入设计要求的嵌岩深度；

2）泥浆密度（黏土或砂性土中）允许值为 $1.15\sim1.20\text{g/cm}^3$；

3）沉渣厚度允许值：端承桩≤50mm，摩擦桩≤150mm，这里是指灌注混凝土前孔底沉渣厚度，不是桩端允许沉渣厚度。

灌注混凝土前，孔底500mm以内的泥浆密度应小于 1.25g/cm^3；含砂率≤8%；黏度≤28s。

3. 成孔质量检查方法

灌注桩成孔质量检查方法见表10-9。

成孔质量检查方法　　　　　　　　　　　　表10-9

项目	桩位	孔深	垂直度	桩径	泥浆密度	沉渣厚度
检查方法	基坑开挖前量护筒，开挖后量桩中心	只深不浅，用重锤测，或测钻杆、套筒长度	测套管或钻杆，或用超声波探测，干施工时吊垂球	井径仪或超声波检测，干施工时用钢尺量，人工挖孔桩不包括内衬厚度	用比重计测，清孔后在距孔底50cm处取样	用沉渣仪或重锤测量

10.5.2 桩位偏差检查

桩位偏差（Pile deviation），即实际桩位置偏离设计位置的差值。由于上部结构作用在基础上的荷载位置是不能变动的，桩偏位后，桩的受力状态发生了改变，即便采取补桩，加大基础底梁或承台等补救措施，也往往难以达到桩的原设计要求。桩偏位后造成的后果导致桩的可靠性降低、工程造价增加与工期延长等。

施工中由于各种因素的影响，如测量放线误差、护筒埋设时的偏差、钻机对位不正、孔空段孔斜造成的偏差、钢筋笼下设时的偏差等，都会造成桩位偏离设计位置。因此，要保证桩位的正确性，首先在施工中就应将每一个环节的偏差控制在最小范围内。

桩位中心位置的偏差要求，应满足桩的设计规定或相关的规范标准。

10.5.3 桩孔径、垂直度及孔底沉渣厚度检测

桩孔径、垂直度及孔底沉渣厚度检测（inspection of hole diameter, vertical deviation and sediment thickness）是成孔质量检测中的重要内容。目前用于孔径检测的仪器大多可同时测量桩的垂直度。这里介绍应用比较广泛的伞形孔径仪检测。

伞形孔径仪（也称井径仪，如图10-9所示）是国内目前采用较多的一种孔径测量仪器。它是由孔径仪、孔斜仪、沉渣厚度测定仪三部分组成的一个测试系统，仪器由孔径测头、自动记录仪、电动绞车等组成。仪器通过放入到桩孔中的一专用测头测得孔径的大小，通过在测头上安装的电路将孔径值转化为电信号，由电缆将电信号送到地面被仪器接收、记录，根据接收、记录的电信号值可计算或直接绘出孔径。

1. 孔径测量（measurement of hole diameter）

如图10-9所示，孔径仪测头前端有四条测腿，测腿可在弹簧和外力的作用下自动张

开、合拢，如同一把自动伞。测头放入孔中后，弹簧力使测腿自然张开并以一定的压力与孔壁接触，孔径变大则测腿张开角也变大，孔径缩小则孔壁压迫测腿收拢，测腿的张开角变小，四条测腿成两组正交分别测量两个方向的孔径值，取平均值作为某测点的孔径。当将测腿从孔底提升至孔口，随着孔径的变化，测腿可量出孔中各高程的孔径。

2. 垂直度测量（measurement of vertical deviation）

采用伞形孔径仪测试系统中配套的专用测斜仪，在孔内不同深度连续多点测量其顶角和方位角（如图10-10a），根据所测得的顶角、方位角可计算孔的倾斜度。

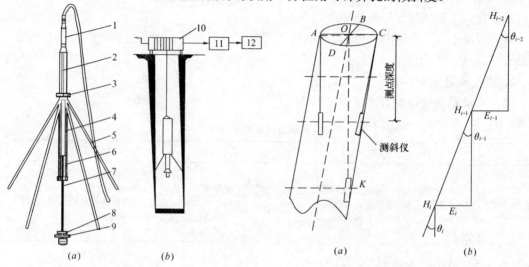

图10-9 伞形孔径仪
(a) 测头；(b) 测量原理
1—通用接头；2—密封筒；3—托手；4—压力补偿器；
5—测量腿；6—支柱；7—支撑杆；8—束缚盒；9—开腿
盒；10—电缆绞车；11—放大器；12—记录仪

图10-10 测斜仪测量垂直度
(a) 测斜方法；(b) 测斜计算

测斜仪的顶角测量利用铅垂原理，测量系统由顶角电阻（电阻值已知）、顶角测量杆组成。顶角测量杆上装有一重块并可自由摆动，使重块始终垂直于水平面，当钻孔倾斜时，顶角电阻和测量杆间就有一角度，仪器内部机构使得测量杆和顶角电阻接触，短路了一部分电阻，剩下的电阻值就是被测点的顶角。方位角测量依靠磁定向机构系统完成，系统中有定位电阻、接触片等，接触片始终保持指北状态，方位角变化时，接触片短路了一部分电阻，剩下的电阻值就是被测点的方位角。

由于桩孔垂直度主要取决于桩孔在垂直方向上的偏移量，因此实际工程检测中，一般以测量桩孔的顶角参数值为主，通过顶角值计算得到桩孔的垂直度。桩孔的垂直度计算方法如图10-10 (b) 所示，其计算公式如下。

$$E = \sum_{i=1}^{n} E_i = \sum_{i=1}^{n} (H_i - H_{i-1}) \sin\left(\frac{\theta_i - \theta_{i-1}}{2}\right) \tag{10-5}$$

$$K = \frac{E}{H} \times 100\% \tag{10-6}$$

式中 K——桩孔垂直度（%）；

E——桩孔总偏移量（m）；

H——桩孔深度（m）；

i——第 i 个测点；

n——测点总数；

H_i——测头在第 i 点的读尺深度（m）；

E_i——桩孔在读尺深度 H_{i-1} 至 H_i 的偏移量（m）；

θ_i——i 测点的顶角值（°）。

工程中桩孔的倾斜并非如图 10-10（b）所示为一条平直的倾斜线，而常常是弯曲线，要求得真实值较为复杂，因此式（10-5）采用以相邻测点 i 和 $i-1$ 的顶角值 θ_i 和 θ_{i-1} 的平均值推算偏移量 E_i，这是一种较为简便、实用的方法。

测量中测斜仪测头可沿孔壁或孔的中心向下逐点测量（如图 10-10a），测点深度可等间距也可任意间距。假设测头是沿孔壁（或孔中心）向下测量，若测量至孔底顶角值均为零度，则表示桩孔的偏移量小于孔的直径（或半径），反之，则桩孔的偏移量大于桩孔的直径（或半径）。若测头沿孔壁向下测量，孔斜仪一开始就发生非零的顶角读数，则表示孔已经偏移了某个距离。

3. 孔底沉渣厚度检测（measurement of sediment thickness）

钻孔灌注桩在成孔过程中，会产生孔底沉渣，孔底沉渣的厚薄直接影响桩端承力的发挥，沉渣太厚将使桩的承载能力大大降低，因此桩孔在灌注混凝土之前必须对沉渣厚度进行检测，必要时须进行再次清孔，直到沉渣厚度满足要求。

1）测锤法（hammering method）

测锤法设备简单、操作容易、成本低，在沉渣厚度检测中被广泛采用。测锤法原理如图 10-11 所示，测量工具为一锥形锤，锤底直径约 15cm，高度约及 22cm，质量约 5kg。测锤顶端系上测绳，把测锤慢慢沉入孔内，凭人的手感判断沉渣的顶面位置，此时，读出测绳上的深度值 h，则桩孔的深度 H 与测锤测量深度之差即为沉渣厚度值。类似测锤的还有其他形式，如铁饼锤、铜锤等，所用的测锤大小、尺寸也有不同，但测量方法是一样的。

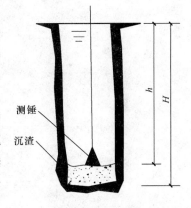

图 10-11 测锤法测量沉渣厚

由于测锤法测量需要靠人的手感来判断沉渣的顶面位置，易产生人为误差。另一方面沉渣位置深度值是通过测绳量取，而测绳的长短、松紧以及读数等也都会产生误差。总之，使用测锤法检测的精确度较低、误差较大。

2）电阻率法（electrical resistivity method）

钻孔灌注桩泥浆多为钻机钻进过程中自然形成，它的黏度和含砂量决定于土层的性质及破碎程度、循环处理的工艺，这些都会造成桩孔中泥浆的不均匀，尤其是桩孔底部未被完全破碎的土块，及含砂量大、胶体率差的泥浆被大量沉淀下来，孔底比重较大的泥浆与上部颗粒悬浮较好的泥浆存在着较明显的电性差异，电阻率法在泥浆中提供一不受土层影响的交变电场，均匀泥浆电阻率为一条直线，在沉渣界面上电场会畸变，电阻率会发生变化，利用曲线的拐点可以确定沉渣的厚度，如图 10-12 所示。

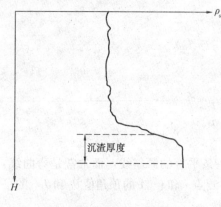

图 10-12　ρ_s—H 曲线

3）声波法（sound wave method）

声波法测定沉渣厚度的原理是利用声波在传播中遇到不同界面产生反射而制成的测定仪。测头向桩底发射声波，当声波遇到沉渣表面时，一部分声波反射回来被测头接收，另一部分声波穿过沉渣继续向孔底传播，当遇到孔底持力层原状土后，声波再次被反射回来。测头从发射到接收到第一次反射波的相隔时间为 t_1，测头从发射到接收到第二次反射波的相隔时间为 t_2，那么沉渣厚度为

$$H = \frac{(t_2 - t_1)}{2} \cdot c \tag{10-7}$$

式中　H——沉渣厚度，m；
　　　c——沉渣声波波速，m/s。

4. 成孔孔径检测实例分析

施工单位:	江西地质工程总公司
检测日期	01年05月20日
检测时间	11时27分
测试桩号	s1
设计孔深(m)	121.2
实测孔深(m)	122
孔径设计值(mm)	1100
孔径最大值(mm)	1338.4
孔径最小值(mm)	826
孔径平均值(mm)	1168.7
沉渣厚度(cm)	2-0
桩孔偏心距(cm)	
垂直度(%)	1/269.33
成孔质量	合格

图 10-13　试成孔孔径检测曲线

以本书 3.2.10 温州世贸中心的工程为例，试桩孔 S1 的成孔质量检测曲线及结果见图 10-13。

10.6 桩身混凝土钻芯取样法检测

采用岩芯钻探技术和施工工艺，在桩身上沿长度方向钻取混凝土芯样及桩端岩土芯样，通过对芯样的观察和测试，用以评价成桩质量的检测方法称为钻孔取芯法，简称钻芯法。

钻芯法（test method of drilling core）是检测现浇混凝土灌注桩的成桩质量的一种有效手段，不受场地条件的限制，特别适用于大直径混凝土灌注桩。钻芯法不仅可以直观测试灌注桩的完整性，而且能够检测桩长、桩底沉渣厚度以及桩底岩土层的性状，钻芯法还是检验灌注桩桩身混凝土强度的可靠的方法，这些检测内容是其他方法无法替代的。在多种的桩身完整性检测方法中，钻芯法最为直观可靠。但该法取样部位有局限性，只能反映钻孔范围内的小部分混凝土质量，存在较大的盲区，容易以点代面造成误判或漏判。钻芯法对查明大面积的混凝土疏松、离析、夹泥、孔洞等比较有效，而对局部缺陷和水平裂缝等判断就不一定十分准确。另外，钻芯法还存在设备庞大、费工费时、价格昂贵的缺点。因此，钻芯法不宜用于大批量检测，而只能用于抽样检查，或作为对无损检测结果的验证手段。实践经验表明：采用钻芯法与超声法联合检测、综合判定的办法评定大直径灌注桩的质量，是十分有效的。

10.6.1 钻芯法检测的目的与适用范围

1. 检测的目的

钻芯法基桩检测技术，是检测现浇混凝土灌注桩的成桩质量的一种有效手段，检测目的主要有：

1）通过对混凝土芯样的胶结情况、有无气孔、松散或断桩等现场外观检查，结合取芯率，综合评判桩身混凝土完整性；

2）对芯样进行室内抗压强度试验，确定桩身混凝土强度；

3）测定混凝土灌注桩的桩长，检验施工记录桩长是否真实；

4）测定桩底沉渣厚度，检验桩底沉渣是否符合设计或规范的要求；

5）根据钻取的桩端持力层芯样，必要时采用一定的室内试验手段，判定或鉴别持力层岩土性状和厚度是否符合设计或规范要求。

2. 检测的范围

钻芯法基桩检测技术的适用范围包括：

1）钻芯法是检测钻（冲）孔、人工挖孔等现浇混凝土灌注桩的成桩质量的一种有效手段，不受场地条件的限制，特别适用于大直径混凝土灌注桩的成桩品质检测；

2）受检桩桩长比较大时，成孔的垂直度和钻芯孔的垂直度很难控制，钻芯也容易偏离桩身，故要求受检桩桩径不宜小于 800mm、长径比不宜大于 30。

3. 钻芯法抽检数量

混凝土桩桩身完整性检测方法有低应变法、声波透射法、钻芯取样法等，《建筑基桩检测技术规范》（JGJ 106—2003）明确规定了桩身完整性抽检数量。

1）柱下三桩或三桩以下的承台抽检桩数不得少于1根；

2）设计等级为甲级，或地质条件复杂、成桩质量可靠性较低的灌注桩，抽检数量不应少于总桩数的30%，且不得少于20根；其他桩基工程的抽检数量不应少于总桩数的20%，且不得少于10根；

3）对端承型大直径灌注桩，应在上述两款规定的抽检桩数范围内，选用钻芯法或声波透射法对部分受检桩进行桩身完整性检测，抽检数量不应少于总桩数的10%；

4）地下水位以上且终孔后桩端持力层已通过核验的人工挖孔桩，以及单节混凝土预制桩，抽检数量可适当减少，但不应少于总桩数的10%，且不应少于10根；

5）工程有特殊需要时，应适当加大抽检数量，尤其是低应变法检测具有速度快、成本低的特点，扩大检测数量能更好了解整个工程基桩的桩身完整性情况。

上述规定可以这样理解：对大直径灌注桩，如果采用低应变与钻芯取样法或声波透射法联合检测，多种方法并举，则钻芯取样法或声波透射法抽检数量不应少于总桩数的10%，其余按上述1）、2）两款规定的抽检桩数减去钻芯取样法或声波透射法检测数量进行低应变检测。

10.6.2 钻芯法检测的设备

1. 钻机（boring machine）

1）钻取芯样宜采用液压操纵的钻机。

2）钻机设备参数应符合以下规定：

a. 额定最高转速不低于790r/min；

b. 转速调节范围不少于4档；

c. 额定配用压力不低于1.5MPa。

3）钻机应配备单动双管钻具以及相应的孔口管、扩孔器、卡簧、扶正稳定器和可捞取松软渣样的钻具。钻杆应顺直，直径宜为50mm。

4）钻头应根据混凝土设计强度等级选用合适粒度、浓度、胎体硬度的金刚石钻头，且外径不宜小于100mm。钻头胎体不得有肉眼可见的裂纹、缺边、少角、倾斜及喇叭口变形。

5）水泵的排水量应为50～160L/min，泵压应为1.0～2.0MPa。

2. 锯切机（cutting machine）

1）锯切芯样试件用的锯切机应具有冷却系统和牢固夹紧芯样的装置，配套使用的金刚石圆锯片应有足够刚度。

2）芯样试件端面的补平器和磨平机应满足芯样制作的要求。

3. 压力试验机（compression-testing machine）

1）主要技术要求

a. 试验机最大试验力为2000kN；

b. 油泵最高工作压力为40MPa；

c. 示值相对误差±2%；

d. 承压板尺寸为320mm×320mm；

e. 承压板最大净距为320mm；

f. 测量范围为0～800kN或0～2000kN；

g. 刻度量分度值：0～800kN 时为 2.5kN/格或 0～2000kN 时 5kN/格。

2) 仪器年检

压力试验机每年应至少检定一次。

10.6.3 钻芯法检测的现场操作

1. 钻孔数量及位置

每根受检桩的钻芯孔数和钻孔位置宜符合下列规定：

1) 桩径小于 1.2m 的桩钻 1 孔，桩径为 1.2～1.6m 的桩钻 2 孔，桩径大于 1.6m 的桩钻 3 孔。

2) 当钻芯孔为一个时，宜在距桩中心 10～15cm 的位置开孔；当钻芯孔为两个或两个以上时，开孔位置宜在距桩中心（0.15～0.25）D 内均匀对称布置。

3) 对桩端持力层的钻探，每根受检桩不应少于一孔，且钻探深度应满足设计要求。

2. 取芯

1) 钻机设备安装必须周正、稳固、底座水平。钻机立轴中心、天轮中心（天车前沿切点）与孔口中心必须在同一铅垂线上。应确保钻机在钻芯过程中不发生倾斜、移位，钻芯孔垂直度偏差不大于 0.5%。

2) 当桩顶面与钻机底座的距离较大时，应安装孔口管，孔口管应垂直且牢固。

3) 钻进过程中，钻孔内循环水流不得中断，应根据回水含砂量及颜色调整钻进速度。

4) 提钻卸取芯样时，应拧卸钻头和扩孔器，严禁敲打卸芯。

5) 每回次进尺宜控制在 1.5m 内；钻至桩底时，宜采取适宜的钻芯方法和工艺钻取沉渣并测定沉渣厚度，并采用适宜的方法对桩端持力层岩土性状进行鉴别。

6) 钻取的芯样应由上而下按回次顺序放进芯样箱中，芯样侧面上应清晰标明回次数、块号、本回次总块数，并应按要求及时记录钻进情况和钻进异常情况，对芯样质量进行初步描述。

7) 钻芯过程中，应按要求对芯样混凝土、桩底沉渣以及桩端持力层详细编录。

8) 钻芯结束后，应对芯样和标有工程名称、桩号、钻芯孔号、芯样试件采取位置、桩长、孔深、检测单位名称的标示牌全貌进行拍照。

9) 当单桩质量评价满足设计要求时，应采用 0.5～1.0MPa 压力，从钻芯孔孔底往上用水泥浆回灌封闭；否则应封存钻芯孔，留待处理。

3. 芯样试件截取

1) 截取抗压芯样试件应符合下列规定：

a. 当桩长为 10～30m 时，每孔截取 3 组芯样；当桩长小于 10m 时，可取 2 组，当桩长大于 30m 时，不少于 4 组。

b. 上部芯样位置距桩顶设计标高不宜大于 1 倍桩径或 1m，下部芯样位置距桩底不宜大于 1 倍桩径或 1m，中间芯样宜等间距截取。

c. 缺陷位置能取样时，应截取一组芯样进行混凝土抗压试验。

d. 当同一基桩的钻芯孔数大于一个，其中一孔在某深度存在缺陷时，应在其他孔的该深度处截取芯样进行混凝土抗压试验。

2) 当桩端持力层为中、微风化岩层且岩芯可制作成试件时，应在接近桩底部位截取一组岩石芯样，遇分层岩性时宜在各层取样。

4. 芯样试件加工和测量

1）应采用双面锯切机加工芯样试件。加工时应将芯样固定，锯切平面垂直于芯样轴线。锯切过程中应淋水冷却金刚石圆锯片。

2）锯切后的芯样试件，当试件不能满足平整度及垂直度要求时，应选用以下方法进行端面加工：

a. 在磨平机上磨平。

b. 用水泥砂浆（或水泥净浆）或硫磺胶泥（或硫磺）等材料在专用补平装置上补平。水泥砂浆（或水泥净浆）补平厚度不宜大于5mm，硫磺胶泥（或硫磺）补平厚度不宜大于1.5mm。

c. 补平层应与芯样结合牢固，受压时补平层与芯样的结合面不得提前破坏。

3）试验前，应对芯样试件的几何尺寸做下列测量：

a. 平均直径：用游标卡尺测量芯样中部，在相互垂直的两个位置上，取其两次测量的算术平均值，精确至0.5mm；

b. 芯样高度：用钢卷尺或钢板尺进行测量，精确至1mm；

c. 垂直度：用游标量角器测量两个端面与母线的夹角，精确至0.1；

d. 平整度：用钢板尺或角尺紧靠在芯样端面上，一面转动钢板尺，一面用塞尺测量与芯样端面之间的缝隙；

e. 抗压试验混凝土芯样高径比为1∶1（常用高度10cm，直径10cm芯样），交通规范芯样高径比为2∶1（常用高度20cm，直径10cm芯样）做抗压试验。

4）试件有裂缝或有其他较大缺陷、芯样试件内含有钢筋以及试件尺寸偏差超过下列数值时，不得用作抗压强度试验：

a. 芯样试件高度小于$0.95d$或大于$1.05d$时（d为芯样试件平均直径）；

b. 沿试件高度任一直径与平均直径相差达2mm以上时；

c. 试件端面的不平整度在100mm长度内超过0.1mm时；

d. 试件端面与轴线的不垂直度超过2时；

e. 芯样试件平均直径小于2倍表观混凝土粗骨料最大粒径时。

5. 芯样试件抗压强度试验

1）在压力机下压板上放好试件，几何对中，球座最好放在试件顶面并顶面朝上；

2）加荷速率：强度等级小于C30的混凝土取0.3~0.5MPa/s，强度等级不低于C30的混凝土取0.5~0.8MPa/s；

3）当试件接近破坏而开始迅速变形时，应停止调整试验机油门，直至试件破坏，记下最大荷载。

10.6.4 芯样试件抗压强度计算

抗压强度试验后，当发现芯样试件平均直径小于2倍试件内混凝土粗骨料最大粒径，且强度值异常时，该试件的强度值不得参与统计平均。

芯样试件抗压强度应按下列公式计算：

$$f_{cu} = \zeta \cdot \frac{4P}{\pi d^2} \tag{10-8}$$

式中　f_{cu}——混凝土芯样试件抗压强度（MPa），精确至0.1MPa；

P——芯样试件抗压试验测得的破坏荷载（N）；

d——芯样试件的平均直径（mm）；

ζ——混凝土芯样试件抗压强度折算系数，应考虑芯样尺寸效应、钻芯机械对芯样扰动和混凝土成型条件的影响，通过试验统计确定，当无试验统计资料时，宜取为1.0。

10.6.5 检测数据的分析与判定

1. 芯样试件抗压强度代表值应按一组三块试件强度值的平均值确定。同一受检桩同一深度部位有两组或两组以上混凝土芯样试件抗压强度代表值时，取其平均值为该桩该深度处混凝土芯样试件抗压强度代表值。

2. 受检桩中不同深度位置的混凝土芯样试件抗压强度代表值中的最小值为该桩芯样试件抗压强度代表值。

3. 桩端持力层性状应根据芯样特征、岩石芯样单轴抗压强度试验、动力触探或标准贯入试验结果，综合判定桩端持力层岩土性状。

4. 桩身完整性类别应结合钻芯孔数、现场混凝土芯样特征、芯样单轴抗压强度试验结果，按表10-10的特征进行综合判定。

桩身完整性判定　　　　　　　　　　　　　　　　表10-10

类别	特　征
Ⅰ	混凝土芯样连续、完整、表面光滑、胶结好、骨料分布均匀，呈长柱状、断口吻合、芯样侧面仅见少量气孔
Ⅱ	混凝土芯样连续、完整、胶结较好、骨料分布基本均匀，呈柱状、断口基本吻合、芯样侧面局部见蜂窝麻面、沟槽
Ⅲ	大部分混凝土芯样胶结较好，无松散、夹泥或分层现场，但有下列情况之一：芯样局部破碎且破碎长度不大于10cm；芯样骨料分布不均匀；芯样多呈短柱状或块状
Ⅳ	芯样侧面蜂窝麻面、沟槽连续钻进很困难；芯样任一段松散、夹泥或分层；芯样局部破碎且破碎长度大于10cm

5. 成桩质量评价

成桩质量评价应按单桩进行。当出现下列情况之一时，应判定该受检桩不满足设计要求：

1) 桩身完整性类别为Ⅳ类的桩。

2) 受检桩混凝土芯样试件抗压强度代表值小于混凝土设计强度等级的桩。

3) 桩长、桩底沉渣厚度不满足设计或规范要求的桩。

4) 桩端持力层岩土性状（强度）或厚度未达到设计或规范要求的桩。

6. 钻芯孔偏出桩外时，仅对钻取芯样部分进行评价。

10.7　低应变反射波法检测桩身质量

基桩低应变动测法（pile quality test of low strain reflective wave method）是通过对桩顶施加激振能量，引起桩身及周围土体的微幅振动，用仪表记录桩顶的速度与加速度，利用波动理论对记录结果加以分析，目的是判断桩身完整性，具有快速、经济等特点。反射波法能有效地弥补静载荷试验的不足，是目前应用最普通最常用的一种方法。

10.7.1 基本模型

反射波法（reflective wave method）是以应力波在桩身中的传播反射特征为理论基础的一种方法。该方法假定桩为连续弹性的一维均质杆件，并且不考虑桩周土体对沿桩身传播的应力波的影响。因此，桩的典型弹性体振动模型是直杆的纵向振动。在推导直杆的纵向振动方程时，作以下基本假设：

1) 材料均匀；
2) 直杆等截面；
3) 直杆变形中横截面保持为平面，且彼此平行；
4) 直杆横截面上应力分布均匀；
5) 忽略直杆的横向惯性效应。

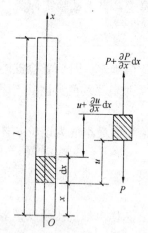

图 10-14 直杆的纵向振动

取直杆的轴线作 x 轴，假设变形前的原始截面积 A、密度 ρ、弹性模量 E 及其他材料性能参数均与坐标无关，各运动参数仅为 x 和 t 的函数，直杆各截面的纵向振动位移可表示为 $u(x, t)$。如图 10-14 所示，设任一截面 x 处的纵向应变为 $\varepsilon(x)$，内力为 $p(x)$，有：

$$p(x) = AE\varepsilon = AE\frac{\partial u}{\partial x} \tag{10-9}$$

在 $x+\mathrm{d}x$ 截面处的内力为：

$$p + \frac{\partial p}{\partial x}\mathrm{d}x = AE\left(\frac{\partial u}{\partial x} + \frac{\partial^2 u}{\partial x^2}\mathrm{d}x\right) \tag{10-10}$$

由达朗伯原理列出杆微元 $\mathrm{d}x$ 的运动微分方程为：

$$\rho A \mathrm{d}x \frac{\partial^2 u}{\partial t^2} = AE\frac{\partial^2 u}{\partial x^2}\mathrm{d}x \tag{10-11}$$

上式整理后即得到直杆纵向振动的微分方程：

$$\frac{\partial^2 u}{\partial x^2} = \frac{1}{c^2}\frac{\partial^2 u}{\partial t^2} \tag{10-12}$$

式中 $c^2 = E/\rho$ 为纵波沿直杆的传播速度。上式就是反射波法测桩的波动方程。需要说明的是推导过程中作了 5 条基本假定、而实际的桩身仅能近似满足以上假定，应力波沿桩身传播过程中会出现畸变即所谓弥散现象，例如桩身截面变化引起的三维效应以及横向惯性效应等，这样得到的计算结果中会不可避免地存在一些误差，但一般来讲已能满足工程检测的要求。

10.7.2 反射波法的基本原理

反射波法的基本原理是在桩顶竖向激振，弹性波沿着桩身向下传播，当桩身存在明显波阻抗差异的界面（如桩底、断桩和严重离析等）或桩身截面积发生变化（如缩颈或扩颈），将产生反射波，经接收、放大、滤波和数据处理，可识别来自不同部位的反射信息。通过对反射信息进行分析计算，判断桩身混凝土的完整性，判定桩身缺陷的程度及其位置。

取桩身某段为一个分析单元，其介质密度、纵波波速、横截面积和弹性模量分别用

ρ、c、A、E 表示,令

$$Z = \rho c A = EA/c \tag{10-13}$$

式中　Z——广义波阻抗,Ns/m;
　　　ρ——桩身混凝土密度,kg/m³;
　　　c——纵波在桩身混凝土中的传播速度,m/s;
　　　A——桩身横截面积,m²;
　　　E——桩身混凝土弹性模量,N/m²。

当桩身几何尺寸或材料物理性质发生变化时,相应的 ρ、c、A 发生变化,其变化发生处称为波阻抗界面。将波阻抗的比值表示为:

$$n = \frac{z_2}{z_1} = \frac{\rho_2 c_2 A_2}{\rho_1 c_1 A_1} \tag{10-14}$$

式中:n 为波阻抗比。

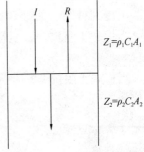

图 10-15　应力波的反射与透射

在桩顶激振后,将产生压缩波,以波速 c 沿桩身向下传播。当遇到波阻抗界面时,产生反射波和透射波,如图 10-15 所示。根据应力波传播理论,只要这两种介质在界面处始终保持接触(既能承压又能承拉而不分离),则根据连续条件和牛顿第三定律,界面上两侧质点速度、应力均应相等。

$$v_I + v_R = v_T$$
$$A_1(\sigma_I + \sigma_R) = A_2 \sigma_T \tag{10-15}$$

由波阵面动量守恒条件得:

$$\frac{\sigma_I}{\rho_1 c_1} - \frac{\sigma_R}{\rho_1 c_1} = \frac{\sigma_T}{\rho_2 c_2} \tag{10-16}$$

$$z_1(v_I - v_R) = z_2 v_T$$

将式(10-15)、(10-16)联立求解可得:

$$\sigma_R = \sigma_I [(z_2 - z_1)/(z_2 + z_1)] = R \sigma_I$$
$$\sigma_T = \sigma_I [2z_2/(z_2 + z_1)] = T \sigma_I \tag{10-17}$$

$$v_R = -v_I [(z_2 - z_1)/(z_2 + z_1)] = -R v_I \tag{10-18}$$
$$v_T = v_I [2z_2/(z_2 + z_1)] = nT v_I$$

其中

$$R = \frac{v_R}{v_I} = -\frac{n-1}{1+n}$$
$$T = \frac{v_T}{v_I} = \frac{2}{1+n} \tag{10-19}$$

式中　R——反射系数;
　　　T——透射系数。

式(10-17)~(10-19)是反射波法诊断的依据,桩身各种性状以及桩底不同的支承条件均可归纳成以下三种波阻抗变化类型:

1)当 $n=1$ 时,$Z_1 = Z_2$,$R=0$,说明界面不存在阻抗不同或截面不同的材料,无反射波存在;

2) 当 $n<1$ 时，$Z_1>Z_2$，$R>0$，反射波和入射波同号，说明界面是由高阻抗硬材料进入低阻抗软材料或大截面进入小截面；

3) 当 $n>1$ 时，$Z_1<Z_2$，$R<0$，反射波和入射波反号，说明界面是由低阻抗软材料进入高阻抗硬材料或小截面进入大截面。

以上三种情况的讨论表明，根据反射波的相位与入射波相位的关系，可以判别界面波阻抗的性质，这是反射波动测法判别桩身质量的依据。

10.7.3 反射波法典型的波形特征

1. 完整桩 (integrate pile)

当桩为完整桩时，有 $Z_1=Z_2$，$n=1$，$R=0$，$T=1$。说明桩顶全部应力波均通过桩身混凝土传到桩底，见图10-16。

当桩底土阻抗＞桩身阻抗：$Z_1<Z_2$，$R<0$，桩底界面反射波与桩顶初始入射波反相位。

当桩底土阻抗＜桩身阻抗：$Z_1>Z_2$，$R>0$，桩底界面反射波与桩顶初始入射波同相位。

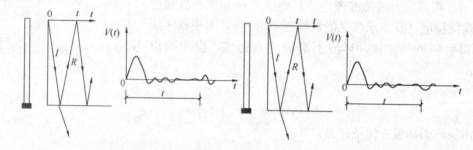

图10-16 完整桩时域曲线

2. 缩颈桩 (reducing neck pile)

对于缩颈桩，桩身波阻抗 $Z_1>Z_2$，$Z_2<Z_3$，缩颈的上界面表现为反射波相位与初始入射波同向，缩颈的下界面表现为后续反射波相位与初始入射波相反。由于缩颈引起的反射波的界面波阻抗差异大，故反射波形清晰、完整而直观。对于缩颈桩 $n=\dfrac{z_2}{z_1}=\dfrac{\rho c A_2}{\rho c A_1}=\dfrac{A_2}{A_1}$，所以反射系数 $R=-\dfrac{n-1}{1+n}=\dfrac{\dfrac{A_2}{A_1}-1}{1+\dfrac{A_2}{A_1}}=\dfrac{A_1-A_2}{A_1+A_2}$，当缩颈桩 $A_2=\dfrac{1}{2}A_1$ 时，$R=\dfrac{\dfrac{1}{2}A_1}{\dfrac{3}{2}A_1}=\dfrac{1}{3}$，即缩颈桩界面第一反射波与桩顶初始入射波同相，且反射波的最大子波幅值为桩顶入射波幅值的1/3倍，如图10-17所示。

3. 扩颈桩 (expanding neck pile)

对于扩颈桩，桩身波阻抗 $Z_1<Z_2$，$Z_2>Z_3$，扩颈的上界面表现为反射波相位与入射波反向，扩颈的下界面表现为后续反射波的相位与初始入射波同相。但由于扩颈的形态不同，其反射波的表现也有差异，界面波阻抗差异大。

当扩颈桩 $A_2=2A_1$ 时，$R=\dfrac{A_1-2A_1}{A_1+2A_1}=-\dfrac{1}{3}$，即扩颈桩上界面反射波与桩顶初始入射

波反相,且反射波的最大子波幅值为桩顶入射波幅值的 1/3 倍,如图 10-18 所示。

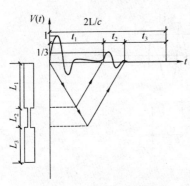

图 10-17 缩颈桩时域曲线

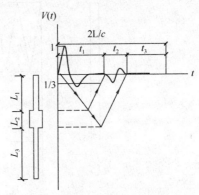

图 10-18 扩颈桩时域曲线

4. 离析和夹泥等缺陷桩（defect pile of segregation and infiltrated mud）

这类桩缺陷处的密度 ρ、截面积 A、波速 v 全部减小,导致缺陷处波阻抗 Z_2 变小, $Z_1 > Z_2$,$n < 1$,则 $R > 0$,离析和夹泥缺陷桩的时域曲线第一反射子波与入射波同相位,幅值与缺陷程度相关,但频率明显降低,见图 10-19,这是与断桩的主要区别。

当 $\rho_2 A_2 c_2 = \frac{3}{4} \rho_1 A_1 c_1$ 时,$n = \frac{z_2}{z_1} = \frac{3}{4}$,则 $R = -\frac{n-1}{1+n} = \frac{1}{7}$,即离析桩第一反射波与桩顶初始入射波同相位,但幅值只有其 1/7,如图 10-19 所示。

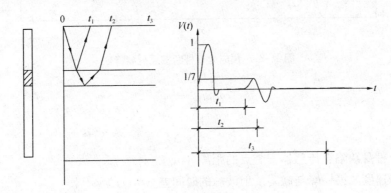

图 10-19 离析桩时域曲线

5. 断桩（broken pile）

断桩:可假定 $A_2 = A_1$,$\rho_2 c_2 \ll \rho_1 c_1$,由于空气中波速约为混凝土中波速的 1/10,即 $n = \frac{z_2}{z_1} = 0.1$,所以 $R = -\frac{n-1}{n+1} = \frac{9}{11}$,说明断桩界面第一反射波与桩顶初始入射波同相,但每次反射波峰值为前一次入射波的 9/11,见图 10-20。

实际检测过程中断裂桩界面波形常表现为以下两种情况:
1) 深部断裂,见图 10-21（a）,该桩在桩顶下约 13m 处断裂,而且多次反射;
2) 桩浅部断裂,见图 10-21（b）,该桩在桩顶下约 5m 处断裂,而且多次反射。

10.7.4 桩长及缺陷位置的确定

桩身缺陷至传感器安装点的距离可按式 10-20 进行计算。

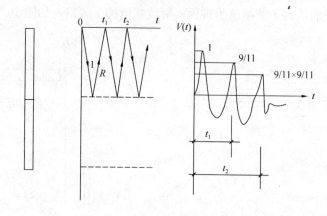

图 10-20 断桩时域曲线

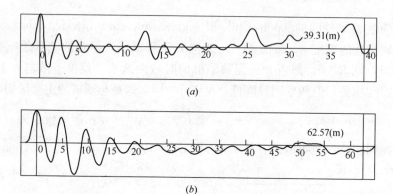

图 10-21 预应力管桩断桩反射波特征

$$x = \frac{1}{2000} \cdot \Delta t_x \cdot c \tag{10-20}$$

$$x = \frac{1}{2} \cdot \frac{c}{\Delta f} \tag{10-21}$$

式中 x——桩身缺陷至传感器安装点的距离（m）；

Δt_x——速度波第一峰与缺陷反射波峰的时间差（ms）；

c——受检桩的桩身波速（m/s），无法确定时用 c_m 值替代；

Δf——频谱信号曲线上缺陷相邻谐振峰间的频差（Hz）。

10.7.5 桩身完整性程度分析

当桩出现缺陷后，桩间产生不同程度的反射，从而造成缺陷子波在反射波曲线中的叠加，使得桩的时域波形复杂化，但如果桩底的反射能较清楚的分辨，便可采用欠阻尼检波器来采集应力波反射信号，再根据波的衰减峰—峰值的比较和桩底幅值以及初始幅值的对比来估算缺陷的范围和大小。

应该指出的是，桩身完整性的影响因素众多，桩身缺陷多种多样，表 10-11 中列举的是结合规范和工程实际的桩基质量判别标准。但由于实测时情况要复杂得多，因此在具体工作中，要结合工地的工程地质条件、打桩情况和挖土施工等情况，对所测得的曲线认真分析研究，综合判断。

桩身质量及波形特征　　　　　　表 10-11

基桩类别	桩质量评价	时域信号特征
Ⅰ类桩	完整桩，无缺陷，桩身混凝土波速值正常	$2L/c$ 时刻前无缺陷反射波，波形正常
Ⅱ类桩	基本完整桩，有轻微缺陷，但基本不影响正常使用，桩身混凝土波速值正常。	$2L/c$ 时刻前出现轻微缺陷反射波，有扩颈或轻微缩颈现象
Ⅲ类桩	有明显缺陷，影响正常使用或桩身混凝土波速值明显偏低	有明显缺陷反射波，有重度缩颈、离析或损伤现象
Ⅳ类桩	有严重缺陷，桩身混凝土波速值很低，已无法正常使用	$2L/c$ 时刻前出现严重缺陷反射波或周期性多次反射波，有严重夹泥、严重离析或断桩现象。

10.7.6　反射波法测试仪器

基桩动测仪通常由测量和分析两大系统组成。测量系统包括激振设备、传感器、放大器、数据采集器、记录指示器组成；分析系统由动态信号分析仪或微机和根据各动力试桩方法原理所编制的计算分析软件包组成。目前许多厂家把放大器、数据采集器、记录存储器、数字计算分析软件融为一体，称之为信号采集分析仪。反射波现场测试仪器布置如图 10-22 所示。

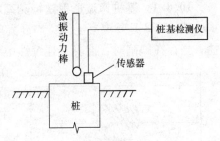

图 10-22　反射波现场测试仪器布置

1. 激振设备（shock excitation equipment）

通常用手锤或力棒，重量可以变更，锤头或棒头的材料可以更换。一般铁锤主频高，木锤、力棒次之，橡胶锤主频低。对测浅部缺陷可使用主频高的小锤等，对测深部缺陷宜使用主频低的大力棒等。

2. 传感器（pick-up unit）

可采用速度与加速度传感器（常用），若用后者则需在放大器、采集系统或传感器本身中另加积分线路。传感器主要技术指标有：

频带宽度：越宽越好，速度传感器 10～1000Hz，加速度传感器至少 2000Hz。

灵敏度：低应变传感器灵敏度是指输出电压与感受的振量（速度、加速度）之比，即稳态时系统的输出和输入的比值。速度型传感器灵敏度应大于 300mv/（cm·s），加速度应大于 100mv/g。

量程：加速度传感器的量程应大于 20g。

传感器与桩头的连接必须要良好。

3. 放大器（enlarger）

要求放大器的增益高、噪声低、频带宽。对速度传感器用电压放大器；对加速度传感器则采用电荷放大器。放大器的增益应大于 60dB，折合到输入端的噪声则应低于 3dB，频带宽 10～5000Hz，滤波频率应可调。

4. 多道信号采集分析仪（multi-signal gathering analysis meter）

要求仪器体积小、重量轻、性能稳定，便于野外使用，同时具备数据采集、记录储存、数字计算和信号分析的功能;模/数转换器(A/D)的位数不得低于12bit;采样间隔宜为10~500μs之间,且分档可调;采样长度每个通道不小于1024个采样点;各通道的性能应具有良好的一致性,其振幅偏差应小于3%,相位偏差小于0.05ms;应具有实时时域显示及信号分析功能。现在厂家已集成开发出各种桩基检测仪。

10.8 孔中超声波法检测桩身质量

在混凝土灌注桩成桩过程中,将两根或两根以上的声测管固定于桩身钢筋笼上,预埋做声波换能通道,每对声测管构成一个检测剖面,通过水的耦合,超声波从一根声测管发射,到另一根管内接收,利用声波的透射原理,根据声时、波幅及主频等特征参数的变化,对桩身混凝土介质状况进行检测,确定桩身完整性,称为基桩声波透射法检测技术(pile quality test of supersonic wave method in hole),声学理论是其理论基础。

10.8.1 基桩声波透射法检测基本原理

图10-23是一混凝土体。当混凝土无缺陷时,混凝土是连续体,超声波在其中正常传播。当存在缺陷时,混凝土连续性中断,缺陷区与混凝土之间成为界面(空气与混凝土)。在这界面上,超声波传播情况发生变化,发生反射、散射与绕射。超声波经过缺陷后接收波声学参数将发生如下变化:

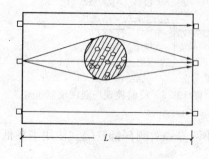

10-23 超声探测缺陷原理

1. 声时(波速)的变化

由于钻孔桩的混凝土缺陷主要是由于灌注时混入泥浆或混入自孔壁坍落的泥、砂所造成的。缺陷区的夹杂物声速较低,或声阻抗明显低于混凝土的声阻抗。因此,超声脉冲穿过缺陷或绕过缺陷时,声时值增大。增大的数值与缺陷尺度大小有关,所以声时值是判断缺陷有无和计算缺陷大小的基本物理量。

2. 接收波振幅的变化(variation of receiving wave amplitude)

当波束穿过缺陷区时,部分声能被缺陷内含物所吸收,部分声能被缺陷的不规则表面反射和散射,到达接收探头的声能明显减少,反映为波幅降低。实践证明,波幅对缺陷的存在非常敏感,是在桩内判断缺陷有无的重要参数。

3. 接收波主频率(简称频率)的变化(variation of receiving wave frequency)

对接收波信号的频谱分析证明,不同质量的混凝土对超声脉冲波中的高频分量的吸收、衰减不同。因此,当超声波通过不同质量的混凝土后,接收波的频谱(即各频率分量的幅度)也不同。质量差或有内部缺陷、裂缝的混凝土,其接收波中高频分量相对减少而低频分量相对增大,接收波的主频率值下降,从而反映出缺陷和裂缝的存在。

4. 接收波波形的变化(variation of receiving wave waveform)

当超声波通过混凝土内部缺陷时,由于混凝土的连续性已被破坏,使超声波的传播路径复杂化,直达波、绕射波等各类波相继到达接收换能器。它们各有不同的频率和相位。这些波的叠加有时会造成波形的畸变(图10-24)。

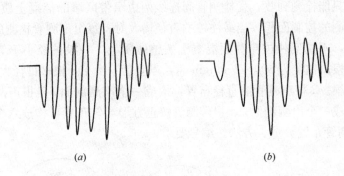

图 10-24 接收波波形
(a) 正常混凝土波形；(b) 有缺陷处波形

10.8.2 超声波检测仪与声测管

1. 超声波检测仪（supersonic reflectoscope）

超声波仪的作用是产生重复的电脉冲并激励发射换能器，发射换能器发射的超声波经水耦合进入混凝土，在混凝土中传播后被接收换能器接收并转换为电信号，电信号送至超声仪，经放大后显示在示波屏上。为了提高现场检测及室内数据处理的工作效率，保证检测结果的准确性和科学性，声波测试仪器必须具有实时显示和记录接受信号的时程曲线以及频率测量或波谱分析功能。可见超声检测系统应包括三部分：径向振动换能器、接收信号放大器、数据采集及处理存储器。数字式超声波仪的基本工作原理框架见图 10-25。

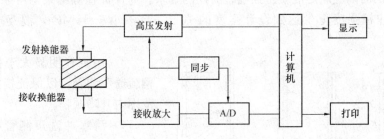

图 10-25 数字式超声波仪的基本工作原理

2. 声测管（acoustic pipe）

声测管是进行超声脉冲法检测时换能器进入桩体的通道。它是灌注桩超声检测系统的重要组成部分。

1）声测管的选择

声测管的选择，以透声率较大、便于安装及费用较低为原则。由于混凝土的水化热作用及钢筋笼安放和混凝土浇注过程中存在较大的作用力，容易造成检测管变形、断裂，从而影响检测工作的顺利进行，因此声测管最好采用强度较高的金属管，也可采用 PVC 管。

声测管常用的内径是 50～60mm。为了便于换能器在管中上下移动，声测管的内径通常比径向换能器的外径大 10mm；当对换能器加设定位器时，声测管内径应比换能器外径大 20mm。

2）声测管的数量与布置

声波透射法只能检测到收、发检测管间连线两边窄带区域的混凝土质量，即图 10-26 中的阴影区为检测的控制面积。当灌注桩的直径增大时，每组声测管检测的控制面积占桩截面积比例减小，不能反映桩身截面混凝土的整体质量。一般桩径小于等于 800mm 时，声测管可布置 2 根；桩径为 800～2000mm 时，声测管不少于 3 根；桩径大于 2000mm 时，声测管不少于 4 根。2 根声测管沿直径布置，构成一个声测剖面；3 根声测管按等边三角形均匀布置，构成三个声测剖面；4 根声测管按正方形均匀布置，构成六个声测剖面。图 10-26 表示了声测管布置数量、方法、编号要求。

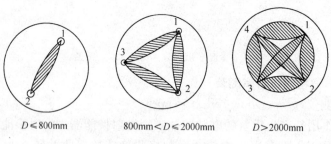

图 10-26　声测管布置方式

10.8.3　现场测试

1. 检测准备工作

1）收集有关资料，了解场地地质条件、桩型、桩设计参数、成桩工艺、成桩质量检验等资料。根据调查结果和检测的目的，制定相应的检测方案。

2）检测的时间应满足混凝土强度、龄期的要求。为保证检测结果的可靠性，一般要求混凝土灌注桩强度至少达到设计强度的 70%，且不小于 15MPa，混凝土龄期不少于 14d。

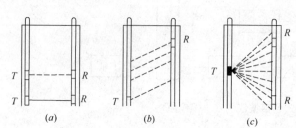

图 10-27　平测、斜测和扇形扫测
(a) 水平同步平测；(b) 等差同步斜测；(c) 扇形扫测

3）用直径明显大于换能器的圆钢疏通声测管，以保证换能器在全程范围内升降顺畅。

4）清水冲洗声测管，清水作为耦合剂，浑浊水将明显甚至严重加大声波衰减和延长传播时间，给声波检测结果带来误差。若利用取芯孔进行单孔超声波混凝土质量检测，在检测前也应进行孔内清洗，取芯孔的垂直度误差不应大于 0.5%。

5）准确测量声测管的内、外径和两相邻声测管外壁间的距离，量测精度为 ±1mm。

6）根据检测桩的技术参数，选择测试系统各部分应匹配良好的仪器配备。

7）采用标定法确定仪器系统延迟时间，并计算声测管及耦合水层声时修正。

标定从发射至接收仪器系统产生的系统延迟时间 t_0：将发、收换能器平行置于清水中的同一高度，其中心间距从 400mm 左右开始逐次加大两换能器之间的距离，同时定幅测量与之相应的声时，再分别以纵、横轴表示间距和声时作图，在声时横轴上的截距即为 t_0。为保证测试精度，两换能器间距的测量误差不应大于 0.5%，测量点不应少于 5 个点。

2. 现场检测

1）将发射与接受声波换能器通过深度标志分别置于两根声测管中的测点处。

2）装置方式选择：发射与接受声波换能器以相同标高同步升降称为平测，保持固定高差同步升降称为斜测，保持一个换能器高度位置固定、另一个换能器以一定的高差上下移动称为扇形扫测，如图 10-27 所示。

径向换能器在水平方向上具有一定的指向性，为了保证测点间声场对桩身混凝土的覆盖面，防止对缺陷的漏检，上、下相邻两测点的间距不宜大于 250mm。测试时，发射与接收换能器同步升降，对收、发换能器所在的深度随时校准，其累计相对高程误差控制在 20mm 以内，避免由于过大的相对高程误差而产生较大的测试误差。

3）实时显示和记录接受信号的时程曲线，读取声时、首波峰值和周期值，宜同时显示频谱曲线及主频值。

4）同一根桩中有三根以上声测管时，以每两个管为一个测试剖面分别测试。

5）在同一根桩的各检测剖面的检测过程中，声波发射电压和仪器设置参数应保持不变。其原因是，声时和波幅是声波透射法的两个重要指标，声时是根据波形的起跳点来确定的，波幅是一个相对量，波幅对混凝土内部缺陷的反应往往比声时更具敏感性。在实际检测中，为了使不同位置处的检测数据具有可比性和应用价值，在同一根桩的检测过程中，声波发射电压和放大器增益等参数应保持不变，并进行等幅测试。

6）对声时值和波幅值的可疑点应进行复测。对异常的部位，应采用水平加密、等差同步或扇形扫测等方法进行复测，结合波形分析确定桩身混凝土缺陷的位置及其严重程度。其中水平加密细测是基本方法，而等差同步和扇形扫测主要用于确定缺陷位置和大小，其发、收换能器连线的水平夹角一般为 30°～40°。

10.8.4 室内资料处理

声速、波幅和主频都是反映桩身质量的声学参数测量值。大量实测经验表明，声速的变化规律性较强，在一定程度上反映了桩身混凝土的均匀性，而波幅的变化较灵敏，主频在保持测试条件一致的前提下也有一定的规律。

声速对完整桩来说，尽管混凝土本身的不均匀性会造成测量值一定的离散性，但测量值仍符合正态分布；对缺陷桩来说，由缺陷造成的异常测量值则不符合正态分布。声速检测数据的处理方法是，对来自某根基桩（完整桩或缺陷桩）的测量值样本数据，首先识别并剔出来自缺陷部分的异常测量点，以得到完整性部分所具有的正态分布统计特征，并将此统计特征作为基桩完整性的判定依据。

声幅采用声幅平值作为完整性的判定依据，主频则通过主频—深度曲线上明显异常作为判定依据。

1. 声速—深度曲线、波幅—深度曲线

各测点的声时 t_{ci}、声速 v_i、波幅 A_{pi} 及主频 f_i 应根据现场检测数据进行计算，从而绘制声速—深度曲线、波幅—深度曲线及主频—深度曲线，由此对桩身质量进行判定。

2. 桩身混凝土缺陷声速判定依据

1）声速临界值的确定

a. 将同一检测剖面各测点的声速值由大到小依次排序，即：

$$v_1 \geqslant v_2 \geqslant \cdots \geqslant v_i \geqslant \cdots \geqslant v_{nk} \geqslant \cdots \geqslant v_{n1} \geqslant v_n (k=0,1,2,\cdots,n) \quad (10\text{-}22)$$

式中 v_i——按序排列后的第i个声速测量值；

n——检测剖面测点数；

k——从零开始逐一去掉式（10-22）序列尾部最小数值的数据个数。

b. 对从零开始逐一去掉序列中最小数值后余下的数据进行统计计算。当去掉最小数值的数据为k时，对包括在内的余下数据$v_1 \sim v_{n-k}$按下列公式进行统计计算：

$$v_0 = v_m - \lambda s_x \tag{10-23}$$

$$v_m = \frac{1}{n-k}\sum_{i=1}^{n-k} v_i \tag{10-24}$$

$$s_x = \sqrt{\frac{1}{n-k-1}\sum_{i=1}^{n-k}(v_i - v_m)^2} \tag{10-25}$$

式中 v_0——异常判断值；

v_m——$(n-k)$个数据的平均值；

s_x——$(n-k)$个数据的标准差；

λ——由表 10-12 查得的与$(n-k)$相对应的系数。

统计数据个数与对应的 λ 值 表 10-12

$(n-k)$	20	22	24	26	28	30	32	34	36	38
λ	1.64	1.69	1.73	1.77	1.80	1.83	1.86	1.89	1.91	1.94
$(n-k)$	40	42	44	46	48	50	52	54	56	58
λ	1.96	1.98	2.00	2.02	2.04	2.05	2.07	2.09	2.10	2.11
$(n-k)$	60	62	64	66	68	70	72	74	76	78
λ	2.13	2.14	2.15	2.17	2.18	2.19	2.20	2.21	2.22	2.23
$(n-k)$	80	82	84	86	88	90	92	94	96	98
λ	2.24	2.25	2.26	2.27	2.28	2.29	2.29	2.30	2.31	2.32
$(n-k)$	100	105	110	115	120	125	130	135	140	145
λ	2.33	2.34	2.36	2.38	2.39	2.41	2.42	2.43	2.45	2.46
$(n-k)$	150	160	170	180	190	200	220	240	260	280
λ	2.47	2.50	2.52	2.54	2.56	2.58	2.61	2.64	2.67	2.69

c. 将v_{n-k}与异常判断值v_0进行比较，当$v_{n-k} \leqslant v_0$时，v_{n-k}及其以后的数据均为异常，去掉v_{n-k}及其以后的异常数据，再用数据$v_1 \sim v_{n-k-1}$，并重复式（10-23）～（10-25）的计算步骤，直到v_i序列中余下的全部数据满足：

$$v_i > v_0 \tag{10-26}$$

此时，v_0为声速的异常判断临界值v_c。

d. 声速异常时的临界值判定依据为：

$$v_i \leqslant v_0 \tag{10-27}$$

当式（10-27）成立时，声速可判定为异常。

2) 当检测剖面各测点的声速值普遍偏低且离散性很小时，宜采用声速低限值判定依据，当式（10-28）成立时，可直接判定为声速低于限值异常。

$$v_i < v_l \tag{10-28}$$

式中 v_i——第 i 测点声速（km/s）；

v_l——声速低限值（km/s），由同条件混凝土试件强度和速度对比试验，结合地区经验确定。声速低限值相对应的混凝土强度不宜低于 $0.9R$（R 为混凝土设计强度），若试件为钻孔芯样，则不宜低于 $0.85R$。当实测混凝土声速值低于声速临界值时应将其作为可疑缺陷区。

3）声速低限值的确定

波速与混凝土物理指标及弹性模量之间存在一定的关系，而混凝土弹性模量与抗压强度之间又有一定的关系，可根据弹性模量推定混凝土的强度，所以根据波速推定混凝土的强度是可行的。图 10-28 表示在恒定泊松比情况下，混凝土弹性模量与压缩波速度的经验关系，图 10-29 表示混凝土的抗压强度与弹性模量的经验关系，在已知波速后，根据图 10-28 可换算出混凝土的弹性模量，再根据图 10-29 可换算出混凝土的抗压强度并评定混凝土的质量。

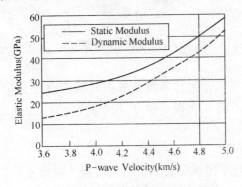

图 10-28 混凝土弹性模量与波速关系　　图 10-29 弹性模量与抗压强度关系

表 10-13 显示了混凝土强度与声速之间的关系。当声速小于 3500m/s 时，说明混凝土质量较差。相关混凝土强度的评价是建立在此基础上。

混凝土强度与声速关系参考表　　表 10-13

声速（m/s）	>4500	4500～3500	3500～3000	3000～2000	<2000
性质评价	好	较好	可疑	差	非常差

目前国内一般采用统计方法建立专用曲线或数学表达式，如 $f_{cu}^c = Av^B$ 和 $f_{cu}^c = Ae^{BV}$ 两种非线性的数学表达式，其中 v 为波速，f_{cu}^c 为立方体抗压强度，A、B、C 为经验系数。

3. PSD 判据法

相邻测点间声时的斜率和差值乘积判据（简称 PSD 判据）

设测点的深度为 IV，相应的声时值为 t，则声时值因混凝土中存在缺陷或其他因素的影响，而随深度变化的关系，可用如下的函数式表达：

$$t = f(H) \tag{10-29}$$

当桩内存在缺陷时，由于在缺陷与完好混凝土界面处声时值的突变，从理论上说，该函数应是不连续函数。在缺陷的界面上，当深度增量（即测点间距）$\Delta H \to 0$，而且由于缺陷表面的凹凸不平以及孔洞等缺陷是由于波线曲折而引起声时变化的，所以在 $t = f(H)$ 的实测曲线中，在缺陷处只表现为斜率的变化，该斜率可用相邻测点的声时差值与

测点间距离之比求得，即

$$S_i = \frac{t_i - t_{i-1}}{H_i - H_{i-1}} \tag{10-30}$$

式中，下标 i 为测点位置或序号，S_i 为第 $i-1$ 至 i 测点之间的斜率，t_i 和 t_{i-1} 为相邻两测点的声时值，H_i 和 H_{i-1} 为相邻两测点的深度。

但是，斜率只反映了相邻两测点声时值的变化速率。实测时往往采用不同的测点间距，因此，虽然所求出的 S_i 相同，但所对应的声时差值可能是不同的。

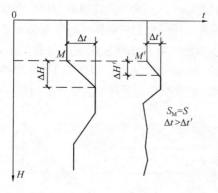

图 10-30　$t-H$ 曲线

正如图 10-30 中所示的两条 $t-H$ 曲线，在 M 和 M' 点的 S_i 相同，但声时差值不同，而声时差值是与缺陷大小有关的参数。为了使判据进一步反映缺陷的大小，就必须加大声时差值在判据中的权数。因此判据可写成：

$$K_i = S_i(t_i - t_{i-1}) = \frac{(t_i - t_{i-1})^2}{H_i - H_{i-1}} \tag{10-31}$$

式中，K_i 即为 i 点的 PSD 判据值，其余各项同前。

显然当 i 处相邻两测点的声时值没有变化时，$K_i = 0$；当有变化时，由于 K_i 与 $(t_i - t_{i-1})^2$ 成正比，因而 K_i 将大幅度变化。

1）临界判据值及缺陷大小与 PSD 判据的关系。

实验证明，PSD 判据对缺陷十分敏感，而对于因声测管不平行或混凝土强度不均匀等原因所引起的声时变化，基本上没有反映。这是由于非缺陷因素所引起的声时变化都是渐变过程，虽然总的声时变化量可能很大，但相邻测点间的声时差却很小，因而 K_i 值很小，所以采用 PSD 判据基本上消除了声测管不平行，或混凝土不均质等因素所造成的声时变化对缺陷判断的影响。

为了对全桩各测点进行判别，必须将各测点的 K_i 值求出，并描成"H-K"曲线进行分析，凡在 K 值较大的地方，均可列为可疑区，作进一步的细测。

临界判据实际上反映了测点间距、声波穿透距离、介质性质、测量的声时值等参数之间的综合关系，这一关系随缺陷性质的不同而不同，现分别推导如下：

假定缺陷为夹层（图 10-31 及图 10-32）。

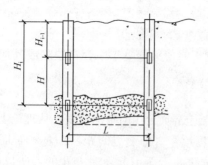

图 10-31　存在夹层

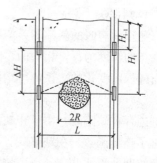

图 10-32　存在空洞

设混凝土的声速为 v_1，夹层中夹杂物的声速为 v_2，声程为 L，测点间距 ΔH。若测量结果在完好混凝土中的声时值为 t_{i1}，夹层中的声时为 t_i，则：

$$t_{i-1} = \frac{L}{v_1} \tag{10-32}$$

$$t_i = \frac{L}{v_2} \tag{10-33}$$

所以：
$$t_i - t_{i-1} = \frac{L}{v_2} - \frac{L}{v_1} \tag{10-34}$$

则
$$K_c = \left(\frac{t_i - t_{i-1}}{H_i - H_{i-1}}\right) = \frac{L^2(v_1 - v_2)^2}{v_1^2 v_2^2 \Delta H} \tag{10-35}$$

如果缺陷是半径 R 的空洞，以 t_{i-1} 代表声波在完好混凝土中直线传播时的声时值，t_i 代表声波遇到空洞成折线传播时的声时值，则：

$$t_{i-1} = \frac{L}{v_1} \tag{10-36}$$

$$t_i = \frac{2\sqrt{R^2 + \left(\frac{L}{2}\right)^2}}{v_1} \tag{10-37}$$

同样
$$K_i = \frac{4R^2 + 2L^2 - 2L\sqrt{4R^2 + L^2}}{\Delta H v_1^2} \tag{10-38}$$

假定缺陷为"蜂窝"或被其他介质填塞的孔洞（图 10-33），这时超声脉冲在缺陷区的传播有两条途径。一部分声波穿过缺陷介质到达接收探头，另一部分沿缺陷绕行。当绕行声时小于穿行声时时，可按空洞处理。反之，则缺陷半径 R 与 PSD 判据的关系可按相同的方法求出：

$$K_i = \frac{4R^2(v_1 - v_3)^2}{\Delta H v_1^2 v_3^2} \tag{10-39}$$

式中，v_3 为缺陷内夹杂物声速。据试验，蜂窝状态疏松区的声速约为密实混凝土声速的 80%～90%，取 $v_3 = 0.85 v_1$，则公式可写成：

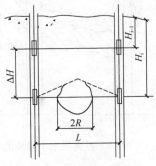

图 10-33 蜂窝状疏松或被泥沙填塞的孔洞

$$K_i = \frac{0.125 R^2}{v_1^2 \Delta H} \tag{10-40}$$

由于声通路有两个途径，只有当穿行声时小于绕行声时时，才能用上式计算。

通过上述临界判据值与各点测量判据值的比较，即可确定缺陷的性质和大小。由于缺陷中夹杂物的声速（v_2、v_3）只能根据桩周围土层情况予以估计，因此，所得出的缺陷大小仅仅是粗略的估计值，尚需进一步通过细测确定。

此外，全桩各点的声时值，经统计处理后，还可作为桩身混凝土均匀性的指标，对施工质量进行分析。

采用上述方法的，需计算出各测点的判据值 K_i，并需进行一系列临界判据的运算，计算工作量很大，必须采用计算机分析。

2）缺陷性质和大小的细测判断。

所谓细测判断，就是在运用 PSD 判据确定有缺陷存在的区段内，综合运用声时、波幅、接收频率、波形（或频谱）等物理量，找出缺陷所造成的声阴影的范围，从而准确地判定缺陷的位置、性质和大小。

双管对测时，各种缺陷的细测判断法如图 10-34～图 10-37。其基本方法是将一个探头固定，另一探头上下移动，找出声阴影所在边界位置。在混凝土中，由于各种不均匀界面的漫射和低频波的绕射等原因，使阴影边界十分模糊，但通过上述物理量的综合运用仍可定出其范围。

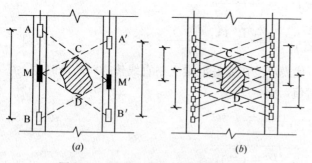
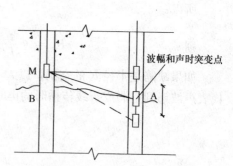

图 10-34 孔洞大小及位置的细测判断
(a) 扇形扫射；(b) 加密测点平移扫射

图 10-35 断层位置的细测判断

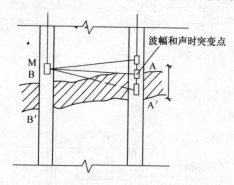
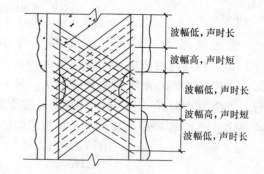

图 10-36 厚夹层上下界面的细测判断

图 10-37 缩颈现象的细测判断

在运用上述分析判断方法时，应注意排除声测管和耦合水声时值、管内混响、箍筋等因素的影响，而且检测龄期应在 7d 以上。

显然，PSD 判据也可应用于其他结构物大面积扫测时的缺陷判别，即将扫测网络中每条测线上的数据，用 PSD 判据处理，然后把各测线处理结果综合在一起，同样可定出缺陷的性质、大小及位置。

4. 波幅（衰减量）判据法

用波幅平均值减 6dB 作为波幅临界值，当实测波幅低于波幅临界值时，应将其作为可疑缺陷区。

$$A_D = A_m - 6 \tag{10-41}$$

$$A_m = \sum_{i=1}^{m} \frac{A_i}{n} \tag{10-42}$$

式中 A_D——波幅临界值（dB）；

A_m——波幅平均值（dB）；

A_i——第 i 个测点相对波幅值（dB）；
n——测点数。

5. 桩身完整性评价

桩身完整性类别判定：

Ⅰ类桩：各声测剖面每个测点的声速、波幅均大于临界值，波形正常。

Ⅱ类桩：某一声测剖面个别测点的声速、波幅略小于临界值，但波形基本正常。

Ⅲ类桩：某一声测剖面连续多个测点或某一深度桩截面处的声速、波幅值小于临界值，PSD值变大，波形畸变。

Ⅳ类桩：某一声测剖面连续多个测点或某一深度桩截面处的声速、波幅值明显小于临界值，PSD值突变，波形严重畸变。

6. 检测报告

检测报告应包括每根被检桩各剖面的声速—深度、波幅—深度曲线及各自的临界值，声速、波幅的平均值，桩身缺陷位置及程度的分析说明。

10.8.5 工程实例

图10-38为某钻孔灌注桩超声波检测曲线图。该桩桩长为71.40m，桩径为2000mm，桩身混凝土设计强度等级为C25，AB、BC、AC剖面的测管距离分别为1370mm、1370mm、1400mm，超声波检测的声速平均值$\overline{V}_m$、声速临界值V_D、波幅平均值$\overline{A}_m$、波幅临界值A_D。见表10-14。

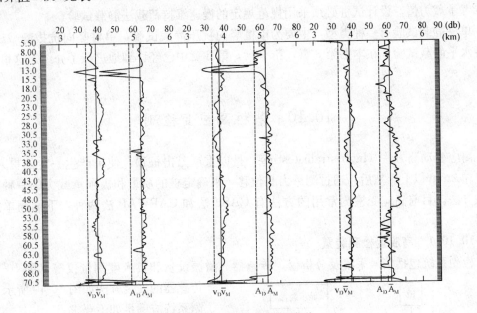

图10-38 孔底沉渣桩波形

超声波各检测剖面的测试值 表10-14

声测剖面编号	声速平均值$\overline{V}_m$ (km/s)	声速临界值V_D (km/s)	波幅平均值$\overline{A}_m$ (dB)	波幅临界值A_D (dB)
AB	3989	3712	63	57
BC	3865	3665	62	56
AC	3954	3646	61	55

根据图形及表所列测试结果进行综合评价，在桩身13.00～13.50m处声速值和波幅值均小于临界值，该处有缩颈或离析，在桩底70.50～71.40m处声速值和波幅值明显小于临界值，桩底有沉渣。

10.9 桩基承载力检测方法——静荷载试验

桩的现场静载试验是国际上公认获得单桩竖向抗压、抗拔以及水平向承载力的最为可靠的方法。它可获取桩基设计所必需的计算参数，为设计提供合理的单桩承载力，对桩型和桩端持力层进行比较和选择，充分发挥地基抗力与桩身结构强度，使二者匹配，以求得到最佳技术经济效果。单桩竖向抗压与抗拔试验，可预先埋设测试元件，测定桩侧摩阻力和桩端阻力，研究桩的荷载传递机理。桩的水平向荷载试验还可确定地基土水平抗力系数，当桩中埋设测试元件时，可测定桩身弯矩分布和桩侧土压力分布，研究土抗力与水平位移关系，为探索更合理的分析计算方法提供依据。

为了确定桩的承载力，人们作了长期的努力，虽然已有许多公式可以利用，但由于种种因素的约束，难以有任何两个公式会给出相同的计算结果，这就经常困扰着设计人员。地基土的类别和性质，桩的几何特性，荷载性质，桩的材性，施工工艺质量和可靠性等都会影响桩的承载力。因此桩的静载试验就显得十分重要，它是确定桩的承载力的可靠依据，也是客观评价桩的变形和破坏性状的依据。其余如高应变试验、自平衡法试验只能提供参考承载力值。设计试桩必须采用规范规定的慢速维持荷载法静载试验。

单桩静载试验有多种类型，主要为单桩竖向抗压静载试验，单桩竖向抗拔静载试验，单桩水平静载试验，在本书第3章，第5章，第6章中已经详细地进行了介绍，这里不再展开。

10.10 基桩高应变检测

高应变动测方法（high-strain testing）是以重锤敲击桩顶，使桩产生一定的贯入度，一般在2mm以上。然后，通过测量力和位移，来确定桩的质量和极限承载力的一种间接测试方法。目前高应变检测常用的方法有CASE法和CAPWAP法两种，下面简单加以介绍。

10.10.1 高应变检测装置

检测系统包括信号采集及分析仪、传感器、激振设备和贯入度测量仪等（图10-39）。

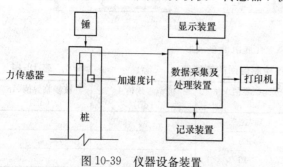

图10-39 仪器设备装置

传感器的安装方法如图10-40所示，检测系统应满足如下要求：

1) 信号采样点数不应少于1024点，采样间隔宜取100～200μs。当用曲线拟合法推算被检桩的极限承载力时，信号记录长度应确保桩端反射后不小于20ms或达到$5L/c$。

2) 力信号宜采用工具式应变传感

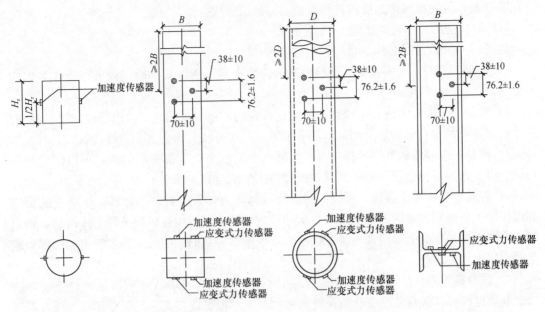

图 10-40 高应变传感器的安装

器测量,其安装谐振频率应大于 2kHz。

3)速度信号宜采用压电式加速度传感器测量,其安装谐振频率应大于 10kHz,且在 1~3000Hz 范围内灵敏度变化不大于±5%,在冲击加速度量程范围内非线性误差不大于 ±5%,传感器的灵敏度系数应计量检定。

4)激振宜采用由铸铁或铸钢整体制作的自由落锤。锤体应材质均匀、形状对称、底面平整,高径比不得小于 1.0~1.5。检测单桩轴向抗压承载力时,激振锤的质量不得小于基桩极限承载力的 1.0~1.5%,混凝土桩的桩径大于 600mm 或桩长大于 30m 时取高值。

桩的贯入度应采用精密仪器测定。承载力检测时宜实测桩的贯入度,单击贯入度宜在 2~6mm 之间。

5)桩身材料质量密度的取值:钢桩取 7.85t/m³;预制方桩取 2.45~2.50t/m³;管桩取 2.55~2.60t/m³;混凝土灌注桩取 2.40t/m³。桩身材料弹性模量 $E=\rho c^2$ (kPa)。

10.10.2 CASE 法

CASE 法是在美国政府部门的资助下,由美国的凯司大学在 20 世纪 60 年代中期到 70 年代中期研究的一种桩基动力检测方法。当时,打桩工程普遍采用各种基于刚体假定和能量关系的所谓动力打桩公式来实现工程的监测和承载力的预测。随着振动测试技术的发展和计算机技术的出现,人们开始有可能考虑桩身的弹性而应用应力波理论解决这个问题。CASE 法就是在这个方向上实现了突破,从而极大地提高了对打入桩工程的监测可靠性。

近 20 年来,许多国家和地区都试图把这种方法用到其他各种桩型的承载力检测上去,使得方法继续有了很多的改进的发展,积累了许多宝贵的经验。其中一个重大的成果就是 20 世纪 70 年代中期在美国诞生的实测曲线拟合法,它极大地克服了 CASE 法的局限性,可以用于各种复杂的桩土体系,并且真正实现了比较可靠的土阻力的分层解析。

CASE 法主要适用于打入桩的施工检测和监控,在一定的经验基础上,特别在动、静对比基础上，可间接地作为检测各种类型工程桩的验收方法。

1. CASE 法的基本近似假定

在应用 CASE 法时必须注意以下近似假定：

1）桩是一个时不变的系统，即桩的基本特性在测试所涉及的时间内可以看作是固定不变的。

2）桩是一个线性系统，即桩在总体上是弹性的，所有的输入和输出都可以简单叠加。这个假定并不妨碍我们在桩身的局部环节上采用某些办法来考虑其非弹性性状。

3）桩是一个一维的杆件，即桩身每个截面上的应力应变都是均匀的，可以用它的平均应力应变来加以描述而不必研究其在桩身截面上的分布。

4）破坏发生在桩土界面，可以只把桩身取作隔离体来进行波动计算，桩周土的影响都以作用于桩侧和桩端的力来取代而参加计算。如果破坏发生在桩周土的土体内部，则把部分土体看作是桩身上的附加质量。这个假定也不妨碍我们采用一定的方法去考虑部分能量向四周土体的逸散。

5）桩身是等阻抗的。为了保持桩身阻抗不变，必须保证 $\rho c A$ 不变。从理论上讲，这三个参量也许可以各自发生变化而保持其乘积恒定；但是，在实际问题中，显然只有截面不变的桩，桩身材质相对比较均匀而且没有明显的缺陷，方能满足这个要求。

这个假定将使问题大大简化。因为在这个条件下，实测信号中将不存在桩端以外的任何其他变阻抗反射成分。在 $F-v$ 图上，两条曲线在 $2L/c$ 时刻之前的任何相对变化都将是土阻力作用的结果。

6）在计算所涉及的时段内，桩侧没有任何动阻力，而且静阻力始终保持恒定。这个假定对于打桩过程是相当接近实际的，因为在打桩过程中，桩侧土体受到剧烈的扰动，桩侧和周围土体经常处于脱离或急剧的相对运动状态之中，静阻力数学模型中的线性阶段可以忽略不计，两桩侧的动阻力一般确实很小。

7）应力波在传播过程中的能量损耗，包括在桩身中的内阻尼损耗和向桩周土的逸散，都忽略不计。应该说，对于桩身质量没有严重问题的桩，对于贯入度较大，在桩土界面上产生较大相对位移而没有多少土体质量附着在桩身上时，这个假定也是基本符合实际的。在这个假定下，可以认为锤击信号无论怎样传播都没有任何幅值的降低和波形的畸变。

总结上述假定，我们可以看到，CASE 法实际上比较适合应用于确定打桩阻力。值得注意的是，在许多场合下，上述的假定可能导致相当严重的误差，如桩身阻抗没有完全保持恒定、桩侧动阻力有时较大、桩端的土阻力不会在应力波到达桩端时立即全部激发出来、能量的扩散和损耗有时相当显著、桩身反弹还会产生反向的阻力等等问题。其中有些问题，已经有了比较成熟的补救方法，可以相当有把握地予以解决；有些问题，则还没有现成可用的经验和对策。换句话说，在使用这种方法时，必须针对具体场合，仔细斟酌方法的适用性并采取相应的、必要的修正措施。

2. 行波理论简介

锤击桩顶，当应力波沿着桩身向下传递时，将产生下行波和上行波，按照一维应力波理论由于下行波的行进方向和规定的正向运动方向一致，在下行波的作用下，正的作用力（即压力）将产生正向的运动，而负的作用力则产生负向的运动。换句话说，下行波所产生的力和速度符号永远保持一致。上行波则正好相反，上行的压力波（其力的符号为正）

将使桩身产生负向的运动，而上行的拉力波（力的符号为负）则产生正向的运动。换句话说上行波所产生的力和速度的符号永远相反。

如果我们在桩身某个截面上分别安装应变式传感器和加速度计，我们将独立地测得桩身该截面的力 $F(t)$ 和运动速度 $V(t)$。

用符号 $P\downarrow(t_1)$ 和 $P\uparrow(t_1)$ 来分别代表下行波和上行波，根据时程曲线 $F-V$（图10-42）推导可得：

下行波 $P\downarrow(t_1) = \frac{1}{2}[Fm(t_1) + Zv(t_1)]$

上行波 $P\uparrow(t_1) = \frac{1}{2}[Fm(t_1) - Zv(t_1)]$

而且可以得到以下推论：

1) 在 $F-V$ 图中，凡是下行波都将使两条曲线同向平移，原有距离保持不变；凡是上行波则都将使两者反向平移，互相靠拢或互相分离。

2) 在 $F-V$ 图中，如果只有下行波作用，$F(t)$ 曲线和 $Z\cdot v(t)$ 曲线将永远保持重合。

3) 在 $F-V$ 图中，$F(t)$ 曲线和 $Z\cdot v(t)$ 曲线的相对移动直接反映了上行波的作用。

3. CASE法的总阻力公式

有了上述近似假定，我们就可以来研究锤击下所激发的土阻力和实测信号的关系，进而得到土阻力的计算公式。

当对桩顶施加锤击力时，由于桩侧有摩阻力 $R_i(t)$ 作用时，引起向上压力波和向下拉力波，其幅值都等于 $1/2R_i(t)$。如果在桩顶安装一组力和加速度传感器，就可以量测到桩上某点的合成速度和应力波，即由锤击力引起的应力波信号，土阻力 $R_i(t)$ 产生的上行波信号和土阻力产生的下行波信号。

由图10-42可见，开始一段两条曲线重合，表明质点承受的只是锤击力，过了峰值之后两条曲线逐渐分离，说明土阻力引起的应力波开始起作用。

根据力和速度曲线，经过行波理论推导，可求得土阻力 R_T 公式：

$$R_T = \frac{1}{2}(F(t_1) + F(t_2)) + \frac{Z}{2}(V(t_1) - V(t_2)) \tag{10-43}$$

这就是著名的 Case-Goble 公式，即 Case 法最基本的公式。上式表示动力试桩时岩土对桩的总阻力 R_T，包括了全部静阻力 R_c 和动阻力 R_D。

$$R_T = R_c + R_D \tag{10-44}$$

$$R_D = J_c Z V_b \tag{10-45}$$

式中 R_c——静阻力，就是 Case 得到的单桩竖向静极限承载力；

R_D——动阻力，与质点运动速度和土的性质有关；

J_c——桩尖土阻尼系数；

V_b——桩尖质点速度。

$$V_b = \frac{1}{2}(F(t_1) + ZV(t_1) - R_T) \tag{10-46}$$

于是得到《建筑基桩检测技术规范》（JGJ 106—2003）中 CASE 法判定单桩静阻力

R_c 的公式如下：

$$R_c = \frac{1}{2}(1-J_c)[F(t_1)+ZV(t_1)] + \frac{1}{2}(1+J_c)[F(t_1+\frac{2L}{c})-ZV(t_1+\frac{2L}{c})]$$
(10-47)

$$Z = \frac{EA}{c}$$
(10-48)

式中　R_c——由 CASE 法判定的单桩竖向抗压极限承载力（kN）；
　　　J_c——CASE 法阻尼系数；
　　　t_1——速度第一峰对应的时刻（ms）；
　　$F(t_1)$——t_1 时刻的锤击力（kN）；
　　$V(t_1)$——t_1 时刻的质点运动速度（m/s）；
　　　Z——桩身截面力学阻抗（kN·s/m）；
　　　A——桩身截面面积（m^2）；
　　　L——测点下桩长（m）。

公式（10-47）适用于 t_1+2L/c 时刻桩侧和桩端土阻力均已充分发挥的摩擦型桩。

CASE 法判定单桩极限承载力的关键是选取合理的阻尼系数值 J_c。J_c 不仅和土的性质有关，还和桩的阻抗 Z 有关，所以 J_c 应看成是没有物理含义的经验系数。

J_c 值的准确确定，只有通过静、动试桩对比得到。

美国 PID 公司的 CASE 阻尼系数建议值如下：

砂：0～0.15；
砂质粉土：0.15～0.25；
粉质黏土：0.45～0.70；
黏土：0.9～1.20

由此可知，影响 CASE 法确定单桩承载力准确性因素有：J_c 的取值，桩长桩径的选择，地质条件和试桩情况是否满足 CASE 法的假定，锤击能量是否得当，锤击落高是否得当，是否偏心锤击，桩长较长时是否考虑动力打击后由于波反射反向作用在桩身上的负摩阻力情况（拉力波），是否考虑桩入土时间效应等。

【例题】　一外径 1.0m，截面积 0.3553m^2，桩长 45m 的预应力管桩，其实测的力和速度波形见图 10-41，已知 $J_c=0.4$，$c=4000$m/s，$\gamma=25$kN/m^3。计算：1）t_1、t_2 时刻的上行波、下行波；2）用 CASE 法计算单桩总阻力和静阻力。

【解】　桩阻抗：$Z=\rho AC = \frac{25}{9.81} \times 0.3553 \times 4000 = 3622$ kN·s/m

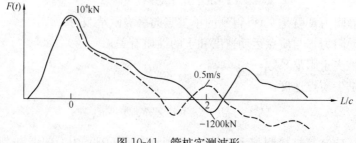

图 10-41　管桩实测波形

t_1 时刻波形显示：力和速度峰值基本重合，即 $F=ZV(t_1)$

$$V(t_1)=\frac{F}{Z}=\frac{10000}{3622}=2.76\text{m/s}$$

t_1 时刻的上行波、下行波：

$$F\downarrow(t_1)=\frac{1}{2}[Fm(t_1)+Zv(t_1)]=\frac{1}{2}(10000+3622\times2.76)=10000\text{kN}$$

$$F\uparrow(t_1)=\frac{1}{2}[Fm(t_1)-Zv(t_1)]=\frac{1}{2}(10000-3622\times2.76)=0\text{kN}$$

t_2 时刻的上行波、下行波：

$$F\downarrow(t_2)=\frac{1}{2}[Fm(t_2)+Zv(t_2)]=\frac{1}{2}(-1200+3622\times0.5)=306\text{kN}$$

$$F\uparrow(t_2)=\frac{1}{2}[Fm(t_2)-Zv(t_2)]=\frac{1}{2}(-1200-3622\times0.5)=-1506\text{kN}$$

$t_2=t_1+2L/C$，故总阻力：

$$\begin{aligned}RT(t)&=F\downarrow(t_1)+F\uparrow(t_1+\frac{2L}{c})=F\downarrow(t_1)+F\uparrow(t_2)\\&=\frac{1}{2}[F(t_1)+F(t_1+\frac{2L}{c})]+\frac{Z}{2}[v(t_1)-v(t_1+\frac{2L}{c})]\\&=\frac{1}{2}[F(t_1)+F(t_2)]+\frac{Z}{2}[v(t_1)-v(t_2)]\\&=\frac{1}{2}[10000-1200]+\frac{3622}{2}[2.76-0.5]=8492kN\end{aligned}$$

静承载力：

$$\begin{aligned}R_{\text{sp}}&=\frac{1-J_\text{c}}{2}[F(t_1)+Z\cdot V(t_1)]+\frac{1+J_\text{c}}{2}[F(t_2)-Z\cdot V(t_2)]\\&=\frac{1-0.4}{2}(10000+3622\times2.76)+\frac{1+0.4}{2}(-1200-3622\times0.5)\\&=3890\text{kN}\end{aligned}$$

4. CASE 法判断桩身完整性

1）对于等截面桩，测点下第一个缺陷可根据桩身完整性系数 β 值按表 10-15 确定。

桩身完整性系数 β 值 表 10-15

类 别	β 值	类 别	β 值
Ⅰ	$0.95<\beta\leqslant1.0$	Ⅲ	$0.60<\beta\leqslant0.8$
Ⅱ	$0.80<\beta\leqslant0.95$		

（1）桩顶下第一个缺陷的结构完整性系数 β 值可按下式计算：

$$\beta=\frac{\{[F(t_1)+Z\cdot V(t_1)]/2-\Delta R+[F(t_\text{x})+Z\cdot V(t_\text{x})]/2\}}{\{[F(t_1)+Z\cdot V(t_1)]/2-[F(t_\text{x})+Z\cdot V(t_\text{x})]/2\}}$$

式中　β——桩身结构完整性系数；

　　　t_1——速度第一峰所对应的时刻（ms）；

　　　t_x——缺陷反射峰所对应的时刻（ms）；

　　　ΔR——缺陷以上部位土阻力的估计值，等于缺陷反射起始点的锤击力与速度乘以桩身截面力学阻抗之差值，取值方法见图10-42。

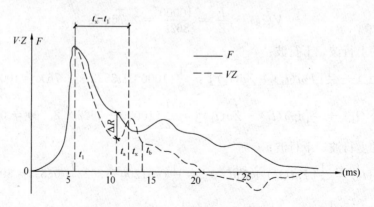

图10-42 桩身结构完整性系数计算

(2) 桩身缺陷位置可按下式计算

$$x = \frac{c \cdot (t_x - t_1)}{2000} \tag{10-49}$$

式中 x——测点至桩身缺陷之间的距离（m）；

t_x——速度信号第一峰对应的时刻（ms）；

t_1——缺陷反射峰对应的时刻（ms）。

2) 出现下列情况之一时，应按工程地质和施工工艺条件，采用实测曲线拟合法或其他检测方法综合判定桩身完整性：

(1) 桩身有扩颈、截面渐变或多变的混凝土灌注桩；

(2) 桩身存在多处缺陷的桩；

(3) 力和速度曲线在上升沿或峰值附近出现异常，桩身浅部存在缺陷或波阻抗变化复杂的桩。

5. CASE法桩身锤击应力监测

试打桩分析时，桩端持力层的判定应综合考虑岩土工程勘察资料，并应对推算的单桩极限承载力进行复打校核。

桩身最大锤击拉应力和桩身最大锤击压应力可分别按下列公式计算：

1) 桩身最大锤击拉应力

$$\sigma_t = \frac{1}{2A} \max \left\{ Z \cdot V(t_1 + \frac{2L}{c}) - F(t_1 + \frac{2L}{c}) \right.$$
$$\left. - Z \cdot V(t_1 + \frac{2L-2x}{c}) - F(t_1 + \frac{2L-2x}{c}) \right\} \tag{10-50}$$

式中 σ_t——桩身最大锤击拉应力（kPa）；

x——测点至计算点之间的距离（m）；

A——桩身截面面积（m²）；

Z——桩身截面力学阻抗（kN·s/m）；

c——桩身波速（m/s）；

L——完整桩桩长（m）。

2) 桩身最大锤击压应力

$$\sigma_p = \frac{F_{max}}{A} \tag{10-51}$$

式中 σ_p——桩身最大锤击压应力（kPa）；
F_{max}——实测最大锤击力（kN）；
A——桩身截面面积（m²）。

3) 桩锤实际传递给桩的能量

$$E_n = \int_0^T FV dt \tag{10-52}$$

式中 E_n——桩锤传递给桩的实际能量（J）；
T——采样结束的时刻（s）；
F——桩顶锤击力信号（N）；
V——桩顶实测振动速度信号（m/s）。

6. CASE法典型现场记录波形

CASE法典型现场记录波形如图10-43所示。

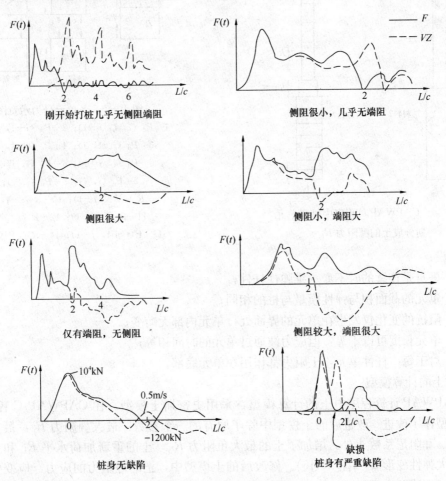

图10-43 CASE法典型现场记录波形

10.10.3 CAPWAP 法

曲线拟合法的现场测试和数据采集与 CASE 法完全相同，得到的两条实测力与加速度时程曲线中包含了桩身阻抗变化与土阻力（桩承载力）的信息。首先把桩划分为若干分段单元，假定分段单元的桩土参数：桩身阻抗、土的阻力及其沿桩身的分布、最大弹限 Q_k、桩侧阻尼系数 J_2 与桩底阻尼系数 J_c、卸载水平 U_n 及卸载弹性位移 Q_{km}、土塞效应系数等。用实测的波形速度、力或下行波，作为已知边界条件进行波动程序计算，求得理论模型的力、速度波形并推算极限承载力的一种分析方法。

1. 桩身模型

CAPWAP 法将桩分成若干个杆件单元，每单元长度约 1m 左右，如图 10-44，10-45 所示。

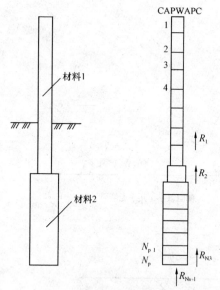

图 10-44 CAPWAP C 程序中桩身单元划分成土的摩阻力 R_i

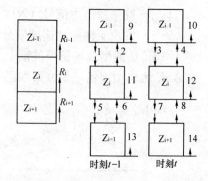

图 10-45 各单元受力示意图
1—$P_d(i-1, j-1)$; 2—$P_u(i-1, j-1)$;
3—$P_d(i-1, j)$; 4—$P_u(i-1, j)$;
5—$P_d(i, j-1)$; 6—$P_u(i, j-1)$;
7—$P_d(i, j)$; 8—$P_u(i, j)$;
9—$R(i-1, j-1)$; 10—$R(i-1, j)$;
11—$R(i, j-1)$; 12—$R(i, j)$;
13—$R(i+1, j-1)$; 14—$R(i+1, j)$;

假设：
1) 桩身是连续的时不变一维弹性杆件；
2) 单元的截面积与弹性模量与桩的相同；
3) 阻抗的变化仅发生在单元的界面处，单元内部无畸变；
4) 单元长度可以不等，但应力波通过单元的时间相等；
5) 对于每一杆件单元，土阻力都作用在单元底部。

2. 土的计算模型

CAPWAP 计算程序中土的计算模型，采用史密斯土模型。在 CAPWAP C 程序中，对土模型作了改进。改进后的土模型中除了原有的三个参数：最大静阻力 R_u，最大弹性变形 Q_{max} 和阻尼系数 J 外。增加了土的最大负阻力 R_N，土的重新加荷水平 R_L 和土卸载时的最大弹性变形 Q_s（图 10-46）。修改后的土模型中，土的静阻力的应力—应变关系描述增加了下述新内容：

卸载时的最大弹性变形值 Q_s 可与加载时不同，一般取 $Q_s \leqslant Q_{max}$ 反映了土在卸载时的刚度比加载时大，土完全卸载后将有残余变形 $Q_{max}-Q_s$。

土体与桩之间可能产生最大负摩擦力 R_N 的值可能小于最大的正向摩擦力值。在桩尖处，土不能承受拉应力，可令 $R_N=0$。

重新加载水平 R_L 值，使土在重新加载时相对于不同阶段取不同的土刚度，见图 10-46。当土反力 $R_s<R_L$ 时，（图中 CB 或 FE 段），取较大的土刚度作为卸载和重复加载时的刚度；当 $R_s \geqslant R_L$ 或初次加载时，（即图中 BD 或 HK 段），取较小的土刚度作为加载的刚度。AC、EF 和 GH 为卸载线段。

支承在很硬持力层上的桩，在桩尖和土之间可能会存在一个间隙。在 CAPWAP C 程序中可以人为确定间隙的值。在这个间隙的范围内土的静反土保持为零（图 10-47）。

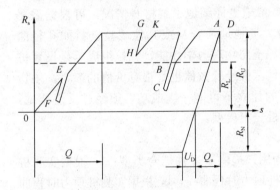
图 10-46 修改的桩侧土的静反力计算模型

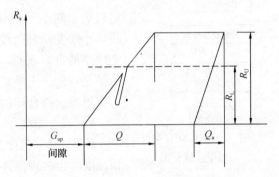
图 10-47 修改的桩尖土静反力计算模型

3. CAPWAP 法分析过程

CAPWAP C 程序以实测桩顶力时程曲线（或速度时程曲线）作为输入数据，通过不断修改桩土模型参数，求解波动方程，直至计算得到的速度时程曲线（或力时程曲线）和实测速度时程曲线（或力时程曲线）的吻合程度满足要求，从而得到单桩承载力、桩身应力等分析结果。程序计算框图如下（图 10-48）：

1）输入实测数据及试桩设计参数

实测数据不仅包括实测力时程曲线、速度时程曲线，还包括现场实测的每击贯入度、采样频率等。在条件许可的情况下，每根桩上应多采集几组数据，供分析时比较。其他如桩长、波速、弹性模量、桩身横截面积等试桩设计参数也一并输入。

2）选择和校准实测时程曲线

准确的测试数据是获得满意拟合结果的前提。因此，在正式使用 CAPWAP 程序分析之前，用户应该从诸多实测曲线中选择一组最符合实际情况的数据输入。一般说来，一组准确的数据应满足以下要求：

a. 速度曲线开始段不应为负值；

b. 在到达第一个峰值前，速度和力应当成比例（特殊情况除外，如桩顶下阻抗变化较大）；

c. 速度时程曲线尾部应归零；

d. 位移时程曲线末端值应与实测贯入度一致；

e. 对复打试验，应选取第一阵锤击下采得的数据，且保证每击贯入度不小于 2.5mm。

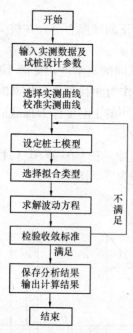

图 10-48 CAPWAP C 程序计算框图

3）桩—土模型设定

桩—土模型的设定是 CAPWAP 程序的最重要环节，它直接关系到拟合能否成功、承载力计算值是否合理以及其他分析结果的可信度。一般地，程序根据分析人员输入的试桩设计参数会自动建立起一个桩的模型，但是桩模型是否合理，仍需分析人员检查。例如，可以根据反射波出现的位置调整波速，根据力和速度曲线的特征为每个桩土单元设定不同的桩身阻抗、阻尼系数、弹性限度等。当桩身接头有明显的反射波出现时，应在相应位置设置缝隙或减小接头部位单元阻抗。程序自动划分的单元，一般长约 1m，如果分析人员希望更详细地了解桩身情况，可根据需要进行更小的单元划分。场地地质资料或其他试验资料如孔径曲线、小应变动测曲线、土层物理力学性能、颗粒组成等是设置桩土模型的重要依据，地区性经验数值也是很有价值的参考。须指出的是，桩—土模型的建立不可能一次成功，须经过反复调试，才有可能获得合理的桩—土模型。

4）拟合类型

CAPWAP 程序为用户提供了三种拟合类型：a. 根据实测桩顶速度时程曲线计算桩顶力时程曲线；b. 根据实测桩顶力时程曲线，计算桩顶速度时程曲线；c. 根据桩顶实测下行力波时程曲线计算桩顶上行力波时程曲线。分析人员可在分析数据可靠程度的基础上选择拟合类型，一般将可靠程度高的一组数据作为计算初始值，另一组数据作为对比值。

在 CAPWAP C 程序中，分别根据下列四个时间区段内的实测值与计算值之差来调整有关土参数，并计算拟合质量数 E_{rk} 值（$k=1、2、3、4$），见图 10-49。

a. 第一个时间区段是从冲击开始时起，长为 $2L/c$ 的时间。这一段时间的波主要用于修正侧摩阻力的分布情况。

b. 第二个时间区段是以第一时间区段的终点为起始点，区段长为 t_r+3ms。t_r 是从冲击波开始到速度峰值的时间。第二个时间区段的波主要用于修正桩尖的承载力和总承载力的值。

c. 第三个时间区段的起点同第二时间区段，但区段长度为 t_r+5ms。这一段时间的波主要用于修正阻尼系数值。

d. 第四个时间区段以第二时间区段的终点为起始点，区段长度为 20ms。这一段时间内的波形主要用于修正土的卸载性质 Q_u、R_n 等。

E_{rk} 的计算式如下：

$$E_{rk} = \sum |[P_c(j) - P_m(j)]/P_j| \quad (k=1,2,3,4) \tag{10-53}$$

其中 $P_c(j)$，$P_m(j)$ 分别为计算和实测的 t 时刻的桩顶力波值。

P_j 是在桩顶的速度取最大值时的桩顶力波值。

5）计算结果的输出

分析人员在获取一个满意的拟合结果后，可以得到桩侧阻力随深度变化图、桩端阻力占极限承载力的比例和单桩的拟合 Qs 曲线及 CAPWAP 法得到的单桩极限承载力并根据

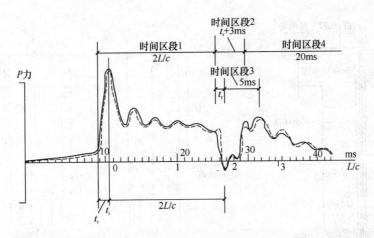

图 10-49 CAPWAP C 程序中评估计算曲线匹配程序的四个时间区段

需要打印出图表。

4. CAPWAP 法曲线拟合结果的讨论

CAPWAP 法无论模型、原理还是计算精度均较 CASE 法先进，但对测试信号的要求远比 CASE 法严格，分析难度也复杂得多。利用实测曲线拟合理论模型的理论曲线从而来得到单桩理论极限承载力，是模型理论计算的一种手段，所以不同的人有可能会得出不同的拟合结果，即测试结果不是惟一的，因为大量参数需要人为给定。分析人员在选取桩的实测曲线和桩土参数后，通过拟合法计算，来检验其相关性并得到计算结果，因此分析拟合人员必须要具备土力学、桩基工程、测试技术等综合基础。

实测曲线的好坏是影响拟合精度的因素之一，因此野外测试必须要安装好传感器，控制好锤重、落锤高度、锤击能量并不使锤击偏心，同时要保证合理的锤击贯入度，以保证桩侧阻力被充分激发发挥，这样才能测得理想真实的曲线。

分析时，必须结合地质资料和施工情况给定合理的物理力学参数和桩基参数，同时多次拟合。

要尽可能掌握测试工地附近的桩基动静对比资料，这样才能提高分析精度。

总之，高应变检测无论是 CASE 法还是 CAPWAP 法对桩承载力的分析结果都不是直接测试的结果，而是通过力波和速度波曲线间接分析的结果，因此测试精度有待提高，由于土体具有各向异性和非线性及施工条件的复杂性，所以对于设计试桩和重要工程的单桩极限承载力确定还是应该采用静载试验法。

10.11 自平衡法检测原理

目前大量高层建筑、特大公路桥梁的建设对基桩单桩承载力提出了很高的要求，单桩承载力超过 100000kN。显然堆载法、锚桩法难以满足需要，同时在一些特殊场地堆载法、锚桩法也无法施展，为了克服传统静载荷试验存在的不足，美国西北大学 Osterberg 于 20 世纪 80 年代研究开发了一种新型的静载试桩法。该试验加压装置简单，不需要压重平台，不需要锚桩反力架，能节省时间且能直接测出桩的侧阻力和端阻力。

该方法的主要装置是液压千斤顶式的荷载箱。该荷载箱一般被安设于桩身端部，打入

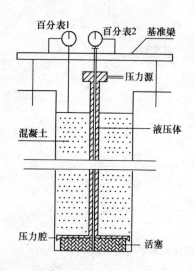

图 10-50 Osterberg 试桩法
试验装置示意图

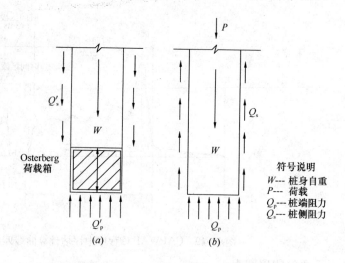

图 10-51 Osterberg 试桩法与传统试桩法力学机理比较
(a) Oster-berg 试桩法；(b) 传统试桩法

桩随桩而打入土中，灌注桩将其与钢筋笼焊接而沉入桩孔。

该荷载箱由特别设计的液压千斤顶式的装置组成，在高内压下该装置能施加非常大的荷载。在荷载箱中心的顶部，焊接一根延伸到地表的导管，在加荷前预先标定荷载箱。导管内有一根与管底相连的小管子，延伸至地表，且通过密封圈从大管里露出，该小管作为测量管可以测量荷载增加时荷载箱底下向下的位移。可以用油或者水产生压力。在桩身混凝土的强度达到设计要求后，对荷载箱内腔施压，将在桩端产生一个向上的力，在桩端土层产生一个等值反向的力。随着压力的增加，测量管向下移动，并且桩身向上移动，从而使桩端土层荷载增加和桩侧摩阻力逐步发挥，此时，荷载箱向上桩侧总摩阻力等于向下桩端土层阻力。桩端土层向下的位移由百分表2测量，桩顶向上的位移由百分表1测量。另有一根从荷载箱顶延伸到地表上的管子，管中放测量杆，用来测量荷载顶向上的位移。因此，测量杆和百分表1的读数给出桩身混凝土的压缩量。随着压力增加，可得到向上的力与位移的关系图和向下的力与位移的关系图，从而可以得到荷载箱上部的极限侧阻力值，亦即得到 Q-s 曲线的弹塑性段（图 10-52），但由于荷载箱上部桩侧土的破坏从而得不到整根桩的 Q-s 全曲线。也就是说自平衡法确定的单桩极限承载力是依靠荷载箱上部土层侧阻的 Q-s 曲线经过理论推算整根桩 Q-s 曲线的后支发展情况而得到的，所以与常规的破坏性静载试验还有一定的误差。自平衡测试完毕，试桩作为工程桩，要用水泥浆灌注荷载箱的腔体以保证桩身完整(图 10-50、图 10-51)。

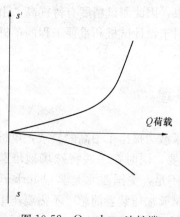

图 10-52 Osterberg 法桩端
加载 Q-s 曲线

Osterberg 法与传统静载试验法的差异在于：传统静载试验法加载作用于桩顶，桩侧土阻力自上而下地发挥，桩侧作用力方向上桩身自重起到压力作用，在高荷载水平下，桩侧阻力与桩端阻力同时发挥，可以通过试验发现桩顶下桩身浅部混凝土质量缺陷,可以直接测定单桩竖向极限承载力值供设计使用或作为评价工程桩性能;而 Osterberg 法将荷载箱设置在靠近桩端的桩身混凝土中,千斤顶作用力向上(桩端亦受到反作用力),桩侧阻力是自上而下逐渐发挥,桩侧作用力方向向下,桩身自重起到阻力作用,桩端阻力对桩侧阻力没有影响,不能通过试验发现桩顶下桩身浅部混凝土的质量缺陷,最大试验荷载只能加载到荷载箱上段桩的桩侧极限摩阻力,而不能直接测定单桩竖向极限承载力,只能通过推算求得 Q_u 值。

自平衡法优点是只需要单桩就可进行承载力测试,缺点是最大加载量为荷载箱上部土层的桩侧摩阻力值,而不能直接测定整根单桩的极限荷载。对于设计试桩和重要工程试桩还是应采用常规的和规范规定的慢速维持荷载法进行试验。

思 考 题

10-1 桩基室内模型试验研究的问题主要包括哪五个方面?桩基检测包括哪些内容?各自的检测目的是什么?检测时间上有哪些要求?

10-2 模型桩室内静载试验的设计包括哪三个方面内容?各有哪些要求?

10-3 室内模型试验相似定律是什么?土工离心机的原理是什么?模型比尺 n 如何确定?离心模型试验主要装备有哪些?有哪些试验步骤?

10-4 桩基现场成孔质量检测的目的是什么?成孔质量检验标准有哪些?如何进行桩位偏差检查?桩孔径、垂直度的检测有哪些方法?孔底沉渣厚度如何检测?

10-5 钻芯法检测的目的与适用范围?钻芯法检测的设备及现场操作方法?芯样试件抗压强度如何计算?检测数据的分析与判定方法?

10-6 低应变反射波法检测桩身质量的原理是什么?反射波法有哪些典型的波形特征?如何确定桩长及桩身缺陷位置?桩身完整性程度的分析方法是什么?反射波法测试仪器及测试方法?

10-7 孔中超声波法检测桩身质量的原理是什么?超声波法检测的仪器与检测方法?如何判定桩身混凝土缺陷?

10-8 高应变动测的原理是什么?高应变动测法如何进行桩身质量的检验及承载力的计算?

10-9 什么是自平衡法检测?自平衡法适用于哪些桩基?自平衡法检测原理是什么?有哪些特点?

参 考 文 献

[1] 刘金砺主编. 桩基设计施工与检测. 北京：中国建材工业出版社，2001.
[2] 《桩基工程手册》编写委员会. 桩基工程手册. 北京：中国建筑工业出版社，1995.
[3] 史佩栋主编. 实用桩基工程手册. 北京：中国建筑工业出版社，1999.
[4] 张忠苗著. 软土地基大直径桩受力性状与桩端注浆新技术. 杭州：浙江大学出版社，2001.
[5] 沈保汉. 桩基与深基坑支护技术进展. 北京：知识产权出版社，2006.
[6] 高大钊，赵春风，徐斌编著. 桩基础的设计方法与施工技术. 北京：机械工业出版社，2002.
[7] 龚维明，戴国亮著. 桩承载力自平衡测试技术及工程应用. 北京：中国建筑工业出版社，2006.
[8] 中国土木工程学会编. 注册岩土工程师专业考试复习教程. 北京：中国建筑工业出版社，2004.
[9] 高大钊，赵春风，徐斌编著. 桩基础的设计方法与施工技术. 北京：机械工业出版社，2002.
[10] 周国钧，牛青山编译. 灌注桩设计施工手册. 北京：地震出版社，1991.
[11] 张宏编著. 灌注桩检测与处理. 北京：人民交通出版社，2001.
[12] 史佩栋，高大钊，钱力航主编. 21世纪高层建筑基础工程. 北京：中国建筑工业出版社，2000.
[13] 刘利民，舒翔，熊巨华编著. 桩基工程的理论进展与工程实践. 北京：中国建材工业出版社，2002.
[14] 刘古岷，王渝，胡国庆等编著. 桩工机械. 北京：机械工业出版社，2001.
[15] 王建华，孙胜江主编. 桥涵工程试验检测技术. 北京：人民交通出版社，2004.
[16] 黄强编著. 桩基工程若干热点技术问题. 北京：中国建材工业出版社，1996.
[17] 张忠苗主编. 工程地质学. 北京：中国建筑工业出版社，2007.
[18] 岩土工程勘察技术规范（YS 5205—2004）. 北京：中国计划出版社，2005.
[19] 工程岩体分级标准（GB 50218—94）. 北京：中国计划出版社，1995.
[20] 建筑地基基础设计规范（GB 50007—2002）. 北京：中国建筑工业出版社，2002.
[21] 建筑设计抗震规范（GB 50011—2001）. 北京：中国建筑工业出版社，2001.
[22] 建筑与市政降水工程技术规范（JGJ/T 111—98）. 北京：中国建筑工业出版社，1999.
[23] 岩土工程基本术语标准（GB/T 50279—98）. 北京：中国计划出版社，1999.
[24] 公路工程地质勘察规范（JTJ 064—98）. 北京：人民交通出版社，1999.
[25] 公路桥涵地基与基础设计规范（JTJ 024—85）. 北京：人民交通出版社，1998.
[26] 建筑地基处理技术规范（JGJ 79—2002）. 北京：中国建筑工业出版社，2002.
[27] 建筑基桩检测技术规范（JGJ 106—2003）. 北京：中国建筑工业出版社，2003.
[28] 武熙，武维承，孙和编著. 挤扩支盘桩及其成形设备技术与应用. 北京：机械工业出版社，2004.
[29] 岩土工程勘察规范（GB 50021—2001）. 北京：中国建筑工业出版社，2002.
[30] 挤扩支盘混凝土灌注桩技术规程（DB33/T 1012—2003）. 杭州：浙江省标准设计站，2003.
[31] 混凝土结构设计规范（GB 50010—2002）. 北京：中国建筑工业出版社，2002.
[32] 港口工程桩基动力检测规程（JTJ 249—2001）. 北京：人民交通出版社，2002.
[33] 港口工程桩基规范（JTJ 254—98）. 北京：人民交通出版社，2001.
[34] 建筑桩基技术规范（JGJ 94—94）. 北京：建筑工业出版社，1994.
[35] 《岩土工程手册》编写委员会. 岩土工程手册. 北京：中国建筑工业出版社，1994.
[36] 国家发展计划委员会，建设部. 工程勘察设计收费标准. 北京：中国物价出版社，2002.
[37] 徐至钧主编. 柱锤冲扩桩法加固地基. 北京：机械工业出版社，2004.

[38] 闫明礼,张东刚编著. CFG 桩复合地基技术及工程实践. 北京：中国水利水电出版社，2006.
[39] 黄存汉编著. 建筑抗震设计技术措施. 北京：中国建筑工业出版社，1994.
[40] 史佩栋,高大钊,桂业琨主编. 高层建筑基础工程手册. 北京：中国建筑工业出版社，2000.
[41] 陈国兴,樊良本等编著. 基础工程学. 北京：中国水利水电出版社，2002.
[42] 李寓,薛文碧编著. 建筑桩基础工程. 北京：机械工业出版社，2003.
[43] 唐业清主编. 简明地基基础设计施工手册. 北京：中国建筑工业出版社，2003.
[44] 蒋建平著. 大直径灌注桩竖向承载性状. 上海：上海交通大学出版社，2007.
[45] 罗骐先主编. 桩基工程检测手册. 北京：人民交通出版社，2003.
[46] 刘兴录编著. 桩基工程与动测技术 200 问. 北京：中国建筑工业出版社，2000.
[47] 徐至钧,张国栋编著. 新型桩挤扩支盘灌注桩设计与工程应用. 北京：机械工业出版社，2003.
[48] 钱德玲著. 变截面桩与土的相互作用机理. 安徽：合肥工业大学出版社，2003.
[49] 赵明华主编. 基础工程. 北京：高等教育出版社，2003.
[50] 程良奎,杨志银编著. 喷射混凝土与土钉墙. 北京：中国建筑工业出版社，1998.
[51] 唐有职,鲍延辉,吴仲伦编著. 单桩完整性及承载力的无破损试验. 北京：地震出版社，1993.
[52] 饶为国著. 桩-网复合地基原理及实践. 北京：中国水利水电出版社，2004.
[53] 张忠亭,丁小学主编. 钻孔灌注桩设计与施工. 北京：中国建筑工业出版社，2007.
[54] 袁聚云,汤永净主编. 基础工程复习与习题全解. 上海：同济大学出版社，2005.
[55] 莫海鸿,杨小平,刘叔灼编著. 土力学及基础工程学习辅导与习题精解. 北京：中国建筑工业出版社，2006.
[56] 杭州市建筑业管理局主编. 深基础工程实践与研究. 北京：中国水利水电出版社，1999.
[57] 陈跃庆主编. 地基与基础工程施工技术. 北京：机械工业出版社，2004.
[58] 蒋国澄主编. 基础工程 400 例. 北京：中国科学技术出版社，1995.
[59] 刘惠珊主编. 地基基础工程. 北京：中国计划出版社，2002.
[60] 宰金珉著. 复合桩基理论与应用. 北京：中国水利水电出版社，2004.
[61] 王靖涛,丁美英,李国成主编. 桩基础设计与检测. 武汉：华中科技大学出版社，2005.
[62] 龚晓南主编. 复合地基设计和施工指南. 北京：人民交通出版社，2003.
[63] 袁聚云,李镜培,楼晓明等编著. 基础工程设计原理. 上海：同济大学出版社，2001.
[64] 沈蒲生主编. 建筑工程课程设计指南. 北京：高等教育出版社，2005.
[65] 陈晓平编著. 基础工程设计与分析. 北京：中国建筑工业出版社，2005.
[66] 刘金砺主编. 高层建筑桩基工程技术. 北京：中国建筑工业出版社，1998.
[67] 叶观宝编著. 地基加固新技术. 北京：机械工业出版社，2002.
[68] 钱力航主编. 高层建筑箱形与筏形基础的设计计算. 北京：中国建筑工业出版社，2003.
[69] 刘屠梅,赵竹占,吴慧明著. 基桩检测技术与实例. 北京：中国建筑工业出版社，2006.
[70] 苏宏阳,郯锁林主编. 基础工程施工手册. 北京：中国计划出版社，1996.
[71] 黄绍铭,高大钊主编. 软土地基与地下工程. 北京：中国建筑工业出版社，2005.
[72] 谢新宇,俞建霖主编. 特种基础工程. 北京：中国建筑工业出版社，2006.
[73] 刘金砺主编. 桩基工程技术进展. 北京：知识产权出版社，2005.
[74] 刘自明主编. 桥梁深水基础. 北京：人民交通出版社，2003.
[75] 林天健,熊厚金,王利群编著. 桩基础设计指南. 北京：中国建筑工业出版社，1999.
[76] 陈仲颐,叶书麟主编. 基础工程学. 北京：中国建筑工业出版社，1990.
[77] 高大钊主编. 深基坑工程. 北京：机械工业出版社，2002.
[78] 刘金砺主编. 桩基工程技术. 北京：中国建材工业出版社，1996.
[79] 刘金砺. 桩基础设计与计算 [M]. 北京：中国建筑工业出版社，1990.

[80] 史佩栋等编著. 深基础工程特殊技术问题. 北京：人民交通出版社，2004.
[81] Massakiro Koike, Tamootsu Matsui& Kenji Matsui. Vertical Loading Tests of Large Bored Piles and Their Estimation：Proc，1st International Geotechnical Seminar on Deep foundations on Bored and Auger Piles. 1988.
[82] 杨克己等编著. 实用桩基工程. 北京：人民交通出版社，2004.
[83] 侯兆霞主编. 基础工程. 北京：中国建材工业出版社，2004.
[84] 建筑地基基础工程编委会编写. 建筑地基基础工程. 北京：中国建材工业出版社，2004.
[85] 杨位洸主编. 地基及基础. 北京：中国建筑工业出版社，1998.
[86] 高大钊主编. 地基基础测试新技术. 北京：机械工业出版社，1999.
[87] Poulos, H. G. Davis E. H. Pile foundation analysis and design [M]. New York：Wiley. 1980．
[88] 袁聚云，李镜培，陈光敬编著. 土木工程专业毕业设计指南. 北京：中国水利水电出版社，1999.
[89] 徐攸在主编. 桩的动测新技术. 北京：中国建筑工业出版社，2002.
[90] 陈凡，徐天平，陈久照，关立军编著. 基桩质量检测技术. 北京：中国建筑工业出版社，2003．
[91] Chellis R. D. Pile foundation [M]. New York：Mcgraw-Hill Book Company Inc，1961.
[92] 王广月，王盛桂，付志前编著. 地基基础工程. 北京：中国水利水电出版社，2001.
[93] 李粮纲，陈惟明，李小青主编. 基础工程施工技术. 武汉：中国地质大学出版社，2001.
[94] I. W. Johnston and C. M. Haberfield. Side Resistance of Piles in Weak Rock. European Practice and Worldwide Trends. London，1992.
[95] 唐永生，郑丰编著. 钢筋混凝土低桩承台通用图表. 北京：地震出版社，2001.
[96] 冯忠居，谢永利，上官兴著. 桥梁桩基新技术. 北京：人民交通出版社，2005.
[97] 汪月明，朱凯主编. 桩基工程质量竣工资料实例. 上海：同济大学出版社，2005.
[98] 施岚青主编. 一、二级注册结构工程师专业考试应试指南. 北京：中国建筑工业出版社，2006